电力系统继电保护丛书

电力系统继电保护
培训题库

国网湖南省电力有限公司　组编

中国电力出版社
CHINA ELECTRIC POWER PRESS

内容提要

为提高继电保护从业人员的专业水平和技能，国网湖南省电力有限公司组织编写了《电力系统继电保护丛书》，包括《电力系统继电保护整定计算原则》《电力系统继电保护培训题库》《电力系统继电保护端子排标准化设计》《电力系统继电保护技术入门与实践》4个分册。

本书为《电力系统继电保护培训题库》分册，共分基础知识、系统部分、线路保护部分、元件保护部分、安全自动装置部分、二次回路部分、智能站部分、高压直流部分、发电机部分、规程标准及反事故措施部分十章。题型包括单选题、多选题、判断题、问答题、计算题、分析题，共计3000余题。本书在编写中由浅入深、由易到难，统筹兼顾培训和竞赛调考，可作为继电保护生产专业用书，也可作为自学、培训和竞赛调考用书。

本套丛书实用性强，覆盖面广，适用于广大从事继电保护整定、设计、检测、运行、检修和培训等技术或管理人员。

图书在版编目（CIP）数据

电力系统继电保护培训题库 / 国网湖南省电力有限公司组编 . —北京 : 中国电力出版社，2022.4（2025.10 重印）
（电力系统继电保护丛书）
ISBN 978-7-5198-6490-3

Ⅰ. ①电… Ⅱ. ①国… Ⅲ. ①电力系统 - 继电保护 - 习题集 Ⅳ. ① TM77-44

中国版本图书馆 CIP 数据核字（2022）第 017484 号

出版发行：中国电力出版社
地　　址：北京市东城区北京站西街19号（邮政编码100005）
网　　址：http://www.cepp.sgcc.com.cn
责任编辑：王　南（010-63412876）
责任校对：黄　蓓　常燕昆　朱丽芳
装帧设计：张俊霞
责任印制：石　雷

印　　刷：北京天泽润科贸有限公司
版　　次：2022年4月第一版
印　　次：2025年10月北京第二次印刷
开　　本：787毫米×1092毫米　16开本
印　　张：44
字　　数：813千字
印　　数：2001—2500 册
定　　价：180.00元

前言

电力系统的不断发展和安全稳定运行给国民经济和社会发展带来了巨大的动力和效益。但是，国内外经验表明，电力系统一旦发生自然或人为故障，若不能及时有效控制，电网就有可能会失去稳定运行，造成大面积停电，给社会带来灾难性后果。继电保护就是保障电网和电力设备安全，防止及限制电力系统大面积停电的最基本、最重要、最有效的技术手段。

近年来，随着以新能源大规模并网、特高压电网快速发展、新型用能设备广泛应用为特征的能源转型战略深入推进，电力系统的功能结构、系统特性发生了深刻变化，我国电网已成为世界上装机规模最大、电压等级最高的电网。随着电网规模的不断扩大，继电保护设备数量快速增长，特高压交直流混联、智能变电站、储能、分布式电源等新技术形态的大量应用，继电保护面临保障电网安全稳定运行和助力电网清洁低碳转型的双重挑战，各级电力企业对继电保护从业人员提出了更高的要求。面对电网发展的新形势，为提高继电保护从业人员的专业水平和技能，国网湖南省电力有限公司紧跟继电保护技术发展现状，组织编写了《电力系统继电保护丛书》，包括《电力系统继电保护整定计算原则》《电力系统继电保护培训题库》《电力系统继电保护端子排标准化设计》《电力系统继电保护技术入门与实践》4 个分册。

本书为《电力系统继电保护培训题库》分册，共分基础知识、系统部分、线路保护部分、元件保护部分、安全自动装置部分、二次回路部分、智能站部分、高压直流部分、发电机部分、规程标准及反事故措施部分十章。题型包括单选题、多选题、判断题、问答题、计算题、分析题，共计 3000 余题。本书在编写中由浅入深、由易到难，统筹兼顾培训和竞赛调考，可作为继电保护生产专业用书，也可作为自学、培训和竞赛调考用书。

本套丛书实用性强，覆盖面广，适用于广大从事继电保护整定、设计、检测、运行、检修和培训等技术或管理人员。

本套丛书在编写过程中得到了国网华中分部调度控制中心、南京南瑞继保工程技术有限公司、国电南瑞南京控制系统有限公司、许继电气股份有限公司、国电南自自动化有限公司、北京四方继保工程技术有限公司、长园深瑞继保自动化有限公司等单位的大力支持。在此，表示由衷的感谢！

由于编者水平有限，书中难免有疏漏、不妥或错误之处，恳请广大读者给予批评指正。

编者

2021 年 8 月

目 录

1 基础知识

1.1 单 选 题

1. 如图 1-1 所示电路中，支路共有（ ）。

A. 3 条

B. 5 条

C. 6 条

D. 8 条

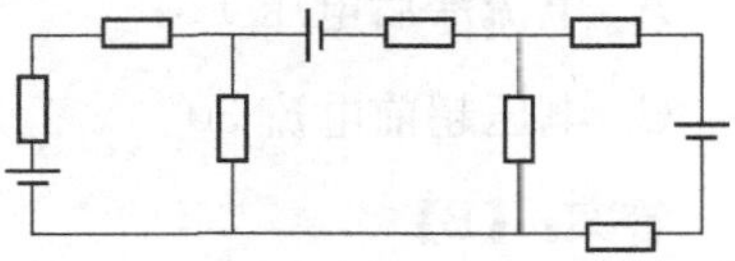

图 1-1

答案：【C】

2. 当一个电路（ ）时，便于使用回路电压法进行求解。

A. 支路数小于网孔数　　B. 支路数小于节点数

C. 支路数等于节点数　　D. 支路数大于网孔数

答案：【D】

3. 交流电流 i 通过某电阻，在一定时间内产生的热量，与某直流电流 I 在相同时间内通过该电阻所产生的热量相等，那么就把此直流电流 I 定义为交流电流 i 的有效值，可以用下式表示（ ）。

A. $\frac{1}{T}\int_0^T i(t)dt$　　B. $\frac{1}{T}\int_0^T i^2(t)dt$　　C. $\sqrt{\frac{1}{T}\int_0^T i^2(t)dt}$　　D. $\frac{1}{T}\sqrt{\int_0^T i^2(t)dt}$

答案：【C】

4. 已知某一电流的复数式 $i=(5-\mathrm{j}5)$ A，则其电流的瞬时表达式为（ ）。

A. $i=5\sin\left(\omega t-\frac{\pi}{4}\right)$A　　B. $i=5\sqrt{2}\sin\left(\omega t+\frac{\pi}{4}\right)$A

C. $i=10\sin\left(\omega t-\frac{\pi}{4}\right)$A　　D. $i=5\sqrt{2}\sin\left(\omega t-\frac{\pi}{4}\right)$A

答案：【C】

5. 两个正弦量，其瞬时值的表达式分别为 $i_1=8\sin(\omega t+10°)$ A、$i_2=6\sin(\omega t+30°)$ A，则二者合成后（ ）。

A. 幅值等于 14A、相位角等于 40°

B. $i=10\sin(\omega t-20°)$ A

C. 合成电流 $i=i_1+i_2$，仍是同频率的正弦交流电流

D. 频率和相位都改变，是非正弦交流电流。

答案：【C】

6. 已知某交流电压和电流瞬时值表达式分别为 $u=10\sin(\omega t-10°)$ V、$i=5\cos(\omega t+20°)$ A，则（ ）。

A. 电流滞后电压 120°　　B. 电流超前电压 120°

C. 电压超前电流 30°　　D. 电流超前电压 30°

答案：【B】

7. 已知 $i_A=10\sin(\omega t+60°)$ A、$i_B=10\sin(\omega t+120°)$ A，则 $|\dot{I}_A+\dot{I}_B|=$（ ）。

A. 12.25A　　B. 6.12A　　C. 10A　　D. 17.32A

答案：【A】

8. 系统发生短路故障时，系统网络的总阻抗会（ ）。

A. 突然增大　　B. 突然减小　　C. 忽大忽小变化　　D. 不变

答案：【B】

9. 电阻连接如图 1-2 所示，则 AB 间的等效电阻为（ ）。

A. 3.5Ω　　B. 4.4Ω　　C. 5.2Ω　　D. 7Ω

答案：【A】

10. 有两只电容器，其额定电压 U_e 均为 110V，电容量分别为 $C_1=3\mu F$，$C_2=6\mu F$，若将其串联接在 220V 的直流电源上，设电容 C_1、C_2 的电压分别为 U_1、U_2，则（ ）。

A. U_1 大于 U_2　　B. U_1、U_2 均大于 U_e

C. U_2 大于 U_e　　D. U_2 大于 U_1

答案：【A】

11. 电网运行方式及相关参数如图 1-3 所示，在 BC 线路中点发生三相短路时，母线 A 处相间阻抗继电器的测量阻抗一次值为（ ）。

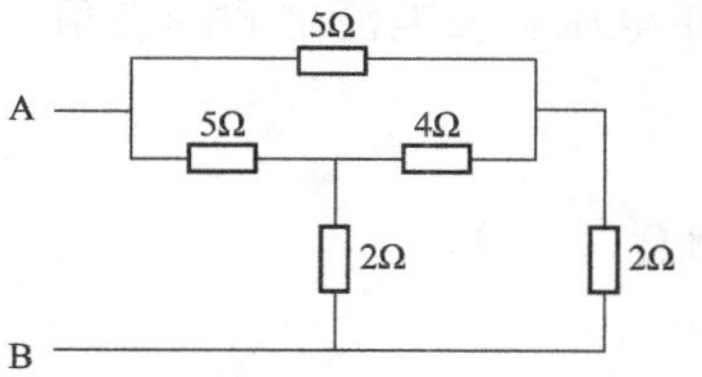

图 1-2

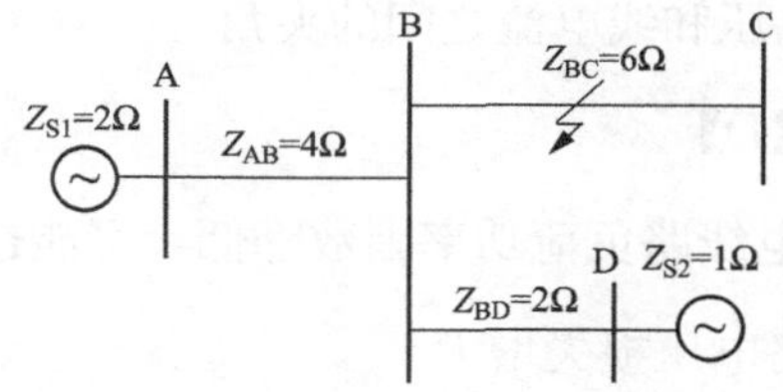

图 1-3

A. 6Ω　　B. 7Ω　　C. 8Ω　　D. 13Ω

答案：【D】

12. 在 RLC 串联的交流回路中，如果总电压相位落后电流相位，则（　）。

A. $X_L \geqslant X_C$　　B. $X_L = X_C$　　C. $X_L < X_C$　　D. $X_L \leqslant X_C$

答案：【C】

13. $L=100$mH 的电感接到 $u=\sqrt{2}\times 220\sin\left(314t-\frac{\pi}{6}\right)$V 的交流电源上，电感上存储的无功功率是（　）。

A. 770var　　B. 1541var　　C. 1333.7var　　D. 0var

答案：【B】

14. 一条输电线路若某一侧的潮流是送有功、受无功，则该侧的电压超前电流（　）。

A. 0°～90°　　B. 90°～180°　　C. 180°～270°　　D. 270°～360°

答案：【D】

15. 110kV 输电线路一侧分别送有功 $P=90$MW、无功 $Q=50$Mvar，该侧电压互感器变比为 110kV/100V、电流互感器变比为 600/5。试计算出二次负荷电流，为（　）。

A. 2.25A　　B. 4.5A　　C. 9A　　D. 12.25A

答案：【B】

16. 用实测法测定线路的零序参数，假设试验时无零序干扰电压，电流表读数为 10A，电压表读数为 10V，瓦特表读数为 50W，则零序阻抗的计算值为（　）。

A. 0.5＋j0.866Ω　　B. 1.5＋j2.598Ω

C. 1.0＋j1.732Ω　　D. 1.0＋j1.5Ω

答案：【B】

17. 在电路计算中常常用到功率因数角，功率因数角是指（　）。

A. 线电压和线电流之间的夹角　　B. 线电压和相电流之间的夹角

C. 相电压和线电流之间的夹角　　D. 相电压和相电流之间的夹角

答案：【D】

18. 输电线路负荷功率因数降低，可能造成的影响有（　）。

A. 线路电压损失增大

B. 线路电压损失增大，有功损耗增大

C. 线路电压损失增大，有功损耗增大，发电机设备未能充分发挥作用

D. 有功损耗增大

答案：【C】

19. 为解决系统无功电源容量不足的问题，以提高功率因数、改善电压质量、降低线损，常常采用的措施有（　）。

A. 并联电容　　B. 串联电容

C. 串联电容和并联电抗　　D. 并联电抗

答案：【A】

20.（　）是电力系统运行的一个重要指标，反映电力系统有功功率供需平衡的状态。

A. 电压　　B. 电流　　C. 频率　　D. 电压和电流

答案：【C】

21. 变电站的主要调压手段是通过（　）和控制无功功率补偿电容器来实现的。

A. 低频减负荷　　B. 调节有载调压变压器分接头位置

C. 采用备用电源自投装置　　D. 采用自动重合闸装置

答案：【B】

22. 电压无功综合控制的目的是保证电力系统安全稳定运行，提高（　）。

A. 系统功率因数　　B. 系统频率　　C. 供电电压质量　　D. 供电可靠性

答案：【C】

23. 若微机保护测量的动作电流整定值为1A，测量电流的动作值为0.95、1.05、1.15A，则动作电流的离散度为（　）。

A. 5%　　B. 15%　　C. 19%　　D. 20%

答案：【C】

24. 若微机保护每周波采样20点，则以下正确的是（　）。

A. 采样间隔为1ms，采样率为1000Hz　　B. 采样间隔为5/3ms，采样率为1000Hz

C. 采样间隔为 1ms，采样率为 1200Hz　　D. 采样间隔为 5/3ms，采样率为 1200Hz

答案：【A】

25. 如要求一台录波装置能监测到最高次数为 19 次谐波，则从采样角度出发，要求每周波至少需（　）采样点。

A. 20 个　　B. 38 个　　C. 19 个　　D. 12 个

答案：【B】

26. 某微机线路保护装置每周波采样 12 点，现负荷潮流为有功 $P=86.6$MW、无功 $Q=-50$Mvar，微机保护打印出电压和电流的采样波形，在微机保护正常运行时，下列各组中（　）是正确的。

A. U_a 比 I_a 由正到负过零点超前 1 个采样点

B. U_a 比 I_a 由正到负过零点滞后 2 个采样点

C. U_a 比 I_b 由正到负过零点超前 3 个采样点

D. U_a 比 I_c 由正到负过零点滞后 4 个采样点

答案：【C】

27. 高压断路器的额定开断电流是指在规定条件下开断（　）。

A. 最大短路电流的最大值　　B. 最大冲击短路电流

C. 最大短路电流的有效值　　D. 最大负荷电流的 2 倍

答案：【C】

28. 将额定电压为 35kV 的断路器用在 10kV 系统中，其遮断容量会（　）。

A. 不变　　B. 增大　　C. 减少　　D. 不能用

答案：【C】

29. 冲击电流常用于校验电器设备和载流导体的电动力稳定性，当 $f=50$Hz 时，它一般出现在短路后（　）。

A. 瞬间　　B. 0.01s　　C. 0.02s　　D. 0.04s

答案：【B】

30. 一般在高压网络中发生短路故障时，冲击电流 $I\!I_{mp}$ 与短路电流周期分量有效值 I_W 的关系为（　）。

A. $I\!I_{mp}=1.52I_W$　　B. $I\!I_{mp}=1.62I_W$　　C. $I\!I_{mp}=2.55I_W$　　D. $I\!I_{mp}=2.83I_W$

答案：【C】

31. 根据平均值的定义，电流的平均值表达式为 $I_{av}=\frac{1}{T}\int_0^T|I_m\sin\omega t|dt$，则电流的有效值与平均值的关系为（ ）。

A. $I_{av}=1.09I$ B. $I_{av}=0.9I$ C. $I_{av}=1.0I$ D. $I_{av}=1.1I$

答案：【B】

32. 电源用星形连接时，如果电源的相电压中含有 1、3、5 等次奇次谐波分量，则星形连接电源线电压有效值与相电压有效值的关系为（ ）。

A. $U_L>\sqrt{3}U_P$ B. $U_L<\sqrt{3}U_P$ C. $U_L=\sqrt{3}U_P$ D. 不确定

答案：【B】

33. 在某 10kV 小电流不接地系统中，若测得该母线的线电压分别为 $\dot{U}_{ab}=10kV\angle 0°$、$\dot{U}_{bc}=10kV\angle -120°$、$\dot{U}_{ca}=10kV\angle 120°$，则该母线 A 相电压为（ ）。

A. $5.77kV\angle -30°$ B. $5.77kV\angle -150°$

C. $5.77kV\angle 90°$ D. 不能确定

答案：【D】

34. 当对称三相电源作星型连接时，若已知 $\dot{U}_B=220kV\angle -60°$，则 $\dot{U}_{CA}=$（ ）。

A. $220\sqrt{3}kV\angle -150°$ B. $220kV\angle -150°$

C. $220\sqrt{3}kV\angle 150°$ D. $220kV\angle 150°$

答案：【A】

35. 若线路空载运行，其首端电压和末端电压分别为 U_M 和 U_N，下面正确的是（ ）。

A. $U_M>U_N$ B. $U_M=U_N$ C. $U_M<U_N$ D. 不确定

答案：【C】

36. 纯电感、电容串联回路发生谐振时，其串联回路的视在阻抗等于（ ）。

A. 无穷大 B. 零

C. 电源阻抗 D. 谐振回路中的电抗

答案：【B】

37. 下列关于 RL 串联电路回路中的时间常数 τ 描述正确的是（ ）。

A. 与 L 成正比，与 R 成反比 B. 与 R 成正比，与 L 成反比

C. 与 L、R 的乘积成正比 D. 与 L、R 的乘积成反比

答案：【A】

38. 下列关于 RC 串联电路回路中的时间常数 τ 描述正确的是（ ）。

A. 与 C 成正比，与 R 成反比　B. 与 R 成正比，与 C 成反比

C. 与 C、R 的乘积成正比　D. 与 C、R 的乘积成反比

答案：【D】

39. 在公用电网中（ ）已成为最主要的谐波源。

A. 电力电子装置　B. 变压器　C. 发电机　D. 电弧炉

答案：【A】

40. 相当于负序分量的高次谐波是（ ）谐波（选项中 N 为正整数）。

A. $3N$ 次　B. $3N+1$ 次　C. $3N+2$ 次　D. $4N+1$

答案：【C】

41. 非正弦周期电源的电路吸收的平均功率（ ）其直流分量和各次谐波分量吸收的平均功率之和。

A. 小于　B. 等于　C. 大于　D. 不能确定

答案：【B】

42. 线路发生三相短路时，各相短路电流中的非周期分量的关系描述正确的是（ ）。

A. 为零　B. 相等　C. 不相等　D. 不能确定

答案：【C】

43. 在超高压电网中，特别在轻负荷情况下经常出现较高的零序电压。正常运行情况下显现的零序电压的主要成分是（ ）。

A. 基波　B. 三次谐波　C. 五次谐波　D. 七次谐波

答案：【B】

44. 超高压输电线路由于分布电容的存在，在线路发生短路故障后，短路电流中含有暂态分量的性质是（ ）。

A. 低频分量　B. 高频分量　C. 非周期分量　D. 直流分量

答案：【B】

45. 超高压线路采取串补电容后，在线路发生短路故障后，短路电流中含有暂态分量的性质是（ ）。

A. 低频分量　B. 高频分量　C. 非周期分量　D. 直流分量

答案：【A】

46. 输电线路发生故障时，电流和电压会有非周期分量出现，下列说法正确的是（　）。

A. 故障相电流与该相母线电压中，均可能含有相当的非周期分量

B. 故障相电流中的非周期分量比该相母线电压中的非周期分量大得多

C. 故障相电流中的非周期分量比该相母线电压中的非周期分量小得多

D. 故障相电流中的非周期分量与该相母线电压中的非周期分量孰大孰小不能确定

答案：【B】

47. 若正常运行中的电流互感器发生饱和时，其铁芯中磁通波形是（　）。

A. 接近正弦波

B. 正负脉冲波形，周期为工频周期

C. 接近正、负梯形波形，周期为工频周期

D. 正弦波，但波形有缺损，饱和越深，波形缺损越严重

答案：【C】

48. 用傅氏算法计算下列信号的基波相量时，哪种信号不会产生误差（　）。

A. $I(t)=\sin\omega t+3t$　　B. $I(t)=\sin\omega t+3e^{-t}$

C. $I(t)=3e^{-t}$　　D. $I(t)=\sin\omega t+3\cos\omega t$

答案：【D】

49. 相对于交流系统而言，换流器相当于（　）类型的谐波源。

A. 谐波电压源　　B. 谐波电流源

C. 谐波电压及电流源　　D. 非谐波源

答案：【B】

50. 常规直流输电属于（　）型，柔性直流输电属于（　）型。（　）

A. 电流源、电流源　　B. 电流源、电压源

C. 电压源、电压源　　D. 电压源、电流源

答案：【B】

51. 微机保护要保证各通道同步采样，如果不能做到同步采样，除对（　）没有影响外，对其他元件都将产生影响。

A. 负序电流元件　　B. 零序方向元件　　C. 相电流元件　　D. 差动电流元件

答案：【C】

52. 以下关于电抗互感器的作用描述正确的是（　）。

A. 一次电流转换成二次电压　　B. 一次电流转换成二次电流

C. 一次电压转换成二次电压　　D. 一次模拟量转换成二次数字量

答案：【A】

53. 电抗变压器在空载情况下，二次电压与一次电流的相位关系是（　）。

A. 二次电压超前一次电流近 90°　　B. 二次电压与一次电流接近 0°

C. 二次电压滞后一次电流近 90°　　D. 不能确定

答案：【A】

54. 若系统频率发生了偏移，当系统频率变为 49Hz 时，假设每周波采样点数为 N，则在同步采样情况下相邻两个采样时刻的电角度为（　）。

A. $\frac{2\pi}{N}$　　B. $>\frac{2\pi}{N}$　　C. $<\frac{2\pi}{N}$　　D. 无法确定

答案：【C】

55. 为防止频率混叠，微机保护采样频率 f_s 与采样信号中所含最高频率成分的频率 f_{max} 应满足（　）。

A. $f_s>2f_{max}$　　B. $f_s<2f_{max}$　　C. $f_s>f_{max}$　　D. $f_s=f_{max}$

答案：【A】

56. 当微机保护采样频率 f_s 小于 2 倍采样信号中所含最高频率成分的频率 f_{max} 时，则采样后所看的除原信号外还增加了一个（　），出现频率混叠现象。

A. 高频信号　　B. 低频信号　　C. 直流信号　　D. 非周期信号

答案：【B】

57. 某型号线路保护的变化量启动元件采用半波积分算法，$A=\int_0^{10ms}V_m\sin\omega t dt$ 的积分结果为（　）。

A. V_m　　B. $2V_m$　　C. $0.5V_m$　　D. $1.5V_m$

答案：【B】

58. 在下述各种微机保护算法中，不需求出电压、电流的幅值和相位可以直接算出 R 和 X 值的是（　）。

A. 两点乘积法　　B. 微分算法　　C. 半周积分法　　D. 解微分方程算法

答案：【D】

59. 在下列微机保护的基本算法中，其算法的精度与采样频率无关的是（　）。

A. 两点乘积法　　B. 微分算法　　C. 半周积分法　　D. 解微分方程算法

答案：【A】

60. 在微机保护中经常用差分算法计算工频量的有效值和相角，下述对差分算法描述正确的是（　）。

A. 有抑制各整数次谐波的作用　　B. 有放大直流分量电流的作用

C. 有一定抑制高次谐波电流的作用　　D. 可有效抑制非周期分量电流的影响

答案：【D】

61. 在微机保护中经常用半周傅氏算法计算工频量的有效值和相角，当用该算法时可以滤除（　）分量。

A. 直流　　B. 奇数次谐波

C. 偶数次谐波　　D. 指数形式衰减的直流

答案：【B】

62. 在微机保护中经常用全周傅氏算法计算工频量的有效值和相角，当用该算法时正确的说法是（　）。

A. 对直流分量和衰减的直流分量都有很好的滤波作用

B. 对直流分量和所有的谐波分量都有很好的滤波作用

C. 对直流分量和整数倍的谐波分量都有很好的滤波作用

D. 以上说法都不对

答案：【C】

63. 半周绝对值积分算法的原理是依据一个正弦量在任意半个周期内绝对值积分为一个常数 S，该常数 S 与以下（　）无关。

A. 角频率　　B. 有效值　　C. 初相角　　D. 以上都有关

答案：【C】

64. 保护装置就地化安装，装置内部通信应尽量降低速率，如果需要提高速率时，可以考虑通过将信号变成（　）信号来提高抗干扰能力。

A. 微分　　B. 差分　　C. 积分　　D. 高频

答案：【B】

65. 为了兼顾保护的动作速度和测量精度，故障开始时用（　）算法为灵敏度较低而安全裕度较大的保护元件提供数据。

A. 半周傅氏　　B. 全周傅氏　　C. 滤序器　　D. 移相器

答案：【A】

66. 220kV 及以上保护装置的采样回路应使用（　）（共用一个电压或电流源）。

A. 双 A/D 结构　　B. A/D 冗余结构　　C. VFC 结构　　D. 双 VFC 结构

答案：【B】

67. 微机保护每隔一个采样间隔会产生一个采样脉冲，微机保护将转入执行一次（　）。

A. 中断服务程序　　B. 主循环程序　　C. 跳闸程序　　D. 逻辑闭锁程序

答案：【A】

68. 两台变压器间定相工作是为了核定（　）。

A. 相序　　B. 相位差　　C. 相序和相位　　D. 相位

答案：【C】

69. 在变压器铁芯中，产生铁损的原因是（　）。

A. 磁滞现象　　B. 涡流现象

C. 磁阻的存在　　D. 磁滞现象和涡流现象

答案：【D】

70. 当变压器电源电压高于额定电压时，铁芯中的损耗将（　）。

A. 减少　　B. 不变　　C. 增大　　D. 变化很小

答案：【C】

71. 在变压器铁芯中，铁损、铜损分别与（　）有关。

A. 线圈电流、变压器电压　　B. 变压器电压、线圈电流

C. 变压器电压、变压器电压　　D. 线圈电流、线圈电流

答案：【B】

72. 微机保护中用来存放原始数据的存储器是（　）。

A. EPROM　　B. EEPROM　　C. RAM　　D. FLASH

答案：【C】

73. 微机保护中通常用来保存故障数据的存储器是（　）。

A. EPROM　　B. SRAM　　C. EEPROM　　D. FLASH

答案：【B】

74. 微机保护中应用 FLASH 可以（　）。

A. 提供丰富的界面　　B. 防止保护误动

C. 放置保护定值　　D. 扩展 CPU 内存

答案：【C】

75. 微机保护硬件结构由（　）、开关量输入/输出系统、微机主系统组成。

A. 软件算法　　B. 数据采集系统　　C. 中断程序　　D. 逻辑判断

答案：【B】

76. 下列关于微机继电保护装置的描述正确的是（　）。

A. 微机继电保护装置的所有输出端子不应与其弱电系统（指 CPU 的电源系统）有电的联系

B. 微机继电保护装置不应设有自恢复电路，在因干扰而造成程序走死时，不应通过自恢复电路恢复正常工作

C. 微机继电保护装置中零序电压应采用外接零序电压，如果无外接零序电压，应采用自产零序电压

D. 开关量输入回路应直接使用微机继电保护装置的直流电源，光耦导通动作电压应在额定直流电源的 50%～70%范围内

答案：【A】

77. 已知三相输电线路的正序阻抗为 Z_1，零序阻抗为 Z_0，则线路的自感阻抗 Z_L 和互感阻抗 Z_M 关系正确的是（　）。

A. $Z_L=\frac{Z_1+2Z_0}{3}$、$Z_M=\frac{Z_0-Z_1}{3}$　　B. $Z_L=\frac{Z_1+2Z_0}{3}$、$Z_M=\frac{Z_1+Z_0}{3}$

C. $Z_L=\frac{2Z_1+Z_0}{3}$、$Z_M=\frac{Z_0-Z_1}{3}$　　D. $Z_L=\frac{Z_1-2Z_0}{3}$、$Z_M=\frac{Z_1+Z_0}{3}$

答案：【C】

78. 同杆平行双回线两回线参数完全一致，且都经过充分换位，各相自阻抗 Z_L，同一回线内的相间互阻抗 Z_{M1}，两回线间的相间互阻抗 Z_{M2}，则每回线的正序阻抗、零序阻抗及两回线间的零序互阻抗为（　）。

A. Z_L-Z_{M1}、Z_L+2Z_{M1}、$3Z_{M1}$　　B. Z_L-Z_{M1}、Z_L+2Z_{M1}、$3Z_{M2}$

C. Z_L+Z_{M1}、Z_L+2Z_{M1}、Z_{M1}　　D. Z_L-Z_{M1}、Z_L+2Z_{M1}、Z_{M2}

答案：【B】

79. 反映输电线路的磁场效应的参数为（　）。

A. 电抗　　B. 电阻　　C. 电容　　D. 电导

答案：【A】

80. 单分裂输电线路导线的高频特性阻抗为（　）。

A. 300Ω　　B. 400Ω　　C. 500Ω　　D. 100Ω

答案：【B】

81. 输电线路三相导线的几何均距越大，则导线的电抗（　）。

A. 不变　　B. 越小　　C. 越大　　D. 无法确定

答案：【C】

82. 超高压线路若采用分裂导线，线路的分布电容（　）

A. 减小　　B. 增大　　C. 不变　　D. 不确定

答案：【B】

83. 超高压输电线路采用分裂导线与采用相同截面的单根导线相比较，下列选项中描述错误的是（　）。

A. 分裂导线通流容量大些　　B. 分裂导线较易发生电晕，电晕损耗大些

C. 分裂导线对地电容大些　　D. 分裂导线结构复杂些

答案：【B】

84. 电力设备铭牌上的参数通常用以（　）为基准的标幺值表示。

A. 100MVA、平均额定电压　　B. 1000MVA、平均额定电压

C. 三相额定容量、额定线电压　　D. 三相额定容量、平均线电压

答案：【C】

85. 当标幺值基准容量选取为 100MVA 时，则 220kV 系统的基准阻抗为（　）。

A. 484Ω　　B. 529Ω　　C. 251Ω　　D. 以上均不正确

答案：【B】

86. 以基准容量 1000MVA 折算的阻抗、电流标幺值与 100MVA 折算的阻抗、电流标幺值比较（　）。

A. 阻抗变大、电流变小　　B. 阻抗变大、电流不变

C. 阻抗变小、电流变大　　D. 阻抗不变、电流变小

答案：【A】

87. 当采用标幺值计算时，若取相电压基准值为额定相电压，则功率标幺值等于（　）。

A. 电压标幺值　　B. 电流标幺值

C. 电流标幺值的 3 倍　　D. 电流标幺值的倒数

答案：【B】

88. 以下各元件的标幺值参数折算错误的是（　）。

A. 发电机：$x_F^* = x''_d \dfrac{S_j}{S_F}$　　B. 变压器：$x_T^* = \dfrac{U_k\%}{100}\dfrac{S_j}{S_N}$

C. 电抗器：$x_K^* = \dfrac{x_k\%}{100}\dfrac{I_j}{I_e}\dfrac{U_e}{U_j}$　　D. 线路：$x_L^* = \dfrac{x_L}{x_j^2}$

答案：【D】

89. 同一套微机保护装置中的以下元件，整定时动作灵敏度（　）最低。

A. 测量元件　　B. 选相元件　　C. 启动元件　　D. 以上都不对

答案：【A】

90. 下列选项中，符合过量电力保护元件继电保护的选择性要求的是（　）。

A. 由电源算起，愈靠近故障点的继电保护的故障起动值相对愈小，动作时间愈短

B. 由电源算起，愈靠近故障点的继电保护的故障起动值相对愈大，动作时间愈短

C. 由电源算起，愈靠近故障点的继电保护的故障起动值相对愈小，动作时间愈长

D. 由电源算起，愈靠近故障点的继电保护的故障起动值相对愈大，动作时间愈长

答案：【A】

91. 继电保护是以常见运行方式为主来进行整定计算和灵敏度校核的。所谓常见运行方式是指（　）。

A. 正常运行方式

B. 正常运行方式下，任意一回线路检修

C. 正常运行方式下，与被保护设备相邻近的一回线路或一个元件检修

D. 正常运行方式下，与被保护设备相邻近的一回线路检修并有另一回线路故障被切除

答案：【C】

92. （　）是满足系统稳定和设备安全要求，能以最快速度有选择地切除被保护设备和线路故障的保护。

A. 后保护　　B. 辅助保护　　C. 主保护　　D. 后备保护

答案：【C】

93. 当主保护或断路器拒动时，用以切除故障的保护是（　）。

A. 异常运行保护　B. 后备保护　C. 辅助保护　D. 运行保护

答案：【B】

94. 当断路器拒动时，由（　）来实现后备保护。

A. 断路器失灵保护　B. 辅助保护　C. 异常运行保护　D. 运行保护

答案：【A】

95. 在一侧有电源另一侧断开的超高压远距离输电线路上，输电线路上各点电压和电流的状况是（　）。

A. 离电源越远，电流越大、电压越低　B. 离电源越远，电流越小、电压越高

C. 离电源越远，电流越大，电压越高　D. 以上都不对

答案：【B】

96. 当架空输电线路发生三相短路故障时，该线路保护安装处的电流和电压的相位关系是（　）。

A. 功率因数角　B. 保护安装处的功角

C. 线路阻抗角　D. 0°

答案：【C】

97. 当线路输送自然功率时，线路产生的无功功率（　）线路吸收的无功功率。

A. 大于　B. 等于

C. 小于　D. 视具体情况都可能

答案：【B】

98. 在 10kV 不接地系统中，当全系统的电容电流超过（　）时，应装设消弧线圈。

A. 30A　B. 20A　C. 10A　D. 5A

答案：【C】

99. 在同一网格状地网系统的变电站内，每一千安故障电流在完全位于同一地网范围内的最大期望纵向电压为（　）。

A. 5V　B. 10V　C. 15V　D. 30V

答案：【B】

100. 下列不属于中性点经电阻接地电网的优点的是（　）。

A. 可限制单相接地电流

B. 单相接地时可继续运行 1～2 小时

C. 发生接地故障时容易选出故障线

D. 可降低电气设备耐压水平

答案：【B】

101. 对于 3～10kV 线路单相接地故障，可利用不同电流构成有选择性的电流保护或功率方向保护。对于短路电流的构成下列选项描述不正确的是（　）。

A. 网络的自然电容电流

B. 消弧线圈补偿后的残余电流，例如残余电流的有功分量或高次谐波分量

C. 人工接地电流，但此电流应尽可能地限制在 100A 以内

D. 单相接地故障的暂态电流

答案：【C】

102. 电力系统继电保护和安全自动装置的功能是在合理的（　）前提下，保证电力系统和电力设备的安全运行。

A. 配置　　B. 电网结构　　C. 设计　　D. 施工建设

答案：【B】

103. 保护选型应采用（　）的产品。

A. 技术成熟、性能可靠、质量优良　　B. 技术先进、性能优良、质量可靠

C. 技术成熟、性能先进、质量优良　　D. 技术先进、性能可靠、质量优良

答案：【A】

1.2 多 选 题

1. 中性点直接接地的大电流接地系统的特点有（　）。

A. 系统绝缘水平低　　B. 接地电流大　　C. 供电可靠性低　　D. 可持续供电

答案：【ABC】

2. 下列有助于提升电网功率因数的方式有（　）。

A. 串补电容　　B. 串联电抗　　C. 调压器　　D. 并联补偿电容

答案：【AD】

3. 无功功率的增加对电网的影响主要有以下（　）方面。

A. 设备容量增加　　B. 设备及线路损耗增加

C. 线路及变压器的压降增加　　D. 设备利用率增加

答案：【ABC】

4. 电力系统中电压控制的重要方法之一就是对系统的无功功率进行控制，控制无功功率可采用以下（　）方式。

A. 同步发电机　　B. 同步调相机

C. 并联电容器　　D. 静止无功补偿装置

答案：【ABCD】

5. 对电力系统中无功功率进行快速的动态补偿，可以实现以下（　）的功能。

A. 对动态无功负载的功率因数校正

B. 改善电压调整率

C. 提高电力系统的静态和动态稳定性，阻尼功率振荡

D. 减少电压和电流的不平衡

答案：【ABCD】

6. 电力系统中常用（　）指标来衡量电能质量。

A. 电压　　B. 频率　　C. 网损率　　D. 波形畸变率

答案：【ABD】

7. 标幺值是无单位的相对值，当在三相系统中采用标幺值后，下列关系式不正确的是（　）。

A. $S^{*}=\sqrt{3}U^{*}I^{*}$　　B. $S^{*}=U^{*}I^{*}$

C. $U_{L}^{*}=\sqrt{3}U_{N}^{*}$　　D. $P^{*}=\sqrt{3}U^{*}I^{*}\cos\varphi$

答案：【ACD】

8. 电力系统中常见的干扰源有（　）。

A. 雷电　　B. 无线电波

C. 静电　　D. 隔离开关及断路器操作

答案：【ABCD】

9. 微机保护中通常用来保存定值信息的存储器是（　）。

A. FLASH ROM　　B. EPROM　　C. EEPROM　　D. SRAM

答案：【AB】

10. 电力系统短路暂态过程中产生的非周期分量电流与短路时的电压初相角有关，当系

统阻抗角为 80°时，若故障前空载，当初相角为（　）时非周期分量电流最大。

A. －10°　　B. 10°　　C. 170°　　D. 190°

答案：【AC】

11. 电力系统发生短路时，短路的暂态过程中将出现随时间衰减的（　）自由分量。

A. 工频　　B. 非周期　　C. 直流　　D. 谐波

答案：【BCD】

12. 高压远距离输电线路的分布电容对短路电流的暂态过程产生很大的影响。在线路发生短路故障后，短路电流中暂态分量的性质是（　）。

A. 高频分量　　B. 低频分量　　C. 工频分量　　D. 直流分量

答案：【AD】

13. 以下（　）是衡量 A/D 变换器的重要指标。

A. 分辨率　　B. 转换速度　　C. 采样频率　　D. 以上都是

答案：【AB】

14. 微机保护使用的直流逆变电源与电阻降压式稳压电路相比，有（　）优点。

A. 效率高　　B. 损耗降低

C. 抗高干扰能力强　　D. 对电源质量要求高

答案：【ABC】

15. 电力系统短路故障计算时常用到系统运行方式，其中系统的最大运行方式是（　）。

A. 在被保护对象末端短路时，系统的等值阻抗最小

B. 在被保护对象末端短路时，通过保护装置的短路电流最大

C. 变压器中性点接地数目最多

D. 运行的变压器最多

答案：【AB】

16. 微机保护中选择采样频率 f_s 时，一般需要考虑以下（　）因素。

A. 频率混叠问题　　B. 微机保护原理的要求

C. 微机保护算法的要求　　D. 硬件的速度问题

答案：【ABCD】

17. 微机保护中数字信号采集过程通常包括（　）过程。

A. 时间离散化　　B. 开关量离散化　　C. 定值离散化　　D. 幅值离散化

答案：【AD】

18. 评价微机保护算法优劣的标准有（　）。

A. 计算速度　　B. 数字滤波　　C. 硬件结构　　D. 计算精度

答案：【AD】

19. 微机保护的常用基本算法有（　）。

A. 半周积分法　　B. 采样和导数算法　　C. 傅里叶算法　　D. 微分方程算法

答案：【ABCD】

20. 若采样周期 $T_s = \frac{5}{3}$ms，则差分滤波器 $y(n) = x(n) - x(n-12)$ 能够滤除的有（　）。

A. 直流分量　　B. 基波分量　　C. 2、4、6 次谐波　　D. 3、5 次谐波

答案：【ABCD】

21. 微机保护的采样频率为 600Hz，若 A 相电流的第 2 个采样点等于 B 相的第 10 个采样点，而等于 C 相的第 6 个采样点，下述说法不正确的是（　）。

A. 三相电流为正相序　　B. 三相电流为负相序

C. 三相电流回路正确　　D. 三相电流为同相序

答案：【ACD】

22. 下列选项中关于微机保护算法中的全周积分算法描述正确的是（　）。

A. 有滤去高次谐波电流的作用，并且随采样点数的增大滤波作用也增大

B. 滤波能力很好，但数据窗口需一个周波加一个采样周期，因此响应时间较长

C. 计算出的电压或电流值随采样频率的增高，正确度也相对增大

D. 有一定抑制非周期分量的作用，但作用并不十分明显

答案：【ABC】

23. 下列选项中关于微机保护算法中的差分算法描述正确的是（　）。

A. 可有效抑制非周期分量电流的影响

B. 有一定抑制高次谐波电流的作用

C. 有放大高次谐波电流的作用

D. 因只需做减法，算法简单，运算工作量较小

答案：【AC】

24. 对负序分量或者零序分量滤序器，下列说法正确的是（　）。

A. 二次谐波分量具有负序分量的性质，所以二次谐波分量可使负序分量滤序器有输出

B. 五次谐波分量具有负序分量的性质，所以五次谐波分量可使负序分量滤序器有输出

C. 三次谐波分量具有零序分量的性质，所以三次谐波分量可使零序分量滤序器有输出

D. 九次谐波分量具有负序分量的性质，所以九次谐波分量可使负序分量滤序器有输出

答案：【BC】

25. 共模干扰的主要危害有以下（　）。

A. 影响输入信号大小，产生误差　　B. 影响逻辑功能

C. 损坏芯片　　D. 可能造成程序走乱

答案：【BCD】

26. 大电流接地系统输电线路有功功率传输的方向描述正确的是（　）。

A. 与两侧电压高低无关　　B. 与两侧电压高低有关

C. 与两侧电压相量有关　　D. 与两侧电压相量无关

答案：【AC】

27. 电力系统稳定分析和短路电流计算中，通常将某一侧系统的等效母线处看成无穷大系统，则对无穷大系统描述正确的是（　）。

A. 等效母线电压恒定不变

B. 等效母线电压频率恒定不变

C. 等效母线背后系统综合阻抗等于无穷大

D. 等效母线背后系统综合阻抗等于零

答案：【ABD】

28. 当电力系统频率降低时，可以通过（　）的措施使系统频率上升。

A. 增加发电机励磁，降低功率因素　　B. 投入大电流联切装置

C. 增加发电机有功出力或减少用电负荷　　D. 投入低频减载装置

答案：【CD】

29. 在某些运行方式下，（　）允许适当地牺牲部分选择性。

A. 对终端供电变压器　　B. 串联供电线路

C. 预定的解列线路　　D. 并联供电线路

答案：【ABC】

30. 设 I_a、I_b、I_c 为一组工频正序电流，当采样频率是 1200Hz 时，采样电流表示为

$I_{a(0)}$、$I_{b(0)}$、$I_{c(0)}$；$I_{a(1)}$、$I_{b(1)}$、$I_{c(1)}$；$I_{a(2)}$、$I_{b(2)}$、$I_{c(2)}$；…；采样电流的有效值表示为 I_{am}、I_{bm}、I_{cm}。下列正确的是（　）。

A. $I_{am}=\sqrt{\frac{I_{a(1)}^2+I_{a(4)}^2}{2}}$　　B. $I_{bm}=\sqrt{\frac{I_{b(3)}^2+I_{b(9)}^2}{2}}$

C. $I_{bm}=\sqrt{\frac{I_{b(3)}^2+I_{b(6)}^2}{2}}$　　D. $I_{cm}=\sqrt{\frac{I_{c(0)}^2+I_{c(6)}^2}{2}}$

答案：【BD】

31. 微机保护装置硬件电路对外引线的抗干扰基本措施有以下（　）。

A. 交流输入回路采用变换器隔离，一、二次线圈间有屏蔽层且屏蔽层可靠接地

B. 开关量输入、输出采用光电耦合器隔离

C. 直流电源采用逆变电源

D. 装置外壳和线缆屏蔽层可靠接地

答案：【ABCD】

32. 设电流互感器变比为 200/1，微机故障录波预先整定号正弦电流波形基准（峰值）为 1.0A/mm，在一次线路接地故障中录得电流正半波为 17mm，负半波为 3mm，则其一次值的直流分量、交流分量的有效值分别为（　）。

A. 1400A　　B. 1414A　　C. 2000A　　D. 989.8A

答案：【AB】

33. 对交流铁芯线圈工作影响最大的因素有（　）。

A. 磁路饱和　　B. 磁滞　　C. 漏磁通　　D. 涡流

答案：【ABD】

34. 变电站保护装置使用的二次电缆中由开关场至控制室的二次电缆采用屏蔽电缆且要求屏蔽层两端接地是为了降低（　）。

A. 开关场的空间电磁场在电缆芯线上产生感应，对静态型保护装置造成干扰

B. 相邻电缆中信号产生的电磁场在电缆芯线上产生感应，对静态型保护装置造成干扰

C. 本电缆中信号产生的电磁场在相邻电缆芯线上产生感应，对静态型保护装置造成干扰

D. 由于开关场与控制室的地电位不同，在电缆中产生干扰

答案：【ABC】

35. 微机保护装置常用的抑制电磁干扰的主要措施有（　）。

A. 抑制干扰源　　B. 阻断干扰通道

C. 降低受干扰保护装置的噪声敏感度　　　　D. 保护装置软硬件结合抗干扰

答案：【ABCD】

36. 高压电网继电保护短路电流计算可以忽略（　）等阻抗参数中的电阻部分。

A. 发电机　　　　B. 变压器　　　　C. 架空线路　　　　D. 电缆

答案：【ABCD】

37. 下列（　）一次设备参数用于整定计算时必须采用实测值。

A. 三相三柱式变压器的零序阻抗

B. 66kV 及以上架空线路和电缆线路的阻抗

C. 平行线路之间的零序互感阻抗

D. 对继电保护影响较大的有关参数

答案：【ABCD】

1.3 判　断　题

1. 已知正弦电压 $u=311\sin(314t-\pi/6)$ 和正弦电流 $i=7.07\sin(314t+\pi/3)$，电压相位超前电流 $\pi/2$。

答案：【错误】

2. 非正弦周期电流电路吸收的平均功率等于其直流分量和各次谐波分量吸收平均功率之和。

答案：【正确】

3. 正弦交流电流的平均值等于其有效值除以 1.732。

答案：【错误】

4. 对于正弦波，有时也用波形因数和振幅因数来描述其波形特征。波形因数和振幅因数都只是描述了非正弦波形的某一个数字特征，两者之间具有一一对应的关系。

答案：【错误】

5. 在不对称三相三线制电路中，各相电流可能包含 3、6、9 等次谐波，但不可能包含这些谐波电流的零序分量，也不可能包含其他次谐波电流的零序分量。

答案：【正确】

6. 在不对称三相三线制或三相四线制电路中，各线电压中也可能包含 3、6、9 等次谐波，但同样不可能包含这些谐波电压的零序分量，也不可能包含其他次谐波的零序分量。

答案：【正确】

7. 在三相电路中电流和电压的相位、波形畸变、三相不对称均是影响功率因数的因素。

答案：【正确】

8. 如果电路中某支路的复阻抗 $Z=8-j6\Omega$，则其导纳 $Y=1/8-j1/6S$。

答案：【错误】

9. 如果某电路的功率因数为 1，则表明该电路仅含电阻性负荷。

答案：【错误】

10. 高压断路器额定开断电流是指断路器的故障点三相短路最大瞬时电流值。

答案：【正确】

11. 并联谐振应具备以下特征：电路中的总电流 I 达到最小值，电路中的总阻抗达到最大值。

答案：【正确】

12. RL 串联电路的时间常数 τ 与 L、R 成正比，RC 串联电路的时间常数 τ 与 C、R 成反比。

答案：【错误】

13. 非正弦周期函数的谐波分量的幅值是随着谐波次数的增加而逐渐减小的。

答案：【正确】

14. 接入负载的四端网络输入阻抗，等于输入端电压与电流之比，它与网络参数及负载有关。

答案：【正确】

15. 对于一个电路支路数大于网孔数，利于回路电压法求解。

答案：【正确】

16. 交流放大电路的输出端接有负载电阻 RL 时，在相同的输入电压作用下，输出电压的幅值比不接负载电阻 RL 时将减小。

答案：【正确】

17. 因为自感电动势的方向总是试图阻止电流的变化，所以自感电动势的方向总是与电流方向相反。

答案：【错误】

18. 变压器电动势的变化规律与磁通变化规律相同，但相位上前者滞后后者 90°。

答案：【正确】

19. 当铁磁材料的磁导率一定时，磁路的长度越长、截面积越小，磁阻就越小。

答案：【错误】

20. 一般来说，继电器的质量越好，接线越简单，所包含的接点数目越少，则保护装置的动作越可靠。

答案：【正确】

21. 电流继电器的主要技术参数有返回系数、动作电流、可靠系数和返回电流。

答案：【错误】

22. 从原理上讲，阻抗继电器、方向继电器、差动继电器、相序分量继电器都要求保护装置对各电气量同步采样。

答案：【正确】

23. 电力系统继电保护的基本任务是当被保护元件发生故障时，能迅速准确地给距离该元件最近的断路器发出跳闸命令，使故障元件及时从电力系统中断开。

答案：【错误】

24. 为保证电网继电保护的灵敏性，电网继电保护上、下级之间的逐级配合的原则是保护装置整定值在灵敏度和时间上配合。

答案：【错误】

25. 选择性是指首先由故障设备或线路本身的保护切除故障，当故障设备或线路本身的保护或断路器拒动时，才允许由相邻设备、线路的保护切除故障。

答案：【错误】

26. 对于传送大功率的输电线路保护，一般宜于强调可信赖性；而对于其他线路保护，则往往宜于强调安全性。

答案：【错误】

27. 系统运行方式越大，保护装置的动作灵敏度越高。

答案：【错误】

28. 低电压保护在系统运行方式变小时，保护范围会缩小。

答案：【错误】

29. 过电流保护在系统运行方式变小时，保护范围将变大。

答案：【错误】

30. 实现选择性的整定原则是越靠近故障点的保护装置动作灵敏度越大，动作时间越短。

答案：【正确】

31. 继电保护动作速度愈快愈好，灵敏度愈高愈好。

答案：【错误】

32. 由电源算起，愈靠近故障点的继电保护的故障起动值相对愈小，动作时间愈短。

答案：【正确】

33. 三段式电流保护中，灵敏度最高的是Ⅰ段。

答案：【错误】

34. 在大接地电流系统中，当线路上故障点逐渐靠近保护安装处时，流经保护电流的变化陡度，零序电流变化陡度较相间故障相电流变化陡度大。

答案：【正确】

35. 220kV 系统时间常数较小，500kV 系统时间常数较大，后者短路电流非周期分量的衰减较慢。

答案：【正确】

36. 高压长距离输电线电感对电阻的比值大，时间常数大，短路时产生的电流和电压自由分量衰减较慢。为了保持系统稳定，长距离输电线的故障应尽快切除，其继电保护的动作时间一般要求在 20～40ms。

答案：【正确】

37. 微机保护的常用基本算法有半周积分法、采样和积分算法、傅里叶算法和微分方程算法。

答案：【错误】

38. 全周傅里叶算法可以滤去多次谐波，且不受输入模拟量中非周期分量的影响。

答案：【错误】

39. 全周积分算法的数学概念是计算输入信号在一个周期内面积的绝对值之和。

答案：【正确】

40. 傅里叶算法可以滤去多次谐波，但受输入模拟量中非周期分量的影响较大。

答案：【正确】

41. 只要电流量是时间的正弦函数，在理论上两点乘积法的计算误差为零。

答案：【正确】

42. 在微机保护装置中常采用傅里叶算法与解微分方程算法，其中傅里叶算法受输入模拟量中非周期分量影响较大；而解微分方程算法对非周期分量不敏感，且不受电网频率的影响。

答案：【正确】

43. 由于电流量一阶导数的采样值不能直接由数据采集系统提供，只能用差分值来代替。所以解微分方程算法在原理上存在误差。

答案：【正确】

44. 设采样周期为 $T_S=5/3\text{ms}$，差分滤波器 $y(N)=x(N)-x(N-12)$ 能够滤除掉直流分量、基波和 2、3、4、5、6 次谐波。

答案：【正确】

45. 数字滤波器无任何硬件附加于计算机中，而是通过计算机去执行一种计算程序或算法，从而去掉采样信号中无用的成分，以达到滤波的目的。

答案：【正确】

46. 如果不满足采样定理，则根据采样后的数据可还原出比原输入信号中的最高次频率 f_{max} 还要高的频率信号，这就是频率混叠现象。

答案：【错误】

47. 当系统频率偏离额定值时，对微机保护的性能无影响。

答案：【错误】

48. 微机保护装置的功能特性主要是由硬件决定。

答案：【错误】

49. 微机保护不应使用在直流电源恢复（缓慢恢复除外）时不能自启动的直流逆变电源。

答案：【正确】

50. 微机继电保护装置应设有在线自动检查。在微机保护装置中微机部分任一元件损坏（包括 CPU）时都应发出装置异常信息，并在必要时闭锁保护。

答案：【正确】

51. 微机保护数据采集单元中通常采用变换器，变换器的一次与二次绕组间有屏蔽层，对高频干扰有一定的抑制作用。

答案：【正确】

52. 微机保护装置应设有自复位电路，在因干扰而造成程序走死时应能通过自复位电路自动恢复正常工作。但在进行抗高频干扰试验时，不允许自复位电路工作。

答案：【正确】

53. 微机中的“RAM”叫作随机存取存储器，一旦断开电源，存储内容立即会消失。

答案：【正确】

54. 微机保护装置应具有在线自动检测功能，装置中的出口元件损坏，不应造成保护误动作，且能发出装置异常信号。

答案：【错误】

55. 微机保护装置只能以空接点或光耦输出。

答案：【正确】

56. 在开关量的输入输出回路中用到光电耦合器，它将 CPU 系统与外界在电气上隔离，起到了抑制差模干扰作用。

答案：【错误】

57. 逐次逼近式模数变换器的转换过程是由最低位向最高位逐次逼近。

答案：【错误】

58. 超高压输电线路一般距离较长，线路空充时会导致线路末端电压将要升高，即所谓“容升”现象，在系统大运行方式时，这种现象尤为严重。

答案：【错误】

59. 向变电站的母线空充电操作时，有时出现误发接地信号，其原因是变电站内三相带电体对地电容量不等，造成中性点位移，产生较大的零序电压。

答案：【正确】

60. 电力网任意两点电压的相量差，称为电压损耗。

答案：【错误】

61. 长距离送无功功率，不仅有很大的无功功率损耗，而且同时也会增大有功功率损耗。

答案：【正确】

62. 功率因数较低时，电源设备的容量就不能充分利用，而且在线路上将引起较大的电压降和功率损失。

答案：【正确】

63. 无功功率 Q 只反映能量的流动和交换，并不反映能量在负载中的消耗。

答案：【正确】

64. 视在功率只是电压和电流有效值的乘积，它并不能准确反映能量交换和消耗的强度。在一般电路中，视在功率并不遵守能量守恒定律。

答案：【正确】

65. 电力设备的参数常用以三相额定容量和平均线电压为基准的标幺值表示。

答案：【错误】

66. 在标幺制中，三相电路的计算公式与单相电路的计算公式完全相同，线电压和相电压的标幺值相等。

答案：【正确】

67. 阻抗 R、X 的基准值不是 R_B、X_B 而是 Z_B，在求得 R^*、X^* 后，R、X 值为 $R=R^*Z_B$，$X=X^*Z_B$。

答案：【正确】

68. 输电线路采用串联电容补偿，可以增加输送功率、改善系统稳定及电压水平。

答案：【正确】

69. 长距离输电线路为了补偿线路分布电容的影响，以防止过电压和发电机的自励磁，需装设并联电抗补偿装置。

答案：【正确】

70. 高压长距离输电线常常装设串联电容补偿和并联电抗补偿装置，其短路过程中低频分量是由于电容上的电压不能突变而产生，高频分量是由于线路电感不允许电流突变而产生。

答案：【错误】

71. 一般来说，高低压电磁环网运行可以给变电站提供多路电源，提高对用户供电的可靠性，因此应尽可能采用这种运行方式。

答案：【错误】

1.4 问　答　题

1. 简述电力系统继电保护的基本任务。

答：(1) 当被保护的电力系统元件发生故障时，应该由该元件的继电保护装置迅速准确地给距离该元件最近的断路器发出跳闸命令，使故障元件及时从电力系统中断开；

(2) 反应电气设备的不正常工作情况，并根据不正常工作情况和设备运行维护条件的不同（例如有无经常值班人员）发出信号，以便值班人员进行处理，或由装置自动地进行调整，或将那些继续运行而会引起事故的电气设备予以切除。反应不正常工作情况的继电保护装置允许带一定的延时工作。

2. 试简要叙述继电保护的选择性含义。

答：选择性是指首先由故障设备或线路本身的保护切除故障，当故障设备或线路本身的保护或断路器拒动时，才允许由相邻设备、线路的保护或断路器失灵保护切除故障。为保证选择性，对相邻设备和线路有配合要求的保护和同一保护内有配合要求的两元件，其灵敏系数及动作时间，在一般情况下应相互配合。

3. 小电流接地系统中，在中性点装设消弧线圈的目的是什么？

答：小电流接地系统发生单相接地故障时，接地点通过的电流是对应电压等级电网的全部对地电容电流，如果此电容电流相当大，就会在接地点产生间歇性电弧，引起过电压，从而使非故障相对地电压极大增加，可能导致绝缘损坏，造成多点接地。在中性点装设消弧线圈的目的是利用消弧线圈的感性电流补偿接地故障的电容电流，使接地故障电流减少，以至自动熄弧，保证继续供电。

4. 何谓系统的最大、最小运行方式？

答：在继电保护的整定计算中，一般都要考虑电力系统的最大与最小运行方式。最大运行方式是指在被保护对象末端短路时，系统的等值阻抗最小，通过保护装置的短路电流为最大的运行方式。

最小的运行方式是指在上述同样的短路情况下，系统等值阻抗最大，通过保护装置的短路电流为最小的运行方式。

5. 解释整定计算中完全配合、不完全配合、不配合概念。

答：完全配合：需要配合的两保护在保护范围和动作时间上均能配合，即满足选择性要求。

不完全配合：需要配合的两保护在动作时间上能配合，但是保护范围无法配合。

不配合：需要配合的两保护动作时间不配合，即无法满足选择性要求。

6. 在微机保护数据采集系统中，共用A/D转换器条件下采样/保持器的作用是什么？

答：(1) 保证在A/D变换过程中输入模拟量保持不变；

(2) 保证各通道同步采样，使各模拟量的相位关系经过采样后保持不变。

7. 何为采样、采样中断、采样率？

答：微机保护中，CPU 通过模数转换器获得输入的电压、电流等模拟量（也可以含开关量输入）的过程称为采样。它实际上完成了输入连续模拟量到离散采样数字量的转换过程，它一般通过采样中断来实现，即 CPU 设置一个定时中断，这个中断时间一到，CPU 就执行采样过程，即启动 A/D 转换，并读取 A/D 转换结果。上述定时中断的时间间隔即为采样间隔 T_S，采样率 $f_s=1/T_S$。例如每个周波采样 20 个点，则采样间隔 $T_S=1\text{ms}$，采样率 $f_s=1000\text{Hz}$。

8. 简要说明异步采样、同步采样及其特点。

答：异步采样，也称为定时采样，即采样周期或采样频率永远的保持固定；

同步采样也称为跟踪采样，即为了使采样频率始终与系统实际运行频率保持固定的比例关系，必须使采样频率随系统运行频率的变化而实时的调整。

9. 简述微机保护中光电耦合器的作用。

答：微机保护中光电耦合器常用于开关量信号的隔离，使其输入与输出之间电气上完全隔离，尤其是可以实现地电位的隔离，这可以有效地抑制共模干扰。

10. 设计一加法滤波器，要求滤掉 1、3、5 等奇次谐波，假设采样频率为 1200Hz 写出其差分方程表达式。

答：由 $f_s=1200\text{Hz}$，所以 $N=1200/50=24$。又已知加法滤波器能够滤除的谐波次数为 $m=\dfrac{N}{2k}(1+2I)$（I 为正整数或 0），则 $y(n)=x(n)+x(n-12)$。

11. 设 $f_s=600\text{Hz}$，设计一差分滤波器，要求滤掉 2、4、6 等偶次谐波，写出其差分方程的表达式。

答：由 $f_s=1000\text{Hz}$ 得 $N=12$，取 $f_m=f_2=\dfrac{12}{K}f_1$，即 $K=6$，所以得滤波差分方程为

$$y(n)=x(n)-x(n-6)$$

12. 简述全周傅氏算法和半周傅氏算法的区别和特点。

答：从滤波效果来看，全周傅氏算法不仅能完全滤除各整数次的谐波分量和稳定的直流分量，而且能较好的抑制由于线路分布电容引起的高频分量，对随机干扰信号的反应也较小，而对畸变波形中基频分量可平稳和精确地作出响应。半周傅氏算法的滤波效果不如全周傅氏算法，它不能滤去直流分量和偶数次谐波分量。无论是全周傅氏算法还是半周傅氏算法都对指数衰减的非周期分量呈现了很宽的连续频谱，因此傅氏算法在衰减的非周期分量影响下，计算误差较大。

从精度来看，由于半周傅氏算法的数据窗只有半周，其精度要比全周傅氏算法差。

13. 如图 1-4 所示的阻容式电压过滤器接线中，电路参数 $R_A=\sqrt{3}X_A$、$R_C=\dfrac{X_C}{\sqrt{3}}$，一次侧输入电压分别 $\dot{U}_{CA}$、$\dot{U}_{BC}$，试判断该电压过滤器是正序电压滤过器还是负序电压滤过器？

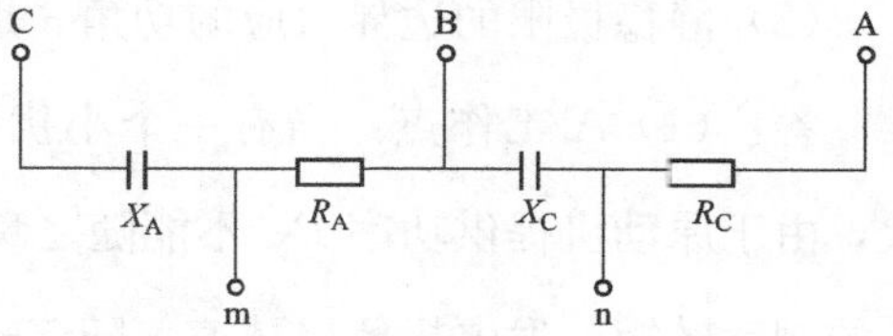

图 1-4

答：$$\dot{U}_{mn}=\dot{U}_{RA}+\dot{U}_{XC}=\frac{\dot{U}_{BC}}{R_A-jX_A}R_A+\frac{\dot{U}_{CA}}{R_C-jX_C}(-jX_C)$$

$$=\frac{\sqrt{3}}{2}e^{j30°}\dot{U}_{BC}+\frac{\sqrt{3}}{2}e^{-j30°}\dot{U}_{CA}$$

输入负序电压时：$\dot{U}_{mn}=\dfrac{3}{2}\dot{U}_{B2}+\dfrac{3}{2}e^{j60°}\dot{U}_{B2}=\dfrac{3\sqrt{3}}{2}e^{j30°}\dot{U}_{B2}$

输入正序电压时：$\dot{U}_{mn}=\dfrac{3}{2}e^{j60°}\dot{U}_{B1}+\dfrac{3}{2}e^{-j120°}\dot{U}_{B1}=0$

该滤过器为负序电压滤过器。

14. 在实现某方向电流保护时，不慎将 A 相功率方向继电器（$\alpha=30°$）的电压极性接反，试分析在保护正方向出口发生 AB 两相短路时，该方向元件的动作行为并说明之。

答：当 A 相功率方向继电器内角 $\alpha=30°$时，保护正方向出口发生 AB 两相短路电流、电压相量图如图 1-5 所示。

由于 A 相功率方向继电器的电压极性接反，加入继电器的电压 $\dot{U}_{BC}$变成 $\dot{U}_{CB}$。直线 MN 阴影部分为动作区。因加入继电器的电流 $\dot{I}_A$ 落在非动作区内，故该方向元件不动作。

15. 如果发电机与无穷大系统母线相连，其功角特性曲线如图 1-6 所示。如果原动机的功率为 P_M，则有两个工作点 A、B 分别对应功角 δ_1 和 δ_1。

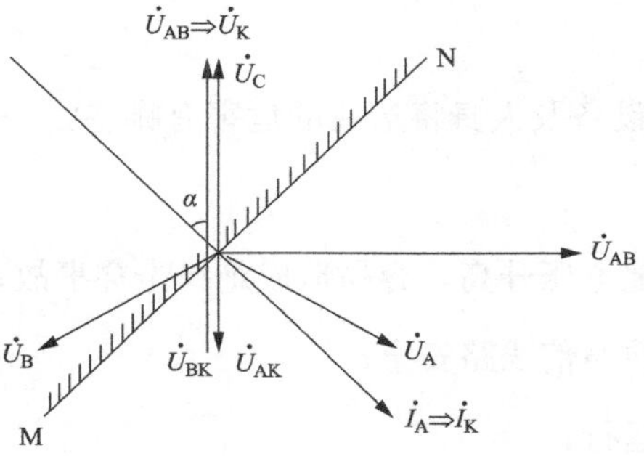

图 1-5

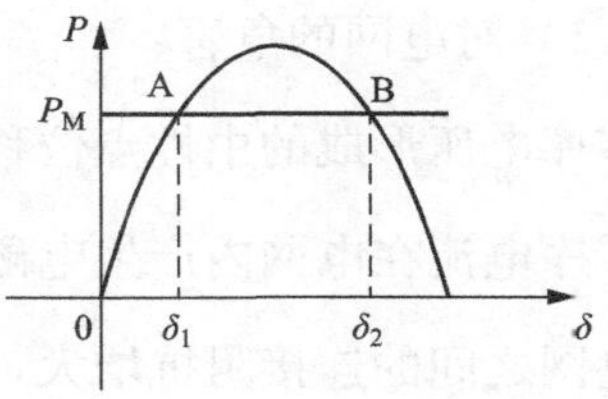

图 1-6

（1）用静态稳定分析法说明A点是稳定运行工作点，B点不是稳定运行工作点。

（2）静稳极限的边界对应的功角δ是多少度？

答：（1）A工作点：当有一个小扰动使得功角δ增大时，发电机输出功率P将随之增大，由于原动机提供功率P_M不能随之瞬时改变，所以$P_M<P$，原动机的动作特性小于发电机的制动转矩。发电机便要减速，随着转速N的下降，功角δ亦将变小，工作点还可以回到原来的A点。所以A点是稳定的工作点。

B工作点：当有一个小扰动使得功角δ增大时，发电机输出功率P将随之下降，原动机提供功率P_M不变，所以$P_M>P$，原动机的动作特性大于发电机的制动转矩，在剩余转矩作用下发电机将加速，随着转速N的上升，功角δ将进一步上升，而δ的上升使得发电机输出功率P再进一步下降，如此恶性循环发电机的工作点回不到B点，造成系统振荡。所以B点是不稳定的工作点。

（2）静稳极限边界的功角$\delta=90°$。

16. 电力系统过电压分哪几类？

答：电力系统过电压分为以下几种类型：

（1）大气过电压：由直击雷引起，特点是持续时间短暂，冲击性强。220kV以下系统的绝缘水平由防止大气过电压决定；

（2）工频过电压：由长线路的电容效应及电网运行方式的突然改变引起，持续时间长，过压倍数不高。但在超高压、远距离输电确定绝缘 水平时起重要作用；

（3）操作过电压：由电网内断路器、设备操作或故障跳闸引起，特点是具有随机性，但最不利情况下过电压倍数较高。因此，330kV及以上超高压系统的绝缘水平往往由操作过电压决定；

（4）谐振过电压：由系统电容及电感回路组成谐振回路时引起，特点是过电压倍数高，持续时间长。

17. 中性点接地系统非全相运行对电网、设备及人身将造成的危害有哪些？

答：（1）对电网的危害：

1）零序电压形成的中性点位移使各相对地电压升高，容易造成绝缘击穿事故；

2）零序电流在电网内产生电磁干扰，威胁通信线路安全；

3）电网之间的连接阻抗增大，造成异步运行；

4）负序和零序电流可能引起电网内零序、非全相等保护误动。

（2）对设备的危害：

1）引起发电机定、转子发热，机组振动增大，可能出现过电压；

2）在变压器内部产生附加损耗，引起局部过热，降低变压器的使用效率。

（3）对人身的危害：

1）零序电流长期通过大地，接地装置的电位升高，跨步电压与接触电压也升高，对运行人员的安全构成一定的威胁；

2）零序电流可能在沿输电线路平行架设的通信线路中产生危险的对地电压，危及人员生命安全。

18. 谐波对电网和其他系统的危害有哪些？

答：（1）谐波使电网中的元件产生了附加的谐波损耗，降低了发电、输电及用电设备的效率，大量的 3 次谐波流过中性线时会使线路过热甚至发生火灾；

（2）谐波影响各种电气设备的正常工作。谐波对电机的影响除引起附加损耗外，还会产生机械振动、噪声和过电压，使变压器局部严重过热。谐波使电容器电缆等设备过热、绝缘老化、寿命缩短，以至损坏；

（3）谐波会引起电网中局部的并联谐振和串联谐振，从而使谐波放大，这就使上述（1）和（2）的危害大大增加，甚至引起严重事故；

（4）谐波会导致继电保护和自动装置的误动作，并会使电气测量仪表计量不准确；

（5）谐波会对邻近的通信系统产生干扰，轻者产生噪声，降低通信质量；重者导致信息丢失，使通信系统无法正常工作。

1.5 计 算 题

1. 一个 400kW 的负载，功率因数是 0.8，试求开机 1/4h 所消耗的电能为多少？负载的视在功率和无功功率各是多少？

答：开机 1/4h 消耗的电能为：$W=400\times\frac{1}{4}=100\text{kW}\cdot\text{h}$

负载的视在功率：$S=P/\cos\varphi=400/0.8=500\text{kVA}$

负载的无功功率：$Q=\sqrt{S^2-P^2}=\sqrt{500^2-400^2}=300\text{kVar}$

2. 某一 220kV 输电线路送有功 $P=90$MW，受无功 $Q=50$Mvar，电压互感器 TV 变比为 220kV/100V，电流互感器变比为 600/5。试计算出二次负荷电流。

答：线路输送功率为

$$S=\sqrt{P^2+Q^2}=\sqrt{90^2+50^2}=103\text{MVA}$$

线路一次负荷电流为

$$I_1=\frac{S}{\sqrt{3}U}=\frac{103000}{\sqrt{3}\times 220}=270.3\text{A}$$

二次负荷电流为

$$I_2=\frac{I_1}{n_{\text{CT}}}=\frac{270.3}{600/5}=2.25\text{A}$$

3. 一台三相变压器三侧额定线电压分别为220、110、10kV，低压侧线电流为23A，功率因素为0.8，中压侧线电流为15A，功率因素为0.6，求高压侧的有功功率、无功功率（高压侧为电源侧，中低压侧为无功补偿侧，忽略变压器损耗）。

答：低压侧：

视在功率 $S_L=\sqrt{3}UI=1.732\times 10\times 23=400\text{kVA}$

有功功率 $P_L=\sqrt{3}UI\cos\varphi=1.732\times 10\times 23\times 0.8=319\text{kW}$

无功功率 $Q_L=\sqrt{3}UI\sin\varphi=1.732\times 10\times 23\times \sin$（arccos0.8）$=239\text{kVar}$

中压侧：

视在功率 $S_M=\sqrt{3}UI=1.732\times 115\times 15=2857.8\text{kVA}$

有功功率 $P_M=\sqrt{3}UI\cos\varphi=1.732\times 115\times 15\times 0.6=1715\text{kW}$

无功功率 $Q_M=\sqrt{3}UI\sin\varphi=1.732\times 115\times 15\times \sin$（arccos0.6）$=2286\text{kVar}$

高压侧忽略变压器损耗：

有功功率 $P_H=P_M+P_L=1715+319=2034\text{kW}$

无功功率 $Q_H=Q_M+Q_L=239+2286=2525\text{kVar}$

4. 10kV线路的等值电路如图1-7所示，已知末端电压为10.2kV，试求始端电压并画出电压相量图。

答：设末端电压相位为0°，则电流 $\dot{I}=(P_1-\text{j}Q_1)/(\sqrt{3}U_2)$，其中 $U_2=10.2\text{kV}$。

由 $\Delta\dot{U}_2=\Delta U_2+\text{j}\delta U_2=\sqrt{3}\dot{I}(R+\text{j}X)=(P_1R+Q_1X+\text{j}P_1X-\text{j}Q_1R)/U_2$，

可得线路始端电压 $\dot{U}_1=U_2+\Delta U_2+\text{j}\delta U_2=9.81+\text{j}2.16\text{kV}$

相量图如图1-8所示。

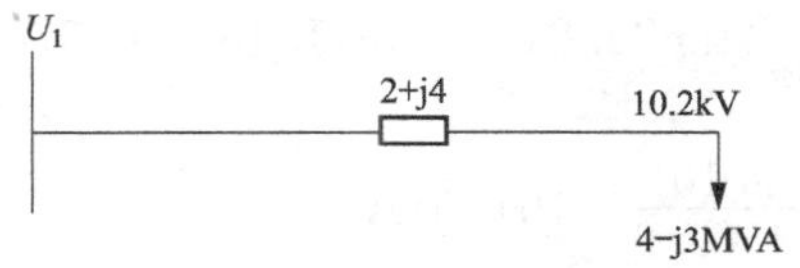

图 1-7

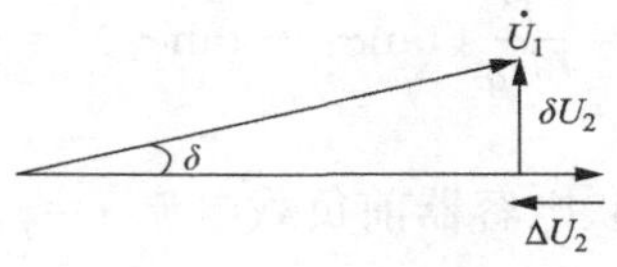

图 1-8

5. 设电流互感器变比为 200/1，微机故障录波器预先整定好正弦电流波形基准值（峰值）为 1.0A/mm。在一次线路接地故障中录得电流正半波为 17mm，负半波为 3mm，试计算其一次值的直流分量、交流分量及全波的有效值。

答：已知电流波形基准峰值为 1.0A/mm，则有效值基准值为$\frac{1}{\sqrt{2}}$A/mm

直流分量为：$I_{-}=\frac{17-3}{2}\times1.0\times200/1=7\times200=1400\text{A}$

交流分量为：$I_{\sim}=\frac{17+3}{2}\times1.0\times\frac{1}{\sqrt{2}}\times200/1=\frac{10}{\sqrt{2}}\times200=1414\text{A}$

全波有效值为：$I=\sqrt{I_{-}^2+I_{\sim}^2}=\sqrt{1400^2+1414^2}=1990\text{A}$

6. 有两台额定电压相同额定容量均为 100kVA 变压器并列运行，第一台变压器的短路电压为 4%，第二台变压器的短路电压为 5%，求两台变压器在额定电压下并列运行输送 200kVA 功率时，负载分配的情况？

答：两台变压器的阻抗比为$\frac{Z_1}{Z_2}=\frac{4\%\times U^2/S}{5\%\times U^2/S}=0.8$

并列运行时分配的功率比为$\frac{S_1}{S_2}=\frac{U^2/Z_1}{U^2/Z_2}=1.25$

第一台变压器分担负荷为 $S_1=\frac{S_1}{S_1+S_2}\times200=\frac{1.25}{1.25+1}\times200=111.11\text{kVA}$

第二台变压器分担负荷为 $S_2=\frac{S_1}{S_1+S_2}\times200=\frac{1}{1.25+1}\times200=88.89\text{kVA}$

7. 某 220V 工频交流电源上接有一感性负载，负载吸收有功 $P=20\text{kW}$，功率因数为 0.9，现要求将功率因数提高到 0.98。求：(1) 所需要并联电容器的电容量；(2) 比较并联电容前后的感性负载电流。

答：(1) 并联电容器前负载阻抗角 $\varphi_1=\arccos0.9=25.84°$

并联电容器后负载阻抗角 $\varphi_2=\arccos0.98=11.48°$

则所需并联电容量为

$$C=\frac{P}{U^2\omega}(\tan\varphi_1-\tan\varphi_2)=\frac{20\times10^3}{220^2\times100\pi}(\tan25.84°-\tan11.48°)=370\mu F$$

（2）并联电容器前负载电流 $I=\frac{P}{U\cos\varphi_1}=\frac{20\times10^3}{220\times0.9}=101.01A$

并联电容器后负载电流 $I=\frac{P}{U\cos\varphi_2}=\frac{20\times10^3}{220\times0.98}=92.76A$

8. 图 1-9 所示正弦电路中，$U_S=220V$（有效值），理想电流表测量有效值。当开关打开且电路达到稳态时，电流表的读数为 4A；当开关合上且电路达到稳态时，电流表的读数为 3A。试确定阻抗 Z。

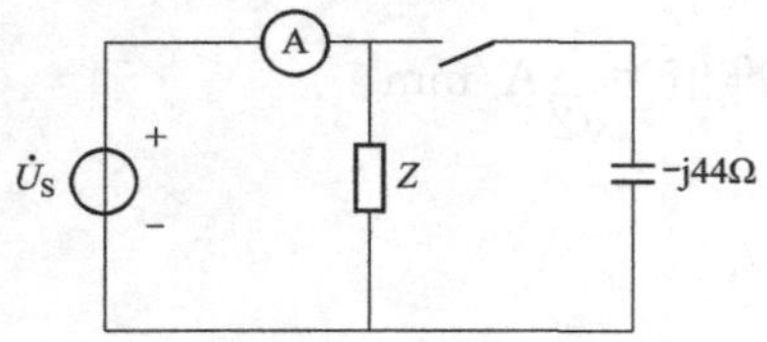

图 1-9

答：由于并联电容后电流减小，所以 Z 中含感性元件，设电源相角为 0°，等效电路图如图 1-10 所示。

电容上流过电流 $I_C=220/44=5A$

相量图如图 1-11 所示。

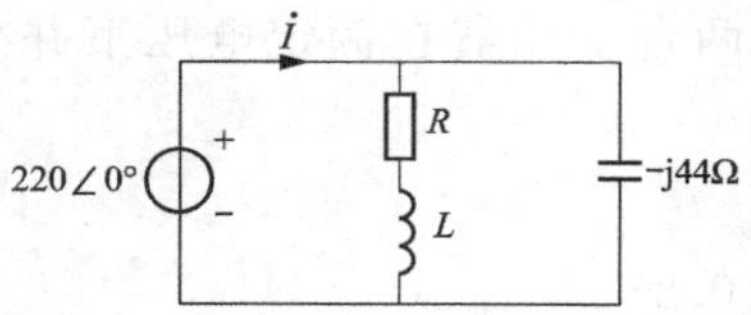

图 1-10

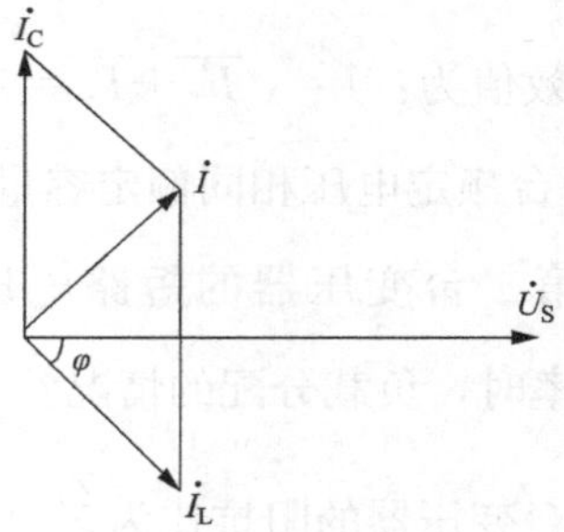

图 1-11

图中 $I_C=5A$、$I_L=4A$、$I=3A$，所以图中三角形为直角三角形，$\varphi=\arctan(4/3)=53.1°$。可得，$\cos\varphi=0.6$，$\sin\varphi=0.8$。开关打开时电流表的示数即为流过阻抗 Z 的电流，可得

$$|Z|=220/4=55$$

故 $Z=55\times0.6+55\times j0.8=33+j44$。

9. 微机保护采样频率为每周波 12 点，瞬时值如表 1-1 所示。

表 1-1　　瞬　时　值

N	0	1	2	3	4	5	6	7	8	9	10	11
U	57.7	78.9	78.9	57.7	21.3	−21.3	−57.7	−78.9	−78.9	−57.7	−21.3	21.3
I	0	0.7	1.2	1.4	1.2	0.7	0	−0.7	−1.2	−1.4	−1.2	−0.7

(1) 利用两点乘积法，求电压电流的有效值及采样点 0 时的相角；

(2) 利用半周积分法，求电压电流的有效值。

答：(1) 两点乘积法取相角相差 90°的两个采样点 0 和 3。

电压有效值 $U=\sqrt{\dfrac{57.7^2+57.7^2}{2}}=57.7\text{V}$

相角 $\alpha_U=\arctan\dfrac{57.7}{57.7}=45°$

电流有效值 $I=\sqrt{\dfrac{0^2+1.4^2}{2}}=0.990\text{A}$

相角 $\alpha_I=\arctan\dfrac{0}{1.4}=0°$。

(2) 按梯形法，采样点取 0～6，则电压有效值

$$U=\frac{(0.5\times57.7+78.9+78.9+57.7+21.3+21.3+0.5\times57.7)}{12}\times\frac{2\pi}{2\sqrt{2}}=58.46\text{V}$$

电流有效值

$$I=\frac{(0.5\times0+0.7+1.2+1.4+1.2+0.7+0.5\times0)}{12}\times\frac{2\pi}{2\sqrt{2}}=0.962\text{A}$$

按矩形法，采样点取 0～5，则电压有效值

$$U=\frac{(57.7+78.9+78.9+57.7+21.3+21.3)}{12}\times\frac{2\pi}{2\sqrt{2}}=58.46\text{V}$$

电流有效值

$$I=\frac{(0+0.7+1.2+1.4+1.2+0.7)}{12}\times\frac{2\pi}{2\sqrt{2}}=0.962\text{A}$$

10. 如图 1-12 所示，假设阻抗均为标幺值（基准电压为 220kV，100MVA）$X_m=j0.4$，$X_1=j0.2$，$X_N=j0.2$，$X=j0.1$。电势标幺值取 $|\dot{E}|=1$，设定 $\dot{E}_1=\dot{E}$，$\dot{E}_2=0.75\dot{E}e^{-j\delta}$。求 $\delta=90°$时的三相短路电流幅值。

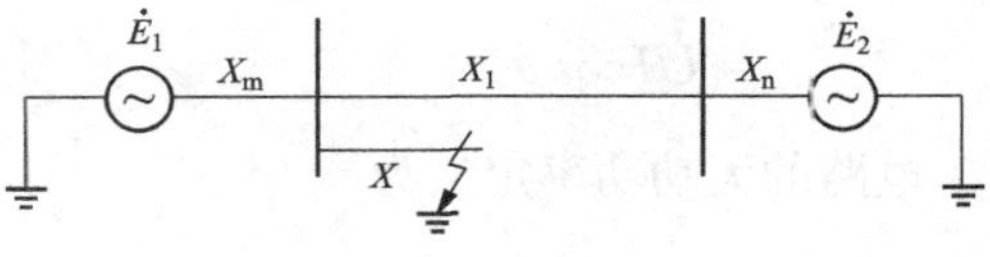

图 1-12

答：从左侧母线看向系统的综合阻抗

$$X_\Sigma=X_m(X_1+X_n)/(X_m+X_1+X_n)=j0.4\times(j0.2+j0.2)/(j0.4+j0.2+j0.2)=j0.2$$

根据叠加定理，可求得左侧母线电压：

$$\dot{E}_\Sigma=[\dot{E}_1(X_1+X_n)+\dot{E}_2X_m]/(X_m+X_1+X_n)$$

$$=[\dot{E}(j0.2+j0.2)+0.75\dot{E}e^{-j90^\circ}\times j0.4]/(j0.4+j0.2+j0.2)$$

$$=0.625\dot{E}e^{-j36.87^\circ}$$

短路电流标幺值 $I_k{}^*=|\dot{E}_\Sigma/(X_\Sigma+X)|=|0.625\dot{E}e^{-j36.87^\circ}/(j0.2+j0.1)|=25/12$

短路电流有名值 $I_k=I_k{}^*\times\dfrac{S}{\sqrt{3}U}=\dfrac{25}{12}\times\dfrac{100\times1000}{\sqrt{3}\times220}=547\text{A}$

1.6 分 析 题

1. 在正弦电路中，负载是线性的，电路中的电压和电流都是正弦波。假设电压和电流可分别表示为：

$$u=\sqrt{2}U\sin\omega t$$

$$i=\sqrt{2}I\sin(\omega t-\varphi)=\sqrt{2}I\cos\varphi\sin\omega t-\sqrt{2}\sin\varphi\cos\omega t=i_p+i_q$$

式中 φ—电流滞后电压的相位角。

推导该电路的有功功率和无功功率。

答：电流 i 被分解为和电压同相位的分量 i_p 和比电压滞后 90°的分量 i_q，i_p 和 i_q 分别为

$$\begin{cases}i_p=\sqrt{2}I\cos\varphi\sin\omega t\\ i_q=\sqrt{2}I\sin\varphi\cos\omega t\end{cases}$$

电路的有功功率 P 就是其平均功率，即

$$P=\frac{1}{2\pi}\int_0^{2\pi}uid(\omega t)=\frac{1}{2\pi}\int_0^{2\pi}(ui_p+ui_q)\mathrm{d}(\omega t)$$

$$=\frac{1}{2\pi}\int_0^{2\pi}(UI\cos\varphi-UI\cos\varphi\cos2\omega t)\mathrm{d}(\omega t)+\frac{1}{2\pi}\int_0^{2\pi}(-UI\sin\varphi\sin2\omega t)\mathrm{d}(\omega t)$$

$$=UI\cos\varphi$$

电路的无功功率定义为

$$Q=UI\sin\varphi$$

2. 如图 1-13 所示为中性点经消弧线圈接地系统，发电机对地零序电容为 C_{0G}，线路Ⅰ、Ⅱ的对地电容分别为 $C_{0Ⅰ}$ 和 $C_{0Ⅱ}$，请分析线路Ⅱ发生单相接地故障时，若消弧线圈过补偿时各电流互感器中的零序电流的幅值、零序电流与零序电压的夹角。

其中 L 为过补偿的消弧线圈；LH 为各线路出口处安装的电流互感器。

答：流经故障线路 LH2 的零序电流幅值为 $3U_0/3\omega L-3U_0\omega$（$C_{0Ⅰ}+C_{0G}$），LH2 处的电压

电流夹角为$-90°$；

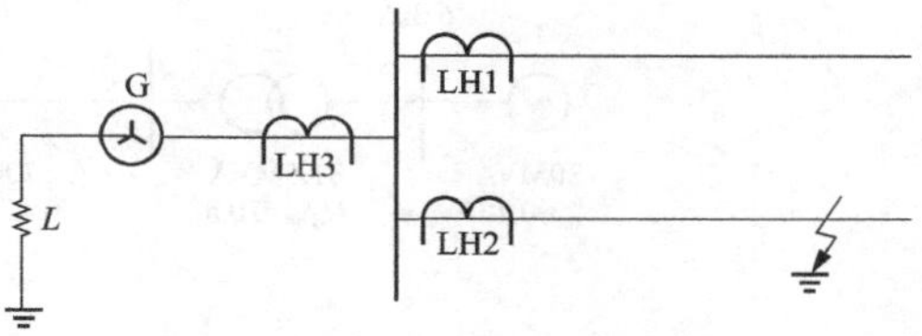

图 1-13

流经健全线路 LH1 的零序电流为 $3U_0\omega C_{0I}$，LH1 处的电压电流夹角为$-90°$；

流过发电机所在线路 LH3 的零序电流为 $3U_0/3\omega L-3U_0\omega C_{0G}$，LH1 处的电压电流夹角为 $90°$。

3. 如图 1-14 中（a）、（b）所示，试分析动模中为什么能用中性线的阻抗来模拟三相线路间的互感阻抗，写出 Z、Z_N 与 Z_L、Z_M 之间和 Z_0、Z_1 与 Z_L、Z_M 之间的表达式。

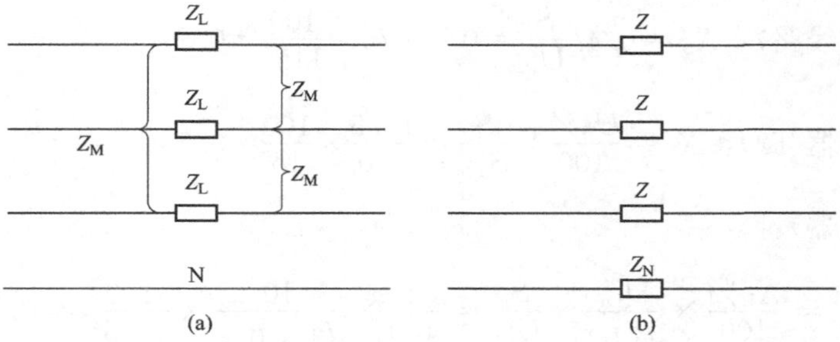

图 1-14

答：根据电工理论里消除互感法可得

$$Z=Z_L-Z_M、Z_N=Z_M$$

根据正序阻抗的定义，在线路末端三相短路，首端加三相正序电压，则 $\dot{U}_1=\dot{I}_1Z$，$Z_1=\dot{U}_1/\dot{I}_1=Z$，可得 $Z_1=Z$；

根据零序阻抗的定义，在线路末端三相短路接地，首端三相短接后对地加零序电压，则每相线路的电流为 $\dot{I}_0$，中性点电流为 $3\dot{I}_0$，

$$\dot{U}_0=\dot{I}_0Z+3\dot{I}_0Z_N=\dot{I}_0(Z_1+3Z_N),Z_0=\frac{\dot{U}_0}{\dot{I}_0}=Z_1+3Z_N,$$

所以

$$Z_0=Z+3Z_N=Z_L-Z_M+3Z_M=Z_L+2Z_M$$

即 $Z_1=Z_L-Z_M$、$Z_0=Z_L+2Z_M$。

4. 如图 1-15 所示，若线路末端发生三相短路，试计算系统各元件的电抗标幺值及短路回路总电抗的标幺值，并画出等值电路图。（设 $U_j=U_P$，$S_j=100\text{MVA}$）

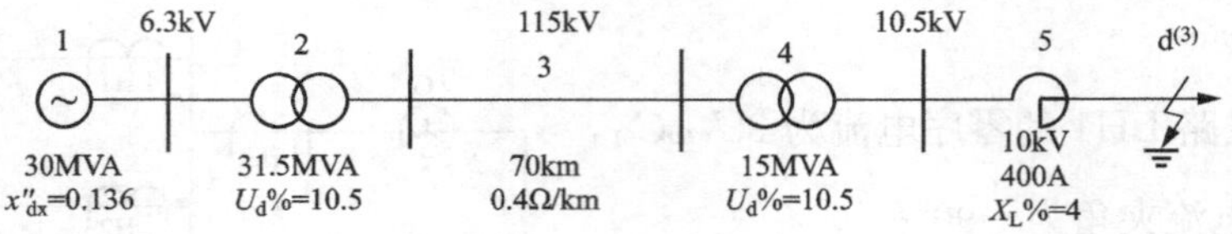

图 1-15

答：(1) 求各元件电抗的标幺值：

元件 1（发电机）：$X_1^* = X''_{dx} \times \frac{S_j}{S_n} = 0.136 \times \frac{100}{30} = 0.453$

元件 2（变压器 T1）：$X_2^* = \frac{U_d\%}{100} \times \frac{S_j}{S_{T1n}} = \frac{10.5}{100} \times \frac{100}{31.5} = 0.33$

元件 3（架空线路）：$X_3^* = 0.4l\frac{S_j}{U_{P2}^2} = 0.4 \times 70 \times \frac{100}{115^2} = 0.21$

元件 4（变压器 T2）：$X_4^* = \frac{U_d\%}{100} \times \frac{S_j}{S_{T2n}} = \frac{10.5}{100} \times \frac{100}{15} = 0.7$

元件 5（电抗器）：

$$X_5^* = \frac{X_L\%}{100} \times \frac{U_{Ln}}{\sqrt{3}I_{Ln}} \times \frac{S_j}{U_{p3}^2} = \frac{4}{100} \times \frac{10}{\sqrt{3} \times 0.4} \times \frac{100}{10.5^2} = 0.524$$

$\left(\text{电抗器的有名值：} X_L = \frac{X_L\%}{100} \times \frac{U_L}{\sqrt{3} \times I_L}\right)$

(2) 画出等效电路如图 1-16 所示：

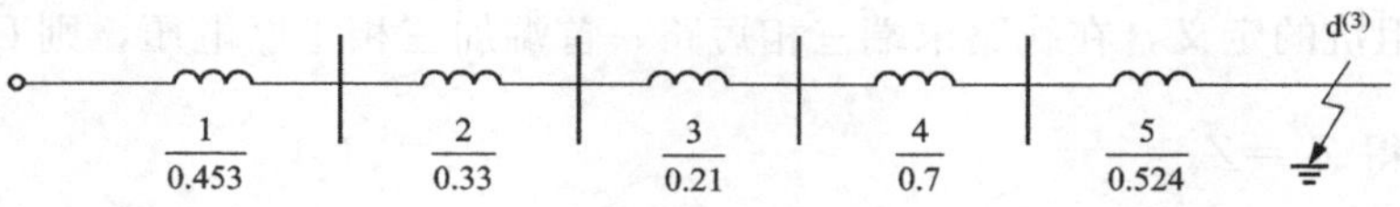

图 1-16

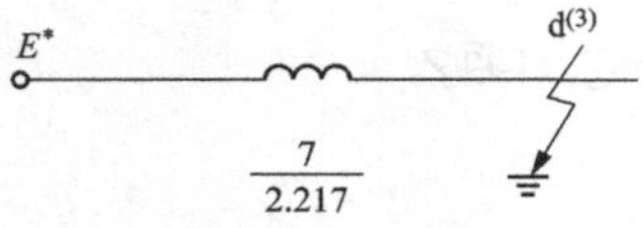

图 1-17

(3) 求短路回路总电抗的标幺值：

$$X_\Sigma^* = X_7^* = X_1^* + X_2^* + X_3^* + X_4^* + X_5^*$$

$$= 0.453 + 0.33 + 0.21 + 0.7 + 0.524 = 2.217$$

(4) 画出短路回路等效电路图如图 1-17 所示：

5. 如图 1-18 所示，变压器低压侧开口三角接入电阻 R，因低压侧 B 相极性接反，开口三角中有故障环流存在，但故障电流不影响电源电势的对称关系，已知变压器 Y 侧 ABC 三相的二次电压幅值分别为 49、57.7、66V，电源电势幅值为 57.7V。忽略互感，设 $\dot{E}_A$ 相角为 0°，$\dot{E}_B$ 相角为 240°，$\dot{E}_C$ 相角为 120°，求 Y 侧各相电压相位。

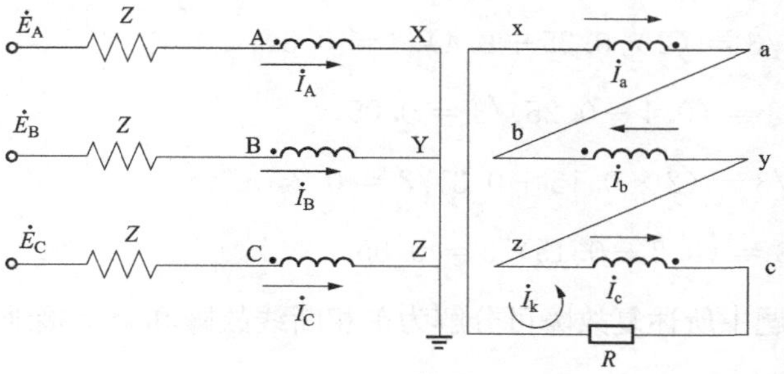

图 1-18

答：变压器低压侧绕组内为环流，则变压器低压侧电流 $\dot{I}_a=-\dot{I}_b=\dot{I}_c$，故高压侧电流 $\dot{I}_A=-\dot{I}_B=\dot{I}_C$，忽略互感，可得

$$\dot{U}_A=\dot{E}_A-Z\dot{I}_A=\dot{E}_A+Z\dot{I}_B \tag{1}$$

$$\dot{U}_B=\dot{E}_B-Z\dot{I}_B \tag{2}$$

$$\dot{U}_C=\dot{E}_C-Z\dot{I}_C=\dot{E}_C+Z\dot{I}_B \tag{3}$$

根据式（2）、式（3），可得：

$$\dot{U}_B+\dot{U}_C=\dot{E}_B+\dot{E}_C=-\dot{E}_A \tag{4}$$

由式（4）可得，$\dot{U}_B=-\dot{E}_A-\dot{U}_C$，则

$$\arg\dot{U}_B=180°+\arccos[(57.7^2+57.7^2-66^2)/(2\times57.7\times57.7)]=249.8°$$

由式（4）可得，$\dot{U}_C=-\dot{E}_A-\dot{U}_B$，则

$$\arg\dot{U}_C=180°-\arccos[(57.7^2+66^2-57.7^2)/(2\times57.7\times66)]=124.9°$$

根据式（1）、式（2），得：

$$\dot{U}_A+\dot{U}_B=\dot{E}_A+\dot{E}_B=-\dot{E}_C \tag{5}$$

由式（5）可得，$\dot{U}_A=-\dot{E}_C-\dot{U}_B$，则

$$\arg\dot{U}_A=-60°+\arccos[(49^2+57.7^2-57.7^2)/(2\times49\times57.7)]=4.9°$$

6. 双端系统如图 1-19 所示。参数：$Z_{1M}=Z_{2M}=0.25$，$Z_{0M}=0.4$，$Z_{1N}=Z_{2N}=0.15$，$Z_{0M}=0.3$，$\dot{E}_M=\dot{E}_N=1$。分析在双侧电源供电的单回线上发生 C 相断线接地故障时两端系统相电流。

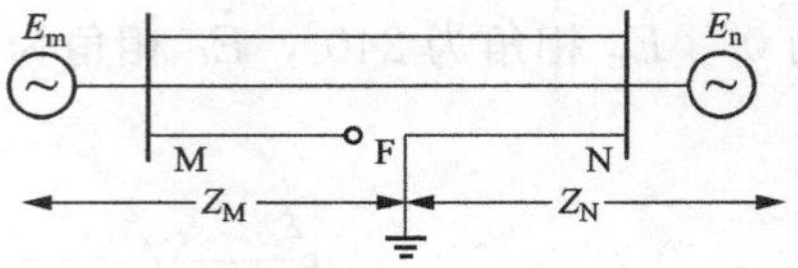

图 1-19

答：列写系统自阻抗 Z_M、Z_N 和互阻抗 Z_m、Z_n 表达式如下：

$Z_M=(2Z_{1M}+Z_{0M})/3=(2\times0.25+0.4)/3=0.3$，

$Z_m=(Z_{0M}-Z_{1M})/3=(0.4-0.25)/3=0.05$，

$Z_N=(2Z_{1N}+Z_{0N})/3=(2\times0.15+0.3)/3=0.2$，

$Z_n=(Z_{0N}-Z_{1N})/3=(0.3-0.15)/3=0.05$

根据叠加原理，题中所述复故障可分解为单相断线故障和附加接地故障，单相断线故障如图 1-20 所示，附加接地故障如图 1-21 所示。

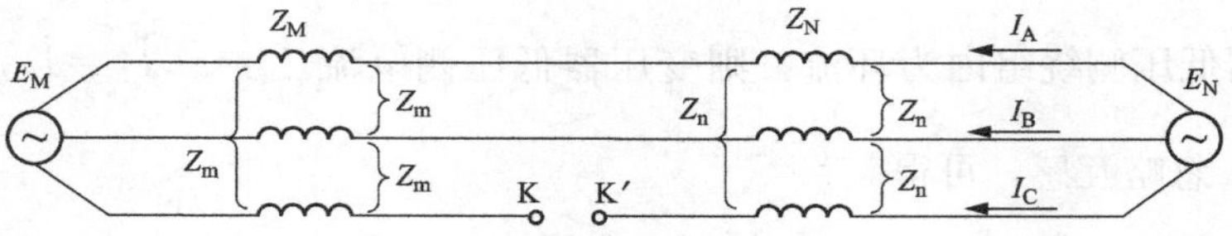

图 1-20

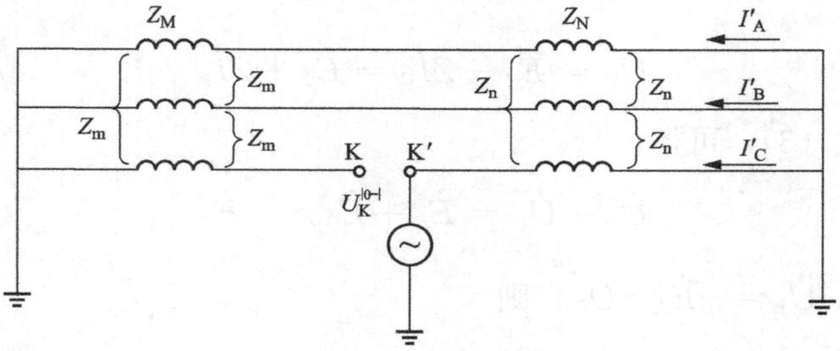

图 1-21

由于故障前系统空载，故断线故障时系统各序分量均为零。下面仅考虑附加短路故障时的各序分量。

根据回路电流法可得：

$$I'_C Z_N+I'_B Z_n+I'_A Z_n=1 \tag{1}$$

$$I'_A(Z_M+Z_N)+I'_B(Z_m+Z_n)+I'_C Z_n=0 \tag{2}$$

$$I'_B(Z_M+Z_N)+I'_A(Z_m+Z_n)+I'_C Z_n=0 \tag{3}$$

解得：$I'_A=I'_B=-0.435$，$I'_C=0.522$。

7. 在中性点非直接接地系统中，当两条上、下级线路安装相间短路的电流保护时，上级线路装在 A、C 相上，而下级线路装在 A、B 相上，有何优缺点？当两条线路并列时，这种安装方式有何优缺点？以上串、并两种线路，若保护采用三相星形接线，有何不足？

答：在中性点非直接接地系统中，允许单相接地时继续短时运行，在不同线路不同相别的两点接地形成两相短路时，可以只切除一条故障线路，另一条线路继续带接地点运行。不考虑同相的故障，两线路故障组合共有以下六种形式，即（1A、2B）、（1A、2C）、（1B、2A）、（1B、2C）、（1C、2A）和（1C、2B）。

当两条上、下级线路安装相间短路的电流保护时，上级线路（线路 1）装在 A、C 相上，而下级线路（线路 2）装在 A、B 相上时，将在（1A、2B）、（1B、2A）、（1C、2A）和（1C、2B）四种故障情况下由下级线路保护切除故障，即由下级线路切除故障的概率为 2/3；当故障为（1A、2C）时，将会由上一级线路保护切除故障；而当故障为（1B、2C）时，两级线路都不会切除故障，即出现保护拒动的严重情况。

两条线路并列时，若两线路保护动作的延时一样长，则在（1A、2B）、（1C、2A）和（1C、2B）三种故障情况下，两条线路被同时切除；而在（1A、2C）故障情况下，只切除线路 1；在（1B、2A）故障情况下，只切除线路 2；在（1B、2C）故障的情况下，两条线路均不会切除，即保护拒动。

可见，由于这种方式存在着可能使保护拒动的情况，因此不宜采用。现场采用两条线路的保护均装设在两个同名相上，均不会出现保护拒动的情况。

若保护采用三相星形接线时，需要三个电流互感器和四根二次电缆，相对来讲是复杂不经济的。两条线路并列时，若发生不同相别的接地短路时，两套保护均启动，不必要地切除两条线路的机会就比较多。

2 系统部分

2.1 单选题

1. 某 220kV 线路上发生单相接地，若故障点的 $Z_{\Sigma0}<Z_{\Sigma2}$，则正确的说法是（　）。

A. 故障点的零序电压大于故障点的负序电压

B. 电源侧母线上零序电压大于该母线上负序电压

C. 电源侧母线上零序电压小于该母线上负序电压

D. 电源侧母线上正序电压等于该母线上负序电压与零序电压之和

答案：【C】

2. 大电流接地系统某一线路发生两相金属性短路故障，电源端线路保护安装处正序电压与负序电压的关系为（　）。

A. $U_{M1}=U_{M2}$　　B. $U_{M1}>U_{M2}$　　C. $U_{M1}<U_{M2}$　　D. 不确定

答案：【B】

3. 大电流接地系统某一线路发生 A 相经过渡电阻接地故障，当 $Z_{\Sigma0}>Z_{\Sigma1}$ 时，故障点处非故障相电压大小关系为（　）。

A. $U_{kB}>U_{kC}$　　B. $U_{kB}<U_{kC}$　　C. $U_{kB}=U_{kC}$　　D. 不确定

答案：【A】

4. 某 220kV 线路中点发生两相金属性接地，电源侧该线路母线上的负序电压、零序电压分别为 U_{M2}、U_{M0}，则下列选项表述正确的是（　）。

A. U_{M2}，U_{M0}　　B. $U_{M2}=U_{M0}$　　C. $U_{M2}<U_{M0}$

D. U_{M2}、U_{M0} 间大小关系不定，由系统负序阻抗与零序阻抗相对大小关系确定

答案：【A】

5. 某 220kV 线路在同一点分别发生单相接地短路和两相接地短路故障，且故障点的综

合正序阻抗等于综合负序阻抗，则关于故障点的负序电压，下列说法正确的是（　）。

A. 两相接地短路负序电压比单相接地短路时大

B. 两相接地短路负序电压比单相接地短路时小

C. 两相接地短路负序电压与单相接地短路时相等

D. 两相接地短路与单相接地短路时的负序电压大小关系不确定

答案：【A】

6. 假设系统对短路点的正、负、零序综合阻抗分别为 $Z_{\Sigma1}$、$Z_{\Sigma2}$、$Z_{\Sigma0}$，则两相接地短路时的故障序网络的附加阻抗为（　）。

A. $Z_{\Sigma1}+Z_{\Sigma0}$　　B. $Z_{\Sigma2}+Z_{\Sigma0}$　　C. $Z_{\Sigma2}//Z_{\Sigma0}$　　D. $Z_{\Sigma1}//Z_{\Sigma0}$

答案：【C】

7. 假设系统对短路点的正、负、零序综合阻抗分别为 $Z_{\Sigma1}$、$Z_{\Sigma2}$、$Z_{\Sigma0}$，当系统在同一点发生接地故障时，单相接地短路电流大于三相短路电流的条件是（　）。

A. $Z_{\Sigma2}<Z_{\Sigma0}$　　B. $Z_{\Sigma0}<Z_{\Sigma2}$　　C. $Z_{\Sigma0}=Z_{\Sigma2}$　　D. 不确定

答案：【B】

8. 假设系统对短路点的正、负、零序综合阻抗分别为 $Z_{\Sigma1}$、$Z_{\Sigma2}$、$Z_{\Sigma0}$，当发生两相接地故障时，短路点的零序电流大于单相接地故障时零序电流的条件是（　）。

A. $Z_{\Sigma1}<Z_{\Sigma0}$　　B. $Z_{\Sigma1}>Z_{\Sigma0}$　　C. $Z_{\Sigma1}=Z_{\Sigma0}$　　D. 不确定

答案：【B】

9. 大电流接地系统在同一位置发生两相短路接地故障和两相短路故障时，非故障相的负序电流分别为 $I_2^{(1,1)}$、和 $I_2^{(2)}$，当系统正序阻抗等于负序阻抗时有（　）。

A. $I_2^{(1,1)}>I_2^{(2)}$　　B. $I_2^{(1,1)}=I_2^{(2)}$　　C. $I_2^{(1,1)}<I_2^{(2)}$　　D. 不确定

答案：【C】

10. 已知短路点的正、负、零序等值阻抗分别为 $X_{1\Sigma}$、$X_{2\Sigma}$、$X_{0\Sigma}$，且 $X_{1\Sigma}=X_{2\Sigma}$，$X_{0\Sigma}<X_{1\Sigma}$，则在该点分别发生三相短路、两相短路和单相接地短路时，短路电流的大小关系为（　）。

A. $I_f^{(1)}>I_f^{(3)}>I_f^{(2)}$　　B. $I_f^{(1)}>I_f^{(2)}>I_f^{(3)}$　　C. $I_f^{(3)}>I_f^{(2)}>I_f^{(1)}$　　D. $I_f^{(3)}=I_f^{(2)}=I_f^{(1)}$

答案：【A】

11. 大电流接地系统中，设同一点分别发生了两相接地、两相短路、单相接地故障，当故障支路负序电流最小时，则该点发生的是（　）。

A. 两相接地　　　　B. 两相短路　　　　C. 单相接地　　　　D. 不能确定

答案：【C】

12. 表达式$\frac{1}{3}$（$\dot{U}_{BC}+e^{-j60}\dot{U}_{CA}$），代表（　　）。

A. A相负序电压　　B. B相负序电压　　C. C相负序电压　　D. 以上都不对

答案：【B】

13. 某负序电流继电器，AB相间通20A正弦电流时刚好动作，如仅A相通正弦电流，当该负序电流继电器刚好动作时，通入的电流为（　　）。

A. 11.55A　　　　B. 20A　　　　C. 34.64A　　　　D. 60A

答案：【C】

14. 对负序电压继电器进行试验时，采用单相电压做试验电源，短接BC相电压输入端子，在A相与BC相电压端子间通入12V电压，相当于对该继电器通入（　　）的负序电压。

A. 4V　　　　B. $4\sqrt{3}$V　　　　C. $2\sqrt{3}$V　　　　D. $\sqrt{3}$V

答案：【A】

15. 电力系统接线如图2-1所示，当线路在K点发生A相金属性接地短路故障时，短路点A相的接地电流为1.8kA，T_1中性线电流为1.2kA，则线路M侧的三相电流值分别为（　　）。

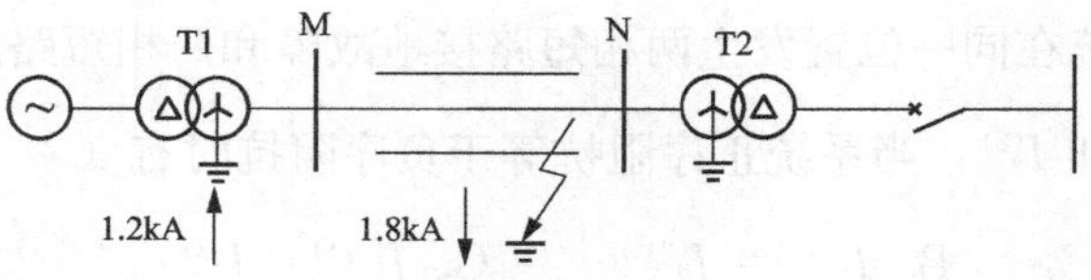

图 2-1

A. I_{MA}=1.6kA、I_{MB}=0.2kA、I_{MC}=0.2kA

B. I_{MA}=1.6kA、I_{MB}=0.4kA、I_{MC}=0.4kA

C. I_{MA}=1.2kA、I_{MB}=0.2kA、I_{MC}=0.2kA

D. I_{MA}=1.2kA、I_{MB}=0.4kA、I_{MC}=0.4kA

答案：【A】

16. 在大电流接地系统，各种类型短路故障的电压分布规律是（　　）。

A. 正序电压、负序电压、零序电压越靠近电源数值越高

B. 正序电压、负序电压越靠近电源数值越高，零序电压越靠近短路点越高

C. 正序电压越靠近电源数值越高，负序电压、零序电压越靠近短路点越高

D. 正序电压、零序电压越靠近电源数值越高，负序电压越靠近短路点越高

答案：【C】

17. 已知大电流接地系统某处发生单相接地短路的故障电流与发生两相相间短路的故障电流相等，则故障点的正序综合阻抗 $Z_{\Sigma1}$ 与零序综合阻抗 $Z_{\Sigma0}$ 之比约为（　）。

A. 1.46　　B. 0.866　　C. 0.685　　D. 0.5

答案：【C】

18. 大电流接地系统输电线路在同一点发生故障时，假设故障点 $Z_{\Sigma0}=mZ_{\Sigma1}$，当单相接地短路电流大于两相接地短路电流时，则 m 的可能取值范围是（　）。

A. 0～1　　B. 0.2～1　　C. 0.3～1　　D. 不确定

答案：【C】

19. 在大电流接地系统中，输电线路发生单相金属性接地故障时，下列关于故障点零序电压描述正确的是（　）。

A. 与故障相正序电压同相位　　B. 与故障相正序电压相位相差 180°

C. 超前故障相正序电压 90°　　D. 滞后故障相正序电压 90°

答案：【B】

20. 突变量作为选相元件的最大优点是（　）。

A. 可使装置简化　　B. 灵敏度高　　C. 不反映负荷分量　　D. 原理简单

答案：【C】

21. 发生不对称故障时，短路电流中的各序分量，其中受两侧电动势相角差影响的是（　）。

A. 正序分量　　B. 负序分量

C. 正序分量和负序分量　　D. 零序分量

答案：【A】

22. 大电流接地系统发生单相接地故障时，过渡电阻（　）序电压和序电流之间的相位关系，（　）正序突变量电压和正序突变量电流之间的相位关系，（　）突变量电压和突变量电流之间的相位关系，（　）故障点电压和电流之间的相位关系。（　）

A. 不影响、不影响、不影响、不影响　　B. 影响、影响、影响、影响

C. 影响、不影响、不影响、影响　　　　D. 不影响、不影响、不影响、影响

答案：【D】

23. 大电流接地系统输电线路发生单相断线运行时，两健全相电流之间的夹角与系统纵向综合阻抗 $Z_{\Sigma1}/Z_{\Sigma0}$ 之比有关。若 $Z_{\Sigma1}/Z_{\Sigma0}>1$，此时两健全相电流间夹角（　）。

A. 大于 120°　　B. 等于 120°　　C. 小于 120°　　D. 变化范围不确定

答案：【A】

24. 大电流接地系统输电线路发生单相断线运行时，两健全相电流之间的夹角与系统纵向综合阻抗 $Z_{\Sigma1}/Z_{\Sigma0}$ 之比有关。若 $Z_{\Sigma1}/Z_{\Sigma0}=(\sqrt{3}-1)/2$，此时两电流间夹角为（　）。

A. 60°　　B. 90°　　C. 120°　　D. 150°

答案：【B】

25. 大电流接地系统输电线路发生 BC 两相短路接地故障，若 $I_{kB}^{(1,1)}=\frac{\sqrt{3}}{2}I_{kA}^{(3)}$，此时两故障相电流夹角为（　）。

A. 60°　　B. 90°　　C. 120°　　D. 180°

答案：【D】

26. 某 220kV 线路发生 BC 两相金属性短路接地故障，其中 $Z_{\Sigma0}=3Z_{\Sigma1}$ 且正负序阻抗相等，保护安装处非故障相正序电压标幺值可能为（　）。

A. 0.2　　B. 0.3　　C. 0.5　　D. 0.4

答案：【C】

27. 某 500kV 线路中点发生单相金属性接地故障时，线路过电压保护因动作时间误整定为 0.01s 而临界误动作（过电压定值 75.06V），若在线路中点发生两相金属性短路接地故障，非故障相电压幅值大约是（　）。

A. 73.83V　　B. 75.06V　　C. 76.19V　　D. 77.32V

答案：【D】

28. 微机继电保护常用到突变量元件，其中突变量包括（　）。

A. 工频分量和暂态分量

B. 正序、负序和零序分量

C. 工频正序分量和暂态正序分量

D. 工频正序分量和工频负序分量和工频零序分量

答案：【A】

29. 下列对于突变量继电器的描述，不正确的是（ ）。

A. 突变量保护与故障的初相角有关

B. 突变量继电器在短暂动作后仍需保持到故障切除

C. 突变量保护在故障切除时会再次动作

D. 继电器的起动值离散较大，动作时间也有离散

答案：【B】

30. 当大电流接地系统中保护反方向发生短路故障时，下列选项表述正确的是（ ）。

A. 故障点的故障分量电压始终比母线处的故障分量电压高

B. 除正序故障分量网络外，其余故障分量网络均为无源网络

C. 故障分量电流与负荷电流有垂直的相位关系

D. 正序突变量电压与正序突变量电流之间的相位关系取决于保护反方向上的正序阻抗角

答案：【C】

31. 正常运行的电力系统，TV 装在线路上，出现非全相运行，非全相运行线路上可能会误动的继电器是（ ）。

A. 阻抗继电器　　B. 负序功率方向继电器

C. 零序功率方向继电器　　D. 零序电流继电器

答案：【D】

32. 当大电流接地系统中无串补电容的线路某侧断路器突然跳开一相时，出现一个断口的非全相运行，就断口点两侧负序电压间的相位关系，下列选项正确的是（ ）。

A. 同相　　B. 反相

C. 可能同相，也可能反相　　D. 以上都不对

答案：【B】

33. 大电流接地系统中，当电压互感器接于母线上时，线路出现非全相运行，如果断线相又发生接地故障，两端负序方向元件（ ）。

A. 不能正确动作　　B. 能正确动作

C. 动作特性不确定　　D. 一端能正确动作，一端不能正确动作

答案：【B】

34. 大电流接地系统中，某线路 A 相跳闸出现非全相运行，某保护安装处的负序电压（ ）。

A. 离断口愈远，负序电压愈小

B. 离断口愈近，负序电压愈小

C. 与断口位置无关，仅与电网结构、运行方式有关

D. 与断口位置无关，与电网结构、运行方式无关

答案：【C】

35. 大电流接地系统中线路断相运行时，线路的零序、负序方向元件的动作行为与电压互感器所接位置有关，当（　）时且接在线路电压互感器的不会动作。

A. 本侧一相断路器在断开位置　　B. 对侧一相断路器在断开位置

C. 两侧同名相断路器均在断开位置　　D. 对侧两相断路器在断开位置

答案：【A】

36. 220kV 大电流接地系统中带负荷电流的某线路断开一相，其余线路全相运行，下列选项不正确的是（　）。

A. 非全相线路中有负序电流，全相运行线路中无负序电流

B. 非全相线路-全相运行线路中均有负序电流

C. 非全相线路中的负序电流大于全相运行线路中的负序电流

D. 非全相线路中有零序电流

答案：【A】

37. 220kV 环网线路，发生单相断线故障，断线前负荷电流不为零，假设正、负序阻抗相等，当端口零序电抗大于正序电抗时，则断线后健全相电流及零序电流描述正确的是（　）。

A. 两健全相电流大于断线前负荷电流，$3I_0$ 大于断线前负荷电流

B. 两健全相电流小于断线前负荷电流，$3I_0$ 小于断线前负荷电流

C. 两健全相电流大于断线前负荷电流，$3I_0$ 小于断线前负荷电流

D. 两健全相电流小于断线前负荷电流，$3I_0$ 大于断线前负荷电流

答案：【B】

38. 大电流接地系统 BC 两相经过渡电阻 R 短路故障时，B 相电压与 C 相电压幅值为（　）。

A. B 相＞C 相　　B. C 相＞B 相　　C. C 相＝B 相　　D. 不确定

答案：【A】

39. 大电流接地系统线路 MN 发生单相接地故障，系统各元件的正、负序阻抗相等，N

侧系统到故障点的综合正序、零序阻抗分别为 Z_{1N}、Z_{0N}，M 侧的正序、零序电流分支系数分别为 C_{1M}、C_{0M}，若 N 侧故障相先单跳后，M 侧的零序电流增大的条件是（ ）。

A. $Z_{0N}<Z_{1N}$　　B. $Z_{0N}>Z_{1N}$　　C. $C_{1M}<C_{0M}$　　D. $C_{1M}>C_{0M}$

答案：【A】

40. 大电流接地系统输电线路 BC 相短路经过渡电阻 R_g 接地时，A 相负序电流 $\dot{I}_{A2}$ 与零序电流 $\dot{I}_{A0}$ 幅值相等。若 $|Z_{\Sigma0}|=3R_g$、$Z_{\Sigma0}/Z_{\Sigma1}=(\sqrt{5}-1)/2$，则 $\arg\frac{\dot{I}_{A2}}{\dot{I}_{A0}}=$（ ）。

A. 18°　　B. 36°　　C. 54°　　D. 72°

答案：【B】

41. 大电流接地系统输电线路 BC 相短路经过渡电阻 R_g 接地，A 相正序电流 $\dot{I}_{A1}$、负序电流 $\dot{I}_{A2}$、零序电流 $\dot{I}_0$ 的相位关系正确的是：（ ）。

A. $\arg\left(\frac{\dot{I}_{A1}}{\dot{I}_{A2}}\right)=180°$、$0°<\arg\left(\frac{\dot{I}_0}{\dot{I}_{A2}}\right)<180°$、$0°<\arg\left(\frac{\dot{I}_{A1}}{\dot{I}_{A2}}\right)<180°$

B. $0°<\arg\left(\frac{\dot{I}_0}{\dot{I}_{A1}}\right)<180°$、$0°<\arg\left(\frac{\dot{I}_{A2}}{\dot{I}_0}\right)<180°$、$0°<\arg\left(\frac{\dot{I}_{A1}}{\dot{I}_{A2}}\right)<180°$

C. $0°<\arg\left(\frac{\dot{I}_{A1}}{\dot{I}_0}\right)<180°$、$0°<\arg\left(\frac{\dot{I}_0}{\dot{I}_{A2}}\right)<180°$、$0°<\arg\left(\frac{\dot{I}_{A2}}{\dot{I}_{A1}}\right)<180°$

D. $\arg\left(\frac{\dot{I}_{A1}}{\dot{I}_{A2}}\right)=0°$、$0°<\arg\left(\frac{\dot{I}_0}{\dot{I}_{A2}}\right)<180°$、$0°<\arg\left(\frac{\dot{I}_{A1}}{\dot{I}_{A2}}\right)<180°$

答案：【C】

42. 大电流接地系统线路发生 BC 两相经过渡电阻 R_g 接地短路故障，以下描述错误的是（ ）。

A. 故障点 B 相电压与 C 相电压相等

B. 母线处 B 相电压幅值大于 C 相电压

C. 故障点 B 相电压为 $3I_0\times R_g$，$3I_0$ 为故障点零序电流

D. 母线处保护 B 相接地距离继电器较 C 相接地距离继电器更易动作

答案：【B】

43. 变电站切除一台中性点直接接地的负荷变压器，在该变电站母线出线上发生单相接地故障时，该出线的零序电流（ ）。

A. 变大　　B. 变小　　C. 不变　　D. 视具体情况都可能

答案：【B】

44. 变电站切除一台中性点直接接地的负荷变压器，在该变电站母线出线上发生两相接地故障时，该出线的正序电流（　）。

A. 变大　　B. 变小　　C. 不变　　D. 视具体情况都可能

答案：【C】

45. 变电站切除一台中性点直接接地的负荷变压器，在该变电站母线出线上发生两相故障时，该出线的负序电流（　）。

A. 变大　　B. 变小　　C. 不变　　D. 视具体情况都可能

答案：【C】

46. 小电流接地系统中，变压器中性点消弧线圈的作用是（　）。

A. 提高电网的电压水平　　B. 限制变压器故障电流

C. 消除潜供电流　　D. 补偿网络接地时的电容电流

答案：【D】

47. 当小电流接地系统中发生单相金属性接地时，中性点对地电压为（　）。

A. $\dot{U}_{\Phi}$　　B. 0　　C. $-\dot{U}_{\Phi}$　　D. $\sqrt{3}\dot{U}_{\Phi}$

答案：【C】

48. 220kV 主变压器并网运行，中性点不接地。若高压侧出线近端发生金属性接地故障，中性点的电压为（　）。

A. $\dot{U}_{\Phi}$　　B. $\dot{U}_0$　　C. $\sqrt{3}\dot{U}_{\Phi}$　　D. $3\dot{U}_0$

答案：【B】

49. 多台发电机变压器组在高压侧并网，变压器中性点有的接地、有的不接地运行。当高压母线发生单相接地故障时，母线出现零序电压 $\dot{U}_0$，中性点接地的变压器故障相电压为（　），而中性点不接地变压器的中性点电压为（　）。

A. 0、$-\dot{U}_0$　　B. $\dot{U}_0$、0　　C. 0、$\dot{U}_0$　　D. $-\dot{U}_0$、0

答案：【C】

50. 当小电流接地系统发生金属性两相接地故障时，健全相的电压（　）。

A. 略微增大　　B. 不变

C. 增大为正常相电压的 1.5 倍　　D. 增大为正常相电压的 1.732 倍

答案：【C】

51. 当小电流接地系统某处发生单相接地故障时，考虑到电容电流的影响，母线电压互感器开口三角形的电压（　）。

A. 故障点距母线越近，电压越高　　B. 故障点距母线越近，电压越低

C. 与故障点的距离远近无关　　D. 以上均不正确

答案：【B】

52. 小电流接地系统发生单相接地短路时，故障序网络中（　）为零。

A. 正序电压　　B. 负序电压　　C. 零序电压　　D. 负序电流

答案：【B】

53. 用于10kV小电阻接地系统的专用接地变压器阻抗呈现（　）特性。

A. 正序阻抗→∞、零序阻抗→0　　B. 正序阻抗→0、零序阻抗→0

C. 正序阻抗→∞、零序阻抗→∞　　D. 正序阻抗→0、零序阻抗→∞

答案：【A】

54. 基于零序方向原理的小电流接地选线继电器的方向特性，对于无消弧线圈和有消弧线圈过补偿的系统，如方向继电器按正极性接入电压、电流（流向线路为正），对于故障线路零序电压超前零序电流的角度是（　）。

A. 均为+90°

B. 均为−90°

C. 无消弧线圈为+90°，有消弧线圈为−90°

D. 无消弧线圈为−90°，有消弧线圈为+90°

答案：【B】

55. 系统接线图及相关参数如图2-2所示，当在k点发生两相短路时，流过保护安装处的故障电流为（　）（其中：S_B=100MVA、U_B=66kV）。

A. 191.9A

B. 226.5A

C. 303.1A

D. 342.7A

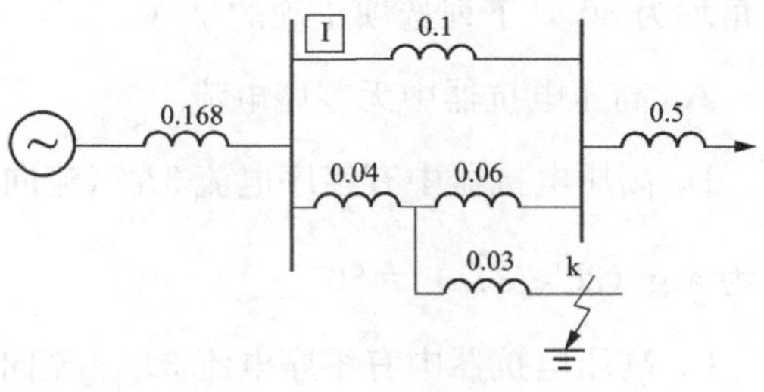

图2-2

答案：【C】

56. 当大电流接地系统的输电线路发生接地

故障时，由于零序互感的存在将会对相邻线路产生影响，零序互感影响的大小与（　）无关。

A. 电压等级　　B. 零序电流的大小

C. 相邻线路的地理位置　　D. 以上都对

答案：【A】

57. 同杆双回线均运行时，第二回线中的零序电流对第一回线的互感产生（　）作用，架空地线流经电流对第一回线的互感产生（　）作用。（　）

A. 去磁、去磁　　B. 去磁、助磁

C. 助磁、助磁　　D. 助磁、去磁

答案：【D】

58. 平行双回线路中，当线路末端发生接地故障时，对于有零序互感的平行双回线路中的每回线路，其零序阻抗在下列四种方式下最大的是（　）。

A. 一回线运行，一回线处于热备用状态

B. 一回线运行，另一回线处于接地检修状态

C. 二回线并列运行状态

D. 一回线运行，一回线处于冷备用状态

答案：【C】

59. 大电流接地系统中的两个变电站之间，架有同杆并架双回线路。当其中的一条线路停运检修，另一条线路仍然运行时，电网中发生了接地故障，如果此时被检修线路两端均已接地，则在运行线路上的零序电流将（　）。

A. 大于被检修线路两端不接地的情况　　B. 等于被检修线路两端不接地的情况

C. 小于被检修线路两端不接地的情况　　D. 无法确定

答案：【A】

60. 超高压输电线路一侧的高压并联电抗器发生了匝间短路，假设该系统中各元件序阻抗角均为80°，下列选项正确的是（　）。

A. 高压电抗器中无零序电流

B. 高压电抗器中有零序电流 $3I_0$（流向地）、同时该侧线路上有零序电压 $3U_0$，其相位关系为 arg（$3\dot{U}_0/3\dot{I}_0$）＝80°

C. 高压电抗器中有零序电流 $3I_0$（流向地）、同时该侧线路上有零序电压 $3I_0$，其相位关系为 arg（$3\dot{U}_0/3\dot{I}_0$）＝－100°

D. 高压电抗器中有零序电流 $3I_0$（流向地）、同时该侧线路上有零序电压 $3U_0$，其相位关系为 $\arg(3\dot{U}_0/3\dot{I}_0)=0°$

答案：【C】

61. 自耦变压器外部发生单相接地故障时，由大地流向自耦变压器中性点的零序电流与高压母线零序电压间的相位关系是（　）。

A. 零序电流滞后零序电压

B. 零序电流超前零序电压

C. 零序电流与零序电压同相位

D. 随接地点位置与高、中压侧零序阻抗大小变化

答案：【D】

62. 变压器额定容量 240/240/72MVA，额定电压 220/117/37kV，零序阻抗试验数据为：高压加电、中压开路 54.3Ω；高压加电、中压短路 29.97Ω；中压加电、高压开路 4.94Ω；中压加电、高压短路 2.75Ω。则高、中、低压侧零序阻抗标幺值分别为（　）（基准容量 100MVA，基准电压近似取变压器额定电压）。

A. 0.0425、0.0697、−0.0064　　B. 0.0425、−0.0064、0.0697

C. −0.0064、0.0425、0.0697　　D. 0.0697、−0.0064、0.0425

答案：【D】

63. YN/d-7 接线变压器，在星形侧发生 AB 相间短路时，三角形侧阻抗继电器能正确反应保护安装处至故障点的测量阻抗是（　）。

A. A 相接地距离继电器　　B. B 相接地距离继电器

C. C 相接地距离继电器　　D. A、B 相相间距离继电器

答案：【B】

64. YN/d-11 接线的升压变压器，变压器高压侧发生两相短路时，d 侧的某一相的电流等于其他两相短路电流的两倍，如果低压侧 AC 相短路，则高压侧的电流（　）。

A. $I_A=\frac{2}{\sqrt{3}}I_d$　　B. $I_B=\frac{2}{\sqrt{3}}I_d$　　C. $I_C=\frac{2}{\sqrt{3}}I_d$　　D. $I_A=\frac{1}{\sqrt{3}}I_d$

答案：【A】

65. 对于 YN/d-11 接线的三相变压器，他的变比为 N，主变压器一次侧电流为 I_A，二次侧电流为 I_a，则一、二次电流之间的大小关系为（　）。

A. $I_a = nI_A$　　B. $I_a = \sqrt{3}nI_A$　　C. $I_a = \frac{nI_A}{\sqrt{3}}$　　D. $I_a = \frac{I_A}{n}$

答案：【C】

66. 关于 220kV 系统故障录波图的分析，以下说法正确的是（　）。

A. 若零序电流超前零序电压，故障相电流超前故障相电压，则 TV 回路有异常

B. 对于 YN/d-11 接线变压器，若高压侧 B 相电流是 AC 相的两倍，且方向相反，则低压侧发生 AB 两相短路

C. 若零序电流、零序电压与某相电流骤升，且同名相电压下降，则可能是该相发生单相接地故障

D. 若线路保护零序电压超前零序电流，则本线无故障

答案：【C】

67. 自耦变压器中性点必须接地，这是为了避免当高压侧电网内发生单相接地故障时（　）。

A. 中压侧出现过电压　　B. 高压侧出现过电压

C. 高压侧、中压侧都出现过电压　　D. 高压侧、中压侧均无过电压

答案：【A】

68. 超高压电网中自耦变压器的零序方向电流保护使用的零序电流不应该从变压器的中性点的流变上取，以保证在（　）发生外部接地故障时不会误动作。

A. 高压侧　　B. 中压侧　　C. 高中压侧　　D. 不确定

答案：【A】

69. 220/110/35kV 自耦变压器，高中低三侧容量比为 100/100/50，当高、低压侧同时向中压侧输送功率时，应在（　）侧装设过负荷保护。

A. 高、低压及公共绕组　　B. 高、中、低压及公共绕组

C. 中、低压　　D. 高、中压及公共绕组

答案：【B】

70. 220/110/35kV 自耦变压器，高中低三侧容量比为 100/100/50，在运行中公共绕组首先发出过负荷信号，此时的功率传输应该是（　）。

A. 低压侧同时向高、中压侧送电　　B. 高压侧同时向低、中压侧送电

C. 中压侧同时向高、低压侧送电　　D. 以上说法均不正确

答案：【C】

71. 为了限制短路电流在500kV三相自耦变压器组中性点加装小电抗，对限制高、中压侧单相接地故障电流效果说法正确的是（　）。

A. 高压侧>中压侧　　B. 中压侧>高压侧

C. 高压侧=中压侧　　D. 不确定

答案：【B】

72. 一台额定容量为750MVA的双绕组自耦变压器，额定电压为525/242kV，当带额定负荷时，其公共绕组中流过的电流为（　）。

A. 964.5A　　B. 0.0A　　C. 1789.3A　　D. 824.8A

答案：【A】

73. 三绕组自耦变压器的高中压侧额定电压、零序参数及110kV侧系统零序阻抗如图2-3所示（图中阻抗已归算至220kV侧）。当变压器220kV侧发生单相接地故障时，故障点总零序电流为300A，则流过变压器中性点的零序电流应为（　）。

A. −60A　　B. 120A　　C. −420A　　D. 60A

答案：【C】

74. 大电流接地系统输电线路MN的等值系统图如图2-4所示，若 $E_N=E_\varphi$、$\dot{E}_M=E_\varphi e^{j\delta}$、K点的电气位置系数 $\rho_K=(Z_{M1}+Z_{MK1})/(Z_{M1}+Z_{MN1}+Z_{N1})$，当 $\rho_K=0.2$、$\delta=30°$ 时，K点的电压为（　）。

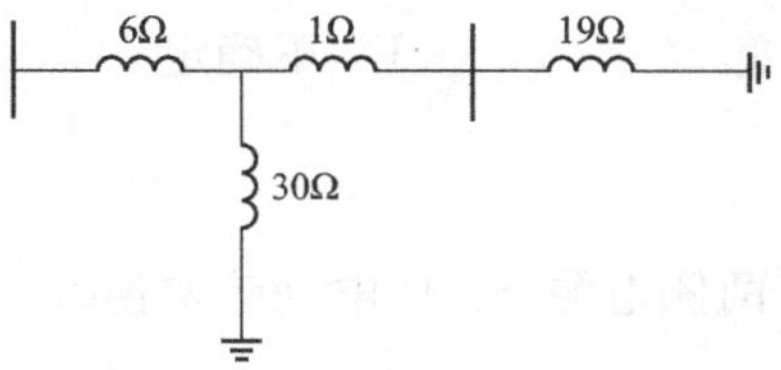

图 2-3

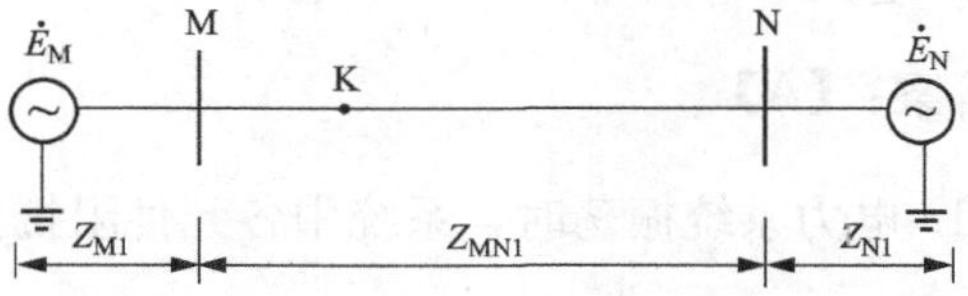

图 2-4

A. $0.978E_\varphi$　　B. E_φ　　C. $0.6E_\varphi$　　D. $0.5E_\varphi$

答案：【A】

75. 电力系统发生振荡时，各点电压和电流（　）。

A. 均作往复性摆动　　B. 均会发生突变

C. 在振荡的频率高时会发生突变　　D. 之间的相位角基本不变

答案：【A】

76. 电力系统短路时电流、电压是突变的，而系统振荡时电流、电压的变化是（　）。

A. 缓慢的且与振荡周期无关　　B. 与三相短路一样快速变化

C. 缓慢的且与振荡周期有关　　D. 之间的相位角基本不变

答案：【C】

77. 电力系统发生振荡时，最容易误动的元件保护是（　）。

A. 电流差动保护　　B. 零序电流速断保护

C. 电流速断保护　　D. 距离保护

答案：【C】

78. 电力系统振荡时，振荡中心的电压将随振荡角的变化而变化。当两侧电势角差摆开到 180°时，振荡中心电压的变化率（　）。

A. 最大　　B. 最小　　C. 不变　　D. 不确定

答案：【B】

79. 电力系统振荡时，接地故障点的零序电流将随振荡角的变化而变化。当两侧电势角差摆开到（　）时，接地故障点零序电流最小。

A. 0°　　B. 90°　　C. 180°　　D. 45°

答案：【C】

80. 电力系统振荡时，接地故障点的零序电流将随振荡角的变化而变化。当故障点越靠近振荡中心，零序电流变化幅度（　）。

A. 越大　　B. 越小　　C. 不变　　D. 不确定

答案：【A】

81. 电力系统振荡时，系统中各元件阻抗角相同，两侧电源 S、R 电动势幅值$\sqrt{3}|\dot{E}_S|=|\dot{E}_R|$，两侧电动势之间夹角摆开至 90°，则振荡中心位置距离电源 S、R 之比为（　）。

A. $1:4$　　B. $1:3$　　C. $1:\sqrt{3}$　　D. $\sqrt{3}:1$

答案：【B】

82. 双侧电源系统，各元件阻抗角相等，系统总阻抗为 Z_Σ，电源 E_M 与 E_N 幅值大小相等，且 M 为送电侧，若以 M 侧电源为起点系统振荡时，下列哪点电压幅值最大（　）。

A. $Z=\frac{1}{3}Z_\Sigma$　　B. $Z=\frac{1}{4}Z_\Sigma$　　C. $Z=\frac{1}{2}Z_\Sigma$　　D. $Z=\frac{2}{3}Z_\Sigma$

答案：【B】

83. 下列选项中说法正确的是（ ）。

A. 系统发生振荡时电流和电压值都往复摆动，并且三相严重不对称

B. 零序电流保护在电网发生振荡时容易误动作

C. 有一电流保护其动作时限为 4.5s，在系统发生振荡时他不会误动作

D. 距离保护在系统振荡时容易误动作，所以系统发生振荡时应断开距离保护投退连接片

答案：【C】

84. 当电力系统发生振荡时，对保护装置振荡闭锁的整组复归时间要求应满足（ ）。

A. 大于相邻线重合闸周期加上重合于永久性故障保护再次动作的时间，并留有一定裕度

B. 大于相邻线重合闸周期 ，并留有一定裕度

C. 大于本线路重合闸周期加上重合于永久性故障保护再次动作的时间，并留有一定裕度

D. 大于本邻线重合闸周期 ，并留有一定裕度

答案：【A】

85. 双端电源系统发生振荡，录波如图 2-5 所示，波形 a、b、c 分别为 A 相电气量，则波形 a、b、c 分别对应（ ）。

A. 线路电流、母线电压、振荡中心电压

B. 线路电流、振荡中心电压、母线电压

C. 振荡中心电压、线路电流、母线电压

D. 振荡中心电压、母线电压、线路电流

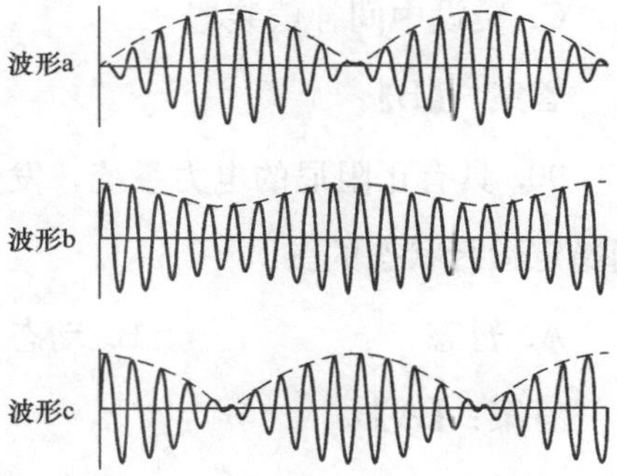

图 2-5

答案：【A】

86. 下列选项说法（ ）是正确的。

A. 振荡时系统各点电压和电流的有效值随 δ 的变化一直在做往复性的摆动，但变化速度相对较慢；而短路时，在短路初瞬电压、电流是突变的，变化量较大，但短路稳态时电压、电流的有效值基本不变

B. 振荡时阻抗继电器的测量阻抗随 δ 的变化，幅值在变化，但相位基本不变，而短路稳态时阻抗继电器测量阻抗在幅值和相位上基本不变

C. 振荡时只会出现正序分量电流、电压，不会出现负序分量电流、电压，而发生接地短路时只会出现零序分量电压、电流不会出现正序和负序分量电压电流

D. 振荡时只会出现正序分量电流、电压，不会出现负序分量电流、电压，而发生接地短路时不会出现正序分量电压电流

答案：【A】

87. 断路器在切除以下哪种电流时断路器易被击穿发生重燃。（　）

A. 正序电流　　B. 零序电流　　C. 电容电流　　D. 电感电流

答案：【C】

88. 为了提高电力系统暂态稳定水平，以下属于减小加速面积的措施为（　）。

A. 串联电容补偿　　B. 加快切除短路故障

C. 电气制动　　D. 自动重合闸

答案：【B】

89. 为提高系统稳定性，常常采取加强和扩充一次设备的措施，这些措施不包括以下（　）。

A. 减小线路电抗　　B. 线路上装设三相并联电抗器

C. 装设中间补偿装置　　D. 线路上装设串联电容

答案：【B】

90. 具有正阻尼的电力系统，发生短路故障后是依靠电力系统的（　）稳定性逐渐恢复到稳定运行状态的。

A. 暂态　　B. 动态　　C. 静态　　D. 同步运行

答案：【A】

91. 对于单相重合闸从重合于系统保持稳定的条件考虑，重合闸时间应在（　）附近。

A. $\frac{d\delta}{dt}=0$　　B. $\frac{d\delta}{dt}$正的最大值　　C. $\frac{d\delta}{dt}$负的最大值　　D. 任意值均可

答案：【C】

92. 故障量暂态过程的大小、持续时间与系统的时间常数有关，一般 220kV 系统的时间常数不大于（　）。

A. 10ms　　B. 60ms　　C. 80-200ms　　D. 200-300ms

答案：【B】

93. 分析简单电力系统的暂态稳定主要应用（　）。

A. 等耗量微增率原则 B. 等面积定则 C. 小干扰法 D. 对称分量法

答案：【B】

94. 目前国内暂态稳定控制的主要方法是（ ）。

A. 能量函数直接法 B. 实时计算策略法 C. 策略表法 D. 人工调节法

答案：【C】

95. 电力系统的电磁环网运行的弊端不包括（ ）。

A. 易造成系统热稳定破坏 B. 易造成系统稳定破坏

C. 不需要装设安全自动装置 D. 不利于经济运行

答案：【C】

2.2 多 选 题

1. 对称分量法中，$\dot{U}/\alpha$ 表示（ ）。

A. 将 $\dot{U}$ 顺时针旋转 120° B. 将 $\dot{U}$ 顺时针旋转 240°

C. 将 $\dot{U}$ 逆时针旋转 120° D. 将 $\dot{U}$ 逆时针旋转 240°

答案：【AD】

2. 用电流表测量得某线路 TA 二次侧三相电流幅值分别为 $I_A=3A$、$I_B=4A$、$I_C=3A$，因没有相位表故三相电流相位关系未知，则负序电流 I_2 幅值可能是（ ）。

A. 0A B. 3A C. 4A D. 5A

答案：【AB】

3. 设 I_a，I_b，I_c 为一组工频负序电流，当采样频率是 600Hz 时，采样电流表示为 $I_{a(0)}$、$I_{b(0)}$、$I_{c(0)}$；$I_{a(1)}$、$I_{b(1)}$、$I_{c(1)}$；$I_{a(2)}$、$I_{b(2)}$、$I_{c(2)}$；…；$I_{a(12)}$、$I_{b(12)}$、$I_{c(12)}$；$I_{a(13)}$、$I_{b(13)}$、$I_{c(13)}$；…。下列正确的等式是（ ）。

A. $I_{a(3)}=I_{b(9)}=I_{c(12)}$ B. $I_{a(2)}=I_{b(10)}=I_{c(6)}$

C. $I_{a(0)}=I_{b(8)}=I_{c(4)}$ D. $I_{a(7)}=I_{b(8)}=I_{c(16)}$

答案：【BC】

4. 以下关于有零序互感的平行双回线与同杆并架双回线的主要差别描述正确的是（ ）。

A. 后者零序互感大于前者

B. 后者正序互感大于前者

C. 发生跨线故障的可能性，后者大于前者

D. 后者负序互感大于前者

答案：【ABCD】

5. 当大电流接地系统的输电线路发生接地短路故障时，零序互感对相邻运行线路影响的大小与（ ）因素有关。

A. 电压等级 B. 零序电流的大小

C. 相邻线路的地理位置 D. 负荷电流的大小

答案：【BC】

6. 微机继电保护装置对功率方向元件的要求有（ ）。

A. 能正确地判断短路功率方向

B. 有很高的灵敏度

C. 继电器的固有动作时限小

D. 要求所有功率方向继电器均采用0°接线

答案：【ABC】

7. 关于负序分量、零序分量和工频变化量这三类分量，下列选项正确的是（ ）。

A. 正常运行时，三者均为零，仅在故障时出现

B. 三者均可以实现延时的后备保护

C. 零负序分量只要不对称故障存在，他们就存在

D. 零负序分量构成的保护可以实现快速保护

答案：【AD】

8. 正常运行的电力系统，在线路的某点K发生短路故障，下列选项正确的是（ ）。

A. K点发生各种不对称短路故障，K点总有负序电压存在

B. K点发生三相短路故障，K点没有负序电压

C. K点发生两相短路故障，K点总有负序电压

D. K点发生单相金属性接地，K点总有负序电压

答案：【BC】

9. 大电流接地系统发生故障，下列选项正确的是（ ）。

A. 任何故障，都将出现正序电压

B. 同一点发生不同类型故障，单相接地故障正序电压最高

C. 出口单相故障时，零序功率方向元件不会出现死区，采用正序电压极化的方向阻抗继电器也不会出现死区

D. 大接地系统发生单相接地故障，保护安装处正序电压与正序电流的关系及零序电压和零序电流的关系都与故障点的位置及过渡电阻的大小无关

答案：【ABC】

10. 在大电流接地系统中，当系统中各元件的正、负序阻抗相等时，当线路发生单相接地故障时，下列选项正确的是（ ）。

A. 非故障相中没有故障分量电流，保持原有负荷电流

B. 非故障相中除负荷电流外，还有故障分量电流

C. 非故障相电压升高或降低，随故障点综合正序、零序阻抗相对大小而定

D. 非故障相电压保持不变

答案：【BC】

11. 在大电流接地系统中，假设系统中各元件的正、负序阻抗相等，当线路发生两相短路故障时下列选项正确的是（ ）。

A. 非故障相中没有故障分量电流，保持原有负荷电流

B. 非故障相中除负荷电流外，还有故障分量电流

C. 非故障相电压要升高或降低，升高或降低随故障点离电源距离而变化

D. 非故障相电压保持不变

答案：【AD】

12. 在大电流接地系统中，当系统中各元件的正、负序阻抗相等时，则双电源线路发生单相接地故障时，下列正确的是（ ）。

A. 非故障相中没有故障分量电流，保持原有负荷电流

B. 非故障相中除负荷电流外，一定有故障分量电流

C. 非故障相电压升高或降低，随故障点综合正序、零序阻抗相对大小而定

D. 非故障相中除负荷电流外，不一定有故障分量电流

答案：【CD】

13. 大电流接地系统输电线路短路前空载，系统中各电气设备的正序阻抗等于负序阻抗且各电气设备的阻抗角相等。当线路上发生单相接地短路时，如果忽略各种误差，保护安装处故障相电流幅值可能（ ）非故障相电流的幅值。

A. 大于　　B. 小于　　C. 等于　　D. 都有可能

答案：【AC】

14. 某220kV线路保护电压取自线路电压互感器，当线路发生单相接地故障，线路两侧断路器跳开故障相后，下列选项正确的是（　）。

A. 不计输电线路的分布电容时，两侧负序方向元件不同时判为正方向

B. 计及输电线路的分布电容时，两侧负序方向元件可能同时判为正方向

C. 不计输电线路的分布电容时，两侧零序方向元件不同时判为正方向

D. 计及输电线路的分布电容时，两侧零序方向元件可能同时判为正方向

答案：【AC】

15. 大电流接地系统中终端变电站的变压器中性点直接接地，在供电该变电站线路上发生单相接地故障，不计负荷电流时，下列选项正确的是（　）。

A. 线路终端侧有正序、负序、零序电流

B. 线路终端侧只有零序电流，没有正序、负序电流

C. 线路供电侧有正序、负序、零序电流

D. 线路供电侧只有零序电流，没有正序、负序电流

答案：【BC】

16. 大电流接地系统中单相金属性接地时，有如下特点（　）。

A. 当$Z_{\Sigma 0}>Z_{\Sigma 1}$时，非故障相电压要升高

B. 当$Z_{\Sigma 0}<Z_{\Sigma 1}$时，非故障相电压要升高

C. 当$Z_{\Sigma 0}<Z_{\Sigma 1}$时，单相短路电流要大于该点的三相短路电流

D. 非故障相中只有负荷电流，没有故障分量电流

答案：【AC】

17. 大电流接地系统中，发生非对称性故障时，系统上任一点的负序电压与正序电压可能的关系为（　）。

A. 负序电压大于正序电压　　B. 负序电压等于正序电压

C. 负序电压小于正序电压　　D. 不能确定

答案：【BC】

18. 大电流接地系统输电线路，若$Z_{\Sigma 0}>Z_{\Sigma 1}$，当在线路同一点上发生的单相短路接地、两相短路、两相接地短路、三相短路故障时，其正序电流分量满足（　）。

A. 三相短路等于两相短路的 2 倍　　B. 三相短路大于单相短路的 3 倍

C. 两相接地短路大于三相短路　　D. 单相短路小于两相接地短路

答案：【ABD】

19. 大电流接地系统中，下列选项关于单相接地短路、两相接地短路、两相短路、三相短路故障说法正确的是（　）。

A. 母线上正序电压下降最多的是三相短路故障

B. 两相接地短路时母线正序电压的下降没有两相短路大

C. 正序电压下降最少的是单相接地短路

D. 不管是何种类型的短路，越靠近故障点正序电压越低，而负序电压和零序电压则是越靠近故障点数值越大

答案：【ACD】

20. 设电力系统中各元件的正序阻抗等于负序阻抗，且各元件的阻抗角相等。并假设负荷电流为零。在大接地电流系统中的线路上发生单相接地短路时，在（　）条件下流过继电保护装置的两个非故障相电流与故障相电流的相位相反。在（　）条件下流过继电保护装置的两个非故障相电流与故障相电流的相位相同。（　）

A. 零序电流分配系数小于正序、负序电流分配系数

B. 零序电流分配系数大于正序、负序电流分配系数

C. 零序电流分配系数等于正序、负序电流分配系数

D. 与零序、正序、负序电流分配系数大小无关

答案：【AB】

21. 大电流接地系统中，当线路发生 AC 两相金属性直接接地短路时，下述关于故障点序电压分量间的关系正确的是（　）。

A. B 相负序电压超前 C 相正序电压的角度是 120°

B. A 相正序电压与 C 相负序电压同相位

C. B 相零序电压超前 A 相负序电压的角度是 120°

D. B 相正序电压滞后 C 相零序电压的角度是 120°

答案：【ABC】

22. 大电流接地系统中，当线路发生 C 相金属性单相接地故障时，下述关于故障点序电压分量间的关系正确的是（　）。

A. A相负序电流超前C相正序电流的角度是120°

B. C相负序电流超前A相正序电流的角度是120°

C. B相负序电流滞后A相零序电流的角度是120°

D. B相正序电流滞后C相零序电流的角度是120°

答案：【ABC】

23. 系统接线方式及相关参数如图2-6所示，在网络K点发生A相经过渡电阻R_g接地故障时，当过渡电阻R_g从0到∞变化时，故障点的零序电流和A相电压的变化轨迹分别为（　）。

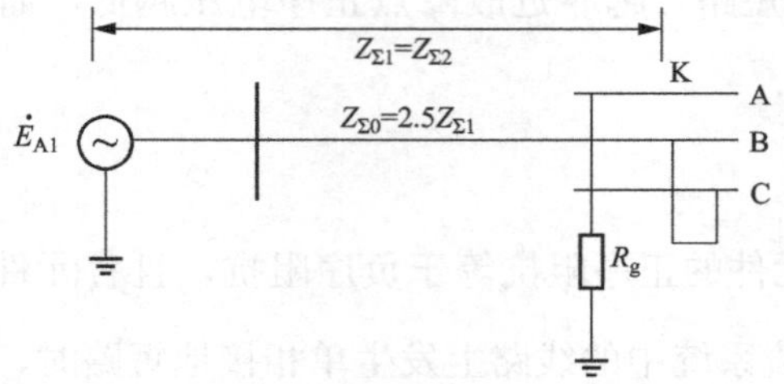

图2-6

A. 半径R：$\frac{1}{2}\times\frac{E_{A_1}}{2Z_{\Sigma1}+Z_{\Sigma0}}$、圆心$O$：$\left(\frac{1}{2}\times\frac{E_{A_1}}{2Z_{\Sigma1}+Z_{\Sigma0}},\ 0\right)$

B. 半径R：$\frac{1}{2}\times\frac{E_{A_1}}{2Z_{\Sigma1}+Z_{\Sigma0}}$、圆心$O$：$\left(0,\ \frac{1}{2}\times\frac{E_{A_1}}{2Z_{\Sigma1}+Z_{\Sigma0}}\right)$

C. 半径R：$\frac{E_{A_1}}{2}$、圆心O：$\left(0,\ \frac{E_{A_1}}{2}\right)$

D. 半径R：$\frac{E_{A_1}}{2}$、圆心O：$\left(\frac{E_{A_1}}{2},\ 0\right)$

答案：【AC】

24. 已知比幅式功率方向元件采用90°接线方式，其动作量为$\dot{A}=\dot{U}_r e^{j\beta}+\dot{I}_r$，其制动量为$\dot{B}=\dot{U}_r e^{j\beta}-\dot{I}_r$，当$|\dot{A}|\geqslant|\dot{B}|$时，功率方向元件动作，其中$\beta=30°$，则该功率方向元件的内角、最大灵敏角分别为（　）。

A. 60°　　B. −60°　　C. 30°　　D. −30°

答案：【CD】

25. 下列选项中关于小电流接地系统单相接地描述正确的有（　）。

A. 接地电流很小　　B. 线电压对称

C. 非故障相电压升高$\sqrt{3}$倍　　D. 没有负序电流分量

答案：【ABC】

26. 当10kV不接地系统线路末端发生BC两相直接接地故障时，下列选项中关于该系统母线电压（U_a、U_b、U_c）特征描述正确的有（　）。

A. U_a 幅值≈1.732U_N　　B. U_a 幅值≈1.5U_N

C. U_b 和 U_c 相位差≈0°　　D. U_b 和 U_c 相位差≈120°

E. U_b 和 U_c 相位差≈180°

答案：【BE】

27. 在中性点经消弧线圈接地的电网中，过补偿运行时消弧线圈的作用有（　）。

A. 改变接地电流相位　　B. 减小接地电流

C. 消除铁磁谐振过电压　　D. 减小单相故障接地时故障点恢复电压

答案：【BCD】

28. 小电流接地系统中，中性点装设的消弧线圈若以欠补偿方式运行，当系统频率降低时，可能导致（　）后果。

A. 可能使消弧线圈的补偿接近于全补偿方式运行

B. 可能使消弧线圈的补偿度暂时增大

C. 可能造成串联谐振引起很高的中性点过电压

D. 可能在补偿电网中出现很大的中性点位移而危及绝缘

答案：【ACD】

29. 在中性点不接地电网中，线路经过渡电阻 R_g 发生单相接地时，下列不正确的是（　）。

A. R_g 大小会影响接地故障电流和母线零序电压相位

B. R_g 不影响非故障线路零序电流和母线零序电压间相位

C. 非故障相电压保持不变

D. 非故障相电流保持不变

答案：【CD】

30. 当中性点不接地系统发生单相接地故障时，下列选项错误的是（　）。

A. 在发生单相接地时，相当于在故障点产生一个其值与故障相电压大小相等、方向相反的零序电压，从而全系统都将出现零序电压

B. 零序网络由各电压等级网络中元件对地的等值构成通路，与中性点直接接地系统由接地的中性点构成通路有所不同

C. 在不考虑负荷电流的前提下，非故障相中流过的电流，其数值等于本身对地电容电流

D. 故障点流过的电流，其数值等于该系统非故障相对地电容电流之和

E. 考虑零序网络中分布电容的影响时，系统各处的零序电压相等

答案：【BE】

31. 小电流接地系统电网发生单相接地故障时，下列选项中关于故障线路与非故障线路的零序电流的特点描述正确的有（　）。

A. 故障线路故障相流过的零序电流为所有非故障相对地电容电流之和，方向由元件指向母线

B. 故障线路非故障相流过的零序电流为所有非故障相对地电容电流之和，方向由母线指向元件

C. 非故障线路故障相零序电流为零

D. 非故障线路非故障相零序电流为本线路的对地电容电流，方向由母线指向元件

答案：【ACD】

32. 对于三绕组自耦变压器来说，以下（　）运行方式均有可能出现公共绕组过载。

A. 当高、低压侧同时向中压侧送有功功率和滞后无功功率时

B. 当高压侧同时向中压侧送有功功率和滞后无功功率时

C. 当中压侧同时向高压侧和低压侧送有功功率和滞后无功功率时

D. 当中、低压侧同时向高压侧送有功功率和滞后无功功率时

答案：【AC】

33. 高中压侧均接入大电流接地系统的三绕组自耦变压器，当发生单相接地故障时，高中压侧系统零序等值阻抗大小不确定时，下列关于公共绕组零序电流说法正确的是（　）。

A. 故障点在中压侧时，公共绕组零序电流肯定从变压器流向大地

B. 故障点在中压侧时，公共绕组零序电流方向不确定

C. 故障点在高压侧时，公共绕组零序电流肯定从大地流向变压器

D. 故障点在高压侧时，公共绕组零序电流方向不确定

答案：【AD】

34. 高中压侧均接入大电流接地系统的三绕组自耦变压器，下列选项中说法正确的是（　）。

A. 中压侧母线单相接地时，中压侧的零序电流一定比高压侧的零序电流大

B. 高压侧母线单相接地时，高压侧的零序电流一定比中压侧的零序电流大

C. 高压侧母线单相接地时，可能中压侧零序电流比高压侧零序电流大，这取决于中压侧零序阻抗的大小

D. 中压侧母线单相接地时，可能高压侧零序电流比中压侧零序电流大，这取决于高压侧零序阻抗的大小

答案：【AC】

35. YN/d-11 接线的变压器，在不计负荷电流情况下，低压侧 K 点发生两相短路时，下列选项中关于 Y 侧的三相电流描述正确的是（　）。

A. Y 侧最大相电流等于 K 点三相短路时 Y 侧电流

B. Y 侧最大相电流等于最小相电流的 2 倍

C. Y 侧最大相电流等于 K 点三相短路时 Y 侧电流的 2 倍

D. Y 侧最大相电流等于 K 点三相短路时 Y 侧电流的$\sqrt{3}/2$倍

答案：【AB】

36. YN/y-12 接线的变压器，变比为 1，在不计负荷电流情况下，当 y 侧发生单相接地故障时，下列选项中关于两侧的电流关系描述正确的是（　）。

A. Y 侧故障相电流等于 y 侧故障相电流

B. Y 侧故障相电流等于 y 侧故障相电流的 2/3

C. Y 侧非故障相电流等于 y 侧故障相电流的 1/3

D. Y 侧故障相电流等于 y 侧故障相电流的 3/2

答案：【BC】

37. 某 110/10kV 变压器的接线形式为 YN/d-11，若其 110kV 侧发生 B 相接地短路时，短路电流标幺值为 I_K，对于低压侧的三相电流、电压，以下说法正确的是（　）。

A. 低压侧 C 相电流幅值为 B、C 相电流的两倍

B. 低压侧 A、B 相电流等大反向

C. 低压侧 C 相电压幅值为 0

D. 低压侧 A、B 相电压幅值相等

答案：【BD】

38. YN/d-11 接线方式的变压器，变比为$\sqrt{3}$，低压侧为电源侧。在不计负荷电流情况下，Y 侧发生单相接地故障时，关于 d 侧三相电流以下说法正确的是（　）。

A. 最小相电流为 0

B. 最大相电流等于 Y_0 侧故障相电流的$\frac{1}{\sqrt{3}}$

C. 最大相电流等于 Y_0 侧故障相电流

D. 最大相电流等于 Y_0 侧故障相电流的$\sqrt{3}$倍

答案：【AC】

39. 某继电器装设在 YN/d-11 接线方式变压器的高压侧。已知继电器动作方程为$-90° \leqslant \arg[(\dot{U}'_{A2}-\dot{U}'_{A1})/(\dot{U}'_{A2}+\dot{U}'_{A1})] \leqslant 90°$，$\dot{U}'_{A2}=\dot{U}_{A2}-Z_Z\dot{I}_{A2}$，$\dot{U}'_{A1}=\dot{U}_{A1}-Z_Z\dot{I}_{A1}$。其中，$\dot{U}_{A2}$、$\dot{I}_{A2}$、$\dot{U}_{A1}$、$\dot{I}_{A1}$分别为继电器感受到的负序、正序分量，假定系统的正序电抗和负序电抗相等，Z_Z 为整定阻抗，Z_B 为变压器等值阻抗。变压器 d 侧两相短路时，Y 侧的继电器动作判断条件为（　）。

A. $Z_B<Z_Z$ 时，继电器动作　　B. $Z_B>Z_Z$ 时，继电器动作

C. $Z_B>Z_Z$ 时，继电器不动作　　D. $Z_B=Z_Z$ 时，在动作边界

答案：【ACD】

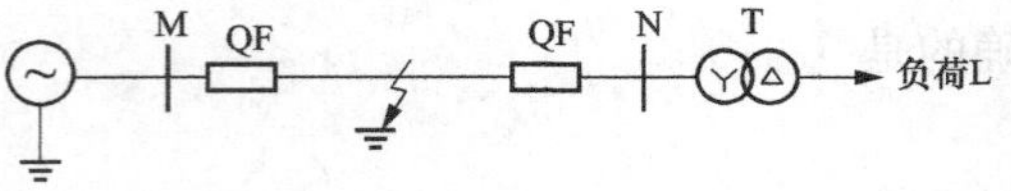

图 2-7

40. 如图 2-7 所示，某 220kV 线路带终端负荷 N 站运行，变压器接线方式为 YN/d-11，若线路 MN 发生单相金属性接地故障，对 N 侧线路保护来说，下列说法正确的是（　）。

A. 其故障相电流可能变小，非故障相电流可能变大

B. 保护可能不启动，如不采取措施，可能造成两侧纵联保护拒动

C. 故障相的阻抗元件一定能正确动作，不会失去方向性

D. 优先采用低电压选相元件

答案：【ABCD】

41. 电力系统发生振荡时，振荡中心电压的波动情况是（　）。

A. 幅度最大　　B. 幅度最小　　C. 变化率最大　　D. 变化率最小

答案：【AD】

42. 电力系统振荡时，不受系统振荡影响的继电器有（ ）。

A. 差动继电器　　B. 阻抗继电器

C. 电流继电器　　D. 负序功率方向继电器

答案：【AD】

43. 系统M和系统N发生振荡，联络线M侧的阻抗轨迹如图2-8，下列说法正确的（ ）。

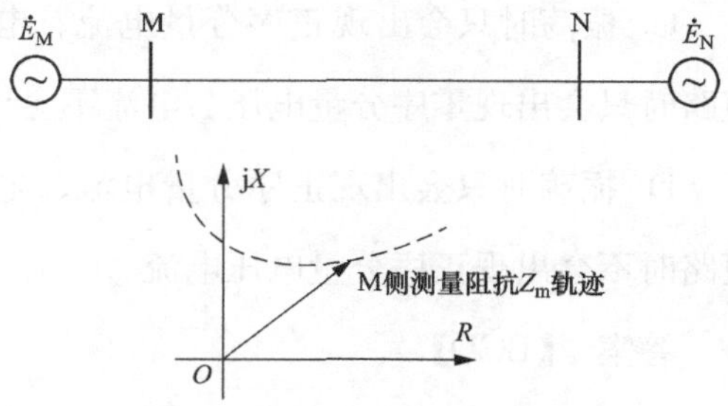

图 2-8

A. M侧频率>N侧频率

B. M侧频率<N侧频率

C. M侧电势E_m>N侧电势E_N

D. M侧电势E_m<N侧电势E_N

答案：【AC】

44. MN线路为双侧电源线路，振荡中心落在本线路上，当两侧电源失去同步发生振荡时，对圆或四边形阻抗特性的方向阻抗元件来说，下列说法正确的是（ ）。

A. Ⅱ、Ⅲ段阻抗元件均要动作

B. Ⅱ段阻抗元件返回时两侧电动势的夹角一定大于180°

C. Ⅱ段阻抗元件动作期间，有$\left|\frac{dR_m}{dt}\right|>\left|\frac{dX_m}{dt}\right|$，其中$R_m$、$X_m$为继电器的测量电阻、电抗

D. Ⅱ段阻抗元件动作期间，有$\left|\frac{dR_m}{dt}\right|<\left|\frac{dX_m}{dt}\right|$，其中$R_m$、$X_m$为继电器的测量电阻、电抗

答案：【ABC】

45. 下列关于系统振荡与短路描述正确的是（ ）。

A. 系统振荡时母线电压与线路振荡电流间的夹角在很大范围内变化

B. 系统振荡时无负序电流、零序电流，仅有正序电流

C. 系统振荡时电流增大与短路故障时电流增大不同，前者幅值要发生变化，后者幅值不发生变化

D. 系统振荡时短路点的零序电流将随功角的变化而变化

答案：【ABC】

46. 下列关于全相振荡的说法错误的有（ ）。

A. 振荡时系统各点电压和电流的有效值随δ的变化一直在做往复性的摆动，但变化速

度相对较慢；而短路时，在短路初瞬电压、电流是突变的，变化量较大，但短路稳态时电压、电流的有效值基本不变

B. 振荡时阻抗继电器的测量阻抗随δ的变化，幅值在变化，但相位基本不变，而短路稳态时阻抗继电器测量阻抗在幅值和相位上基本不变

C. 振荡时只会出现正序分量电流、电压，不会出现负序分量电流、电压，而发生接地短路时只会出现零序分量电压、电流不会出现正序和负序分量电压电流

D. 振荡时只会出现正序分量电流、电压，不会出现负序分量电流、电压，而发生接地短路时不会出现正序分量电压电流

答案：【BCD】

47. 当采用单相重合闸装置时，应考虑到哪些情况下（　）出现的非全相运行。

A. 重合闸过程中　　B. 单相重合闸装置拒动

C. 开关偷跳　　D. 开关低气压

答案：【ABC】

48. 系统运行方式如图 2-9 所示，$Z_{G1}=Z_{G2}=15\Omega$，$Z_{AB}=Z_{BC}=30\Omega$，$Z_{CD}=Z_{DE}=10\Omega$，系统元件阻抗角均为 80°，以下（　）的距离保护Ⅰ段需经振荡闭锁。

A. 保护 1　　B. 保护 2　　C. 保护 3

D. 保护 4　　E. 保护 5　　F. 保护 6

答案：【ABC】

49. 系统运行方式及相关参数如图 2-10 所示，全系统阻抗角都为 80°，$|\dot{E}_S|=|\dot{E}_R|$。两条线路各侧距离保护Ⅰ段均按本线路阻抗的 0.8 倍整定，继电器都用方向阻抗继电器。系统振荡时距离保护 1、2、3、4 的Ⅰ段阻抗继电器动作情况说法正确的是（　）。

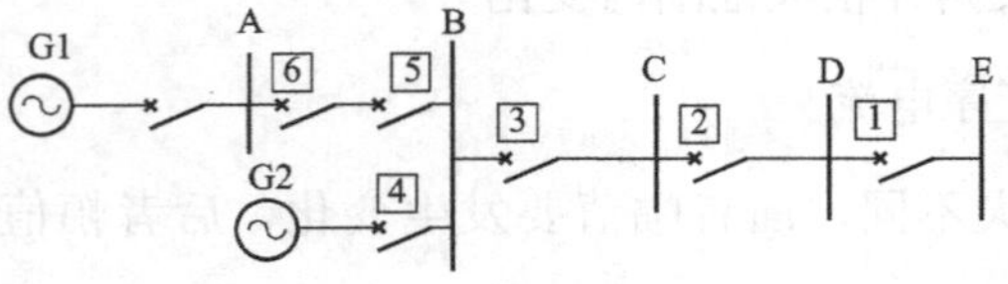

图 2-9

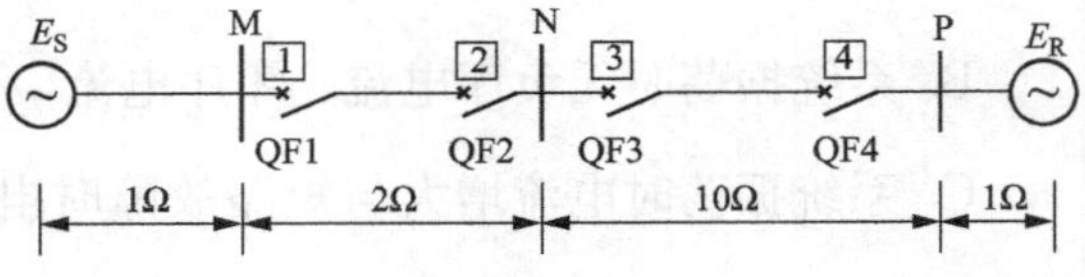

图 2-10

A. 距离保护 1 不动作　　B. 距离保护 2 动作

C. 距离保护 3 动作　　D. 距离保护 4 动作

答案：【ACD】

50. 电力系统的振荡有同步振荡和异步振荡两种情况，异步振荡的明显特征有（ ）。

A. 系统频率不能保持同一个频率

B. 电压周期性大幅摆动，振荡中心的电压摆动最大，并周期性地降到接近于零

C. 失步的发电厂间联络输送功率往复摆动

D. 送端系统频率升高，受端系统的频率降低并有摆动

答案：【ABCD】

51. 电力系统振荡时，两侧等值电动势夹角 δ 作 0～360°变化，其电气量变化特点为（ ）。

A. 离振荡中心愈近，电压变化越大

B. 测量阻抗中的电抗变化率大于电阻变化率

C. 测量阻抗中的电阻变化率大于电抗变化率

D. δ 偏离 180°愈大，测量阻抗变化率愈小

答案：【AC】

52. 以下（ ）情况可能造成系统振荡。

A. 输电线路输送功率超过极限值造成静态稳定破坏

B. 电网发生短路故障，切除大容量发电、输电或变电设备，负荷瞬时发生较大突变等造成电力系统暂态稳定破坏

C. 环状系统（或并列双回线）突然开环，使两部分系统联系阻抗突然增大，引起动稳定破坏而失去同步

D. 大容量机组跳闸或失磁，使系统联络线负荷增长或使系统电压严重下降，造成联络线稳定 极限降低，引起稳定破坏

E. 电源间非同步合闸未能拖入同步

答案：【ABCDE】

53. 快速切除线路和母线的短路电流有利于提高电力系统（ ）。

A. 暂态稳定　　B. 静态稳定　　C. 动态稳定　　D. 电压稳定

答案：【ACD】

54. 提高静态稳定的措施有哪些？（ ）

A. 减小发电机到系统的联系总阻抗　　B. 提高送电侧和受电测的运行电压

C. 提高发电机的有功功率　　D. 发电机自动调节励磁

答案：【ABD】

55. 提高系统稳定水平常用的措施有（　）。

A. 电网结构已定，提高线路有功传输　　B. 尽可能快速切除故障

C. 采用快速重合闸或采用单重　　D. 线路装设串补电容器

答案：【BCD】

56. 采用单机对无穷大系统的送电方式时，当高压母线出口处发生各种类型故障时，以下说法正确的是（　）。

A. 发生两相短路时，发电机与系统间的联系阻抗比两相接地短路小

B. 发生单相短路时，发电机与系统间的联系阻抗比三相短路大

C. 发生两相短路时，发电机的输出功率比单相短路大

D. 发生两相短路时，对系统暂态稳定性的影响比两相接地短路时小

E. 发生三相短路时，重合闸的时间对系统稳定性没有影响

答案：【AD】

57. 电磁环网对电网运行的弊端有（　）。

A. 造成系统热稳定破坏

B. 造成系统动态稳定破坏

C. 不利于电网经济运行

D. 可能需要安装切机切负荷等安全自动装置

E. 引起谐振过电压

答案：【ABCD】

2.3 判　断　题

1. 电力系统中静止元件施以负序电压产生的负序电流与施以正序电压产生的正序电流是相同的，故静止元件的正、负序阻抗相同。

答案：【正确】

2. 三相三柱式变压器的零序磁通由于只能通过油箱作回路，所以磁阻大，零序励磁阻抗比正序励磁阻抗大。

答案：【错误】

3. 自耦变压器的标准容量大于通过容量。

答案：【错误】

4. 两绕组变压器通过二次侧三相短路，一次侧施加三相正序电压，直至电流达到额定，记录电压，测得正负序阻抗。

答案：【正确】

5. 由三个单相构成的三相变压器（YN/d）正序电抗与零序电抗相等。

答案：【正确】

6. YN/d-11 接线的三相三柱式变压器，Y 侧接地时的零序阻抗等于正序阻抗。

答案：【错误】

7. 变压器的负序阻抗等于短路阻抗。

答案：【正确】

8. 对于高压侧为 220kV 的三绕组降压变压器，其高压侧阻抗通常比低压侧大。

答案：【正确】

9. 一般情况下，可以认为综合负荷的零序阻抗是无穷大。

答案：【正确】

10. 凡是相间（线）电压和两相电流差这样的电气量中肯定没有零序分量的电压、电流。

答案：【正确】

11. 通常情况下，常用短路冲击电流校验电气设备的断流能力和机械强度，用短路容量校验断路器的开断能力。

答案：【错误】

12. 短路前状态对短路计算来说，可以认为是已知的，可以引用系统潮流计算的结果。

答案：【正确】

13. 无穷大系统发生三相短路时，三相非周期分量可能某一相有最大值，可能某两相有最大值，也可能三相同时有最大值，这取决于合闸时的初相角。

答案：【错误】

14. 电力系统线路发生故障时，故障相电流与该相母线电压中均可能含有相当的非周期分量。

答案：【错误】

15. 故障电流中有直流分量时，直流分量将会以零序电流的形式反映出来。

答案：【正确】

16. 空载长线充电时，末端电压会升高。

答案：【正确】

17. 超高压输电线路及变电站，采用分裂导线与采用相同截面的单根导线相比较，分裂导线通流容量比较大，对地电容也比较大。

答案：【正确】

18. 电力系统中各电气设备分布电容的存在使发生短路时短路电流中会产生频率大于工频频率的谐波分量电流，该谐波分量电流的频率是工频频率的整数倍。

答案：【错误】

19. 母线上构成辐射形网络的二线路，切除一回线后另一回线的零序阻抗一定变小。

答案：【错误】

20. 由于互感的作用，平行双回线外部发生接地故障时，该双回线中流过的零序电流要比无互感时小。

答案：【正确】

21. 采用中性点不接地或经消弧线圈接地的系统，当某一相发生接地故障时，由于不能构成短路回路，接地故障电流往往比负荷电流小得多，所以这种系统称为小电流接地系统。

答案：【正确】

22. 同杆并架双回线与非同杆并架双回线相比较，外部发生接地故障时，前者双回线中流过的零序电流要比后者的大。

答案：【错误】

23. 只要不是同杆架设，即使线路上流过较大零序电流，相邻线路也不会误动。

答案：【错误】

24. 电力系统发生两相金属性短路故障时，故障点非故障相电压保持原有的幅值和相位，两故障相电压在非故障相电压的相同方向上，其值等于非故障相电压一半。

答案：【错误】

25. 如果忽略电容电流，在35kV系统中发生接地短路时零序电流是零，复合序网图中没有零序序网，所以两相短路接地可以用两相短路的复合序网图求解电压和电流。

答案：【错误】

26. 线路中间发生单相断线时，只要负荷电流足够大，两侧零序功率方向元件都会动作。

答案：【正确】

27. 在小电流接地系统中，若忽略接地电流的影响，若在线路上发生单相接地，则变压器中性点的零序电压等于接地点的零序电压。

答案：【正确】

28. 在中性点直接接地的系统中，双侧电源线路上发生单相金属性接地，不论系统处在何种状况、不论接地点在线路何处故障时，接地点总有故障电流存在。

答案：【错误】

29. 考虑线路故障，可将系统等值为两机一线系统。故障电流由 M、N 两侧供给，其故障正序电流分流系数定义 K_m、K_N。该系数仅与系统运行接线方式及故障点有关，而与短路故障的类型无关。

答案：【正确】

30. 中性点直接接地系统，在 $Z_{0\Sigma}>Z_{1\Sigma}$情况下，发生单相接地或两相接地时，非故障相电压均要升高。

答案：【正确】

31. 在线路发生不对称故障时，网络中各点正序电压值相应比三相短路时要高。

答案：【正确】

32. 对于 A 相单相接地故障，当零序综合阻抗大于正序综合阻抗，故障点的 B 相和 C 相电压间夹角将大于 120°。

答案：【错误】

33. 计及故障点正序、负序综合阻抗不相等的关系后，则单相金属性接地时，与正序、负序综合阻抗相等时相比较，接地电流与故障点正序电流间的系数两者不同。

答案：【错误】

34. 如果电力系统各元件的正序阻抗等于负序阻抗，且各元件的阻抗角相等，当线路发生单相接地短路时，流过保护的两个非故障相电流与故障相电流同相位的条件是零序电流分配系数大于正序电流分配系数。

答案：【正确】

35. 双侧电源系统线路（MN）发生单相接地故障，设系统各元件的正、负序阻抗相等，Z_{1N}、Z_{0N}为 N 侧系统到故障点的综合正、零序阻抗，C_{1M}、C_{0M}为 M 侧的正、零序电流分支系数，对侧（N 侧）故障相先单跳后，短路电流增大的条件是 $Z_{0N}<Z_{1N}$。

答案：【错误】

36. 大电流接地系统中有接地故障时一定会出现零序电流。

答案：【错误】

37. 终端变电站的变压器中性点直接接地，在其供电线路上发生单相接地故障时，终端变压器侧无故障分量正序电流。

答案：【正确】

38. 电气化铁路供电在电网中造成的谐波分量可能导致线路保护装置误动，必须增设谐波分量闭锁回路以防止装置误动。

答案：【错误】

39. 同一运行方式的大电流接地系统，零序电流分支系数与故障类型无关。

答案：【正确】

40. 接地故障时零序电流分布只与零序等值网络状况有关，与正序、负序等值网络的变化无关。

答案：【正确】

41. 当电网（$Z_{1\Sigma}=Z_{2\Sigma}$）发生两相金属性短路时，某变电站母线的负序电压标幺值为0.45，那么其正序电压标幺值应不小于0.45。

答案：【正确】

42. 故障线路两侧的电流突变量只与网络结构和参数有关，而与故障点电阻和系统运行方式无关。

答案：【正确】

43. $Y_0/Y_0/d$接线的自耦变压器高压侧发生接地故障时，低压侧绕组中有环流电流。

答案：【正确】

44. 大电流接地系统中线路空载发生A相接地短路时，B相和C相的故障电流为零。

答案：【错误】

45. 线路上发生单相接地故障时，短路电流中存在着正、负、零序分量，其中只有正序分量才受线路两端电势角差的影响。

答案：【正确】

46. 消弧线圈的接入不影响非故障线路零序电流的大小以及与零序电压间的相位关系。

答案：【正确】

47. 对于小电流接地系统来说，发生两相相间短路时的短路电流和发生两相接地短路的短路电流相等。

答案：【正确】

48. 大电流接地系统中发生接地故障，中性点不接地变压器也会发生中性点电压偏移。

答案：【正确】

49. 在大电流接地系统中母线上发生单相金属性接地短路时，母线电压互感器开口三角输出的电压为 100V。

答案：【错误】

50. 对于小电流接地系统中，发生单相接地时，短路点的零序电压是最低的。

答案：【正确】

51. 消弧线圈用于小电流接地系统，采用过补偿方式时，故障线的零序电流与非故障线一样，也超前于零序电压。

答案：【正确】

52. 中性点经消弧线圈接地系统正常运行时，L 与 $3C_{\Sigma}$ 为串联关系。发生单相接地故障时，L 与 $3C_{\Sigma}$ 为并联关系。

答案：【正确】

53. 中性点不接地系统中发生单相金属性接地故障时，接地点流的电流是全系统的电容电流。

答案：【正确】

54. 在各种故障类型中，三相短路故障时故障相的短路电流最大，所以三相短路是最严重的短路故障。

答案：【错误】

55. 如果忽略负荷电流，线路上发生两相短路时，流过保护装置的非故障相电流一定为零。

答案：【正确】

56. 在大电流接地系统中，某线路的零序功率方向继电器的零序电压接于母线电压互感器的开口三角电压时，在线路非全相运行时，该继电器会动作。

答案：【正确】

57. 在大电流接地系统中，某线路的零序功率方向继电器的零序电压接于线路电压互感器的开口三角电压时，在线路非全相（断开一相）运行期间，该继电器不会动作。

答案：【错误】

58. 负序、零序、工频变化量正方向继电器的最大灵敏角，决定于等效电源背后的阻抗，因而动作时不受过渡电阻的影响。

答案：【正确】

59. 中性点经消弧线圈接地系统采用过补偿方式时，是为了防止系统方式发生变化时形成全补偿。

答案：【正确】

60. 在中性点经消弧线圈接地的电网中，采用过补偿的优点之一是：可防止单相接地时的串联谐振过电压。

答案：【错误】

61. 不论何种方式，220kV 出线发生单相接地故障时，500kV 自耦变压器中性点的零序电流方向总是一定的。

答案：【正确】

62. 当电力系统发生振荡时，第一个振荡周期总是最短的。

答案：【错误】

63. 电力系统振荡时线路两侧电源频率不相等，两端保护测量的电流、电压的频率也不相等。

答案：【错误】

64. 系统振荡且发生接地故障，接地点的零序电流随振荡角度的变化而变化，两侧电势摆角到 180°，电流最小，故障点越靠近振荡中心，零序电流变化幅度越大。

答案：【错误】

65. 全相振荡是没有零序电流的。非全相振荡是有零序电流的，但这一零序电流不可能大于此时再发生接地故障时，故障分量中的零序电流。

答案：【错误】

66. 判断振荡用的相电流或正序电流元件应可靠躲过正常负荷电流。

答案：【正确】

67. 振荡中发生不对称故障时，零序电流和负序电流只可能比无振荡时小。

答案：【正确】

68. 系统振荡时，线路发生断相，零序电流与两侧电势角差的变化无关，与线路负荷电流的大小有关。

答案：【错误】

69. 双电源系统无故障发生全相振荡时的阻抗轨迹为一条直线。

答案：【错误】

70. 振荡时母线电压变化与母线离振荡中心位置有关，离振荡中心越远变化越小，直到大电源母线就基本不变。

答案：【正确】

71. 电力系统振荡时，接地故障点的零序电流将随振荡角的变化而变化。当两侧电势角差 δ 摆升到 180°时，电流最大；故障点越靠近振荡中心，零序电流变化幅度越大。

答案：【错误】

72. 当电力系统发生振荡时，第一个和最后一个振荡周期比较长。

答案：【正确】

73. 非全相振荡过程中，健全相发生单相接地故障时，零序电流和负序电流的关系随功角 δ 变化而变化。

答案：【正确】

74. 在系统振荡过程中发生接地故障时，应有选择性的可靠切除故障；若发生不接地的多相故障时，应保证可靠切除故障，但允许个别的相邻线路相间距离保护无选择性动作。

答案：【正确】

75. 系统发生振荡时，两侧电源频率相差越大，振荡周期越短，振荡越严重。

答案：【正确】

76. 系统振荡时，两侧电势角摆开最大（180°），此时振荡中心的电压最小，且此时振荡中心的电压变化率最小。

答案：【正确】

77. 具有浮动门槛的电流突变量元件在任何情况下均可识别在振荡过程中的不对称短路故障和对称短路故障。

答案：【错误】

78. 暂态稳定是指电力系统受到较小的扰动（比如负荷突然增加）时，能自动地恢复到原来运行状态的能力。

答案：【错误】

79. 运行电压过低，容易使系统发生静稳定破坏。

答案：【正确】

80. 电力系统的动态稳定是指电力系统受到小的或大的干扰后，在自动调节和控制装置的作用下，保持长过程的运行稳定性的能力。

答案：【正确】

81. 适当增加线路电抗来增大系统总阻抗的方法，是改善系统振荡措施之一。

答案：【错误】

82. 电力系统有功出力不足时，不只影响系统的频率，对系统电压影响更大。

答案：【错误】

83. 系统内的短路故障切除得越快，送电端的发电机组由于加速面积越大，减速面积越小，因而越有利于系统稳定运行。

答案：【错误】

84. 使用自动重合闸后如果重合成功将增大加速面积，有利于系统安全稳定运行。

答案：【错误】

85. 长距离输电线路为了补偿线路分布电容的影响，以防止过电压和发电机的自励磁，需装设并联电抗补偿装置。

答案：【正确】

86. 任何可以减小加速面积，或增大最大可能减速面积的措施，均认为是对暂稳有利。

答案：【正确】

2.4 问答题

1. 三相三柱式变压器与三相五柱式变压器的零序阻抗的主要区别？

答：三相三柱式变压器零序磁通无法在铁芯内流通，将流经变压器外壳，因此零序励磁阻抗不能视为∞，可等效为第四绕组（Δ 接线），因此零序阻抗小于正序阻抗；三相五柱式变压器零序磁通始终在铁芯内流通，因此零序励磁阻抗可视为∞，零序阻抗等于正序阻抗。

2. 线路零序电抗为什么大于线路正序电抗或负序电抗？

答：线路的各序电抗都是线路某一相自感电抗 X_L 和其他两相对应相序电流所产生互感

电抗 X_M 的相量和。对于正序或负序分量而言，因三相幅值相等，相位角互为 120°，任意两相电流正（负）序分量的相量和均与第三相正（负）序分量的大小相等，方向相反，故对于线路的正、负序电抗有 $X_1=X_2=X_L-X_M$。而由于零序分量三相同向，零序自感电动势和互感电动势相位相同，故线路的零序电抗 $X_0=X_L+2X_M$，因此线路的零序电抗 X_0 大于线路正序电抗 X_1 或负序电抗 X_2。

3. 试述电力系统中线路、变压器、发电机的负序阻抗及线路、变压器的零序阻抗的特点。

答：(1) 线路、变压器等静止元件的负序阻抗。系统中静止元件施以负序电压产生的负序电流与施以正序电压产生的正序电流是相同的（只是相序不同），故静止元件的正、负序阻抗相同。

(2) 发电机负序阻抗：当对发电机施以负序电压时，电枢绕组的负序工频电流产生负序旋转磁场，在转子中产生 2 倍频电势和电流，故发电机的负序阻抗与正序阻抗不同，一般为 0.16～0.24（标幺值）左右，对汽轮机和具有阻尼绕组的凸极发电机可近似取 $X_2=X''_d$。

(3) 线路的零序阻抗。线路的零序阻抗为对线路施加零序电压时呈现的阻抗。零序阻抗以大地构成回路，数值较大，一般约为正序阻抗的 2.5～3.5 倍。

(4) 变压器的零序阻抗。变压器的零序阻抗与绕组的连接方式及磁路结构有关。系统使用的变压器般为 YN/d 接线且 YN 侧中性点接地，从 d 侧施以零序电压，由于回路不通不产生任何电流，故从 d 侧看人的零序阻抗为∞。从 YN 侧施以零序电压，在 d 侧将形成零序环流，故对零序来讲，从 YN 侧看入几乎相当于另一侧短路，呈现的是短路阻抗 $U_K\%$，但由于三芯式三相变压器的零序磁通要经过空气隙，使励磁阻抗大为降低，一般使零序阻抗减少到 $U_K\%$的 80%左右。X_e 与 X'_{II} 并联部分，正序时可忽略 X_e，零序时不可忽略 X_e。同时，在△侧电网中是不会有零序电流。

4. 当大电流接地系统线路正方向发生非对称接地短路时，我们可以把短路点的电压和电流分解为正、负、零序分量，请问在保护安装处的正序电压、负序电压和零序电压各是多少？

答：正序电压为保护安装处到短路点的阻抗正序压降与短路点的正序电压之和，即正序电流乘以从保护安装处到短路点的正序阻抗加上短路点的正序电压。负序电压为负的负序电流乘以保护安装处母线背后的综合负序阻抗。零序电压为负的零序电流乘以保护安装处母线背后的综合零序阻抗。

5. 小电流接地系统发生单相完全接地、不完全接地、持续接地和间隙接地各有什么现象？

答：完全接地：接地相对地电压为零，其他两相电压升高到$\sqrt{3}$倍；

不完全接地：接地相对地电压降低，其他两相电压升高；

持续接地：接地相对地电压降至某一值不变，另两相对地电压升至某一值不变：

间歇接地：电压表指示时增时减，有时指示正常。

上述三种情况下 TV 开口三角均有电压。

6. 请说明非有效接地系统同一点发生两相接地故障，非故障相故障点的对地电压是多少？为什么？

答：非故障相故障点的对地电压上升为 1.5 倍的相电压。因为此时非有效接地系统中只有一个接地点，无地电流存在，可以按相间故障分析，故障两相对中性点的电压相等，为非故障相电压的 1/2 且方向相反，故障两相在故障点对地为零电位，因而非有效接地系统同一点发生两相接地故障，非故障相故障点的对地电压是 $1.5U_{\varphi}$。

7. 分析比较负序、零序分量和工频变化量这两类故障分量的异同及在构成保护时应特别注意的地方。

答：(1) 零序和负序分量及工频变化量都是故障分量，正常时为零，仅在故障时出现，他们仅由施加于故障点的一个电动势产生。

(2) 但他们是两种类型的故障分量。零序、负序分量是稳定的故障分量，只要不对称故障存在，他们就存在，他们只能保护不对称故障。

(3) 工频变化量是短暂的故障分量，只能短时存在，但在不对称、对称故障开始时都存在，可以保护各类故障，尤其是他不反应负荷和振荡，是其他反应对称故障量保护无法比拟的。

(4) 由他们各自特点决定：由零序、负序分量构成的保护既可以实现快速保护，也可以实现延时的后备保护；工频变化量保护一般只能作为瞬时动作的主保护，不能作为延时的保护。

8. 功率方向判别元件实质是在判别什么？为什么会存在“死区”？什么时候它的动作最灵敏？

答：功率方向判别元件实质是判别加入继电器的电压和电流之间的相位 φ_r，并且根据定关系 cos ($\varphi_r+\alpha$) 是否大于 0 判别出短路功率的方向。为了进行相位比较，需要加入继电器的电压、电流信号有一定的幅值（在数字式保护中进行相量计算、在模拟式保护中形成方波），且有最小的动作电压和电流要求。当短路越靠近母线时电压越小，在电压小于最小动作电压时，就出现了电压死区在保护正方向发生最常见故障时，功率方向判别元件应该动作最灵敏。

9. 已知变压器额定容量 240/240/72MVA，额定电压 220/117/37kV，零序阻抗试验数据为：高压加电、中压开路 54.3Ω；高压加电、中压短路 29.97Ω；中压加电、高压开路 4.94Ω；中压加电、高压短路 2.75Ω。请求出各侧零序阻抗标幺值（基准容量 100MVA，基准电压近似取变压器额定电压）。

答：低压侧零序阻抗：

$$Z_{0L}=\frac{1}{2}\times\left[\sqrt{\frac{(54.3-29.97)\times 4.94}{484\times 136.89}}+\sqrt{\frac{(4.94-2.75)\times 54.3}{484\times 136.89}}\right]=0.0425$$

高压侧零序阻抗：

$$Z_{0H}=\frac{54.3}{484}-0.0425=0.0697$$

中压侧零序阻抗：

$$Z_{0M}=\frac{4.94}{136.89}-0.0425=-0.0064$$

10. 假设线路空载，已知保护安装处与短路点电流的分支系数（保护安装处短路电流与短路点短路电流之比）K_{f0}，$K_{f1}=K_{f2}$和故障点各序电流 I_{F0}，I_{F1}，I_{F2}，写出保护安装处非故障相相电流表达式。（提示：故障点非故障相相电流 $I_{F\varphi}=0$，各序电流不一定等于零）。

答：保护安装处非故障相相电流

$$\begin{aligned}I_f&=I_{f0}+I_1+I_2=K_{f0}I_{F0}+K_{f1}I_{F1}+K_{f2}I_{F2}\\&=K_{f0}I_{F0}-K_{f1}I_{F0}+K_{f1}I_{F0}+K_{f1}I_{F1}+K_{f1}I_{F2}\\&=(K_{f0}-K_{f1})I_{F0}+K_{f1}(I_{F0}+I_{F1}+I_{F2})\\&=(K_{f0}-K_{f1})I_{F0}+K_{f1}I_{F\varphi}\\&=(K_{f0}-K_{f1})I_{F0}\end{aligned}$$

11. 请画出图 2-11 所示系统中 k 点发生 B、C 两相接地短路时的复合序网图。并请说明故障线路 M 侧的非故障相电流是否为零？为什么？（注：变电站 P、M 之间的双回线参数相同，正、负、零序电抗均为 X_{L1}、X_{L2}、X_{L0}；两回线间零序互感电抗为 X_{0M}，系统正序电抗等于负序电抗。）

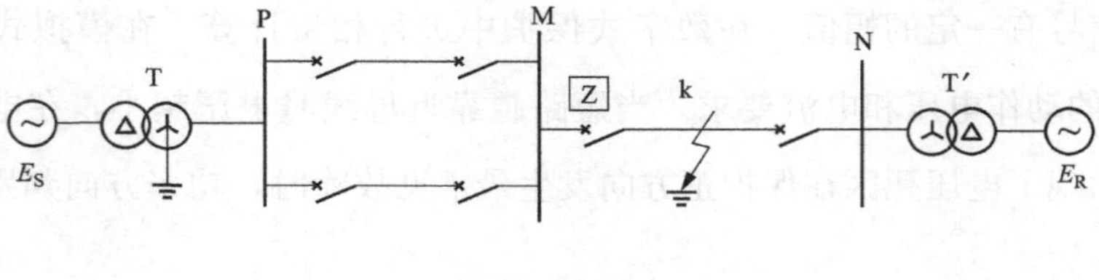

图 2-11

答：复合序网如图 2-12 所示，由于 N 侧变压器 T′不接地，所以该侧无零序序网。

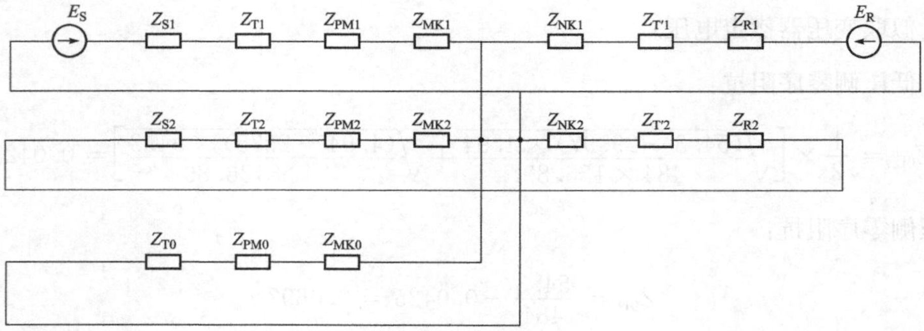

图 2-12

图 2-12 中，$Z_{PM1}=\frac{1}{2}Z_{L1}$；$Z_{PM2}=\frac{1}{2}Z_{L2}$；$Z_{PM0}=\frac{1}{2}(Z_{L1}+Z_{0M})$

对于故障点而言，由于是 BC 相接地故障，所以非故障相电流：

$$\dot{I}_{KA}=\dot{I}_{KA1}+\dot{I}_{KA2}+\dot{I}_{KA0}=0;$$

由于所给系统是一个双端电源系统，所以：

$$\dot{I}_{KA1}=\dot{I}_{MK1}+\dot{I}_{NK1};\dot{I}_{KA2}=\dot{I}_{MK2}+\dot{I}_{NK2};\dot{I}_{KA0}=\dot{I}_{MK0}$$

$$\dot{I}_{MK1}=C_{M1}\dot{I}_{KA1};\dot{I}_{MK2}=C_{M2}\dot{I}_{KA2}$$

式中 C_{M1} 为 M 侧正序电流分配系数，C_{M2} 为 M 侧负序电流分配系数。于是：

$$\dot{I}_{MK}=\dot{I}_{MK1}+\dot{I}_{MK2}+\dot{I}_{MK0}=C_{M1}\dot{I}_{KA1}+C_{M2}\dot{I}_{KA2}+\dot{I}_{KA0}$$

因为系统正序电抗等于负序电抗，分配系数 $C_{M1}=C_{M2}<1$，则：

$$\dot{I}_{MK}=C_1\dot{I}_{KA1}+C_2\dot{I}_{KA2}+\dot{I}_{KA0}=(1-C_1)\dot{I}_{KA0}\neq 0。$$

所以流过保护的非故障相电流不为零。

12. 当系统发生两相短路接地故障时，接地电阻从零欧姆变化到无限大欧姆时，健全相的负序电流 I_2 与零序电流 I_0 的相位如何变化？

答：两相接地故障的复合序网如图 2-13 所示。

由复合序网知，故障点非故障相零序电压和负序电压相等，若综合正、负序阻抗角相同，则 I_0、I_2 两电流同相位，当零序网中接地电阻从零欧姆变化到无限大欧姆时，零序阻抗接近电阻，因而 I_0 会超前 I_2 90°。保护安装处健全相的负序电流 I_2 与零序电流 I_0 的相位，也会从同相位变化到 I_0 越前 I_2 90°。

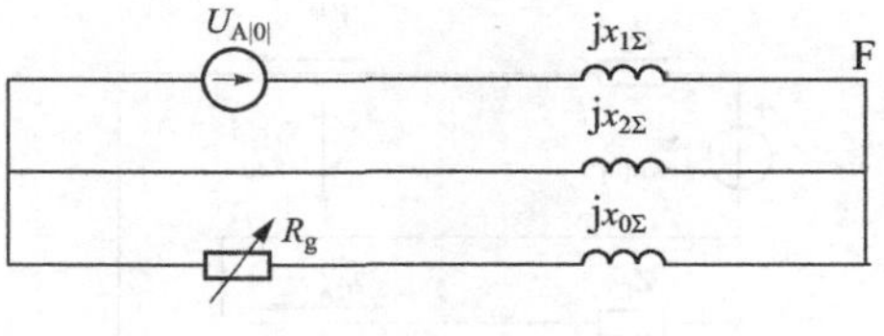

图 2-13

13. 已知电力系统 K 点发生 A 相金属性接地故障，K 点的正、负序综合阻抗相等，K 点故障前正常运行电压为 $\dot{U}_{KA[0]}$：

（1）求出非故障相电压表达式。

（2）将非故障相电压表达式写出合适的形式，作出故障点的电压相量图。

答：（1）电力系统 K 点单相接地复合序网图如图 2-14 所示。

根据图 2-14 所示，可以得到

$$\dot{U}_{KA0}=-\dot{I}_{KA0}Z_{0\Sigma}=-\dot{I}_{KA1}Z_{0\Sigma}$$

$$\dot{U}_{KA2}=-\dot{I}_{KA2}Z_{2\Sigma}=-\dot{I}_{KA1}Z_{2\Sigma}$$

$$\dot{U}_{KA1}=-\dot{I}_{KA1}(Z_{2\Sigma}+Z_{0\Sigma})$$

$$\dot{I}_{KA1}=\dot{I}_{KA2}=\dot{I}_{KA0}=\frac{\dot{U}_{KA[0]}}{Z_{1\Sigma}+Z_{2\Sigma}+Z_{0\Sigma}}=\frac{\dot{U}_{KA[0]}}{2Z_{1\Sigma}+Z_{0\Sigma}}$$

三相电压为

$$\dot{U}_{KA}=0$$

$$\begin{aligned}\dot{U}_{KB}&=a^2\dot{U}_{KA1}+a\dot{U}_{KA2}+\dot{U}_{KA0}\\&=\dot{I}_{KA1}[(a^2-a)Z_{2\Sigma}+(a^2-1)Z_{0\Sigma}]\\&=\dot{U}_{KB[0]}+\frac{Z_{1\Sigma}-Z_{0\Sigma}}{2Z_{1\Sigma}+Z_{0\Sigma}}\dot{U}_{KA[0]}\end{aligned}$$

$$\begin{aligned}\dot{U}_{KC}&=a\dot{U}_{KA1}+a^2\dot{U}_{KA2}+\dot{U}_{KA0}\\&=\dot{I}_{KA1}[(a-a^2)Z_{2\Sigma}+(a-1)Z_{0\Sigma}]\\&=\dot{U}_{KC[0]}+\frac{Z_{1\Sigma}-Z_{0\Sigma}}{2Z_{1\Sigma}+Z_{0\Sigma}}\dot{U}_{KA[0]}\end{aligned}$$

（2）作出故障点的电压相量图如图 2-15 所示。

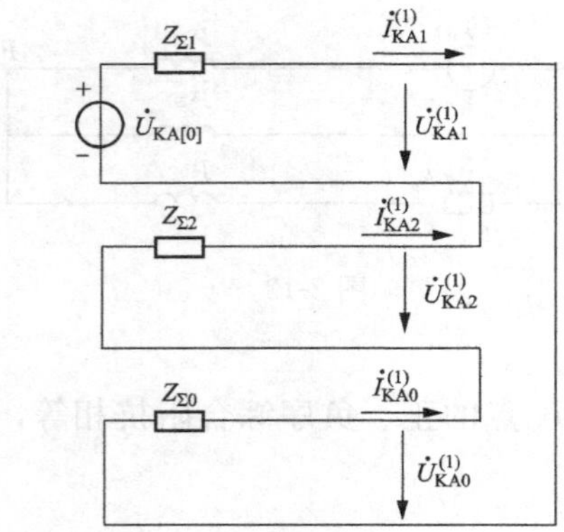

图 2-14

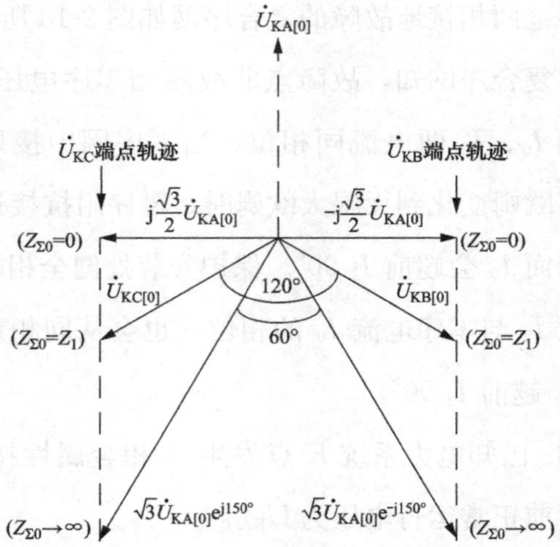

图 2-15

14. 对于同杆架设的相互之间具有互感的三回线路 P、Q、R，请根据下列条件画出图 2-16 中平行三回线外部接地短路时的零序等值电路。

(1) $X_{12}\neq X_{23}\neq X_{31}$；(2) $X_{23}\neq X_{31}=X_{12}$；(3) $X_{12}=X_{23}=X_{31}$。

答：(1) 当 $X_{12}\neq X_{23}\neq X_{31}$，零序等值电路如图 2-17 所示。

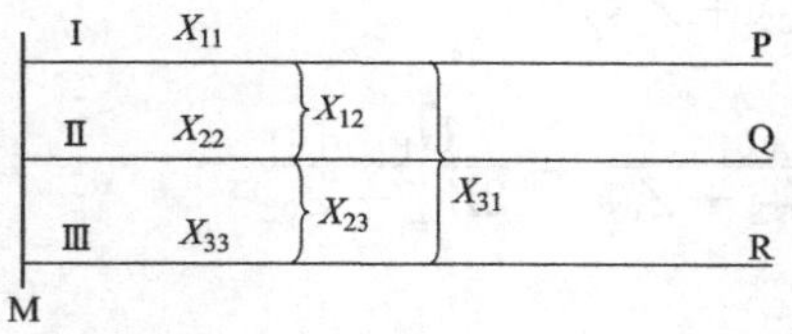

图 2-16

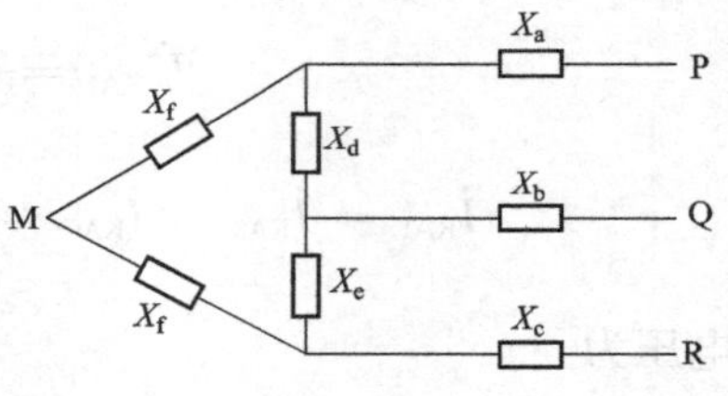

图 2-17

其中：

$$
\left.\begin{aligned}
X_a &= X_{11}-X_{12}-X_{23}+X_{31}\\
X_b &= X_{22}-\frac{X_{12}X_{23}}{X_{31}}\\
X_c &= X_{33}-X_{12}-X_{23}+X_{31}\\
X_d &= \frac{(X_{23}+X_{12})(X_{23}-X_{31})}{X_{31}}\\
X_e &= \frac{(X_{23}+X_{12})(X_{12}-X_{31})}{X_{31}}\\
X_f &= X_{12}+X_{23}
\end{aligned}\right\}
$$

（2）当 $X_{23} \neq X_{31} = X_{12}$，零序等值电路如图 2-18 所示。

其中：

$$\left.\begin{aligned} X_a &= X_{11} - X_{12} \\ X_b &= X_{22} - X_{12} \\ X_c &= X_{33} - X_{31} \\ X_d &= X_{12} - X_{31} \\ X_e &= X_{31} \end{aligned}\right\}$$

（3）$X_{12} = X_{23} = X_{31}$，零序等值电路如图 2-19 所示。

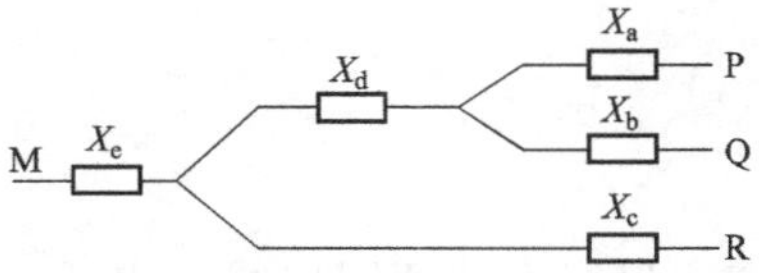

图 2-18

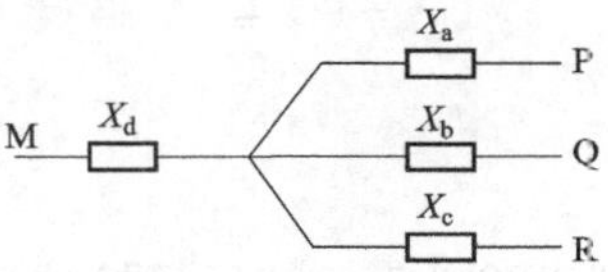

图 2-19

其中：

$$\left.\begin{aligned} X_a &= X_{11} - X_{12} \\ X_b &= X_{22} - X_{12} \\ X_c &= X_{33} - X_{12} \\ X_d &= X_{12} \end{aligned}\right\}$$

15. 系统接线如图 2-20 所示，请画出图 2-20 中 f 点处发生不对称接地短路时的零序网。

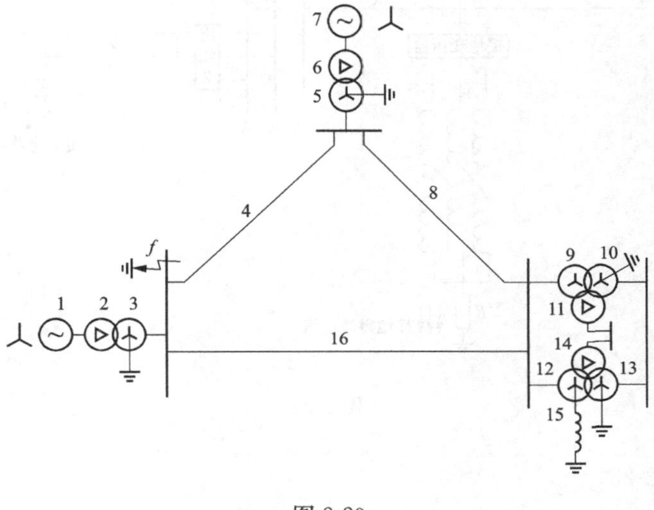

图 2-20

答：f 点处发生不对称接地短路时的零序网如图 2-21 所示。

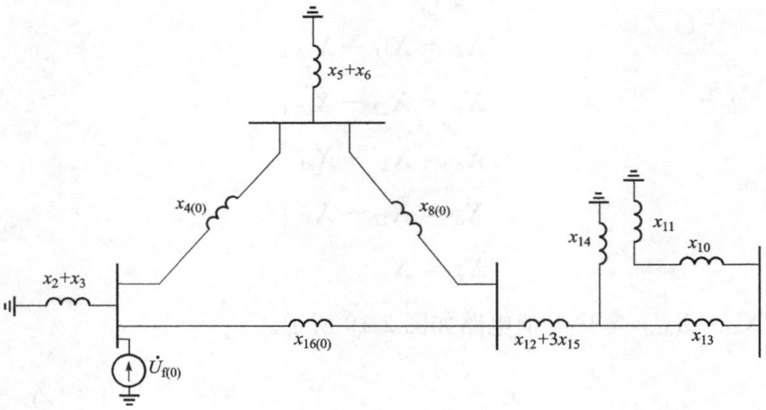

图 2-21

16. 图 2-22 为某 10kV 经接地变小电阻接地系统，母线上共两回出线，出线 1 发生 A 相接地故障，试画出图中打“√”支路的零序电流及电容电流的分布，如图线路电容电流用虚箭头标注，接地零序电流用实箭头标注，并在电流之上注明电流大小（可用箭头的数量表示）。

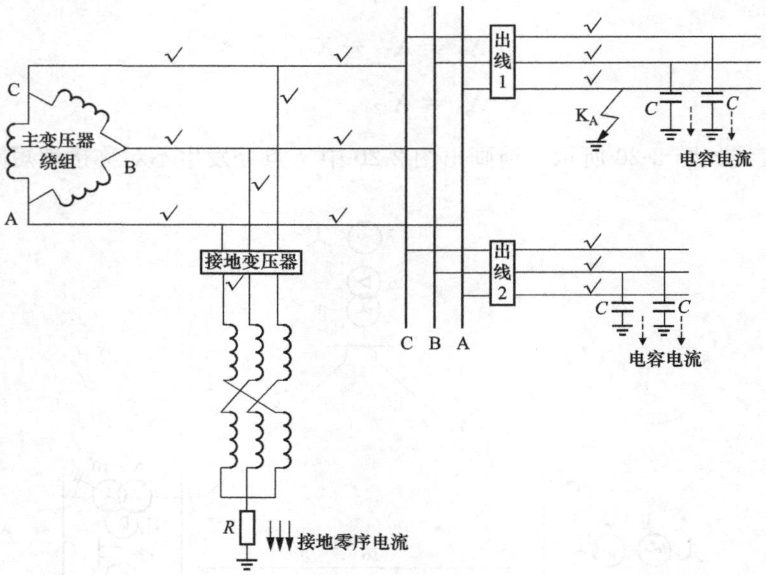

图 2-22

答：标注见图 2-23。

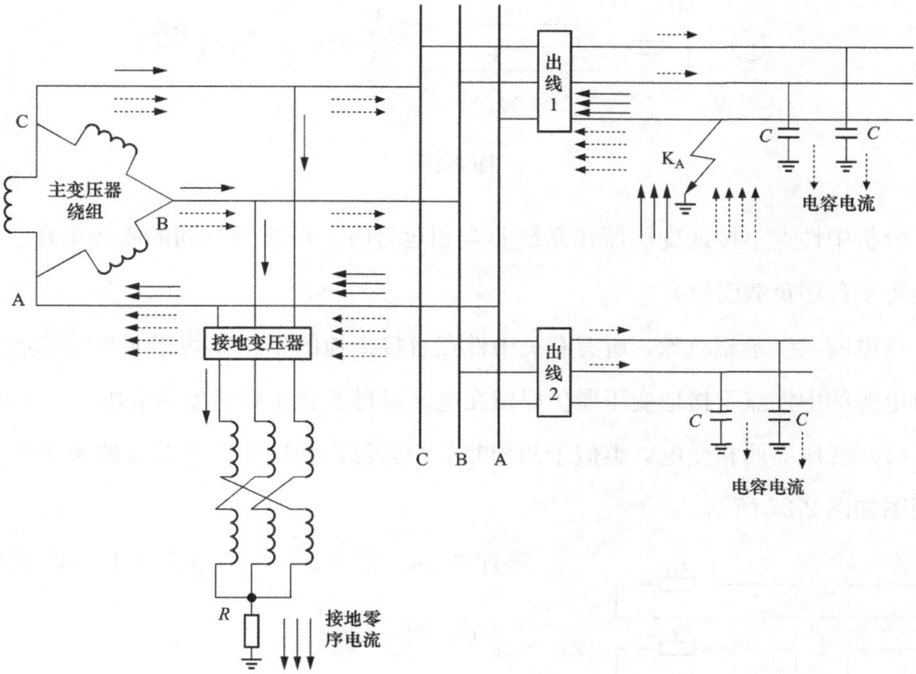

图 2-23

17. 根据图 2-24 画出单侧电源空载线路上三相经过渡电阻短路的电压相量图（要求画出随 R_A 变化的故障点电压的变化轨迹）。

答：电压相量图及故障点电压变化轨迹如图 2-25 所示。

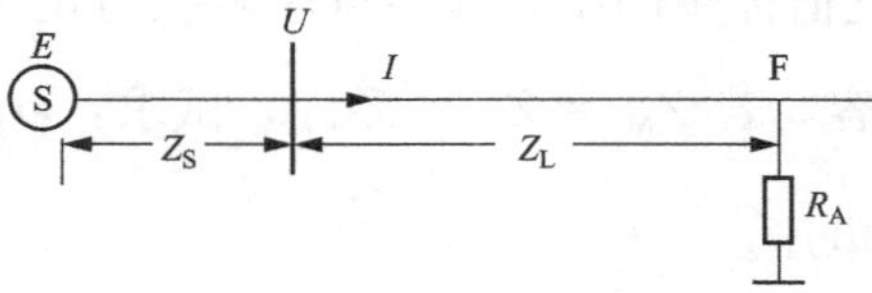

图 2-24

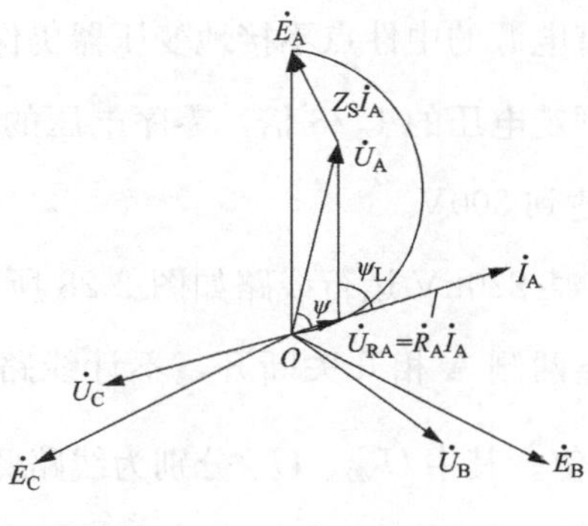

图 2-25

18. 某网络系统图如图 2-26 所示，系统视为无穷大系统。

当 $3U_0$ 取至 TV 变比为 $U_N/$（$100/\sqrt{3}$）/100 的电压互感器开口电压，变压器零序过电压定值为 180V。请问：

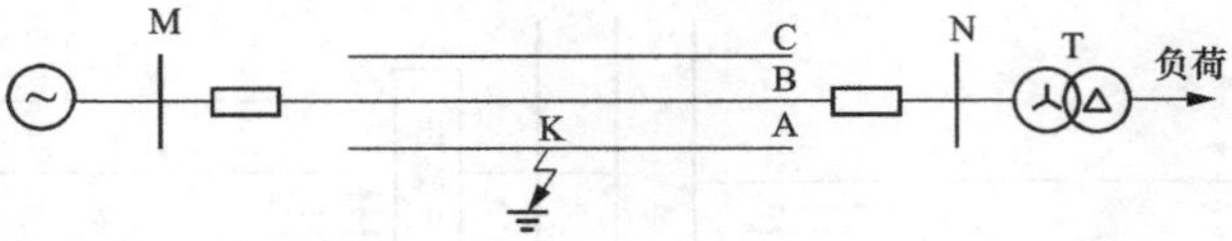

图 2-26

(1) 分析中性点不接地变压器在系统非全相运行时，母线感受到的零序电压。(设正序负载阻抗等于负序负载阻抗)

(2) 当电网发生单相故障，所有有关中性点直接接地的变压器均相继与故障点分开，而低压侧有电源的中性点不接地变压器仍保留在电网时母线感受到的零序电压。

答：(1) 变压器两相受电，类似于两相非全相运行，低压侧无电源时的各序综合阻抗及复合序网图如图 2-27 所示。

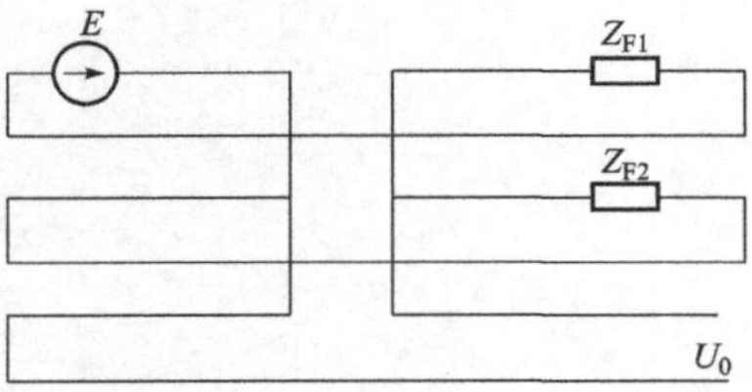

图 2-27

零序电压 $U_0=U_2=-(E-U_1)$，其中 $U_1=\frac{Z_{F1}}{Z_{F1}+Z_{F2}}E$。则

$$U_0=-\frac{Z_{F2}}{Z_{F1}+Z_{F2}}E$$

因为负载正序阻抗等于负序阻抗，即 $Z_{F1}=Z_{F2}$，则

$$U_0=-0.5E, 3U_0=-1.5E$$

即达到 1.5 倍的相电压 150V。

(2) 当电网发生单相故障，所有有关中性点直接接地的变压器均相继与故障点分开，而低压侧有电源的中性点不接地变压器仍保留在电网，此时，故障相电压为零，非故障相电压升高到额定电压的 1.73 倍，零序电压的幅值等于相电压，若电压互感器不饱和，则零序电压 $3U_0$ 达到 300V。

19. 某 220kV 运行线路如图 2-28 所示，阻抗值标于图中，其中负序阻抗与正序阻抗相等。线路两侧 A 相开关断开，不计线路分布电容，若 $Z_{M0}=Z_{N0}=Z_{MN0}$，试求：arg $(\dot{U}_{M0}/\dot{U}_{N0})$ 之值。其中 $\dot{U}_{M0}$、$\dot{U}_{N0}$ 分别为线路侧的零序电压。

答：零序电压、零序电流存在于零序网络中，当零序电流从 M 侧流向 N 侧时，断口上的零序电压为 $\frac{1}{2}\Delta U_0$。由于

$$\Delta\dot{U}_0=-\dot{I}_0\times(Z_{M0}+Z_{MN0}+Z_{N0})$$

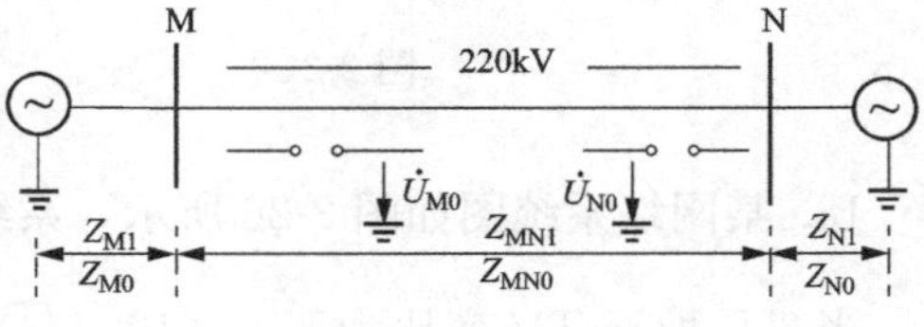

图 2-28

$$\frac{1}{2}\Delta\dot{U}_0 = -\frac{1}{2}\dot{I}_0 \times (Z_{M0} + Z_{MN0} + Z_{N0})$$

$$\dot{U}_{M0} = -\dot{I}_0 \times Z_{M0} - \frac{1}{2}\Delta\dot{U}_0$$

$$\dot{U}_{N0} = I_0 \times Z_{M0} + \frac{1}{2}\Delta\dot{U}_0$$

所以有 arg（$\dot{U}_{M0}/\dot{U}_{N0}$）$=180°$

20. 长距离输电线的结构、短路过渡过程对继电保护的影响是什么？

答：(1) 高压输电线电感对电阻的比值大，时间常数大，短路时产生的电流和电压自由分量衰减较慢。为了保持系统稳定，长距离输电线的故障应尽快切除，其继电保护的动作时间一般要求在20～40ms。因此，必须考虑这些自由分量对继电保护测量值（测量阻抗、电流相位、电流波形、功率方向等）的影响；

(2) 由于并联电抗中所储藏的磁能在短路时释放，在无串联补偿电容的线路上可产生非周期分量电流，在一定条件下此电流可能同时流向线路两端或从线路两端流向电抗器。因而在外部短路时，流入线路两端继电保护装置的非周期分量电流可能数值不等，方向相同（例如都从母线指向线路）；

(3) 串联电容和线路及系统电感及并联电抗等谐振将产生幅值较大的、频率低于工频的低次谐波。由于这种谐波幅值大，频率和工频接近，故使电流的波形和相位都将发生严重的畸变；

(4) 由于分布电容大，因而分布电容和系统以及线路的电感谐振产生的高次谐波很多，幅值也很大，对电流的相位和波形也将产生影响。

2.5 计　算　题

1. 设电力系统中某线路k点三相短路时，故障点电流为6kA，两相短路时故障点电流为$4\sqrt{3}$kA，单相接地短路时故障点电流为9kA，请问该点发生两相接地短路时，故障点短路电流是多少？

答：根据已知条件，得：

三相短路时，有 $I_k^{(3)}=\dfrac{E_{1\Sigma}}{Z_{1\Sigma}}=6$，可得到：$E_{1\Sigma}=6Z_{1\Sigma}$；

两相短路时，有 $I_k^{(2)}=\sqrt{3}I_{k1}^{(2)}=\dfrac{\sqrt{3}E_{1\Sigma}}{Z_{1\Sigma}+Z_{2\Sigma}}=4\sqrt{3}$，

可得到：$E_{1\Sigma}=4\times(Z_{1\Sigma}+Z_{2\Sigma})$；

单相接地短路时，有

$$I_{k}^{(1)}=3I_{k1}^{(1)}=\frac{3E_{1\Sigma}}{Z_{1\Sigma}+Z_{2\Sigma}+Z_{0\Sigma}}=9$$

可得到：$E_{1\Sigma}=3\times(Z_{1\Sigma}+Z_{2\Sigma}+Z_{0\Sigma})$。

由上述式可得：

$$Z_{1\Sigma}=\frac{1}{6}E_{1\Sigma};Z_{2\Sigma}=\frac{1}{12}E_{1\Sigma};Z_{0\Sigma}=\frac{1}{12}E_{1\Sigma}$$

则两相接地短路时，有

$$I_{k}^{(1,1)}=\sqrt{3}\times\sqrt{1-\frac{Z_{2\Sigma}\times Z_{0\Sigma}}{(Z_{2\Sigma}+Z_{0\Sigma})^{2}}}\times\frac{E_{1\Sigma}}{Z_{1\Sigma}+Z_{2\Sigma}\ //\ Z_{0\Sigma}}=\sqrt{3}\times\sqrt{\frac{3}{4}}\times\frac{24}{5}=7.2\text{kA}$$

2. 求图 2-29 所示线路分别发生两相短路接地和单相断线时，短路点和断线端口的零序电流表达式。设短路点位于线路的正中间（$0.5Z_L$），断线处位于 M 侧断路器。

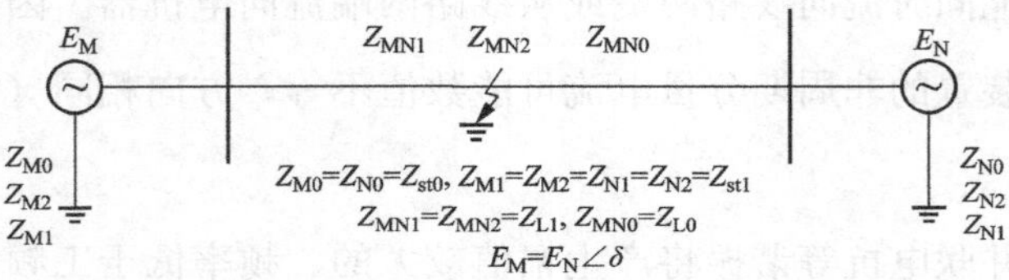

图 2-29

答：纵向综合阻抗 $Z_{00}=2Z_{st0}+Z_{L0}$，$Z_{11}=Z_{22}=2Z_{st1}+Z_{L1}$

两相短路接地故障点故障前电压

$$U_{F[0]}=E_M\cos\frac{\delta}{2}$$

两相短路接地时，故障点综合阻抗 $Z_{\Sigma0}=Z_{00}/4$，$Z_{\Sigma1}=Z_{11}/4$

两相短路接地故障时，故障点零序电流

$$I_{F0}=\frac{U_{F[0]}}{Z_{\Sigma1}+2Z_{\Sigma0}}=\frac{E_M\cos\frac{\delta}{2}}{\frac{1}{2}Z_{st1}+\frac{1}{4}Z_{L1}+Z_{st0}+\frac{1}{2}Z_{L0}}$$

单相断线时，断线端口电压 $U_{F[0]}=2E_M\sin\frac{\delta}{2}$

断线端口综合阻抗 $Z_{\Sigma0}=Z_{00}$，$Z_{\Sigma1}=Z_{11}$

单相断线端口零序电流

$$I_{F0}=\frac{U_{F[0]}}{Z_{\Sigma1}+2Z_{\Sigma0}}=\frac{2E_M\sin\frac{\delta}{2}}{2Z_{st1}+Z_{L1}+4Z_{st0}+2Z_{L0}}$$

3. 如图 2-30 所示，变压器中性点接地，系统为空载，忽略系统电阻，故障前系统电势为 57V（二次值），线路发生 A 相接地故障，故障点 R_g 不变化。已知：$I_A=14.4$ 安培，$3I_0=9$ 安培；$X_{M1}=X_{M2}=1.78\Omega$，$X_{M0}=3\Omega$；$X_{L1}=X_{L2}=2\Omega$，$X_{L0}=6\Omega$；$X_{T1}=X_{T2}=X_{T0}=2.4\Omega$，求：

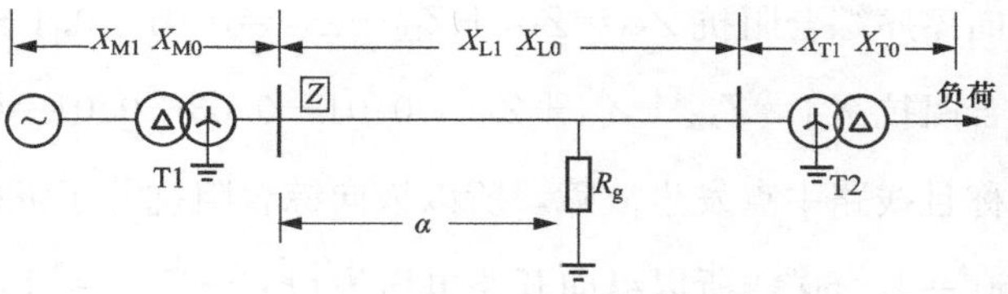

图 2-30

(1) 故障点的位置比 α；

(2) 过渡电阻 R_g 的大小。

答：故障复合序网图如图 2-31 所示：

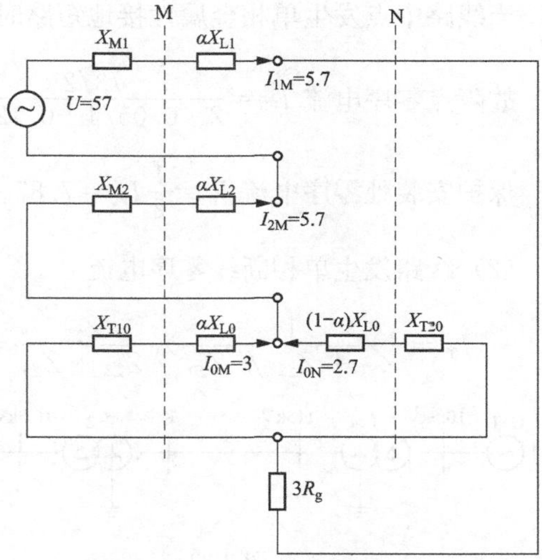

图 2-31

(1) 求故障点位置 α：

1) 保护安装处：$I_A=I_{1M}+I_{2M}+I_{0M}=14.4\text{A}$，其中 $I_{0M}=9/3=3\text{A}$，$I_{1M}=I_{2M}$，得：

$$I_{1M}=I_{2M}=0.5(14.4-3)=5.7\text{A}$$

2) 因为故障点的 I_{1F}、I_{2F} 只流向 M 侧，所以 $I_{1M}=I_{1F}=5.7\text{A}$，$I_{2M}=I_{2F}=5.7\text{A}$；且在故障点有 $I_{1F}=I_{2F}=I_{0F}=5.7\text{A}$。

因为 $I_{0F}=I_{0M}+I_{0N}$，所以 $I_{0N}=I_{0F}-I_{0M}=2.7\text{A}$。则有

$$\frac{I_{0N}}{I_{0M}}=\frac{X_{M0}+\alpha X_{L0}}{X_{T0}+(1-\alpha)X_{L0}}\ \frac{I_{0N}}{I_{0M}}=\frac{X_{T10}+\alpha X_{L0}}{X_{T20}+(1-\alpha)X_{L0}},\frac{2.7}{3}=\frac{3+\alpha\times 6}{2.4+(1-\alpha)\times 6}$$

解得：$\alpha=0.4$。

(2) 故障点综合序阻抗：$X_{1\Sigma}=X_{2\Sigma}=X_{M1}+\alpha X_{L1}=1.78+0.8=2.58\Omega$

$$X_{0\Sigma}=(X_{T10}+\alpha X_{L0})\ /\!/\ [X_{T20}+(1-\alpha)X_{L0}]=2.84\Omega$$

因为 $I_{1F}\frac{U}{\text{j}\ (X_{1\Sigma}X_{2\Sigma}X_{0\Sigma})\ 3R_g}\frac{57}{3R_g\text{j}8}=5.7$，则 $R_g=2\Omega$。

4. 如图 2-32 所示两端系统，已知所有参数均为标幺值，$\dot{E}_M=\dot{E}_N\angle 60°=1\angle 60°$，$Z_{M0}=Z_{M1}=Z_{M2}=Z_{N0}=Z_{N1}=Z_{N2}=Z_S=0.01$、$Z_{L1}=0.03$、$Z_{L0}=0.1$。计算：

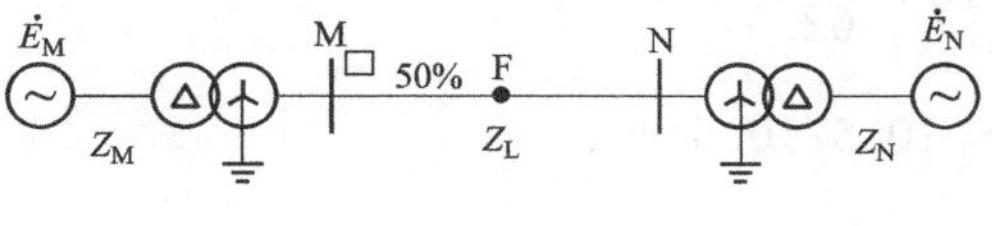

图 2-32

(1) 线路中点发生单相金属性接地短路，计算保护安装处的零序电流大小；

(2) 线路发生单相断线，计算保护安装处的零序电流大小。

答：（1）计算纵向零序综合阻抗 $Z_{\Sigma0}=Z_{M0}+Z_{L0}+Z_{N0}=0.01+0.1+0.01=0.12$

计算纵向正序综合阻抗 $Z_{\Sigma1}=Z_{M1}+Z_{L1}+Z_{N1}=0.01+0.03+0.01=0.05$。

由于系统两端对称且线路中点发生故障，所以横向综合阻抗等于纵向综合阻抗的 1/4。

由于 $\dot{E}_M=\dot{E}_N\angle 60°=1\angle 60°$，所以纵向开路电压为 $|\dot{E}_M-\dot{E}_N|=|1\angle 60°-1|=1$。

故障点横向短路电压为 $0.5|\dot{E}_M+\dot{E}_N|=0.5|1\angle 60°+1|=\sqrt{3}/2$。

当线路中点发生单相金属性接地短路时，

故障点零序电流 $I_{F0}=\dfrac{\sqrt{3}/2}{2\times 0.05/4+0.12/4}=15.74$

保护安装处零序电流 $I_0=\dfrac{1}{2}I_{F0}=7.87$。

（2）线路发生单相断线零序电流

$$I_0=\frac{1}{Z_{\Sigma1}+Z_{\Sigma2}\ //\ Z_{\Sigma0}}\times\frac{Z_{\Sigma2}}{Z_{\Sigma2}+Z_{\Sigma0}}=\frac{1}{Z_{\Sigma1}+2Z_{\Sigma0}}=\frac{1}{0.05+2\times 0.12}=3.45。$$

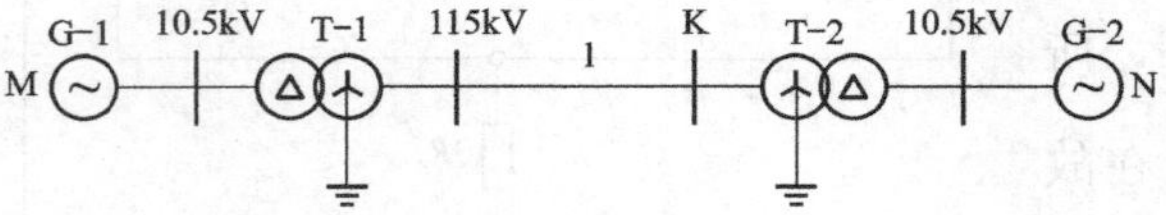

图 2-33

5. 系统接线如图 2-33 所示。当 K 点发生 C 相接地短路时，求故障点各序的电流、电压、序功率及各相的电流电压，并画出其相量图。

发电机：G-1：62.5MVA，10.5kV，$x''_d\%=12.5$，$x_2\%=16$，$E''_M=11$kV；

G-2：31.25MVA，10.5kV，$x''_d\%=12.5$，$x_2\%=16$，$E''_N=10.5$kV；

变压器：T-1：60MVA，10.5kV/121kV，$U_K\%=10.5$；

T-2：31.5MVA，10.5kV/121kV，$U_K\%=10.5$

线路：$x_1=x_2=0.4\Omega$/km，$x_0=2x_1$，$l=40$km

答：（1）将各元件参数换算成标幺值，取 $S_B=100$MVA，$U_B=U_{aV}$。

$$\text{G-1}: U_{aV}=10.5\text{kV}, E''_{M*}=11/10.5=1.05$$

$$x''_{d*}=x''_d\%\times\frac{S_B}{S_N}=0.125\times\frac{100}{62.5}=0.2$$

$$x_{2*}=x_2\%\times\frac{S_B}{S_N}=0.16\times\frac{100}{62.5}=0.256$$

$$\text{G-2}: U_{aV}=10.5\text{kV}, E''_{N*}=10.5/10.5=1$$

$$x''_{d*}=x''_d\%\times\frac{S_B}{S_N}=0.125\times\frac{100}{31.25}=0.4$$

$$x_{2*}=x_2\%\times\frac{S_B}{S_N}=0.16\times\frac{100}{31.25}=0.512$$

$$\text{T-1}: x_{T-1*} = \frac{U_k\%}{100} \times \frac{U_N^2}{S_N} \times \frac{S_B}{U_B^2} = \frac{10.5}{100} \times \left(\frac{121}{115}\right)^2 \times \frac{100}{60} = 0.194$$

$$\text{T-2}: x_{T-2*} = \frac{U_N^2}{S_N} \times \frac{S_B}{U_B^2} = \frac{10.5}{100} \times \left(\frac{121}{115}\right)^2 \times \frac{100}{31.5} = 0.369$$

线路：

$$U_{aV} = 115\text{kV}$$

$$x_{l1*} = x_{l1} \frac{S_B}{U_B^2} = 0.4 \times \frac{100}{115^2} \times 40 = 0.121 = x_{l2*}$$

$$x_{l0*} = x_{l0} \frac{S_B}{U_B^2} = 0.8 \times \frac{100}{115^2} \times 40 = 0.242$$

（2）选 C 相为基准相，画出正、负、零序等值网络如图 2-34～图 2-36 所示。

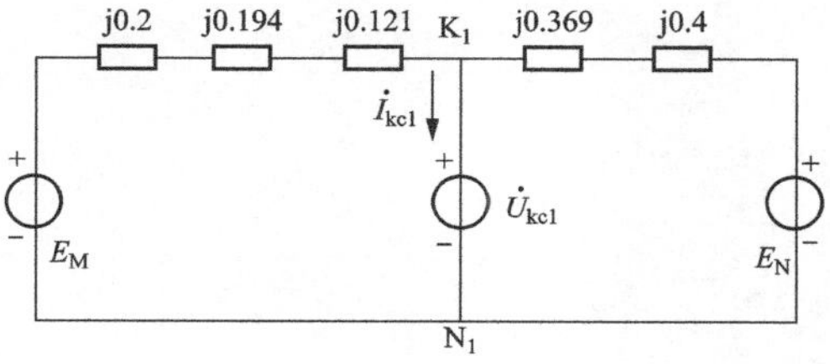

图 2-34

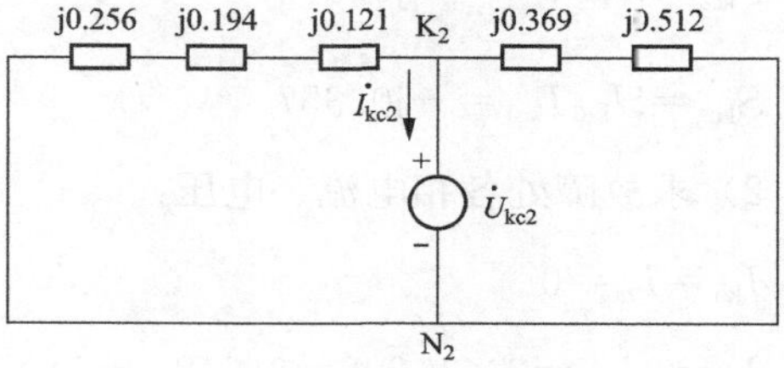

图 2-35

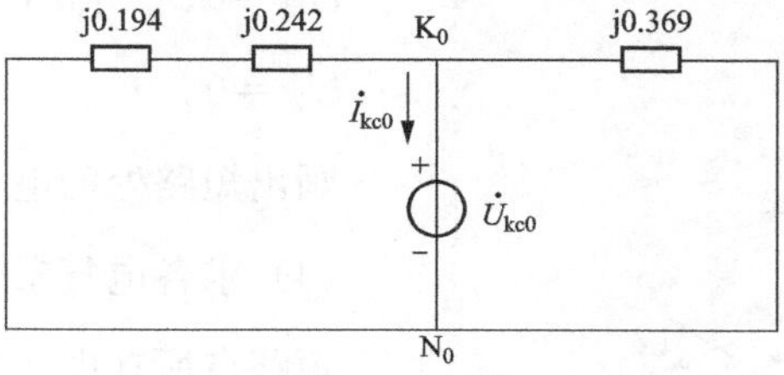

图 2-36

设故障点左侧为 M 侧，右侧为 N 侧，对上述序网图进一步化简，可得：

$$x_{1M} = 0.2 + 0.194 + 0.121 = 0.515$$

$$x_{2M} = 0.256 + 0.194 + 0.121 = 0.571$$

$$x_{0M} = 0.194 + 0.242 = 0.436$$

$$x_{1N} = 0.769, x_{2N} = 0.881, x_{0N} = 0.369$$

所以可得：

$$x_{1\Sigma} = x_{1M} /\!/ x_{1N} = 0.308、x_{2\Sigma} = x_{2M} /\!/ x_{2N} = 0.346、x_{0\Sigma} = x_{0M} /\!/ x_{0N} = 0.200$$

$$E''_{\Sigma}=\frac{E''_{M}x_{1N}+E''_{N}x_{1M}}{x_{1M}+x_{1N}}=1.03$$

(3) 计算各序电气量及各相量。设：$\dot{E}''_{\Sigma}j=1.03=1.03<90°$

1) 求故障处各序电流、电压、功率：

$$I_{kc1}=I_{kc2}=I_{kc0}=\frac{\dot{E}''_{\Sigma}}{Z_{1\Sigma}+Z_{2\Sigma}+Z_{0\Sigma}}=1.206$$

$U_{kc0}=jI_{kc0}x_{0\Sigma}=-j0.241$

$U_{kc2}=-jI_{kc0}x_{2\Sigma}=-j0.417$

$U_{kc1}=-(U_{kc0}+U_{kc2})=j0.658$

$S_{kc1}=U_{kc1}\hat{I}_{kc1}=j0.658\times 1.206=j0.794$

$S_{kc2}=U_{kc2}\hat{I}_{kc2}=-j0.503$

$S_{kc0}=U_{kc0}\hat{I}_{kc0}=-j0.357$

2) 求故障处各相电流、电压：

$I_{kb}=I_{ka}=0$

$I_{kc}=3I_{kc1}=3\times 1.206=3.618$

$U_{ka}=a^2U_{kc1}+aU_{kc2}+U_{kc0}=0.997e^{j338.8°}$

$U_{kb}=aU_{kc1}+a^2U_{kc2}+U_{kc0}=0.997e^{j201.2°}$

$U_{kc}=0$

画出短路处的电流电压相量图如图 2-37：

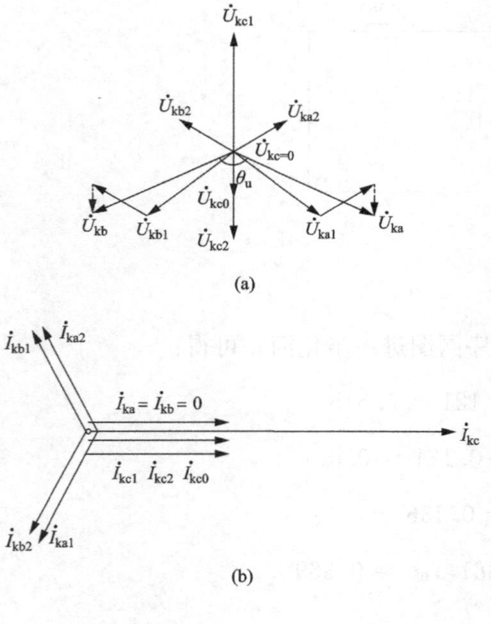

图 2-37

(4) 求各电气量的有名值：

短路点所在电压等级的电压电流基值为

$$U_B=\frac{115}{\sqrt{3}}=66.4kV, I_B=\frac{100}{\sqrt{3}\times 115}=0.502kA$$

$I_{kc}=3.618\times 0.502=1.816kA$

$U_{ka}=U_{kb}=0.997\times 66.4=66.2kV$

$S_{kc1}=0.794\times 66.4\times 0.502=26.466MVA$

注：单相的基准容量为 $S_B/3$，则 $S_{kc1}=0.794\times\frac{100}{3}=26.466MVA$。

$S_{kc2}=0.503\times 66.4\times 0.502=16.766MVA$

$$S_{kc0} = 0.357 \times 66.4 \times 0.502 = 11.890\text{MVA}$$

6. 系统中各元件阻抗角按 90°考虑，其正序（负序）电抗如图 2-38 所示，设变压器的励磁阻抗为无穷大，且输电线路零序电抗为正序电抗的三倍，所有参数均已归算到 MN 线路所在的系统侧。求 N 母线发生两相金属性接地短路时流过 MN 线路的零序电流以及 M 母线的零序电压值。(答案可以用分数表达) $\dot{E}_S = \dot{E}_R = 1$

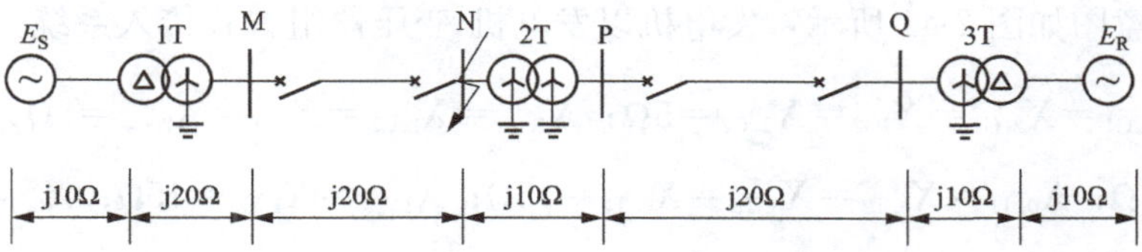

图 2-38

答：(1) 求出各元件零序电抗

$$X_{1T0} = j20; X_{MN0} = j60; X_{2T0} = j10; X_{PQ0} = j60; X_{3T0} = j10$$

(2) 画出复合序网图如图 2-39 所示，求得

$$X_{1\Sigma} = j(10+20+20) \;//\; j(10+20+10+10) = j50 \;//\; j50 = j25$$

$$X_{0\Sigma} = j(20+60) \;//\; j(10+60+10) = j80 \;//\; j80 = j40$$

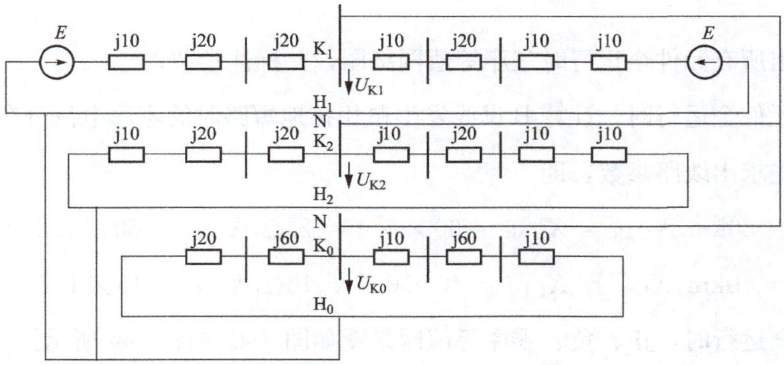

图 2-39

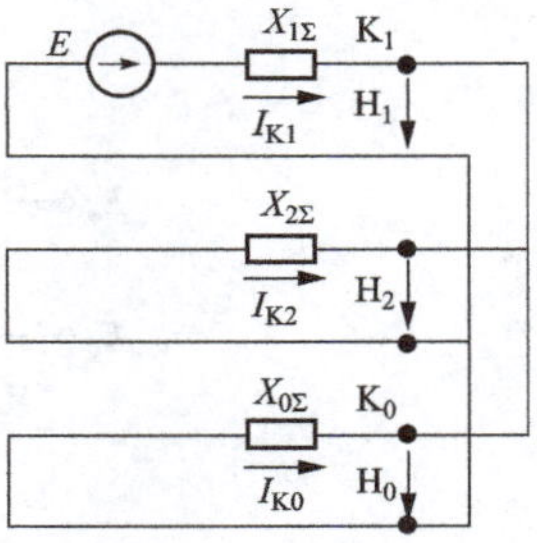

图 2-40

进一步化简，可得图 2-40 所示序网图：

(3) 求短路点的零序电流 I_{K0} 和零序电压 U_{K0}

$$I_{K0} = \frac{E}{X_{1\Sigma} + 2X_{0\Sigma}} = \frac{1}{j25 + 2 \times j40} = -j\frac{1}{105}$$

$$U_{K0}=-I_{K0}X_{0\Sigma}=\mathrm{j}\frac{1}{105}\times \mathrm{j}40=-\frac{8}{21}$$

(4) 求流过 MN 线路的零序电流 I_0 和 M 母线的零序电压值

$$I_0=C_0I_{K0}=-\mathrm{j}\frac{1}{105}\times 0.5=-\mathrm{j}\frac{1}{210}$$

$$U_{M0}=U_{K0}+I_{K0}X_{MN0}=-\frac{8}{21}-\mathrm{j}\frac{1}{210}\times \mathrm{j}60=-\frac{2}{21}$$

7. 系统示意图如图 2-41 所示，发电机以发电机-变压器组方式接入系统。参数为：$E_\varphi=115/\sqrt{3}\mathrm{kV}$；$X_{1.G1}=X_{2.G1}=X_{1G2}=X_{2.G2}=5\Omega$；$X_{1.G3}=X_{2.G3}=X_{1G4}=X_{2.G4}=8\Omega$；$X_{1.T1}=X_{1.T2}=X_{1.T3}=X_{1.T4}=5\Omega$；$X_{0.T1}=X_{0.T2}=X_{0.T3}=X_{0.T4}=15\Omega$；$X_{1.T5}=X_{1.T6}=15\Omega$；$X_{0.T5}=X_{0.T6}=20\Omega$；$L_{A-B}=60\mathrm{km}$，$L_{B-C}=40\mathrm{km}$，线路阻抗 $Z_1=Z_2=0.4\Omega/\mathrm{km}$，线路零序阻抗 $Z_0=1.2\Omega/\mathrm{km}$。

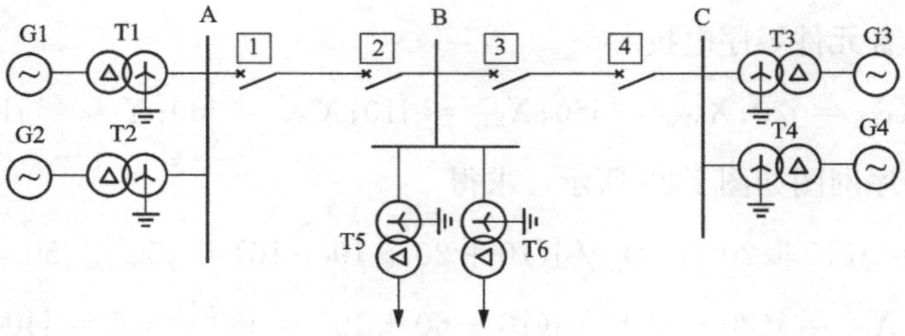

图 2-41

(1) 请画出所有元件全运行时三序等值网络图，并标注参数；

(2) 所有元件全运行时，计算 B 母线发生单相接地短路时的零序电流分布。

答：(1) 先求出线路参数，即

$$L_{AB}=60\mathrm{km},X_{1.AB}=X_{2.AB}=60\times 0.4=24\Omega,X_{0.AB}=60\times 1.2=72\Omega$$

$$L_{BC}=40\mathrm{km},X_{1.BC}=X_{2.BC}=40\times 0.4=16\Omega,X_{0.BC}=40\times 1.2=48\Omega$$

所有元件全运行时，正、负、零序等值网络图如图 2-42～图 2-44 所示。

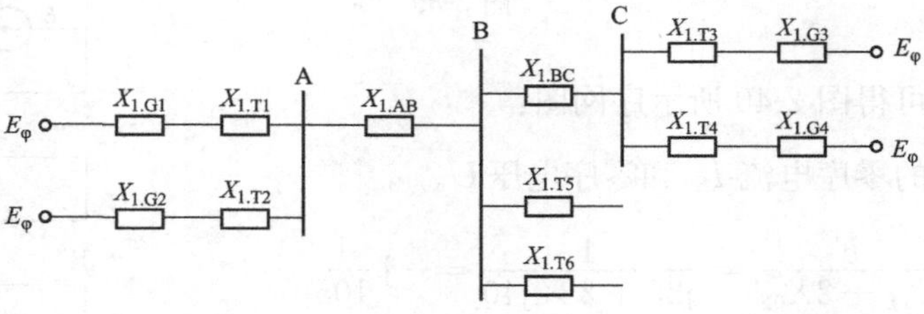

图 2-42

其中：$X_{1.G1}=X_{1.G2}=5\Omega$，$X_{1.G3}=X_{1.G4}=8\Omega$，$X_{1.AB}=24\Omega$，$X_{1.BC}=16\Omega$，$X_{1.T1}=X_{1.T2}=X_{1.T3}=X_{1.T4}=5\Omega$

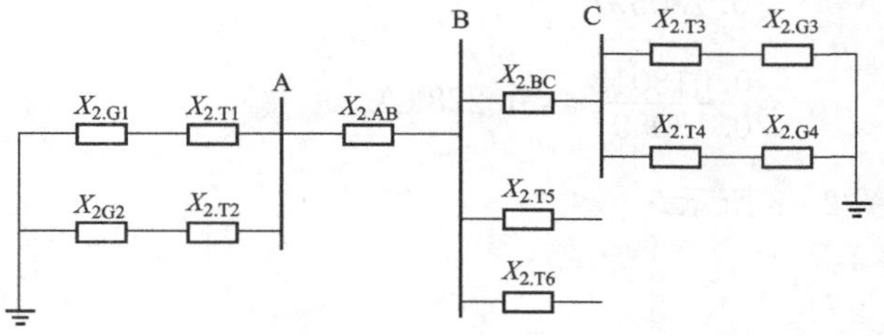

图 2-43

其中：$X_{2.G1}=X_{2.G2}=5\Omega$，$X_{2.G3}=X_{2.G4}=8\Omega$，$X_{2.AB}=24\Omega$，$X_{2.BC}=16\Omega$，$X_{2.T1}=X_{2.T2}=X_{2.T3}=X_{2.T4}=5\Omega$，$X_{2.T5}=X_{2.T6}=15\Omega$

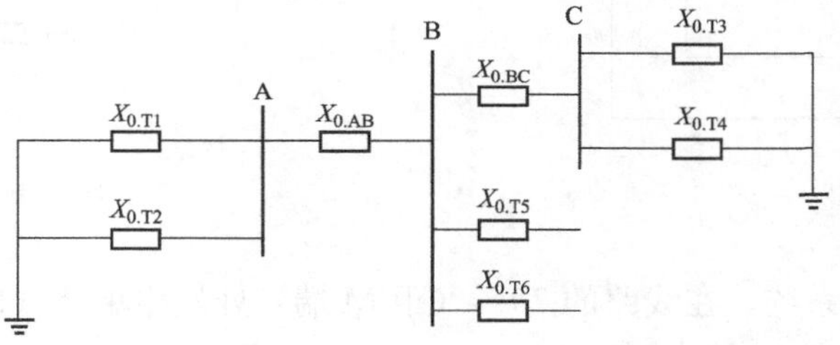

图 2-44

其中：$X_{0.T1}=X_{0.T2}=X_{0.T3}=X_{0.T4}=15\Omega$，$X_{0.AB}=72\Omega$，$X_{0.BC}=48\Omega$，$X_{0.T5}=X_{0.T6}=20\Omega$

(2) 求所有元件全运行时，B 母线发生单相接地短路时的零序电流。

B 母线发生单相接地短路时的复合序网图如图 2-45 所示。单相接地短路时，故障端口正序阻抗为

$$Z_{\Sigma 1}=\left(X_{1.AB}+\frac{X_{1.G1}+X_{1.T1}}{2}\right)/\!/\left(X_{1.BC}+\frac{X_{1.G3}+X_{1.T3}}{2}\right)$$

$$=(24+5)/\!/(16+6.5)=12.67\Omega$$

故障端口负序阻抗为 $Z_{\Sigma 2}=Z_{\Sigma 1}=12.67\Omega$

故障端口零序阻抗为

$$Z_{\Sigma 0}=\left(\frac{X_{0.T1}}{2}+X_{0.AB}\right)/\!/\frac{X_{0.T5}}{2}/\!/\left(\frac{X_{0.T3}}{2}+X_{0.BC}\right)=79.5/\!/10/\!/55.5$$

$$=\frac{1}{0.012579+0.1+0.018018}=7.657\Omega$$

根据复合序网图可求得故障端口零序电流为

$$I_{f0}=\frac{U_{f|0|}}{Z_{\Sigma1}+Z_{\Sigma2}+Z_{\Sigma0}}=\frac{115/\sqrt{3}}{12.67+12.67+7.657}=2.012\text{kA}$$

$$I_{0AB}=I_{f0}\times\frac{0.012579}{0.130597}=0.194\text{kA}$$

$$I_{0BC}=I_{f0}\times\frac{0.018018}{0.130597}=0.278\text{kA}$$

零序电流分布如图 2-46 所示。

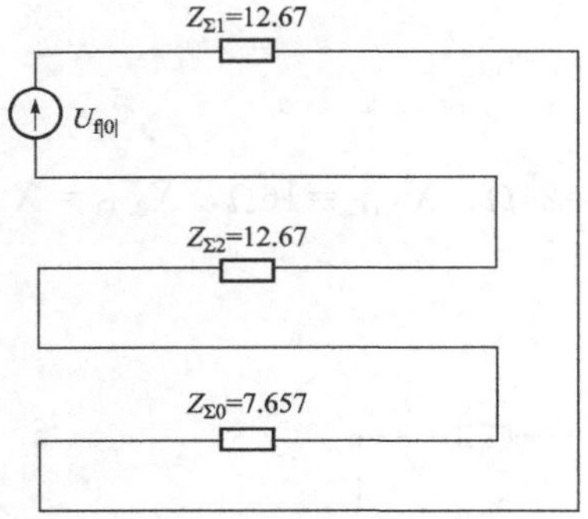

图 2-45

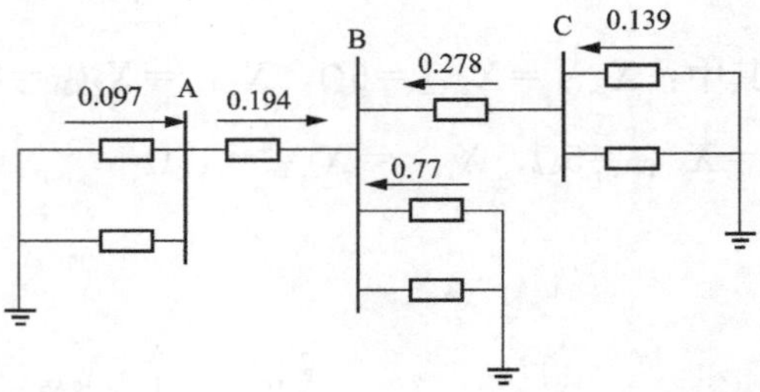

图 2-46

8. 图 2-47 为输电系统，在线路的 70%（距 M 端）处发生单相（B 相）经过渡电阻接地故障，$R_g=12\Omega$，计算 M 端 1 处距离保护的测量阻抗，并校验 M 端 1 处正序极化阻抗继电器Ⅰ段（注：$K_{rel}=0.8$；未考虑相邻线补偿）是否能够动作。系统各元件的参数如下：

发电机：$S_N=100\text{MVA}$，$E_1=1.67$，$X_1=0.9$，$X_2=0.45$；

变压器 T-1：$S_N=60\text{MVA}$，$V_S\%=10.5$，$K_{T1}=10.5/115$；

变压器 T-2：$S_N=60\text{MVA}$，$V_S\%=10.5$，$K_{T1}=115/6.3$；

线路 L 每回路 $l=100\text{km}$，$x_1=0.48\Omega/\text{km}$，每回输电线路本身的零序电抗为 $x_0=0.96\Omega/\text{km}$，两回平行线路间的零序互感抗为 $0.48\Omega/\text{km}$。

负荷 LD-1：$S_N=40\text{MVA}$，$X_1=1.2$，$X_2=0.35$。

基准：$S_B=100\text{MVA}$，$U_B=U_{av}$。

部分测量数据（在上述基准下的标幺值，方向如图 2-47 所示）：

M 母线故障后的正序电压：$\dot{U}_{1B}=1.33\angle 88°$；

I 回线路 B 相故障后电流：$\dot{I}_B=1.8\angle 9°$；

M 端Ⅰ、Ⅱ回线路的零序电流分别为：$\dot{I}_{0Ⅰ}=0.613\angle 10°$，$\dot{I}_{0Ⅱ}=0.322\angle 10°$。

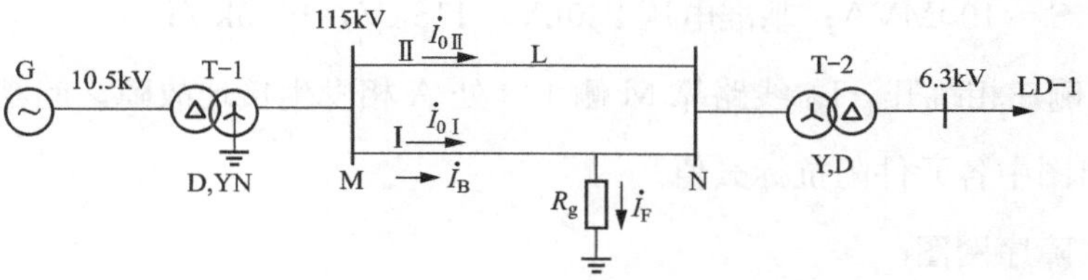

图 2-47

答：(1) 参数标幺值计算：

过渡电阻 $R=12\times100/115^2=0.091$

线路 L：$X_1=0.48\times100/115^2=0.00363$，$X_0=0.00726$，$X_{0m}=0.00363$

(2) 计算故障点电流：$\dot{I}_F=3\times(\dot{I}_{0Ⅰ}+\dot{I}_{0Ⅱ})=2.805\angle10°$

(3) 保护安装处电压计算：

$$\dot{U}_B=X_1\times70\times(\dot{I}_B+k\times3\dot{I}_{0Ⅰ})+X_{0m}\times70\times\dot{I}_{0Ⅱ}+R\times\dot{I}_F=0.74\angle79.84°$$

则测量阻抗为：

$$Z_m=\frac{\dot{U}_B}{(\dot{I}_B+k\times3\dot{I}_{0Ⅰ})}=\frac{0.74\angle79.84°}{1.8\angle9°+3\times0.33\times0.613\angle10°}=0.31\angle69.44°$$

(4) 正序极化阻抗继电器的动作情况分析

已知整定定值：$Z_{set}=0.3629\times80\%=0.29$

动作方程：

$$90°<\arg\frac{\dot{U}_B-(\dot{I}_B+k\times3\dot{I}_{0Ⅰ})\times Z_{set}}{\dot{U}_{1B}}<270°$$

可得

$$U_{op}=\dot{U}_B-(\dot{I}_B+k\times3\dot{I}_{0Ⅰ})\times Z_{set}=0.253\angle10°$$

所以有

$$\arg\frac{\dot{U}_B-(\dot{I}_B+k\times3\dot{I}_{0Ⅰ})\times Z_{set}}{\dot{U}_{1B}}=10°-88°=-78°$$

阻抗继电器不动作。

9. 如图 2-48 所示，S_1、S_2 为无穷大系统。其中：

T_1：接线 Y/d-11，中性点直接接地 $S_e=100$MVA，$U_e=115$kV/10.5kV，$U_k\%=10\%$；

T_2：自耦变，11 点接线，中性点经 1.32Ω 电抗接地，$S_e=200$MVA，$U_e=230$kV/115kV/10.5kV；$U_{k高-中}\%=15\%$，$U_{k高-低}\%=5\%$，$U_{k中-低}\%=10\%$（均为全容量下）；

L_1、L_2：线路为双回线，单回线 $Z_1=2.645\Omega$，$Z_0=3Z_1$，$Z_M=0.4Z_1$；

基准容量：$S_j=100MVA$；基准电压 230kV，115kV，10.5kV；

L_2 线路 M 侧三相跳开，L_2 线路靠 M 侧 1/3 处 A 相发生接地故障。问题：

(1) 计算出图中各元件阻抗标幺值。

(2) 画出故障序网图。

(3) 计算出故障点的故障电流（有名值）。

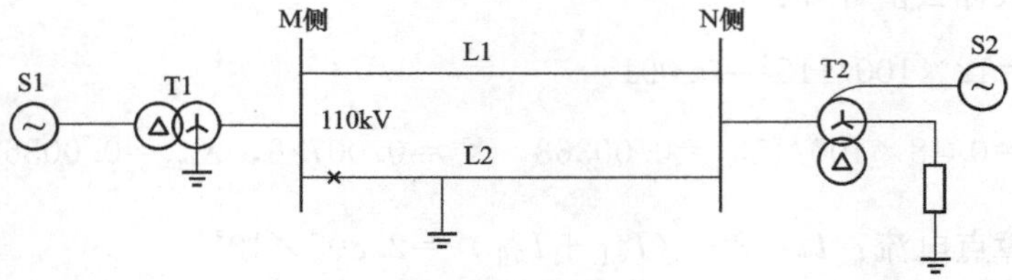

图 2-48

答：(1) 计算元件标幺值

T1 的标幺值：$X_{T1}=U_k\%\times\frac{S_j}{S_N}=0.1\times\frac{100}{100}=0.1$

T2 的标幺值：

$$X_{Ⅰ}=\frac{1}{2}(0.15+0.05-0.1)\times\frac{100}{200}=0.025$$

$$X_{Ⅱ}=\frac{1}{2}(0.15+0.1-0.05)\times\frac{100}{200}=0.05$$

$$X_{Ⅲ}=\frac{1}{2}(0.1+0.05-0.15)\times\frac{100}{200}=0$$

$$X_N=\frac{1.32}{115^2/100}=0.01$$

$$X'_{Ⅰ}=X_{Ⅰ}+3X_Nn_{21}(n_{21}-1)=0.0175$$

$$X'_{Ⅱ}=X_{Ⅱ}+3X_N(1-n_{12})=0.065$$

$$X'_{Ⅲ}=X_{Ⅲ}+3X_Nn_{21}=0.015$$

L1、L2 的标幺值：

$$Z_{L11}=Z_{L21}=\frac{2.645}{115^2/100}=0.02$$

$$Z_{L10}=Z_{L20}=3Z_{L11}=0.06$$

$$Z_m=0.4Z_{L11}=0.008$$

(2) 绘制故障序网图如图 2-49 所示：

(3) 计算故障点电流。根据复合序网图 2-49 可得：

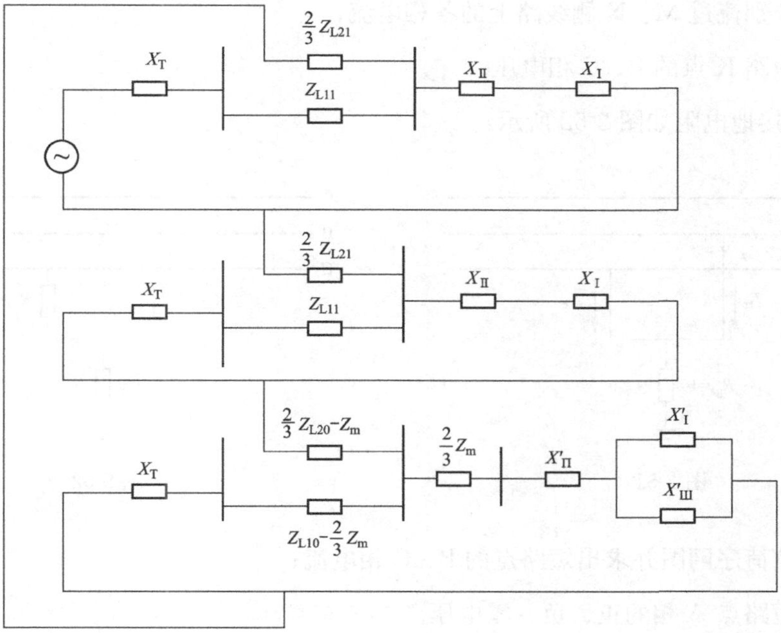

图 2-49

$$Z_{\Sigma1}=Z_{\Sigma2}=\frac{2}{3}Z_{L21}+(X_{Ⅱ}+X_{Ⅰ})\ //\ (Z_{L11}+X_T)=0.059$$

$$Z_{\Sigma0}=\frac{2}{3}(Z_{L20}-Z_m)+\left(Z_{L10}-\frac{2}{3}Z_m+X_T\right)//\left(\frac{2}{3}Z_m+X'_{Ⅱ}+X'_{Ⅰ}\ //\ X'_{Ⅲ}\right)=0.0867$$

$$I_k=\frac{3}{Z_{\Sigma1}+Z_{\Sigma2}+Z_{\Sigma0}}=12.9$$

$$I_{有名值}=I_K\times\frac{S_j}{\sqrt{3}U_j}=12.9\times\frac{100}{\sqrt{3}\times115}=6.48\text{kA}$$

10. 在单侧电源线路上发生 BC 相经过渡电阻接地，系统如图 2-50 所示，T 变压器 YN/y0 接线，YN 侧中性点接地。T′变压器 YN/d-11 接线，YN 侧中性点接地。T′变压器空载。

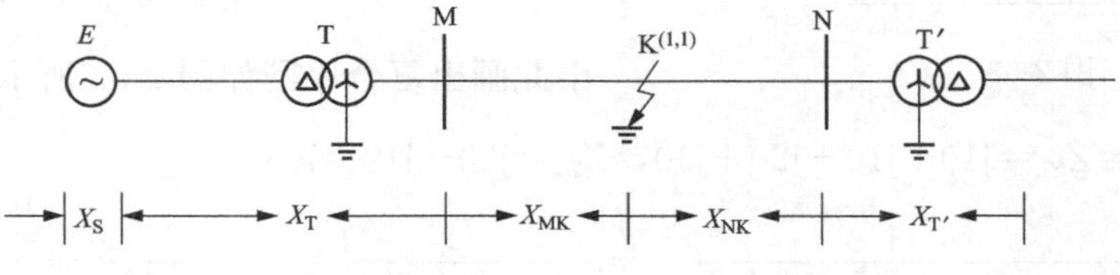

图 2-50

设电源电动势 $E=1$，各元件电抗为 $X_{S1}=j10$，$X_{T1}=j10$，$X_{MR1}=j20$，$X_{NK1}=j10$，$X_{T'1}=X_{T'0}=j10$，输电线路 $X_0=3X_1$。

（1）若接地电阻如图 2-51 所示：

1）画出负荷序网图并求出短路点的 B、C 相电流；

2）求出分别流过 M、N 侧线路上的各相电流；

3）求出短路 K 点的 B、C 相电压。

（2）如果接地电阻如图 2-52 所示：

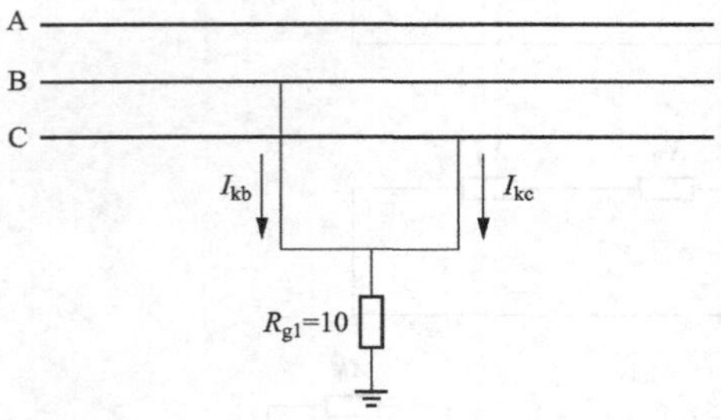

图 2-51

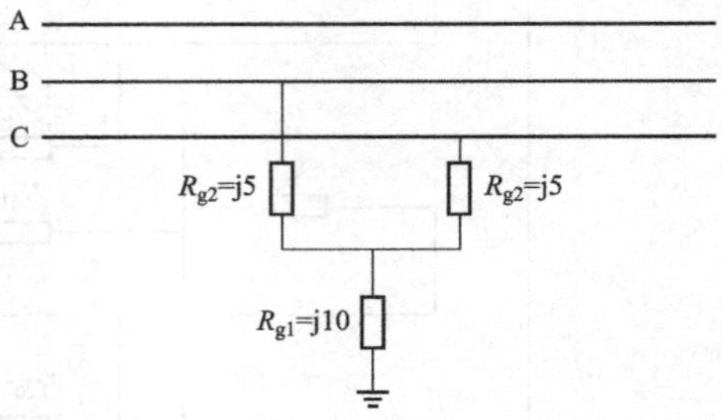

图 2-52

1）画出负荷序网图并求出短路点的 B、C 相电流；

2）求出短路点 A 相的正、负、零电压。

答：（1）写出边界条件：

$$I_{KA}=0$$

$$U_{KB}=U_{KC}=3I_0R_{g1}$$

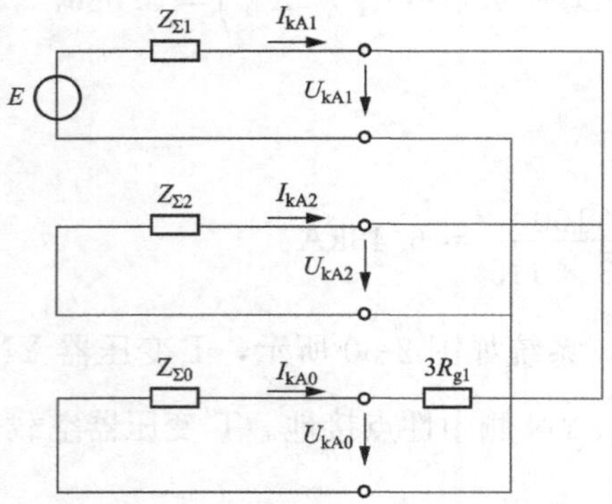

图 2-53

得到

$$I_{KA1}+I_{KA2}+I_{KA0}=0$$

$$\alpha^2U_{KA1}+\alpha U_{KA2}+U_{KA0}=\alpha U_{KA1}+\alpha^2U_{KA2}+U_{KA0}$$

即 $U_{KA1}=U_{KA2}$

再由 $\alpha^2U_{KA1}+\alpha U_{KA2}+U_{KA0}=3I_{KA0}R_{g1}$

将 $U_{KA1}=U_{KA2}$ 与 $U_{KA0}=-I_{KA0}Z_{\Sigma0}$ 代入上式可得

$$U_{KA1}=-I_{KA0}(3R_{g1}+Z_{\Sigma0})$$

由此画出复合序网如图 2-53 所示。

其中：$Z_{\Sigma1}=Z_{\Sigma2}=\text{j}10+\text{j}10+\text{j}20+\text{j}40$，$Z_{\Sigma0}=\text{j}30+\text{j}10=\text{j}40$

1）$I_{kA1}=\dfrac{1}{Z_{\Sigma1}+Z_{\Sigma2}\ //\ (Z_{\Sigma0}+3R_{g1})}=\dfrac{1}{\text{j}40+\text{j}40\ //\ (\text{j}40+3\times\text{j}10)}=-\text{j}0.0153$

$$I_{kA2}=-I_{kA1}\times\left(\frac{Z_{\Sigma0}+3R_{g1}}{Z_{\Sigma2}+Z_{\Sigma0}+3R_{g1}}\right)=\text{j}0.0097$$

$$I_{kA0}=-I_{kA1}\times\left(\frac{Z_{\Sigma2}}{Z_{\Sigma2}+Z_{\Sigma0}+3R_{g1}}\right)=\text{j}0.0056$$

得出 B、C 相电流为 $I_{KB}=\alpha^2 I_{KA1}+\alpha I_{KA2}+I_{KA0}=0.0232\angle 158.8°$

$$I_{KC}=\alpha I_{KA1}+\alpha^2 I_{KA2}+I_{KA0}=0.0232\angle 21.20°$$

2）流过 N 侧的只有零序电流：

$$I_{NA0}=I_{NB0}=I_{NC0}=j0.0056$$

流过 M 侧的只有正、负序电流

$$I_{MA}=I_{MA1}+I_{MA2}=-j0.0056$$

$$I_{MB}=\alpha^2 I_{MA1}+\alpha I_{MA2}=0.218\angle 172.63°$$

$$I_{MC}=\alpha I_{MA1}+\alpha^2 I_{MA2}=0.218\angle 7.37°$$

3）短路点 B、C 相电压

$$U_{KB}=U_{KC}=3I_{kA0}R_{g1}=-0.168$$

(2) 可等效为在 K′处经过渡电阻 R_{g1} 两相短路接地，如图 2-54 所示；将 R_{g2} 分别算入正序、负序和零序网络中，复合序网图如图 2-55 所示：

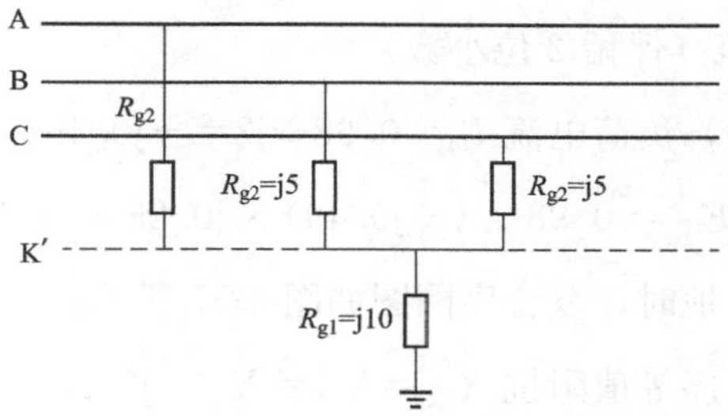

图 2-54

$$Z_{\Sigma 1}=Z_{\Sigma 2}=j10+j10+j20=j40, Z_{\Sigma 0}=j30+j10=j40$$

1）

$$I_{kA1}=\frac{1}{(Z_{\Sigma 1}+R_{g2})(Z_{\Sigma 1}+R_{g2})\ /\!/\ (Z_{\Sigma 0}+R_{g2}+3R_{g1})}$$

$$=\frac{1}{j45+j45\ /\!/\ (j45+3\times j10)}=-j0.0137$$

$$I_{kA2}=-I_{kA1}\times\frac{Z_{\Sigma 0}+R_{g2}+3R_{g1}}{Z_{\Sigma 1}R_{g2}+Z_{\Sigma 0}+R_{g2}+3R_{g1}}=j0.0085$$

$$I_{kA0}=-I_{kA1}\times\frac{Z_{\Sigma 1}+R_{g2}}{Z_{\Sigma 1}+R_{g2}+Z_{\Sigma 0}+R_{g2}+3R_{g1}}=j0.0052$$

得出 B、C 相电流为

$$I_{KB}=\alpha^2 I_{KA1}+\alpha I_{KA2}+I_{KA0}=0.0207\angle 157.9°$$

$$I_{KC}=\alpha I_{KA1}+\alpha^2 I_{KA2}+I_{KA0}=0.0207\angle 22.1°$$

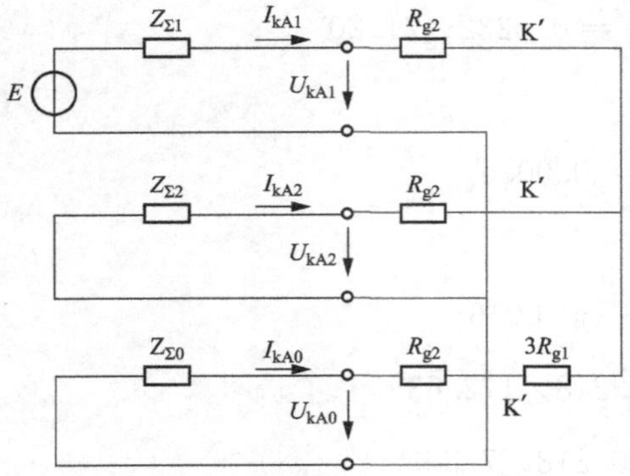

图 2-55

2）K′点（不是短路点 K）正、负、零序电压分别为

$$U'_{KA1}=1-I_{KA1}Z_{\Sigma1}=0.452$$

$$U'_{KA2}=-I_{KA2}Z_{\Sigma1}=0.34$$

$$U'_{KA0}=-I_{KA0}Z_{\Sigma0}=0.208$$

短路点的正、负、零序电压分别为

$$U_{KA1}=U'_{KA1}+I_{KA1}R_{g2}=0.5205$$

$$U_{KA2}=U'_{KA2}+I_{KA2}R_{g2}=0.2975$$

$$U_{KA0}=U'_{KA0}+I_{KA0}R_{g2}=0.182$$

11. 如图 2-56 所示系统，设负荷为纯电抗，且 $X_1=X_2=X_0$，正常运行时 N 母线电压为 0.98，若负荷末端发生 BC 相断线，试画出复合序网分别计算末端负荷中性点接地和不接地两种情况下的线路 A 相电流（保留 2 位小数）

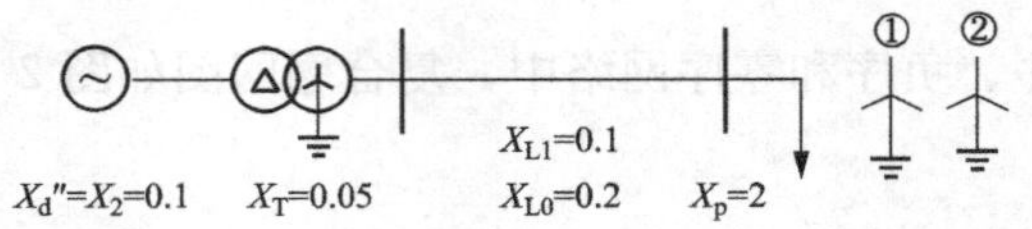

图 2-56

答：断线前运行方式时，负荷电流 $I_{fh}=0.98\div j2=-j0.49$。则 E_G 电势为：

$$E_G=0.98+(-j0.49)\times j0.25=1.1$$

（1）末端负荷中性点接地时，复合序网图如图 2-57 所示：

由序网图得到断口处各序等值阻抗 $X_{1\Sigma}=X_{2\Sigma}=X_{0\Sigma}=j2.25$。

BC 相断线，特殊相是 A 相，且 $I_{A1}=I_{A2}=I_{A0}=\dfrac{1.1}{j2.25\times3}=-j0.16$，所以线路 A 相电流 $I_{KA}=3I_{A1}=-j0.16\times3=-j0.48$

（2）末端负荷中性点不接地时，复合序网图如图 2-58 所示：

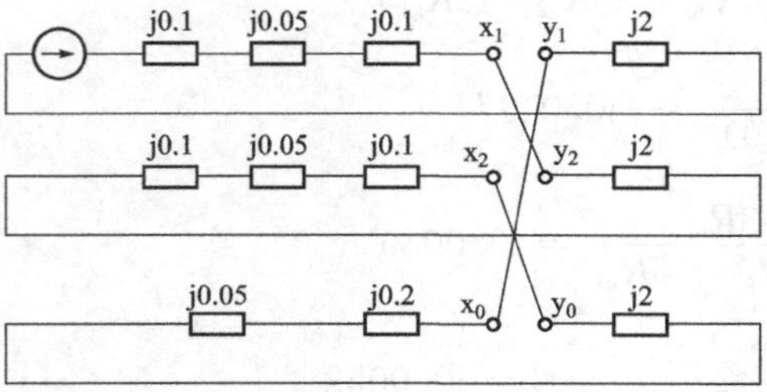

图 2-57

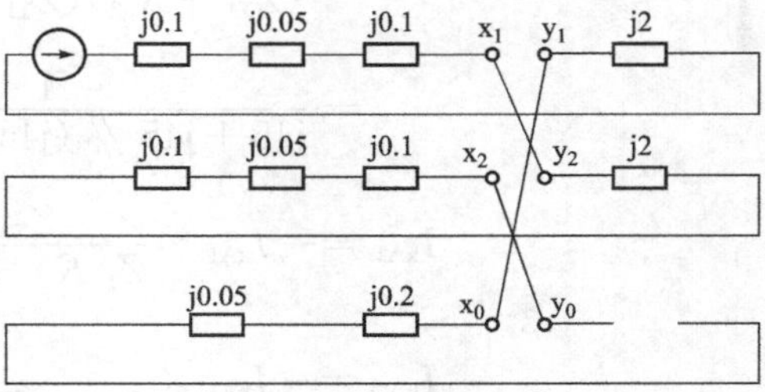

图 2-58

由序网图可见，负载侧不接地后，零序网络是不通的，所以 BC 相断线，特殊相是 A

相，三序网络串联后仍是不通，此时$I_{A1}=I_{A2}=I_{A0}=0$，所以线路A相电流是：$I_{KA}=0$。

2.6 分 析 题

1. 如图2-59所示，T_1、T_2参数完全相同，T_1和T_3主变压器中性点接地，线路上K点发生A相单相接地故障时N侧A相电流为0.8kA；O点B、C相电流为零。画出O、P、K各点序分量相量图，同时求O点A相电流；P点三相电流；K点入地电流I_{KA}。（忽略负荷电流）。

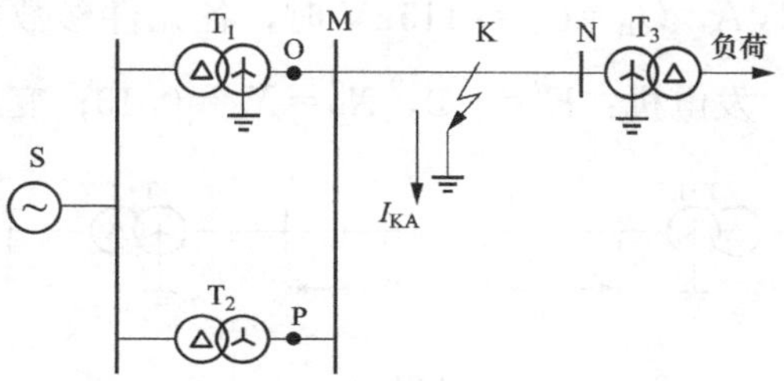

图2-59

答：由系统图可知，M侧为负荷侧，且主变压器中性点接地，忽略负荷电流后，N侧三相只有三个同方向的零序分量电流（各相零电流为0.8kA），N侧无正负序分量电流。

M侧O点有正负序分量电流，也有零序分量电流，P点只有正负序分量电流。因为O点及K点均是B、C相电流为零，B、C相正负电流之和与B、C相零序电流大小相等，方向相反。因此

$$\dot{I}_{KA1}=\dot{I}_{KA2}=\dot{I}_{KA0}=\dot{I}_{KB0}=\dot{I}_{KC0},\dot{I}_{OA1}=\dot{I}_{OA2}=\dot{I}_{OA0}=\dot{I}_{OB0}=\dot{I}_{OC0}$$

由于T1与T2参数相同，所以O点的正负序电流和P点的正负电流大小相同，等于故障点正负序电流的一半。

根据相量图2-60，综上所述可以得到如下关系：

$$I_{KA1}=I_{KA2}=I_{KA0}=I_{KB0}=I_{KC0}=2I_{OA1}=2I_{OA2}=2I_{OA0}=2I_{PA1}=2I_{PA2}$$

由于

$$\begin{aligned}I_{KA0}&=I_{MA0}+I_{NA0}=I_{OA0}+I_{NA0}\\&=I_{OA0}+0.8=2I_{OA1}\end{aligned}$$

则

$$2I_{OA1}=I_{OA0}+0.8=I_{OA1}+0.8,$$

可得

$$I_{OA1}=0.8\text{kA}$$

同理：$I_{OA2}=0.8$kA；$I_{OA0}=0.8$kA，可得

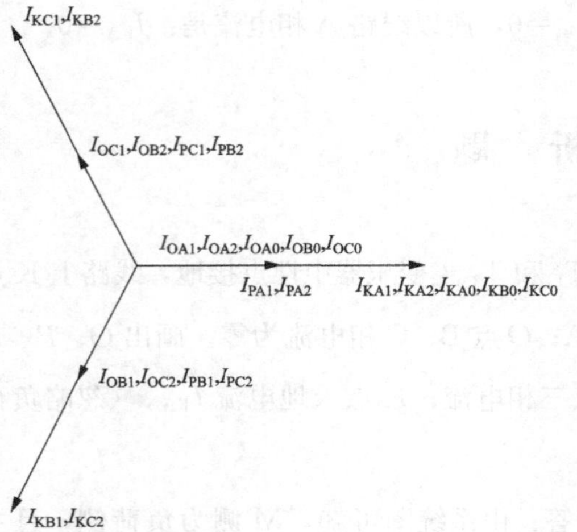

图 2-60

$$I_{OA} = I_{OA1} + I_{OA2} + I_{OA0}$$
$$= 0.8 + 0.8 + 0.8 = 2.4\text{kA}$$

所以 $I_{PA} = I_{PA1} + I_{PA2} = 0.8 + 0.8 = 1.6\text{kA}$，方向与A相电流相反。

K点入地电流

$$I_{KA} = I_{OA} + I_{PA} + I_{NA} = 2.4 + 1.6 + 0.8$$
$$= 4.8\text{kA}。$$

2. 在图2-61所示的电力系统中，以 $S_B = 100\text{MVA}$，$U_B = U_{av} = 115\text{kV}$ 时，各元件参数标幺值：发电机：$E'' = 1.0$，$X''_d = X_2 = 0.13$；变压器：$X_{T1} = X_{T2} = 0.12$；线路：全长 $X_1 = 0.3$，$X_0 = 1.2$。线路末端空载，在输电线路上某处发生单相接地短路。

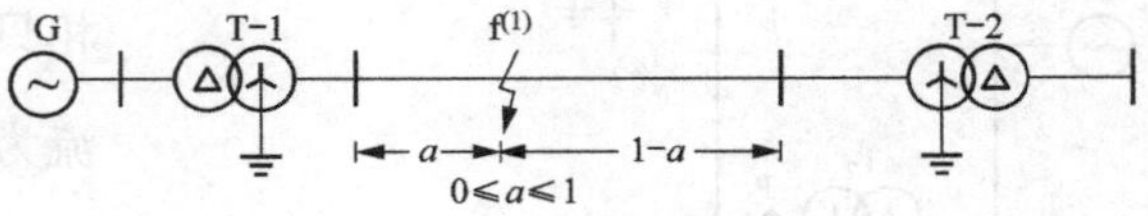

图 2-61

（1）绘制短路点的序网图并计算各序阻抗值；

（2）试问短路发生在何处短路电流数值最小，其值为多少千安？

答：（1）短路点正、负、零序等值序网如图2-62所示：

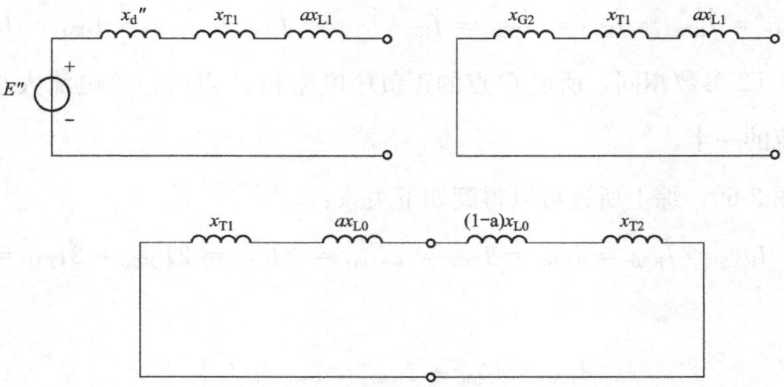

图 2-62

短路点各序输入电抗为

$$X_{f1} = x''_d + x_{T1} + ax_{L1} = 0.13 + 0.12 + 0.3a = 0.25 + 0.3a$$

$$X_{f2} = x_{G2} + x_{T1} + ax_{L1} = 0.13 + 0.12 + 0.3a = 0.25 + 0.3a$$

$$X_{f0} = (x_{T1} + ax_{L0}) \mathbin{/\!/} [(1-a)x_{L0} + x_{T2}]$$

$$= \frac{(0.12 + 1.2a)(1.2 - 1.2a + 0.12)}{0.12 + 1.2a + 1.2 - 1.2a + 0.12} = 0.11 + a - a^2$$

(2) 单相短路时，限制短路电流的总电抗为

$$X_{\Sigma}=X_{f1}+X_{f2}+X_{f0}=0.25+0.3a+0.25+0.3a+0.11+a-a^2$$
$$=0.61+1.6a-a^2$$

解得 $a=0.8$ 时 X_{Σ} 最大，X_{Σ} 的最大值为：$0.61+1.6\times0.8-0.8^2=1.25$

相应的短路电流为

$$I_{f,\min}^{(1)}=\frac{3E''}{X_{\Sigma\max}}\times\frac{S_B}{\sqrt{3}U_{av}}=\frac{3\times1}{1.25}\times\frac{100}{\sqrt{3}\times115}=1.205\text{kA}$$

3. 图 2-63 所示网络中，断路器 2 处装有三相式方向性过电流保护，方向元件采用 90°接线方式，最大灵敏角为−45°，变压器阻抗角为 90°，该变压器 Y 侧为无穷大电源。试通过相量图和公式分析在 Y/d-11 接线变压器三角侧发生 BC 两相短路时，过电流保护 2 的动作情况。

答：变压器低压侧 BC 两相短路时，低压侧的电压电流相量图如图 2-64 所示（电流以指向故障点为正）：

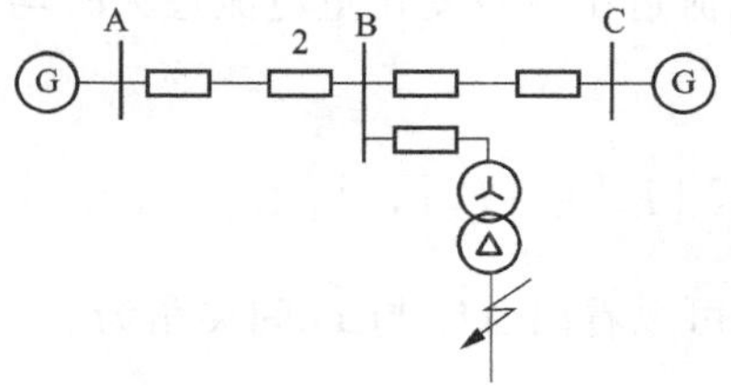

图 2-63

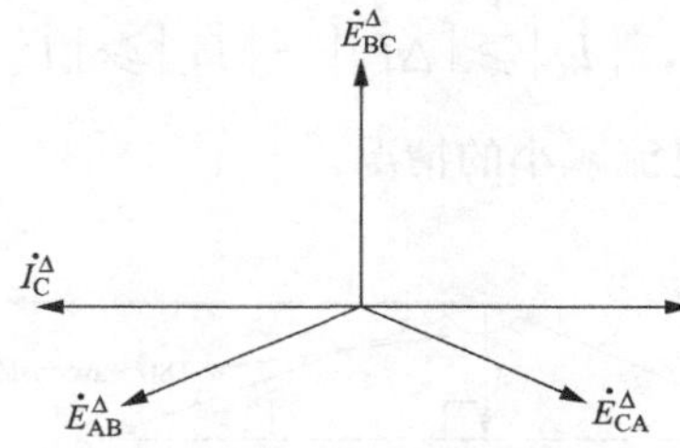

图 2-64

变压器高压侧的线电压滞后低压侧线电压 30°，A、B 相电流与低压侧 B 相同相，C 相电流与低压侧 C 相同相，电压电流相量图如图 2-65 所示：

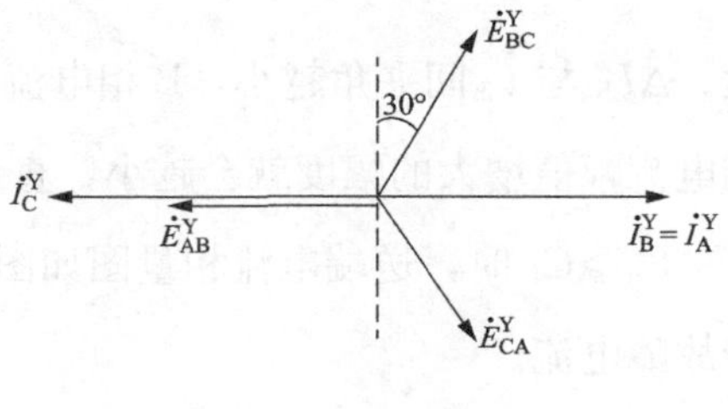

图 2-65

方向保护 2 最大灵敏角为−45°，动作区按 180°考虑为$-135°\leqslant\varphi_J\leqslant45°$。

方向保护 2 使用的电压与变压器高压侧电压相同，使用的电流与变压器高压侧电流反相。所以

$$\varphi_{JA}=\arg(\dot{U}_{BC}/-\dot{I}_A)=-120°$$

落入动作区保护动作，属于误动。

$\varphi_{JB}=\arg(\dot{U}_{CA}/-\dot{I}_B)=120°$，不动作，正确。

$\varphi_{JC}=\arg(\dot{U}_{AB}/-\dot{I}_C)=180°$，不动作，正确。

4. 某双端电源重载线路某次发生K点A相接地故障，从录波图上分析看到：故障后非故障相B相的电流比A相的故障电流还要大，C相的电流减小，试分析造成这种现象的原因是什么？[假设该侧的正负零序分配系数分别为C_1、C_2、C_0（$C_1=C_2$），各序阻抗角相同]

答：发生A相对地故障，对于故障点有$\dot{I}_{ka1}=\dot{I}_{ka2}=\dot{I}_{ka0}$，假设三相负荷电流分别为$\dot{I}_{fa}$、$\dot{I}_{fb}$、$\dot{I}_{fc}$，则线路故障后A相电流

$$\dot{I}_a=\dot{I}_{fa}+\Delta\dot{I}_a=\dot{I}_{fa}+C_1\dot{I}_{ka1}+C_2\dot{I}_{ka2}+C_0\dot{I}_{ka0}=\dot{I}_{fa}+(2C_1+C_0)\dot{I}_{ka0}$$

故障后B相电流

$$\dot{I}_b=\dot{I}_{fb}+\Delta\dot{I}_b=\dot{I}_{fb}+\alpha^2C_1\dot{I}_{ka1}+\alpha C_2\dot{I}_{ka2}+C_0\dot{I}_{ka0}=\dot{I}_{fb}+(C_0-C_1)\dot{I}_{ka0}$$

故障后C相电流

$$\dot{I}_c=\dot{I}_{fc}+\Delta\dot{I}_c=\dot{I}_{fc}+\alpha C_1\dot{I}_{ka1}+\alpha^2C_2\dot{I}_{ka2}+C_0\dot{I}_{ka0}=\dot{I}_{fc}+(C_0-C_1)\dot{I}_{ka0}$$

当$C_1\neq C_0$时，非故障相电流发生了变化，即$\Delta\dot{I}_b=\Delta\dot{I}_c=(C_0-C_1)\dot{I}_{ka0}\neq 0$；$|\Delta\dot{I}_c|\geqslant|2\dot{I}_{fc}|$时，$|\dot{I}_c|\geqslant|\Delta\dot{I}_c|-|\dot{I}_{fc}|\geqslant|\dot{I}_{fc}|$，可见负荷电流过小或者变化量电流过大时均不会造成C相电流减小的情况。

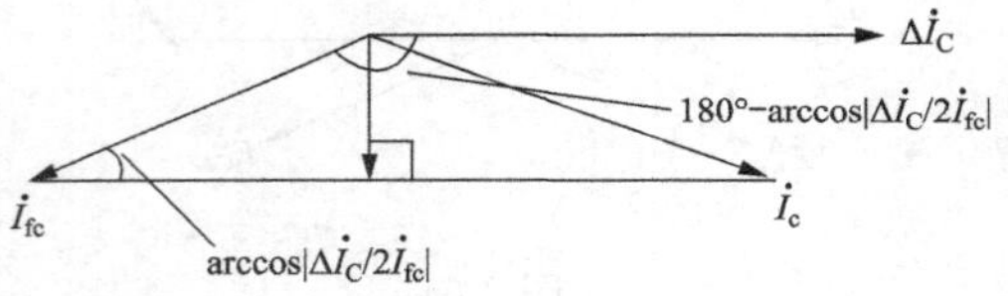

图 2-66

假设$|\dot{I}_c|=|\dot{I}_{fc}|$，$|\Delta\dot{I}_c|<|2\dot{I}_{fc}|$，则由图2-66可以看出$\Delta\dot{I}_c$与$\dot{I}_{fc}$间夹角为

$$180°-\arccos|\Delta\dot{I}_c/2\dot{I}_{fc}|$$

如图2-67所示，当$\Delta\dot{I}_c$与$\dot{I}_{fc}$间夹角较大，夹角大于$180°-\arccos|\Delta\dot{I}_c/2\dot{I}_{fc}|$时会造成C相电流减小；同理当$\Delta\dot{I}_b$与$\dot{I}_{fb}$间夹角较小，夹角小于$180°-\arccos|\Delta\dot{I}_b/2\dot{I}_{fb}|$时会造成B相电流增大，分配系数差别越大、负荷电流越大、$\Delta\dot{I}_b$与$\dot{I}_{fb}$间夹角越小，B相电流幅值增大的幅度就会越大，而$\Delta\dot{I}_a$与$\dot{I}_{fa}$间夹角越大，A相电流幅值增大的幅度就会越小，直到B相的电流大于A相电流。

$C_0>C_1$时，送端电流相量图如图2-68所示，$\Delta\dot{I}_a$与$\Delta\dot{I}_b$、$\Delta\dot{I}_c$同相，A相负荷电流超前于故障电流。

$C_0<C_1$时，受端电流相量图，$\Delta\dot{I}_a$与$\Delta\dot{I}_b$、$\Delta\dot{I}_c$反相，A相负荷电流滞后于故障电流。

5. 如图2-69所示，220kV供电系统仅一个电源点，线路L1配置了一套分相电流差动保护和一套闭锁式纵联距离零序保护，所有开关均在合位时，同时发生F_1（出口）经R_{g1}和母线F_2经R_{g2}小过渡电阻单相接地故障时，试分析L1线路保护和Ⅰ、Ⅱ母母差保护的初始动

作行为，并说明其原因。

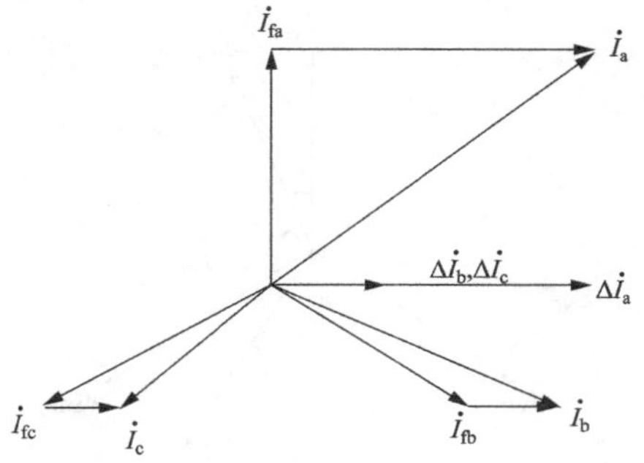

图 2-67

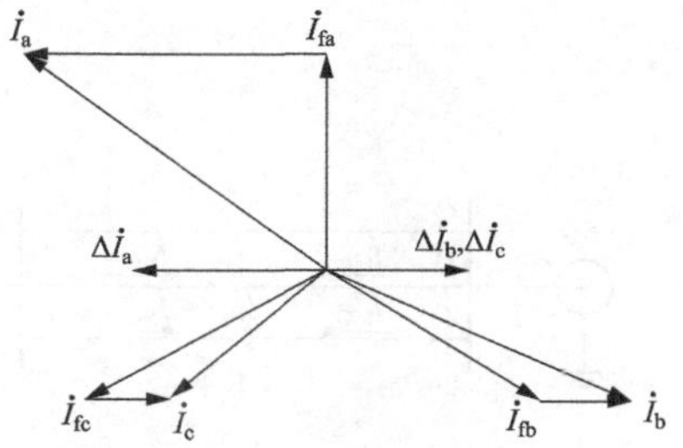

图 2-68

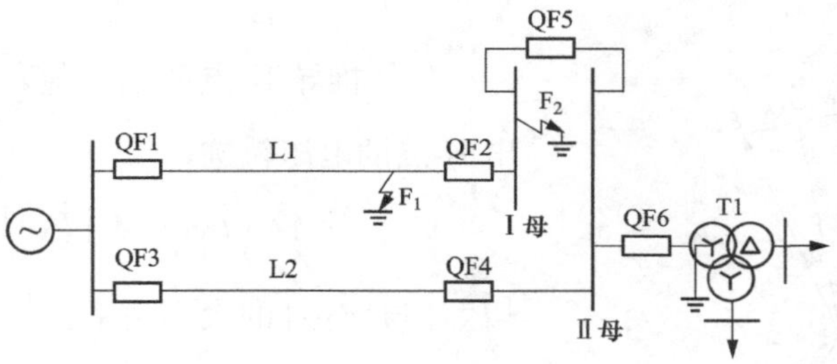

图 2-69

答：(1) 当 $R_{g1}=R_{g2}$ 时，由于小过渡电阻，母差保护灵敏度肯定足够，正确动作；QF2 无电流通过，线路分相电流差动保护动作；纵联距离零序保护感知不到零序电流，不动作。

(2) 当 R_{g1} 大于 R_{g2} 时，QF2 有电流通过，方向为从线路流向母线。母差保护正确动作。线路纵联距离零序保护由于是反方向，按照反方向优先，直接闭锁，因此线路纵联距离零序保护不动作；线路分相电流差动保护动作行为取决于两个过渡电阻导致的电流分配差异，当两过渡电阻相差不大时，差流足够后，差动保护将能动作；若流经 QF2 的电流较大，可能差流不够导致差动无法动作；

(3) 当 R_{g1} 小于 R_{g2} 时，QF2 有电流通过，方向为从母线流向线路。线路分相电流差动保护差流应该足够，正确动作；线路纵联距离零序保护动作行为取决于距离元件，由于是出口故障，灵敏度应该足够；零序电流只要达到有流判据，因此应该也能正确动作。母差保护动作行为取决于两个过渡电阻导致的电流分配差异，若两过渡电阻相差不大时，母差保护将能动作，若流经 QF2 的电流较大，保护可能不动作。

6. 如图 2-70 所示的双电源系统，各序阻抗角相同，正负序阻抗相同，两侧系统电压相量图如图 2-71 所示。在 K 点发生 BC 相间短路故障，K 点位置不确定。

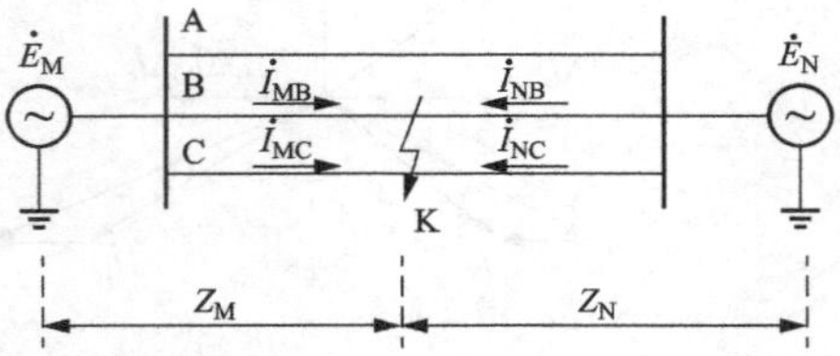

图 2-70

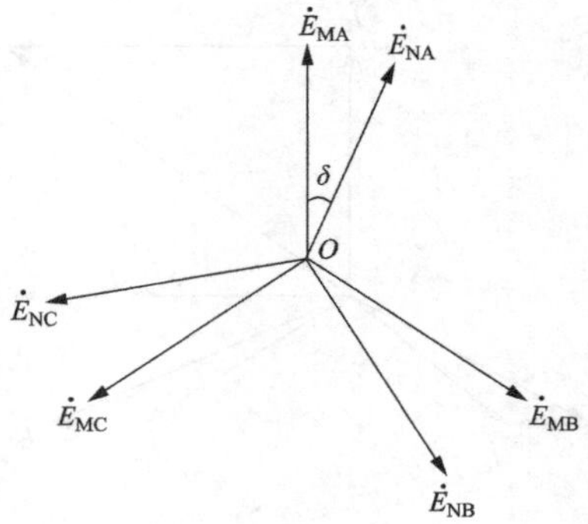

图 2-71

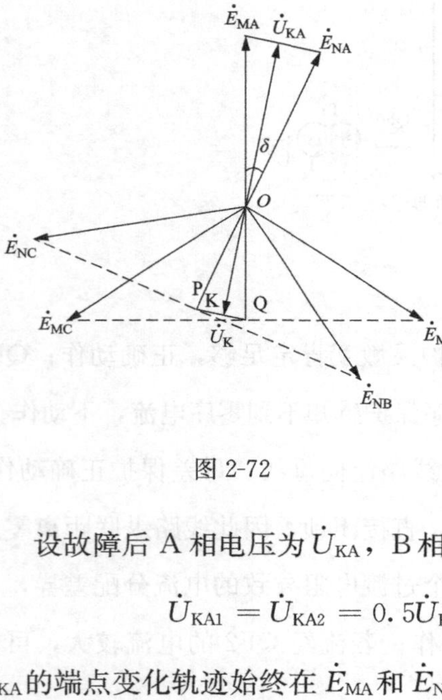

图 2-72

（1）推导 K 点的电压值，并在电压平面图中作出 K 点的电压轨迹；

（2）比较 $|\dot{I}_{MB}|$ 与 $|\dot{I}_{MC}|$ 的大小关系，比较 $|\dot{I}_{NB}|$ 与 $|\dot{I}_{NC}|$ 的大小关系。

答：（1）因为是 BC 相间短路，所以故障点及两侧均没有零序电流分量和零序电压分量。设故障点 K 的故障前 A 相电压为 $\dot{U}_{KA[0]}$，则 $\dot{U}_{KA[0]}$ 的端点变化轨迹始终在 $\dot{E}_{MA}$ 和 $\dot{E}_{NA}$ 端点连线间的直线上，如图 2-72 所示。

设故障后 A 相电压为 $\dot{U}_{KA}$，B 相、C 相的电压为 $\dot{U}_K$，则

$$\dot{U}_{KA1}=\dot{U}_{KA2}=0.5\dot{U}_{KA[0]},\dot{U}_{KA}=\dot{U}_{KA1}+\dot{U}_{KA2}+\dot{U}_{KA0}=\dot{U}_{KA[0]}$$

$\dot{U}_{KA}$ 的端点变化轨迹始终在 $\dot{E}_{MA}$ 和 $\dot{E}_{NA}$ 端点连线间的线段上。

由于故障后不存在零序电压分量，即 $\dot{U}_{KA}+\dot{U}_K+\dot{U}_K=0$，则 $\dot{U}_K=0.5\dot{U}_{KA[0]}$，在图中做向量 $\overrightarrow{OQ}=-0.5\dot{E}_{MA}$，$\overrightarrow{OP}=-0.5\dot{E}_{NA}$。则 $\dot{U}_K$ 的变化轨迹始终在 PQ 连线的线段上。

（2）由于

$$\dot{I}_{MB}=\frac{\dot{E}_{MB}-\dot{U}_K}{Z_M},\dot{I}_{MC}=\frac{\dot{E}_{MC}-\dot{U}_K}{Z_M},\dot{I}_{NB}=\frac{\dot{E}_{NB}-\dot{U}_K}{Z_N},\dot{I}_{NC}=\frac{\dot{E}_{NC}-\dot{U}_K}{Z_N}$$

由电压平面图 2-72 可见，$|\dot{E}_{MB}-\dot{U}_K|$ 始终大于等于 $|\dot{E}_{MC}-\dot{U}_K|$，所以 $|\dot{I}_{MB}|\geqslant|\dot{I}_{MC}|$。

同理得$|\dot{I}_{NC}| \geqslant |\dot{I}_{NB}|$。

7. 双侧电源系统间有一联络线 MN（见图 2-73），两侧电源电动势大小相等，已知：M 侧系统正序阻抗值为 0.1，N 侧系统正序阻抗值为 0.2，线路 MN 正序阻抗为 0.4。某日，N 母线上单线送终端变的线路上 F 点发生三相金属性短路（F 点与 N 母线间正序阻抗为 0.2）引起系统振荡。分析振荡时 M 侧测量阻抗及其轨迹圆直径大小。

答：将 N 侧用戴维南定理等效如图 2-74 所示：

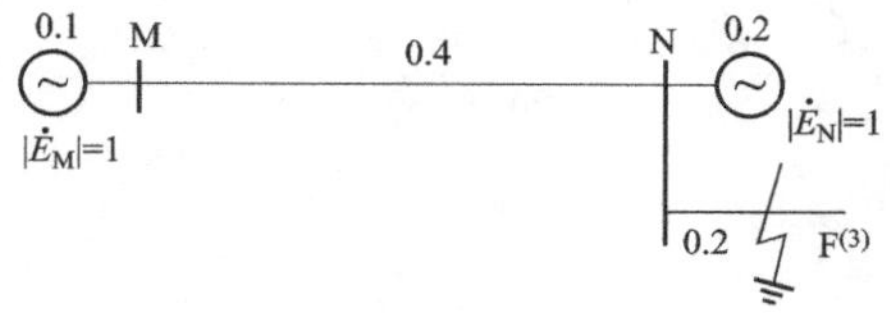

图 2-73

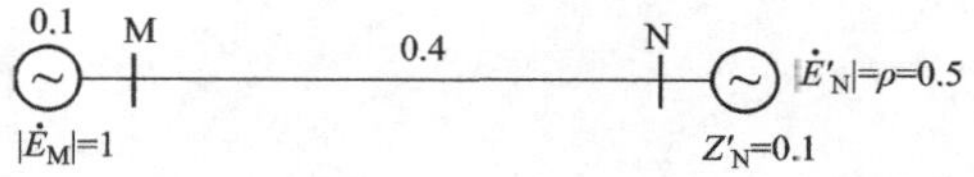

图 2-74

此时 $Z_{\Sigma}=0.1+0.4+0.1=0.6$，$m=0.1/0.6=1/6$

设 $\dot{E}_M=2\dot{E}'_N e^{j\delta}$，则

$$\dot{U}_M=(1-m)\dot{E}_M+m\dot{E}'_N,\dot{I}_M=(\dot{E}_M-\dot{E}'_N)/Z_{\Sigma}$$

M 侧测量阻抗

$$Z_M=\frac{\dot{U}_M}{\dot{I}_M}=\frac{(1-m)\dot{E}_M+m\dot{E}'_N}{(\dot{E}_M-\dot{E}'_N)/Z_{\Sigma}}=Z_{\Sigma}(1-m)+\frac{\dot{E}'_N Z_{\Sigma}}{\dot{E}_M-\dot{E}'_N}=0.5+\frac{0.6}{2e^{j\delta}-1}$$

该阻抗的轨迹为圆，当 $\delta=0°$和 180°时得轨迹圆直径两点，阻抗圆直径

$$D=\frac{0.6}{2e^{j0°}-1}-\frac{0.6}{2e^{j180°}-1}=0.6+0.2=0.8$$

8. 图 2-75 所示为一火力发电厂主接线及等值电路，已知相关参数如下。

发电机变压器组：

汽轮发电机 $S_N=300MW$，$U_N=20kV$，$\cos\varphi_N=0.85$，$x''_d=0.168$；

变压器 $S_N=370MVA$，$U_N=242/20kV$，$U_S=14\%$；

自耦变：$S_N=240MVA$，$U_N=363/242/38.5kV$，$U_{S1-2}=10\%$，$U_{S1-3}=62\%$，$U_{S2-3}=48\%$。

330kV 线路：10km，$x=0.321\Omega/km$。

330kV 系统：送至 330kV 线路始端母线三相短路的短路电流为 20kA。

主变压器保护电流互感器参数见表 2-1。

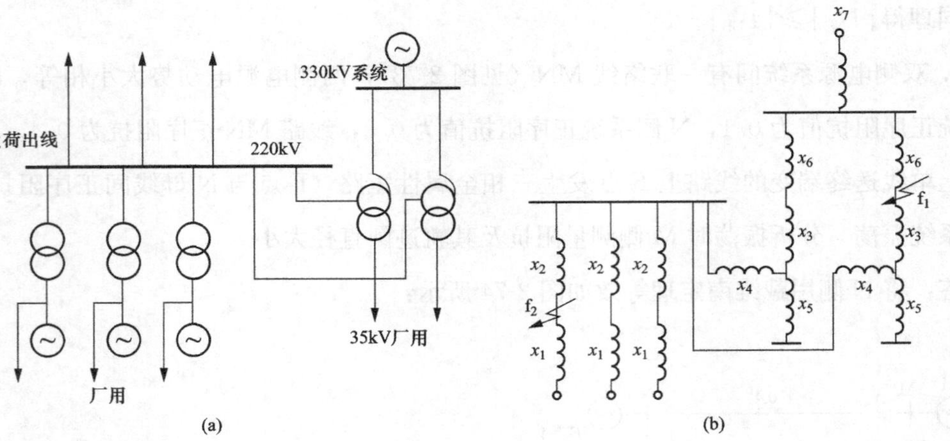

图 2-75

表 2-1

项目名称	代号	参数
额定电流比	K_N	800/5
额定二次电流	I_{sN}	5A
额定二次负载视在功率	S_{bN}	50VA
实测二次负载电阻	R_b	1.95Ω
二次绕组电阻	R_{TA}	0.8Ω
准确限值系数	K_{alf}	20
最大短路电流	I_{scmax}	20000A
实测拐点电动势	E_k	260V

不计 220kV 综合负荷及厂用电动机的反馈电流，试计算 f_1 点三相短路时的短路电流，并校核主变压器保护 TA 在通过该短路电流时是否满足 10%误差曲线。

答：取 S_B＝1000MVA，U_B 为各电压等级平均额定电压，求得各元件电抗标幺值为：

发电机：$x_1=0.168\times\frac{1000}{300/0.85}=0.476$

变压器：$x_2=0.14\times\frac{1000}{320}=0.378$

自耦变：$x_3=\frac{1}{2}(0.1+0.62-0.48)\times\frac{1000}{240}=0.5$

$x_4=\frac{1}{2}(0.1+0.48-0.62)\times\frac{1000}{240}=-0.083$

$x_5=\frac{1}{2}(0.62+0.48-0.1)\times\frac{1000}{240}=2.083$

330kV 线路：$x_6 = 0.321 \times 10 \times \frac{1000}{345^2} = 0.027$

330kV 系统：$x_7 = \frac{1}{20} \times \frac{1000}{\sqrt{3} \times 345} = 0.084$

故障分量网络化简如图 2-76。其中：

$x_8 = \frac{1}{3}(x_1 + x_2) = \frac{1}{3} \times (0.476 + 0.378) = 0.285$

$x_9 = x_3 + x_4 + x_6 = 0.5 - 0.083 + 0.027 = 0.444$

$x_{10} = x_3 + x_4 = 0.5 - 0.083 = 0.417$

将△形 x_6、x_9、x_{10}转换为 Y 形后故障分量网络化简如图 2-77 所示：

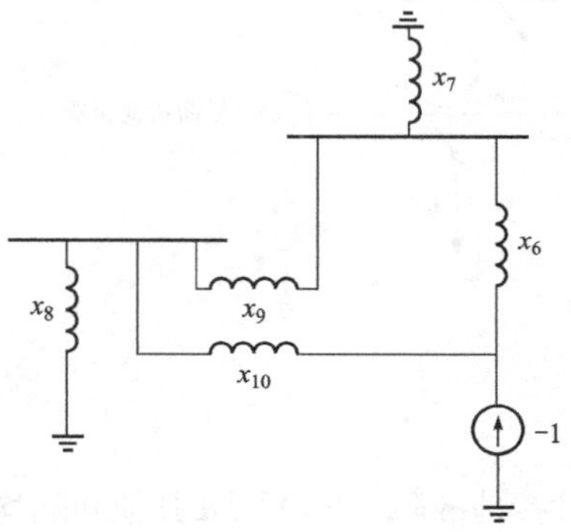

图 2-76

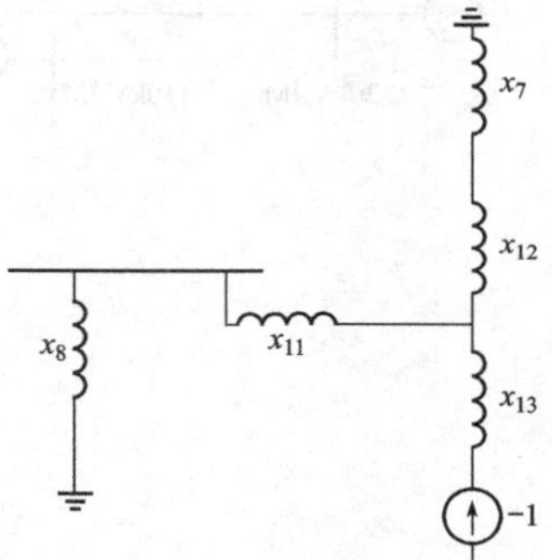

图 2-77

其中：

$$x_{11} = \frac{x_9 x_{10}}{x_9 + x_{10} + x_6} = \frac{0.444 \times 0.417}{0.444 + 0.417 + 0.027} = 0.209$$

$$x_{12} = \frac{x_9 x_6}{x_9 + x_{10} + x_6} = \frac{0.444 \times 0.027}{0.444 + 0.417 + 0.027} = 0.014$$

$$x_{13} = \frac{x_{10} x_6}{x_9 + x_{10} + x_6} = \frac{0.417 \times 0.027}{0.444 + 0.417 + 0.027} = 0.013$$

综合等值电抗

$$\begin{aligned} x_\Sigma &= (x_8 + x_{11}) // (x_7 + x_{12}) + x_{13} \\ &= (0.285 + 0.209) // (0.084 + 0.014) + 0.013 \\ &= 0.494 // 0.098 + 0.013 = 0.095 \end{aligned}$$

故障电流有名值为$\frac{1}{0.095} \times \frac{1000}{\sqrt{3} \times 345} = 17.616\text{kA}$

主变压器保护 TA 在通过该短路电流时的二次电流 $I_S=17.616\times\frac{1000}{800/5}=110.1A$

二次等效电动势为 $E'_{al}=I_S\times(R_b+R_{TA})=110.1\times(1.95+0.8)=302.775V>E_k=260V$；

考虑 10%误差后，$302.775\times0.9=272.5V>E_k=260V$。因此不满足 10%误差。

9. 某 220kV 变电站接线如图 2-78 所示，S 为大电流接地系统，曲折变经 10Ω 小电阻接地，1 号主变压器各侧均在运行状态，主变压器低压侧、曲折变、馈线相关保护定值如表 2-2 所示。（以下所有计算均不考虑电容电流和负荷电流、接地过渡电阻，系统额定电压为 10.5kV，忽略引线电阻）

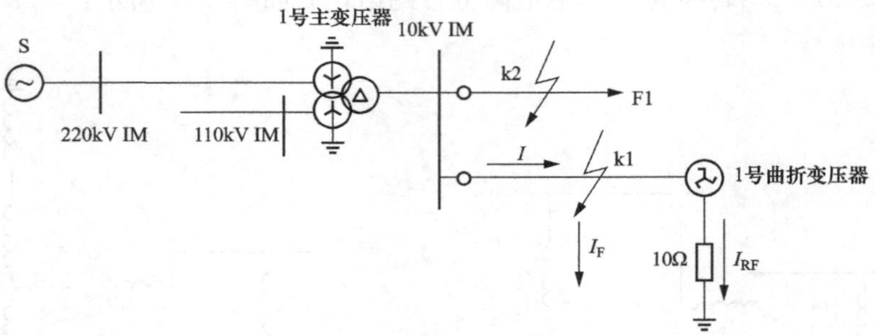

图 2-78

（1）假设曲折变压器引线处 K_1 点发生 A 相金属性接地故障，10kV IM 其他间隔均在热备用状态。请计算曲折变压器开关 TA 流过三相电流 I_A、I_B、I_C；计算故障点电流 I_F、接地变压器电流 I_{RF}。

（2）现场曲折变压器开关柜采用 A、C 两相式 TA，A、C 两相电流接入曲折变压器保护，同时将 A、C 相电流并联后接入 B 相。假设此时馈线 F_1、曲折变压器为运行状态，F_1 近区 K_2 点发生 A 相金属性接地故障，请问哪些保护会动作，并分析其是否正确动作。

表 2-2

保护名称	投入保护及整定值（一次值）
1 号变压器低后备	过流Ⅱ段：4000A/1.2s 跳主变压器低压侧
F1	过流Ⅰ段：3000A/0.3s 跳本开关 过流Ⅱ段：1000A/0.9s 跳本开关 零序Ⅰ段：60A/1.0s 跳本开关
1 号曲折变压器	过流Ⅰ段：260A/0.1s 跳本开关 零序Ⅰ段：75A/2.7s 跳主变压器低压侧

答：（1）考虑 10kV 单相金属性接地时综合零序阻抗远大于综合正序阻抗和综合负序阻抗，故忽略综合正序阻抗和综合负序阻抗，此时零序电压即为相电压。同时曲折变侧正、负

序阻抗无穷大，系统侧零序阻抗无穷大。根据故障点边界条件可知 $I_F = I_{F1} + I_{F2} + I_{F0}$ 且 $I_{F1} = I_{F2} = I_{F0}$，各序序网图如图 2-79 所示：

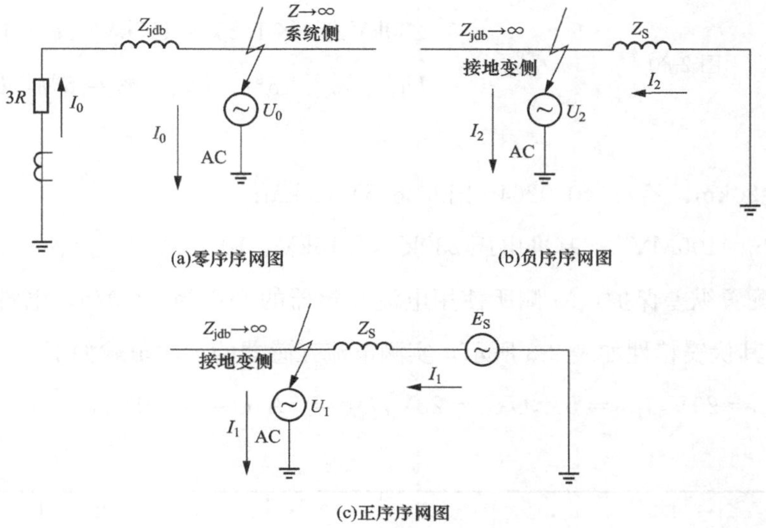

图 2-79

曲折变压器开关 TA 处无零序电流，仅有正序、负序电流，小电阻处仅流过零序电流，相关电流可表示如下：

故障点电流 $I_F = 10.5 \times 1000/(\sqrt{3} \times 10) = 606A$，$I_{F1} = I_{F2} = I_{F0} = I_F/3 = 202A$

接地变压器电流 $I_{RF} = I_F = 606A$

曲折变压器开关 TA 电流 $I_A = I_{F1} + I_{F2} = 404A$，$I_B = I_C = I_{F1}(\alpha^2 + \alpha) = 202A$，方向与 A 相反向。

（2）F_1 近区 K_2 发生 A 相金属接地故障，F_1 开关 TA 流过全电流，1 号曲折变压器开关 TA 流过零序电流，1 号主变压器开关 TA 流过正负序电流，因此相关保护采样值如下：

F_1 保护：$I_A = I_F = 606A$，$I_B = I_C = 0$，$I_{F1} = I_{F2} = I_{F0} = I_F/3 = 202A$

1 号曲折变压器保护：$I_A = I_C = 202A$，I_B 为 I_A、I_C 并联后接入，因此 $I_B = I_A + I_C = 404A$

1 号变压器低后备保护：$I_A = 404A$，$I_B = I_C = 202A$。

因此，1 号曲折变压器过流Ⅰ段动作延时最短动作切开曲折变压器开关，此时系统变为不接地系统，相关保护的故障量消失，其他保护不动作。1 号曲折变压器过流Ⅰ段动作保护属于误动作，误动原因为 TA 接线错误，应取消保护 B 相电流的采集回路。

10. 已知图 2-80 各元件参数如下：

F1、F2：$P_e = 170MW$；功率因数 $\cos\varphi = 0.85$，$X''_d = 0.2$，$U_e = 10.5kV$；

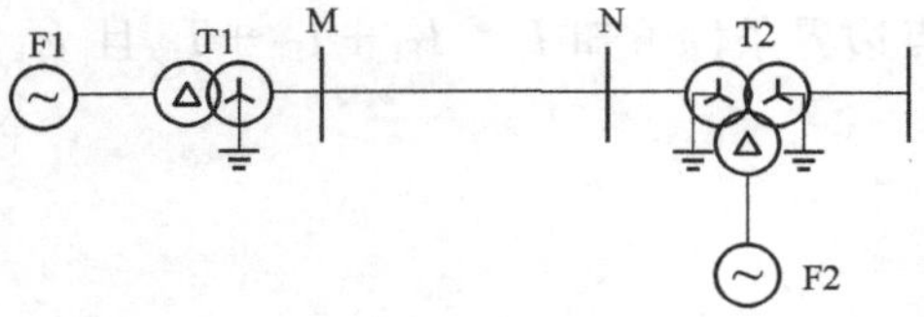

图 2-80

T1：接线 YN/d-11；$U_e=230kV\pm2\times2.5\%/10.5kV$；$S_e=200MVA$；$U_k\%=10\%$；

T2：接线 YN/YN/d-11：$S_e=200MVA$；$U_e=230kV\pm8\times1.25\%/115kV\pm8\times1.25\%/10.5kV$，$U_{k高-中}\%=15\%$，$U_{k高-低}\%=5\%$，$U_{k中-低}\%=10\%$（均为全容量下）；

线路：$L=20km$；$Z_1=(0.02645+j0.2645)\ \Omega/km$；

基准容量 $S_j=100MVA$；基准电压 230kV，115kV，10.5kV。

线路 MN 配置纵差保护，M 侧所使用电流互感器的变比为 1200/5，电流互感器的二次漏抗为 0.4Ω，其伏安特性如表 2-3 所示，实测电流互感器的二次负载如下：

$$I_{AB}=5A, U_{AB}=20V, I_{BC}=5A, U_{BC}=20V, I_{CA}=5A, U_{CA}=20V, I_{AN}=5A, U_{AN}=25V$$

表 2-3

I (A)	1	1.5	2	2.5	3	3.5	4	4.5	5
U (A)	150	157	180	191	212	236	241	249	255

假设：①发电机、变压器 $X_1=X_2=X_0$；②不计发电机、变压器、线路电阻值，且线路 $X_0=3X_1$。问题：

（1）计算出图中各元件的标幺阻抗值；

（2）当母线 M 处发生 A 相接地短路时，请计算流过 M 侧电流互感器的穿越电流；（计算时保留小数点后两位）

（3）请校核此时电流互感器误差是否合格？（校核时数值取整，可靠系数 $K_{rel}=2$）

答：（1）各元件标幺值。

F1、F2 的标幺值：$S_e=\dfrac{P}{\cos\varphi}=\dfrac{170}{0.85}=200MVA$，$X_{F^*}=X''_d\times\dfrac{S_j}{S_e}=0.2\times\dfrac{100}{200}=0.1$

T1 的标幺值：$X_{T^*}=\dfrac{U_k\%}{100}\times\dfrac{S_j}{S_e}=0.1\times\dfrac{100}{200}=0.05$

T2 的标幺值：

$$X_{\text{I}^*}=\frac{U_{k\text{I}}}{100}\times\frac{100}{200}=\frac{1}{2}(0.15+0.05-0.1)\times\frac{1}{200}=0.025$$

$$X_{\text{II}^*}=\frac{U_{k\text{II}}}{100}\times\frac{100}{200}=\frac{1}{2}(0.15+0.1-0.05)\times\frac{1}{200}=0.05$$

$$X_{\text{III}^*}=\frac{U_{k\text{III}}}{100}\times\frac{100}{200}=\frac{1}{2}(0.1+0.05-0.15)\times\frac{1}{200}=0$$

线路的标幺值：230kV 基准阻抗 $Z_j=\dfrac{U_j^2}{S_j}=\dfrac{230^2}{100}=529\Omega$

$$Z_{1^*}=\frac{Z_1}{Z_j}=\frac{j0.2645\times 20}{529}=j0.01, Z_{0^*}=3Z_{1^*}=j0.03$$

（2）复合序网如图 2-81 所示。

（3）M 处 A 相接地短路时，流过 M 侧电流互感器的故障电流。

220kV 电流基准值

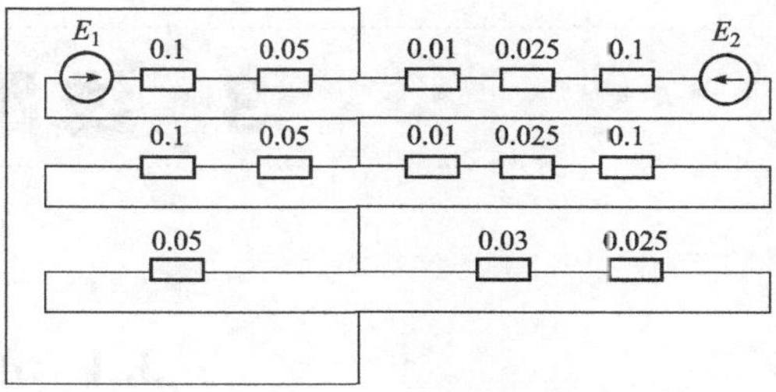

图 2-81

$$I_{B1}=\frac{S_B}{\sqrt{3}U_B}=\frac{100\times 1000}{\sqrt{3}\times 230}=251A$$

$$X_{1\Sigma^*}=(0.1+0.05)\ /\!/\ (0.01+0.025+0.1)=0.071$$

$$X_{2\Sigma^*}=(0.1+0.05)\ /\!/\ (0.01+0.025+0.1)=0.071$$

$$X_{0\Sigma^*}=0.05\ /\!/\ (0.03+0.025)=0.026$$

短路点的全电流

$$I_{k1^*}=I_{k2^*}=I_{k0^*}=\frac{E}{X_{1\Sigma}+X_{2\Sigma}+X_{0\Sigma}}=\frac{1}{2\times 0.071+0.026}=5.95$$

$$I_{MA1}=\frac{0.1+0.05}{0.1+0.05+0.01+0.025+0.1}\times 5.95\times 251=786.03A$$

$$I_{MA2}=786.03A$$

$$I_{MA0}=\frac{0.05}{0.05+0.03+0.025}\times 5.95\times 251=711.17A$$

$$I_{MA}=I_{MA1}+I_{MA2}+I_{MA0}=2283.23A$$

校核此时电流互感器误差（计算时取整）

计算电流倍数 $m_0=2\times 2283.23/1200=3.8\approx 4$

考虑 10%的误差，励磁电流 $I_0=m_{10}\times 5\times 10\%=4\times 5\times 10\%=2$

励磁电压：$E=U-I_0Z_0=180-2\times 0.4\approx 179V$

励磁阻抗：$Z_e=E/I_0=179.2/2\approx 90\Omega$

允许二次总负载：$Z_{Lmax}=Z_e/9-Z_0=90/9-0.4=9.6\Omega$

实测二次总负载：$Z_L=Z_A+Z_N=U_{AN}/I_{AN}=25/5=5\Omega$，$Z_L<Z_{Lmax}$。

由于实测二次总负载小于允许二次总负载，故该电流互感器误差是合格的。

3 线路保护部分

3.1 单　选　题

1. 使电流速断保护有最小保护范围的运行方式为系统（　）。

A. 最大运行方式　B. 最小运行方式　C. 正常运行方式　D. 事故运行方式

答案：【B】

2. 在电流保护中加装低电压闭锁组件的目的是（　）。

A. 提高保护的可靠性　B. 提高保护的选择性

C. 提高保护的快速性　D. 提高保护的灵敏性

答案：【D】

3. 线路保护应设置不大于（　）短延时的后加速零序电流保护，在手动合闸或自动重合时投入使用。

A. 50ms　B. 100ms　C. 150ms　D. 200ms。

答案：【B】

4. 在平行双回线之一发生故障，一侧断路器跳闸后，另一回线要发生功率倒方向，下列中选项中说法正确的是（　）。

A. 零序功率不会倒方向

B. 负序功率不会倒方向

C. 只有正序功率会发生倒方向

D. 零序、负序、正序以及总功率均有发生倒方向的可能

答案：【D】

5. 对 220kV 线路方向零序电流保护最后一段的整定要求是（　）。

A. 必须保证当相邻线路末端发生接地故障时能可靠动作

B. 必须保证当本线路发生通过 300Ω 过渡电阻接地故障时能可靠动作

C. 一般动作电流不大于 300A，即线路发生经 100Ω 过渡电阻接地故障

D. 一般动作电流不大于 100A，即线路发生经 300Ω 过渡电阻接地故障

答案：【C】

6. 大电流接地系统线路保护零序电流保护中的零序方向元件，其零序电压取自线路侧 TV，当线路两侧 A 相断路器断开处于非全相运行期间，测得该侧零序电流为 240A，下列选项中说法正确的是（　）。

A. 两侧的零序方向元件肯定不动作

B. 两侧的零序方向元件肯定动作

C. 两侧的零序方向元件的动作情况，视传输功率方向、传输功率大小而定。可能一侧处动作状态，另一侧处不动作状态。

D. 两侧的零序方向元件可能一侧处动作状态，另一侧处不动作状态或两侧均处不动作状态，这与非全相运行时的系统综合零序阻抗、综合正序阻抗相对大小有关。

答案：【D】

7. 220kV 平行双回线路Ⅰ、Ⅱ，两侧母线 M、N 分别接有 YN/d 接线的变压器（变压器中性点接地），在负荷状态下Ⅰ线 M 侧开关 A 相跳开，下列选项中关于Ⅱ线 M、N 侧的零序方向元件的动作行为正确的是（　）。

A. M 侧零序方向元件动作，N 侧零序方向元件不动作

B. M 侧零序方向元件不动作，N 侧零序方向元件不动作

C. M、N 两侧的零序方向元件均不动作

D. 无法确定

答案：【C】

8. 220kV 平行双回线路Ⅰ、Ⅱ，两侧母线 M、N 分别接有 YN/d 接线的变压器（变压器中性点接地），当 M 侧Ⅰ线出口处 A 相接地时，下列选项中关于Ⅱ线 M、N 侧的零序方向元件的动作行为正确的是（　）。

A. M 侧零序方向元件动作，N 侧零序方向元件不动作；

B. M 侧零序方向元件不动作，N 侧零序方向元件动作；

C. M、N 两侧的零序方向元件均不动作。

D. 无法确定

答案：【B】

9. 10kV 不接地系统如图 3-1 所示，母线仅带一条 5km 电缆线路，线路末端发生 A 相接地，线路首端零序电流特征是（ ）。

A. 没有零序电流　　B. 有零序电流，正比于线路对地电容

C. 有零序电流，反比于线路对地电容　　D. 有零序电流，与线路对地电容无关

答案：【A】

10. 系统运行方式如图 3-2 所示，220kV 线路与 110kV 线路有一段较长的平行线路，220kV 系统发生单相接地时，110kV 线路中有感应零序电流流通，就保护 1、2 中的零序方向元件来说，下列正确的是（ ）。

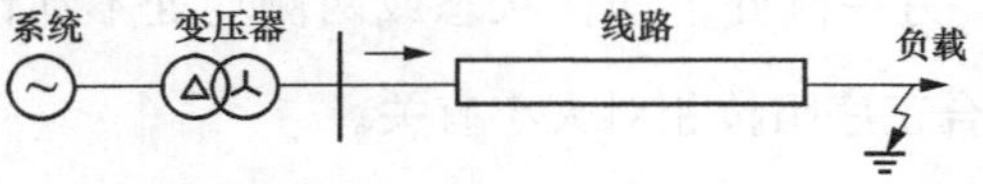

图 3-1

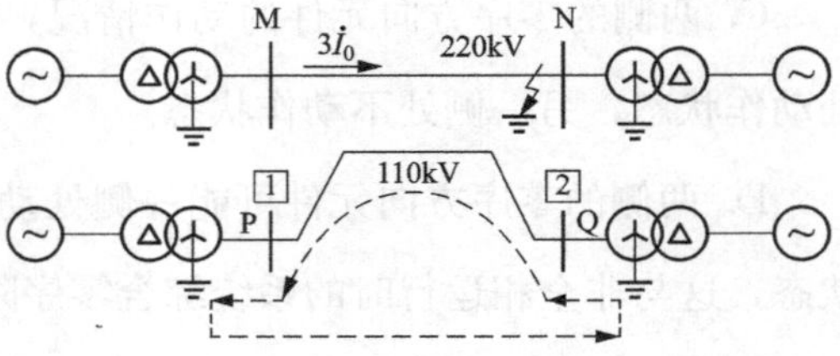

图 3-2

A. 当图中的 $3\dot{I}_0$ 从 M 流向 N 时，保护 2 动作，保护 1 不动作 $3\dot{I}_0$

B. 当图中的 $3\dot{I}_0$ 从 N 流向 M 时，保护 2 不动作，保护 1 动作

C. 不管 MN 线中的 $3\dot{I}_0$ 流向如何，保护 1、2 均动作

D. 不管 MN 线中的 $3\dot{I}_0$ 流向如何，PQ 线中的保护 1、2 总是一侧处动作状态，另一侧处不动作状态

答案：【C】

11. 某接地距离继电器整定二次阻抗为 2Ω，其零序补偿系数为 $K=0.67$，从 A-N 通入 5A 电流调整动作值，最高的动作电压为（ ）。

A. 10V　　B. 20V　　C. 16.7V　　D. 12V

答案：【C】

12. 某线路接地距离保护，不慎将 $\dot{I}_\varphi+K\times3\dot{I}_0$ 的 K 值由原来的 0.67 误整定为 0.5，则将造成保护区（ ）。

A. 伸长　　B. 缩短　　C. 不变　　D. 不确定

答案：【B】

13. 某线路距离保护Ⅰ段二次定值整定 1Ω，如其电流互感器的变比由原来的 600/5 改为 1200/5，其距离保护Ⅰ段二次定值应相改为（ ）。

A. 4Ω　　B. 2Ω　　C. 0.5Ω　　D. 1Ω

答案：【B】

14. 接入阻抗继电器的电压为 U_{ab}，电流为 $-I_b$，这种接线方式称为（ ）接线。

A. 0°　　B. ＋30°　　C. －30°　　D. 90°

答案：【C】

15. 采用－30°接线的方向阻抗继电器，在三相短路故障时，阻抗继电器端子上所感受的阻抗等于（ ）。

A. 短路点至保护安装处的正序阻抗 Z_1　　B. $\frac{\sqrt{3}}{2}Z_1e^{-j30°}$

C. $\frac{1}{2}Z_1e^{-j30°}$　　D. $\sqrt{3}Z_1$

答案：【B】

16. 反映相间故障的阻抗继电器，采用线电压和相电流的接线方式，下述选项中描述该阻抗继电器的测量阻抗正确的是（ ）。

A. 在三相短路和两相短路时均为 Z_1L

B. 在三相短路时为$\sqrt{3}Z_1L$，在两相短路时为 $2Z_1L$

C. 在三相短路和两相短路时均为$\sqrt{3}Z_1L$

D. 在三相短路和两相短路时均为 $2Z_1L$

答案：【B】

17. 系统运行方式及相关参数如图 3-3 所示，当线路在 K 点发生三相金属性短路时，则阻抗继电器 Z_A 的测量阻抗为（ ）。

A. $Z_1+\frac{K\times Z_2\times(2-K)}{2}$

B. $Z_1+K\times Z_2$

C. $Z_1+\frac{K\times Z_2\times(1-K)}{2}$

D. Z_1+Z_2

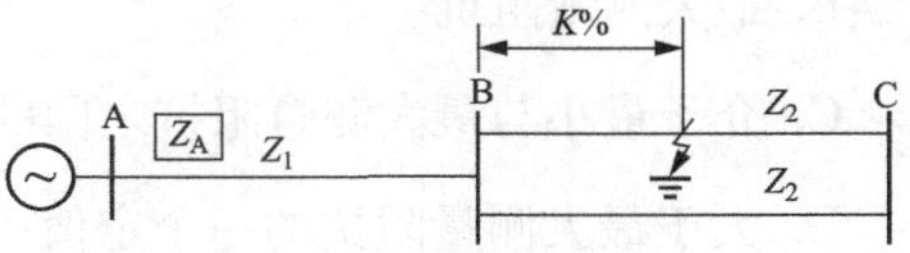

图 3-3

答案：【A】

18. 接地距离继电器在线路故障时感受到的是从保护安装处至故障点的（ ）。

A. 正序阻抗

B. 零序阻抗

C. 由零序阻抗按系数 K 补偿过的正序阻抗

D. 由零序阻抗按系数 K 补偿过的零序阻抗

答案：【A】

19. 单侧电源空载线线路末端发生 BC 相间不接地故障，若电源线路阻抗比 $Z_S/Z_L=1$，系统各元件阻抗角均为 80°，则 C 相接地距离继电器的测量阻抗大小和相位是（　）。

A. $1.52Z_L$、110°　　B. $1.52Z_L$、129°

C. $1.15Z_L$、129°　　D. $1.15Z_L$、110°

答案：【B】

20. 姆欧型相间方向距离继电器在线路正方向上发生单相接地时（　）

A. 要动作，但保护范围至少缩短约 60%　　B. 不会动作

C. 要动作，保护范围伸长　　D. 要动作，保护范围不变

答案：【A】

21. 相间距离保护的阻抗继电器采用零度接线的原因是（　）。

A. 能正确反应 K_3、K_2、$K_{1.1}$

B. 能正确反应 K_3、K_2，但不能反应 $K_{1.1}$、K_1

C. 能反应各种故障

D. 能正确反应各种故障

答案：【A】

22. 动作阻抗是指能使阻抗继电器动作的（　）。

A. 最小测量阻抗

B. 最大测量阻抗

C. 介于最小与最大测量阻抗之间的一个定值

D. 大于最大测量阻抗的一个定值

答案：【B】

23. 已知某方向圆特性阻抗继电器的整定阻抗 $Z_{set}=10e^{j80°}$，测量阻抗 $Z_m=5\sqrt{2}e^{j35°}$，该阻抗继电器处在（　）状态。

A. 动作　　B. 临界动作　　C. 不动作　　D. 最灵敏动作

答案：【B】

24. 如果用 Z_1 表示测量阻抗，Z_2 表示整定阻抗，Z_3 表示动作阻抗。线路发生短路，不带偏移的圆特性距离保护动作，则说明（ ）。

A. $|Z_3|<|Z_2|$、$|Z_2|<|Z_1|$　　B. $|Z_3|\leqslant|Z_2|$、$|Z_1|\leqslant|Z_2|$

C. $|Z_3|<|Z_2|$、$|Z_2|\leqslant|Z_1|$　　D. $|Z_3|\leqslant|Z_2|$、$|Z_2|\leqslant|Z_1|$

答案：【B】

25. 微机保护一般都记忆故障前的电压，其主要目的是（ ）。

A. 事故后分析故障前潮流　　B. 保证方向元件的方向性

C. 录波功能的需要　　D. 微机保护录波功能的需要

答案：【B】

26. 当系统的频率高于额定频率时，方向阻抗继电器最大灵敏角（ ）。

A. 不变　　B. 变小　　C. 变大　　D. 不确定

答案：【C】

27. 方向阻抗继电器受电网频率变化影响较大的回路是（ ）。

A. 幅值比较回路　　B. 相位比较回路　　C. 记忆回路　　D. 执行元件回路

答案：【C】

28. 阻抗继电器动作特性在 R 轴方向的面积越大，克服过渡电阻的能力（ ），克服振荡影响的能力（ ）。

A. 越强，越弱　　B. 越弱，越强　　C. 越强，越强　　D. 越弱，越弱

答案：【A】

29. 如果阻抗继电器的相位比较动作方程的两个边界角度分别为 90° 和 270°，阻抗继电器的整定值确定以后，不同动作特性的阻抗继电器是由于（ ）造成的。

A. 不同的极化电压　　B. 不同的测量阻抗

C. 不同的距离测量工作电压　　D. 不同的接线方式

答案：【A】

30. 对接地距离继电器，如发生 A 相接地故障，为消除电压死区，应采用（ ）作极化电压效果最好。

A. AC 相间电压　　B. AB 相间电压　　C. BC 相间电压　　D. A 相电压

答案：【C】

31. 下列哪项定义不是接地距离保护的优点？（　）

A. 接地距离保护的Ⅰ段范围固定

B. 接地距离保护比较容易获得有较短延时和足够灵敏度的Ⅱ段

C. 接地距离保护Ⅲ段受过渡电阻影响小，可作为经高阻接地故障的可靠的后备保护

D. 接地距离可反映各种接地故障

答案：【C】

32. 阻抗继电器中接入第三相电压，是为了（　）。

A. 防止保护安装处正向两相金属性短路时方向阻抗继电器不动作

B. 防止保护安装处反向两相金属性短路时方向阻抗继电器误动作

C. 防止保护安装处正向三相短路时方向阻抗继电器不动作

D. 提高灵敏度

答案：【B】

33. 接地距离继电器在线路正方向发生两相短路故障时，（　）。

A. 保护范围增加，等值电源阻抗与整定阻抗之比越大，增加的情况越严重

B. 保护范围缩短，等值电源阻抗与整定阻抗之比越小，缩短的情况越严重

C. 保护范围增加，等值电源阻抗与整定阻抗之比越小，增加的情况越严重

D. 保护范围缩短，等值电源阻抗与整定阻抗之比越大，缩短的情况越严重

答案：【D】

34. 用于串补线路及其相邻线路的距离保护应有防止（　）拒动和误动的措施。

A. 距离保护Ⅰ段　　B. 距离保护Ⅱ段　　C. 距离保护Ⅲ段　　D. 距离保护Ⅳ段

答案：【A】

35. 反应稳态量原理的相间距离保护，在Ⅰ段保护范围内发生单相故障，0.3s之后，发展成三相故障，此时由距离保护（　）。

A. Ⅰ段动作　　B. Ⅱ段动作　　C. Ⅲ段动作　　D. 不动作

答案：【A】

36. 圆特性阻抗元件距离Ⅰ段投入时，为避免区外故障超越，接地距离偏移角、相间距离偏移角应整定为（　）度。

A. 0　　B. 15　　C. 30　　D. 45

答案：【A】

37. 单侧电源供电系统短路点的过渡电阻对距离保护的影响是（ ）。

A. 使保护范围延长　B. 使保护范围缩短

C. 保护范围不变　D. 保护范围不定

答案：【B】

38. 双侧电源送电时短路点的过渡电阻对距离保护影响，一般情况下是（ ）。

A. 使保护范围伸长　B. 使保护范围缩短

C. 保护范围不变　D. 保护范围不定

答案：【D】

39. 对于接地阻抗继电器，当正方向发生两相短路经过渡电阻接地时，超前相接地阻抗继电器（ ）。

A. 保护范围缩短　B. 保护范围增加　C. 拒绝动作　D. 动作状态不确定

答案：【B】

40. 在区外故障时，阻抗继电器因过渡电阻影响发生超越现象，此时阻抗继电器的测量阻抗因过渡电阻影响而增加的附加分量是（ ）。

A. 电阻性　B. 电容性　C. 电感性　D. 不确定

答案：【B】

41. 以电压 U 和（U-IZ）比较相位，可构成（ ）。

A. 全阻抗特性的阻抗继电器　B. 方向阻抗特性的阻抗继电器

C. 电抗特性的阻抗继电器　D. 带偏移特性的阻抗继电器

答案：【B】

42. 如果阻抗整定值及灵敏角相同，下述阻抗继电器特性，区内故障允许过渡电阻能力最强的是（ ）。

A. 透镜型特性阻抗继电器　B. 全阻抗特性继电器

C. 方向圆特性阻抗继电器　D. 四边形特性阻抗继电器

答案：【D】

43. 在所有圆特性的阻抗继电器中，当整定阻抗相同时，（ ）躲过渡电阻能力最强。

A. 全阻抗继电器　B. 方向阻抗继电器

C. 工频变化量阻抗继电器　D. 偏移特性阻抗继电器

答案：【C】

44. 综合重合闸中的阻抗选相元件，在出口单相接地故障时，非故障相选相元件误动可能性少的是（　）。

A. 全阻抗继电器　　B. 方向阻抗继电器

C. 偏移性的阻抗继电器　　D. 电抗特性的阻抗继电器

答案：【B】

45. 接地方向阻抗继电器中，目前均使用了零序电抗继电器进行组合，采用零序电抗继电器进行组合的作用是（　）。

A. 保证正、反向出口接地故障时，不致因较大的过渡电阻而使继电器失去方向性

B. 保证保护区的稳定，使保护区不受过渡电阻的影响

C. 可提高保护区内接地故障时继电器反应过渡电阻的能力

D. 保证接地方向阻抗继电器测量阻抗的准确性不受过渡电阻的影响

答案：【B】

46. 接地距离继电器在线路在正方向发生两相短路故障时，（　）。

A. 保护范围增加，等值电源阻抗与整定阻抗之比越大，增加的情况越严重

B. 保护范围缩短，等值电源阻抗与整定阻抗之比越小，缩短的情况越严重

C. 保护范围增加，等值电源阻抗与整定阻抗之比越小，增加的情况越严重

D. 保护范围缩短，等值电源阻抗与整定阻抗之比越大，缩短的情况越严重

答案：【D】

47. 对反应接地故障的工频变化量阻抗继电器来说，保护区内单相经过渡电阻接地时，当系统中各元件的序阻抗角相等时，则下列正确的是（　）。

A. 当继电器处送电侧时，由过渡电阻引起的附加测量阻抗呈阻容性

B. 当继电器处受电侧时，由过渡电阻引起的附加测量阻抗呈阻感性

C. 不论继电器处送电侧还是受电侧，由过渡电阻引起的附加测量阻抗呈纯电阻性

D. 继电器反应的是工频变化量，过渡电阻不引起附加测量阻抗

答案：【C】

48. 某距离保护的动作方程为 $90°<\arg\dfrac{Z_J-Z_{DZ}}{Z_J}<270°$，他在阻抗复数平面上的动作特性是以 $+Z_{ZD}$ 与坐标原点两点的连线为直径的圆。特性为以 $+Z_{ZD}$ 与坐标原点连线为中心轴的苹果形动作特性方程（$\delta>0°$）是（　）。

A. $90°+\delta<\arg\dfrac{Z_J-Z_{DZ}}{Z_J}<270°+\delta$　　B. $90°+\delta<\arg\dfrac{Z_J-Z_{DZ}}{Z_J}<270°-\delta$

C. $90°-\delta<\arg\dfrac{Z_J-Z_{DZ}}{Z_J}<270°+\delta$　　D. $90°-\delta<\arg\dfrac{Z_J-Z_{DZ}}{Z_J}<270°-\delta$

答案：【C】

49. 某长线路最小负荷阻抗为100Ω∠30°，线路的正序灵敏角为75°，按照图3-4原理躲负荷阻抗的继电器，当最小负荷阻抗位于直线A上时，R_{zd}为（　）Ω。

A. 69.8

B. 71.2

C. 73.2

D. 70.8

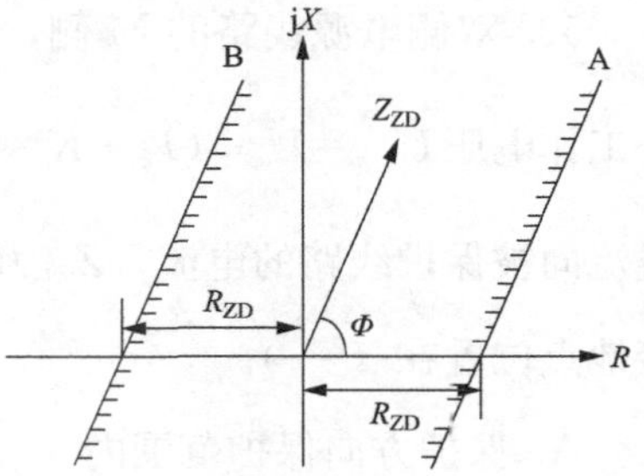

图 3-4

答案：【C】

50. 在整定值相同的情况下，方向圆特性、全阻抗圆特性、苹果特性、橄榄特性的躲负荷能力从大到小排序正确的是（　）。

A. 橄榄特性、方向圆特性、全阻抗圆特性、苹果特性

B. 苹果特性、全阻抗圆特性、方向圆特性、橄榄特性

C. 橄榄特性、方向圆特性、苹果特性、全阻抗圆特性

D. 苹果特性、方向圆特性、全阻抗圆特性、橄榄特性

答案：【A】

51. 装在输电线路送电端和受电端的阻抗继电器分别在各自反方向短路时，过渡电阻的附加阻抗呈现不同性质（　）。

A. 送电侧反向短路，送电侧阻抗继电器附加阻抗呈现阻感性受电侧反向短路，受电侧阻抗继电器附加阻抗呈现阻容性

B. 送电侧反向短路，送电侧阻抗继电器附加阻抗呈现阻容性受电侧反向短路，受电侧阻抗继电器附加阻抗呈现阻感性

C. 送电侧反向短路，送电侧阻抗继电器附加阻抗呈现阻容性受电侧反向短路，受电侧阻抗继电器附加阻抗呈现阻容性

D. 送电侧反向短路，送电侧阻抗继电器附加阻抗呈现阻感性受电侧反向短路，受电侧阻抗继电器附加阻抗呈现阻感性

答案：【A】

52. 距离保护正向区外故障时，补偿电压 $\dot{U}_{op\varphi}=\dot{U}_{\varphi}-(\dot{I}_{\varphi}+K\times3\dot{I}_0)Z_{ZD}$ 与同名相母线电压 $\dot{U}_{\varphi}$ 之间的相位关系（　）。

A. 基本同相　　B. 基本反向　　C. 相差 90°　　D. 不确定

答案：【A】

53. 双侧电源线路的 M 侧，若系统发生接地故障，M 母线上有相电压突变量 $\Delta\dot{U}_{\varphi}$；另外工作电压 $\dot{U}_{op\varphi}=\dot{U}_{\varphi}-(\dot{I}_{\varphi}+K\times3\dot{I}_0)Z_{ZD}$，其中 $\dot{U}_{\varphi}$ 为 M 母线相电压，$\dot{I}_{\varphi}+K\times3\dot{I}_0$ 为 M 母线流向被保护线路的电流，Z_{set} 为保护区范围确定的线路阻抗。如果有 $|\Delta\dot{U}_{\varphi}|>|\Delta\dot{U}_{op\varphi}|$，则接地点位置在（　）。

A. 保护方向保护范围内　　B. 保护方向保护范围外

C. 保护反方向上　　D. 不能确定

答案：【C】

54. 设阻抗继电器工作电压 $\dot{U}_{op.AB}=\dot{U}_{AB}-\dot{I}_{AB}Z_{set}$，其中 $\dot{U}_{AB}$、$\dot{I}_{AB}$ 为阻抗继电器取用的 AB 相电压、电流，Z_{set} 为整定阻抗，当反方向 AB 相短路时有（　）。

A. $|\Delta\dot{U}_{op.AB}|>|\Delta\dot{U}_{AB}|$　　B. $|\Delta\dot{U}_{op.AB}|=|\Delta\dot{U}_{AB}|$

C. $|\Delta\dot{U}_{op.AB}|<|\Delta\dot{U}_{AB}|$　　D. 不能确

答案：【C】

55. 距离保护“瞬时测量”装置是指防止（　）的影响的一个有效措施。

A. 振荡　　B. 助增电流　　C. 过渡电阻　　D. 暂态超越

答案：【C】

56. 距离Ⅱ段保护，防止过渡电阻影响的方法是（　）。

A. 采用记忆回路　　B. 引入第三相电压

C. 利用瞬时测定电路　　D. 采用 90°接线方式

答案：【C】

57. 距离继电器必须避开（　）电流和（　）电流，并要求对线路末端的短路有足够的灵敏度。（　）

A. 负荷、稳态　　B. 故障、不对称　　C. 故障、充电　　D. 负荷、充电

答案：【D】

58. 困扰双端阻抗测距算法精度的一个实际问题是（ ）。

A. 过渡电阻　　B. 对端溃入电流

C. 运行方式　　D. 双端录波数据的不同步采样

答案：【D】

59. 在很短线路的后备保护中，宜选用的保护是（ ）。

A. 三段式保护　　B. Ⅱ、Ⅲ段保护　　C. Ⅰ段保护　　D. Ⅱ段保护

答案：【B】

60. 互感对线路距离保护的影响描述正确的是（ ）。

A. 不影响接地距离保护和相间距离保护

B. 影响接地距离保护，不影响相间距离保护

C. 不影响接地距离保护，影响相间距离保护

D. 同时影响接地距离保护和相间距离保护

答案：【B】

61. 距离保护中实现短时开放的目的是（ ）。

A. 防止外部故障造成系统振荡时的误动

B. 防止静稳破坏时引起振荡时的误动

C. 非全相运行引起振荡时误动

D. 以上都对

答案：【A】

62. 单侧电源空载线路上 A 相经过过渡电阻 R_g 短路接地，当 R_g 变化时，故障处 $\dot{U}_{FA}$ 的相量末端将沿以 $\dot{E}_A$ 为弦的圆弧变化，圆弧上任一点与弦两端连线的夹角为（ ）。

A. $\varphi=180^\circ-\mathrm{arctg}\dfrac{X_1+X_2+X_0}{r_1+r_2+r_0+3R_g}$　　B. $\varphi=180^\circ-\mathrm{arctg}\dfrac{X_1+X_2+X_0}{r_1+r_2+r_0}$

C. $\varphi=90^\circ-\mathrm{arctg}\dfrac{X_1+X_2+X_0}{r_1+r_2+r_0+3R_g}$　　D. $\varphi=90^\circ-\mathrm{arctg}\dfrac{X_1+X_2+X_0}{r_1+r_2+r_0}$

答案：【B】

63. 系统接线方式及相关参数如图 3-5 所示，计算满足整定要求的 M 侧阻抗保护Ⅱ段定值的助增系数（ ）。

A. 1.25　　B. 0.8　　C. 2.5　　D. 0.5

答案：【A】

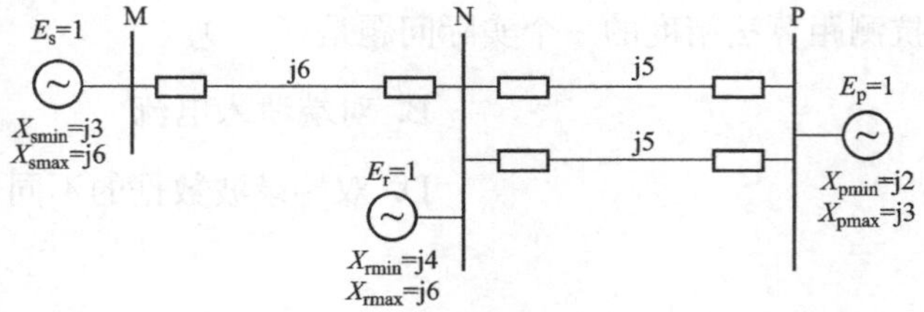

图 3-5

64. 输电线路非全相运行时，应退出的保护是（　）。

A. 分相电流差动保护　　B. 不经振荡闭锁控制的高频距离保护

C. 零序电流保护的后备段　　D. 无需退出任何保护

答案：【B】

65. 选相元件是保证单相重合闸得以正常运用的重要环节，在无电源或小电源侧，适合选择（　）作为选相元件。

A. 相电流差突变量选相元件　　B. 序分量选相元件

C. 低电压选相元件　　D. 无流检测元件

答案：【C】

66. 某线路两侧均为强电源，重负荷下该线路 C 相母线和 A、B 相出口同时接地故障时，arg（$\dot{I}_0/\dot{I}_2$）选相区为（　）。

A. A 区　　B. B 区　　C. C 区　　D. 不确定

答案：【C】

67. 根据 arg $\frac{\dot{I}_0}{\dot{I}_2}$ 的相位和阻抗元件的动作情况进行选相，当 $-63.4° < \arg\frac{\dot{I}_0}{\dot{I}_2} < 63.4°$ 时，如若 Z_a 和 Z_b 都动作，确定的故障类型为（　）。

A. A 相接地　　B. AB 相接地故障　　C. AB 相间故障　　D. B 相接地

答案：【C】

68. 相电流差突变量元件作为选相元件时，若 $\Delta I_{AB}=\Delta I_{CA}$、$\Delta I_{BC}=0$，则说明是（　）。

A. BC 相接地短路　　B. A 相接地短路　　C. B 相接地短路　　D. AB 相短路

答案：【B】

69. 相电流差突变量选相元件中，如 Δ（I_A-I_B）、Δ（I_B-I_C）、Δ（I_C-I_A）都大于零，且 Δ（I_A-I_B）最大，则选相结果为（　）。

A. AB 相　　B. A 相　　C. B 相　　D. C 相

答案：【A】

70. 单侧电源高压线路上发生单相接地故障，如果受电侧变压器中性点接地，则受电侧可靠动作的启动元件为（　）。

A. 相电流差突变量元件

B. 相电流突变量元件

C. 由正序、负序电流构成的综合突变量元件

D. 相电流元件

答案：【B】

71. 在不计负荷电流情况下，带有浮动门槛的相电流差突变量起动元件，下列情况不正确的是（　）。

A. 双侧电源线路上发生各种短路故障，线路两侧的元件均能起动

B. 单侧电源线路上发生相间短路故障，当负荷侧无接地中性点时，负荷侧元件不能起动

C. 单侧电源线路上发生接地故障，当负荷侧有接地中性点时，负荷侧元件能起动

D. 系统振荡时，元件不动作

答案：【C】

72. 线路保护中突变量选相元件的最大优点是（　）。

A. 可使装置简化　B. 灵敏度高　C. 不反映负荷分量　D. 原理简单

答案：【C】

73. 对于MN线路N侧的保护装置来说工频变化量方向元件的原理是（　）。

A. 正向故障时 $\Delta U/\Delta I=Z_{L}+Z_{SN}$，反向故障时 $\Delta U/\Delta I=-Z_{SM}$

B. 正向故障时 $\Delta U/\Delta I=Z_{L}+Z_{SN}$，反向故障时 $\Delta U/\Delta I=-Z_{SN}$

C. 正向故障时 $\Delta U/\Delta I=-Z_{SN}$，反向故障时 $\Delta U/\Delta I=Z_{L}+Z_{SM}$

D. 正向故障时 $\Delta U/\Delta I=-Z_{SM}$，反向故障时 $\Delta U/\Delta I=Z_{L}+Z_{SM}$

答案：【C】

74. 同期装置是反应母线电压和线路电压的（　）。

A. 幅值之差　B. 相位之差　C. 相量之差　D. 以上都反应

答案：【C】

75. 线路发生单相接地故障，保护启动至发出跳闸脉冲 40ms，断路器分闸时间 30ms，断路器分闸及灭弧时间 50ms，重合闸时间继电器整定 0.8s，断路器合闸时间 10Cms，从事

故发生至故障相恢复电压的时间为（　）。

A. 0.94s　　B. 0.97s　　C. 0.99s　　D. 1.02s

答案：【C】

76. 以下对 220kV 线路保护中的“禁止重合闸”功能描述正确的是（　）。

A. 仅放电，禁止本装置重合，不沟通三跳

B. 既放电，又闭锁重合闸，并沟通三跳

C. 仅放电，禁止本装置重合，并沟通三跳

D. 既放电，又闭锁重合闸，不沟通三跳

答案：【A】

77. 某双侧电源线路，采用单相重合闸方式运行，M 侧 I_{03} 动作时间为 1.5s，N 侧 I_{03} 动作时间为 2s，考虑两侧保护均瞬时动作时，两侧重合闸时间均整定为 0.7s，若双高频保护退出运行，两侧重合闸时间应整定为（　）（注：I_{03} 为有足够灵敏度的延时段）。

A. M 侧 2.7s，N 侧 2.2s　　B. M 侧 2.2s，N 侧 2.7s

C. M 侧 2.7s，N 侧 3.2s　　D. M 侧 3.2s，N 侧 2.7s

答案：【A】

78. 线路发生 A 相永久性接地故障，对采用单相重合闸方式的线路保护装置，如果选相元件错误选 B 相，保护装置动作行为是（　）。

A. 先跳 A 相，再重合闸，重合于永久性故障，加速三跳

B. 先跳 B 相，再重合闸，重合于永久性故障，加速三跳

C. 先跳 B 相，单跳失败三跳，不重合

D. 直接三相跳闸，不重合

答案：【C】

79. 自动重合闸动作时间整定中应考虑的几个问题，以下说法不正确的是（　）。

A. 对端保护对全线故障有足够灵敏度的保护元件动作时间

B. 断电时间（即短路点熄弧时间和短路点去游离时间之和）

C. 断路器的固有重合时间

D. 相邻线路远后备保护的动作时间

答案：【D】

80. 关于线路纵联保护的“弱馈保护”，以下说法对的是（　）。

A. 所谓“弱馈”，系指该线路的负荷电流很轻

B. 所谓“弱馈”，仅指该线路为单端馈供线路，线路受电端无任何电源接入（除本线对侧）

C. 所谓“弱馈”，系指该线路有一侧无电源或虽有电源但其在线路内部故障时提供的短路电流不足以可靠启动该侧线路纵联保护启动元件

D. 所谓“弱馈”，系指当该线路内部故障时，其两侧纵联保护启动元件均不能保证可靠启动

答案：【C】

81. 对解决线路高阻接地故障的切除问题，可以选择（　）。

A. 分相电流差动保护　　B. 高频距离保护

C. 高频零序保护　　D. 接地距离Ⅲ保护

答案：【A】

82. 下列（　）不属于线路纵联电流差动保护装置的主要保护功能。

A. 纵联电流差动主保护　　B. 相间和接地距离保护

C. 零序电流保护　　D. 过电压保护

答案：【D】

83. 线路光纤差动保护，在某一侧电流互感器二次中性点虚接时，当发生区外单相接地故障时，故障相与非故障相的差动保护元件（　）。

A. 故障相不动作、非故障相动作　　B. 故障相动作、非故障相动作

C. 故障相动作、非故障相不动作　　D. 故障相不动作、非故障相不动作

答案：【B】

84. 当微机型光纤纵差保护采用专用光纤时，两侧保护装置的通信方式应该是（　）方式。

A. 主—主　　B. 主—从　　C. 从—从　　D. 可采取任意方式

答案：【A】

85. 对于采用光纤连接方式的线路电流差动保护，当两侧保护装置的通信方式采用是主-主方式，失步的主要原因是。（　）

A. 采样频率变化　　B. 通道切换变化　　C. 网络延时　　D. GPS时钟不同步

答案：【A】

86. 对光纤差动保护，若允许角度误差小于 3 度，对应的采样频率为（　）。

A. 1.5kHz　　B. 2kHz　　C. 2.5kHz　　D. 3kHz

答案：【D】

87. 采用复用光纤分相电流差动保护中，若保护采样率为每周 12 点，PCM 码的波特率为 64kbit/s，则一帧信号包含（　）位。

A. 107　　B. 117　　C. 116　　D. 106

答案：【A】

88. 比率制动差动继电器，动作门槛电流 2A，比率制动系数为 0.5，拐点电流 5A。本差动继电器的动作判据 $I_{DZ}=|\dot{I}_1+\dot{I}_2|$，制动量为 $\{\dot{I}_1、\dot{I}_2\}$ 取较大者。模拟穿越性故障，当 $I_1=7A$ 时测得差电流 $I_c=2.8A$，此时，该继电器（　）。

A. 动作　　B. 不动作　　C. 处于动作边界　　D. 不确定

答案：【B】

89. 输电线路电流差动保护由于两侧电流采样不同步而产生不平衡电流。为防止在最大外部短路电流情况下保护的误动，可采用下述一些办法。但第（　）种方法一般不被采用。

A. 提高起动电流定值和提高制动系数　　B. 降低起动电流定值和降低制动系数

C. 调整到两侧同步采样　　D. 进行相位补偿

答案：【A】

90. 如果以两侧电流相量和作为动作电流，则（　）是输电线路电流纵差保护的动作电流。

A. 本线路的电容电流　　B. 本线路的负荷电流

C. 全系统的电容电流　　D. 其他线路的电容电流

答案：【A】

91. 较多模光纤相比，单模光纤（　）。

A. 带宽大、衰耗大、传输距离远、传输特性好

B. 带宽大、衰耗小、传输距离近、传输特性好

C. 带宽大、衰耗小、传输距离远、传输特性差

D. 带宽大、衰耗小、传输距离远、传输特性好

答案：【D】

92. 在同一小电流接地系统中，所有出线均装设两相不完全星形接线的电流保护，但电流互感器不装在同名两相上，这样在发生不同线路两点接地短路时，两回线路保护均不动作

的概率为（　）。

A. 1/3　　B. 1/6　　C. 1/2　　D. 1

答案：【B】

93. 在同一小电流接地系统中，所有出线装设两相不完全星形接线的电流保护，电流互感器装在同名相上，这样发生不同线路两点接地短路时，切除两条线路的概率是（　）。

A. 1/3　　B. 1/2　　C. 2/3　　D. 0

答案：【A】

94. 在同一个小电流接地系统中，所有出线装设两相不完全星型接线的电流保护，电流互感器装在同名相上。这样，当发生不同线路两点接地短路时，可保证只切除一条线路的概率为（　）。

A. 1/3　　B. 2/3　　C. 1/2　　D. 1/4

答案：【B】

95. 同杆并架线路，在一条线路两侧三相断路器跳闸后，存在（　）电流。

A. 潜供　　B. 助增　　C. 汲出　　D. 零序。

答案：【A】

96. 系统 M 和 N，假设振荡时满足 $\dot{E}_M$-$\dot{E}_N=E_\varphi\ (e^{j\delta}-1)$ 且系统中各元件阻抗角相同，已知某次振荡时周期为 3s，则振荡中心电压为 $0.25U_N$ 时对应的功角为（　）。

A. 60°　　B. 75.5°　　C. 151°　　D. 180°

答案：【C】

97. 图 3-6 所示的双侧电源系统中，阻抗继电器装在 M 侧。设 $|\dot{E}_S|=|\dot{E}_R|=E$，保护背后电源阻抗为 Z_S 保护正方向的等值阻抗为 Z_R，两侧电势间的总阻抗为 Z_Σ，各元件的阻抗角相同。如果阻执继电器是方向阻抗继电器，其整定阻抗为 $Z_{ZD}=4\Omega$，请问在下述哪种情况下系统振荡时 M 侧阻抗继电器会误动（　）。

A. $Z_S=1\Omega$、$Z_R=7\Omega$

B. $Z_S=2\Omega$、$Z_R=7\Omega$

C. $Z_S=8\Omega$、$Z_R=6\Omega$

D. $Z_S=8\Omega$、$Z_R=7\Omega$

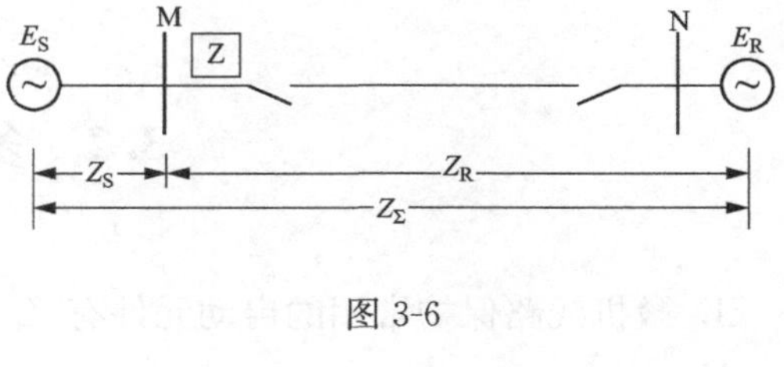

图 3-6

答案：【A】

98. 下面的说法中不正确的是（　）。

A. 系统发生全相振荡时电流和电压值都往复摆动

B. 有一电流保护其动作时限为 4.5s，在系统发生振荡时它不会误动作

C. 零序电流保护在电网发生振荡时不可能误动作

D. 纵差保护在系统发生振荡时不可能误动作

答案：【C】

99. 对于距离保护振荡闭锁回路（ ）。

A. 先故障而后振荡时保护不致无选择性动作

B. 先故障而后振荡时保护可以无选择性动作

C. 先振荡而后故障时保护可以不动作

D. 先振荡而后故障时保护可以无选择性动作

答案：【A】

100. 距离保护振荡闭锁使用（ ）方法。

A. 由大阻抗圆至小阻抗圆的动作时差大于设定时间值即进行闭锁

B. 由故障起动对Ⅰ、Ⅱ段短时开放，之后发生故障需经振荡闭锁判别后动作

C. 整组靠负序与零序电流分量起动

D. 振荡闭锁起动后，应在振荡平息后维持振荡

答案：【B】

101. 下列对线路距离保护振荡闭锁控制原则的描述错误的是（ ）。

A. 单侧电源线路的距离保护不应经振荡闭锁

B. 双侧电源线路的距离保护必须经振荡闭锁

C. 35kV 及以下的线路距离保护不考虑系统振荡误动问题

D. 振荡闭锁起动后，应在振荡平息后自动复归

答案：【B】

3.2 多 选 题

1. 微机线路保护常用的启动元件有（ ）。

A. 零、负序电流　B. 相电流变化量　C. 低电压　D. 负序电压

答案：【ABC】

2. 线路串补电容主要与（　）有关。

A. 分布电容　　B. 线路和系统电感　C. 电压互感器　　D. 并联电抗器

答案：【BD】

3. 要构成多段式的保护必须具备的条件有（　）。

A. 能区分正常运行和短路故障两种状态　B. 能区分单相接地还是相间短路

C. 能区分短路点的远近　　D. 能区分高阻接地还是直接接地

答案：【AC】

4. 电流速断保护的特点是（　）。

A. 接线简单，动作可靠

B. 切除故障快，但不能保护线路全长

C. 保护范围受系统运行方式变化的影响较大

D. 保护范围受系统中变压器中性点接地数目变化影响较大

答案：【ABC】

5. 零序方向继电器的实现方法有（　）。

A. 按照零序电压、零序电流的相位比较

B. 按照零序电压、零序电流的幅值比较

C. 按照零序功率的幅值比较

D. 按照零序功率的方向比较

答案：【AC】

6. 常规零序电流保护主要由哪几部分组成？（　）

A. 零序电流滤过器　B. 电流继电器　　C. 零序方向继电器　D. 零序电压滤过器

答案：【ABCD】

7. 影响流过保护的零序电流大小的因素有（　）。

A. 接地故障的类型　B. 零序阻抗　　C. 正序阻抗　　D. 短路点远近

答案：【ABCD】

8. 对解决线路高阻接地故障的切除问题，可以选择（　）。

A. 分相电流差动保护B. 高频距离保护　C. 高频零序保护　D. 零序电流保护

答案：【AD】

9. 图 3-7 中 MN 线路两侧均为接地系统，系统侧零序阻抗如图，A 相单相故障两侧选跳

A 相后，对于图中两侧开关的 A、B、C、D 处的零序电压分布图可能正确的是（　）。

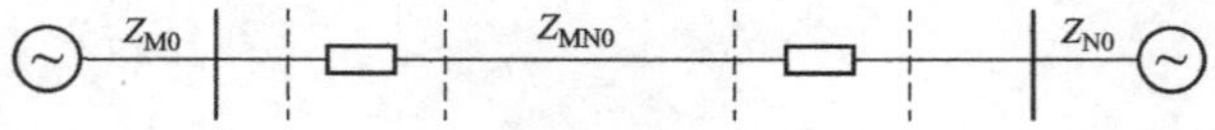

图 3-7

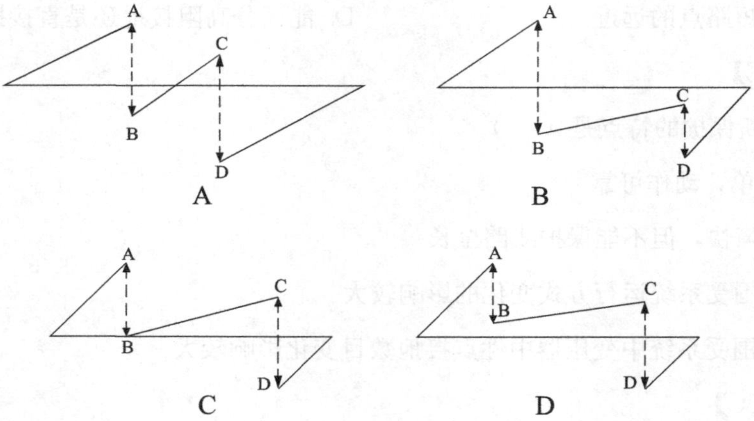

答案：【ABCD】

10. 在平行双回路上发生短路故障时，非故障线发生功率倒方向，功率倒方向发生在（　）。

A. 故障线发生短路故障时

B. 故障线一侧断路器三相跳闸后

C. 故障线一侧断路器单相跳闸后

D. 故障线两侧断路器三相跳闸后，负荷电流流向发生变化

答案：【BC】

11. 某条 220kV 输电线路，保护安装处的零序方向元件，其零序电压由母线电压互感器二次电压的自产方式获取，对正向零序方向元件来说，当该线路保护安装处 A 相断线时，下列说法正确的是（　）。

A. 断线前送出 60－j50MVA 时，零序方向元件动作

B. 断线前送出 60＋j50MVA 时，零序方向元件动作

C. 断线前送出－60－j50MVA 时，零序方向元件动作

D. 断线前送出－60＋j50MVA 时，零序方向元件动作

答案：【ABCD】

12. 如图3-8所示，L1、L2同杆并架平行线，L3、L4为非平行线。Z_{0M}为L1、L2间的零序互阻抗，S系统、P系统、L1线、L3线路的零序阻抗分别为Z_{0S}、Z_{0P}、Z_{01}、Z_{03}，当L2线在M侧出口处K点发生接地故障时，下列说法正确的是（ ）。

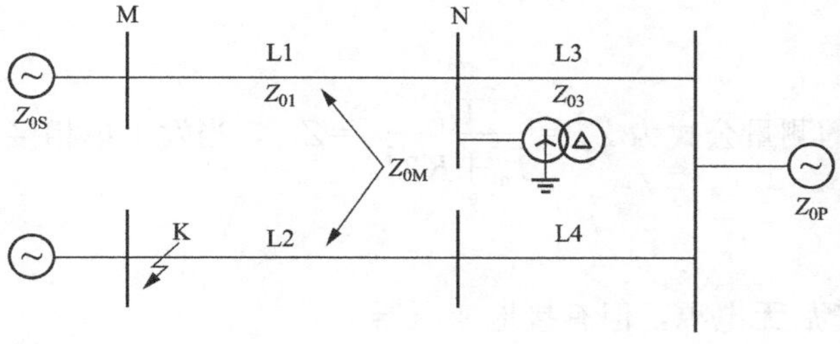

图3-8

A. 当L2线接地故障时，Z_{0S}越小，L1线纵联零序保护越容易误动

B. 当L2线接地故障时，Z_{01}越小，L1线纵联零序保护越容易误动

C. 当L2线接地故障时，Z_{03}越大，L1线纵联零序保护越容易误动

D. 当L2线接地故障时，Z_{0P}越小，L1线纵联零序保护越容易误动

答案：【ABCD】

13. 正常运行的电力系统出现非全相运行，非全相运行线路上可能会误动的继电器是（ ）。

A. 差动继电器　　B. 阻抗继电器

C. 负序功率方向继电器（TV在母线侧）　　D. 零序功率方向继电器（TV在母线侧）

E. 零序电流继电器

答案：【CDE】

14. 线路非全相运行时，零序功率方向元件是否动作与（ ）因素有关。

A. 线路阻抗　　B. 两侧系统阻抗

C. 电压互感器装设位置　　D. 两侧电动势差

答案：【CD】

15. 下列哪些是零序方向继电器的性能（ ）。

A. 继电器的动作行为与负荷电流无关，与过渡电阻大小无关

B. 系统振荡时不会误动

C. 动作边界十分清晰，具有良好的方向性

D. 只能保护接地故障，对两相不接地短路和三相短路无能为力

答案：【ABCD】

16. 阻抗元件能反应相间故障的接线方式有（ ）。

A. 90°接线　　B. 60°接线　　C. 30°接线　　D. 0°接线

答案：【CD】

17. 阻抗继电器的测量公式为 $Z_m=\dfrac{\dot{U}_m}{\dot{I}_m+K3\dot{I}_0}=Z_{K1}$，当发生单相接地故障时，下列情况下无法正确测量的有（ ）。

A. 保护安装处背后无电源，但有接地变压器

B. 保护安装处背后电源发生振荡时

C. 保护安装处背后电源发生换相失败时

D. 保护安装处背后无电源，无接地变压器

答案：【BCD】

18. 某方向阻抗继电器整定阻抗为 $Z_{set}=4\angle75°\Omega$，当继电器的测量阻抗为以下（ ）时，该继电器动作。

A. $Z_m=3\angle15°\Omega$　　B. $Z_m=3\angle45°\Omega$　　C. $Z_m=3\angle75°\Omega$　　D. $Z_m=3\angle-75°\Omega$

答案：【BC】

19. 接地距离保护的特点有（ ）。

A. 可以保护各种接地故障，而只需用一个距离继电器，接线简单

B. 可允许带很大的接地过渡电阻

C. 保护动作速度快，动作特性好

D. 受系统运行方式变化的影响小

答案：【ABCD】

20. 下列哪些措施可以防止距离保护Ⅰ段在短线路时发生超越。（ ）

A. 适当减小零序补偿系数整定值

B. 采用向＋R 轴方向偏移 30°的偏移圆特性阻抗继电器

C. 增设零序电抗线

D. 增设负荷电阻限制线

答案：【AC】

21. 若线路阻抗角 $\varphi_k=80°$，某方向阻抗元件整定时误整定最大灵敏角 $\varphi_{sen}=60°$，则会使

该方向阻抗元件（　）。

A. 保护范围缩短　B. 灵敏度降低　C. 保护范围伸长　D. 灵敏度升高

答案：【AB】

22. 若线路阻抗角 $\varphi_k=60^\circ$，通过线路的负荷功率因数 $\cos\varphi=0.8$，相间距离保护采用 0° 接线，在躲过负荷能力相同的条件下，当线路发生金属性短路时，距离Ⅲ段的测量元件采用方向阻抗继电器或者采用全阻抗继电器以下哪些说法正确。（　）

A. 方向阻抗继电器更灵敏

B. 全阻阻抗继电器更灵敏

C. 方向阻抗继电器比全阻抗继电器灵敏系数大 8.743％

D. 全阻阻抗继电器比方向抗继电器灵敏系数大 8.743％

答案：【AC】

23. 某 220kV 线路保护装置，若区外发生接地故障同时保护装置 TV 二次空气开关跳开，下列保护可能误动的是（　）。

A. 距离保护　B. TV 断线过流保护

C. 零序方向过流保护　D. 工频变化量阻抗保护

答案：【AD】

24. 关于助增系数的说法错误的是？（　）

A. 在辐射状电网中，助增系数的大小与短路点在相邻线路上的位置（Z_k）无关，短路点可选在相邻线路上的任意点

B. 在整定距离Ⅱ、Ⅲ段时要将助增系数的影响考虑进去，保护的定值可以适当整大一些，这样可以防止在有助增电流时的保护范围不会缩的太多

C. 在相邻线路发生短路只有助增电流时，其运行方式应考虑保护背后电源为最小运行方式

D. 在相邻线路发生短路既有助增又有汲出电流时，计算距离Ⅱ、Ⅲ定值时应取最大助增系数

答案：【CD】

25. 助增电流的存在，对距离继电器有什么影响（　）。

A. 使送电端距离继电器的测量阻抗减小，保护范围增大

B. 使送电端距离继电器的测量阻抗增大，保护范围减小

C. 使受电端距离继电器的测量阻抗增大，保护范围增大

D. 使受电端距离继电器的测量阻抗减小，保护范围减小

答案：【BC】

26. 带记忆作用的方向阻抗继电器具有（　）。

A. 增强了这种继电器允许弧光电阻故障的能力

B. 保护正方向经串联电容的出口短路的能力

C. 可以区分系统振荡与短路

D. 反向出口三相经小电阻故障不会误动作

答案：【ABD】

27. 继电保护装置中采用正序电压做极化电压有以下优点（　）。

A. 故障后相位与故障前相位基本不变

B. 相位与故障类型无关

C. 除了保护出口处三相短路以外，正序电压幅值不为零

D. 可提高保护动作时间

答案：【ABC】

28. 如图 3-9 所示，构成经过 Z_{set} 相量的双折线特性的阻抗继电器，双折线下部的阴影区为动作区，Z_{set} 为整定阻抗，Z_J 为阻抗继电器测量阻抗。以下动作方程正确的是（　）。

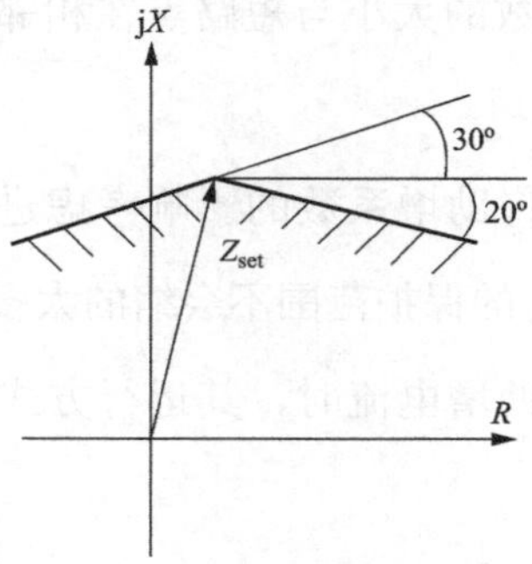

图 3-9

A. $210° < \arg \dfrac{Z_J - Z_{set}}{R} < 340°$

B. $210° < \arg \dfrac{\dot{U}_J - \dot{I}_J Z_{set}}{\dot{I}_J R} < 340°$

C. $-150^\circ < \arg\dfrac{Z_J - Z_{set}}{R} < 30^\circ$；$160^\circ < \arg\dfrac{Z_J - Z_{set}}{R} < 340^\circ$

D. $-150^\circ < \arg\dfrac{\dot{U}_J - \dot{I}_J Z_{set}}{\dot{I}_J} < 30^\circ$；$160^\circ < \arg\dfrac{\dot{U}_J - \dot{I}_J Z_{set}}{\dot{I}_J} < 340^\circ$

答案：【ABCD】

29. 具有较大互感的双回线路，如：K_k 为可靠系数、K_{lm} 为灵敏系数、Z_1 为线路正序阻抗、Z_0 为线路零序阻抗、K_1 为单回线不考虑互感的零序补偿系数、K_2 为双回线正常运行时的零序补偿系数、K_3 双回线一回检修并接地时的零序补偿系数，如果接地距离保护的零序补偿系数按不考虑互感的值整定，则接地距离Ⅰ段阻抗定值应按（　）原则整定，Ⅱ段阻抗定值应按（　）原则整定。（　）

A. $K_k \times Z_1 \times (1+K_3) / (1+K_1)$　　B. $K_{lm} \times Z_1 \times (1+K_2) / (1+K_1)$

C. $K_k \times Z_1 \times (1+K_1) / (1+K_3)$　　D. $K_{lm} \times Z_1 \times (1+K_1) / (1+K_2)$

答案：【AB】

30. 接地距离继电器的测量阻抗，在下面哪些情况下该继电器能正确测量（　）。

A. 空载线路首端　B. 系统振荡　C. 单电源线路末端　D. 线路 B 相断线

答案：【ABCD】

31. 110kV 馈线发生 A 相接地故障，可能进入距离Ⅰ段动作区的是（　）。

A. 接地阻抗 Z_b　B. 接地阻抗 Z_c　C. 相间阻抗 Z_{ab}　D. 相间阻抗 Z_{ca}

答案：【CD】

32. 考虑到零序电抗继电器的特点，其一般要与（　）共同使用。

A. 选相元件　B. 方向元件　C. 躲负荷元件　D. 差动元件

答案：【ABC】

33. 距离保护采用正序电压做极化电压的优点有（　）。

A. 故障后各相正序电压的相位与故障前的相位基本不变，与故障类型无关，易取得稳定的动作特性

B. 除了出口三相短路以外，正序电压幅值不为零，死区较小

C. 可改善保护的选相性能

D. 可提高保护动作时间

答案：【AB】

34. 保护线路发生（　）故障时，相间阻抗继电器感受到的阻抗和故障点的接地电阻大

小无关。

A. 两相短路接地故障B. 三相短路接地　　C. 单相接地故障　　D. 两相的相间短路

答案：【AB】

35. 过渡电阻对单相阻抗继电器（Ⅰ类）的影响有（　）。

A. 稳态超越　　B. 失去方向性　　C. 暂态超越　　D. 振荡时易发生误动

答案：【AB】

36. 造成距离保护暂态超越的因素有（　）。

A. 故障点的过渡电阻

B. 保护安装处和故障点之间的助增电流和汲出电流

C. 外部故障转换时的过渡过程

D. 电流互感器与电压互感器的二次过渡过程

E. 继电器内部回路因如输入量突变引起的过渡过程

答案：【CDE】

37. 精确工作电流不满足要求时会产生（　）后果。

A. 阻抗继电器的动作阻抗与整定阻抗之间的误差超过10%

B. 阻抗继电器的保护范围增大

C. 阻抗继电器的保护范围缩短

D. 可能造成距离保护Ⅱ段与相邻线路距离保护Ⅱ段失配，造成误动

答案：【ABD】

38. 如果线路上装有具有方向阻抗继电器动作特性的接地阻抗继电器，当正方向发生经大接地电阻的单相接地短路时，装于送电端的阻抗继电器可能会（　）；装于受电端的阻抗继电器可能会（　）。

A. 区外短路超越；正向近处故障（含出口）拒动

B. 区内短路拒动

C. 区外短路拒动；正向近处故障（含出口）拒动

D. 区外短路误动

答案：【A】【B】

39. 以下（　）功能不受系统运行方式变化的影响

A. 距离Ⅰ段保护　　B. 工频变化量距离保护

C. 零序电流保护　　D. 光纤差动保护

答案：【AD】

40. 超高压输电线路上安装了串补电容，一般补偿电容小于系统等值阻抗，对阻抗继电器的影响，下列说法正确的是（　）。

A. 串补电容安装在保护正方向，正方向电容器后故障时方向阻抗继电器可能要拒动

B. 串补电容安装在保护正方向，正方向电容器后故障时工频变化量阻抗继电器可能要拒动

C. 串补电容安装在保护反方向，反方向电容器后故障时方向阻抗继电器可能要误动

D. 串补电容安装在保护反方向，反方向电容器后故障时工频变化量阻抗继电器可能要误动

答案：【ACD】

41. 由于过渡电阻的存在，对距离继电器有什么影响。（　）

A. 使送电端距离继电器的测量阻抗增大，保护范围减小

B. 使送电端距离继电器的测量阻抗减小，保护范围增大

C. 使受电端距离继电器的测量阻抗减小，保护范围减小

D. 可能造成受电端距离继电器反方向误动作

答案：【BD】

42. 对双侧电源供电的线路阻抗继电器，以下哪种叙述是不正确的？（　）

A. 受过渡电阻的影响，线路阻抗与系统阻抗之比越小，超越越严重

B. 受过渡电阻的影响，线路阻抗与系统阻抗之比越大，超越越严重

C. 受过渡电阻的影响，线路阻抗与系统阻抗之比越大，灵敏度越低

D. 受过渡电阻的影响，线路阻抗与系统阻抗之比越小，灵敏度越低

答案：【BCD】

43. 阻抗继电器中均要引入记忆电压，其作用为（　）。

A. 防止正向出口三相短路故障时的拒动

B. 防止反向出口三相短路故障时的误动

C. 可增大正向出口单相接地时的允许过渡电阻

D. 可防止振荡过程中阻抗继电器误动

答案：【AB】

44. 影响阻抗元件正确测量的因素有（ ）。

A. 故障点过渡电阻

B. 保护安装处与故障点之间助增电流和汲出电流

C. 测量用互感器误差

D. 系统振荡

答案：【ABCD】

45. 双电源MN线路的M侧，相间电压突变量为$\Delta\dot{U}_{\Phi\Phi}$，工作电压突变量$\Delta\dot{U}_{OP\Phi\Phi}=\Delta\dot{U}_{\Phi\Phi}-\Delta\dot{I}_{\Phi\Phi}Z_{set}$，其中$\Phi\Phi$=AB、BC、CA，$\dot{I}_{\Phi\Phi}$为母线流向线路的相电流差，$Z_{set}$为整定阻抗，阻抗角与线路阻抗角相等，则下列正确的是（ ）。

A. 正向出口相间故障时，有$|\Delta\dot{U}_{\Phi\Phi}|<|\Delta\dot{U}_{OP\Phi\Phi}|$

B. 正向整定阻抗末相间故障时，有$|\Delta\dot{U}_{\Phi\Phi}|<|\Delta\dot{U}_{OP\Phi\Phi}|$

C. 正向整定阻抗外相间故障时，有$|\Delta\dot{U}_{\Phi\Phi}|<|\Delta\dot{U}_{OP\Phi\Phi}|$

D. 反向出口相间故障时，有$|\Delta\dot{U}_{\Phi\Phi}|>|\Delta\dot{U}_{OP\Phi\Phi}|$

答案：【ABCD】

46. 下列对于突变量继电器的描述，正确的是（ ）。

A. 突变量保护与故障的初相角有关

B. 突变量继电器在短暂动作后仍需保持到故障切除

C. 突变量保护在故障切除时会再次动作

D. 继电器的起动值离散较大，动作时间也有离散

答案：【ACD】

47. 突变量继电器的动作特点有（ ）。

A. 能保护各种故障，不反应负荷和振荡

B. 一般做瞬时动作的保护，但也可做延时段后备保护

C. 两相稳定运行状态不会启动，再故障能灵敏动作

D. 振荡再三相故障，能可靠动作

答案：【AC】

48. 工频变化量继电器的缺陷有（ ）。

A. 只能用于快速保护

B. 电容效应经导致线路末端电压升高，工频变化量阻抗继电器误动

C. 由于暂态电气量影响，工频阻抗继电器离散性大

D. 系统振荡时继电器会误动。

答案：【ABC】

49. 和所谓行波保护比较，突变量方向元件的优点是（　）。

A. 任何故障突变量方向元件测量正确

B. 转换性故障测量正确

C. 方向元件测量相位差 180°意味着极性永远相反

D. 系统振荡时测量正确

答案：【ABD】

50. 在不计负荷电流情况下，带有浮动门槛的相电流差突变量起动元件，下列情况正确的是（　）。

A. 双侧电源线路上发生各种短路故障，线路两侧的元件均能起动

B. 单侧电源线路上发生相间短路故障，当负荷侧没有接地中性点时，负荷侧元件不能起动

C. 单侧电源线路上发生接地故障，当负荷侧有接地中性点时，负荷侧元件能起动

D. 系统振荡时，元件不动作

答案：【ABD】

51. 某 220kV 馈线，负荷侧接有 YNd11 变压器（变压器中性点接地），当该线 A 相接地时，负荷侧选相元件可正确选出故障相的是（　）。

A. 相电流差突变量选相元件

B. 零序电流选相元件

C. 采用 $\dot{U}_{OP.A0}$、$\dot{U}_{OP.A2}$ 构成的电压电流序分量选相元件

D. 采用 $\Delta\dot{U}_{OP.AB}$、$\Delta\dot{U}_{OP.BC}$、$\Delta\dot{U}_{OP.CA}$ 构成的复合突变量选相元件

注：$\dot{U}_{OP.A0}=\dot{U}_{A0}-(1+3K)\dot{I}_{A0}Z_{set}$、$\dot{U}_{OP.A2}=\dot{U}_{A2}-\dot{I}_{A2}Z_{set}$，$\Delta\dot{U}_{OP.\Phi\Phi}=\Delta\dot{U}_{\Phi\Phi}-\Delta\dot{I}_{\Phi\Phi}Z_{set}$，（ΦΦ＝AB，BC，CA）。

答案：【CD】

52. 继电保护常用的选相元件有（　）。

A. 阻抗选相元件

B. 突变量差电流选相元件

C. 电流相位比较选相元件

D. 相电流辅助选相元件

答案：【ABCD】

53. 以下会对线路保护选相元件造成干扰的是（　）。

A. 正序量　B. 负序量　C. 零序量　D. 以上都不会

答案：【AC】

54. 某 220kV 线路，采用单相重合闸方式，在线路单相瞬时故障时，一侧单跳单重，另一侧直接三相跳闸。若排除断路器本身的问题，下面哪些是可能造成直接三跳的原因（　）。

A. 选相元件问题　B. 重合闸方式设置错误

C. 沟通三跳回路问题　D. 控制回路断线

答案：【ABC】

55. 继电保护单纯采用序分量比相原理进行选相所得的结果不是唯一的，如果故障时满足 $60° < \arg \dfrac{I_0}{I_{2A}} < 180°$，则可能发生以下哪些故障？（　）

A. AB 相　B. BC 相　C. CA 相接地　D. B 相

答案：【BCD】

56. 采用单相重合闸方式的 220kV 线路发生单相故障，线路保护动作直接三跳的可能原因有（　）。

A. 停用重合闸压板　B. 开关压力低闭锁重合闸

C. 重合闸控制字误投“禁止重合闸”　D. 零序Ⅳ段动作

答案：【ABD】

57. 高压线路自动重合闸装置的动作时限应考虑（　）。

A. 故障点灭弧时间　B. 断路器操动机构的性能

C. 保护整组复归时间　D. 电力系统稳定的要求

答案：【ABD】

58. 在检定同期、检定无压重合闸装置中，下列的做法正确的是（　）。

A. 只能投入检定无压或检定同期继电器的一种

B. 两侧都要投入检定同期继电器

C. 两侧都要投入检定无压和检定同期的继电器

D. 只允许有一侧投入检定无压的继电器

答案：【BD】

59. 某超高压单相重合闸方式的线路，其接地保护第Ⅱ段动作时限应考虑（　）。

A. 与相邻线路接地Ⅰ段动作时限配合；

B. 与相邻线路选相拒动三相跳闸时间配合；

C. 与相邻线断路器失灵保护动作时限配合；

D. 与单相重合闸周期配合。

答案：【ABC】

60. 保护装置同时满足下列（ ）条件重合闸才允许充电。

A. 重合闸压板投入　　B. 压力低闭锁重合闸

C. TWJ A、B、C＝0　　D. 无外部闭锁重合闸开入

答案：【ACD】

61. 单相重合闸的优点有（ ）。

A. 提高供电的可靠性　　B. 提高系统并联运行的稳定性

C. 减少转换性故障发生　　D. 没有操作过电压问题

答案：【ABCD】

62. 双侧电源的110kV线路保护，主系统侧重合闸检线路无压，弱电源侧重合闸可停用，也可（ ）。

A. 检同期　　B. 检线路有压、母线无压

C. 检线路无压、母线有压　　D. 不检定

答案：【AB】

63. 以下对单侧电源线路的自动重合闸方式的选择，正确的是（ ）。

A. 通常采用一次重合闸

B. 通常采用二次重合闸

C. 由几段串连线路构成的电力网，可采用带前加速的重合闸方式

D. 由几段串连线路构成的电力网，顺序重合闸方式

答案：【ACD】

64. 长线的分布电容影响线路两侧电流的（ ）。

A. 大小　　B. 相位　　C. 不变　　D. 方向

答案：【AB】

65. 光纤电流差动保护装置采用“识别码”方式，可解决（ ）。

A. 通道交叉接线　　B. 通道延时　　C. 通道自环　　D. 通道误码

答案：【AC】

66. 可能造成光纤通道收发路由不一致的光纤自愈环网方式为（　）。

A. 二纤单向通道倒换环　　B. 二纤双向通道倒换环

C. 二纤单向复用段倒换环　　D. 二纤双向复用段倒换环

答案：【ABC】

67. 3/2 接线方式下，如果线路停役而开关合环运行时，应将（　）。

A. 停用线路两侧远方跳闸　　B. 方向高频改无通道跳闸

C. 分相电流差动保护改信号　　D. 投入短引线保护

答案：【ABCD】

68. 远方跳闸保护是一种直接传输跳闸命令的保护，（　）动作后，通过发出远方跳闸信号，直接将对侧断路器跳开。

A. 高压电抗器保护　B. 过电压保护　C. 断路器失灵保护　D. 后备保护

答案：【ABCD】

69. 下列哪些保护动作可启动远方跳闸。（　）

A. 线路主保护动作　B. 断路器失灵　C. 过电压保护动作　D. 母差保护动作

答案：【BC】

70. 影响光纤电流差动保护性能的因素有（　）。

A. TA 传变特性　B. 分布电容电流　C. TV 传变特性　D. 故障暂态过程

答案：【ABD】

71. 光纤分相电流差动保护在主保护处于信号状态时，哪些保护功能将退出？（　）

A. 零序保护　B. 差动保护　C. 距离保护　D. 远跳功能

答案：【BD】

72. 防止电容电流造成保护误动的措施有（　）。

A. 提高定值　　B. 加短延时

C. 进行电容电流的补偿　　D. 选用质量好的阻抗继电器

答案：【ABC】

73. 以下（　）因素可能引起光纤差动保护差流异常。

A. 光纤纵联通道双向来回路由不一致　　B. 光纤差动保护两侧采样不同步

C. TA 极性接反　　D. 装置交流插件型号配置错误（1A、5A）

答案：【ABCD】

74. 远方跳闸保护装置一般采用的就地判据包括（　）。

A. 零序、负序电流　B. 零序、负序电压　C. 电流变化量　　D. 分相低功率因数

答案：【ABCD】

75. 对于同杆并架的双回线路，为避免跨线异名相故障造成双回线路同时跳闸，可采用哪些保护方式？（　）

A. 分相电流差动保护　　B. 分相跳闸逻辑的纵联保护

C. 高频距离、高频零序保护　　D. 高频方向保护

答案：【AB】

76. 纵联差动保护两端同步采样的方法有（　）。

A. 基于数据通道的同步方法　　B. 基于参考相量的同步方法

C. 基于 GPS 的同步方法　　D. 基于通信规约的同步方法

答案：【ABC】

77. 纵联差动保护跳闸要同时满足下述几个条件。（　）

A. 起动元件起动

B. 在故障计算程序中再检查到本侧差动继电器动作

C. 收到对侧“差动动作”的允许信号

D. 差动保护延时时间到

答案：【ABCD】

78. 光纤纵联保护中远方跳闸（DTT）的作用（　）。

A. 当本侧断路器和电流互感器之间故障，母差保护正确动作跳开本侧断路器，但故障并未切除，此时依靠远方跳闸回路，使对侧断路器加速跳闸

B. 当母线故障，母差保护正确动作，但本侧断路器失灵拒动时，依靠远方跳闸回路，使对侧断路器加速跳闸

C. 当线路故障，线路保护依靠远方跳闸回路，使对侧断路器加速跳闸

答案：【AB】

79. 当远距离超高压线路 MN 两侧没有装设并联电抗器时，其分相电流差动保护为了克服线路分布电容电流的影响，需要进行电容电流补偿，设线路全长正．负序容抗相同，为 X_{C1}，零序容抗为 X_{C0}，需补偿的电容电流的计算值为（　）。

A. $\dot{I}_c=\left(\frac{\dot{U}_{M\varphi1}}{2X_{C1}}+\frac{\dot{U}_{M\varphi2}}{2X_{C2}}+\frac{\dot{U}_{M\varphi0}}{2X_{C0}}\right)+\left(\frac{\dot{U}_{N\varphi1}}{2X_{C1}}+\frac{\dot{U}_{N\varphi2}}{2X_{C2}}+\frac{\dot{U}_{N\varphi0}}{2X_{C0}}\right)$

B. $\dot{I}_c=\left(\frac{\dot{U}_{M\varphi}-\dot{U}_{M0}}{2X_{C1}}+\frac{\dot{U}_{M0}}{2X_{C0}}\right)+\left(\frac{\dot{U}_{N\varphi}-\dot{U}_{N0}}{2X_{C1}}+\frac{\dot{U}_{N0}}{2X_{C0}}\right)$

C. $\dot{I}_c=\frac{\dot{U}_\varphi-\dot{U}_0}{2X_{C1}}+\frac{\dot{U}_0}{2X_{C0}}$，$\dot{U}_\varphi$、$\dot{U}_0$ 分别为线路的中点电压，

D. $\dot{I}_c=\left(\frac{\dot{U}_\varphi-\dot{U}_0}{2X_{C1}}+\frac{\dot{U}_0}{2X_{C0}}\right)\times 2$，$\dot{U}_\varphi$、$\dot{U}_0$ 分别为线路的中点电压

答案：【ABC】

80. 输电线路微机纵联电流差动保护可以解决以下哪些问题（ ）。

A. 输电线路电容电流的问题

B. 解决重负荷线路区内经高电阻接地时灵敏度不足的问题

C. 防止正常运行时电流互感器断线造成的纵联电流差动保护误动

D. 输电线路两端保护采样时间不一致产生的不平衡电流

答案：【ABCD】

81. 当光纤电流差动保护装置经自愈环或其他通道切换装置传输时，必须保证（ ）。

A. 保护装置的收、发路由在切换前、后保持一致

B. 切换时收、发路由必须同时切换

C. 切换时间应小于 50ms

D. 切换时保护装置一定会发通道告警信号

答案：【ABCD】

82. 以下说法正确的是（ ）。

A. 同一线路两套保护的通道应保持独立性，包括电源、设备和路由的独立

B. 单向通道倒换环、单向复用段倒换环可作为纵联距离、方向保护的信息传输通道，但不能作为线路纵差保护的信息传输通道

C. 不同 OPGW，包括同塔架设的两条 OPGW 光缆视为相同路由

D. 保护用光纤通道不允许收发信路由不一致

答案：【AB】

83. 下列对于纵联电流差动保护的技术原则，说法正确的是（ ）。

A. 纵联电流差动保护只要本侧启动元件和差动元件同时动作就允许差动保护出口

B. 线路两侧的纵联电流差动保护装置均应设置本侧独立的电流启动元件，差动电流可以作为装置的启动元件

C. 线路两侧纵联电流差动保护装置应互相传输可供用户整定的通道识别码，并对通道识别码进行校验，校验出错时告警并闭锁差动保护

D. 纵联电流差动保护装置应具有通道监视功能，如实时记录并累计丢帧、错误帧等通道状态数据，通道严重故障时告警

答案：【CD】

84. 以下关于220kV线路纵联差动保护TA断线描述正确的有（　）。

A. TA断线后，发生区内故障差动保护动作，断线侧和非断线侧都将三相跳闸并闭锁重合闸

B. 若控制字TA断线闭锁差动整定为“1”，且断线相差流大于TA断线后分相差动定值，则仍然开放断线相电流差动保护

C. TA断线瞬间，断线侧保护装置的启动元件和电流差动保护可能动作，同时对侧保护报“对侧TA断线”会闭锁差动保护，从而保证电流差动保护不误动

D. TA断线时闭锁零序差动保护

答案：【AD】

85. 关于纵联电流差动保护技术原则说法正确的有（　）。

A. 纵联电流差动保护本启动元件和本侧差动元件同时动作才允许差动保护出口

B. 线路两侧纵联电流差动保护装置均应设置本侧独立的电流启动元件，必要时可用交流电压量和跳闸位置触点等作为辅助启动元件

C. 差动电流可作为装置的启动元件

D. 通道识别码校验出错时，只告警但不闭锁差动保护

E. 纵联电流差动保护在任何弱馈情况下，应正确动作

F. 纵联电流差动保护两侧差动保护压板不一致时发告警信号

答案：【BEF】

86. 对于光纤分相电流差动保护，下列说法不正确的是（　）。

A. 正常运行时，若负荷电流大于保护装置的最小动作电流，则一侧TA二次回路断线会引起保护误动作

B. 若两侧断路器跳闸时间相差很大，则当线路内部短路故障时先跳闸侧电流为零，不

向后跳闸侧发差动允许动作信号，从而有可能导致后跳闸侧不能跳闸的情况

C. 光纤分相电流差动保护起不到后备保护作用

D. 光纤分相电流差动保护可快速切除本线路上的所有短路故障，并且灵敏度比常规的线路纵联保护高

答案：【ABD】

87. 超高压输电线路单相接地故障跳闸后，熄弧较慢是由于（ ）。

A. 潜供电流的影响 B. 短路阻抗小 C. 并联电抗器作用 D. 负荷电流大

答案：【AD】

88. 对于远距离超高压输电线路一般在输电线路的两端或一端变电站内装设三相对地的并联电抗器，其作用是（ ）。

A. 为吸收线路容性无功功率、限制系统的操作过电压

B. 提高单相重合闸的成功率

C. 限制线路故障时的短路电流

D. 消除长线路低频振荡，提高系统稳定性

答案：【AB】

89. 超高压输电线单相接地两侧开关单相跳开后，故障点有潜供电流存在，潜供电流由互感耦合、电容耦合两部分组成，下列说法正确的是（ ）。

A. 互感耦合形成的潜供电流与故障点位置有关

B. 电容耦合形成的潜供电流与故障点位置无关

C. 电容耦合的潜供电流比互感耦合的潜供电流要大得多

D. 就电容耦合的潜供电流，熄弧时恢复电压与该潜供电流有 90°的相角差

答案：【ABCD】

90. 对于采用单相重合闸的线路，潜供电流的消弧时间决定于多种因素：它除了与故障电流的大小及持续时间、线路的绝缘条件、风速、空气湿度或雾的影响等有关以外，主要决定于（ ）和（ ）的相位关系。（ ）

A. 潜供电流的大小　B. 潜供电流与恢复电压

C. 潜供电流的角度　D. 负荷电流与工作电压

答案：【AB】

91. 超高压输电线路单相接地两侧保护动作单相跳闸后，故障点有潜供电流，潜供电流

大小与多种因素有关，下列选项正确的是（　）。

A. 与线路电压等级有关　　B. 与线路长度有关

C. 与负荷电流大小有关　　D. 与故障点位置有关

E. 与故障点的过渡电阻大小有关

答案：【ABCD】

92. 装有串联补偿电容的超高压输电线路及其相邻线路，应考虑下述（　）特点对线路保护的影响。

A. 故障电流、电压反向

B. 串联电容保护间隙击穿

C. 电压互感器装设位置（在电容器的母线侧或线路侧）

D. 串补电容的安装位置

E. 补偿度的大小

答案：【ABCDE】

93. 距离保护振荡闭锁采用短时开放保护，其目的是（　）。

A. 为有效防止系统振荡时距离保护误动

B. 为防止振荡过程中系统中有操作，导致开放保护引起距离保护误动作

C. 防止外部故障切除紧接系统发生振荡引起保护误动

D. 防止线路非全相时距离保护误动

答案：【BC】

94. 距离保护振荡闭锁中的相电流元件，其动作电流应满足如下条件（　）。

A. 应躲过最大负荷电流

B. 本线未短路故障时应有足够的灵敏度

C. 应躲过振荡时通过的最大电流

D. 应躲过突变量元件最大的不平衡输出电流

答案：【AB】

95. 不需要考虑振荡闭锁的继电器有（　）。

A. 极化量带记忆的阻抗继电器　　B. 工频变化量距离继电器

C. 多相补偿距离继电器　　D. 序分量距离继电器

答案：【BCD】

96. 双端电源系统运行方式如图 3-10 所示，其中各元件阻抗角均相同，两侧电源电动势幅值 $\dot{E}_n=\sqrt{3}\dot{E}_m\angle\delta$，$Z_M$、$Z_N$ 分别为电源 E_m、E_n 处的测量阻抗，则下列说法正确的有（ ）。

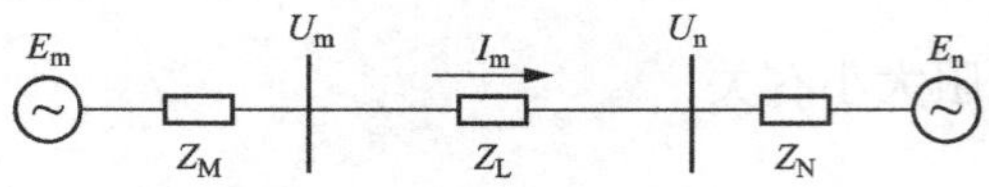

图 3-10

A. Z_N 与 Z_M 幅值比等于$\sqrt{3}$，且 Z_N 超前 $-Z_M$ 的角度为 δ

B. Z_N 与 Z_M 之和为常量

C. 系统振荡时，Z_M 的测量轨迹可能为不包含原点的圆

D. 系统振荡时，$|Z_M|$ 的最大值与最小值之比为 $2+\sqrt{3}$

E. 系统振荡时，$|Z_N|$ 的最大值与最小值之比为 $2+\sqrt{3}$

答案：【ABDE】

97. 超高压输电线路一侧装设了三段距离保护，设系统振荡时振荡中心在该线路上，下列正确的是（ ）。

A. 系统振荡时，由于Ⅰ、Ⅱ、Ⅲ段距离保护均经振荡闭锁控制，故Ⅰ、Ⅱ、Ⅲ段阻抗继电器不会发生误动作

B. 系统振荡时，Ⅰ、Ⅱ、Ⅲ段阻抗继电器均有可能发生动作的现象

C. 系统振荡过程中，Ⅲ段阻抗继电器先动作，Ⅱ段阻抗继电器再动作，Ⅰ段阻抗继电器最晚动作

D. 当振荡周期很长时，如达到 5s，则振荡闭锁将失去作用，Ⅲ段距离保护要发生误动作

答案：【BC】

98. 对于采用$|\dot{I}_2|+|\dot{I}_0|>m|\dot{I}_1|$振荡闭锁开放判据的距离保护在振荡中的动作行为，下列说法正确的是（ ）。

A. 如果振荡中心 C 在区内，在区内 F 点发生不对称故障，距离保护能动作，但切除故障可能略带延时

B. 如果振荡中心 C 在区外，在区内 F 点发生不对称故障，距离保护能动作，但切除故障可能略带延时

C. 如果振荡中心 C 在区内，而在区外 F 点发生不对称故障，距离保护可能误动

D. 如果振荡中心 C 在区外，而在区外 F 点发生不对称故障，距离保护不会误动

答案：【ABCD】

3.3 判 断 题

1. 线路零序电流保护的动作范围只与系统变压器接地方式有关，而与系统开机方式无关。

答案：【错误】

2. 有时零序电流保护要设置两个 Ⅰ 段，即灵敏 Ⅰ 段和不灵敏 Ⅰ 段。灵敏 Ⅰ 段按躲过非全相运行情况整定，不灵敏 Ⅰ 段按躲过线路末端故障整定。

答案：【错误】

3. 零序电流保护灵敏Ⅰ段在重合在永久故障时将瞬时跳闸。

答案：【错误】

4. 输电线路零序电流速断保护范围应不超过线路的末端，故其动作电流应小于保护线路末端故障时的最大零序电流。

答案：【错误】

5. 采用不带方向的零序反时限过流保护，既可以解决高阻接地故障时零序功率方向元件不开放的问题，又可以简化后备保护之间的整定配合。

答案：【正确】

6. 由于 220kV 线路两侧单相重合闸时间可能不一致，先合闸侧保护感受的零序电流不一定是重合于永久故障的故障电流，而是线路非全相由负荷电流产生的零序电流。所以，重合闸加速零序电流保护靠延时躲过该零序电流即可，而不需其他专门措施。

答案：【错误】

7. 零序电流保护的优点：结构及原理简单、中间环节少，对于近处故障可以实现快速动作；在电网零序网络基本稳定的条件下，保护范围比较稳定；受故障过渡电阻的影响小；保护定值不受负荷电流的影响，也基本不受其他中性点不接地电网短路故障的影响，保护延时段灵敏度允许整定较高

答案：【正确】

8. 一般情况下，零序电流保护最末一段的动作电流值不能大于 300A。

答案：【错误】

9. 单相经高电阻接地故障一般是导线对树枝放电。高阻接地故障一般不会破坏系统的稳

定运行。因此，当主保护灵敏度不足时可以用简单的反时限零序电流保护来保护。

答案：【正确】

10. 对于保护支路与配合支路成放射性网络，零序支路系数与是否相继动作无关系。

答案：【正确】

11. 对于线路的相间继电保护的最后一段，它的动作灵敏性，必须限制在可靠地躲开线路正常运行功率和实际可能最大事故后过负荷功率的范围内。

答案：【正确】

12. 阻抗继电器的测量阻抗与保护安装处至故障点的距离成正比，而与电网的运行方式无关，并不随短路故障的类型而改变。

答案：【正确】

13. 在非全相运行中本线路的运行相上发生单相金属性接地短路，接在故障相上的阻抗继电器的测量阻抗等于短路点到保护安装处的正序阻抗。

答案：【正确】

14. 接入线电压及两相电流差的阻抗继电器，在线路同一地点发生各种相间短路及两相接地短路时，继电器所测得的阻抗相同。

答案：【正确】

15. 对于三相短路和两相接地短路故障，采用相对地或相间测量电压都可以实现距离测量。

答案：【正确】

16. 电力系统频率低得过多，对距离保护来讲，首先是使阻抗继电器的最大灵敏角变大，因此会使距离保护躲负荷阻抗的能力变差，躲短路点过渡电阻的能力增强。

答案：【错误】

17. 对阻抗继电器进行系统振荡时动作行为的解析分析，一般应考虑线路分布电容的影响。

答案：【错误】

18. 过渡电阻产生的附加阻抗一般比过渡电阻本身大。

答案：【正确】

19. 对于经过渡电阻接地故障的线路，过渡电阻的影响会使送电侧测量阻抗角变大。

答案：【错误】

20. 在受电侧电源的助增作用下，线路正向发生经接地电阻单相短路，假如接地电阻为纯电阻性的，将会在送电侧相阻抗继电器的阻抗测量元件中引起容性的附加分量 Z_R。

答案：【正确】

21. 接地距离保护在受端母线经电阻三相短路时，有可能会失去方向性。

答案：【正确】

22. 电压互感器二次侧 A 相断线时，AB 相间阻抗继电器误动可能性大于 CA 相间阻抗继电器。

答案：【正确】

23. 短路初始时，一次短路电流中存在的（过渡电阻）分量易造成距离保护暂态超越；而短路点存在的（直流分量和高频）易造成距离保护稳态超越。

答案：【错误】

24. 若阻抗继电器的整定范围超出本线路，由于对侧母线上电源的助增作用，将使得感受阻抗变小，造成超越。

答案：【错误】

25. 为消除助增电流对阻抗继电器的影响，在整定计算中引入的助增系数应按最大值计算。

答案：【错误】

26. 阻抗继电器的工作电压在系统振荡和区外故障时，继电器的工作电压总是对应于一次系统保护整定点的电压。

答案：【正确】

27. A 相接地距离继电器按$\frac{U_A}{I_A+K\times I_0}$计算测量阻抗，在 A 相金属性短路接地时能正确动作，对 I_B 和 I_C 没有任何限制，即使振荡使 I_B 和 I_C 变得很大也无妨。

答案：【正确】

28. 平行两回线之间有零序互感存在，当其中一回线停电检修工作，在线路两侧都安全接地时运行，线路接地距离Ⅰ段的保护范围会延长。

答案：【正确】

29. 阻抗选相元件带偏移特性，应取消阻抗选相元件中的零序电流分量。

答案：【正确】

30. 互感对线路距离保护的影响是影响接地距离保护，不影响相间距离保护。

答案：【正确】

31. 平行双回线，当一回线路停电检修时，如果此时健全线路末端发生接地故障，则其接地距离保护中 K 值将增大。

答案：【错误】

32. 为了解决线路出口故障保护不正确动作的问题，采用的方法是使极化量带记忆作用。

答案：【正确】

33. 方向距离继电器在母线发生三相对称短路时，如果保护安装在送电端，总是不会误动。如果保护安装在受电端，在记忆作用消失后将误动。

答案：【正确】

34. 为了解决距离Ⅲ段灵敏度与躲最大负荷电流的矛盾，对于圆特性的阻抗继电器，可以设置负荷电阻线。

答案：【正确】

35. 相间距离保护的Ⅲ段定值，按可靠躲过本线路的最大事故过负荷电流对应的最大阻抗整定。

答案：【错误】

36. 在超高压大负荷送电线路末端发生经过渡电阻故障，送电侧领前相距离继电器有超越情况，而且以母线电压为极化量的距离继电器比以正序电压为极化的继电器严重。

答案：【正确】

37. 突变量包含工频突变量和暂态突变量，为使突变量保护快速动作，常用其中的暂态突变分量，使其动作速度可以达到特高速（小于 10ms）。

答案：【错误】

38. 距离保护Ⅰ段的保护范围不随着系统运行方式变化而变化，突变量距离Ⅰ段的保护范围也不随着系统运行方式变化而变化。

答案：【错误】

39. 突变量的距离保护元件既没有由于过渡电阻引起的超越问题也不会因为过渡电阻而使得保护范围减小。

答案：【错误】

40. 在单电源系统的线路上发生区内故障时，对于负荷侧的工频变化量阻抗继电器来说可能拒动。

答案：【错误】

41. 工频变化量阻抗继电器在区外发生过渡电阻短路时一定不会误动。

答案：【正确】

42. 工频变化量阻抗继电器，动作条件为$|\Delta U_{OP}|=|\Delta U-IZ_{DZ}|=U_Z$；当整定门槛为故障前整定点电压，即$U_Z \approx U_e$时，试验时母线电压、电流、与阻抗的关系同传统距离继电器，即$U \leqslant IZ_{DZ}$。

答案：【正确】

43. 在系统发生振荡情况下，同样的整定值，全阻抗继电器受振荡的影响最大，而椭圆继电器所受的影响最小。

答案：【正确】

44. 在线路发生相间故障时，接地距离保护可能会动作，零序电流保护不会动作。

答案：【正确】

45. 串补电容在断路器之外时，只要保护用电压互感器装在母线上，就可使串补电容处于保护背后。

答案：【错误】

46. 当串补电容在线路始端时功率方向继电器有死区，在背后时失去方向性。

答案：【正确】

47. 串补电容通常加装在线路一端，主要是考虑运行维护方便和对保护的影响较小。

答案：【错误】

48. 为了解决串补电容在距离保护的背后，造成的距离保护失去方向性，解决的办法是增加电抗继电器与距离继电器按或门条件工作。

答案：【错误】

49. 输电线路采用串联电容补偿，可以增加输送功率、改善系统稳定及电压水平。

答案：【正确】

50. 用于串补线路及其相邻线路的所有距离保护应有防止距离保护拒动和误动的措施。

答案：【错误】

51. 光纤差动保护需要两侧同一时刻的电流采样数据，所以需要时钟同步。而光纤距离保护，只传允许信号，不需要同步。

答案：【正确】

52. 光纤电流差动保护不得采用光纤通道自愈环，原因是光纤通道的自愈时间过长，导致两侧电流差动保护数据异常，严重时可能引起保护误动。

答案：【错误】

53. 光纤纵差保护的时钟主从方式与选用的通道方式无关。

答案：【错误】

54. 当微机型光纤纵差保护采用专用光纤时，两侧保护装置的通信方式应该是主-主方式，而采用复用光纤方式时两侧应采用从-从方式。

答案：【错误】

55. 光纤差动保护一侧保护装置有工作，如该侧开关能改至冷备用并停用远方跳闸，则在理论上对侧保护状态无要求。

答案：【错误】

56. 光纤纵联差动保护在启动同步过程时两侧采样时间比较大，两端纵联差动保护自动退出。

答案：【错误】

57. 如果光纤纵联差动保护数据传输路由不同，采样时刻调整法无法调整到同步采样。

答案：【正确】

58. 光纤保护的光纤通道中每一个瓷连接头衰耗应不大于 0.25dBm。

答案：【正确】

59. 本线路的电容电流一定会成为输电线路纵联电流差动保护的动作电流。

答案：【正确】

60. 超高压线路电容电流对线路两侧电流大小和相位的影响可以忽略不计。

答案：【错误】

61. 输电线路的纵联电流差动保护本身有选相功能，因此不必再用选相元件选相。对同杆并架双回线上的跨线故障也能正确选相。

答案：【正确】

62. 在光纤通道中断时，光纤纵联差动保护将闭锁差动保护并发出告警信号，光纤纵联距离保护装置本身没有任何反应。

答案：【正确】

63. 通常在分相电流差动保护中，远方跳闸信号传输方式是一种直跳式即对侧收到远跳信号即刻跳闸。

答案：【正确】

64. 500kV 远跳装置中的就地判别功能是根据低有功功率、低阻抗、有零序电流分量等原理实现的。

答案：【正确】

65. 当线路任一相电压高于线路过电压保护定值时，跳开本侧线路开关。

答案：【错误】

66. 对较长线路空载充电时，由于断路器三相触头不同时合闸而出现短时非全相，产生的零序、负序电流不至于会启动保护装置。

答案：【错误】

67. 高压线路纵联电流差动保护在“TA 断线闭锁差动”控制字投入后，若发生 TA 断线后，则闭锁差动保护三相。

答案：【错误】

68. 单侧电源输电线路上发生短路时，各种原理的输电线路纵联保护若不采取一定措施，从原理上讲都有可能拒动。

答案：【正确】

69. 在高压线路外部故障时，由于并联电抗器的影响，流入两端继电保护装置非周期分量的电流方向可能同向。

答案：【正确】

70. 对于微机距离保护装置，当 TV 失去电压时，只要装置不启动，不进入故障处理程序就不会误动。

答案：【正确】

71. 对于微机距离保护，若 TV 断线失压不及时处理，遇区外故障或系统操作使其启动，则只要有一定的负荷电流保护就有可能误动。

答案：【正确】

72. 设 $\dot{I}_{A2}$ 与 $\dot{I}_{A0}$ 比相元件的动作方程式为 $-60° < \arg\frac{\dot{I}_{A2}}{\dot{I}_{A0}} < 60°$。某 500kV 线路在一定负荷电流下 A 相发生瞬时性接地，两侧保护正确动作将 A 相跳闸线路处非全相运行状态，此时比相元件处于不动作状态。

答案：【错误】

73. 为满足本线路重合闸后加速保护的要求，在后加速期间，若相邻线路发生故障，允许本线路无选择性地三相跳闸。

答案：【正确】

74. 对于含有重合闸功能的线路保护，当发生相间故障或永久性故障时，可只发三个分相跳闸命令，三相跳闸回路不宜引接。

答案：【正确】

75. 重合闸启动前及启动后，收到低气压闭锁重合闸信号，均闭锁重合闸。

答案：【错误】

76. 使用按相重合闸的操动机构应实现分相压力闭锁。

答案：【正确】

77. 超高压输电线单相接地两侧开关单相跳开后，故障点有潜供电流存在，其中互感耦合形成的潜供电流与故障点位置有关，电容耦合形成的潜供电流与故障点位置无关。

答案：【正确】

78. 单相重合闸能重合成功的前提条件是潜供电流能自动熄弧，故障相有足够的恢复电压。

答案：【正确】

79. 用于500kV双回线路的自适应重合闸，采用分相顺序合闸，避免了重合于永久性多相故障对系统造成的冲击，从稳定计算的角度使双回线的输送能力进一步提高，带来了直接的经济效益。

答案：【正确】

80. 超高压输电线三相跳闸的熄弧时间比单相跳闸短，所以三相重合闸时间可以比单相重合闸时间整定得短。

答案：【正确】

81. 当线路发生单相接地故障而进行三相重合闸时，将会比单相重合闸产生较小的操作过电压。

答案：【错误】

82. 若在整定计算时，需要对重合闸后加速整定加速某段保护时，一般应加速保护线路全长的保护段。

答案：【正确】

83. 重合闸前加速保护比重合闸后加速保护的重合成功率高。

答案：【正确】

84. 对于仅使用三相重合闸的线路而言，潜供电流是不存在的。

答案：【错误】

85. 使用单相重合闸时会出现非全相运行，除纵联保护需要考虑一些特殊问题外，对零序电流保护的整定和配合产生了很大影响，也使中、短线路的零序电流保护不能充分发挥作用。

答案：【正确】

86. 在整定计算单相重合闸时间取固定值，应为最佳的单相重合闸时间与线路送电负荷潮流的大小无关。

答案：【错误】

87. 在超高压电网中，宜采用单相重合闸或综合重合闸。

答案：【正确】

88. 禁止重合闸时，重合闸放电，闭锁本装置重合闸，但不沟通三跳。

答案：【正确】

89. 没有振荡问题的线路，特别是 110kV 线路，要求距离保护Ⅰ、Ⅱ段不经振荡闭锁控制。

答案：【正确】

90. 一般情况下 220kV 同杆并架双回线路发生同时性故障时，允许同时跳开双回线路，且不重合。

答案：【正确】

91. 除了预定的解列点，不允许保护装置在系统振荡时动作跳闸。

答案：【正确】

92. 系统在全相振荡过程中发生三相故障，故障线路的保护装置应可靠动作跳闸，并允许带短延时。

答案：【正确】

93. 在振荡中发生单相金属性短路时，接在故障相上的阻抗继电器的测量阻抗会随着两侧电势夹角 δ 的变化而变化。

答案：【错误】

94. 距离保护振荡闭锁开放时间等于振荡闭锁装置复归时间。

答案：【错误】

95. 工频变化量阻抗继电器不反应系统振荡，但却可能在其他解列点在系统振荡解列时误动。

答案：【错误】

96. 多相补偿距离继电器在振荡无故障时不会误动作。

答案：【正确】

97. 在振荡过程中，利用所见阻抗轨迹的变化方向，可以判定本侧是处于加速侧还是减速侧。

答案：【正确】

98. 距离保护的振荡闭锁，是在系统发生故障后，不管有无系统振荡，都去闭锁距离保护的。

答案：【正确】

99. 距离保护中的振荡闭锁装置，即使故障时系统不发生振荡时，也将启动振荡闭锁回路。

答案：【正确】

100. 正常运行及振荡时 $I_0=0$，距离继电器用 I_0 起动就可在振荡时闭锁距离继电器，而在振荡中发生接地故障时，可以解除闭锁开放接地距离继电器。

答案：【错误】

3.4 问　答　题

1. 如图 3-11 所示，两条存在互感的线路 AB 与 MN 两线路存在互感 Z_{0M}，根据 Z_{AM} 和 Z_{BN} 的变化，则存在电联系和磁联系，试分析对零序方向继电器而言，线路两侧的零序电流和零序电压在互感引起的效果与线路发生接地故障时两者有什么差异。对纵联零序保护有什么影响及解决的措施？

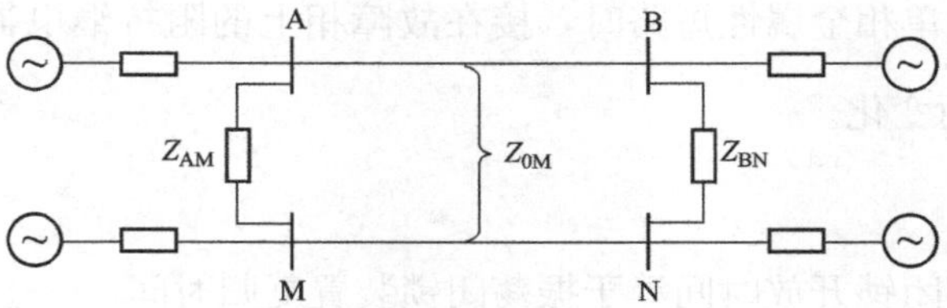

图 3-11

答：两者存在较大的差异：

（1）互感引起的零序变化可以视为零序电压源串接于线路，是一个纵向故障源；故障引起的零序变化可以视为零序电流源，并联于故障点，是一个横向故障源。

（2）互感引起的零序电流是穿越性的；故障导致的零序电流两侧均由线路流向母线。

（3）互感引起的零序电压两侧相差 180°；故障导致的零序电压两侧均为正。通过分析，影响电压反相造成纵联零序保护误动的因素，包括电联系和磁联系影响两个方面，电联系越弱、磁的联系越强，误动的可能性越大。

解决互感影响的措施：

（1）推广光纤差动保护；

（2）纵联零序保护增加负序方向元件，或者负序电流元件作为闭锁。

2. 大电流接地系统中三相相间电流保护能否反应单相接地故障？为什么要单独采用零序电流保护？

答：三相式星形接线的相间电流保护，能反应接地短路。但用来保护接地短路时，在定值上要躲过最大负荷电流，在动作时间上要由用户到电源方向按阶梯原则逐级递增一个时间级差来配合。而专门反应接地短路的零序电流保护，则不需要按此原则来整定，故其灵敏度高，动作时限短。

3. 如图 3-12 所示，母线 A 处装有距离保护，当 k1 处发生短路故障时，请说明助增电流对距离保护的影响。

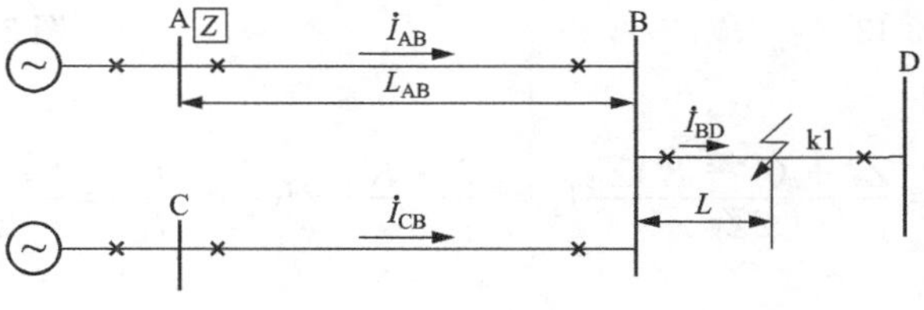

图 3-12

答：设 Z_1 为每千米线路的阻抗，则阻抗元件感受到的测量阻抗为

$$Z_{mA}=\frac{I_{AB}Z_1L_{AB}+I_{BD}Z_1L}{I_{AB}}=Z_1L_{AB}+K_bZ_1L$$

式中 K_b 为分支系数，$K_b=\frac{|I_{BD}|}{|I_{AB}|}$。

因为 $|I_{BD}|>|I_{AB}|$，所以 $K_b>1$。

由于助增电流 I_{CB}的存在，使得 $Z_{mA} \neq Z_1$（$L_{AB}+L$），即阻抗元件的感受阻抗不能反映保护安装处到短路点的距离，而是使 Z_{mA}大于该段距离内的线路阻抗，即助增电流增大了阻抗继电器的测量阻抗，使得距离保护的灵敏度降低。

4. 对于采用单相重合闸的 220kV 线路，相间距离Ⅱ段和接地距离Ⅱ段保护动作时间是否考虑与失灵保护配合？为什么？

答：相间距离Ⅱ段不考虑与失灵保护配合，接地距离Ⅱ段考虑与失灵保护配合。

(1) 220kV 电网中，用的是分相操作箱的断路器，只考虑断路器一相拒动。这样，任何相间故障在断路器一相拒动时都转化为保留的单相故障。此时，需要依靠接地保护启动断路器失灵保护，而用相间距离保护与对侧失灵保护配合并无实际意义。

(2) 220kV 电网中均配有失灵保护，在断路器拒动时以较短的时限断开与失灵断路器直接关联的断路器。因此，如果接地距离Ⅱ段动作时间不与失灵保护配合，在系统发生故障且断路器拒动时，上一级线路保护将可能先于失灵保护动作，造成事故影响的范围扩大。

5. 如图 3-13 所示系统，在 K 点金属性短路时，求阻抗继电器 Z_A 的测量阻抗。

答：阻抗继电器 Z_A 的测量阻抗 $Z_A=Z_1+K_{fz}\times KZ_2$。其中：$K_{fz}$为助增系数。根据图 3-14，可以得到

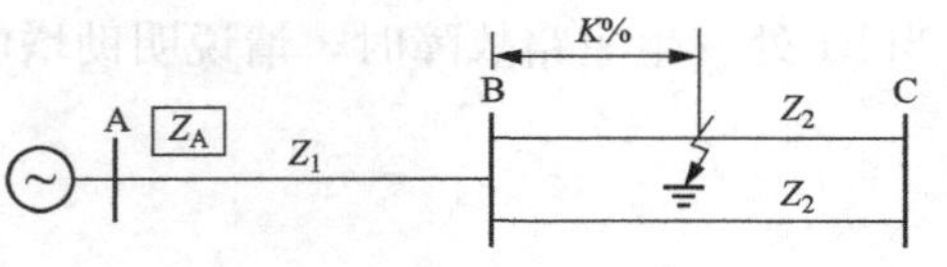

图 3-13

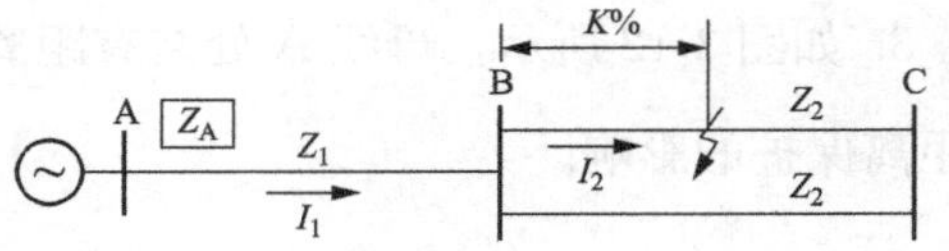

图 3-14

$$I_2=\frac{Z_2+(1-K)Z_2}{2Z_2}I_1=\frac{2-K}{2}I_1, K_{fz}=\frac{I_2}{I_1}=\frac{2-K}{2}。$$

故

$$Z_A=Z_1+K_{fz}\times KZ_2=Z_1+\frac{(2-K)K}{2}Z_2$$

6. 某相间阻抗继电器以正序电压为极化电压，动作方程为 $90^\circ < \arg\frac{\dot{U}_{OP\Phi\Phi}}{\dot{U}_{P\Phi\Phi}} < 270^\circ$，请分析图 3-15 所示系统发生反方向 BC 两相短路时的动作特性（以阻抗形式表示），并绘制阻抗特性图。假设故障前线路空载。

答：以 $K_{BC}^{(2)}$ 为例，分析 BC 相间阻抗继电器。

$$\dot{U}_{OPBC}=\dot{U}_{BC}-(\dot{I}_B-\dot{I}_C)Z_{set}=-(\dot{I}_B-\dot{I}_C)(-Z_m)-(\dot{I}_B-\dot{I}_C)Z_{set}$$

$$=(\dot{I}_B-\dot{I}_C)(Z_m-Z_{set})=2\dot{I}_B(Z_m-Z_{set})$$

$$\dot{U}_{PBC}=\dot{U}_{1BC}=\dot{U}_{1B}-\dot{U}_{1C}=(\dot{E}_{RB}+\dot{I}_{1B}Z_R)-(\dot{E}_{RC}+\dot{I}_{1C}Z_R)$$

$$=(\dot{E}_{RB}-\dot{E}_{RC})+(\dot{I}_{1B}-\dot{I}_{1C})Z_R$$

$$=-(\dot{I}_B-\dot{I}_C)(Z_R-Z_m)+(\dot{I}_{1B}-\dot{I}_{1C})Z_R$$

$$=2\dot{I}_B(Z_m-Z_R)+\dot{I}_BZ_R=2\dot{I}_B(Z_m-\frac{1}{2}Z_R)$$

动作方程为：$90^\circ<\arg\dfrac{Z_m-Z_{set}}{Z_m-\frac{1}{2}Z_R}<270^\circ$。

7. 如图 3-16 所示，Z_S 为系统阻抗，Z_{set} 为整定阻抗。接地距离继电器在线路正方向发生两相 AB 两相短路时，保护范围会增加还是缩短？这种变化程度与 Z_S/Z_{set} 的比值大小有什么关系？（请以 A 相为例，写出分析过程）

答：依题意 AB 两相短路时零序电流 $I_0=0$。

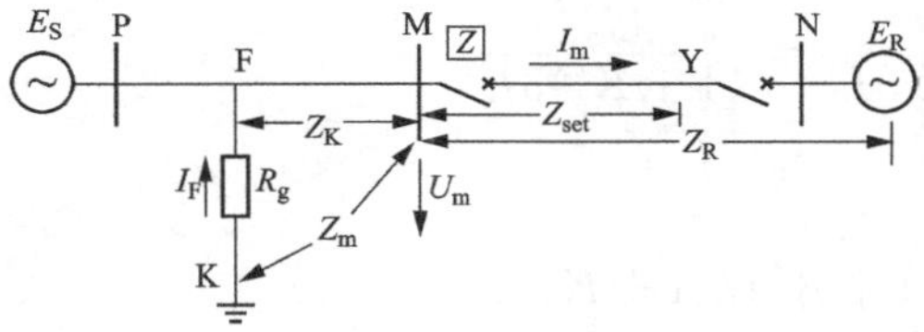

图 3-15

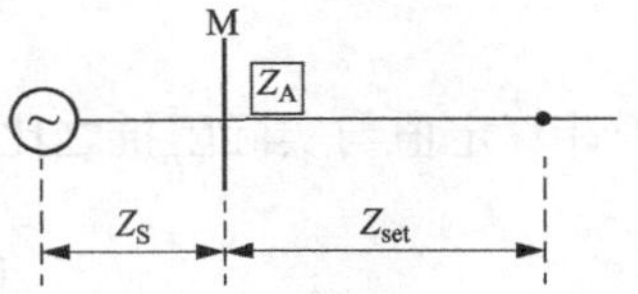

图 3-16

$$Z_A=\frac{U_A}{I_A+k3I_0}=\frac{U_A}{I_A}=\frac{E_A-I_AZ_s}{I_A}=\frac{E_A}{I_A}-Z_s$$

$$=\frac{E_A}{(E_A-E_B)/2(Z_s+Z_{set})}-Z_s$$

$$=2(Z_s+Z_{set})\frac{E_A}{E_A-E_B}-Z_s=2(Z_s+Z_{set})\frac{1}{\sqrt{3}e^{j30^\circ}}-Z_s$$

$$=2(Z_s+Z_{set})\frac{1}{\sqrt{3}}\left(\frac{\sqrt{3}}{2}-j\frac{1}{2}\right)-Z_s=Z_{set}-j\frac{1}{\sqrt{3}}(Z_s+Z_{set})$$

则 $|Z_A|=\sqrt{Z_{set}^2+\frac{1}{3}(Z_s+Z_{set})^2}$，$|Z_A|>Z_{set}$ 或 $\left|\dfrac{Z_A}{Z_{set}}\right|=\sqrt{1+\frac{1}{3}\left(\frac{Z_s}{Z_{set}}+1\right)^2}$。

可见，此时 Z_A 是变大的，所以保护范围是缩短的，且随着 Z_s 与 Z_{set} 比值的变大，保护缩短的更严重。

8. 某平行双回线路存在较大零序互感 Z_M，线路投运前因工程部门未进行参数实测，定值整定时暂不考虑零序互感影响，整定定值要求距离保护可保架空线长度约 Lkm。线路投运后一天，平行双回线外部发生单相接地故障，由于互感存在，接地距离实际保护范围是缩小还是增大，并写出接地距离保护的实际保护范围，用公式表示，其中线路正（负）序阻抗 Z_1，零序阻抗 Z_0（不考虑互感）。

答：不考虑互感：零序补偿系数 $K=(Z_0-Z_1)/3Z_1$；

考虑互感：线路零序阻抗 $Z_0'=Z_0+Z_M$；零序补偿系数

$$K'=(Z'_0-Z_1)/3Z_1=(Z_0+Z_m-Z_1)/3Z_1$$

则 $K<K'$。整定若不考虑互感影响，K 值取值偏小，造成故障时测量阻抗偏大，保护范围缩短。

不考虑互感时，单相接地故障时接地距离保护的测量阻抗

$$Z_\varphi=\frac{U_\varphi}{I_\varphi+K3I_0}=\frac{U_\varphi}{(1+K)3I_0}$$

考虑互感：单相接地故障时的实际阻抗

$$Z'_\varphi=\frac{U_\varphi}{I_\varphi+K'3I_0}=\frac{U_\varphi}{(1+K')3I_0}$$

保护计算定值与实际阻抗之比：

$$Z_\varphi/Z'_\varphi=(1+K')/(1+K)$$

实际保护范围：$L\times Z_\varphi/Z'_\varphi=L\times(1+K')/(1+K)$，即 $L\times\frac{2Z_1+Z_0}{2Z_1+Z_0+Z_M}$km。

9. 请简述图 3-17 所示输电线路末端 BC 相经过渡电阻接地时，过渡电阻对送电侧 B、C 相接地距离继电器 $[Z_\varphi=U_\varphi/(I_\varphi+k3I_0)]$ 的影响，请列出公式并用相量图加以说明。假设保护安装处的零序电流与故障支路电流同相位。

答：如图 3-17 所示，设过渡电阻为 R_g，设保护安装处的零序电流为 $\dot I_0$，则保护安装处两故障相接地阻抗继电器的测量阻抗分别为：

$$Z_B=\frac{\dot U_B}{\dot I_B+K\times3\dot I_0}=\frac{(\dot I_B+K\times3\dot I_0)Z_K+(\dot I_{FB}+\dot I_{FC})R_g}{\dot I_B+K\times3\dot I_0}=Z_K+\frac{\dot I_f}{\dot I_B+K\times3\dot I_0}R_g$$

$$Z_C=\frac{\dot U_C}{\dot I_C+K\times3\dot I_0}=\frac{(\dot I_C+K\times3\dot I_0)Z_K+(\dot I_{FB}+\dot I_{FC})R_g}{\dot I_C+K\times3\dot I_0}=Z_K+\frac{I_f}{\dot I_C+K\times3\dot I_0}R_g$$

则

$$Z_B = Z_K + e^{j\delta}R'_g = R_K + R'_g\cos\delta + j(X_K + R'_g\sin\delta)$$

$$Z_C = Z_K + e^{j\delta'}R''_g = R_K + R''_g\cos\delta' + j(X_K + R''_g\sin\delta')$$

将一个测量阻抗的方程分解为实部和虚部，一个方程分解为两个方程，即一个方程可以解两个未知数。可见影响测量阻抗的因素主要是故障支路电流所造成的附加阻抗，相量图如图 3-18 所示。

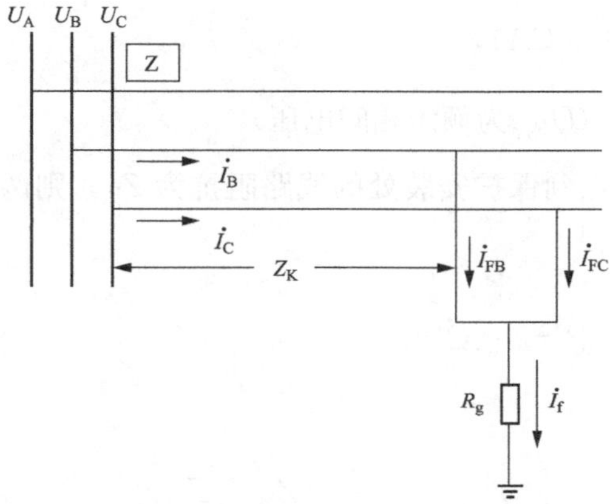

图 3-17

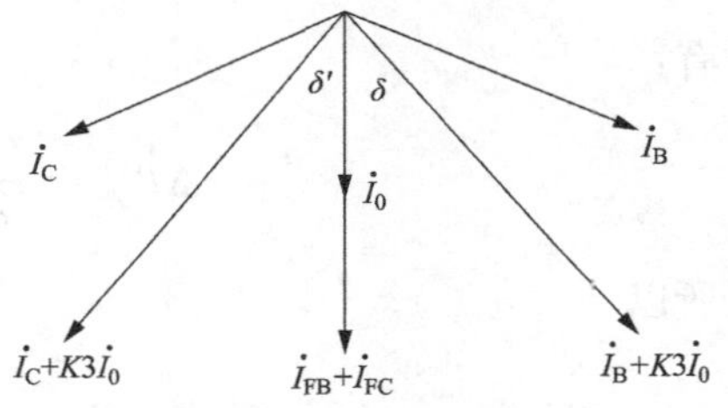

图 3-18

由相量图，B 相计算电抗 $X_B=X_K+R'\sin\delta$ 中 $\delta<0$，故 $X_B<X_K$，附加阻抗为容性；C 计算电抗 $X_C=X_K+R''_g\sin\delta'$ 中 $\delta'>0$，故 $X_C>X_K$，相附加阻抗为感性。则 B 相附加阻抗导致测量阻抗变小，区外故障保护可能超越，C 相附加阻抗导致测量阻抗变大，不会出现超越现象，但可能造成保护范围缩小。

10. 接地距离中的工作电压（补偿电压）：

（1）$\dot{U}_\varphi=\dot{U}_\varphi-（\dot{I}_\varphi+3K\dot{I}_0）Z_{set}$

（2）$\dot{U}'_\varphi=\dot{U}_\varphi-（\dot{I}_\varphi+3K_R\dot{I}_0）R_{set}-j（\dot{I}_\varphi+3K_X\dot{I}_0）X_{set}$

（3）$Z_{set}=R_{set}+jX_{set}$，$K=K_R+jK_X$

这个命题是否正确，若有错误请指出。已知线路阻抗为：

$$Z_{set} = R_{set} + jX_{set} = Z_{L1} = Z_{L2} = R_{L1} + jX_{L1}, Z_{L0} = R_{L0} + jX_{L0}$$

请说出 K，K_R，K_X 的表达式。

答：这个命题是错误的。$K\neq K_R+jK_X$。因为：

$$K = \frac{Z_{L0} - Z_{L1}}{3Z_{L1}}, K_R = \frac{R_{L0} - R_{L1}}{3R_{L1}}, K_X = \frac{X_{L0} - X_{L1}}{3X_{L1}}$$。则有

$$K=\frac{Z_{L0}-Z_{L1}}{3Z_{L1}}=\frac{(R_{L0}-R_{L1})+j(X_{L0}-X_{L1})}{3Z_{L1}}$$

$$=\frac{3R_{L1}K_R+j3X_{L1}K_X}{3Z_{L1}}=\frac{R_{L1}K_R+jX_{L1}K_X}{Z_{L1}}$$

11. 对于工频变化量相间阻抗继电器，说明：

（1）动作速度与短路故障类型有关吗（同一故障点）？

（2）动作速度与故障点位置有关吗？

答：动作方程 $|\Delta\dot{U}_{op\varphi\varphi}|\geqslant U_{set}$（$\varphi\varphi$=AB、BC、CA），

其中：$\dot{U}_{op\varphi\varphi}=\dot{U}_{\varphi\varphi}-\dot{I}_{\varphi\varphi}Z_{set}$，$U_{set}=1.15U_{N\varphi\varphi}$（$U_{N\varphi\varphi}$为额定相间电压）。

（1）设保护安装处电源侧阻抗为 Z_M，故障点到保护安装处的线路阻抗为 Z_K，则两相短路时有：

$$\Delta\dot{I}_{\varphi\varphi}^{(2)}=\frac{\dot{U}_{K\varphi\varphi[0]}}{Z_MZ_K},\Delta\dot{U}_{\varphi\varphi}^{(2)}=-\Delta\dot{I}_{\varphi\varphi}^{(2)}Z_M$$

所以

$$\Delta\dot{U}_{op\varphi\varphi}^{(2)}=\Delta\dot{U}_{\varphi\varphi}^{(2)}-\Delta\dot{I}_{\varphi\varphi}^{(2)}Z_{set}=-\Delta\dot{I}_{\varphi\varphi}^{(2)}(Z_M+Z_{set})=-\sqrt{3}\times\frac{Z_M+Z_{set}}{Z_M+Z_K}\dot{U}_{K\varphi[0]}$$

当发生三相短路时，有：

$$\Delta\dot{I}_{\varphi\varphi}^{(3)}=\sqrt{3}\times\frac{\dot{U}_{K\varphi[0]}}{Z_M+Z_K},\Delta\dot{U}_{\varphi\varphi}^{(3)}=-\Delta\dot{I}_{\varphi\varphi}^{(3)}Z_M$$

所以

$$\Delta\dot{U}_{op\varphi\varphi}^{(3)}=\Delta\dot{U}_{\varphi\varphi}^{(3)}-\Delta\dot{I}_{\varphi\varphi}^{(3)}Z_{set}=-\Delta\dot{I}_{\varphi\varphi}^{(3)}(Z_M+Z_K)=-\sqrt{3}\times\frac{Z_M+Z_{set}}{Z_M+Z_K}\dot{U}_{K\varphi[0]}$$

由上可以看出 $|\Delta\dot{U}_{op.\varphi\varphi}^{(2)}|=|\Delta\dot{U}_{op.\varphi\varphi}^{(3)}|$，所以动作速度与短路类型无关。

（2）动作方程可表示为：

$$\left|-\sqrt{3}\times\frac{Z_M+Z_{set}}{Z_M+Z_K}\dot{U}_{K\varphi[0]}\right|\geqslant 1.15U_{N\varphi\varphi}$$

当故障点逐渐移近保护安装处时，Z_K 逐渐减小，$|\Delta\dot{U}_{op.\varphi\varphi}|$ 逐渐增大。考虑到逐点计算比较，保护动作速度将随 Z_K 的减小而加快。

12. 请回答下列问题：

（1）若线路阻抗角 $\varphi_k=80°$，某方向阻抗元件整定时误整定最大灵敏角 $\varphi_{sen}=60°$，运行中会有问题吗？

（2）当方向阻抗元件的最大灵敏角 φ_{sen} 不能刚好等于线路阻抗角 φ_k，从改善躲过渡电阻

的能力出发，是选择 $\varphi_{sen}>\varphi_k$ 好，还是 $\varphi_{sen}<\varphi_k$ 好？

（3）若最小负荷阻抗 $Z_{Lmin}=7\angle30°\Omega$，对于线路阻抗角 $\varphi_k=60°$ 的某方向阻抗元件 $Z_{set}=8\angle60°\Omega$，试问该阻抗元件在运行中有无问题？

答：（1）会使保护范围缩短，灵敏度降低，如图 3-19（a）所示。当测量阻抗角度为 60°时，对应的动作阻抗为特性圆的直径；而线路阻抗为 80°，所对应的动作阻抗仅是特性圆的弦。所以灵敏度降低。

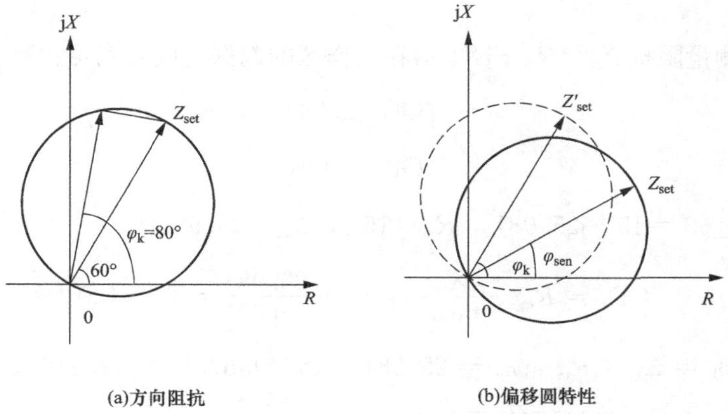

图 3-19

（2）采用阻抗复数平面上在＋R 方向有更大动作区的动作特性，能够增加距离保护躲过渡电阻的能力。如图 3-19（b）所示，当 $\varphi_{sen}<\varphi_k$ 时，方向阻抗元件在＋R 方向有更大动作区，躲过渡电阻的能力更强。

（3）该方向阻抗元件在运行中可能误动。这是因为：当测量阻抗角为 30°时，该方向阻抗元件的动作阻抗为 $Z_{set}=8\times\cos30°=6.928\Omega$。那么当外部故障切除后，若此时的运行方式为最大运行方式，测量阻抗为最小负荷阻抗 $Z_{Lmin}=7\angle30°\Omega$；由于 6.928 与 7 相差不大，若该方向阻抗元件不能返回，会引起误动。

13. 已知某准四边形阻抗元件的动作特性如图 3-20 所示，其中 $\alpha_1=\alpha_2=14°$，$\alpha_3=60°$，$\alpha_4=7.1°$，$X_{set}=30\Omega$，$R_{set}=120\Omega$。试分析当测量阻抗为 Z_m 时该阻抗元件是否动作？

（1）$Z_m=30\angle60°\Omega$；（2）$Z_m=180\angle30°\Omega$；（3）$Z_m=36\angle45°\Omega$。

答：将测量阻抗 Z_m（R_m、X_m）画在复平面图上如图 3-21 所示。过 Z_m 点作 BC 和 CD 的平行线，分别与 R 轴、jX 轴交于 D_1 点和 B_1 点。

$$OD_1=OG-D_1G=R_m-\frac{X_m}{\tan\alpha_3},OB_1=OF+B_1F=X_m+R_m\tan\alpha_4。$$

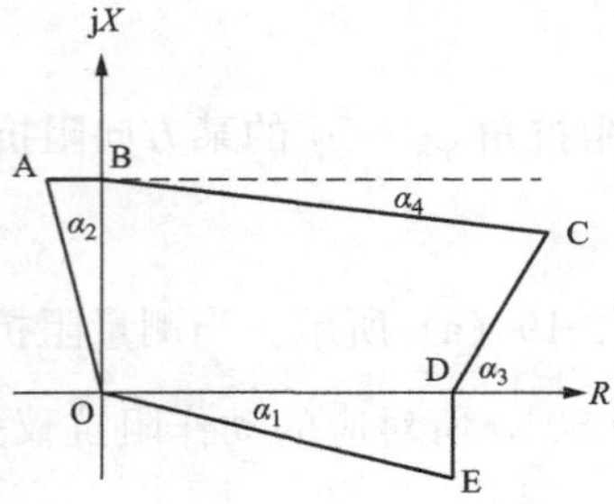

图 3-20

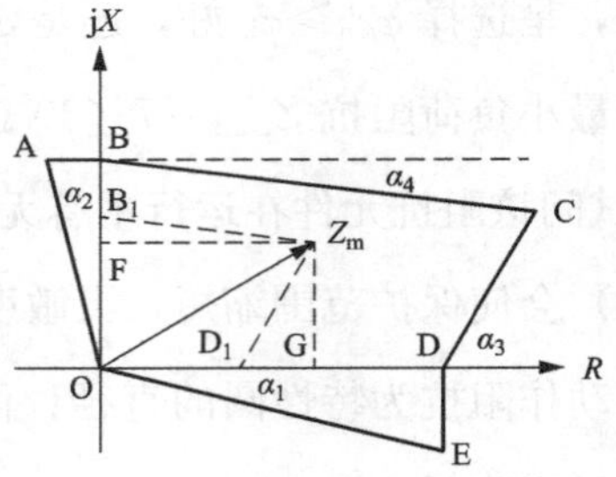

图 3-21

由图可见，测量阻抗 $Z_m = R_m + jX_m$ 落在动作区的判据为同时满足：

$$\begin{cases} OD_1 \leqslant OD \\ OB_1 \leqslant OB \end{cases}$$

(1) $Z_m = 30\angle 60^\circ = 15 + j25.981^\circ$，$R_m = 15\Omega$，$X_m = 25.981\Omega$。

$$OD_1 = R_m - \frac{X_m}{\tan\alpha_3} = 15 - \frac{25.981}{\tan 60^\circ} = 0 < 120$$

$$OB_1 = X_m + R_m \tan\alpha_4 = 25.981 + 15 \times \tan 7.1^\circ = 27.849 < 30$$

所以，当 $Z_m = 30\angle 60^\circ$时该阻抗元件动作。

(2) $OD_1 = 155.885 - \frac{90}{\tan 60^\circ} = 103.923 < 120$，$OB_1 = 90 + 155.885 \times \tan 7.1^\circ = 109.417 > 30$，

所以，当 $Z_m = 180\angle 30^\circ$时该阻抗元件不动作。

(3) $OD_1 = 25.456 - \frac{25.456}{\tan 60^\circ} = 10.759 < 120$，$OB_1 = 25.456 + 25.456 \times \tan 7.1^\circ = 28.627 < 30$，

所以，当 $Z_m = 36\angle 45^\circ$时该阻抗元件动作。

14. 试求以下阻抗元件的动作特性及动作区，并画到复平面图上。

(1) $90^\circ < \arg \frac{\dot{U}_m - \dot{I}_m R}{\dot{I}_m e^{-j60^\circ}} < 270^\circ$；

(2) $90^\circ < \arg \frac{\dot{U}_m - \dot{I}_m R}{\dot{I}_m R e^{-j30^\circ}} < 270^\circ$；

(3) $90^\circ < \arg \frac{\dot{U}_m - 2\dot{I}_m R e^{j30^\circ}}{\dot{U}_m - \dot{I}_m R e^{-j30^\circ}} < 270^\circ$。

答：(1) 直线特性（方向特性）阻抗元件［如图 3-22（a）所示，阴影区为动作区］；

(2) 直线特性（准电阻特性）阻抗元件［如图 3-22（b）所示，阴影区为动作区］；

(3) 圆特性阻抗元件［如图 3-22（c）所示，圆内为动作区，圆外为非动作区］。

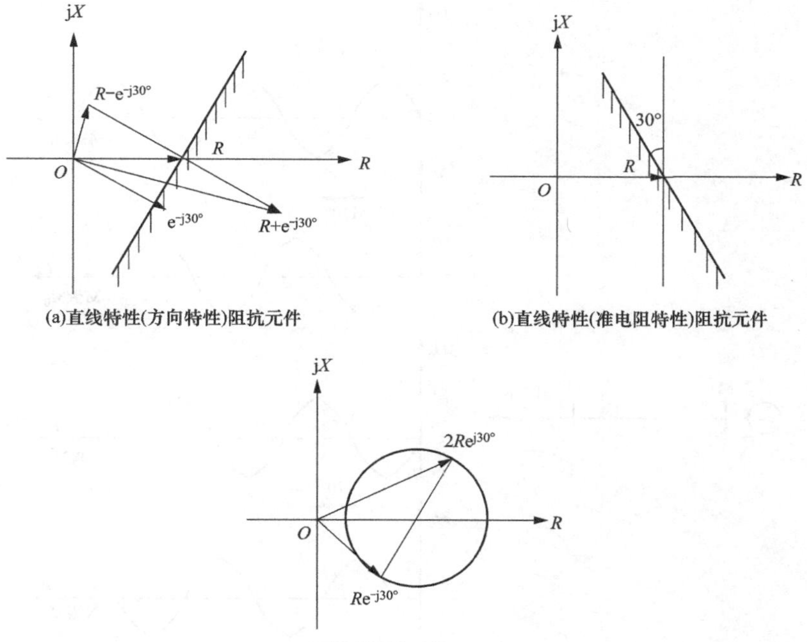

(a)直线特性(方向特性)阻抗元件

(b)直线特性(准电阻特性)阻抗元件

(c)圆特性阻抗元件

图 3-22

15. 已知系统最低运行电压 200kV，相间方向阻抗继电器一次整定值为 80∠75Ω，线路在功率因数为 0.866 下，继电器会误动的线路最小单相送出功率为多少？

答：一次阻抗Ⅲ段定值：$Z=80\times\cos(75-30)=56.57\Omega$

所以

$$I_{\text{fhmin}}=\frac{200}{\sqrt{3}\times 56.57}=2.04\text{kA},P_{\min}=\frac{200}{\sqrt{3}}\times 2.04\times 0.866=204\text{MW}。$$

16. 一条 220kV 线路区外单相接地故障时，M、N 两侧零序方向保护均动作跳闸，零序方向元件灵敏角为-110°，M、N 两侧零序电流及零序电压录波图如图 3-23 所示，试分析：(1) 误动原因；(2) 在哪些情况下有可能产生这种误动。

答：(1) 区外单相接地故障时，N 侧应为反向故障，零序保护属误动。区外故障时两侧零序电流相位相反（为穿越性电流），零序电压相位应相同（强磁弱电产生的零序电压两侧相位应相反，而本题确为区外接地故障所以排除了强磁弱电的可能），从所给录波图可看出两侧零序电压相反，因此 N 侧零序电压相位错误是误动的原因。

(2) 可能原因有：①零序电压极性接反；②零序电压回路多点接地；③三相交流电压与第三绕组二次回路共有 N 线。

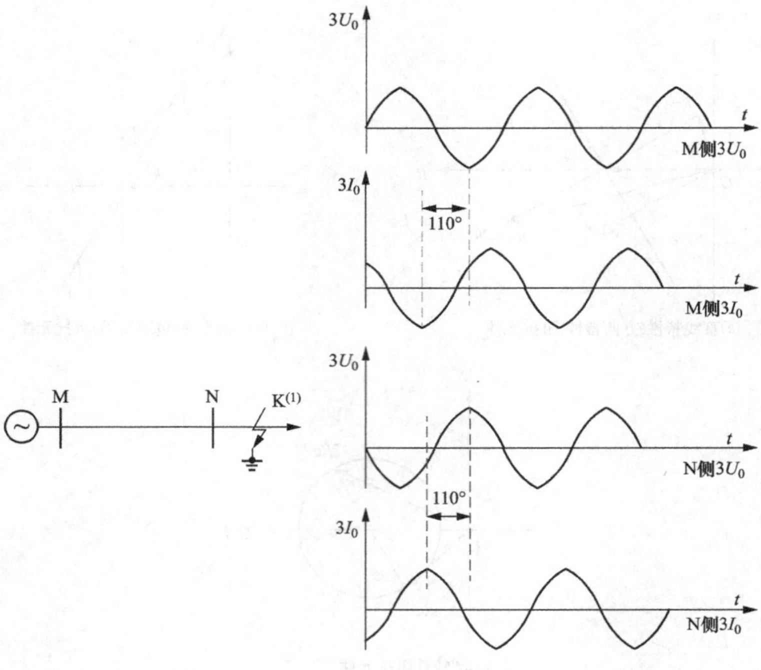

图 3-23

17. 简要说明当串补电容在保护安装处的正方向时，对阻抗继电器有何影响及相应对策？

答：由于在输电线路上发生故障时，保护动作发跳闸命令的同时也将串补电容的旁路开关接通，相当于串补电容被短接。因此实际上串补电容的存在只对快速动作的距离保护的第1段产生影响，对带延时的距离保护第Ⅱ、Ⅲ段不产生实质的影响。

影响：①在正方向出口电容器后三相短路时继电器将拒动，为解决此问题可采用带记忆的正序电压作极化量；②当在末端短路时，以正序电压为极化量的阻抗继电器将可能误动，产生超越问题。为解决该超越问题可以另外再增加一个电抗型继电器。

18. 如图 3-24 所示网络，在 AB 与 CD 两条线路之间装有串补电容，补偿度为 AB 线路的 30%，两条线路两侧均装有由方向阻抗继电器构成的距离保护。其Ⅰ段的整定值为本线路全长的 80%。假定所有线路阻抗角均为 90°，当线路 CD 的 C 端出口发生短路时，试在复平面上分析距离保护 1、2、3、4 的Ⅰ段的工作情况，并指出是否受串补电容的影响？受到何种影响？

答：距离保护 1 的Ⅰ段在其正方向区外故障（CD 线路上）时可能误动，误动区有 10km；距离保护 2、3 的Ⅰ段在其反方向短路时可能误动，误动区有 30km；距离保护 4 在其正方向区外故障（AB 线路上）时可能误动，误动区有 20km。

19. 图 3-25 为保护在不同地点短路的示意图（F_1 表示反方向短路，F_2 表示正方向出口短路，F_3 表示区外短路，Y 点表示保护范围的末端），请定性分析以正序电压为极化电压时，故障相的极化电压和工作电压的分布图（单相金属性短路）。

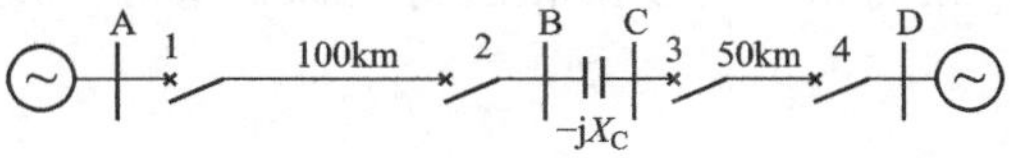

图 3-24

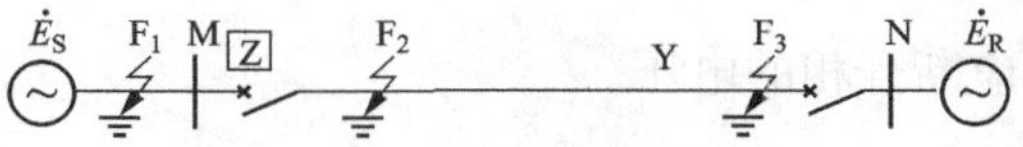

图 3-25

其中，工作电压 $\dot{U}_{op}=\dot{U}_m-\dot{I}_m Z_{set}$，$\dot{U}_m$、$\dot{I}_m$ 为加到阻抗继电器上接线方式决定的测量电压和测量电流。

答：分布图见图 3-26。

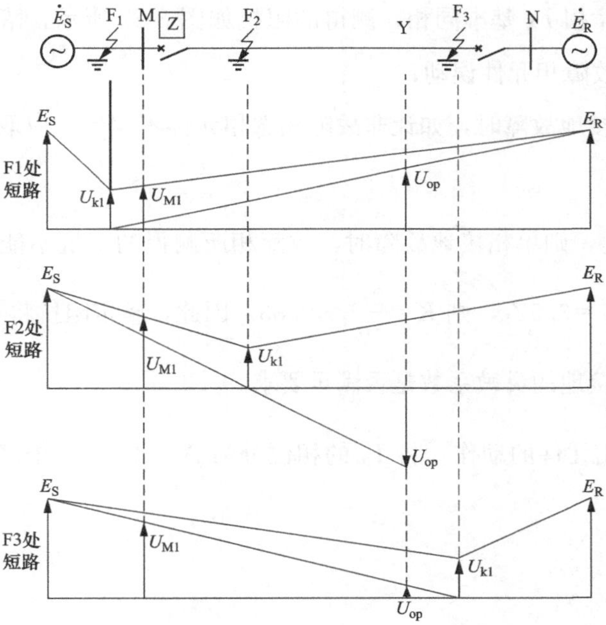

图 3-26

20. 对于距离保护，采用线路电压互感器时应注意的问题及解决方法是什么？

答：在线路合闸于故障时，在合闸前后电压互感器都无电压输出，阻抗继电器的极化电压的记忆回路将失去作用。为此在合闸时应使阻抗继电器的特性改变为无方向性（在阻抗平面上特性圆包围原点）。

在线路两相运行时断开相电压很小（由健全相通过静电和电磁耦合产生的），但有零序电流存在，导致断开相的接地距离继电器可能持续动作。所以每相距离继电器都应配有该相的电流元件，必须有电流（定值很小，不会影响距离元件的灵敏度）存在，该相距离元件的动作才是有效的。

在故障相单相跳闸进入两相运行时故障相上储存的能量，包括该相并联电抗器中的电磁能，在短路消失后不会立即释放完毕，而会在线路电感、分布电容和电抗器的电感间振荡以至逐渐衰减，其振荡频率接近 50Hz，衰减时间常数相当长。所以两相运行的保护最好不反应断开相的电压。

21. 带偏移特性的阻抗选相元件，应采取什么措施防止非故障相选相元件误动作，用解析及图示法说明原因，在校验灵敏系数时有什么区别？

答：(1) 以 A 相出口单相接地为例，B 相选择元件为$\frac{\dot{U}_B}{\dot{I}_B 3K\dot{I}_0}$，A 相出口单相接地时，$3\dot{I}_0$ 值很大，而 B 相电流为负荷电流很小，因此 B 相选相元件的测量阻抗主要由 $\dot{U}_B$ 和 $3K\dot{I}_0$ 决定，而 $3K\dot{I}_0$ 与故障相 $\dot{I}_A$ 基本同相，测得的阻抗如图 3-27 所示，落后于整定阻抗略大于 120°左右，而造成非故障相元件误动；

(2) 在出口单相接地故障时，如让非故障相选相元件不误动，应取消阻抗选相元件中的 $3\dot{I}_0$ 分量；

(3) 如取消 $3K\dot{I}_0$，则单相接地故障时，故障相所测得的阻抗不能反映正确的阻抗。此时 $K=\frac{Z_0-Z_1}{3Z_1}$，设 $Z_0=3.5Z_1$，则 $K=\frac{2.5}{3}\approx 0.83$。因此，整定阻抗将增大 1.83 倍，因此要校验单相接地和两相接地的灵敏系数是否满足要求。

22. 对 $\arg\frac{\dot{I}_0}{\dot{I}_2}$ 选相元件的动作，将 $\dot{I}_0$ 的相位分为 A、B、C 三个区域，三个选相元件的动作逻辑如图 3-28 所示。

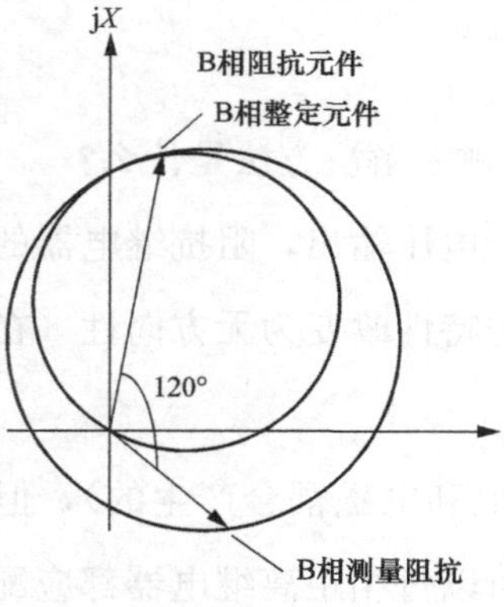

图 3-27

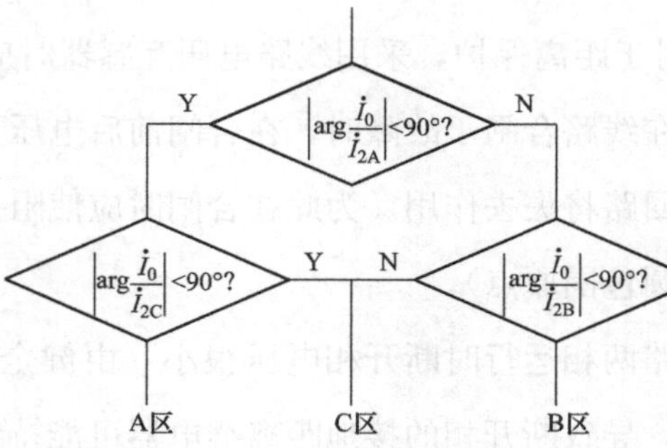

图 3-28

（1）试在以 $\dot{I}_{2A}$、$\dot{I}_{2B}$、$\dot{I}_{2C}$ 相量为坐标的空间划分出 $\dot{I}_0$ 落入 A、B、C 区的相量空间。

（2）试问 B 相单相经过渡电阻短路接地时，$\dot{I}_0$ 落入何区？

（3）试问 AB 两相短路接地，过渡电阻为零时，$\dot{I}_0$ 落入何区？

（4）试问远处 AB 两相短路，经较大接地电阻接地时，$\dot{I}_0$ 是否可能落入 A 区？

答：（1）相量图如图 3-29 所示。

（2）B 相单相接地永远有 $\dot{I}_0$ 与 $\dot{I}_{2B}$ 同相，所以落入 B 区。

（3）AB 两相金属性短路接地时，从 C 相为参考相的复合序网图中，负序网与零序网并联，$\dot{I}_0$ 与 $\dot{I}_{2C}$ 同相，$\dot{I}_0$ 落入 C 区。

（4）当接地电阻很大时，在故障支路中有可能 $\dot{I}_{0F}$ 超前 $\dot{I}_{2CF}$ 接近 90°，若故障点又较远，$\dot{I}_0$ 又可能超前 $\dot{I}_{0F}$，因此 $\dot{I}_0$ 可能超前 $\dot{I}_{2C}$ 大于 90°，则 $\dot{I}_0$ 可能落入 A 区。

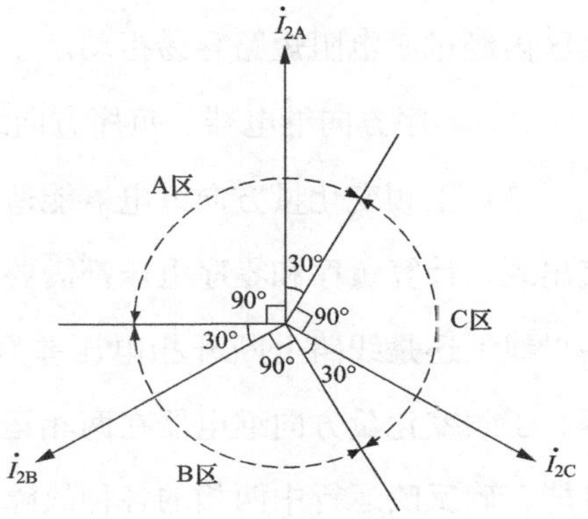

图 3-29

23. 电流稳态量选相是以三相负序电流将全平面（360°）等分为三个区（各 120°）。问：

（1）当零序电流位于 A 区时只可能存在哪几种接地短路类型？

（2）当发生 AB 两相接地短路时，故障点零序电流与 C 相负序电流的相位关系，接地电阻越大，零序电流越超前还是越滞后 C 相负序电流？最大不会超过多少度？

答：（1）当零序电流位于 A 区时只可能存在 3 种接地短路类型，它们是：A 相接地、BC 两相接地和 AB 两相接地。

（2）当发生 AB 两相接地短路时，故障点零序电流与 C 相负序电流的相位随接地电阻不同而不同。接地电阻越大，零序电流越超前 C 相负序电流，但最大不会超过 90°。

24. 距离保护应用于短线路时可能会出现哪些问题？

答：短线路的特点是本线路的阻抗与保护背后电源等值阻抗之比值很小。这种情况往往发生在本线路很短，保护背后的运行方式又很小的时候。此时距离保护可能会出现如下一些问题：

（1）在本线路末端短路时保护安装处的残压非常低，由于保护装置模数转换器的量化误差等原因使测量电压的误差百分数可能较大，影响测量的准确性（通常称为电压低于距离保护的最小精确工作电压）；

（2）如果保护背后电源的等值阻抗很大，在距离 Ⅰ 段范围内短路和线路末端短路时保护测量到的电流差别不大。这样，反应电压、电流比值的测量阻抗由于模数转换器的量化误差和保护算法误差的影响区分不开距离Ⅰ段范围内的短路和线路末端的短路，造成距离 Ⅰ 段的非选择性动作；

（3）由于本线路阻抗较小，距离 Ⅰ 段的定值很小，所以保护过渡电阻的能力很小，因此区内经过渡电阻短路容易拒动。

25. 零序方向继电器、负序方向继电器、工频变化量方向继电器哪一种能适应两相运行？

答：工频变化量方向继电器能适应两相运行。两相运行在负荷状态下就有负序和零序电流出现，计算负序和零序电压都需要三相电压，在两相运行时，一相已断开，电压互感器接在母线上还是线路上断开相电压差别很大，所以不能采用零序方向继电器、负序方向继电器。工频变化量方向继电器在两相运行的负荷状态下电流和电压变化量为零，不会误动作，且能正确反映运行中两相的各种故障。

26. 为什么距离保护应设置负荷电阻线可以解决中长线路躲负荷阻抗和灵敏度要求之间的矛盾？

答：（1）送端正常负荷阻抗角通常在小于$|\pm 30°|$，受端正常负荷阻抗角大于$|\pm(180°-30°)|$，它们都在阻抗平面靠近 R 轴的两侧；

（2）设置与距离保护整定阻抗平行的负荷电阻线，该负荷阻抗线根据用户要求恰当地整定，负荷阻抗是否进入动作区主要由负荷阻抗的幅值决定，正常运行负荷阻抗不会进入负荷阻抗线。所以距离保护不会误动；

（3）线路发生相间故障时，故障阻抗角在 70°～85°范围，能可靠进入负荷电阻线之内，如果故障阻抗幅值在整定阻抗范围内，则距离保护能可靠动作。线路发生金属性接地故障时，故障阻抗角也在 70°～85°范围，距离保护的动作情况与相间故障相同。线路发生单相经电阻接地故障时，故障阻抗有可能在负荷电阻线以外，距离保护不会动作，所以，现有的接地距离保护不可能保护全部的单相高阻接地故障，这是技术规程允许的；

（4）500kV 线路在夜间轻负荷时，可能负荷阻抗在容性$|\pm 90°|$附加，此时负荷阻抗虽然在负荷电阻线内，但幅值很大，方向也是反方向，不会导致距离保护误动。

27. 什么是距离保护的稳态超越和暂态超越？并简单介绍防止这两类超越的措施有哪些？

答：（1）由于过渡电阻的存在，导致区外故障时测量阻抗落入到保护的动作区内而导致保护误动作的现象，称为距离保护的稳态超越；

（2）由短路所产生的暂态分量造成距离保护误动作的现象，称为距离保护的暂态超越；

（3）克服稳态超越影响的主要措施有：采用自适应特性的零序电抗继电器；四边形特性继电器；

（4）克服暂态超越的主要方法是采用性能优良的滤波算法；短时缩短保护范围来躲暂态超越。

28. 在阻抗平面上，带记忆极化电压的线路距离保护，正、反向短路的动作特性为什么完全不同？微机保护有极强的记忆功能，为什么不能长期记忆？

答：在阻抗平面上，分析线路距离保护的动作特性时，必须用同时刻的量进行分析，假设故障前后系统电势不变。正向短路记忆电压只能代替背侧系统电势；反向短路记忆电压只能代替对侧系统电势。因此，带记忆极化电压的线路距离保护，正、反向短路的动作特性完全不同。

虽然微机保护有极强的记忆功能，随着故障的持续，特别是发生系统振荡，系统电势角将发生变化，记忆电压再不能反映故障前的状态了，线路距离保护必然会发生不正确动作。因此，极化电压不能长期记忆。

29. 试述线路距离保护振荡闭锁控制原则。

答：（1）单电源线路和无振荡可能的双电源线路距离保护不应经振荡闭锁；

（2）35kV 及以下线路距离保护不考虑振荡误动；

（3）预定作为系统解列点的距离保护不应经振荡闭锁；

（4）躲过振荡中心的速断段保护不宜经振荡闭锁；

（5）动作时间大于振荡周期的保护段不应经振荡闭锁；

（6）最长振荡周期为 1.5s 及以下时，动作时间为 0.5s 的距离Ⅰ段，动作时间为 1.0s 的距离Ⅱ段和动作时间为 1.5s 的距离Ⅲ段均可不经振荡闭锁。

30. 微机保护中振荡闭锁原理中在正常运行第一次故障的短时开放保护的判据中为什么要引入正序电流元件条件？

答：引入正序电流元件后，当系统静稳破坏引起振荡时，两侧电动势的夹角稍一张开，正序电流元件 I_1 就可以动作。由于系统振荡时两相电流差突变量元件 $\Delta I_{\Phi\Phi}$ 是不动作的。零序电流起动元件也是不动作的。所以正序电流元件 I_1 先于起动元件动作至少 10ms 以上。正序电流元件动作后记忆（展宽）3s（大于最长的振荡周期），这样只要系统处于振荡状态，本短时开放保护的判据就不再满足。所以在振荡的第一个振荡周期在两侧电动势夹角到达180°之前，实际上短时开放保护的判据就已被闭锁了。这样在振荡期间再进行操作时，虽然可能造成$\Delta I_{\Phi\Phi}$、I_0 起动元件起动，本判据也不会再去开放保护。防止了“先振荡后操作”时距离保护的误动。

31. 振荡闭锁在线路距离保护中起重要作用。我国普遍采用的振荡闭锁中，怎样区分静态稳破坏和暂态稳定破坏？在振荡闭锁的模块中，对称开放中的$|\dot{U}\cos\varphi|$在全相无故障振荡中反应的是什么电压；三相对称短路又反应的是什么电压？

答：我国普遍采用的振荡闭锁中，采用灵敏的启动元件与静态电流配合来区分静态稳破坏和暂态稳定破坏。启动元件后于静态电流动作判静态稳定破坏，进入振荡闭锁的模块中。启动元件先于静态电流动作判暂态稳定破坏，安全地开放距离保护 160ms，然后进入振荡闭锁的模块中。

在振荡闭锁的模块中，对称开放中的$|\dot{U}\cos\varphi|$在全相无故障振荡中反应的是振荡中心的电压；三相对称短路时反应的是故障点的电压。

32. 我国生产的微机保护的距离保护中都有一套完整的振荡闭锁。当故障前的负荷电流小于静稳电流短时开放距离保护。请解释这个时间为什么不能大于 300ms？为什么振荡闭锁只闭锁距离保护Ⅰ、Ⅱ段，距离保护Ⅲ段是如何躲过振荡影响的？

答：当故障前的负荷电流小于静稳电流（振闭电流）时，在这种情况下发生故障，由于机电暂态的影响，系统失稳的时间一般大于 250ms，所以 160ms 内是安全的，距离保护不会因为故障引起的暂态稳定破坏使得距离保护误动作。

利用短时开放保护的方法，在由于区外故障导致两侧电势角度摆开到足以使阻抗继电器误动之前，振荡闭锁就已重新将阻抗保护闭锁，防止了此时的误动。

第三段不经振荡闭锁控制，而靠延时来躲振荡的影响。第三段距离保护只要其延时大于等于 1.5s，在振荡时就不会误动。

33. 说明$\frac{dR}{dt}$振荡闭锁的原理，有什么不足之处？

答：$\frac{dR}{dt}$振荡闭锁原理用以区分短路和振荡。当系统发生金属性短路时，测量阻抗从负荷阻抗 Z_L 跃变到短路 Z_k，测量阻抗中的电阻分量也有一个很大的跃变，$\frac{dR}{dt}$数值很大，随后在短路过程中，无论系统是否发生振荡，其测量阻抗一直是 Z_k，其电阻分量也不变，$\frac{dR}{dt}$值为零。

当有过渡电阻时，短路的特征是一开始$\frac{dR}{dt}$值很大，随后$\frac{dR}{dt}$数值很小，当系统没有发生短路而有振荡时，$\frac{dR}{dt}$数值一直很大，于是可以根据$\frac{dR}{dt}$数值变化来区分短路和振荡。

在实现时，装置内部设置一个$\frac{dR}{dt}$定值，如果$\frac{dR}{dt}$数值超过该定值并在随后的时间内小于该定值的0.125倍，则判为发生了短路故障，开放距离保护。如果不满足上述判据，则认为没有发生短路故障或认为是系统发生振荡，保护被闭锁。

不足之处是在振荡闭锁保护期间内又发生短路，再重新开放保护，需带有0.2s的延时。

34. 光差纵联保护，为什么要求通道的发送和接收路由传输延时相等？

答：纵联保护的电流采样数据来自线路两侧，装置在计算两侧差电流时，一定要用两侧同一个时刻的采样数据计算才对，为完成这件工作，首先要计算两侧收发路由的传输时延，只有两侧传输时延相等，才可正确计算出每单程的传输时延，依传输时延调整从侧的采样时间与主侧相同，完成同步采样工作，进而正确完成差电流的行算。

35. 为什么纵联电流差动保护要求两侧测量和计算的严格同步，而方向比较式纵联差动保护原理则无两侧同步的要求？

答：线路纵联电流差动保护既比较线路两侧电流的大小又比较电流的相位，而电流的相位是与采样的时刻密切相关的，不同时刻的采样值将会计算出不同的相位（一般傅氏算法中计算出的相位为瞬时相位，即$\varphi=\omega t+\varphi_0$，而不是通常的初相位$\varphi_0$，显然时刻$t$不同时，算出的$\varphi$也是不同的）。由于纵联电流差动保护在原理上要求比较“同一时刻”两侧的电流，故要求两侧测量和计算的严格同步，否则将会产生较大的不平衡电流，可能导致差动保护误动作。对于50Hz的电流量而言，1ms的时间误差相当于18°的相位误差，为了精确反应两端电流的相位，一般要求采样的时间误差不大于10μs。

方向比较式纵联保护反应的是被保护线路两端的故障方向。由于每一端的测量元件通过比较本侧电压、电流之间的相位就能够确定故障方向，因此只要每一侧的电压、电流同时采样，就能够保证正确的方向判断，不需要与线路另一侧的保护装置同步采样。

36. 220kV线路光纤电流差动保护电流采样同步算法之“采样时刻调整法”的工作原理及不足之处？

答：两侧的采样速率相同，采样间隔均为T_s，由各自的晶振实现。为保证两侧保护采样同步，设定为采样同步端的一侧发一帧同步请求命令，其中包括采样标号，采样参考端在收到同步端发来的命令后返回一帧数据，其中包括参考端的采样标号及该采样相应的时间等信息，同步端收到参考端的相应数据报文后，可计算出通信传输延时和两侧采样时间差，同步端根据这个采样时刻的偏差，确定调整次数，经过保护对采样时间的数次微调，直到两侧采样时间差为 0，两侧装置的采样完全同步。

不足之处：

（1）调整过程的时间较长，一旦采样失步后不利于快速恢复采样同步；

（2）在测量保护装置之间的采样时刻的误差时，仍然与通道延迟参数 T_d 有关，不能适应收发路由不同的通信系统。

37. 某线路两端光纤纵联电流差动保护，如图 3-30 所示，从机在采样标号为 n_i 的采样时刻 t_{ss} 向主机发送一帧测定通道延时的报文，主机在时刻 t_{mr} 收到该报文；主机在采样标号为 m_i+1 的采样时刻 t_{ms} 向从机回应一帧通道延时测定报文，从机在时刻 t_{sr} 收到该报文。已知：

（1）主机发、收报文时间差为 0.08ms；从机收、发报文时间差为 0.36ms；采样周期为 0.2ms；

（2）从机端负荷二次电流表达式为 $i(t)=\sqrt{2}\times5\sin(314t)$ A，在采样标号为 n_i 的时刻，负荷电流正好过零。请判断在两端 TA 变比及特性和二次回路特性一致，且保护采用了电容电流补偿的措施情况下，采样标号为 $n_i(m_i)$ 时刻的是否有不平衡电流值。如有不平衡电流，应检查光纤纵联电流差动保护的哪个环节？

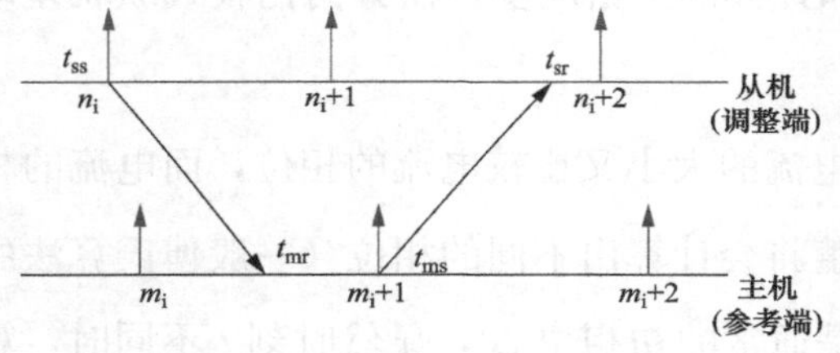

图 3-30

答：通道传输延时 $T_d=\dfrac{0.36-0.08}{2}=0.14$ms

采样延时：$0.36-0.2-T_d=0.02$ms

采样时间差值 $\Delta T_s=0.36-(0.14+0.2)=0.02$ms［或者 $\Delta T_s=3T_s-(T_d+\Delta t_1+\Delta t_2)$］

不平衡电流值 $\Delta i=\left|\sqrt{2}\times5\sin(314\times0.02\times10^{-3})-0\right|=0.000775$A。

应检查光纤纵联电流差动保护是否采用同一路由收发、往返延时一致的通道。

38. 在输电线路光纤分相电流差动保护中，回答：

（1）短路故障时，如另一侧起动元件不起动，有何现象发生？

（2）在各种运行方式下线路发生故障（含手合故障线路），采用何措施使两侧保护起动？

答：（1）设 A 侧起动元件动作，B 侧起动元件不动作。

1）内部故障时：B 侧不发差动元件动作信号，当然 A 侧收不到 B 侧的差动信号，虽 A 侧起动元件动作，但 A、B、C 三相差动不出口，于是内部故障时保护拒动；

2）外部故障时：A 侧差动元件动作，起动元件动作，向 B 侧发差动动作信号，A 侧保护不出口，故不发生误动作。但 A 侧差动元件处动作状态，是一种危险的状态。

（2）从原理看：要保证保护正确动作，不论是线路内部、外部故障，也不论故障类型两侧起动元件必须起动。措施如下：

1）采用灵敏的带浮动门槛的相电流突变量起动元件；

2）零序电流起动元件，保证高阻接地时也能起动；

3）低电压差电流起动，起动方式为：收到对侧起动信号，同时本侧低电压（相电压或线电压），两条件满足就起动，这可保证线路一侧无电源本线故障时该侧起动；（低压＋差流＋允许信号）；

4）手合故障线路，只要对侧三相开关断开，同时收到合闸侧发来的起动信号，则断开侧保护起动，可保证合闸侧保护快速切除故障。（三相 TWJ 等于 1＋差流＝向对侧发允许信号）。

39. 有哪些因素可能引起光纤差动保护差流异常？

答：（1）光纤纵联通道双向来回路由不一致；

（2）光纤差动保护两侧采样不同步；

（3）TA 极性接反；

（4）TA 变比整定错误；

（5）装置交流插件型号配置错误（1A、5A）；

（6）智能站保护装置电流正反极性虚端子配置错。

40. 在 220kV 纵联电流差保护中有远传和远跳 2 个功能，简述两者的异同，并分析保护系统中的用途。

答：（1）相同之处是：本侧某些保护动作后，经过纵联电流差动保护通道向对侧发信号；

（2）不同之处是：保护收到远跳信号后，可经过纵联差动保护中起动量的判断，通过纵联保护装置出口跳闸；保护收到远传信号后，不经过任何判断将远传信号输出，可动作跳闸、发信号、切机等；保护远跳是防止在 TA 与开关之间发生故障，对于纵联保护为区外故障，母差保护判为区内故障起动 TJR 跳开关，TJR 起动纵联保护的远跳功能，向对侧保护发远跳命令，可经过对侧保护起动，快速跳开对侧开关。远传一般用于远方切机、3/2 接线失灵保护动作、过电压保护动作等通过纵联保护通道向对侧发远传信号，对侧接收到远传信号后，一般要经过就地判别装置进行跳闸。

41. 试述线路纵联电流差动全线速动保护的优点。为什么要配置零序电流差动？

答：(1) 具有光纤通道的线路纵联电流差动保护配有分相式电流差动和零序电流差动，其优点是本身具有选相功能，不受系统振荡影响，在非全相运行中有选择性地快速动作。由于带有制动特性，可防止区外故障误动，不受失压影响，不反应负荷电流，回路简单明了，值得推广；

(2) 在短线路上使用，不需要电容电流补偿功能，同时对超短线路停用距离Ⅰ段而言，是短线路保护的最佳方案；

(3) 配有零序电流差动对于要求实现单相重合闸的线路，在线路单相经高阻接地故障时，通过三相差动电流幅值的比较，能正确选相并动作跳闸。增设零序电流差动不是为了快速切出故障，而是提高对单相高阻接地故障的灵敏性，为躲区外故障的差动不平衡电流，动作时间略有延长，以达到用时间换取灵敏度的目的。

42. 保护装置无故障，两侧软硬件版本一致情况下，纵联电流差动保护形成差流的原因有哪些（6种）？纵联电流差动保护装置应设置哪些启动元件？

答：纵联电流差动保护形成差流的原因有：

(1) 通道收发传输时间不一致；

(2) 两侧采样不同步；

(3) TA 断线；

(4) 区内发生故障；

(5) 电容充电电流补偿不合理；

(6) 定值整定错误；

(7) 通道自环（单侧和两侧只算一种）；

(8) TA 误差；

(9) 区外故障 TA 暂态特性不一致；

(10) 区外故障 TA 饱和。

本侧独立的电流启动元件包括：相电流突变量；零序电流分量；考虑到线路单侧充电备用的情况，三相跳位开入，也可以视为启动元件动作；弱馈情况，本侧电流启动元件不能启动，此时，可以在出现差电流时以电压元件（相低电压、相间低电压、零序电压）作为辅助启动元件。

43. 差动保护的电压启动判据针对什么故障而设置？电压启动的条件是什么？

答：为保证在弱馈线路的弱馈侧和高阻接地故障的远故障侧，差动保护能可靠启动，设置电压启动元件。电压启动元件包括两个部分。第一部分是本侧低电压，且差流达到稳态量差动的门槛值置保护启动；第二部分是对侧存在一定的零负序电压，且差流达到稳态量差动的门槛值，置保护启动。

44. 一般情况下，对于220～500kV线路有哪些保护动作时应传输远方跳闸命令。

答：（1）3/2断路器接线的断路器失灵保护动作；

（2）高压侧无断路器的线路并联电抗器保护动作；

（3）线路过电压保护动作；

（4）线路变压器组的变压器保护动作；

（5）线路串补保护动作且电容器旁路断路器拒动，或电容器平台故障。

45. 对选相元件的基本要求是什么？常用的选相原理有哪些？

答：对选相元件的基本要求是，应保证选择性，即选相元件选出故障相并与继电保相配合只跳开发生故障的一相；在线路末端发生单相接地短路时，接于该相上的选相元件应保证足够的灵敏性。

根据网络接线和运行的特点，满足以上要求的常用选相元件有以下几种：

（1）电流选相元件：在每相上装设一个过电流继电器，依据故障相电流较非故障相大的特点，其启动电流按照大于最大负荷电流的原则进行整定，以保证动作的选择性。这种选相元件适于装设在电源端，且短路电流比较大的情况；

（2）低电压选相元件：用三个低电压继电器分别接于三相的相电压上，低电压继电器是根据故障相电压降低的原理而动作的。它的启动电压应小于正常运行时以及非全相运行时可能出现的最低电压。这种选相元件一般适于装设在小电源侧或单侧电源线路的受电侧，因为在这一侧如用电流选相元件，则往往不能满足选择性和灵敏性的要求；

（3）阻抗选相元件、相电流差突变量选相元件等，常用于高压输电线路上，有较高的灵敏度和选相能力。

46. 某系统联络线如图3-31所示，两侧系统正序阻抗、输电线长度示在图中。该输电线装有两套全线速动保护，一套是光纤分相电流差动保护，另一套是超范围闭锁式纵联距离保护。若在振荡过程中M、N两侧等值电动势夹角为180°时正遇MN线路中部附近A相接地，试分别说明两套保护的行为？

答：光纤分相电流差动保护：

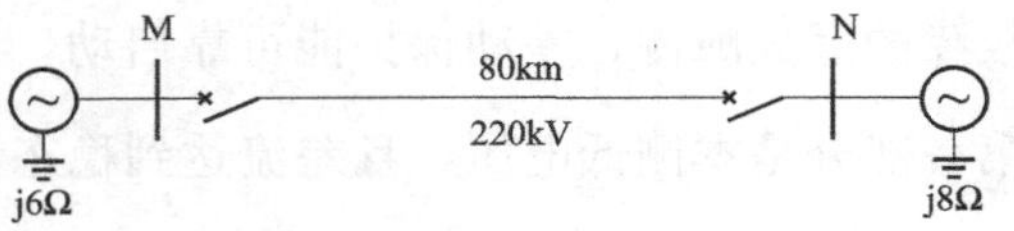

图 3-31

(1) A 相接地时，两侧电流反相位（主要为负荷电流），保护不动作；

(2) 随着振荡过程中两侧等值电动势夹角偏离 180°，两侧零序电流元件动作，保护启动，同时两侧电流相位关系进入动作区内，保护动作。所以保护动作延时了。

超范围闭锁式纵联距离保护：

(1) A 相接地时，$|\dot{I}_2|+|\dot{I}_0|>m|\dot{I}_1|$元件不动作，保护不开放；

(2) 随着振荡过程中两侧等值电动势夹角偏离 180°，起动元件动作，$|\dot{I}_2|+|\dot{I}_0|>m|\dot{I}_1|$元件动作，开放距离元件，从而保护动作。所以保护动作延时了。

47. 试比较单相重合闸与三相重合闸的优缺点。

答：(1) 使用单相重合闸时会出现非全相运行，除纵联保护需要考虑一些特殊问题外，对零序电流保护的整定和配合产生了很大影响，也使中、短线路的零序电流保护不能充分发挥作用。例如，一般环网三相重合闸线路的零序电流一段都能相继动作，即在线路一侧出口单相接地而三相跳闸后，另一侧零序电流立即增大并使其一段动作。利用这一特点，即使线路纵联保护停用，配合三相快速重合闸，仍然保持着较高的成功率。但当使用单相重合闸时，这个特点不存在了，而且为了考虑非全相运行，往往需要抬高零序电流Ⅰ段的启动值，零序电流Ⅱ段的灵敏度也相应降低，动作时间也可能增大；

(2) 使用三相重合闸时，各种保护的出口回路可以直接动作于断路器。使用单相重合闸时，除了本身有选相能力的保护外，所有纵联保护、相间距离保护、零序电流保护等，都必须经单相重合闸的选相元件控制，才能动作于断路器；

(3) 当线路发生单相接地，进行三相重合闸时，会比单相重合闸产生较大的操作过电压。这是由于三相跳闸，电流过零时断电，在非故障相上会保留相当于相电压峰值的残余电荷电压，而重合闸的断电时间较短，上述非故障相的电压变化不大，因而在重合时会产生较大的操作过电压。而当使用单相重合闸时，重合时的故障相电压一般只有 17%左右（由于线路本身电容分压产生），因而没有操作过电压问题。然而，从较长时间在 110kV 及 220kV 电网采用三相重合闸的运行情况来看，对一般中、短线路操作过电压方面的问题并不突出；

(4) 采用三相重合闸时，最不利的情况是有可能重合于三相短路故障。有的线路经稳定计算认为必须避免这种情况时，可以考虑在三相重合闸中增设简单的相间故障判别元件，使他在单相故障时实现重合，在相间故障时不重合。

48. 请结合图 3-32 中的一、二次系统图阐述解列重合闸的作用。

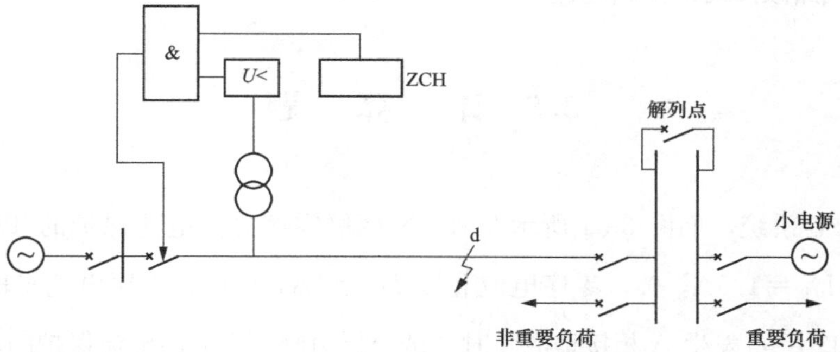

图 3-32

答：如图所示，正常时由系统向小电源侧输送功率，当线路（如 d 点）发生故障后，系统侧的保护动作使线路断路器跳闸，小电源的保护动作则使解列点跳闸，而不跳故障线路的断路器，小电源与系统解列后，其容量应基本上与所带的重要负荷相平衡，这样就可以保证地区重要负荷的连续供电，并保证电能的质量。在两侧断路器跳闸后，系统侧的重合闸检查线路无电压，在确定对侧已跳闸后进行重合，如重合成功，则由系统恢复对地区非重要负荷的供电，然后再在解列点处实行同步并列，即可恢复正常运行。如果重合不成功，则系统侧的保护再次动作跳闸，地区的非重要负荷将被迫中断供电。解列点的选择原则应是，尽量使发电厂的容量与其所带的负荷接近平衡，这是这种重合闸方式所必须考虑并加以解决的问题。

49. 超高压远距离输电线两侧单相跳闸后为什么会出现潜供电流？对重合闸有什么影响？

答：如图 3-33 所示，C 相接地故障，两侧单相跳闸后，非故障相 A、B 仍处在工作状态。由于各相之间存在耦合电容 C_1，所以 A、B 相通过 C_1 向故障点 k 供给电容性电流 I_{C1}，同时由于各相之间存在互感，所以带负荷的 A、B 两相将在故障相产生感应电动势，该感应电动势通过故障点及相对地电容 C_0 形成回路，向故障点供给电感性电流，这两部分电流总称为潜供电流。由于潜供电流的影响，使短路处的电弧不能很快熄灭，如果采用单相快速重合闸，将会又一次造成持续性的弧光接地而使单相重合闸失败。所以单相重合闸的时间，必须考虑到潜供电流的影响。

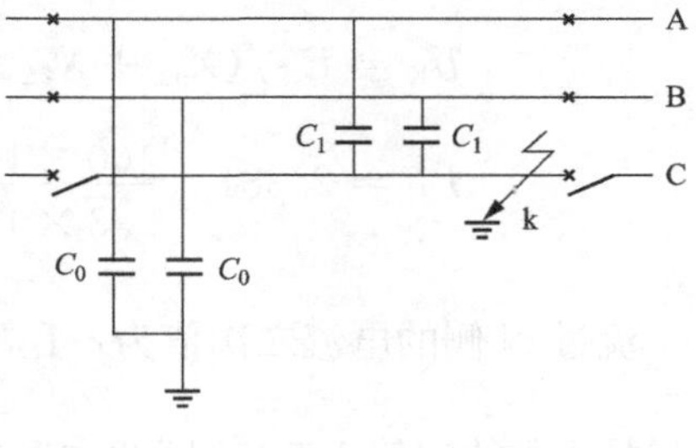

图 3-33

50. 对于远距离超高压输电线路一般在输电线路的两端或一端变电站内装设三相对地的并联电抗器，其作用是什么？

答：（1）为吸收线路容性无功功率、限制系统的操作过电压；

(2) 对于使用单相重合闸的线路，限制潜供电容电流、提高重合闸的成功率；

(3) 限制线路故障时的短路电流。

3.5 计 算 题

1. 某 110kV 系统，如图 3-34 所示。M、N 两侧零序方向电流保护的 TA 变比 600/1，零序电流Ⅰ段 $I_{0\text{Ⅰ}}=1.5\text{A}$，0s，零序电流Ⅱ段 $I_{0\text{Ⅱ}}=1\text{A}$，0.5s，零序电流Ⅲ段 $I_{0\text{Ⅲ}}=0.4\text{A}$，3s，当 N 侧出口 K 点发生 A 相接地故障时，试分析两侧零序方向电流保护的动作行为。

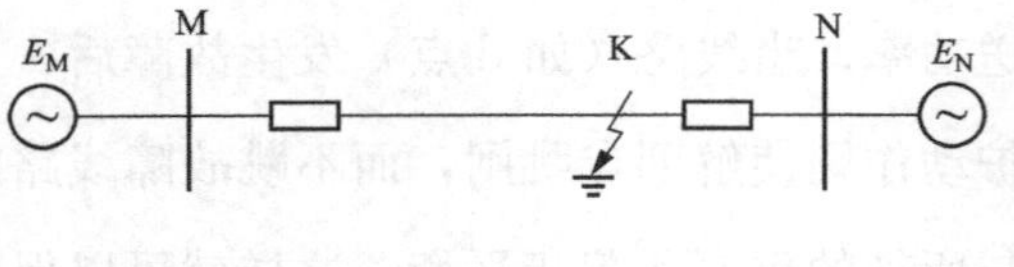

图 3-34

已知：M 侧系统参数：$X_1=X_2=X_0=0.2$；线路参数：$X_1=X_2=0.2$，$X_0=0.6$；N 侧系统参数：$X_1=X_2=X_0=0.2$。参数均为标幺值，基准容量 100MVA，基准电压 110kV。

答：K 点左侧综合正负序阻抗：$Z_{左1}=Z_{左2}=0.2+0.2=0.4$，综合零序阻抗

$$Z_{左0}=0.2+0.6=0.8$$

K 点右侧综合正负零序阻抗：$Z_{右1}=Z_{右2}=Z_{右0}=0.2$

序网的综合阻抗：

$$X_{1\Sigma}=X_{2\Sigma}=(0.4\times0.2)/(0.4+0.2)=0.13$$

$$X_{0\Sigma}=(0.2\times0.8)/(0.2+0.8)=0.16$$

$$I_{0K}^{*}=E^{*}/(X_{1\Sigma}+X_{2\Sigma}+X_{0\Sigma})=1/(0.13+0.13+0.16)=2.381$$

$$I_{0K}=2.381\times\frac{100\times1000}{\sqrt{3}\times110}=1250\text{A}$$

流过 N 侧的电流二次值为：$I_{N0}=I_{0K}\times\frac{0.8}{0.2+0.8}/600=1.67\text{A}$，$3\times1.67=5.0\text{A}$ 大于零序保护Ⅰ段的定值 1.5A，因此在发生短路后，N 侧零序Ⅰ段保护动作，0s 跳闸。

流过 M 侧的电流二次值 $I_{M0}=I_{0K}\times\frac{0.2}{0.2+0.8}/600=0.42\text{A}$。$3\times0.42=1.25\text{A}$ 小于零序保护Ⅰ段的定值 1.5A，大于零序保护Ⅱ段的定值 1A，因此在发生短路后，M 侧零序Ⅰ段保护不能动作，零序Ⅱ段保护启动。

但 N 侧零序Ⅰ段保护动作跳闸后，流过 M 侧的电流变为：流过 M 侧的电流二次值 $I_{M0}=\frac{1}{0.4+0.4+0.8}\times525/600=0.547\text{A}$，$3\times0.547=1.64\text{A}$ 大于零序保护Ⅰ段的定值

1.5A，即在 N 侧零序 I 段保护动作跳闸后，M 侧零序Ⅰ段保护会相继动作跳闸。

2. 如图 3-35 所示，在线路 L_1 的 M 侧装有按 $U_\Phi/(I_\Phi+k\times 3I_0)$ 接线的接地距离保护 ($k=2/3$)，阻抗元件的动作特性为最大灵敏角等于 80°的方向圆，一次整定阻抗为 $Z_{zd}=20\angle 80°\Omega$。在 K 点发生 A 相经电阻接地短路故障。

(1) 计算 A 相阻抗元件的测量阻抗值。

(2) 该阻抗元件是否会动作？并用阻抗相量图说明之。

注：①全电流 I_1 与 I_2 同相；② Z_{L1} 为线路 L_1 的线路正序阻抗，Z_{L3k} 为线路母线 N 到故障点 K 的线路正序阻抗。$Z_{L1}=5\angle 80°\Omega$，$Z_{L3k}=10/3\angle 80°\Omega$。

答：(1) 测量阻抗

$$Z_{ca}=Z_{L1}+\frac{[(I_1+I_2)+k(I_1+I_2)]Z_{L3k}}{I_1+kI_1}+\frac{(I_1+I_2)R_g}{I_1+kI_1}$$

$$=Z_{L1}+\frac{[(I_1+0.5I_1)+k(I_1+0.5I_1)]Z_{L3k}}{I_1(1+k)}+\frac{(I_1+0.5I_1)R_g}{I_1(1+k)}$$

$$=Z_{L1}+1.5Z_{L3k}+\frac{1.5R_g}{1+k}$$

$$=(5+1.5\times 3.33)\angle 80°+1.5\times 12\times\frac{3}{5}$$

$$=10\angle 80°+10.8\Omega$$

(2) 该阻抗元件不会动作。因为，在 K 点短路时，阻抗元件允许的接地电阻为 10Ω，而测量的 K 点接地电阻为 10.8Ω，所以，不会动作。阻抗相量图如图 3-36 所示。

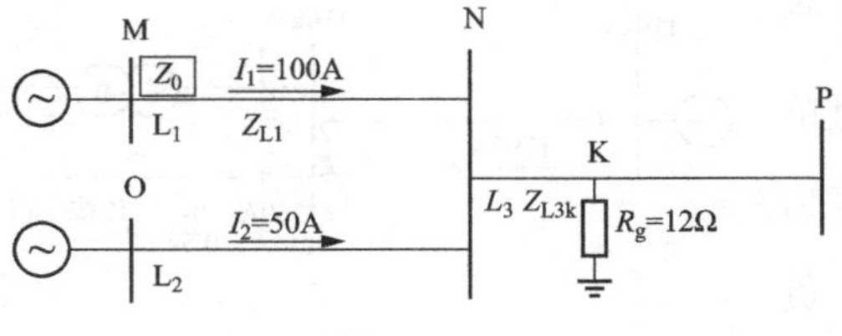

图 3-35

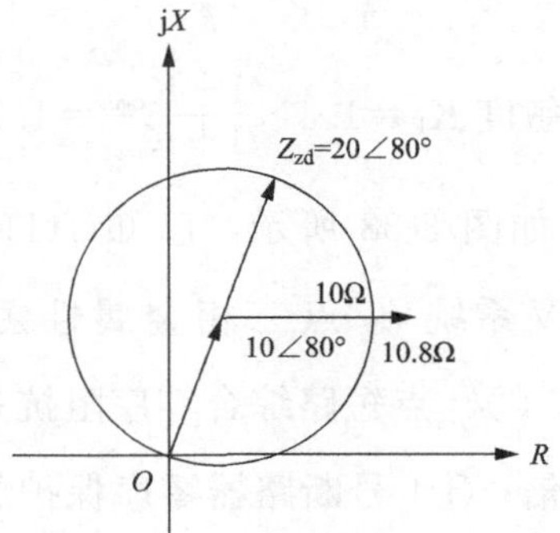

图 3-36

3. 如图 3-37，已知：M 站和 N 站间同塔双回Ⅰ、Ⅱ线的参数相同，零序阻抗为 Z_0，Ⅰ、Ⅱ线间互感阻抗为 Z_{0m}，正序阻抗为 Z_1，且 $Z_{0m}/Z_0=0.3$，$Z_0/Z_1=3$。为确保 M 侧接地

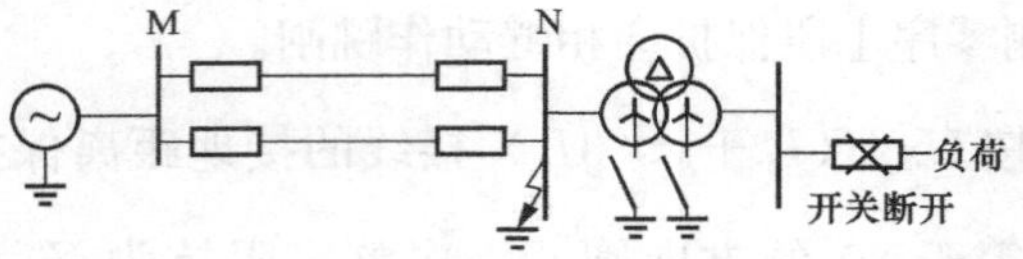

图 3-37

距离Ⅰ段定值在各种可能的运行情况下，可靠躲过线路对侧母线接地故障，其零序补偿系数 K 需要采用最小值 $K_{\min}$。为确保 M 侧距离Ⅱ段定值在各种可能的运行情况下，可靠保证线路对侧母线接地故障有灵敏度，其零序补偿系数 K 需要采用最大值 $K_{\max}$。

（1）求出 $K_{\min}$ 的值。

（2）单回线路正常运行（另一回线停运但两端未接地）时距离Ⅱ段灵敏度系数为 1.4。当Ⅰ、Ⅱ回线保护装置零序补偿系数实际按 $K_{\min}$ 整定时，为保证各种情况下线路对侧母线接地故障时距离Ⅱ段都有足够灵敏度，请问Ⅰ、Ⅱ回线 M 侧的距离Ⅱ段灵敏度系数应增大为多少？

答：（1）对同塔双回线路，零序补偿系数 K 值最小的情况是：同塔双回线其中一回线检修并两端接地，同时在运行线路发生线路对侧母线接地故障，此时考虑互感的零序综合阻抗为

$$Z_{\Sigma 0}=Z_0-\frac{Z_{0m}^2}{Z_0}=Z_0-\frac{(0.3Z_0)^2}{Z_0}=0.91Z_0=2.73Z_1$$

$$K_{\min}=\frac{Z_{\Sigma 0}-Z_1}{3Z_1}=\frac{2.73Z_1-Z_1}{3Z_1}=0.577$$

（2）对同塔双回线路，距离Ⅱ段需考虑零序补偿系数最大情况：双回线同时运行对侧母线发生接地故障，此时考虑互感的零序综合阻抗为

$$Z_{\Sigma 0}=Z_0+Z_{0m}=1.3Z_0=3.9Z_1$$

$$K_{\max}=\frac{Z_{\Sigma 0}-Z_1}{3Z_1}=\frac{3.9Z_1-Z_1}{3Z_1}=0.967$$

灵敏度 $K_k=1.4\times\dfrac{1+K_{\max}}{1+K_{\min}}=1.746$。

4. 如图 3-38 所示，已知①110kV 系统基准容量为 100MVA，基准电压是 115kV；②110kV 系统 k_2 点三相金属性短路电流为 1793A；③k_2 点短路综合零序阻抗是正序阻抗的 2.8 倍；④1 号断路器零序保护的整定值为如图所示；⑤设 110kV 系统到 k_2 点正序、负序阻抗相同；⑥取可靠系数 $K_{rel}=1.3$，配合系数 $K_{co}=1.1$，时间级差 0.5s。求：3＃断路器的零序保护整定值，按三阶段整定，不要求校验灵敏度、保护范围。

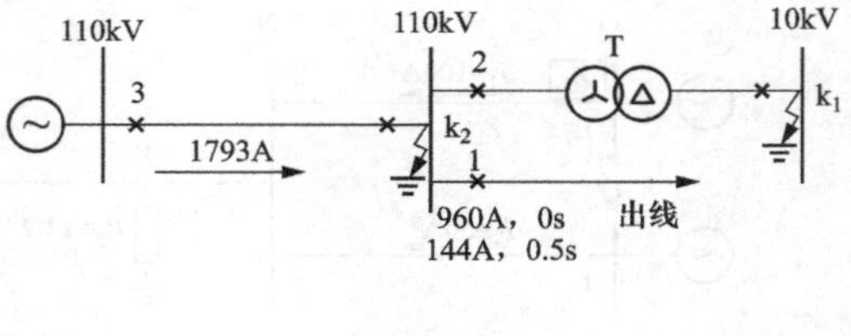

图 3-38

答：(1) 计算 110kV 系统基准电流

$$I_b=\frac{S}{\sqrt{3}U_b}=\frac{100\times10^3}{\sqrt{3}\times115}=502\text{A}$$

(2) k_2 点正序短路阻抗

$$Z_1=\frac{502}{1793}=0.28$$

(3) k_2 点零序短路阻抗

$$Z_0=2.8\times0.28=0.784$$

(4) 短路电流计算

由于 k_2 点短路时 $Z_1<Z_0$，所以单相接地短路的零序电流比两相接地零序电流大。k_2 点单相接地短路时的 $3I_0$ 为

$$3I_0=\frac{3\times502}{2Z_1+Z_0}=\frac{3\times502}{2\times0.28+0.784}=1120\text{A}$$

k_2 点三相金属性短路的短路电流已知为 1793A。

(5) 整定计算

Ⅰ段：躲 k_2 点单相接地短路时流过保护的最大零序电流 $I_{DZ\text{I}}=1.3\times1120=1456\text{A}$，取时间定值 0s。

Ⅱ段：与相邻线路 1 号断路器的第Ⅰ段定值配合整定，$I_{DZ\text{II}}=1.1\times960=1056\text{A}$，取时间定值 0.5s。

Ⅲ段：躲过 k_2 点三相短路时的不平衡零序电流整定，$I_{DZ\text{III}}=1.3\times1793\times0.1=233\text{A}$。

与相邻线路 1 号断路器的第Ⅱ段定值配合整定，$I_{DZ\text{III}}=1.1\times144=158\text{A}$，取电流定值为 233A，时间 1.0s。

5. 如图 3-39 所示网络，已知：线路正序阻抗 $z_1=0.45\Omega/\text{km}$，在平行线路上装设了距离保护作为主保护，可靠系数Ⅰ段、Ⅱ段取 0.85。其中：电源线电势 $115/\sqrt{3}$kV，$Z_{A.min}=20\Omega$，$Z_{A.max}=Z_{B.max}=25\Omega$，$Z_{B.min}=15\Omega$。一回线路 80km，另一回线路 70km，求 AB 线路 A 侧保护的Ⅱ段动作阻抗和灵敏度。

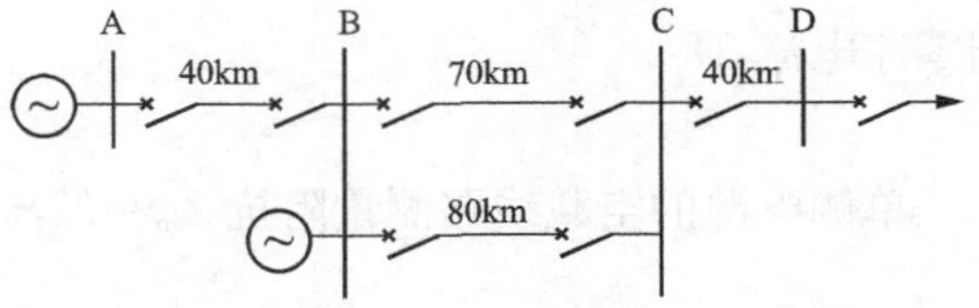

图 3-39

答：(1) 最小助增系数：A 电源取大方式，B 电源取小方式为

$$K_{助}=\frac{Z_{A.min}+Z_{AB}+Z_{B.max}}{Z_{B.max}}=\frac{20+40\times0.45+25}{25}=2.52$$

(2) 最小汲出系数计算如下：

平行线路的阻抗可化为长度进行计算，则得：$K_{汲}=\frac{70}{70+80}=\frac{7}{15}$

总的最小分支系数为 $K=2.52\times\frac{7}{15}=1.176$［注：在既有助增，也有汲出时，可分别求出各自的分支系数，他们的乘积为总分支系数。］

求相邻线路距离保护Ⅰ段：$Z_{BC.Ⅰ}=Z_{BC}\times0.85=0.45\times70\times0.85=26.775\Omega$

求本侧距离保护Ⅱ段：

$$Z_{AB.Ⅱ}=0.85\times Z_{AB}+0.85\times K\times Z_{BC.Ⅰ}$$
$$=0.85\times0.45\times40+0.85\times1.176\times26.775=42.064\Omega$$
$$Z_{AB.Ⅱ}=0.85\times Z_{AB}+0.85\times K\times Z_{BC.Ⅰ}$$
$$=0.85\times0.45\times40+0.85\times1.176\times26.775=42.064\Omega$$

校验灵敏度：$K_{lm}=\frac{Z_{AB.Ⅱ}}{Z_{AB}}=\frac{42.064}{0.45\times40}=2.34$。

6. 如图 3-40 所示单侧电源供电的大电流接地系统，保护安装处 P 接地距离Ⅱ段定值 15Ω，正序和零序灵敏角 70°，零序补偿系数 0.6，接地距离偏移角为 0°，接地距离保护采用阻抗方向圆特性。MN 线路全长 20km，每千米线路阻抗 0.5Ω。故障前线路空载，在距离 M 侧 12km 的地方发生 A 相经过渡电阻接地，此时保护记录的 A 相故障电流为 1A、60°。问：

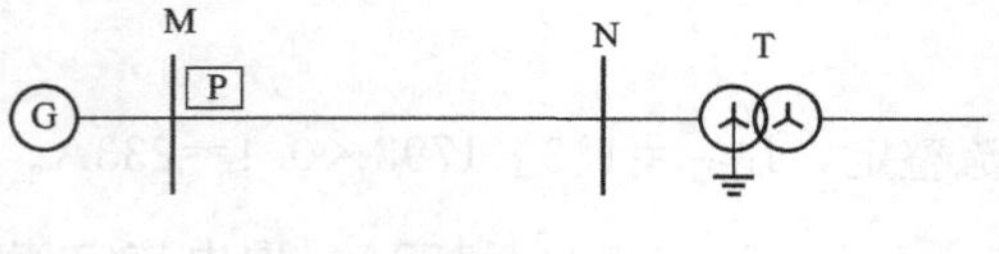

图 3-40

(1) 过渡电阻最大为多少时，仍然在接地距离Ⅱ段保护范围内。

(2) 保护安装处记录的 A 相电压为多少。

答：(1) 设短路点为 K，则 $Z_K=12\times0.5\angle70°=6\angle70°\Omega$，$Z_{set}-Z_K=9\angle70°\Omega$。

因这种接线方式对侧零序不流通，则故障点电流 $\dot{I}_k$ 等于 M 侧 A 相电流 $\dot{I}_a$，也等于 M 侧零序电流 $3\dot{I}_0$。

单侧电源的空载线路测量阻抗 $Z_m=Z_k+\frac{\dot{I}_k}{\dot{I}_a+K\times3\dot{I}_0}R_g=6\angle70°+0.625R_g$

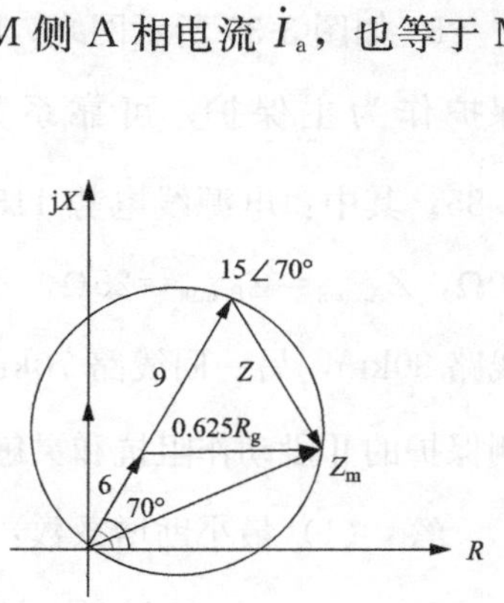

图 3-41

如图 3-41 所示，连接 Z_{set} 和 Z_m 的端点，设所连接的虚线的大小为 Z，$Z_m^2+Z^2=15^5$

根据图 3-41，并结合余弦定理可得

$$6^2+(0.625R_g)2-2\times 6\times 0.625R_g\times \cos(180^\circ-70^\circ)+$$

$$9^2+(0.625R_g)2-2\times 9\times 0.625R_g\times \cos70^\circ=15^2$$

解得 $R_g=13.43\Omega$，即过渡电阻最大为 13.43Ω 时，仍然在接地距离Ⅱ段保护范围内。

(2) 保护安装处的 A 相电压

$$\dot{U}_{ma}=(1+K)\dot{I}_a\times Z_m=(1+0.6)\times 1\angle 60^\circ\times(6\angle 70^\circ+0.625\times 13.43)=18.98\angle 88.4^\circ\text{V}$$

7. 如图 3-42 所示，某线路 MN 发生 C 相高阻接地故障，线路差动保护跳闸，M 侧保护 PCS-931A-G 测距为 25km。现已获取故障后 20ms 的两侧电压电流值（同一时刻）如下：

M 侧：$\dot{U}_a=62.1\angle 0^\circ\text{V}$，$\dot{U}_b=61.5\angle -121^\circ\text{V}$，$\dot{U}_c=60.5\angle -242^\circ\text{V}$，$\dot{I}_a=0.49\angle 0^\circ\text{A}$，$\dot{I}_b=0.51\angle -122^\circ\text{A}$，$\dot{I}_c=0.55\angle -245^\circ\text{A}$，$3\dot{I}_0=0.06\angle 107.5^\circ\text{A}$；

N 侧：$\dot{I}_a=0.49\angle -179.6^\circ\text{A}$，$\dot{I}_b=0.51\angle 58^\circ\text{A}$，$\dot{I}_c=0.36\angle -65^\circ\text{A}$，$3\dot{I}_0=0.12\angle 118.5^\circ\text{A}$。通过 M 侧电压和两侧电流分析计算，本次保护故障测距是多少，保护测距误差是多少？已知线路每千米零序、正序阻抗分别为 $Z_0=1.032\angle 80^\circ\Omega$、$Z_1=0.341\angle 80^\circ\Omega$，线路全长 52km。

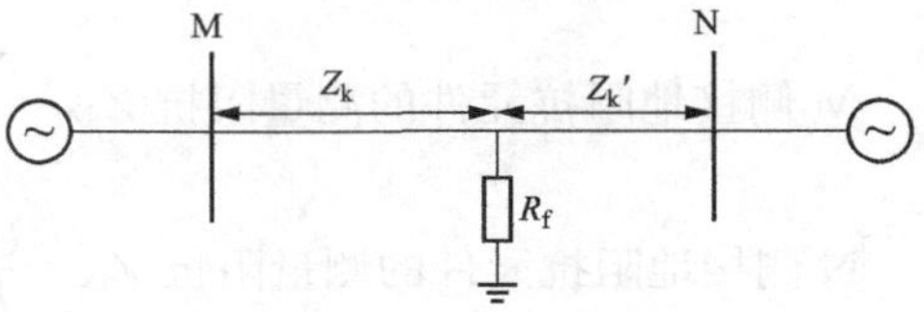

图 3-42

答：零序补偿系数 $K=\dfrac{Z_0-Z_1}{3Z_1}=0.6755$，故障电压与故障电流关系为

$$U_{MC}=Z_k\times(I_C+K\times 3I_0)+R_f\times(I_{MC}+I_{NC}),$$

则

$$60.5\angle -242^\circ=Z_k\times(0.55\angle -245^\circ+0.6755\times 0.06\angle 107.5^\circ)+$$

$$R_f\times(0.55\angle -245^\circ+0.36\angle -65^\circ)$$

$$60.5\angle -242^\circ=Z_k\times(0.55\angle -245^\circ+0.04053\angle 107.5^\circ)+R_f\times 0.19\angle -245^\circ$$

设 L_k 为 M 侧到故障点的距离，对上式进行化简，可得

$$318.42\angle 3^\circ=L_k\times 0.341\angle 80^\circ\times(2.8947+0.2133\angle -7.5^\circ)+R_f$$

由两侧虚部相同可得：$16.665=L_k\times 1.041$，$L_k=16\text{km}$。

计算的测距结果为 16km，保护测距误差 9km。

8. 某 500kV MN 线路正序阻抗 $Z_1=\text{j}40\Omega$，零序阻抗 $Z_0=\text{j}130\Omega$，线路全长 153km。线路发生 A 相故障，同一时刻线路 M 侧 A 相电压为 $252\angle 0^\circ\text{kV}$，A 相电流为 $3.9\angle -72.25^\circ\text{kA}$，零序电流 $3I_0$ 为 $4.4\angle -72.25^\circ\text{kA}$；N 侧 A 相电压为 $196\angle 0^\circ\text{kV}$，A 相电流为 $15.4\angle -72.25^\circ\text{kA}$，零序电流 $3I_0$ 为 $16.8\angle -72.25^\circ\text{kA}$。问：

（1）如线路 M 侧采用单端电流电压量计算，则故障点距离 M 侧多少千米？

（2）如线路 M 侧采用双端电流电压量计算，则故障点距离 M 侧多少千米？

答：（1）零序补偿系数 $K=\dfrac{Z_0-Z_1}{3Z_1}=\dfrac{\text{j}130-\text{j}40}{3\times \text{j}40}=0.75$，

$U_{MA}=252\angle 0°\text{kV}$

$I_{MA}=3.9\angle 72.25°\text{kA}, 3I_{0M}=4.4\angle -72.25°\text{kA}$

$I_{jM}=I_{MA}+K3I_{0M}=(3.9+0.75\times 4.4)\angle -72.25°=7.2\angle -72.25°\text{kA}$

$U_{NA}=196\angle 0°\text{kV}$，

$I_{NA}=15.4\angle 77.9°\text{kA}, 3I_{0N}=16.8\angle -77.9°\text{kA}$

$I_{jN}=I_{NA}+K3I_{0N}=(15.4+0.75\times 16.8)\angle -72.25°=28.0\angle -72.25°\text{kA}$

M 侧接地阻抗元件的测量阻抗 $Z_{jM}=\dfrac{U_M}{I_{jM}}=\dfrac{252\angle 0°}{7.2\angle -72.25°}=35.0\angle 72.25°\Omega$

N 侧接地阻抗元件的测量阻抗 $Z_{jN}=\dfrac{U_N}{I_{jN}}=\dfrac{196\angle 0°}{28\angle -72.25°}=7.0\angle 72.25°\Omega$

M 侧单端测距的故障点距距离 $\dfrac{Z_{jM}}{Z_1}\times 153=\dfrac{35}{40}\times 153=133.875\text{km}$

（2）设故障点接地电阻为 Z_R，故障点过渡电阻的电压为 U_k

$$\begin{aligned}Z_{jM}+Z_{jN}&=\frac{U_M}{I_{jM}}+\frac{U_N}{I_{jN}}=\frac{U_{Mk}+U_k}{I_{jM}}+\frac{U_{Nk}+U_k}{I_{jN}}\\&=\frac{U_{Mk}}{I_{jM}}+\frac{U_{Nk}}{I_{jN}}+\frac{(I_{MA}+I_{NA})Z_R}{I_{jM}}+\frac{(I_{MA}+I_{NA})Z_R}{I_{jN}}\\&=Z_1+\frac{(I_{MA}+I_{NA})Z_R}{I_{jM}}+\frac{(I_{MA}+I_{NA})Z_R}{I_{jN}}\end{aligned}$$

设 $a=\dfrac{I_{MA}+I_{NA}}{I_{jM}}$，$b=\dfrac{I_{MA}+I_{NA}}{I_{jN}}$，则

$$a=\frac{I_{MA}+I_{NA}}{I_{jM}}=\frac{3.9\angle -72.25°+15.4\angle -72.25°}{7.2\angle -72.25°}=2.6806$$

$$b=\frac{I_{MA}+I_{NA}}{I_{jN}}=\frac{3.9\angle -72.25°+15.4\angle -72.25°}{28.0\angle -72.25°}=0.6893$$

$$a+b=\frac{I_{MA}+I_{NA}}{I_{jM}}+\frac{I_{MA}+I_{NA}}{I_{jN}}=\frac{(I_{jM}+I_{jN})}{I_{jM}I_{jN}}(I_{MA}+I_{NA})$$

接地电阻 $Z_R=\dfrac{Z_{jM}+Z_{jN}-Z_1}{a+b}$，带入数据得

$$Z_R=\frac{35\angle 72.25°+7\angle 72.25°-\text{j}40}{3.370}\approx 3.8\angle 0.0°\Omega$$

双端测距 M 侧到故障点阻抗 $Z'_{jM}=\dfrac{U_M-U_k}{I_{jM}}=\dfrac{U_M}{I_{jM}}-aZ_R$

$$Z'_{jM}=35.0\angle 72.25^\circ-2.6806\times 3.8\angle 0.0^\circ$$

$$=10.6703+j33.3339-10.1863=0.484+j33.3339=33.3374\angle 89.2^\circ$$

双端测距故障点距甲侧距离 $\dfrac{Z'_{jM}}{Z_1}\times 153=\dfrac{33.3374}{40}\times 153=127.5156\text{km}$。

9. 500kV 输电系统如图 3-43 所示，MN 双回线路为电缆线路，各元件阻抗如图所示（均为二次值有名值，单位为 Ω），$\dot{E}_M=\dot{E}_N=57\angle 0^\circ\text{V}$。线路各端均配置光纤差动保护、三阶段相间和接地距离保护、反时限方向零流保护。各线路距离保护采用如图 3-44 所示多边形动作特性元件，接地距离保护和相间距离保护阻抗整定值如图 3-44 所示，Ⅱ段和Ⅲ段时间定值分别整定为 0.4s 和 1.6s。零序反时限过流元件动作方程为：

$$t(3I_0)=\frac{0.14}{(3I_0/I_P)^{0.02}-1}T_P$$

其中 I_p 整定为 0.4A，T_p 整定为 0.4s。某日，MN Ⅱ线光纤通道因故退出运行，期间在其线路末端保护范围内发生 A 相经过渡电阻 R_g 接地故障。

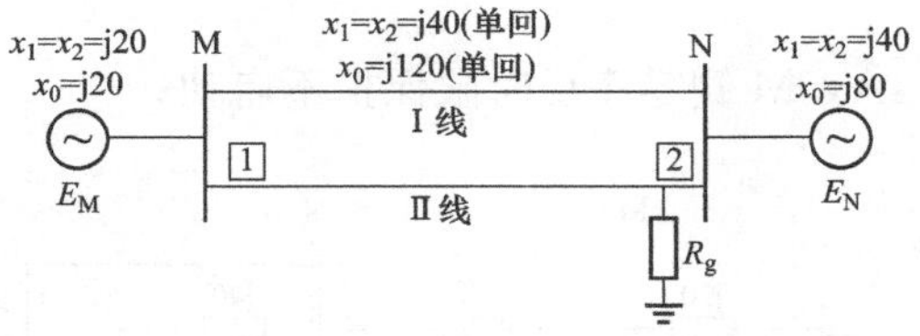

图 3-43

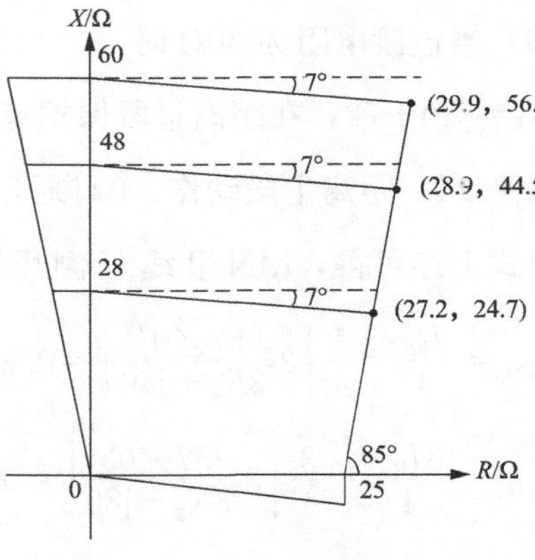

图 3-44

(1) 请画出复合序网图；

(2) 计算 MN Ⅱ线保护 1 和保护 2 的测量阻抗；

(3) 若过渡电阻 R_g 为 30Ω，请分析 MN Ⅱ线线路保护距离保护和零序保护的动作行为。

答：(1) 复合序网图如图 3-45 所示。

(2) 线路等效阻抗 $x_{L1}=x_{L2}=j40/\!/j40=j20$，$x_{L0}=j120/\!/j120=j60$，因此各序网络总阻抗为：

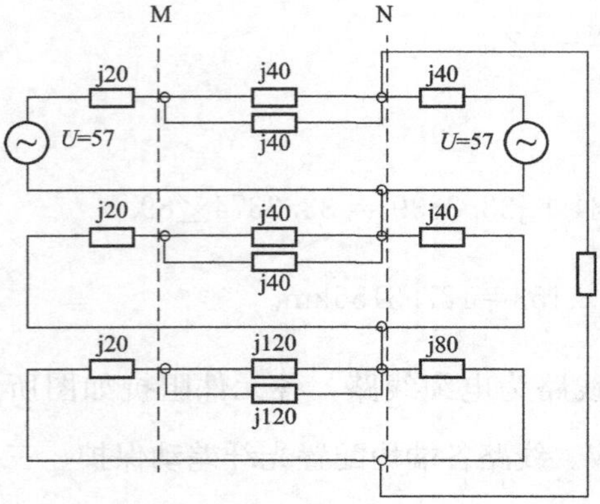

图 3-45

$$x_{\Sigma 1}=(\mathrm{j}20+x_{L1})\ //\ \mathrm{j}40=\mathrm{j}20,$$

$$x_{\Sigma 2}=(\mathrm{j}20+x_{L2})\ //\ \mathrm{j}40=\mathrm{j}20,$$

$$x_{\Sigma 0}=(\mathrm{j}20+x_{L0})\ //\ \mathrm{j}80=\mathrm{j}40,$$

总故障电流为：

$$\dot{I}_{kA}=3\frac{\dot{E}}{x_{\Sigma 1}+x_{\Sigma 2}+x_{\Sigma 0}+3R_g}=3\frac{57\angle 0^\circ}{3R_g+\mathrm{j}80};$$

对于 MN Ⅱ线，M、N 侧的电流分别为：

$$\dot{I}_{MA}=\frac{\dot{I}_{kA}}{4},\dot{I}_{NA}=\frac{3\dot{I}_{kA}}{4}$$

因此，MN Ⅱ线 M 侧的测量阻抗为：

$$Z_{Mj}=Z_{MN}+\frac{\dot{U}_{R_g}}{(1+k)\dot{I}_{MA}}=Z_{MN}+\frac{\dot{I}_k R_g}{\left(1+\frac{2}{3}\right)\frac{1}{4}\dot{I}_k}=\mathrm{j}40+\frac{12}{5}R_g$$

MN Ⅱ线 N 侧的测量阻抗为：

$$Z_{Nj}=\frac{\dot{U}_{R_g}}{(1+k)\dot{I}_{NA}}=\frac{\dot{I}_k R_g}{\left(1+\frac{2}{3}\right)\frac{3}{4}\dot{I}_k}=\frac{12}{15}R_g$$

（3）当过渡电阻为 30Ω 时，

Z_{Mj}=j40＋72，在距离Ⅲ段保护范围外，距离保护不动作；

Z_{Nj}=24，距离Ⅰ段动作，0s 断开 MN Ⅱ线 N 侧开关，电缆线路不重合。

由式上述可得，MN Ⅱ线 N 侧开关跳闸前，M 侧零序电流为：

$I_{M3I_0}=\frac{I_{kA}}{4}=\frac{1}{4}\left|3\frac{57\angle 0^\circ}{3R_g+\mathrm{j}80}\right|=0.355\text{A}<0.4\text{A}$，M 侧零序反时限保护不启动；

$I_{N3I_0}=\frac{3I_{kA}}{4}=\frac{3}{4}\left|3\frac{57\angle 0^\circ}{3R_g+\mathrm{j}80}\right|=1.065\text{A}>0.4\text{A}$，N 侧零序反时限保护启动；

MN Ⅱ线 N 侧开关动作后，保护 1 测量的接地阻抗为：Z_{Mj}=j40＋30，仍在距离Ⅲ段保护范围外，距离保护不动作。

零序网络如图 3-46 所示，双回线不再是并联关系，零序电压源在 MN Ⅱ线 N 侧。

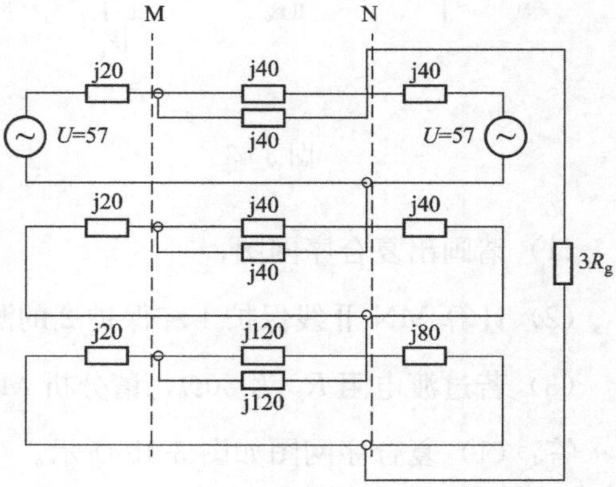

图 3-46

其等效阻抗为：

$$x_{\Sigma1} = j20 \,//\, (j40 + j40) + j40 = j56,$$

$$x_{\Sigma2} = j20 \,//\, (j40 + j40) + j40 = j56,$$

$$x_{\Sigma0} = j20 \,//\, (j120 + j80) + j120 = j138.2,$$

$$I_{M3I_0} = \left| 3 \frac{57\angle 0^\circ}{3R_g + (j56 + j56 + 138.2)} \right| = 0.643A > 0.4A,$$

零序反时限保护启动，动作时间为：$t\ (3I_0) = \frac{0.14}{(3I_0/I_p)^{0.02}-1}T_p = 5.87s$

MNⅡ线 M 侧反时限方向零流保护 5.87s 动作，跳开 M 侧开关（相继动作）。

3.6 分　析　题

1. 在图 3-47 所示网络中，线路阻抗 0.4Ω/km，全系统阻抗角均等于 70°，其他参数见图 3-47 中 1、2 分别位于线路 AB 的出口和末端；3、4 分别为线路 BC 的出口和末端。假设系统电势 $|\dot{E}_m| = |\dot{E}_n|$，若系统发生振荡，则

（1）试指出振荡中心位于何处，而保护 1（1 处所安装的保护）、保护 2、保护 3 和保护 4 的距离Ⅰ段和Ⅱ段中有哪些保护可能受振荡的影响。（假设线路Ⅰ段定值取线路全长的 80%）

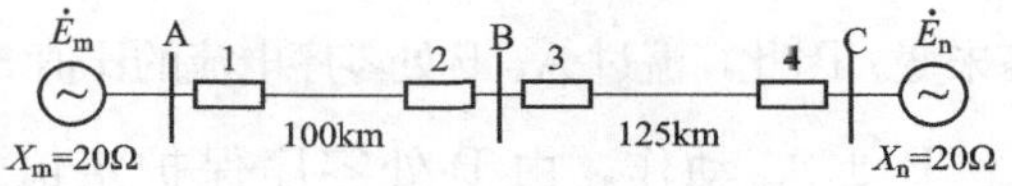

图 3-47

（2）若振荡周期取 2s，对于保护 1 的距离Ⅱ段，若其定值为 60Ω，求可能使其测量元件误动的 δ 角的范围及误动时间；若该段保护延时为 0.6s，确认能否误动。

答：（1）$Z_z = \frac{20+20+100\times0.4+125\times0.4}{2} = 65\Omega$、$\frac{65-20}{0.4} = 112.5km$

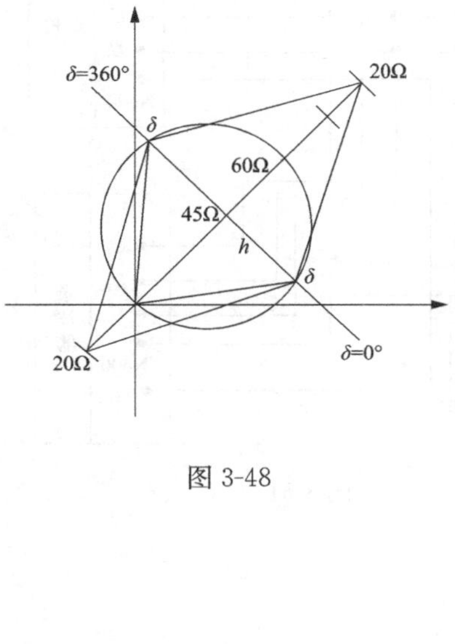

图 3-48

所以振荡中心位于 BC 线距 C 端 112.5km 处，距 B 端 12.5km 处。保护 1 距离Ⅱ段、保护 4 距离Ⅱ段和保护 3 距离Ⅰ段、Ⅱ段受振荡影响。

（2）由于保护 1 的距离Ⅱ段阻抗定值为 60Ω，则可得振荡时的测量阻抗图如图 3-48 所示。则

$$h = \sqrt{45\times(60-45)} = 26\Omega$$

由图可知 $\tan\frac{\delta}{2} = \frac{65}{26} = 2.5$，所以 $\frac{\delta}{2} = \arctan2.5 = 68^\circ$，$\delta = 136^\circ$。

可能误动的时间为：$T_{\delta}=\frac{(360-136)-136}{360}\times 2=0.488\text{s}$。

若保护 1 距离Ⅱ段延时为 0.6s，由于其可能误动时间为 0.488s，小于 0.6s 不会误动作。

2. 某 110kV 系统如图 3-49 所示，已知 C 处发生单相接地故障时流过 A、B 处零序电流的比值 $3I_{0A}/3I_{0B}$ 为 0.4，某天电源 F2 停一台 125MVA 机组，电源 F2 的正（负）序等值阻抗由原 0.02 变为 0.04，C 处发生两相接地故障，B 处 A02 动作但开关拒动，试分析 A 处零序保护动作行为。

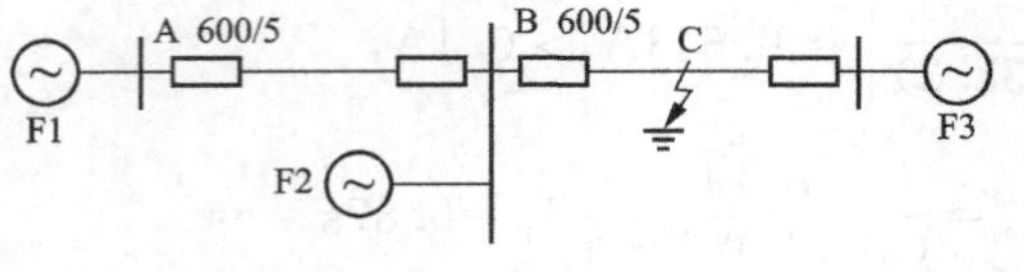

图 3-49

A 处零序保护定值为 A_{01}：6.5A　0s；A_{02}：3.5A　1s；A_{03}：1A　1.5s；

B 处零序保护定值为 A_{01}：5A　0s；A_{02}：3A　0.5s；A_{03}：1.5A　1s。

答：接地故障时零序电流分布的比例关系，只与零序等值网络状况有关，与正、负序等值网络的变化无关。因此，只要零序等值网络不变，不论是单相接地还是两相接地故障，零序电流分布的比例关系不变。

由题知，C 处发生两相接地故障时，电源 F2 的正（负）序等值网络虽发生变化，但零序等值网络未变。因此，流过 A、B 处零序电流的比值 $3I_{0A}/3I_{0B}$，与 C 处发生单相接地故障时相同也为 0.4；

B 处 A_{02} 动作，由 B 处零序保护定值分析知，$5\text{A}>3I_{0B}\geqslant 3\text{A}$，所以，A 处零序电流 $3I_{0A}$：$5\times 0.4=2\text{A}>3I_{0A}\geqslant 3\times 0.4=1.2\text{A}$。

由 A 处零序保护定值分析知，$A_{02}=3.5\text{A}>3I_{0A}>A_{03}=1\text{A}$，因此，A 处零序保护 A_{03} 将动作出口，A_{01}、A_{02} 均未达到定值不会动作。

3. 系统图如下，请根据系统图 3-50、二次回路图 3-51，故障描述及要求进行分析：

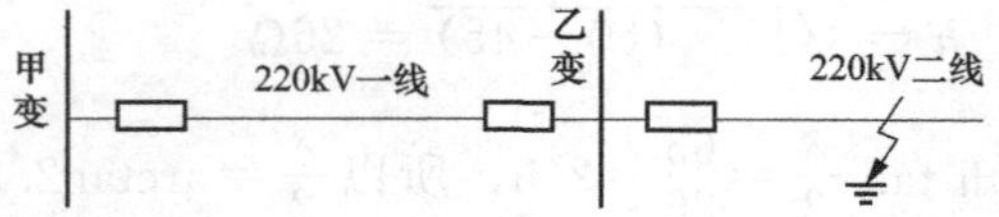

图 3-50

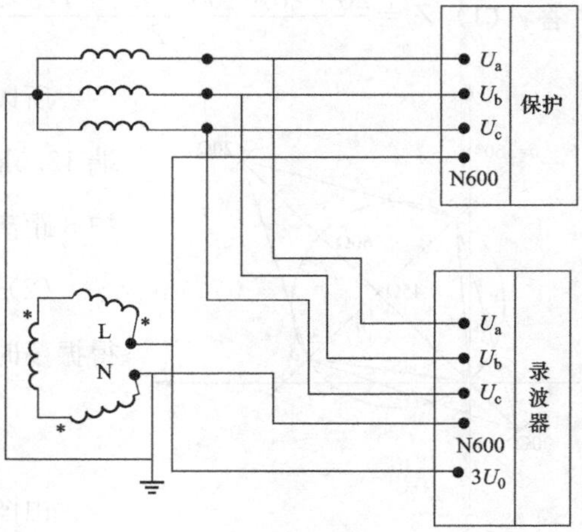

图 3-51

220kV 乙变二线出口 1km 左右发生瞬时性故障，乙站一线 A 套保护装置的“工频变化量阻抗”元件动作并重合成功；B 套保护未动作。二线 A/B 套保护均正确动作。检查发现乙站 A 套保护有如下二次回路接线，请根据接线分析动作行为，画出对应故障时的相位变化图及计算工频变化量电压 $\Delta U'$，根据计算和分析给出这种情况下的保护的动作范围及结论；（设定正常运行电压为 U_{na}、U_{nb}、U_{nc} 分别幅值为正序额定电压 U_n，U_{af} 为系统发生 A 相接地故障时实际的 A 相电压，保护测量到的故障点 A 相电压为 U'_{af}，故障时非故障相对地电压为 U'_{nb}、U'_{nc}），分析过程额定电压值以 U_n 表述。

答：由于将 A 套保护的 N600 端子接到了 $3U_0$ 小母线上，所以故障时 A 套保护电压中性点不再是零电位，而是 $3U'_0$，即保护测量到的各相电压是在实际故障电压的基础上叠加了 $3U'_0$ 后的电压，相量图见图 3-52（A 相故障）（U_{nabc} 为正常接线相量图，U'_{nabc} 为错误接线相量图，U_{af} 为 A 相正常接线时故障电压向量，U'_{af} 为错误接线故障电压相量图）。

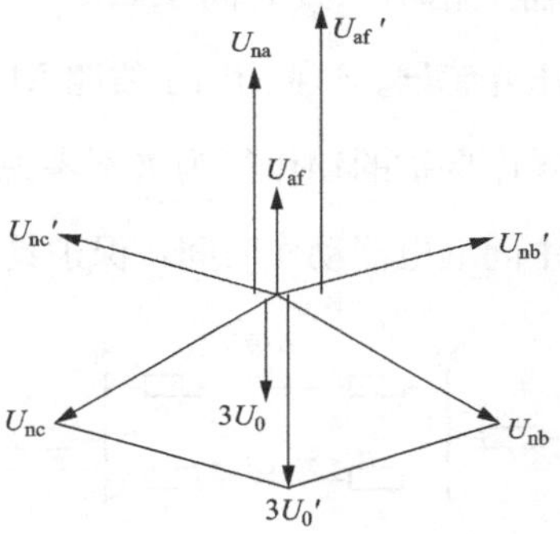

图 3-52

图 3-52 中 U_{na}、U_{nb}、U_{nc} 为正序额定电压 U_n，$3U_0$ 为系统发生 A 相接地故障时实际的 $3U_0$。U_{af} 为系统发生 A 相接地故障时实际的 A 相电压。$3U'_0$ 为系统发生 A 相接地故障时开口三角形的电压，大小为 $\sqrt{3}$ 倍的 $3U_0$，U'_{af}、U'_{nb}、U'_{nc} 分别为系统发生 A 相接地故障时，保护装置测到的各相对 N600 的电压。

由图 3-52 可知：开口三角形电压 L 正极性串接到 N600 上。

根据图 3-52 分析可知：这时 $3U'_0$ 与故障时实际的 $3U_0$ 基本同相。下式中 U_n 为额定电压。

$$3\dot{U}_0 = \dot{U}_{af} + \dot{U}_{nb} + \dot{U}_{nc} = \dot{U}_{af} - \dot{U}_{na} = \Delta\dot{U}$$

$$3\dot{U}'_0 = \sqrt{3} \times 3\dot{U}_0 = \sqrt{3}(\dot{U}_{af} - \dot{U}_{na})$$

$$\dot{U}'_{af} = \dot{U}_{af} - 3\dot{U}'_0 = (1-\sqrt{3})\dot{U}_{af} + \sqrt{3}\dot{U}_{na}$$

故障相工频变化量电压 $\Delta\dot{U}' = \dot{U}'_{af} - \dot{U}_{na} = (1-\sqrt{3})(\dot{U}_{af} - \dot{U}_{na}) = -0.732\Delta\dot{U}$。

结论：中性点叠加 $3U'_0$ 后，$\Delta U'$ 与 ΔU 相位相反。

接线正确时，工频变化量阻抗的动作方程为：$|\Delta U-\Delta I(1+K)Z_{zd}|>U_z$

接线错误时，工频变化量阻抗的动作方程为：$|\Delta U'-\Delta I(1+K)Z_{zd}|>U_z$

正方向故障时 $\Delta U=-\Delta IZ_S$ 与 $-\Delta I(1+K)Z_{zd}$ 为同相位，则 $\Delta U'$ 与 $-\Delta I(1+K)Z_{zd}$ 为反相位，接线错误时动作量 $|\Delta U'-\Delta I(1+K)Z_{zd}|$ 变小，因此正方向故障时，保护范围会缩小；

反方向故障时 $\Delta U=\Delta IZ_R$ 与 $-\Delta I(1+K)Z_{zd}$ 为反相位，则 $\Delta U'$ 与 $-\Delta I(1+K)Z_{zd}$ 为同相位，接线错误时动作量 $|\Delta U'-\Delta I(1+K)Z_{zd}|$ 变大，反方向故障时易误动（尤其是整定阻抗较小或短线路故障时更易误动）。

4. 系统接线如图 3-53，各元件参数全部为折算到 220kV 侧的有名值且各序阻抗角相同，负荷电流 $I_F=1000A$。线路 L1、L2、L3、L4 零序Ⅱ段定值均为 500A/0.6s；零序Ⅲ段均不经方向，定值 300A/2.6s；零序过流加速段 500A；单重方式，重合闸时间 0.9s；Ⅱ段保护闭锁重合闸控制字为 0；各断路器三相不一致时间 1.6s，分闸时间 30ms，合闸时间 100ms。保护用电压互感器全部为母线电压互感器。试画出 L1 线路 M 侧 A 相首端断线时的序网图，计算各支路零序电流，分析各线路零序保护的动作行为（不考虑两侧电势夹角变化，不考虑纵联保护、距离保护动作，不考察各中间继电器动作时间，保护具备线路断线正确选相的能力）。

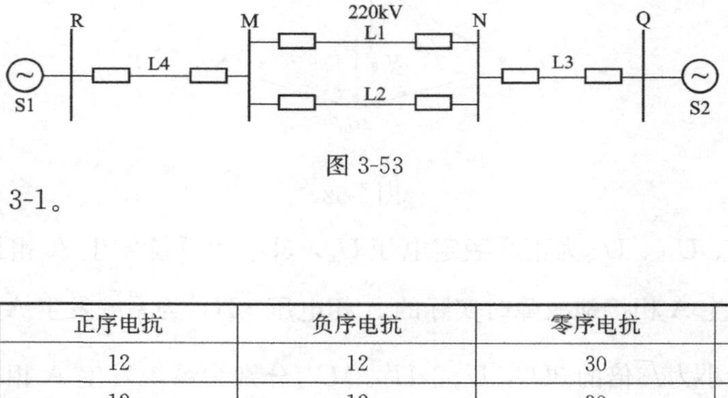

图 3-53

元件参数见表 3-1。

表 3-1

元件	正序电抗	负序电抗	零序电抗	零序互感
L1	12	12	30	12
L2	12	12	30	12
L3	9	9	25	
L4	7	7	19	
S1	1	1	2	
S2	1	1	2	

答：(1) L1 线路 M 侧 A 相断线时复合序网如图 3-54 所示。

其中 $X_{M120}=12$，$X_{L10}=30\text{-}12=18$，$X_{L20}=30-12=18$

计算各序综合阻抗

$$X_{1\Sigma}=(X_{L31}+X_{S21}+X_{S11}+X_{L41})\,//\,(X_{L21})+X_{L11}=(9+1+1+7)\,//\,12+12=19.2$$

$$X_{2\Sigma}=(X_{L32}+X_{S22}+X_{S12}+X_{L42})\,//\,(X_{L22})+X_{L12}$$

$$=(9+1+1+7)\,//\,12+12=19.2=X_{1\Sigma}$$

$$X_{0\Sigma}=(X_{L30}+X_{S20}+X_{S10}+X_{L40}+X_{M120})\,//\,(X_{L20})+X_{L10}$$

$$=(25+2+2+19+12)\,//\,18+18=31.8$$

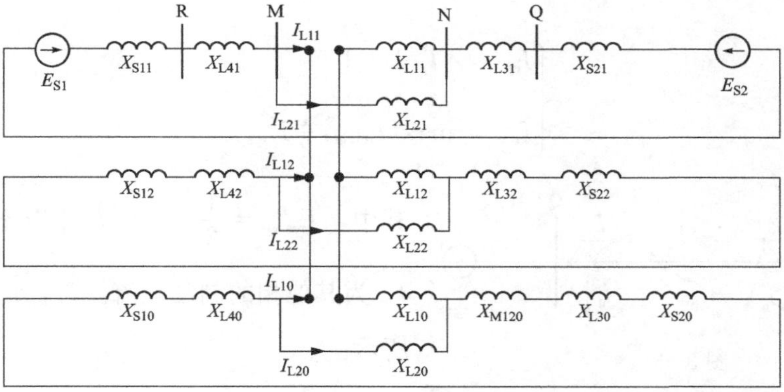

图 3-54

（2）计算各支路零序电流

L1 线路零序电流：

$$3X_{L10}=3I_{IF}\times\frac{X_{1\Sigma}}{2X_{0\Sigma}+X_{1\Sigma}}=3\times1000\times\frac{19.2}{2\times31.8+19.2}=696\text{A}$$

L2 线路零序电流：

$$3X_{L20}=3X_{L10}\times\frac{X_{L30}+X_{S20}+X_{S10}+X_{L40}+X_{M120}}{X_{L30}+X_{S20}+X_{S10}+X_{L40}+X_{M120}+X_{L20}}$$

$$=696\times\frac{25+2+2+19+12}{25+2+2+19+12+18}=535\text{A}$$

L3、L4 线路零序电流：696－535＝161A

（3）各线路零序电流保护动作分析

1）L3、L4 线路两端零序电流为 161A，小于 2 段定值（500A），不动作；L2 线路两端零序电流（535A）大于定值（500A），但两侧零序方向均在反方向，不动作；L1 线路两端零序电流 696A，大于 2 段及加速段定值（500A），用母线 TV 为正方向，因 2 段保护闭锁重合闸控制字为 0，两侧零序保护选相动作经 0.6s 跳 A 相，L1 线两侧 A 相跳闸后仍然处于单相断线的状态，零序电流无变化。

2）等待重合期间，零序Ⅱ段退出，MN 两侧 0.9s 后重合，重合后零序电流仍然存在，零序后加速动作，两侧三跳，零序Ⅲ段虽然在非全相时缩短 0.5～2.1s，但考虑分闸合闸时间后故障总持续时间大约为 0.6+0.9+0.03+0.1+0.06+0.03=1.72s<2.1s，零序Ⅲ段不会动作。

5. 某分相光纤差动保护动作判据如下：

$$I_{op} > K_{res} I_{res} + I_{op.min}$$

K_{res}为制动系数，$I_{op.min}$为最小动作电流，动作电流 I_{op}、制动电流 I_{res}表示式如下：

$$\begin{cases} I_{op} = |\dot{I}_p + \dot{I}_q| \\ I_{res} = \max\{I_{res.\varphi}, \frac{1}{2} I'_{res}\} \end{cases}$$

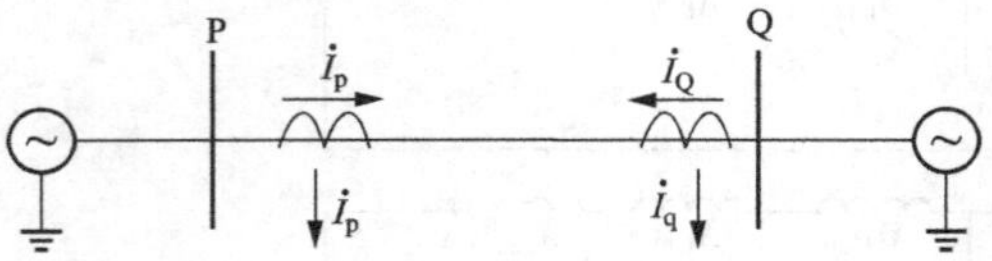

图 3-55

其中，$I_{res.\varphi} = \frac{1}{2} |\dot{I}_{p\varphi} - \dot{I}_{q\varphi}|$ 为本相制动电流，I'_{res}为其他相的制动电流。$\dot{I}_p$，$\dot{I}_q$ 示意如图 3-55 所示。

(1) 作出该光纤差动保护判据动作特性；

(2) 分析说明制动电流中引入$\frac{1}{2}I'_{res}$的作用；

答：(1) 动件特性如图 3-56 所示。

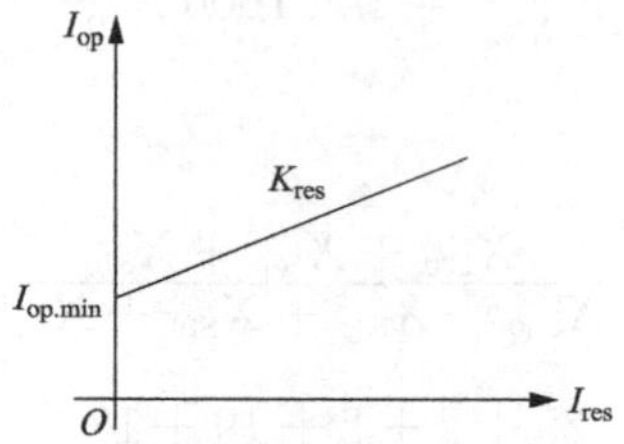

图 3-56

(2) 引入$\frac{1}{2}I'_{res}$可有效防止区外短路故障时非故障相差动保护误动。以区外 A 相接地时，B、C 相差动保护行为。设单相接地电流为 $\dot{I}_{KA}^{(1)}$、K 点左侧 PQ 线序电流分配系数为 $C_1=C_2$、C_0，如图 3-57 所示。

1) 流入差动回路电流，因是外部故障，所以只有不平衡电流，即

$$\begin{cases} I_{d.A} = I_{unb.A} \\ I_{d.B} = I_{unb.B} \\ I_{d.C} = I_{unb.C} \end{cases}$$

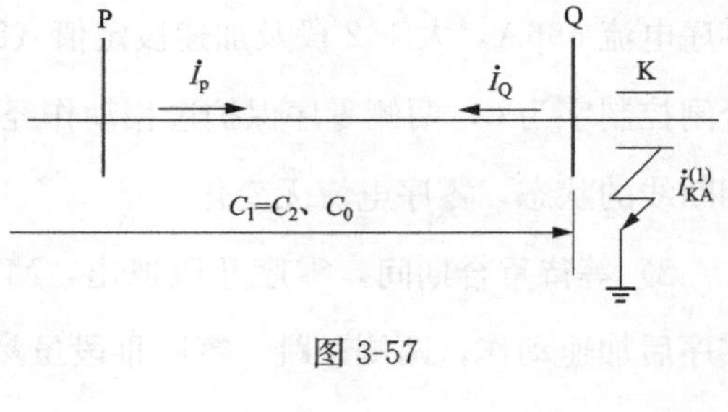

图 3-57

$I_{\text{unb. B}}$、$I_{\text{unb. C}}$主要是非故障相中零序电流引起的不平衡电流，并非只有负荷电流产生的不平衡电流。

2）$I_{\text{res.}\varphi}$制动电流

$$I_{\text{res.}\varphi}=\frac{1}{2}|\dot{I}_{\text{p}\varphi}-\dot{I}_{\text{q}\varphi}|=I_{\text{p}\varphi}$$

各相得 $I_{\text{res.}\varphi}$为：

$$I_{\text{res. A}}=\left|C_1\frac{\dot{I}_{\text{KA}}^{(1)}}{3}+C_2\frac{\dot{I}_{\text{KA}}^{(1)}}{3}+C_0\frac{\dot{I}_{\text{KA}}^{(1)}}{3}\right|=(2C_2+C_0)\frac{\dot{I}_{\text{KA}}^{(1)}}{3}$$

$$I_{\text{res. B}}=\left|C_1a^2\frac{\dot{I}_{\text{KA}}^{(1)}}{3}+C_2a\frac{\dot{I}_{\text{KA}}^{(1)}}{3}+C_0\frac{\dot{I}_{\text{KA}}^{(1)}}{3}\right|=(C_0-C_1)\frac{\dot{I}_{\text{KA}}^{(1)}}{3}$$

$$I_{\text{res. C}}=\left|C_1a\frac{\dot{I}_{\text{KA}}^{(1)}}{3}+C_2a^2\frac{\dot{I}_{\text{KA}}^{(1)}}{3}+C_0\frac{\dot{I}_{\text{KA}}^{(1)}}{3}\right|=(C_0-C_1)\frac{\dot{I}_{\text{KA}}^{(1)}}{3}$$

3）说明：如果 I_{res}中无$\frac{1}{2}I'_{\text{res}}$，则当出现 $C_0\approx C_1$ 时，B、C 相差动继电器制动电流很小，容易发生误动。引入$\frac{1}{2}I'_{\text{res}}$后，制动电流变为$\frac{1}{2}$（$2C_2+C_0$）$\frac{\dot{I}_{\text{KA}}^{(1)}}{3}$，相应动作电流增大，有效克服非故障相差动继电器误动。

6. 如图 3-58 所示，L1 线路两侧配有一套 RCS-931D 分相电流差动保护，根据厂家说明书及差动保护的逻辑图，假定不考虑其他相关的闭锁，差动保护的出口跳闸必须同时满足下列条件：①保护从正常处理程序转到故障处理程序（任一相电流有突变或者零序电流有突变或者收到对侧保护传送过来的差动发信信号，仅须三者之一满足）；②差动判别式满足，即 $|I_1+I'_1|>0.75|I_1-I'_1|$（$I_1$、$I'_1$ 分别为同一相的本侧电流、对侧电流）；③收到对侧差动保护传送过来的差动发信信号；④任一相电流或者零序电流有突变。满足下列条件之一时，一侧的差动保护向另一侧传送差动发信信号：ⓐ收到对侧传送过来的发信信号且本侧断路器三相为断开状态；ⓑ任一相电流有突变或零序电流有突变，且本侧差动判别式满足。试阐述：

（1）在 QF2 断路器打开时，先合 QF1，恰逢此时 L1 线路一相在某处接地短路，M 侧保护是否动作，阐述理由；

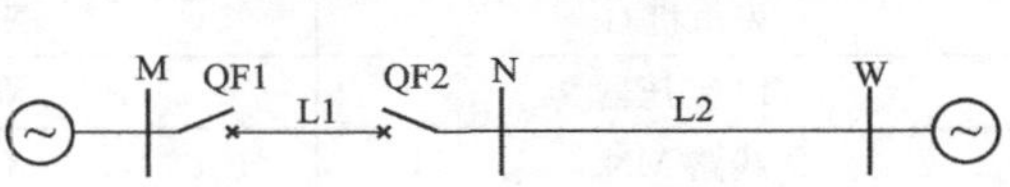

图 3-58

（2）在 L1、L2 线路正常运行时，M 侧发生 A 相 TA 二次回路断线，两侧保护是否会动作，阐述理由；

（3）在 M 侧发生 A 相 TA 断线时，运行人员没有及时申请处理，不久，在 L2 线路上发生 B 相故障，L1 线路两侧差动保护是否会动作，阐述理由。

答：(1) M 侧保护动作。因为合 QF1，相电流有突变，保护启动，①④满足，因为 QF2 断路器没合闸，I'_1 为零，1＞0.75，②满足；同时 M 侧保护ⅱ满足，向对侧传送差动发信信号，N 侧的保护收到 M 侧传过来的差动发信信号，转入故障处理程序，N 侧 QF2 断路器为打开状态，ⅰ满足，向 M 侧传送差动发信信号，使 M 侧保护③满足；

(2) 两侧保护不会动作。因为 M 侧 TA 断线有电流突变，转入故障程序①④满足，因 I_1 为零，1＞0.75，②满足，同时 M 侧保护ⅱ满足，向 N 侧传送差动发信信号，将 N 侧保护带入故障处理程序，因 N 侧保护没有电流突变，不满足ⅱ，也不满足ⅰ，故不向 M 侧传送差动发信信号，③不满足，所以差动不动作。

(3) L1 线两侧保护均会动作。在 M 侧发生 A 相 TA 断线，当 L2 线路上发生 B 相故障时，M 侧、N 侧的 B 相电流均有突变，由（2）可知，N 侧保护满足ⅱ，也就是 M 侧保护也满足③，故 M 侧 A 相差动动作跳 A 相；因为 N 侧 B 相电流有突变，N 侧保护①④满足，又因为 A 相发生 TA 断线，②满足，且 M 侧保护ⅱ满足，N 侧保护会收到 M 侧传过来的差动发信信号，使 N 侧保护满足③，故 N 侧 A 相差动动作跳 A 相。

7. 图 3-59 为一个单侧电源系统。其中，变压器 T1 为 YNd12 接线，中性点接地。降压变压器 T2 为 YNynd1 接线，额定容量 200MVA，额定电压为 230/115/37kV（P 为中压侧、Q 为低压侧），高压侧中性点不接地，中压侧中性点接地，T2 变压器空载运行。

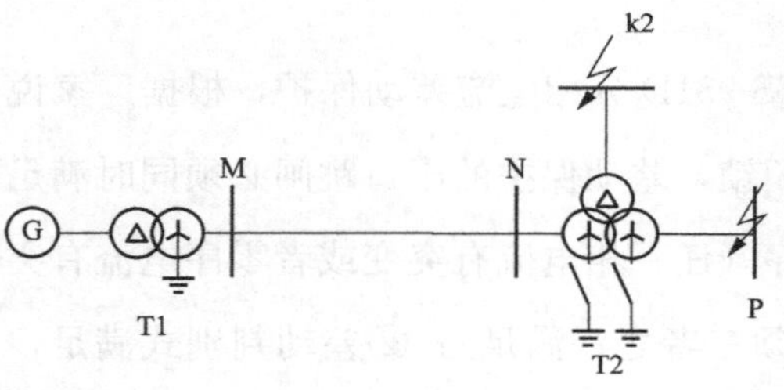

图 3-59

系统中各元件标幺参数如表 3-2：基准电压为 230kV，基准容量为 1000MVA。

表 3-2

设备	正序参数（负序参数）	零序参数
发电机 G	$X_{G1}=0.4$	$X_{G0}=0.5$
T1 变压器	$X_{T1}=0.6$	$X_{T0}=0.6$
线路 MN	$X_{L1}=0.1$	$X_{L0}=0.3$

T2 主变压器实测参数见表 3-3。

表 3-3

阻抗电压	高-中	18%	零序实测参数	70Ω	$Z_{高}+Z_{励}$
	高-低	28%		6Ω	$Z_{中}+Z_{励}$（中压值）
	中-低	10%		46Ω	$Z_{高}+Z_{中}//Z_{励}$

问题：

(1) 请根据 T2 主变压器实测参数，求出 T2 变压器的正序和零序标幺参数。

(2) 线路 MN 配置有复用光纤通道纵联电流差动保护，保护同步方法为“采样时刻调整法”。线路分相纵联差动保护动作方程为：

$$\begin{cases} I_{CD\Phi} > K \times I_{R\Phi} \\ I_{CD\Phi} > I_{QD} \end{cases}$$

$$\Phi = A,B,C$$

差动电流 $I_{CD\Phi}=|\dot{I}_{M\Phi}+\dot{I}_{N\Phi}|$ 即为两侧电流矢量和；

制动电流 $I_{R\Phi}=|\dot{I}_{M\Phi}-\dot{I}_{N\Phi}|$ 即为两侧电流矢量差；

动作门槛 $I_{QD}=600A$（一次值），制动系数 $K=0.5$。

由于某种原因保护通道出现收发路由不一致，收发通道延时分别为 0.4ms 和 6.6ms，当系统 k2 点发生 BC 两相短路时，请计算线路 MN 上的故障电流大小，并结合动作方程分析纵差保护的动作行为。(忽略负荷电流和电容电流，系统频率始终为 50Hz)

答：(1) 主变压器正序：

高：[(18%+28%−10%)/2]×1000/200=0.18×5=0.9；

中：[(18%+10%−28%)/2]×1000/200=0；

低：[(28%+10%−18%)/2]×1000/200=0.1×5=0.5；

主变压器零序：

高压侧基准阻抗为 $230^2/1000=52.9\Omega$，

中压侧基准阻抗为 $115^2/1000=13.225\Omega$

低：$\sqrt{\frac{70-46}{52.9}\times\frac{6}{13.225}}=0.454$

高：$70/52.9-0.454=0.869\Omega$

中：$6/13.225-0.454=0$

(2) k2 点发生 BC 两相短路，高压侧基准电流为 $\frac{1000\times1000}{\sqrt{3}\times230}=2510A$，短路电流计算：

变压器低压侧序电流标幺值

$$I_{a1}=-I_{a2}=\frac{1}{2\times(0.4+0.6+0.1+0.9+0.5)}=0.2$$

变压器高压侧 A 相标幺值

$$I_A = |I_{a1}\angle 30° + I_{a2}\angle 330°| = |I_{a1}(\angle 30° + \angle 150°)| = I_{a1} = 0.2$$

变压器高压侧B相标幺值

$$I_B = |I_{a1}\angle 270° + I_{a2}\angle 90°| = |I_{a1}(\angle 270° + \angle 270°)| = 2I_{a1} = 0.4$$

变压器高压侧C相标幺值

$$I_C = |I_{a1}\angle 150° + I_{a2}\angle 210°| = |I_{a1}(\angle 150° + \angle 30°)| = I_{a1} = 0.2$$

则高压侧电流A、C相有名值为2510×0.2=502A，B相有名值2510×0.1=1004A。

通道延时（0.4+6.6）/2=3.5ms，采样偏差3.5−0.4=3.1ms，相位误差

$$3.1 \times 360 \times 50/1000 = 55.8°$$

差动电流

$$I_{CD} = |I\angle 55.8° + I\angle 180°| = I \times 2 \times \sin(55.8/2) = 0.9359I$$

制动电流

$$I_R = |I\angle 55.8° - I\angle 180°| = I \times 2 \times \cos(55.8/2) = 1.7675I$$

A、C相差动电流0.9359×502=470A<600A，差动不动作；

B相差动电流0.9359×1004=939.64A>600A；

制动电流1.7675×1004=1774.57A。由于

$$939.64\text{A} > 0.5 \times 1774.57 = 887.285\text{A}$$

动作方程满足，保护跳B相。

8. 某220kV电网如图3-60所示，在某刻系统发生故障，其中断路器QF1处保护动作，三相跳闸未重合，经检查保护装置部分定值如表3-4所示（其余保护未投）：

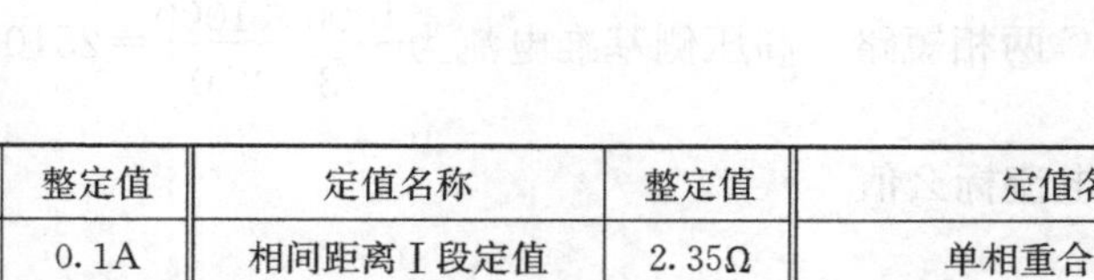

图3-60

表3-4

定值名称	整定值	定值名称	整定值	定值名称	整定值
电流变化量启动	0.1A	相间距离Ⅰ段定值	2.35Ω	单相重合闸时间	1s
零序电流启动	0.1A	相间距离Ⅱ段定值	4Ω	三相重合闸时间	1s

续表

定值名称	整定值	定值名称	整定值	定值名称	整定值
差动电流	0.5A	正序灵敏角	90°	零序补偿系数	0.666
接地距离Ⅰ段定值	2.35Ω	零序灵敏角	90°	线路正序电抗	3.5Ω
接地距离Ⅱ段定值	4.0Ω	接地距离Ⅱ段时间	0.5s	相间距离Ⅱ段时间	0.5s
控制字	整定值	控制字	整定值	控制字	整定值
投纵联差动保护	1	投Ⅰ段相间距离	0	投检无压	1
通道自环试验	0	投Ⅱ段相间距离	0	投单重方式	1
投Ⅰ段接地距离	1	投重合闸	1	投三重方式	0
投Ⅱ段接地距离	1	投检同期	0		

QF1 保护装置导出的录波图如图 3-61 所示，问：

（1）判断系统故障类型及故障点。

（2）请分析 QF1 处线路保护动作情况并说明原因。

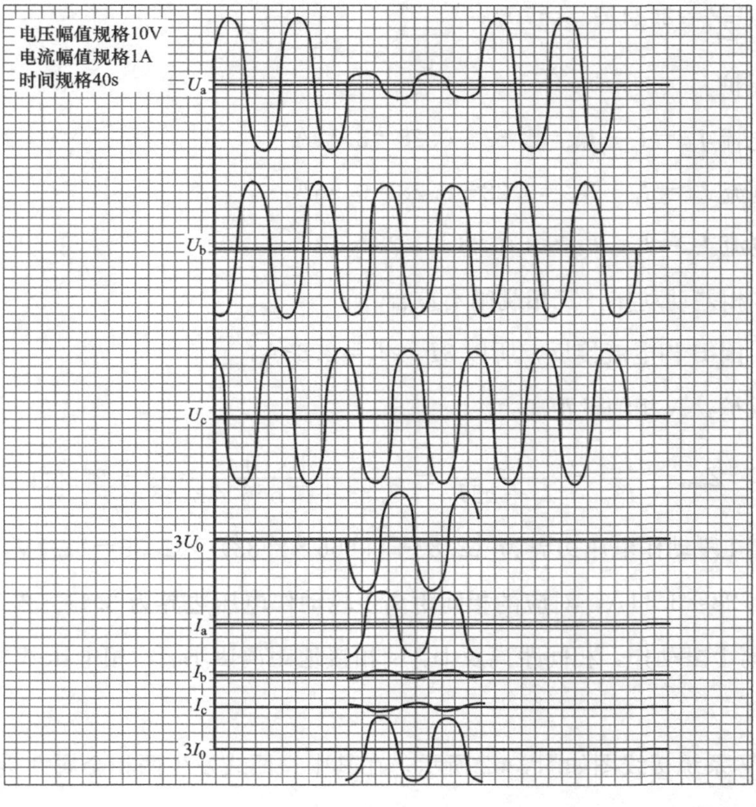

图 3-61

答：（1）线路发生 A 相单相接地故障，故障点在线路约 70%处。根据故障录波图可知，约 40ms 系统发生故障，故障后 A 相电压降低（峰值为约 15V，15/1.414=10.61V，有效值为约 10.61V），B、C 相电压基本保持不变，同时 A 相有较大故障电流（峰值为约 4A，4/1.414=2.83A，有效值为约 2.83A），且 A 相电流落后 A 相电压约 90°，基本符合大电流系统单相接地现象，同时 B、C 相故障电流大小相同，幅值较小（峰值为约 0.4A，0.4/1.414=0.28A，有效值为约 0.28A），可以判定为 A 相单相接地，B、C 相电流产生原因为负荷侧中性点接地变压器 T1 零序分流，造成保护安装处正序和零序电流不同。但 QF1 处 B、C 相故障电流应大小相同，相位相同，并与 A 相反相，推测 B 相电流极性接反。

$$I_{a1}=I_{a2},I_{a1}+I_{a2}+I_{a0}=I_a=2.83\text{A}$$

$$\alpha I_{a1}+\alpha^2 I_{a1}+I_{a0}=I_{a0}-I_{a1}=I_c=-0.28\text{A}$$

$$I_{a1}=I_{a2}=1.04\text{A},I_{a0}=0.76\text{A},\text{对侧 }I_{N0}=0.28\text{A}$$

A 相测量阻抗 $Z_{ma}=\dfrac{U_{ma}}{I_{ma}}=\dfrac{U_{ma}}{I_a+k3I_0}=\dfrac{10.61}{2.83+0.666\times3\times0.76}=2.44\Omega$

短路故障点 $\dfrac{Z_{ma}}{Z_L}=2.44/3.5=70\%$

(2) 差动保护：

A 相差动电流 $I_{da}=I_a+I_{Na}=2.83+0.28=3.11\text{A}$

B 相差动电流 $I_{db}=I_b+I_{Nb}=0.28+0.28=0.56\text{A}$

C 相差动电流 $I_{dc}=I_c+I_{Nc}=-0.28+0.28=0\text{A}$

所以 A、B 相差动动作，三相跳闸不重合。

距离保护：因 B 相电流接反，所以 $3I_0=I_a=2.83\text{A}$；

接地距离保护：A 相测量距离

$$Z_{ma}=\frac{U_{ma}}{I_{ma}}=\frac{U_{ma}}{I_a+k3I_0}=\frac{10.61}{2.83+0.666\times2.83}=2.25\Omega$$

其接地距离Ⅰ段动作电压边界为（2.83+0.666×2.83）×2.35=11.1V，最大的相间电流差为 2.83+0.28=3.11A，对应的相间距离Ⅰ段动作电压边界为 3.11×2.35=7.31V。所以 A 相接地距离Ⅰ段动作，相间距离及 B、C 相接地距离因 B、C 相电压基本无变化不会达到动作区不动作。

9. 某 110kV 系统接线图如图 3-62 所示，在其中一回线发生两相金属性接地故障时，508 断路器距离保护Ⅰ段反向误动作，方向接地距离定值按躲开变压器其他侧母线故障整定，Ⅰ段定值 7.2Ω，$K=0.6$；故障报告知非故障相电流为 6.66A，508 断路器故障录波如图 3-63 所示。

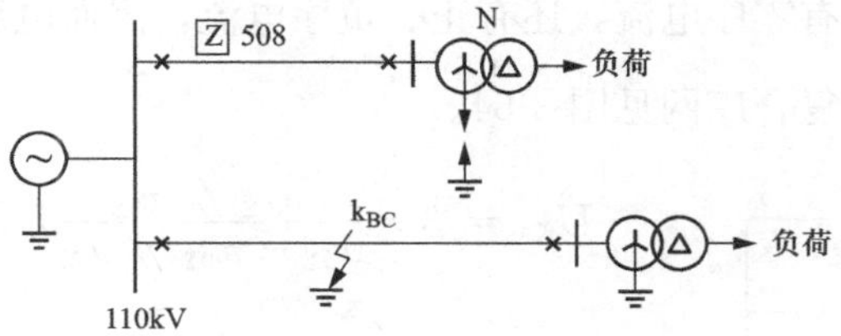

图 3-62

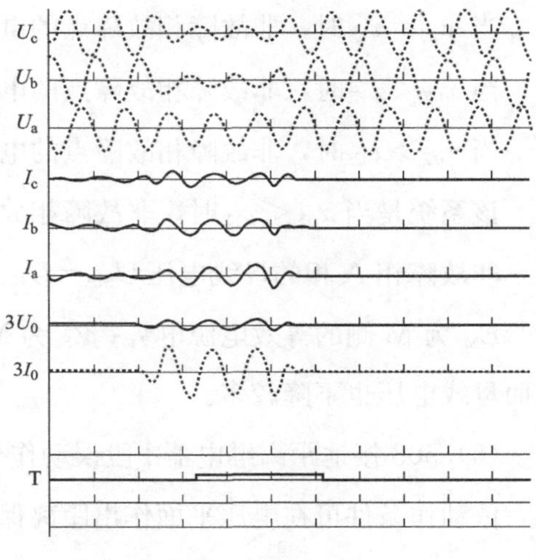

图 3-63

录波图中：保护装置电流变换器用电抗变换器，录波图电流相位，已转过一个线路阻抗角；三相电流录波比例尺相同，与零序电流不同；三相电压录波比例尺相同，与零序电压有不同。请依系统图和录波图，回答如下回题：

提示：①二次回路接线正确；②接地距离的动作特性为：$-90°<\arg\dfrac{\dot{U}_{op\Phi}}{\dot{U}_{p\Phi}}<90°$

工作电压：$\dot{U}_{op\Phi}=\dot{U}_{\Phi}-(\dot{I}_{\Phi}+K\times3\dot{I}_{0})$

极化电压：$\dot{U}_{op}=-\dot{U}_{1\Phi}$

请问：

(1) N 点的不接地变压器的放电间隙在故障时是否被击穿？

(2) 故障时流过 508 断路器的电流为什么大小基本相等，相位基本相同？

(3) 为什么 508 母线侧 B、C 故障相电压并不同相位？

(4) 画出两相接地故障复合序网，写出非故障相电压表示式，定性说明在如此系统网络结构下，非故障母线相电压为什么会下降？

(5) 根据接地距离的动作特性，在电压平面定性分析 508 距离保护会误动，并假定故障前后正序电压相位不变。

答：(1) *N* 点的不接地变压器的放电间隙在故障时被击穿。

(2) 因为 *N* 点为负荷侧，负荷的正、负序阻抗比变压器的零序阻抗大得多，因而负荷侧分到的正、负序电流远小于零序电流，故负荷侧的各相电流基本上是零序电流，所以大小基本相等，相位基本相同。

(3) 508 母线侧 B、C 故障相电压并不同相位；因为母线侧电压是反应强电侧母线到故障点的电压，强电侧不仅有零序电流，还有正、负序电流，因而电压不同相位。

（4）两相接地故障的复合序网见图 3-64。

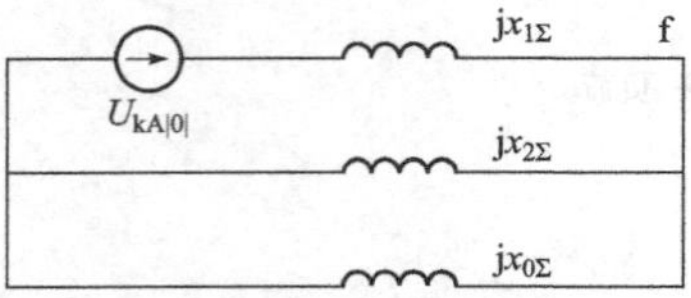

图 3-64

$$\dot{U}_{KA}=3\times\frac{x_{0\Sigma}\ //\ x_{2\Sigma}}{x_{1\Sigma}+x_{0\Sigma}\ //\ x_{2\Sigma}}\dot{U}_{KA|0|}$$

$$=\frac{3x_{0\Sigma}}{x_{1\Sigma}+2x_{0\Sigma}}\dot{U}_{KA|0|}=\dot{U}_{KA|0|}+\frac{x_{0\Sigma}-x_{1\Sigma}}{x_{1\Sigma}+2x_{0\Sigma}}\dot{U}_{KA|0|}$$

当 $x_{0\Sigma}=x_{1\Sigma}$时，非故障相故障点的电压不变化。

当 $x_{0\Sigma}<x_{1\Sigma}$时，非故障相故障点的电压下降；

当 $x_{0\Sigma}>x_{1\Sigma}$时，非故障相故障点的电压上升。

该系统是当 $x_{0\Sigma}<x_{1\Sigma}$时，非故障相故障点的电压下降；U_{KA}电压会下降。

非故障相 A 相的母线电压 $U_{MA}=U_{KA}+(I_{MA}+K3I_0)Z_{MK1}=E_M-I_{MA}Z_S$

E_M 为 M 侧的等效电源电势；Z_S 为 M 侧母线背后阻抗。因为故障点非故障相下降较多，因而母线电压也下降较多。

（5）508 接地距离继电器Ⅰ段误动作分析

依动作条件可在电压平面作出距离保护的工作电压动作区。为简化分析，从故障录波图可见，U_{MA}与 $I_A\times Z_L$（录波电流已向前转过线路阻抗角）同相；因此，我们可以得知，非故障 A 相电流落后电压线路阻抗角。该断路器保护定值已伸入变压器内，为 7.2Ω，电流为 6.66A，$(1+3k)\ I_AZ_{zd}=2.8\times6.66\times7.2=134V$，非故障 A 相工作电压与故障前 A 相电压相反，A 相接地距离继电器反方向误动作。故 508 线路定值过大是此次事故的主要原因。误动相量分析图如图 3-65 所示。

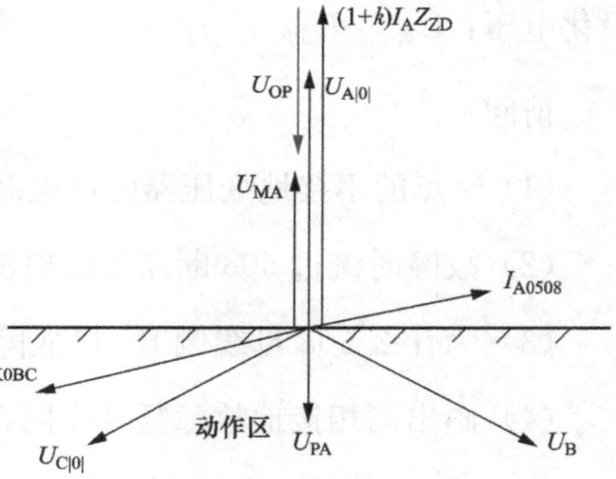

图 3-65

10. 某 220kV 线路保护高频保护因故已退出，仅保留相间距离保护和零序保护。相间距离保护为方向阻抗圆特性，定值（均为二次值）为：一段电抗定值 0.6Ω，0s；二段电抗定值 1.32Ω，1s，三段电抗定值 2.9Ω，2.5s。零序保护定值为：一段定值 11A，0s，二段定值 7.5A，0.5s，三段定值 5.2A，1s，四段定值 1A，3s。表 3-5 为故障时该保护的采样值打印报告，请判断故障类型，分析是否有保护动作。

表 3-5

NO.	I_A	I_B	I_C	$3I_0$	U_A	U_B	U_C	$3U_0$
−2	0.4	−0.7	−0.9	−0.3	−83.8	42.3	39.6	−1.3
−1	0.3	−0.3	−1.2	−0.3	−72.9	0.5	70.5	−0.9
0	−14.3	0.5	13.6	0.4	−5.6	−40.9	44.9	−0.4
1	−37.2	1.3	37.2	1.5	28.1	−72.9	44.8	−1.1
2	−38.8	1.3	38.4	1.2	41.9	−84.4	40.9	−0.3
3	−24.7	0.9	23.6	0.5	35.3	−72.5	35.4	−0.9
4	3.1	−0.1	−5.1	−0.9	31.1	−41.7	8.9	−0.9
5	38.0	−1.3	−40.9	−2.7	15.3	−1.8	−14.5	−0.3
6	70.8	−2.6	−74.5	−4.1	−9.1	38.4	−31.1	−1.7
7	91.4	−3.8	−95.2	−4.8	−26.0	70.3	−45.6	−0.8
8	93.4	−3.5	−95.2	−4.8	−38.1	81.8	−44.8	−0.5
9	74.9	−2.9	−76.7	−3.4	−38.7	70.2	−33.3	−1.5
10	42.1	−1.8	−42.4	−1.6	−26.5	40.9	−15.9	−0.6
11	3.3	−0.4	−2.5	0.3	−11.8	1.5	8.5	−0.9
12	−31.9	0.9	33.7	2.2	6.9	−38.8	30.2	−0.8
13	−54.5	1.9	56.4	3.1	27.2	−70.6	41.8	−0.4
14	−58.5	2.2	59.6	2.9	37.1	−61.3	42.1	−1.3
15	−43.2	1.9	43.6	1.9	37.8	−70.1	30.7	−0.6
16	−13.7	0.8	12.8	0.3	28.3	−41.8	12.0	−0.6
17	21.9	−0.5	−23.5	−1.6	13.2	−2.6	−12.0	−0.9

答：(1) A、C 相电流增大，A、C 相电压降低，$3I_0$ 略微增大，$3U_0$ 变化不大，该线路故障为 AC 相接地故障；

(2) I_{AC}和 U_{AC}的采样值计算如表 3-6 所示：

表 3-6

序号	1	2	3	4	5	6	7	8	9
I_{AC}	−74.4	−79.2	−48.3	8.2	78.9	145.3	186.6	188.6	151.6
U_{AC}	−16.7	1.0	−0.1	22.2	29.8	22.0	19.6	6.7	−5.4
序号	10	11	12	13	14	15	16	17	
I_{AC}	84.5	5.8	−65.6	−110.9	−118.1	−86.8	−26.5	45.4	
U_{AC}	−10.6	−20.3	−23.3	−14.6	−5.0	7.1	16.3	25.2	

观察采样点数为每周波 12 点，以采样值趋于稳定后的峰值来估算电流电压有效值，其中 I_{AC}电流取第 8、14 点，有效值：(188.6+118.1) / ($2\sqrt{2}$) =108.4A，相位取为 0°。U_{AC}电压取第 5、12 点，有效值：(29.8+23.3) / ($2\sqrt{2}$) =18.8V，相位超前 I_{AC}约 90°。则

$$Z_{AC} = U_{AC}/I_{AC} = 18.8\angle 90^\circ/108.4 = j0.17\Omega < 0.6\Omega;$$

（3）零序电流 $3I_0=(3.1+4.8)/(2\sqrt{2})=2.8$A；

（4）由于 Z_{AC} 电抗测量值小于一段电抗定值，而零序电流 $3I_0$ 尽管达到四段电流定值，但需延时 3s，所以距离保护一段动作，切除故障。

11. 如图 3-66 所示系统中，$\dot{E}_M=\dot{E}_N e^{j60}$，A 侧系统电势 $Z_{SM}=10\angle 70°\Omega$，B 侧系统电势 $Z_{SN}=10\angle 70°\Omega$；线路正序阻抗 $Z_1=0.4\Omega$/km，$\varphi_1=70°$ 试分析当线路 AB 距母线 A 侧 75km 处发生经过渡电阻 $R_g=5\Omega$ 的三相短路故障时，A 变电站保护 1 方向阻抗元件Ⅰ段（$K_{rel}=0.8$）动作情况。

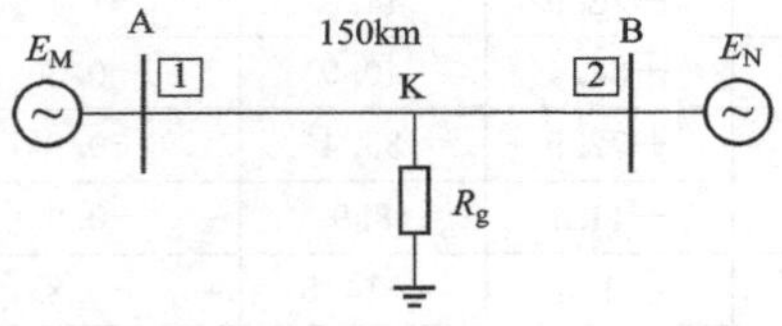

图 3-66

答：方法一：

$$Z_{AK}=Z_{BK}=(0.4\times 150/2)\angle 70°=30\angle 70°\Omega, Z_{MK}=Z_{NK}=(10+30)\angle 70°=40\angle 70°\Omega$$

则 K 点看向系统的阻抗 $Z_{1\Sigma}=(40/\!/40)\angle 70°=20\angle 70°\Omega$

归算至故障点 K 处的等效阻抗 $Z_{\Sigma}=Z_{1\Sigma}+R_g=20\angle 70°+5=22.2\angle 57.8°\Omega$

故障点电流 $\dot{I}_k=\dot{U}_{k[0]}/(Z_{1\Sigma}+R_g)=\dot{U}_{k[0]}/Z_{\Sigma}$。

依据电压相量图法进行分析（以 A 相为例）：

（1）作出故障前系统正常运行时的电压相量图；A 为 A 母线故障前电压 $\dot{U}_{mA[0]}$，K 为故障点故障前的电压 $\dot{U}_{K[0]}$，Y 为保护范围末端故障前电压 $\dot{U}_{OP[0]}$（$Z_{set}=0.8\times 0.4\times 150=48\Omega$）；

（2）绘出故障点故障后电压位置 K′，其中 $\dot{U}_{k[0]}=I_k Z_{\Sigma}$，$\dot{U}_k=I_k R_g$，故 $\dot{U}_{k[0]}$ 超前 $\dot{U}_k$57.8°，∠KOK′=57.8°，$\dot{U}_{k[0]}-\dot{U}_k=\dot{I}_k Z_{1\Sigma}$，故 $\dot{U}_{k[0]}$ 滞后（$\dot{U}_{k[0]}-\dot{U}_k$）的角度为 70°－57.8°=12.2°，∠OKK′=12.2°；

（3）连接 M 和 K′做直线，绘出该直线上两点 A′为故障后 A 母线电压 $\dot{U}_{mA}$，Y′为故障后 A 母线工作电压 $\dot{U}_{OP}$，

$$(\dot{E}_M-\dot{U}_{mA[0]})/(\dot{E}_M-\dot{U}_{K[0]})=Z_{SM}/Z_{MK}=(\dot{E}_M-\dot{U}_{mA})/(\dot{E}_M-\dot{U}_K)$$

$$(\dot{E}_M-\dot{U}_{OP[0]})/(\dot{E}_M-\dot{U}_{K[0]})=Z_{MY}/Z_{MK}=(\dot{E}_M-\dot{U}_{OP})/(\dot{E}_M-\dot{U}_K)$$

（4）连接 AA′、KK′、YY′，所以 AA′平行于 KK′平行于 YY′。可得如图 3-67 所示的电压相量图。

由图 3-67 可以看出 $\dot{U}_{mA}$ 与 $\dot{U}_{OP}$ 之间的夹角大于 90°，满足 90°＜arg（$\dot{U}_{OP}/\dot{U}_{mA}$）＜270°动作条件，方向阻抗元件能够动作。

方法二：

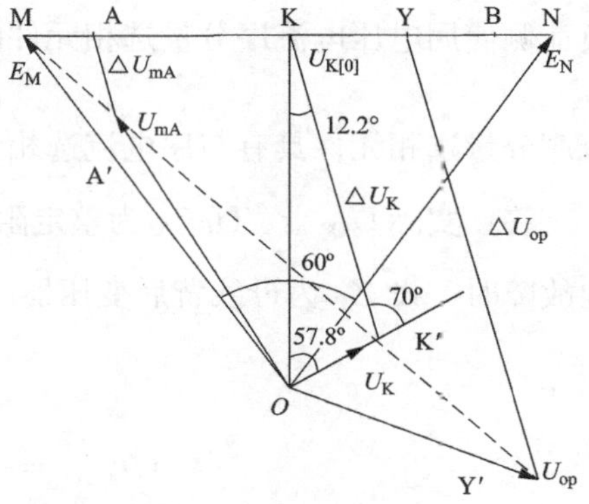

图 3-67

根据解析法分析（以 A 相为例），设故障后流向故障点的 A 侧电流为 $\dot{I}_{MA}$，B 侧电流为 $\dot{I}_{NA}$，则 $\dot{I}_k = \dot{I}_{MA} + \dot{I}_{NA}$。可列出如下式子：

$$\dot{E}_{MA} = \dot{I}_{MA} Z_{MK} + (\dot{I}_{MA} + \dot{I}_{NA}) R_g$$

$$\dot{E}_{NA} = \dot{I}_{NA} Z_{NK} + (\dot{I}_{MA} + \dot{I}_{NA}) R_g$$

可得

$$\dot{E}_{MA} + \dot{E}_{NA} = (\dot{I}_{MA} + \dot{I}_{NA})(Z_{MK} + 2R_g)$$

$$\dot{E}_{MA} - \dot{E}_{NA} = (\dot{I}_{MA} - \dot{I}_{NA}) Z_{MK}$$

则进一步可得：

$$\dot{I}_{MA} + \dot{I}_{NA} = \frac{\dot{E}_{MA} + \dot{E}_{NA}}{Z_{MK} + 2R_g} = \frac{1\angle 60° + 1}{10 + 40\angle 70°}\dot{E}_{NA} \approx 0.039\angle 332.2°\dot{E}_{NA}$$

$$\dot{I}_{MA} - \dot{I}_{NA} = \frac{\dot{E}_{MA} - \dot{E}_{NA}}{Z_{MK}} = \frac{1\angle 60°\text{-}1}{40\angle 70°}\dot{E}_{NA} = 0.025\angle 50°\dot{E}_{NA}$$

$$\dot{I}_{MA} = \frac{1}{2}(0.039\angle 332.2° + 0.025\angle 50°)\dot{E}_{NA} \approx 0.025\angle 1.1°\dot{E}_{NA}$$

M 端测量阻抗：

$$Z_{mA} = Z_{AK} + \frac{(\dot{I}_{MA} + \dot{I}_{NA})R_g}{\dot{I}_{MA}} = Z_{AK} + \frac{0.039\angle 332.2°\dot{E}_{NA}}{0.025\angle 1.1°\dot{E}_{NA}}R_g$$

$$= 30\angle 70° + 7.8\angle 331.1° \approx 29.8\angle 55.0°\Omega$$

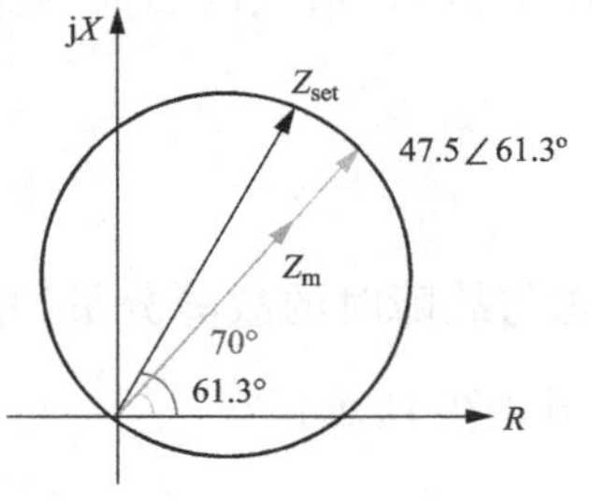

图 3-68

方向阻抗圆在测量阻抗相角上的动作值为 48 × cos（70° − 55.0°）=46.4Ω

如图 3-68 所示，测量阻抗落在方向阻抗动作圆内，故方向元件动作。

12. 某 220kV 馈线，负荷侧接有 YN/d-11 变压器（变压器中性点接地），当该线路发生 A 相接地故障时，设系统正、负序阻抗相等，正、负、零序阻抗角相等，$\dot{U}_{OP.A0} = \dot{U}_{A0} - (1 + 3K)\dot{I}_{A0} Z_{set}$；$\dot{U}_{OP.A2} = \dot{U}_{A2} - \dot{I}_{A2} Z_{set}$；$\dot{U}_{A0}$、$\dot{U}_{A2}$ 为保护安装处 A 相的零、负序电压；$\dot{I}_{A0}$、$\dot{I}_{A2}$ 为保护安装处 A 相的零、负序电流；Z_{set} 为线路整定阻抗；K 为零序补偿系数。试分析线路

负荷侧使用电压电流序分量选相元件的选相结果。(提示:$\arg\dfrac{\dot{U}_{OP.A0}}{\dot{U}_{OP.A2}}=\arg\dfrac{\dot{I}_{A0}}{\dot{I}_{A2}}$,即电压、电流序分量选相元件具有与序电流选相元件相同的工作原理)

答:实际 $\dot{U}_{OP.A0}$、$\dot{U}_{OP.A2}$ 为整定阻抗末端A相的零序电压、负序电压。线路发生A相接地故障时,设 Z_{T0} 为母线背后变压器的零序阻抗,则对于负荷侧有:

$$\dot{U}_{A0}=-\dot{I}_{A0}Z_{T0}$$

$$\dot{U}_{OP.A0}=-\dot{I}_{A0}[Z_{T0}+(1+3K)\cdot Z_{set}]$$

由于 $\dot{I}_{A2}=0$,可得 $\dot{U}_{OP.A2}=\dot{U}_{KA2}$(其中 $\dot{U}_{KA2}$ 为故障点负序电压)

由于 $\dot{I}_{A0}=C_0\dfrac{\dot{I}_{KA}}{3}$、$\dot{U}_{KA2}=-\dot{I}_{KA2}Z_{\Sigma2}=-\dfrac{\dot{I}_{KA}}{3}Z_{\Sigma2}$,其中 $\dot{I}_{KA}$ 为故障点A相电流,$Z_{\Sigma2}$ 为故障点负序等值阻抗,C_0 为负荷侧零序分配系数。

所以有 $\arg\dfrac{\dot{U}_{OP.A0}}{\dot{U}_{OP.A2}}=\arg\dfrac{\dot{I}_{A0}}{\dot{I}_{A2}}=\arg\left[C_0\dfrac{Z_{T0}+(1+3K)\cdot Z_{set}}{Z_{\Sigma2}}\right]\approx0°$

选相区为A区。同时负荷侧因BC相线电流为零,BC相线电压幅值较高,BC相阻抗元件不动作,因此选A相接地故障。

13. 220kV双侧电源系统如图3-69所示,系统阻抗标幺值已注明,$X_{1M}=X_{1N}=0.3$,$X_{0M}=X_{0N}=0.4$,线路参数 $X_{1L}=0.5$,$X_{0L}=1.35$,$E_M=E_N=1$,基准电压为230kV,基准容量为1000MVA,某日,系统中某处故障切除后发生振荡,当两侧电源系统夹角摆至 E_M 超前 E_N 120°时在振荡中心处发生A相金属性接地故障,试分析以下问题:

(1)已知保护M振荡闭锁不对称开放条件为 $|I_2|+|I_0|>0.5|I_1|$,请问故障时M保护装置振荡闭锁能否开放?

(2)若不能开放请定性说明保护如何动作?

答:(1)系统振荡时发生故障,可看成是振荡时的负荷状态与故障时的故障分量的叠加,设 $\dot{E}_{NA}=1\angle30°$,则 $\dot{E}_{MA}=1\angle150°$,振荡时故障的相量图如图3-70所示:

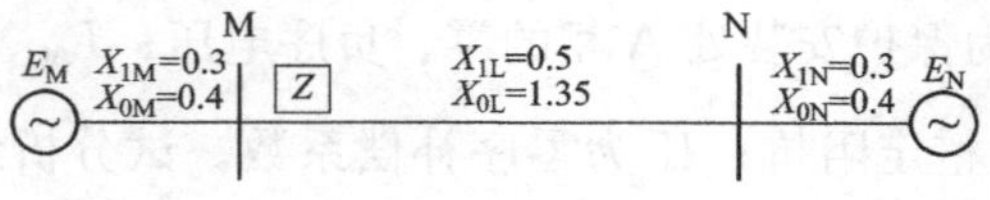

图3-69

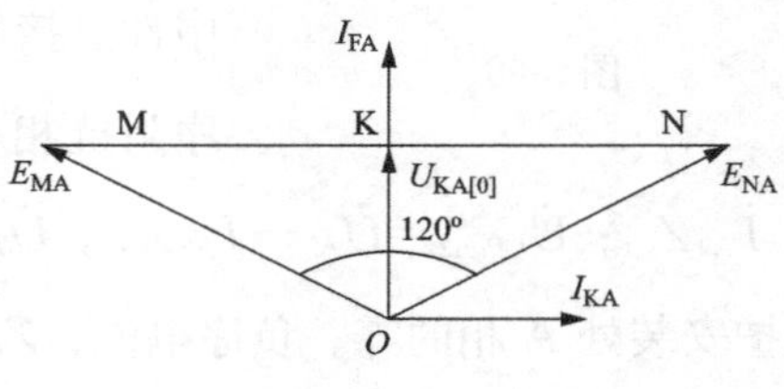

图3-70

纵向正序阻抗 $X_{11}=X_{1M}+X_{1L}+X_{1N}=0.3+0.5+0.3=1.1$，

振荡中心 A 相金属性短路时 M 侧分配系数 $C_1=C_2=C_0=0.5$，

综合正序阻抗为 $X_{1\Sigma}=X_{11}/4=0.275$

综合零序阻抗为 $X_{0\Sigma}=(X_{0M}+X_{0L}+X_{0N})/4=(0.4+1.35+0.4)/4=0.5375$

总阻抗为 $X_{\Sigma}=X_{1\Sigma}+X_{2\Sigma}+X_{0\Sigma}=0.275+0.275+0.5375=1.0875$

负荷分量：$\dot{I}_{FA}=(\dot{E}_{MA}-\dot{E}_{NA})/(jX_{11})=(1\angle 150^{\circ}-1\angle 30^{\circ}\times)/(j1.1)=1.575\angle 90^{\circ}A$

故障分量

$$\dot{I}_{KA1}=\dot{I}_{KA2}=\dot{I}_{KA0}=\frac{1}{2}(\dot{E}_{MA}+\dot{E}_{NA})/(jX_{\Sigma})=\frac{1}{2}(1\angle 150^{\circ}+1\angle 30^{\circ})/(j1.0875)=0.46A$$

M 侧的负序零序电流分量：$I_2=I_0=0.5\times 0.46=0.23A$

M 侧的正序电流分量：$I_1=\sqrt{1.575^2+0.23^2}=1.592A$

$|I_2|+|I_0|=0.23+0.23=0.46<0.5|I_1|=0.796$

因此，M 处保护振荡闭锁不能开放。

(2) 对于开放条件 $|I_2|+|I_0|>0.5|I_1|$，当 $\dot{E}_M$ 与 $\dot{E}_N$ 夹角较大时，负荷电流比较大，故障点电压较低，因此故障分量较小，上式无法满足。

当 $\dot{E}_M$ 与 $\dot{E}_N$ 夹角变小时，负荷电流比较小，故障点电压较大，故障分量较大，单相接地时，有 $I_1=I_2=I_0$，因此 $|I_2|+|I_0|>0.5|I_1|$ 满足。

因此发生上述振荡中故障，保护会延时开放振荡闭锁。这样做，同时可以避免 $\dot{E}_M$ 与 $\dot{E}_N$ 夹角较大时，由于负荷电流引起的距离保护误动。

14. 500kV MN1 线和 MN2 线均配置两套分相电流差动保护（差动保护投入电容电流补偿功能），系统和线路阻抗如图 3-71 所示（均为二次值，单位 Ω），$\dot{E}_M=\dot{E}_N=60\angle 0^{\circ}V$（二次值）。MN 两侧变电站均采用 GIS 设备，开关两侧均有电流互感器（M 侧线路保护采用开关靠近母线侧电流互感器，母差保护采用开关靠近线路侧电流互感器）MN 为长线路，线路开关装设合闸电阻，合闸电阻一次值为 280Ω（二次值 168Ω），忽略合闸电阻的投退时间，线路边开关重合闸投用（开关重合闸时间为 1s），线路中开关重合闸停用。MN1 线和 MN2 线的第一套线路保护差动低定值为 0.28A（分相差动和零序差动），分相差动延时 25ms 动作，零序差动延时 40ms 动作，差动高定值为 0.42A，延时 0ms 动作；第二套线路保护差动低定值为 0.28A（零序差动），延时 100ms 动作，差动高定值为 0.40A，延时 0ms 动作。

（1）故障点 k1（T062 靠母线侧）发生 A 相金属性接地故障且 T062 合闸电阻误接通，说明保护的动作情况和一次设备的状态变化。

（2）故障点 k2（T053 靠母线侧）发生 A 相金属性接地故障且 T053 合闸电阻误接通，说明保护的动作情况和一次设备的状态变化。

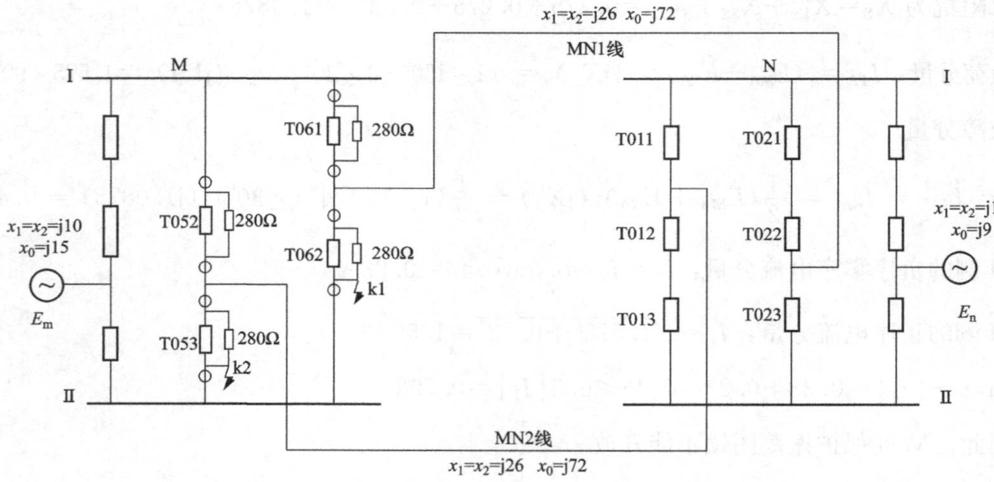

图 3-71

答：（1）故障点 k1 发生故障，500kV Ⅱ母线母差保护动作，永跳 500kVⅡ母线的开关，同时线路 MN1 线线路双套保护均差动保护动作，跳开 T061、T023 开关 A 相及 T022 开关三相；1 秒后 T061、T023 开关重合闸动作合于故障，此时相当于 MN 双侧电源系统发生 A 相经过渡电阻接地故障，差流即为入地电流。由于

$$x_{1\Sigma}=x_{2\Sigma}=\mathrm{j}10\ //\ (\mathrm{j}12+\mathrm{j}26\ //\ \mathrm{j}26)=\mathrm{j}10\ //\ \mathrm{j}25=\mathrm{j}\,\frac{50}{7}$$

$$x_{0\Sigma}=\mathrm{j}15\ //\ (\mathrm{j}9+\mathrm{j}72\ //\ \mathrm{j}72)=\mathrm{j}15\ //\ \mathrm{j}45=\mathrm{j}11.25$$

差流为 $\left|\dfrac{3\times 60}{\mathrm{j}\,\frac{50}{7}\times 2+\mathrm{j}11.25+3\times 168}\right|=0.357\mathrm{A}$。

重合后线路 MN1 线第一套差动保护延时 25ms 动作，跳开 T061、T023 开关三相；第二套差动保护能启动，但因第一套差动保护已经把故障切除，所以未动作出口。

（2）故障点 k2 发生故障，500kV Ⅱ母线母差保护动作，永跳 500kVⅡ母线的开关，同时线路 MN 2 线线路双套保护均差动保护动作，跳开 T011 开关 A 相及 T012、T052 开关三相；1 秒后 T011 开关重合闸动作合于故障，此时相当于 N 侧单端发生 A 相经过渡电阻接地故障，差流即为入地电流。由于

$$x_{1\Sigma}=x_{2\Sigma}=\mathrm{j}26+(\mathrm{j}10+\mathrm{j}26)\ /\!/\ \mathrm{j}12=\mathrm{j}26+\mathrm{j}9=\mathrm{j}35,$$

$$x_{0\Sigma}=\mathrm{j}72+(\mathrm{j}15+\mathrm{j}72)\ /\!/\ \mathrm{j}9=\mathrm{j}80.156$$

差流为$\left|\dfrac{3\times60}{\mathrm{j}35\times2+\mathrm{j}80.156+3\times168}\right|=0.342\mathrm{A}$

重合后线路 MN2 线第一套差动保护延时 25ms 动作，跳开 T011 开关三相；第二套差动保护能启动，但因第一套差动保护已经把故障切除，所以未动作出口。

15. 根据图 3-72，写出工频突变量阻抗继电器的比幅式动作方程，并分析当母线 TV 二次发生三相断线后该阻抗继电器：

(1) 在正方向区内故障时是否还可能动作?

(2) 在正方向区外故障时是否会误动?

(3) 反方向故障时是否会误动?

(提示：当母线 TV 二次发生断线后，工频突变量阻抗继电器门槛电压抬高为 $1.5U_e$。)

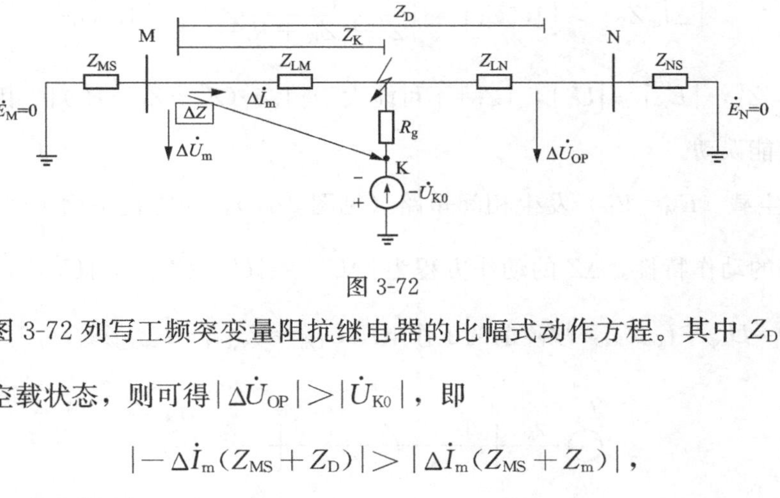

图 3-72

答：结合图 3-72 列写工频突变量阻抗继电器的比幅式动作方程。其中 Z_D 为整定阻抗，假设故障前为空载状态，则可得$|\Delta\dot{U}_{OP}|>|\dot{U}_{K0}|$，即

$$|-\Delta\dot{I}_m(Z_{MS}+Z_D)|>|\Delta\dot{I}_m(Z_{MS}+Z_m)|,$$

所以有$|Z_{MS}+Z_D|>|Z_{MS}+Z_m|$。

(1) 正方向区内故障。当母线 TV 二次发生三相断线，$\Delta\dot{U}_m=0$ 其动作方程变为：

$$|\Delta\dot{U}_{OP}|>|1.5U_e|\rightarrow|\Delta\dot{U}_m-\Delta\dot{I}_mZ_D|>|1.5U_e|\rightarrow|\Delta\dot{I}_mZ_D|>|1.5U_e|$$

因为在实际电路中正方向故障时 $\Delta\dot{I}_m$ 是由 $\dot{E}_M$ 提供的。则

$$|\Delta\dot{I}_mZ_D|>|1.5U_e|\rightarrow\left|\frac{\dot{E}_M}{Z_{MS}+Z_K+R_g}Z_D\right|>|1.5U_e|$$

区内故障时 $Z_D>Z_K$，$|\dot{E}_M|\approx|U_e|$，$|Z_D|$存在大于$|1.5(Z_{MS}+Z_K+R_g)|$的可能，该继电器可能动作，但保护范围严重缩短。

(2) 当正方向区外故障时 $Z_D<Z_K$，$|Z_D|$ 不可能大于 $|1.5(Z_{MS}+Z_K+R_g)|$，因此继电器不可能误动作。

(3) 反方向故障，如图 3-73。当母线 TV 二次发生断线，$\Delta\dot{U}_m=0$ 其动作方程仍变为：$|\Delta\dot{I}_m Z_D|>|1.5U_e|$

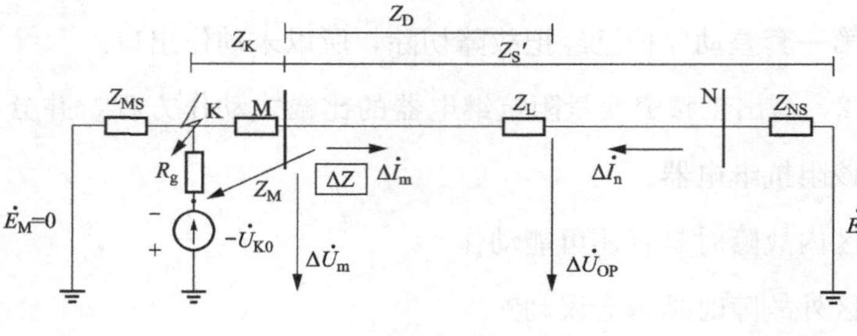

图 3-73

此时在实际电路中反方向故障时 $\Delta\dot{I}_m=-\Delta\dot{I}_n$，是由 $\dot{E}_N$ 提供的。则可得

$$|\Delta\dot{I}_m Z_D|>|1.5U_e|\rightarrow\left|\frac{\dot{E}_N}{Z'_S+Z_K+R_g}Z_D\right|>|1.5U_e|$$

由于 $Z_D<Z'_S$，$|\dot{E}_N|\approx|U_e|$，$|Z_D|$ 不可能大于 $|1.5(Z'_S+Z_K+R_g)|$，因此反方向故障时继电器不可能误动。

16. 假定空载（$\dot{E}_M=\dot{E}_N$）发生相间短路（见图 3-74），在阻抗平面上，试分析 ΔZ 正、反向相间短路的动作特性。ΔZ 的动作方程为 $|\Delta\dot{U}'|=|\dot{U}'-\dot{U}'_{[0]}|>|\dot{U}'_{[0]}|$，式中：故障后的工作电压 $\dot{U}=\dot{U}_{\varphi\varphi}-\dot{I}_{\varphi\varphi}Z_{set}$，故障前的工作电压 $\dot{U}'_{[0]}=\dot{U}_{\varphi\varphi[0]}-\dot{I}_{\varphi\varphi[0]}Z_{set}$。

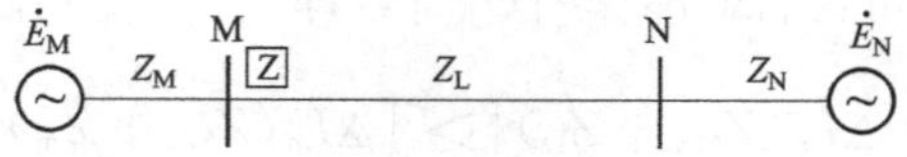

图 3-74

答：正向短路时，有 $\dot{U}'_{[0]}=\dot{E}_{\varphi\varphi M}=\dot{U}_{\varphi\varphi}Z_M$； (1)

反向短路时，有 $\dot{U}'_{[0]}=\dot{E}_{\varphi\varphi N}=\dot{U}_{\varphi\varphi}-\dot{I}_{\varphi\varphi}(Z_L+Z_N)$。 (2)

设 $\arg Z$ 的取值范围为（$-180°$，$180°$），将比幅式动作方程改写成比相式动作方程：

$$\left|\arg\frac{\dot{U}'}{2\dot{U}'_{[0]}-\dot{U}'}\right|>90°$$

正向短路时，将式（1）代入上述比相式动作方程，得

$$\left|\arg\frac{\dot{U}'}{2\dot{U}'_{[0]}-\dot{U}'}\right|=\left|\arg\left(\frac{Z-Z_{set}}{Z+Z_{set}+2Z_M}\right)\right|>90°$$

反向短路时见图 3-75，将式（2）代入上述比相式动作方程，得

$$\left|\arg\frac{U'}{2\dot{U}'_{[0]}-\dot{U}'}\right|=\left|\arg\left[\frac{Z-Z_{\text{set}}}{Z-(2Z_{\text{L}}+2Z_{\text{N}}-Z_{\text{set}})}\right]\right|>90^{\circ}$$

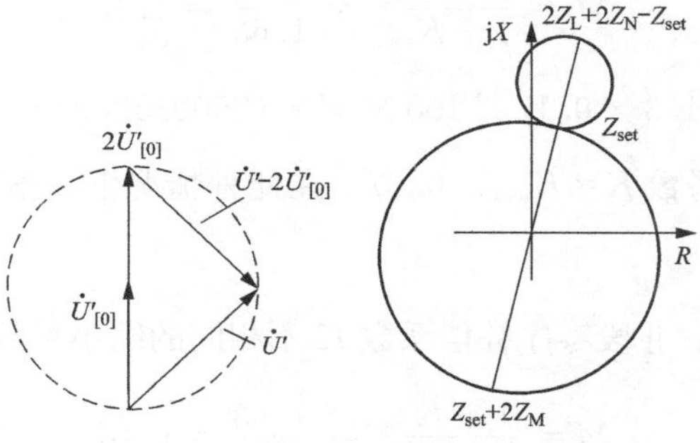

图 3-75

17. 已知：同塔双回线的正序阻抗 $Z_1=0.17\Omega/\text{km}$、线路长 100km，互感阻抗 $Z_{0\text{m}}$、正序阻抗 Z_1 和零序阻抗 Z_0 的比值为：$Z_{0\text{m}}/Z_0=0.2$，$Z_1/Z_0=0.3$，要求确保接地距离Ⅰ段定值在各种可能的运行情况下，可靠躲过线路对侧母线接地故障（可靠系数 K_{K} 取 0.7），同时，也要保证接地距离Ⅱ段定值在各种可能的运行情况下，对本线路末端接地故障有大于 1.3 的灵敏度，在保护装置的定值中，零序补偿系数 K 只能整定一个值，试制定一个整定方案，并计算具体的定值，满足以上要求。（注：计算结果取两位小数，TA 变比为：2500/1，TV 变比为：500kV/0.1kV。）

答：对同塔双回线路，零序补偿系数 K 值最小的情况是：同塔双回线的其中一回线检修并两端接地，同时，在运行线路发生线路对侧母线接地故障时。此时考虑互感的零序综合阻抗为：

$$Z_{\Sigma0}=Z_0-\frac{Z_{0\text{m}}^2}{Z_0}=Z_0=\frac{(0.2Z_0)^2}{Z_0}=0.96Z_0$$

$$K_{\min}=\frac{Z_{\Sigma0}-Z_1}{3Z_1}=\frac{0.96Z_0-Z_1}{3Z_1}=\frac{0.96\times3Z_1-Z_1}{3Z_1}=0.63$$

对同塔双回线路，零序补偿系数 K 值最大的情况是：同塔双回线均正常运行，同时，在运行线路发生线路对侧母线接地故障时。此时考虑互感的零序综合阻抗为：

$$Z_{\Sigma0}=Z_0+Z_{0\text{m}}=Z_0+0.2Z_0=1.2Z_0$$

$$K_{\max}=\frac{Z_{\Sigma0}-Z_1}{3Z_1}=\frac{1.2Z_0-Z_1}{3Z_1}=\frac{0.96\times3Z_1-Z_1}{3Z_1}=0.87$$

方案 1：选零序补偿系数 $K=K_{\min}=0.63$，在此种情况下，整定接地距离Ⅰ段和接地距

离Ⅱ段的定值：

$$Z_{ZD}^{I}=0.7\times0.17\times100\times(2500/5000)=5.95\Omega$$

求出因为接地距离Ⅰ、Ⅱ段零序补偿系数 K 不相同的放大系数 M。

$$M=\frac{1+K_{max}}{1+K_{min}}=\frac{1.87}{1.63}=1.15$$

$$Z_{ZD}^{II}=1.3\times0.17\times100\times M\times(2500/5000)=12.7\Omega$$

方案 2：选零序补偿系数 $K=K_{max}=0.87$，在此种情况下，整定接地距离Ⅰ段和接地距离Ⅱ段的定值：

求出因为接地距离Ⅰ、Ⅱ段零序补偿系数 K 不相同的缩小系数 M。

$$M=\frac{1+K_{min}}{1+K_{max}}=\frac{1.63}{1.87}=0.87$$

$$Z_{ZD}^{I}=0.7\times0.17\times100\times M\times(2500/5000)=5.18\Omega$$

$$Z_{ZD}^{II}=1.3\times0.17\times100\times(2500/5000)=11.1\Omega。$$

18. 在图 3-76 所示的 35kV 单侧电源系统中 K、F 点分别发生 B、C 相金属性接地故障。K 点到 N 母线的正序阻抗为 Z_{NK}，F 点到 N 母线的正序阻抗为 Z_{NK}。忽略电容电流和负荷电流并设各线路零序电流补偿系数为 k。试问：

(1) 流过 3、4 号保护的 $3\dot{I}_0$ 电流大小各为多少？

(2) 写出 3 号保护的 B、C 相接地阻抗继电器测量阻抗的表达式。

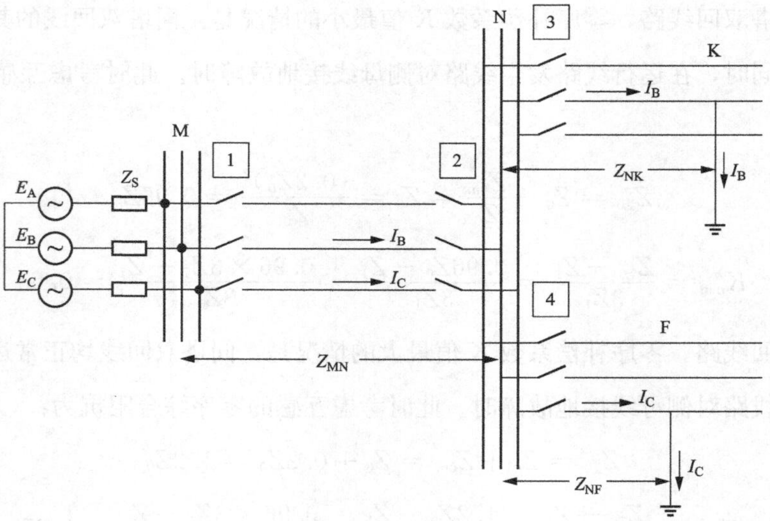

图 3-76

答：(1) 流过3号保护的$3\dot{I}_0$电流为$3\dot{I}_{0.NK}=\dot{I}_B$，流过4号保护的$3\dot{I}_0$电流为$3\dot{I}_{0.NF}=\dot{I}_C$，根据接点电流定理$\dot{I}_B=-\dot{I}_C$，有

$$\dot{E}_B-\dot{E}_C=\dot{I}_B[Z_S+Z_{MN}+(1+k)Z_{NK}]-\dot{I}_C[Z_S+Z_{MN}+(1+k)Z_{NF}]$$

$$=\dot{I}_B[(1+k)(Z_{NK}+Z_{NF})+2Z_S+2Z_{MN}]$$

流过3号保护的$3\dot{I}_0$电流为

$$3\dot{I}_{0.NK}=\dot{I}_B=\frac{\dot{E}_B-\dot{E}_C}{(1+k)(Z_{NK}+Z_{NF})+2Z_S+2Z_{MN}}$$

流过4号保护的$3\dot{I}_0$电流为

$$3\dot{I}_{0.NF}=\dot{I}_C=\frac{\dot{E}_C-\dot{E}_B}{(1+k)(Z_{NK}+Z_{NF})+2Z_S+2Z_{MN}}$$

(2) N母线的B、C相电压分别为：

$$\dot{U}_{N.B}=(\dot{I}_B+k3\dot{I}_{0.NK})Z_{NK}=\dot{I}_B(1+k)Z_{NK}$$

$$\dot{U}_{N.C}=(\dot{I}_C+k3\dot{I}_{0.NF})Z_{NF}=\dot{I}_C(1+k)Z_{NF}$$

3号保护的B相接地阻抗继电器的测量阻抗为：

$$Z_{J.B}^3=\frac{\dot{U}_{N.B}}{\dot{I}_B+k3\dot{I}_{0.NK}}=Z_{NK}$$

3号保护的C相接地阻抗继电器的测量阻抗为：

$$Z_{J.C}^3=\frac{\dot{U}_{N.C}}{k3\dot{I}_{0.NK}}=\frac{\dot{I}_C(1+k)Z_{NF}}{-k\dot{I}_C}=-\frac{1+k}{k}Z_{NF}$$

19. 如图3-77所示，当保护3出口处发生$K_{BC}^{(2)}$，试用相量图分析保护1、2和3按90°接线方式的三个功率方向元件的动作情况（假设功率方向元件的内角是−45°，线路阻抗和系统阻抗角均为75°）

答：(1) 对于保护3而言，K点短路属于近端短路，且短路点就在保护安装处，即保护安装处的电压就是短路点电压，此时$\dot{U}_a=\dot{E}_a$，$\dot{U}_b=\dot{U}_c=-0.5\dot{E}_a$，短路电流$\dot{I}_b$滞后$\dot{E}_{bc}$ 75°，$\dot{I}_c=-\dot{I}_b$，画出相量图3-78可见，对于B相功率方向元件，电压元件$\dot{U}_J=\dot{U}_{ca}$，$\dot{I}_J=\dot{I}_b$，以$\dot{U}_J$为参考相量画出动作区，可见$\dot{I}_J$落在动作区内，所以B相功率方向元件动作，同理C相功率方向元件也动作。A相由于电压元件$\dot{U}_J$

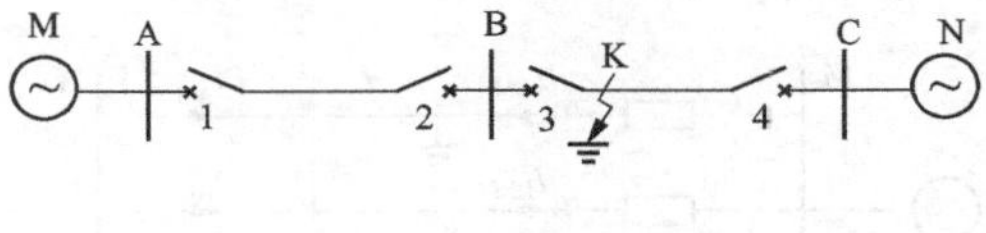

图3-77

$=\dot{U}_{bc}=0$，可能有电压潜供影响，A相功率方向元件动作行为不确定。

(2) 对于保护2而言，K点短路属于反方向短路，保护安装处电压是短路点电压，但电流方向相对于保护3的电流方向相反，所以保护2的B、C相功率方向元件不动作，同理A相可能有电压潜供影响，A相功率方向元件的动作不确定。

(3) 对于保护1，k点短路属于正向远端短路，保护安装处的电压为电源电压 $\dot{U}_a=\dot{E}_a$，$\dot{U}_b=\dot{E}_b$，$\dot{U}_c=\dot{E}_c$，短路电流 $\dot{I}_b$ 滞后 $\dot{E}_{bc}$75°，$\dot{I}_c=-\dot{I}_b$，画出相量图3-79可见：

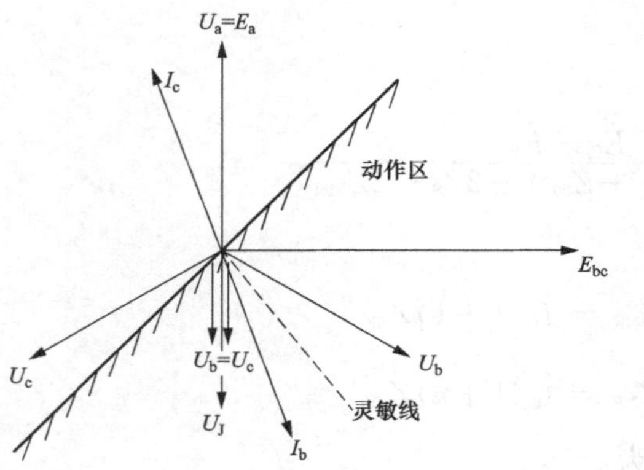

图 3-78

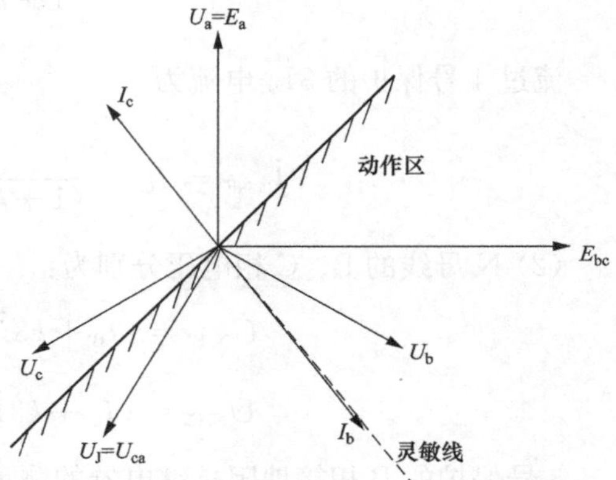

图 3-79

对于B相功率方向元件，电压元件 $\dot{U}_J=\dot{U}_{ca}$，$\dot{I}_J=\dot{I}_b$，以 $\dot{U}_J$ 为参考相量画出动作区，可见 $\dot{I}_J$ 落在动作区内，所以B相功率方向元件动作，同理C相功率方向元件也动作。

A相可能有电流潜供影响，A相电流功率方向元件动作行为不确定。

20. 如图3-80所示，MN线路两侧均为强电源，线路M侧A相出口和M母线B、C相同时接地故障时，请分析该线路保护M侧 arg（$\dot{I}_0/\dot{I}_{2a}$）选相区。［提示：当-60°＜arg（$\dot{I}_0/\dot{I}_{2a}$）＜60°时，选A区；当60°＜arg（$\dot{I}_0/\dot{I}_{2a}$）＜180°时，选B区；当180°＜arg（$\dot{I}_0/\dot{I}_{2a}$）＜300°时，选C区。］

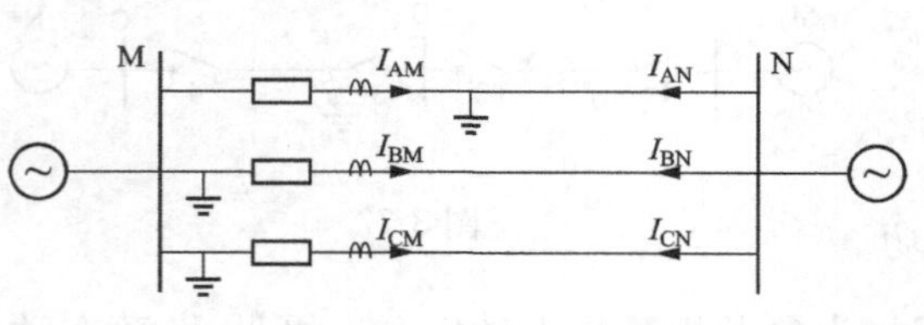

图 3-80

答：相当于在同一点发生三相短路，但流入保护的电流不具备三相短路电流的特征。设故障支路三相电流为 $\dot{I}_{FA}$，$\dot{I}_{FB}$，$\dot{I}_{FC}$，故障前三相电流为 $\dot{I}_{A|0|}$，$\dot{I}_{B|0|}$，$\dot{I}_{C|0|}$，M侧A相正序电流分配系数为 C_1。则

$$\begin{cases}\dot{I}_{AM}=C_1\dot{I}_{FA}+\dot{I}_{A|0|}\\ \dot{I}_{BM}=-(1-C_1)\dot{I}_{FB}+\dot{I}_{B|0|}\\ \dot{I}_{CM}=-(1-C_1)\dot{I}_{FC}+\dot{I}_{C|0|}\end{cases}$$

由于 $\dot{I}_{A|0|}$，$\dot{I}_{B|0|}$，$\dot{I}_{C|0|}$ 为对称正序分量，计算负、零序电流时不起作用。只需对下列三式进行负、零序电流计算。

$$\begin{cases}\dot{I}'_{AM}=C_1\dot{I}_{FA}\\ \dot{I}'_{BM}=-(1-C_1)\dot{I}_{FB}\\ \dot{I}'_{CM}=-(1-C_1)\dot{I}_{FC}\end{cases}$$

$$3\dot{I}_{0M}=C_1\dot{I}_{FA}-(1-C_1)(\dot{I}_{FB}+\dot{I}_{FC})=C_1\dot{I}_{FA}-(1-C_1)(-\dot{I}_{FA})=\dot{I}_{FA}$$

$$3\dot{I}_{2AM}=\dot{I}_{AM}+a^2\dot{I}_{BM}+a\dot{I}_{CM}=3\dot{I}_{0M}=\dot{I}_{FA}。$$

相、序电流相量图如图 3-81 所示。

则 $\dot{I}_0=\dot{I}_{2a}=\dfrac{\dot{I}_{FA}}{3}$，故 $\arg\dfrac{\dot{I}_0}{\dot{I}_{2a}}=0°$，选 A 区。

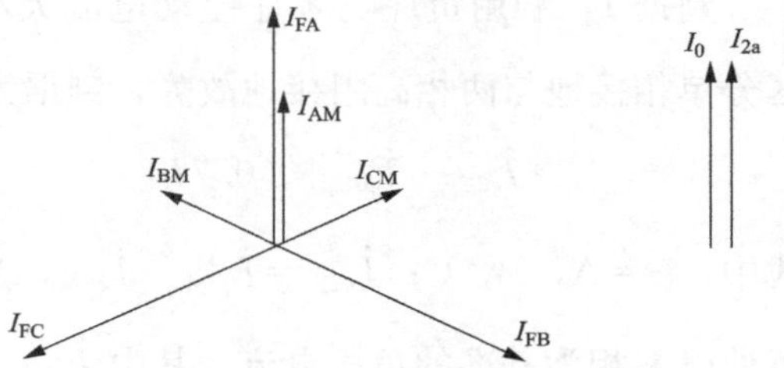

图 3-81

21. 某 220kV 线路如图 3-82 所示：

线路处于空载状态，设 M 母线 A 相工作电压 $\dot{U}_{op.A}$ 为：$\dot{U}_{op.A}=\dot{U}_{MA}-(\dot{I}_A+K3\dot{I}_0)Z_{set}$，其中：$\dot{U}_{MA}$ 为 M 母线 A 相电压，Z_{set} 为 M 侧保护整定阻抗。以图中 $\Delta(\dot{I}_A+K3\dot{I}_0)$ 为基准相量，试分别作出 K_1 点、K_2 点、K_3 点 A 相接地时 $\Delta\dot{U}_{op.A}$ 相量（图中各元件的序阻抗角相同均为 80°，且零序阻抗与正序阻抗之比相同）。

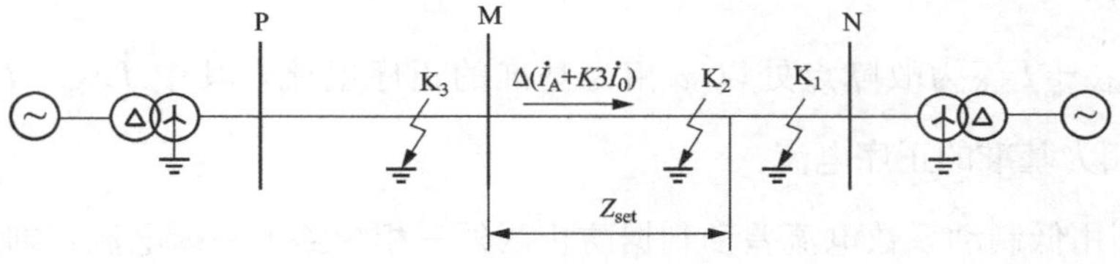

图 3-82

答：$\Delta\dot{U}_{op.A}$、$\Delta(\dot{I}_A+K3\dot{I}_0)$ 仅存在于故障分量网络中。

（1）正向 A 相接地（K_1、K_2），如图 3-83 所示：

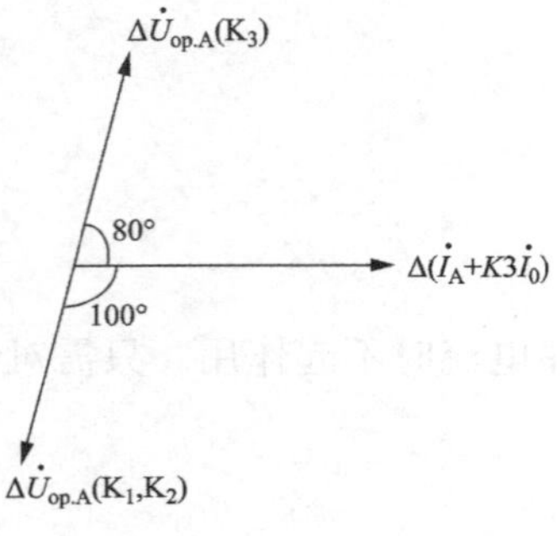

图 3-83

$\Delta\dot{U}_{MA}=-\Delta(\dot{I}_A+K3\dot{I}_0)Z_{M(-)}$，（$Z_{M(-)}$为 M 母线背后阻抗）

所以 $\Delta\dot{U}_{op.A}=\Delta\dot{U}_{MA}-\Delta(\dot{I}_A+K3\dot{I}_0)Z_{set}=-\Delta(\dot{I}_A+K3\dot{I}_0)(Z_{M(-)}+Z_{set})$。

（2）反向 A 相接地（K_3）

$\Delta\dot{U}_{MA}=\Delta(\dot{I}_A+K3\dot{I}_0)Z_{M(+)}$（$Z_{M(+)}$为 M 母线正向阻抗）

所以：$\Delta\dot{U}_{op.A}=\Delta\dot{U}_{MA}-\Delta(\dot{I}_A+K3\dot{I}_0)Z_{set}=\Delta(\dot{I}_A+K3\dot{I}_0)(Z_{M(+)}-Z_{set})$（$Z_{M(+)}>Z_{set}$）。

22. 图 3-84 为双端系统，F 为故障点，保护安装于线路两侧 1 和 2 处。有人提出一种可以准确识别单相接地故障相的选相元件。该线路选相元件包括三部分判据（三者与逻辑），分别为：

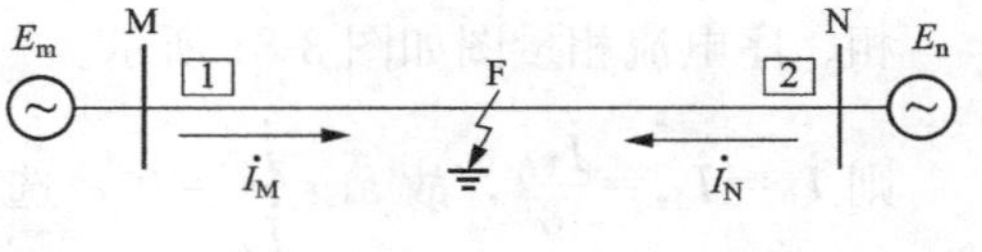

图 3-84

判据 1：利用负序与零序差动电流大小相近区分单相接地与两相高阻接地故障，判据为

$$|\dot{I}_{\varphi2\Sigma}-\dot{I}_{\varphi0\Sigma}|<0.7I_{0\Sigma} \tag{1}$$

式中：φ＝A，B，C；$\dot{I}_{\varphi2\Sigma}=\dot{I}_{\varphi2M}+\dot{I}_{\varphi2N}$，为故障点处以 φ 相为基准的负序电流，其中 $\dot{I}_{\varphi2M}$，$\dot{I}_{\varphi2N}$分别为线路 M，N 侧 φ 相为基准的负序电流；$\dot{I}_{0\Sigma}=\dot{I}_{0M}+\dot{I}_{0N}$，其中 $\dot{I}_{0\Sigma}$为故障点处零序电流，$\dot{I}_{0M}$，$\dot{I}_{0N}$分别为线路 M，N 侧零序电流；

判据 2：利用正序差动电流与负序差动电流的相位关系区分单相接地与两相金属性接地故障，判据为

$$-45°<\arg\frac{\dot{I}_{\varphi2\Sigma}}{\dot{I}_{\varphi1\Sigma}}<75° \tag{2}$$

式中：$\dot{I}_{\varphi1\Sigma}=\dot{I}_{\varphi1M}+\dot{I}_{\varphi1N}$为故障点处以 φ 相为基准的正序电流，其中 $\dot{I}_{\varphi1M}$，$\dot{I}_{\varphi1N}$分别为线路 M，N 侧以 φ 相为基准的正序电流。

判据 3：利用低制动系数电流差动判据防止区外三相短路不平衡电流，判据为

$$|\dot{I}_{\varphi M}+\dot{I}_{\varphi N}|>0.1\times|0.35\dot{I}_{\varphi max}-\dot{I}_{\varphi min}| \tag{3}$$

式中：$\dot{I}_{\varphi M}$，$\dot{I}_{\varphi N}$分别为线路 M，N 侧 φ 相电流；$I_{\varphi max}=\max\{I_{\varphi M},I_{\varphi N}\}$、$I_{\varphi min}=\min\{I_{\varphi M},I_{\varphi N}\}$。

试以 A 相接地和 BC 相金属性短路接地故障说明这种选相判据能够准确区分单相接地故障与两相接地故障。

答：忽略电容电流，区内故障时各序差动电流即为各序故障分量电流。A 相接地故障时，$\dot{I}_{A1\Sigma}=\dot{I}_{A2\Sigma}=\dot{I}_{0\Sigma}$，$\dot{I}_{A\Sigma}=3\dot{I}_{A1\Sigma}$，$\dot{I}_{B\Sigma}=\dot{I}_{C\Sigma}=0$，序分量图如图 3-85 所示。

A 相电流：$|\dot{I}_{A2\Sigma}-\dot{I}_{A0\Sigma}|=0<0.7I_{0\Sigma}$满足判据 1，$\arg\dfrac{\dot{I}_{A2\Sigma}}{\dot{I}_{A1\Sigma}}=\arg 1=0°$满足判据 2，故障相的差流满足判据 3。

B 相电流：$|\dot{I}_{B2\Sigma}-\dot{I}_{B0\Sigma}|=\sqrt{3}I_{0\Sigma}>0.7I_{0\Sigma}$，判据 1 不满足；$\arg\dfrac{\dot{I}_{B2\Sigma}}{\dot{I}_{B1\Sigma}}=240°$，判据 2 不满足；$|\dot{I}_{BM}+\dot{I}_{BN}|=\dot{I}_{B\Sigma}=0$，判据 3 不满足。

C 相电流：$|\dot{I}_{C2\Sigma}-\dot{I}_{C0\Sigma}|=\sqrt{3}I_{0\Sigma}>0.7I_{0\Sigma}$，判据 1 不满足；$\arg\dfrac{\dot{I}_{C2\Sigma}}{\dot{I}_{C1\Sigma}}=120°$，判据 2 不满足；

$|\dot{I}_{CM}+\dot{I}_{CN}|=\dot{I}_{C\Sigma}=0$，判据 3 不满足。

综上，A 相接地时仅 A 相判据满足，B、C 相判据不满足。

BC 相金属性短路接地故障时，$\dot{I}_{A1\Sigma}=-\dot{I}_{A2\Sigma}-\dot{I}_{0\Sigma}$，且 $\dot{I}_{A2\Sigma}$与 $\dot{I}_{0\Sigma}$同相，与 $\dot{I}_{A1\Sigma}$反相，$\dot{I}_{A\Sigma}=0$，$\dot{I}_{B\Sigma}=\dot{I}_{C\Sigma}=0$，由图 3-86 可知：

A 相电流：$\arg\dfrac{\dot{I}_{A2\Sigma}}{\dot{I}_{A1\Sigma}}=180°$，判据 2 不满足；$|\dot{I}_{AM}+\dot{I}_{AN}|=\dot{I}_{A\Sigma}=0$，判据 3 不满足。

B 相电流：$|\dot{I}_{B2\Sigma}-\dot{I}_{B0\Sigma}|=>0.7I_{0\Sigma}$，判据 1 不满足。

C 相电流：$|\dot{I}_{C2\Sigma}-\dot{I}_{C0\Sigma}|=>0.7I_{0\Sigma}$，判据 1 不满足；$\arg\dfrac{\dot{I}_{C2\Sigma}}{\dot{I}_{C1\Sigma}}=-60°$，判据 2 不满足。

综上，BC 相金属性接地时三相判据均不满足，故这种选相元件能准确区分单相接地故障和两相接地故障。

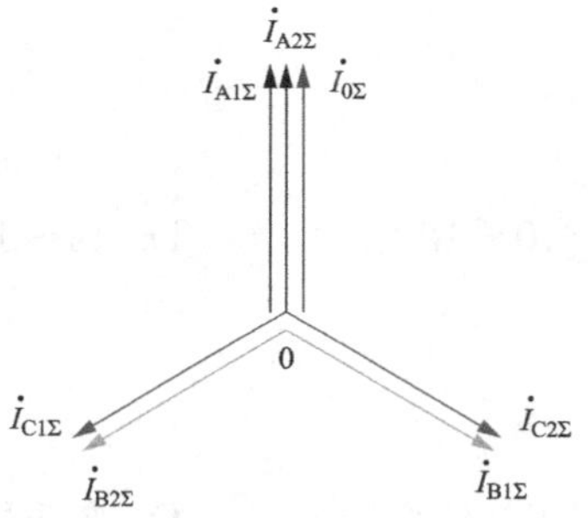

图 3-85

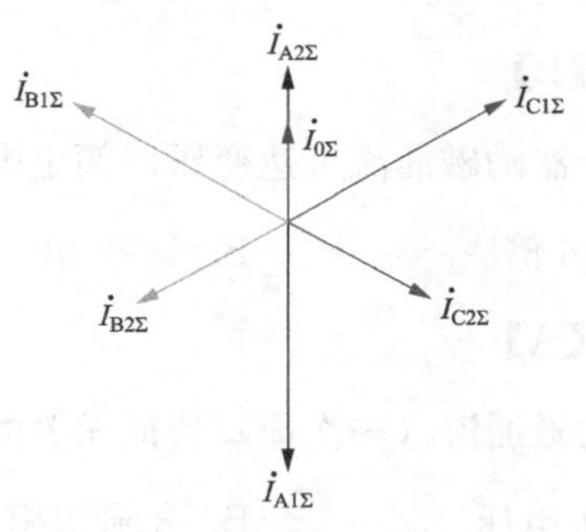

图 3-86

4 元件保护部分

4.1 单 选 题

1. 变压器故障分为油箱外故障和（　）两大类。

A. 油箱内故障　　B. 低压套管故障　　C. 绝缘故障　　D. 高压套管故障

答案：【A】

2. 如果认为变压器的励磁阻抗为无穷大，则 YN/d 变压器的零序阻抗 Z_0 与正序阻抗 Z_1 的关系是（　）。

A. $Z_1>Z_0$　　B. $Z_1=Z_0$　　C. $Z_1<Z_0$　　D. 不确定

答案：【B】

3. 在同样情况下，Y_0/Y_0 接线变压器一次侧看进去的零序阻抗 Z_{01} 比 Y_0/d 接线变压器的零序阻抗 Z_{02}（　）。

A. $Z_{01}>Z_{02}$　　B. $Z_{01}=Z_{02}$　　C. $Z_{01}<Z_{02}$　　D. 不确定

答案：【C】

4. 对于 220kV 的三侧自耦降压变压器，其高压侧阻抗通常比低压侧（　）。

A. 大　　B. 小　　C. 相等　　D. 不确定

答案：【B】

5. 变压器励磁涌流可达变压器额定电流的（　）。

A. 6～8 倍　　B. 1～2 倍　　C. 10～12 倍　　D. 14～16 倍

答案：【A】

6. 与励磁涌流（一次值）特征无关的是（　）。

A. 系统电压　　B. 合闸初相角　　C. TA 传变特性　　D. 变压器容量

答案：【C】

7. 调整有载调压变压器分接头主要为改变（　）。

A. 系统阻抗　B. 系统频率　C. 无功分布　D. 系统谐波

答案：【C】

8. 变压器大盖沿气体继电器方向的升高坡度应为（　）。

A. 1%～1.5%　B. 0.5%～1%　C. 2%～2.5%　D. 2.5%～3%

答案：【A】

9. 变压器瓦斯继电器的安装，要求导管沿油枕方向与水平面具有（　）升高坡度。

A. 0.5%～1.5%　B. 2%～4%　C. 4.5%～6%　D. 6.5%～7%

答案：【B】

10. 励磁涌流衰减时间常数与变压器至（　）的阻抗大小、变压器的容量和铁芯的材料等因素有关。

A. 系统　B. 电源之间　C. 接地点　D. 以上都对

答案：【B】

11. 变压器励磁涌流的大小与变压器的额定电流幅值倍数有关，变压器容量（　），励磁涌流对额定电流幅值的倍数（　）。

A. 越小、越小　B. 越小、越大　C. 越大、越大　D. 两个无关联

答案：【B】

12. 变压器差动保护中的“差动电流速断”元件，由于反应的是差流（　），故其动作电流不受电流波形畸变的影响。

A. 最大值　B. 瞬时值　C. 有效值　D. 最小值

答案：【C】

13. 一台三绕组变压器绕组间的短路电压的百分值分别为，$U_{Ⅰ-Ⅱ}=9.92\%$，$U_{Ⅰ-Ⅲ}=15.9\%$，$U_{Ⅱ-Ⅲ}=5.8\%$，高压绕组的短路电压为（　）%。

A. 10.01　B. 0.09　C. 5.89　D. 12.19

答案：【A】

14. 三相变压器，其额定容量为 $S_N=40.5$MVA，变比为 10.5/121kV，高压侧为星形接线，低压侧为三角形连接。为了判别该变压器的接线组别，将三角形侧三相短路并接入电流表，在高压侧 AB 相接入单相电源，使高压侧电流达到额定值（图 4-1 所示）。若变压器为 Y/△-1 接线，则各电流表读数为（　）。

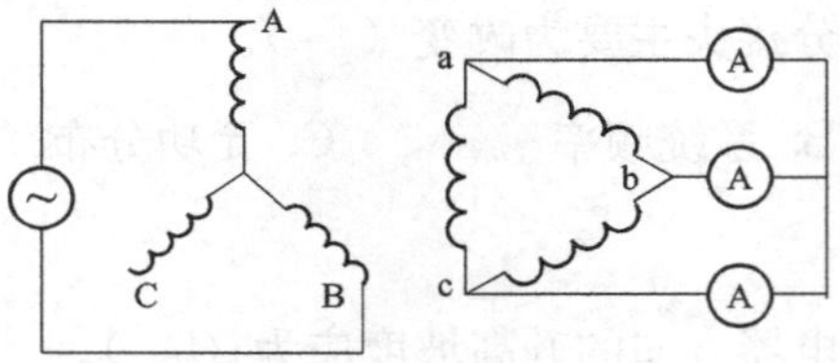

图 4-1

A. $I_a=I_b=1.286$kA、$I_c=2.572$kA　　B. $I_a=I_c=1.286$kA、$I_b=2.572$kA

C. $I_b=I_c=1.286$kA、$I_a=2.572$kA　　D. $I_a=I_b=I_c=1.286$kA

答案：【B】

15. 变压器供电的线路发生短路时，要使短路电流小些，下述措施（　）是对的。

A. 增加变压器电动势　　B. 变压器加大外电阻 R

C. 变压器加大内电阻 R　　D. 选用短路比大的变压器

答案：【D】

16. 当变比不同的两台升压变压器并列运行时，将在两台变压器内产生环流，使得两台变压器空载输出电压（　）。

A. 上升　　B. 降低

C. 变比大的升、小的降　　D. 变比小的升、大的降

答案：【C】

17. 两台阻抗电压不相等变压器并列运行时，在负荷分配上（　）。

A. 阻抗电压大的变压器负荷小　　B. 阻抗电压小的变压器负荷小

C. 负荷分配不受阻抗电压影响　　D. 一样大

答案：【A】

18. 如果一台三绕组自耦变压器 Y0/Y0/d-11，各侧额定电压为 525/230/35kV，设该变压器高、中压侧额定容量为 S_N，按中、低压绕组传输功率来推算，则低压绕组的最大可能容量为（　）。

A. $0.56S_N$　　B. $0.43S_N$　　C. $0.26S_N$　　D. $0.15S_N$

答案：【A】

19. YN/d-11 变压器，三角形侧 ab 两相短路时，星形侧装设两相三继电器过流保护，设 Z_L 和 Z_K 为二次电缆（包括 TA 二次漏阻抗）和过流继电器的阻抗，则电流互感器二次负载阻抗为（　）。

A. Z_L+Z_k　　B. 2（Z_L+Z_k）　　C. 3（Z_L+Z_k）　　D. 1.5（Z_L+Z_k）

答案：【C】

20. YN/d-1 接线变压器，在三角形侧发生 AB 两相短路时，星形侧阻抗继电器能正确反映保护安装处至故障点的测量阻抗是（　）。

A. A 相接地阻抗继电器　　B. B 相接地阻抗继电器

C. C 相接地阻抗继电器　　D. AB 相间阻抗继电器

答案：【A】

21. 在三相变压器中，正确的说法是（　）。

A. 因一、二次电压波形是正弦波形，所以励磁电流呈正弦波形

B. 因一、二次电压波形是正弦波形，考虑铁芯饱和关系，所以励磁电流呈平顶正弦波形

C. 因一、二次电压波形是正弦波形，考虑铁芯饱和关系，所以励磁电流呈尖顶正弦波形

D. 因一、二次电压波形是正弦波形，考虑铁芯饱和关系，所以励磁电流除正弦波形外，还有显著的 5 次谐波

答案：【C】

22. YN/d-11 接线的变压器，是指（　）。

A. 一次侧相电压超前二次侧相电压 30°　　B. 一次侧相电压滞后二次侧相电压 30°

C. 一次侧线电压滞后二次侧线电压 30°　　D. 一次侧线电压超前二次侧线电压 30°

答案：【C】

23. 变压器组别常用的时钟法定义为（　）。

A. 把三角形侧线电压的相量作为时钟的长针，固定在 12 点上，星形侧线电压的相量作为短针，看短针指在哪个数字上，就作为该连接的组号

B. 把星形侧线电压的相量作为时钟的长针，固定在 12 点上，三角形侧线电压的相量作为短针，看短针指在哪个数字上，就作为该连接的组号

C. 把高压侧线电压的相量作为时钟的长针，固定在 12 点上，低压侧线电压的相量作为短针，看短针指在哪个数字上，就作为该连接的组号

答案：【C】

24. 如图 4-2 所示的三相变压器，高压侧 XYZ 绕组与低压侧 xyz 绕组相对应，该变压器

类型为（ ）。

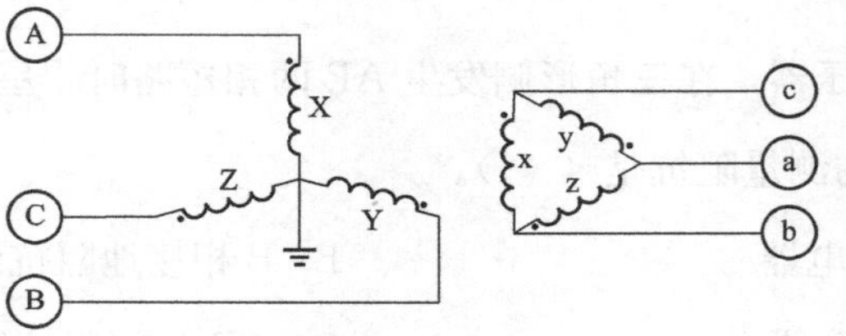

图 4-2

A. Y/d-1　　B. Y/d-3　　C. Y/d-5　　D. Y/d-7

答案：【B】

25.（ ）保护是指由变压器各侧外附 TA 构成的差动保护，该保护能反映变压器各侧的各类故障。

A. 纵差　　B. 分相差　　C. 分侧差　　D. 零差

答案：【A】

26. 变压器的纵差动保护（ ）。

A. 能反应油箱内部的故障　　B. 只能反应油箱内部的故障

C. 不能反应油箱内部的故障　　D. 不能反应油箱外部的故障

答案：【A】

27. 变压器纵差保护范围不包括（ ）。

A. 变压器绕组、引线的相间短路

B. 大电流接地系统侧的绕组、引出线的接地短路

C. 小电流接地系统侧的绕组、引出线的接地短路

D. 绕组匝间短路

答案：【C】

28. 变压器的纵差动保护（ ）。

A. 能够反应变压器的所有故障

B. 只能反应变压器的相间故障和接地故障

C. 不能反应变压器的轻微匝间故障

D. 可以反应星形接线中绕组尾部的相间短路故障

答案：【C】

29. 变压器内部单相接地故障与相间故障相比，纵差保护的灵敏度相对（ ）。

A. 较高　　B. 不变　　C. 较低　　D. 以上都有可能

答案：【C】

30. 变压器的中性点直接接地，当高压侧发生单相接地故障时，故障点越靠近中性点，相间纵差保护灵敏度（ ）。

A. 越高　　B. 越低　　C. 没有变化　　D. 以上都有可能

答案：【B】

31. 变压器差动保护需要特殊考虑相位平衡，相位平衡主要有两种方式，即以 d 侧为基准和以 Y0 侧为基准，在相间短路时，Y0→d 转换方式比 d→Y0 转换方式的灵敏度（ ）。

A. 相同　　B. 高　　C. 低　　D. 以上都有可能

答案：【B】

32. 一台 YN/d-11 型变压器，低压侧无电源，当其高压侧差动范围内同一点发生三相短路故障和两相短路故障时，对相位补偿为 Y 侧→d 侧转换方式的变压器差动保护，其差动电流（ ）。

A. 相同

B. 三相短路的灵敏度大于两相短路的灵敏度

C. 不定

D. 两相短路的灵敏度大于三相短路的灵敏度

答案：【A】

33. 变压器内部发生匝间故障而同时又有流出电流时，差动保护（ ）。

A. 仍能动作

B. 视流出电流的大小，有可能动作，也可能不动作

C. 肯定不能动作

D. 不能判定

答案：【B】

34. 谐波制动的变压器纵差保护装置中设置差动速断元件的主要原因是（ ）。

A. 提高保护动作速度

B. 防止在区内故障较高的短路水平时，由于电流互感器的饱和产生谐波量增加，导致谐波制动的比率差动元件拒动

C. 保护设置的双重化，互为备用

D. 提高整套保护灵敏度

答案：【B】

35. 变压器比率制动差动保护设置制动线圈的主要原因是（ ）。

A. 为了躲励磁涌流　　B. 为了在内部故障时提高保护的可靠性

C. 为了在区外故障时提高保护的安全性　　D. 提高差动保护的快速性

答案：【C】

36. YN/yN/d-11三圈变压器，额定容量为120MVA，额定电压为：220/121/10.5kV，容量比为：100/100/50，差动保护的平衡系数与各侧容量的关系是（ ）。

A. 平衡系数与本侧容量成正比　　B. 平衡系数与本侧容量成反比

C. 平衡系数与本侧容量没关系　　D. 以上说法均不正确

答案：【C】

37. 调整电力变压器分接头，会在其差动回路中引起不平衡电流的增大，常用的解决方法为（ ）。

A. 增大短路线圈的匝数　　B. 提高差动保护的整定值

C. 减少短路线圈的匝数　　D. 不需要对差动保护进行调整

答案：【B】

38. 关于TA饱和对变压器差动保护的影响，以下哪种说法正确？（ ）

A. 由于差动保护具有良好的制动特性，区外故障时没有影响

B. 由于差动保护具有良好的制动特性，区内故障时没有影响

C. 可能造成差动保护在区内故障时拒动或延缓动作，在区外故障时误动作

D. 以上说法均不正确

答案：【C】

39. 空投变压器时，二次谐波分相制动式差动保护误动，则误动相一定是（ ）。

A. 涌流最大的那一相

B. 涌流较小的那一相

C. 涌流较大而偶次谐波分量很小的那一相

D. 涌流较小而偶次谐波分量很大的那一相

答案：【C】

40. 在带有规定负荷的 YN/d-11 接线的变压器微机纵差保护中，下列说法正确的是（　）。

A. YN 侧保护区外接地时，差动回路中有零序电流

B. YN 侧保护区内接地时，差动回路中有零序电流

C. YN 侧一相绕组断线时，差动回路中有零序电流

D. YN 侧 A 相 TA 二次断线时，差动回路中有零序电流

答案：【D】

41. 变压器为 YN/d-11 接线，对于该变压器的微机差动保护，两侧电流互感器均为星形接线，下列正确的是（　）。

A. YN 侧保护区内单相接地时，因故障电流中有零序分量电流，所以差动回路中也有一定量的零序分量电流

B. 在额定运行情况下，d 侧 A 相绕组断线，差动保护会动作

C. 在额定运行情况下，YN 侧 A 相绕组断线，差动保护会动作

D. 外部短路故障时，差动回路中的不平衡电流主要由两侧电流互感器二次阻抗不完全匹配、分接头调整因素造成

答案：【D】

42. 下面有关 YN/d-11 接线变压器的纵差动保护说法正确的是（　）。

A. 只可以反应变压器三角形绕组的断线故障

B. 只可反应 YN 侧一相的断线故障

C. 既能反应变压器三角形绕组的断线故障，也能反应 YN 侧一相的断线故障

D. 既不能反应变压器三角形绕组的断线故障，也不能反应 YN 侧一相的断线故障

答案：【D】

43. 220kV/110kV/35kV 变压器绕组为 Y_0/Y_0/d-11 接线，35kV 侧没负荷，也没引线，变压器实际当双绕组变用，采用的保护为微机双侧差动。下面说法正确的有（　）。

A. 二次电流接线接成 Y 型，保护与一次对应，由于接入保护的变压器绕组为 12 点接线，所以无需转角，但应注意极性和变比正确

B. 二次电流接线接成△型，再接入主变压器保护，这样可适应任何不同原理的主变压器差动保护，不会存在区外接地故障误动作的问题

C. 二次电流接线无需转角接成角型，接成 Y 型输入保护，零序电流消除由保护软件实现

D. 二次电流接线接成 Y 型，保护装置必须转角消除零序电流，才能消除区外接地故障误动作

答案：【C】

44. 变压器一次绕组为 YN/d-11，其微机型分相纵差保护 TA 按 Y/Y 连接，由软件在高压侧移相。在差动保护高压侧 A 相通电流校定值时，则（ ）。

A. A 相差动元件动作　　B. A、B 两相差动元件动作

C. A、C 两相差动元件动作　　D. A、B、C 三相差动元件均动作

答案：【C】

45. 变压器一次绕组为 YN/d-1，两侧 TA 的接线为星形接线，软件在星形侧相位补偿，高压侧平衡系数等于 1.5。保护启动电流 $I_{dz0}=3A$、拐点电流 $I_{zd0}=4A$、斜率 $S=0.5$，采用最大值制动。高低压侧 A 相同时通入相位相反的 25A 电流。则（ ）。

A. A 相差动动作　　B. B 相差动动作

C. C 相差动动作　　D. 三相差动都不动作

答案：【B】

46. 有一台组别为 YN/d-11 变压器，在该变压器高，低压侧分别配置 A、C 两相式过电流保护，假设低压侧母线三相短路故障为 I_d，高压侧过电流保护定值为 I_{gdz}，低压侧过电流保护定值为 I_{ddz}。高压侧过电流保护灵敏度、高压侧过电流保护对低压侧过电流保护的配合系数、接线系数分别为（ ）。

A. I_d/I_{gdz}、0.85、0.58　　B. $I_d/2I_{gdz}$、1.15、1.732

C. $2I_d/I_{gdz}$、1.15、1.16　　D. $I_{ddz}/2I_{gdz}$、1.15、1.16

答案：【B】

47. 双绕组变压器空载合闸的励磁涌流的特点有（ ）。

A. 变压器两侧电流相位一致　　B. 变压器两侧电流相位无直接联系

C. 仅在变压器一侧有电流　　D. 以上都不对

答案：【C】

48. 变压器空载合闸时励磁涌流往往偏于时间轴的一侧，是因为（ ）。

A. 含有大量的二次谐波　　B. 含有大量的五次谐波

C. 含有很大的直流分量　　D. 间断角的影响

答案：【C】

49. 下列选项中关于变压器空载合闸时和应涌流描述正确的是（ ）。

A. 和应涌流与空载合闸变压器励磁涌流几乎同时出现

B. 空载合闸变压器与并联或级联变压器涌流方向相反

C. 和应涌流持续时间较短

D. 和应涌流幅值随时间逐步增大到最大值

答案：【B】

50. 关于变压器的励磁涌流与故障电流描述，说法不正确的是（　）。

A. 他们都含有很高的非周期分量，所以偏向时间轴的一侧

B. 当励磁涌流和故障电流很大时，他们对一次设备会有损害

C. 他们都含有很高的二次谐波，所以对一次设备损害很大

D. 励磁涌流波形有很大的间断角，而故障电流没有

答案：【C】

51. 变压器采用波形对称原理的差动保护，主要是基于（　）。

A. 变压器差动保护区外发生故障时，由于暂态分量的影响，电流波形将偏于时间轴一侧

B. 变压器充电时，由于励磁涌流的影响，充电侧电流波形将可能偏于时间轴的某一侧

C. 切除变压器负荷时，由于暂态分量的影响，变压器差动保护的差电流将短时间偏于时间轴的某一侧

D. 变压器差动保护区内发生故障时，有大量谐波分量存在，电源侧电流波形将可能偏于时间轴的某一侧

答案：【B】

52. 标准化变压器保护装置为提高切除自耦变压器内部单相接地短路故障的可靠性，可配置由高中压和公共绕组 TA 构成的分侧差动保护，如在分侧差动保护范围内发生匝间短路故障，分侧差动保护的动作行为是（　）。

A. 短路匝数较多时，差动保护会动作　　B. 差动保护不会动作

C. 差动保护会动作　　D. 短路匝数较少时，差动保护会动作

答案：【B】

53. 以下关于变压器保护说法不正确的是（　）。

A. 由自耦变压器高、中压及公共绕组三侧电流构成的差动保护无需采用防止励磁涌流的专门措施

B. 自耦变压器的零序电流保护接在变压器中性点套管 TA 上，设方向元件

C. 大容量变压器，由于系统电压升高或频率降低，容易引起铁芯饱和，应装设过励磁

保护

D. 变压器高中压侧的距离保护，通过各自的偏移部分对各自的母线起到后备保护的作用

答案：【B】

54. 影响变压器空投时励磁涌流大小的因素中，描述错误的是（　）。

A. 电源电压越高，励磁涌流越大

B. 合闸角为0°时励磁涌流最小，90°时涌流最大

C. 剩磁越大，与自由分量磁通方向相同时，涌流最大

D. 变压器与电源之间联系阻抗越大，涌流越小

答案：【B】

55. 为躲过励磁涌流，变压器差动保护采用二次谐波制动，（　）。

A. 二次谐波制动比越大，躲过励磁涌流的能力越强

B. 二次谐波制动比越大，躲过励磁涌流的能力越弱

C. 差动保护躲励磁涌流的能力，只与二次谐波电流的大小有关

D. 二次谐波制动比越小，差动保护越容易误动

答案：【B】

56. 超高压系统联络变压器为切除外部相间短路故障，其高中压侧应装设（　）保护，保护可带两段时限，以较短的时限用于缩小故障影响范围，较长的时限用于断开变压器各侧断路器。

A. 阻抗　　B. 过励磁　　C. 非全相　　D. 过负荷

答案：【A】

57. 切/合110kV及以上有效接地系统中性点不接地的空载变压器时，应先将该变压器中性点临时接地，原因为（　）。

A. 为了满足继电保护装置灵敏度配合要求　　B. 防止励磁涌流

C. 防止过励磁　　D. 防止断路器非同期操作引起的过电压

答案：【D】

58. 变压器铁芯及其所有金属构件必须可靠接地的原因是（　）。

A. 防止产生过电压　　B. 防止绝缘击穿

C. 防止产生悬浮电位、造成局部放电　　D. 防止产生过励磁

答案：【A】

59. 在中性点直接接地系统中，变电站低压侧有电源的变压器，若变电站中只有单台变压器运行，其中性点应（　），以防止出现不接地系统的工频过电压状态。

A. 接地运行　　B. 不接地运行

C. 根据运行方式决定运行与否　　D. 根据负荷情况决定运行与否

答案：【A】

60. 变压器的一次绕组接入直流电源的瞬间，其二次绕组的（　）。

A. 电势与匝数成正比　　B. 电势为 0

C. 感应电势近似于一次绕组的电势　　D. 电势与匝数成反比

答案：【D】

61. 当过电压作用于变压器时，为了使绕组上的起始电压和终电压分布一致，且不发生振荡，通常采取的措施有（　）。

A. 采用避雷器保护　　B. 采用增加阻尼措施

C. 加强绕组绝缘强度和改善电容分布　　D. 以上说法均不对

答案：【C】

62. 变压器间隙保护有 0.3～0.5s 的动作延时，其目的是（　）。

A. 躲过系统的暂态过电压　　B. 与线路保护 I 段相配合

C. 躲过励磁涌流　　D. 作为变压器的后备保护

答案：【A】

63. 某 220kV 终端变电站 35kV 侧接有电源，其两台主变压器一台 220kV 中性点直接接地，另一台主变压器经放电间隙接地，当其 220kV 进线单相接地，该线路终端侧断路器拒动后，一般（　）。

A. 先切除中性点直接接地的变压器，根据故障情况再切除跳中性点不接地的变压器

B. 先切除中性点不接地的变压器，根据故障情况再切除跳中性点接地的变压器

C. 两台变压器同时切除

D. 两台变压器跳闸的顺序不定

答案：【A】

64. 对于 220kV 及以上的变压器相间短路后备保护的配置原则，下面说法正确的是（　）。

A. 除主电源外，其他各侧保护作为变压器本身和相邻元件的后备保护

B. 作为相邻线路的远后备保护，对任何故障具有足够的灵敏度

C. 对稀有故障，例如电网的三相短路，允许无选择性动作

D. 送电侧后备保护对各侧母线应有足够灵敏度

答案：【D】

65. 某母线差动保护区外故障时，TA 负载阻抗呈最大的故障类型为（　）。

A. 单相短路　　B. 三相短路　　C. 两相短路　　D. 两相接地短路

答案：【A】

66. 校核母差保护电流互感器的 10%误差曲线时，计算电流倍数最大的情况是元件（　）。

A. 对侧无电源　　B. 对侧有电源　　C. 都一样　　D. 跟有无电源无关

答案：【A】

67. 对于采用复式比率差动的母线保护装置，若只考虑母线区内故障时流出母线的电流最多占总故障电流的 25%，复式比率系数 K_r 整定为（　）最合适。

A. 0.5　　B. 1　　C. 1.5　　D. 2

答案：【C】

68. 220kV 母差保护中的单母（互联）压板应该在一次操作（　）操作，分列压板应该在一次操作（　）操作。（　）

A. 之前、之前　　B. 之前、之后　　C. 之后、之前　　D. 之后、之后

答案：【B】

69. 某些母差保护中启动元件为什么采用高低两个定值？（　）

A. 提高第一次母线故障的动作灵敏度　　B. 提高第二次母线故障的动作灵敏度

C. 在母线分列运行时采用低值　　D. 在母联开关失灵时采用低值

答案：【B】

70. 以下关于母差保护中电流不计入小差电流描述正确的是（　）。

A. 间隔刀闸状态开入为 0 时，此单元电流不计入小差电流

B. 死区保护中，封 TA 逻辑启动后，母联电流不计入小差

C. 母联失灵保护中，封 TA 逻辑启动后，母联电流不计入小差

D. 以上都对

答案：【D】

71. 在双母线的母差保护中，下列选项说法正确的是（　）。

A. 大差动的比率制动系数通常比Ⅰ、Ⅱ母线的小差动的比率制动系数略小，其主要原因是大差动是起动元件，小差动是选择元件

B. 在用母联对另一空母线充电时，通常将母差保护短时闭锁，这是防止母差保护在充电期间受干扰而造成的误动

C. 在母联对另一个空母线充电时，将母差保护短时闭锁，这可防止充电时死区内的短路故障造成母差的动作

D. 充电保护闭锁母差的复归条件，必须是母联断路器 TWJ 返回时间大于 500ms

答案：【C】

72. 对于微机母线保护，其母联电流，下列选项说法正确的是（　）。

A. 母联断路器断开，母线分列运行，母联隔离刀在合位，若母联电流没有退出小差，死区故障会造成母线保护拒动

B. 母联断路器断开，一段母线停运，母联隔离刀在合位，若母联电流没有退出小差，死区故障会造成母线保护拒动

C. 母联断路器断开，母线分列运行，母联隔离刀在合位，若母联电流退出小差，死区故障会造成母线保护拒动

D. 母联断路器断开，母联隔离刀也已断开，母联电流必须退出小差，否则会造成母线保护拒动

答案：【A】

73. 对于由一个大差元件与两个小差元件构成的双母线电流型微机母差保护，下列选项说法正确的是（　）。

A. 在各种工况下均有死区

B. 在倒闸操作过程中失去选择性

C. 在各种母线运行方式下对母联 TA 与母联断路器之间的故障只靠母联断路器失灵保护或死区保护切除故障

D. TA 断线时差动元件一定会误动

答案：【B】

74. 当母线上连接元件较多时，母线保护在区外短路时不平衡电流较大可能的原因是（　）。

A. 电流互感器的变比不同　　　　B. 电流互感器严重饱和

C. 电流互感器励磁阻抗大　　　　　　　　　D. 母联合后位置

答案：【B】

75. 在微机母差的TA饱和鉴别方法中，以下（　）方法是基于TA一次故障电流过零点附近存在线性传变区原理构成的。

A. 同步识别法　　　　　　　　　　　　　B. 谐波制动原理

C. 自适应阻抗加权抗饱和法　　　　　　　D. 基于采样值的重复多次判别法

答案：【D】

76. 双母线电流差动保护，当故障发生在母联断路器与母联TA之间时出现动作死区，此时应该（　）。

A. 启动远方跳闸　　　　　　　　　　　　B. 启动母联失灵（或死区）保护

C. 启动失灵保护及远方跳闸　　　　　　　D. 母联过流保护动作

答案：【B】

77. 以下选项中关于电流互感器饱和对母线差动保护影响说法正确的是（　）。

A. 外部故障时有误动可能，因为饱和电流互感器二次绕组呈电阻性而使电流减小而导致差动回路电流增大

B. 内部故障时，电流互感器即使饱和母差保护也能正确动作

C. 内部故障时，有发生拒动可能性，因为饱和电流互感器因二次阻抗大，要汲出差动回路电流

D. 外部故障时有可能不动作，因为饱和电流互感器电流的减小而使差动电流减小

答案：【A】

78. 以下选项中说法错误的是（　）。

A. 母联（分段）失灵保护、母联（分段）死区保护均应经电压闭锁元件控制

B. 母联（分段）死区保护确认母联跳闸位置的延时为100ms

C. 3/2断路器接线的母线保护应设置灵敏的、不需整定的电流元件并带50ms的固定延时，以提高边断路器失灵保护动作后经母线保护跳闸的可靠性

D. 为缩短失灵保护切除故障的时间，失灵保护宜同时跳母联（分段）和相邻断路器

答案：【B】

79. 微机型双母线母差保护中使用的母联断路器电流取自Ⅱ母侧电流互感器，如母联断路器与电流互感器之间发生故障，将造成（　）。

A. Ⅰ母差动保护动作，切除故障，Ⅰ母失压；Ⅱ母差动保护不动作，Ⅱ母不失压

B. Ⅰ母差动保护动作，Ⅰ母失压，但故障没有切除，随后失灵保护动作切除故障，Ⅱ母失压

C. Ⅰ母差动保护动作，Ⅰ母失压，但故障没有切除，随后Ⅱ母差动保护动作切除故障，Ⅱ母失压

D. 双母线大差动保护动作，两条母线均失压

答案：【C】

80. 故障切除后，启动失灵的保护出口返回时间应不大于（　）ms。

A. 10ms　　B. 20ms　　C. 30ms　　D. 40ms

答案：【C】

81. 下列哪些保护不能启动失灵保护？（　）

A. 母线差动保护跳母联　　B. 变压器差动保护跳母联

C. 变压器后备保护跳母联　　D. 母联充电保护跳母联

答案：【C】

82. 断路器失灵保护是（　）。

A. 一种近后备保护，当故障元件的保护拒动时，可依靠该保护切除故障

B. 一种远后备保护，当故障元件的断路器拒动时，必须依靠故障元件本身保护的动作信号起动失灵保护以后切除故障点

C. 一种近后备保护，当故障元件的断路器拒动时，可依靠该保护隔离故障点

D. 一种远后备保护，当故障元件的保护拒动时，可依靠该保护切除故障

答案：【C】

83. 失灵保护的线路断路器启动回路由什么组成？（　）

A. 失灵保护的启动回路由保护动作出口触点和断路器失灵判别元件（电流元件）构成“与”回路所组成

B. 失灵保护的启动回路由保护动作出口触点和断路器失灵判别元件（电流元件）构成“或”回路所组成

C. 母线差动保护（Ⅰ母或Ⅱ母）出口继电器动作触点和断路器失灵判别元件（电流元件）构成“与”回路所组成

D. 母线差动保护（Ⅰ母或Ⅱ母）出口继电器动作触点和断路器失灵判别元件（电流元件）构成“或”回路所组成

答案：【A】

84. 失灵保护的母联断路器启动回路由什么组成？（ ）

A. 失灵保护的启动回路由保护动作出口触点和母联断路器失灵判别元件（电流元件）构成“或”回路所组成

B. 母线差动保护（Ⅰ母或Ⅱ母）出口继电器动作触点和母联断路器失灵判别元件（电流元件）构成“与”回路

C. 母线差动保护（Ⅰ母或Ⅱ母）出口继电器动作触点和断路器失灵判别元件（电流元件）构成“或”回路所组成

D. 母线差动保护（Ⅰ母或Ⅱ母）出口继电器动作触点和母联断路器位置触点构成“与”回路

答案：【B】

85. 充电保护投入时刻为（ ）。

A. 充电压板投入　　B. 母联电流大于充电过流定值

C. 充电保护过流延时大于充电延时定值　　D. 充电过程中，母联电流由无至有瞬间

答案：【D】

86. 关于母线充电保护特点，不正确的是（ ）。

A. 为可靠切除被充电母线上的故障，专门设立母线充电保护

B. 为确保母线充电保护的可靠动作，尽量采用阻抗保护作为相间故障的保护

C. 母线充电保护仅在母线充电时投入，其余情况下应退出

D. 母线充电保护可以由电流保护组成

答案：【B】

87. 高压并联电抗器的作用是平衡线路的（ ）而避免工频过电压。

A. 电流　　B. 充电功率　　C. 电压　　D. 参数

答案：【B】

88. 电抗器配置过电流保护作为后备保护，应采用（ ）电流，反映电抗器内部相间故障。

A. 电抗器首端　　B. 电抗器尾端　　C. 电抗器首端或尾端　　D. 相邻线路

答案：【A】

89. 并联电抗器有补偿作用的零序功率方向保护实质上是零序方向继电器，计及系统实际存在的电阻，其最大动作区（ ）。

A. 90°±50°　　B. 170°±50°　　C. 180°±50°　　D. 270°±50°

答案：【B】

90. 对500kV并联电抗器内部及其引出线的相间短路和单相接地短路，应装设（　）保护，作用于瞬时跳闸。

A. 瓦斯保护　　B. 过电流保护　　C. 纵联差动　　D. 压力释放保护

答案：【C】

91. 对电容器组和断路器之间连接线的短路，可装设带有短时限的电流速断和过流保护，速断保护的动作电流，按（　）运行方式下，电容器端部引线发生两相短路时有足够灵敏系数整定。

A. 正常　　B. 最大　　C. 最小　　D. 故障

答案：【C】

92. 对反应电容器组和断路器之间连接线的短路的速断保护的动作时限应防上在出现电容器（　）时误动作。

A. 充电涌流　　B. 过电压　　C. 过负荷　　D. 单相接地

答案：【A】

93. 对反应电容器组和断路器之间连接线短路的过流保护的动作电流，按（　）整定。

A. 最大运行方式下的三相短路　　B. 额定电流

C. 最小运行方式下的单相接地　　D. 电容器组长期允许的最大工作电流

答案：【D】

94. 当电容器组中的故障电容器被切除到一定数量后，引起剩余电容器端电压超过110%额定电压时，保护应将整组电容器断开。为此，对于中性点不接地单星形接线电容器组，可装设（　）。

A. 中性点电压不平衡保护　　B. 中性点间电流或电压不平衡保护

C. 反应中性点回路电流差的不平衡保护　　D. 中性点间电流不平衡保护

答案：【A】

95. 当电容器组中的故障电容器被切除到一定数量后，引起剩余电容器端电压超过110%额定电压时，保护应将整组电容器断开。为此，对于中性点接地单星形接线电容器组，可装设（　）。

A. 中性点电压不平衡保护　　B. 中性点间电流或电压不平衡保护

C. 反应中性点回路电流差的不平衡保护　　D. 中性点电流不平衡保护

答案：【D】

4.2 多 选 题

1. 变压器短路故障后备保护，主要是作为（　）故障的后备保护。

A. 相邻元件　　B. 变压器内部　　C. 线路主保护　　D. 发电机保护

答案：【AB】

2. 500kV 变压器用作接地故障的后备保护有（　）。

A. 零序电流保护　　B. 零序方向过电流保护

C. 公共绕组零序过电流保护　　D. 复压过电流保护

答案：【ABC】

3. 自耦变压器的接地保护应装设（　）。

A. 零序过电流　　B. 零序方向过电流　　C. 零序过电压　　D. 零序间隙过流

答案：【AB】

4. 变压器内部故障包括（　）。

A. 绕组的相间短路故障、匝间短路故障、断线故障

B. 变压器绕组引线与外壳发生的单相接地故障

C. 绕组与铁芯间的故障

D. 箱壳外部引出线间的各类相间短路故障

答案：【ABC】

5. 变压器外部故障包括（　）。

A. 绕组相间短路故障

B. 箱壳外部引出线因绝缘套管闪络或破碎通过箱壳发生的单项接地短路

C. 变压器绕组与外壳发生的单相接地故障

D. 箱壳外部引出线间的各类相间短路故障

答案：【BD】

6. 为了计算变压器的相关参数通常变压器需要做的试验有（　）。

A. 核相　　B. 空投变压器　　C. 短路试验　　D. 空载试验

答案：【CD】

7. 变压器平衡系数跟下列哪些参数有关（　）。

A. 变压器容量　　B. 变压器各侧 TA 变比

C. 变压器各侧额定电压　　D. 变压器接线方式

答案：【BCD】

8. 对新安装的变压器保护在变压器启动时的试验有（　）。

A. 带负荷试验　　B. 测量差动保护不平衡电流

C. 变压器充电合闸试验　　D. 测量差动保护的制动特性

答案：【ABC】

9. 对于高压侧有电源的降压自耦变，过负荷保护一般装于（　）。

A. 高压侧　　B. 中压侧　　C. 低压侧　　D. 公共绕组

答案：【ABD】

10. 与励磁涌流（一次值）特征有关的是（　）。

A. 变压器与电源的联系阻抗　　B. 铁芯设计的工作磁密

C. 变压器接线方式　　D. 变压器容量

答案：【ABCD】

11. 空充变压器时，由于铁芯的饱和，会产生励磁涌流，影响励磁涌流大小的因素有（　）。

A. 电源电压　　B. 合闸角 α　　C. 接地方式　　D. 剩磁

答案：【ABD】

12. 变压空载合闸时的器励磁涌流与变压器充电时电压合闸初相有关，当初相角为（　）时励磁涌流最大。

A. 0°　　B. 60°　　C. 120°　　D. 180°

答案：【AD】

13. 变压器励磁涌流的大小的和衰减时间，与下列因素有关（　）。

A. 外加电压相位　　B. 铁芯中剩磁的大小和方向

C. 电源容量大小　　D. 铁芯性质

答案：【ABCD】

14. 三相变压器空载合闸励磁涌流的大小和波形与下列哪些因素有关（　）。

A. 电源电压大小和合闸初相角　　B. Y 侧合闸时中性点接地方式

C. 饱和磁通大小　　D. 系统阻抗大小

答案：【ABCD】

15. 设电源电压 $\dot{U}=U_{m}\cos(\omega t+\alpha)$，关于变压器空载合闸励磁涌流说法正确的是（　）。

A. 变压器合闸前电源电压越高，合闸后的励磁涌流越大

B. 变压器与电源之间的联系阻抗越大，励磁涌涌流越大

C. 在 $\alpha=0$ 时合闸，励磁涌流最大

D. 励磁涌流的大小与主变压器联结组别、铁芯结构、铁芯材料有关

答案：【AD】

16. 下列选项中的保护不会受到励磁涌流的影响的有（　）。

A. 变压器分侧差动保护　　B. 变压器比率差动保护

C. 变压器零序差动保护　　D. 变压器过励磁保护

答案：【ACD】

17. YN/d-11 接线的降压变压器，三角侧发生 BC 两相短路时，高压侧相间距离和接地距离作其后备保护，若两保护定值相同，则不动作的继电器中最接近于动作的是（　）。

A. A 接地距离　　B. B 接地距离　　C. BC 相间距离　　D. CA 相间距离

答案：【CD】

18. 对于采用间断角原理的变压器保护，下列说法正确的有（　）。

A. 间断角定值越大，躲励磁涌流的能力越小

B. 当测量间断角大于定值时，闭锁差动保护

C. 正常运行时，间断角约为 0°

D. 变压器空投时间断角一般大于 120°

答案：【ABD】

19. 自耦变压器的优点有（　）。

A. 节省材料，造价低

B. 不同电压的零序网络连通，因此零序保护的配合简单

C. 损耗少（包括铜损及铁损）

D. 重量轻，便于运输安装，能扩大变压器的极限制造容量

答案：【ACD】

20. 自耦变压器的缺点有（　）。

A. 自耦变压器由于原边与副边之间除磁耦合外还有电气直接耦合，增加保护配置的复杂性

B. 中性点绝缘水平低，故中性点必须直接接地，增加系统单相短路容量

C. 变压器铁损较大

D. 使不同电压的零序网络相连通，给零序保护的配合带来困难

答案：【ABD】

21. 大接地电流系统中的变压器中性点有的接地，也有的不接地，取决于（　）等因素。

A. 保证零序保护有足够的灵敏度和很好的选择性，保证接地短路电流的稳定性

B. 为防止过电压损坏设备，应保证在各种操作和自动掉闸使系统解列时，不致造成部分系统变为中性点不接地系统

C. 变压器绝缘水平及结构决定的接地点

D. 电压等级

答案：【ABC】

22. 在发电机、变压器差动保护中，下列正确的说法是（　）。

A、发电机过励磁时，差动电流增大

B. 变压器过励磁时，差动电流增大

C. 发电机过励磁时差动电流基本不变化，变压器过励磁时差动电流增大

D. 发电机和变压器过励磁是，差动电流均增大

答案：【BC】

23. 变压器差动保护不能取代瓦斯保护，其正确原因是（　）。

A. 差动保护不能反映油面降低的情况

B. 差动保护受灵敏度限制，不能反映轻微匝间故障，而瓦斯保护能反映

C. 差动保护不能反映绕组的断线故障，而瓦斯保护能反映

D. 因为差动保护只反映电气故障分量，而瓦斯保护能保护变压器内所有的故障

答案：【ABCD】

24. 下列选项中关于变压器的纵差动保护的说法正确的是（　）。

A. 能够反应变压器的所有短路故障

B. 不能反应绕组的开焊故障

C. 不能反应变压器的轻微匝间故障

D. 不能反应星形接线中绕组尾部的相间短路故障

E. 能够反应所有绕组的引出线接地故障

答案:【BCD】

25. 下列选项中关于比率制动的差动保护分析正确的是（ ）。

A. 区内轻微故障，短路电流小，TA 不饱和，比率差动灵敏动作

B. 区内严重故障，短路电流大，TA 饱和，制动电流大，可能拒动

C. 区外轻微故障，短路电流小，TA 不饱和，差流小不动作

D. 区外严重故障，短路电流大，TA 饱和，产生较大差流可能会误动作

答案:【AC】

26. 下列选项中关于比率制动的变压器差动保护的说法正确的是（ ）。

A. 变压器的制动电流等于各侧电流的相量和

B. 一段折线式的比率制动特性在制动电流较小时其动作区小，在匝间短路的情况下灵敏度很差，因此不适用于变压器差动保护

C. 外部短路时变压器的不平衡电流与制动电流呈线性关系

D. 变压器比率制动特性的参数选择应该在保证外部短路不误动的前提下，尽量提高内部短路的灵敏度

答案:【BD】

27. 电力变压器差动保护在稳态情况下的不平衡电流的产生原因（ ）。

A. 各侧电流互感器型号不同

B. 变压器的励磁涌流

C. 改变变压器调压分接头

D. 电流互感器实际变比和计算变比不同

答案:【ACD】

28. 电力变压器差动保护在暂态情况下的不平衡电流的产生原因（ ）。

A. 由于短路电流的非周期分量主要为电流互感器的励磁电流，使其铁芯饱和，误差增大而引起不平衡电流

B. 正常变压器的励磁电流

C. 改变变压器调压分接头

D. 变压器空载合闸的励磁涌流

答案：【AD】

29. 变压器差动保护在外部短路暂态过程中产生不平衡电流（两侧二次电流的幅值和相位已完全补偿）的原因可能有（　）。

A. 如外部短路电流倍数太大，两侧 TA 饱和程度不一致

B. 外部短路非周期分量电流造成两侧 TA 饱和程度不同

C. 二次电缆截面选择不当，使两侧差动回路不对称

D. TA 设计选型不当，应用 TP 型于 500kV，但中低压侧用 5P 或 10P

E. 各侧均用 TP 型 TA，但 TA 的短路电流最大倍数和容量不足够大

F. 各侧 TA 二次回路的时间常数相差太大

答案：【ABCDEF】

30. 在 YN/d-11 变压器差动保护中，变压器带额定负荷运行，在 TA 断线闭锁退出的情况下，下列说法正确的是（　）。

A. YN 侧绕组断线，差动保护不会动作

B. d 侧绕组一相断线，差动保护要动作

C. YN 侧 TA 二次一相断线，差动保护要动作

D. d 侧 TA 二次一相断线，差动保护要动作

答案：【ACD】

31. 变压器发生匝间短路时，下列说法不正确的是（　）。

A. 变压器出现负序功率，其功率方向与变压器外部不对称故障时功率方向相反

B. 对于 YN/d 接线的变压器，即使匝间短路发生在 d 侧时，YN 也将出现零序电流

C. 匝间短路时，差动保护会动作

D. 匝间短路时，差动保护不会动作

答案：【BCD】

32. 变压器比率制动的保护，设置比率制动的主要原因是（　）。

A. 区外故障不平衡电流增加，使动作电流随不平衡电流增加而提高动作值

B. 为了内部故障时提高保护的灵敏度

C. 为了躲避励磁涌流

D. 提高差动保护的快速性

E. 要求保护装置在外部故障时具有可靠的选择性

答案：【ABE】

33. 下列关于变压器差动速断保护描述正确的有（ ）。

A. 是变压器纵差保护的辅助保护

B. 时延可整定，方便用户选择

C. 只反应差流的有效值，不受差流中的谐波及波形畸变的影响

D. 可选择是否经谐波制动

答案：【AC】

34. 下列选项中关于三绕组自耦变压器分侧差动保护描述正确的有（ ）。

A. 将变压器的各侧绕组分别作为被保护对象

B. 多用于超高压大型变压器的高压侧和中压侧

C. 保护范围与常规差动保护范围相当

D. 不受变压器激磁电流、励磁涌流、带负荷调压及过激磁的影响

答案：【BD】

35. 谐波制动的变压器差动保护中需设置速动保护，下面有关说法正确的是（ ）。

A. 谐波制动的变压器差动保护中判断“波形畸变”或“谐波分量”需要一定时间，将导致变压器内部严重故障时差动保护不能迅速切除故障的严重后果

B. 变压器内部严重故障时如果 TA 饱和，TA 二次电流的波形将发生严重畸变，并含有大量的谐波分量，从而使涌流判别元件误判断成励磁涌流，导致差动保护拒动

C. 设置差动速断元件主要是作为差动保护的后备保护

D. 差动速断元件动作电流整定值很大，比最大的励磁涌流还大，依靠定值来躲励磁涌流

答案：【ABD】

36. YN/d-11 接线的差动保护中需消除零序电流进入差动元件，下面说法正确的是（ ）。

A. 通过将变压器 Y 侧差动 TA 接成三角接线来实现相位校正的，已将零序电流滤去，不必采用其他措施

B. 通过 Y 侧移相的变压器微机保护应对 Y 侧的零序电流进行补偿，防止有零序电流进入差动元件

C. 通过 d 侧移相的变压器微机保护应对 Y 侧的零序电流进行补偿，防止有零序电流进入差动元件

D. 通过 d 侧移相的变压器微机保护应对 d 侧的零序电流进行补偿，防止有零序电流进入差动元件

答案：【AC】

37. 变压器零差保护相对于反映相间短路的纵差保护来说有什么缺点（　）。

A. 零差保护所用电流互感器变比完全一致，与变压器变比无关

B. 由于零差保护反映的是零序电流有名值，因而当其用于自耦变压器时，在高压侧接地故障时，灵敏度较低

C. 零差保护与变压器任一侧断线的非全相运行方式无关

D. 由于组成零差保护的互感器多，其汲出电流（互感器励磁电流）较大，使灵敏度降低

答案：【BD】

38. 根据自耦变压器的结构特点，对超高压自耦变压器通常需要配置分侧差动保护，以下选项中关于分侧差动保护的特点描述正确的是（　）。

A. 高中压侧及中性点之间是电的联系，各侧电流综合后，励磁涌流达到平衡，差动回路不受励磁涌流影响

B. 在变压器过励磁时，也不需考虑过励磁电流引起差动保护误动作问题

C. 当变压器调压而引起各侧之间变比变化时，不会有不平衡电流流过，可以不考虑变压器调压的影响

D. 分侧差动保护不反应绕组中不接地的匝间短路故障

答案：【ABCD】

39. 以下关于变压器保护说法正确的是（　）。

A. 由自耦变压器高、中压及公共绕组三侧电流构成的差动保护无需采用防止励磁涌流的专门措施

B. 自耦变压器的零序电流保护接在变压器中性点套管 TA 上，设方向元件

C. 大容量变压器，由于系统电压升高或频率降低，容易引起铁芯饱和，应装设过励磁保护

D. 变压器高中压侧的距离保护，通过各自的偏移部分对各自的母线起到后备保护的作用

答案：【ACD】

40. 在什么情况下需要将运行中的变压器差动保护停用？（　）。

A. 差动二次回路及电流互感器回路有变动或进行校验时

B. 继保人员测定差动保护相量图及差压时

C. 差动电流互感器一相断线或回路开路时

D. 差动误动跳闸后或回路出现明显异常时

答案：【ABCD】

41. 某降压变压器为D/yN-1接线，低压侧无电源，高压侧装设了过电流保护，其中电流互感器为星形接线，A相、B相、C相均装设了电流继电器，低压侧出口两相短路时保护的灵敏度为$K_{sen}^{(2)}$、三相短路时保护的灵敏度为$K_{sen}^{(3)}$、单相金属性接地的灵敏度为$K_{sen}^{(1)}$，则正确的是（　）。

A. $K_{sen}^{(2)}<K_{sen}^{(3)}$　B. $K_{sen}^{(2)}=K_{sen}^{(3)}$　C. $K_{sen}^{(1)}<K_{sen}^{(2)}$　D. $K_{sen}^{(1)}>K_{sen}^{(3)}$

答案：【BC】

42. 变压器差动保护需要考虑相角补偿，通常有两种方式，即以△→Y或Y→△，下列关于相角补偿的说法正确的是（　）。

A. 发生相间短路时，Y→△转换方式较△→Y转换方式的灵敏度高

B. 发生相间短路时，△→Y转换方式较Y→△转换方式的灵敏度高

C. 发生单相接地时，△→Y转换方式较Y→△转换方式灵敏度高

D. 发生三相短路时，Y→△转换方式与△→Y转换方式的灵敏度一样

答案：【ACD】

43. 220kV降压变在重载时发生高压侧开关非全相，影响的保护有（　）。

A. 对侧线路零序过流保护可能动作

B. 本站母差保护的零序电压闭锁元件可能动作

C. 系统内发电机负序过流保护可能动作

D. 变压器中性点零流保护可能动作

答案：【ABCD】

44. 变压器过激磁保护的整定值为1.2倍，当电压升到额定电压的1.1倍，下列哪些频率时，过激磁保护会动作。（　）

A. 54.5Hz　B. 45.5Hz　C. 41.6Hz　D. 45.4Hz

答案：【BCD】

45. 对于500kV变压器过励磁保护，以下正确的是（　）。

A. 任意一相过励磁动作时出口　B. 任意两相过励磁动作时出口

C. 三相过励磁动作时出口　D. 可通过控制字选择是否跳闸

答案：【CD】

46. 变压器过励磁保护技术原则为（ ）。

A. 设置定时限告警功能

B. 采用相电压“或门”关系

C. 反时限特性应能整定，与变压器过励磁特性相匹配

D. 可通过控制字选择是否跳闸

答案：【ACD】

47. 某超高压降压变装设了过励磁保护，引起变压器过励磁的可能原因是（ ）。

A. 变压器低压侧外部短路故障切除时间过长

B. 变压器低压侧发生单相接地故障非故障相电压升高

C. 超高压电网电压升高

D. 超高压电网有功功率不足引起电网频率降低

E. 超高压电网电压升高，频率降低

答案：【CDE】

48. 如何克服变压器过励磁对差动保护的影响？（ ）

A. 采用二次谐波制动

B. 采用五次谐波制动

C. 在满足灵敏度要求下，适当增大差动保护动作定值

D. 在满足灵敏度要求下，适当减小差动保护动作定值

答案：【BC】

49. 大型变压器过励磁时，变压器差动回路电流发生变化，下列选项说法正确的是（ ）。

A. 差动电流随过励磁程度的增大而非线性增大

B. 差动电流中没有非周期分量及偶次谐波

C. 差动电流中含有明显的 3 次、5 次谐波

D. 5 次谐波与基波的比值随着过励磁程度的增大而增大

E. 5 次谐波与基波的比值在过励磁倍数较大时，随过励磁程度的增大而减小

答案：【ABCE】

50. 变压器空载合闸或外部短路故障切除时，会产生励磁涌流，以下选项中关于励磁涌流的说法正确的是（ ）。

A. 励磁涌流总会在三相电流中出现

B. 励磁涌流在三相电流中至少在两相中出现

C. 励磁涌流在三相电流中可在一相电流中出现，也可在两相电流中出现，也可在三相电流中出现

D. 励磁涌流与变压器铁芯结构有关，不同铁芯结构的励磁涌流是不同的

E. 励磁涌流与变压器接线方式有关

答案：【BDE】

51. 下列选择中双绕组变压器空载合闸的励磁涌流的特点说法不正确的有（　）。

A. 变压器两侧电流相位一致

B. 变压器两侧电流相位无直接联系

C. 仅在变压器一侧有电流

D. 变压器励磁涌流与变压器充电合闸初相有关，当初相角为 90°时励磁涌流最大。

答案：【ABD】

52. 下列选项中关于三绕组变压器中性点接地方式对并联三绕组变压器和应涌流的影响说法正确的是（　）。

A. 不接地变压器投入运行时，虽然本身涌流中无零序分量，但接地变压器的和应涌流存在零序分量

B. 和应涌流中的零序分量小于接地变压器投入运行时产生的零序分量

C. 在接地变压器投入运行初期，不接地变压器有一些不平衡输出，但不出现一个电流衰减过程

D. 不接地变压器投入运行初期，接地变压器不会产生不平衡输出

答案：【ABCD】

53. 变压器空载合闸时有励磁涌流出现，其励磁涌流的特点为（　）。

A. 含有明显的非周期分量电流

B. 波形出现间断、不连续，间断角一般在 65°以上

C. 含有明显的 2 次及偶次谐波

D. 变压器容量愈大，励磁涌流相对额定电流倍数也愈大

E. 变压器容量愈大，衰减愈慢

答案：【ABCE】

54. 在变压器差动保护中，通常识别避越变压励磁涌流的措施有（　）。

A. 采用差动电流速断

B. 采用比率制动特性

C. 采用三次谐波制动

D. 采用二次或偶次谐波制动

E. 判别波形间断角大小识别励磁涌流

F. 利用波形前、后半波对称性识别励磁涌流

答案：【ADEF】

55. 变压器空载合闸或外部故障切除电压突然恢复时，会出现励磁涌流，对于 Y_0/d-11 接线的变压器，差动回路的涌流特点是（　）。

A. 涌流幅值大并不断衰减

B. 三相涌流中含有明显的非周期分量并不断衰减

C. 涌流中含有明显的三次谐波和其他奇次谐波

D. 涌流中含有明显的二次谐波和其他偶次谐波

答案：【AD】

56. 关于变压器和应涌流的说法正确的是（　）。

A. 和应涌流是逐渐增大后衰减的，而合闸涌流是第一周波就达到最大

B. 出现和应涌流时，两台变压器的相互作用使得涌流的衰减过程较单个变压器合闸时要慢得多

C. 和应涌流是当电网中空投一台变压器时，在相邻的并联或级联运行变压器中产生的

D. 可以通过减小二次谐波制动比的方法来防止差动保护误动

答案：【ABCD】

57. 下列关于 500kV/220kV/35kV 的自耦变压器说法正确的是（　）。

A. 高压侧同时向中．低压侧传输功率，公共绕组最先出现过负荷

B. 第三绕组一般采用△接线，有利于提高电压质量

C. 第三绕组容量不可能大于变压器的标准容量

D. 公共绕组容量与串联绕组容量相同

答案：【BCD】

58. 以下选项中关于单侧电源双绕组变压器和三绕组变压器的相间短路后备保护说法正

确的是（　）。

A. 相间短路后备保护宜装于各侧

B. 非电源侧保护带两段或三段时限，用第一时限断开本侧母联或分段断路器，缩小故障影响范围

C. 非电源侧保护用第二时限断开各侧断路器

D. 电源侧保护带一段时限，断开变压器各侧断路器

答案：【ABD】

59. 220kV 变电站 220kV、110kV 均双母线配置，有两台变压器 220kV 侧及 110kV 侧分别挂不同的母线并列运行，当 220kV 其中一条母线故障时变压器高压侧开关失灵，若未配置变高开关失灵联跳各侧回路，可能出现的保护动作行为是（　）。

A. 变压器高压侧后备保护动作　　B. 变压器差动保护动作

C. 变压器中压侧后备保护动作　　D. 非故障母线 220kV 母线的母差保护动作

答案：【AC】

60. 110kV 内桥接线的降压变，一线带一变运行，低压侧无电源，两台主变压器的差动及高后备保护使用进线开关 TA，此时需要闭锁桥开关备投的有（　）。

A. 主变压器差动保护动作　　B. 主变压器高后备保护动作

C. 主变压器重瓦斯保护动作　　D. 进线开关手动分闸

E. 进线开关偷跳

答案：【ABCD】

61. 某 220kV 变电站两台主变压器并列运行，1 号主变压器高、中压侧中性点接地，当 110kV 某线路近区发生了故障，线路保护正确动作。开关重合时，线路保护又动作，同时 1 号主变压器差动速断保护动作。不考虑主变压器内部故障、装置及二次回路的问题，应采取以下（　）防范措施。

A. 提高主变压器用的电流互感器差动组级别，采用暂态型电流互感器

B. 延长线路保护重合闸的时间

C. 提高主变压器差动速断的定值

D. 保护装置软件改进，增强保护抗 TA 饱和能力

答案：【ABCD】

62. 母差保护通常采用的启动元件有（　）。

A. 阻抗元件　　B. 电压工频变化量元件

C. 电流工频变化量元件　　D. 差流越线元件

答案：【BCD】

63. 双母线母差保护中复合电压闭锁元件包含（　）。

A. 低电压　　B. 电压突变　　C. 负序电压　　D. 零序电压

答案：【ACD】

64. 双母单分接线母线保护不计入大差电流的有哪些支路（　）。

A. 母联 1 支路　　B. 分段支路　　C. 母联 2 支路　　D. 主变压器支路

答案：【ABC】

65. 下列哪些保护动作后不启动失灵保护（　）。

A. 安控装置　　B. 远跳保护　　C. 非电量保护　　D. 过电压保护

答案：【AC】

66. 下列保护 TA 断线时不闭锁的保护为（　）。

A. 母线差动保护　　B. 线路差动保护　　C. 变压器差动保护　　D. 以上均不闭锁

答案：【BC】

67. 双母线接线方式下，线路断路器失灵保护由哪几部分组成（　）。

A. 保护动作触点　　B. 电流判别元件　　C. 电压闭锁元件　　D. 时间元件

答案：【ABCD】

68. 为提高母差保护的动作可靠性，在保护中设置有（　）。

A. 启动元件　　B. 复合电压元件

C. TA 二次回路断线闭锁元件　　D. TA 饱和检测元件

答案：【ABCD】

69. 双母线接线母线保护装置会点亮母线互联信号灯的情况可能为（　）。

A. 母联开关处于合位　　B. 母线互联压板投入

C. 母联两把刀闸均处于合位　　D. 线路两把刀闸均处于合位

答案：【BD】

70. 对于双母线接线方式的变电站，当某一出线发生故障且断路器拒动时，应由（　）切除电源。

A. 失灵保护　　B. 母线保护　　C. 对侧线路保护　　D. 上一级后备保护

答案：【AC】

71. 影响母线保护大差灵敏度的因素，以下哪种说法错误（ ）。

A. 母联（分段）分列运行影响　　B. 与每段母线所连系统电源大小无关

C. 与双母单分段接线环形母线运行有关　　D. 与双母双分段接线环形母线运行无关

答案：【BCD】

72. 以下几种母线的主接线方式中，当在母线内部故障时会有汲出电流产生的是（ ）。

A. 多角形母线　　B. 二分之三接线　　C. 双母线接线　　D. 单母分段接线

答案：【ABC】

73. 在双母线运行方式下，当任一段母线故障，母线差动保护动作。如母联断路器拒动时，由母联失灵保护来切除故障；如电源线路断路器拒动时，可由（ ）保护来切除故障。

A. 母线失灵保护　　B. 线路失灵保护

C. 对侧线路后备保护　　D. 线路纵联保护

答案：【CD】

74. 采用复式比率差动原理的母差保护，已知 TA 允许误差 c，内部故障时流出电流占总差流比例为 e，确定复式比率差动 K 的整定范围（ ）。

A. $K<\frac{1}{2e}$　　B. $\frac{c}{2-2c}<K$　　C. $K>\frac{1}{2e}$　　D. $\frac{c}{2-2c}>K$

答案：【AB】

75. 母线保护装置的复式比率系数 K_r 选值越大（ ）。

A. 在区内故障时允许流出母线的电流占总故障电流的份额越小

B. 在区内故障时允许流出母线的电流占总故障电流的份额越大

C. 在区外故障时允许故障支路的最大 TA 误差越小

D. 在区外故障时允许故障支路的最大 TA 误差越大

答案：【AD】

76. 微机母线装置中，TA 饱和判别元件的鉴别方法有哪些？（ ）

A. 同步识别法　　B. 自适应阻抗加权抗 TA 饱和法

C. 基于采样值的重复多次判别法　　D. 谐波制动原理

答案：【ABCD】

77. 在发生母线短路故障时，在暂态过程中，母差保护差动回路的特点以下选项中说法正确是（ ）。

A. 直流分量大

B. 暂态误差大

C. 不平衡电流最大值不在短路最初时刻出现

D. 与一次短路电流成线性关系

答案：【ABC】

78. 母联开关位置接点接入母差保护的原因（　）。

A. 母联开关合于母线故障　　B. 母差保护死区

C. 母线分裂运行的选择性　　D. 母线并列运行时的选择性

答案：【BC】

79. 以下（　）措施，能保证母联断路器停运时母差保护的动作灵敏度。

A. 解除大差元件　　B. 采用比例制动系数低值

C. 自动降低小差元件的比率制动系数　　D. 自动降低大差元件的比率制动系数

答案：【ABD】

80. 进行母线倒闸操作应注意（　）。

A. 对母差保护的影响

B. 各段母线上电源与负荷分布是否合理

C. 主变压器中性点分布是否合理

D. 双母线 TV 在一次侧没有并列前二次侧不得并列运行防止 TV 对停运母线反充电

答案：【ABCD】

81. 500kV 母线保护动作后，下列说法正确的是（　）。

A. 对闭锁式保护作用于纵联保护停信，对允许式保护作用于纵联保护发信

B. 闭锁断路器重合闸

C. 启动断路器失灵保护

D. 启动母联充电保护

答案：【BC】

82. 在母线差动保护中，下列说法正确的是（　）。

A. 内部短路故障时，TA 饱和有可能使母差保护拒动

B. 外部短路故障时，TA 饱和有可能使母差保护误动

C. 双母线分列运行时，应采用比率制动高值

D. 大差动的比率制动系数通常比Ⅰ、Ⅱ母线的小差动的比率制动系数略小，其主要原因是大差动是起动元件，小差动是选择元件

答案：【AB】

83. 比率差动构成的国产母线差动保护中，若大差电流不返回，其中有一个小差动电流动作不返回，母联电流越限，则可能的情况是（ ）。

A. 母联断路器失灵

B. 短路故障在死区范围内

C. 母联电流互感器二次回路断线

D. 其中的一条母线上发生了短路故障，有电源的一条出线断路器发生了拒动

答案：【AB】

84. 假设主接线为双母线，L2 挂接于 1 母，L3 挂接于 2 母。正常运行时，L1（母联）、L2、L3 流过正常的负荷电流（大于 $0.04I_N$）。若此时母线保护报母线互联，可能的原因是（ ）。

A. 母联 TA 极性接反

B. L2 或 L3 间隔的刀闸辅助触点异常断开

C. 母联 TA 变比设置错误

D. L2 或 L3 间隔的 1、2 母刀闸辅助触点接反

答案：【ACD】

85. 母线保护应能自动适应双母线连接元件运行位置的切换（ ）。

A. 切换过程中保护不应误动作，不应造成电流互感器的开路

B. 切换过程中保护不应误动作，不应造成电压互感器的开路

C. 切换过程中，母线发生故障，保护应能正确动作切除故障

D. 切换过程中，区外发生故障，保护不应误动作

答案：【ACD】

86. 电流互感器饱和对母差保护影响结果哪一种说法是不正确的（ ）。

A. 内部故障时，电流互感器即使饱和母差保护也能正确动作

B. 外部故障时有误动可能，因为饱和电流互感器二次绕组呈电阻性而使电流减小而导致差动回路电流增大

C. 内部故障时，有发生拒动可能性，因为饱和电流互感器因二次阻抗大，要汲出差动

回路电流

D. 外部故障时有可能不动作，因为饱和电流互感器电流的减小而使差动电流减小

答案：【ACD】

87. 失灵保护装设闭锁元件的原则是（　）。

A. 一个半断路器接线的失灵保护需要装设闭锁元件

B. 有专用跳闸出口回路的单母线及双母线断路器失灵保护应装设闭锁元件

C. 与母差保护公用跳闸出口回路的失灵保护不装设独立的闭锁元件

D. 发电机．变压器及高压电抗器断路器的失灵保护，为防止闭锁元件灵敏度不足应采取相应措施或不设闭锁回路

答案：【BCD】

88. 以下哪种情况联络开关电流计入大差电流。（　）

A. 双母双分接线（分段开关计入大差）

B. 单母三分接线每段母线保护独立配置（分段开关计入大差）

C. 双母线兼旁母接线母联开关（母线做旁母条件下母联电流计入大差）

D. 双母单分接线（母联开关计入大差）

答案：【ABC】

89. 双母线接线的母线保护设置复合电压闭锁元件的原因有（　）。

A. 防止由于人员误碰，造成母差或失灵保护误动出口，跳开多个元件

B. 防止母差或失灵保护由于元件损坏或受到外部干扰时误动出口

C. 双母线接线的线路由一个断路器供电，一旦母线误动，会导致线路停电，所以母线保护设置复合电压闭锁元件可以保证较高的供电可靠性

D. 当变压器开关失灵时，电压元件可能不开放

答案：【ABC】

90. 失灵保护的正确描述有（　）。

A. 变压器保护动作，变压器 220kV 开关失灵，启动 220kV 失灵保护

B. 变压器电气量保护动作，变压器 220kV 开关失灵，启动 220kV 失灵保护

C. 220kV 母差保护动作，变压器 220kV 开关失灵，失灵保护延时跳三侧开关

D. 变压器 35kV 开关无失灵保护

答案：【BCD】

91. 关于开关失灵保护描述正确的是（　）。

A. 失灵保护动作将启动母差保护

B. 若线路保护拒动，失灵保护将无法启动

C. 失灵保护动作后，应检查母差保护范围，以发现故障点

D. 失灵保护的整定时间应大于线路主保护的时间

答案：【BD】

92. 失灵保护装设闭锁元件的原则是（　）。

A. 一个半断路器接线的失灵保护不装设闭锁元件

B. 有专用跳闸出口回路的单母线及双母线断路器失灵保护应装设诸锁元件

C. 与母差保护共用跳闸出口回路的失灵保护不装设独立的闭锁元件

D. 发电机、变压器及高压电抗器断路器的失灵保护，为防止闭锁元件灵敏度不足应采取相应措施或不设闭锁回路

答案：【ABCD】

93. 关于 220kV 母线及失灵保护，以下描述正确的是（　）。

A. 母联和分段支路采用操作箱三跳启动失灵（TJR）动作接点作为三相跳闸启动失灵开入母线及失灵保护

B. 主变压器压器后备保护动作跳母联（分段）应启动母联（分段）断路器失灵保护

C. 双母线双分段接线形式，分段两侧的母线保护动作应启动对侧分段失灵

D. 母线及失灵保护动作应远跳线路对侧断路器，采用线路支路操作箱三跳（TJR）动作接点作为线路保护启动远跳或其他保护动作停信开入

答案：【ACD】

94. 母线故障时，关于母差保护 TA 饱和程度，以下哪种说法正确。（　）

A. 故障电流越大，TA 饱和越严重

B. 故障初期 3～5ms TA 保持线性传变，以后饱和程度逐步减弱

C. 故障电流越大，且故障所产生的非周期分量越大和衰减时间常数越长，TA 饱和越严重

D. 线路 TA 外侧故障时，TA 饱和最严重

答案：【CD】

95. 对于采用单相重合闸的 220kV 线路，下列关于距离保护动作时间的说法正确的是（　）。

A. 相间距离Ⅱ段动作时间需要考虑与开关失灵保护配合

B. 相间距离Ⅱ段动作时间不需要考虑与开关失灵保护配合

C. 接地距离Ⅱ段动作时间需要考虑与开关失灵保护配合

D. 接地距离Ⅱ段动作时间不需要考虑与开关失灵保护配合

答案：【BC】

96. 保护装置动作，需要远跳线路对侧断路器的保护为（　）。

A. 发变线组变压器保护动作　　B. 线路一侧的高压电抗器保护动作

C. 3/2 接线中短引线保护动作　　D. 3/2 接线中 T 区保护动作

答案：【ABD】

97. 对于高压并联电抗器保护，下列说法正确的是（　）。

A. 当高压并联电抗器突然加电压时，差动保护中的差动回路同样有励磁涌流流过

B. 高压电抗器的零序方向保护，不仅可反应高压电抗器的接地故障，而且可反应高压电抗器的匝间短路故障

C. 高压电抗器保护动作后，应远跳线路对侧开关

D. 高抗非电量保护包括主电抗和中性点电抗器，主电抗 A、B、C 相非电量分相开入，作用于跳闸的非电量保护分相设置功能压板

答案：【BC】

98. 下列关于电力设备投入时，说法正确的是（　）。

A. Y/D 结构的空载变压器投入时，合闸角为 90°时励磁涌流较小

B. 并联电抗器投入时，合闸角为 0°时励磁涌流较小

C. 并联电容器组投入时，合闸角为 0°时可以改善暂态过电压现象

D. 滤波器组投入时，合闸角为 90°时可以改善暂态过电压现象

答案：【AC】

4.3 判　断　题

1. 0.8MVA 及以上油浸式变压器，应装设瓦斯保护。

答案：【正确】

2. 当变压器发生多数绕组匝间短路时，匝间短路电流很大，因而变压器瓦斯保护和微机型

纵差保护均动作跳闸。

答案：【正确】

3. Y0/d-11 接线变压器的纵差动保护既可以反应变压器三角形绕组的断线故障，又可以反应 Y0 侧一相的断线故障。

答案：【错误】

4. 差动保护动作整定值越小或外部短路穿越性电流越大，则变压器差动保护越易误动。

答案：【正确】

5. 对三绕组变压器的差动保护各侧电流互感器的选择，应按各侧的实际容量来选型电流互感器的变比。

答案：【错误】

6. 变压器工频变化量比率差动元件，提高了装置在变压器正常运行时内部发生轻微匝间故障的灵敏度。

答案：【正确】

7. 具有三折线比率制动特性的变压器差动保护的优点是兼顾了变压器外部严重短路的可靠性和内部轻微匝间短路存在流出电流的灵敏度。

答案：【正确】

8. 变压器纵差保护经星-角相位补偿后，虽然滤除了零序电流分量，但是变压器纵差保护还是能反映变压器星侧内部的单相接地故障的。

答案：【正确】

9. 变压器差动保护平衡系数的整定应采用同一容量，主要是因为区外故障时两侧流过同一个短路功率。

答案：【正确】

10. 调节变压器分接头会在差动回路中引起不平衡电流，目前的解决办法只能是靠提高整定值躲过。

答案：【正确】

11. 接线为 Y/d-5 变压器的分相纵差保护，其差动 TA 的接线为 Y/Y，软件在高压侧移相。分别在低压侧二次通入一相电流及三相对称电流校验差动保护的初始动作电流，得到的动作电流应完全相同。

答案：【正确】

12. Y/d-9 变压器，Y 侧三相电流：I_A、I_B、I_C，d 侧三相电流：I_a、I_b、I_c。在 Y 侧电流做相位校正，与 I_a 进行差动计算的电流是（I_A-I_B）/1.732。

答案：【错误】

13. 接线为 YN/d-11 的变压器，变比为 110/38.5kV，当 d 侧两相短路通过 d 侧的短路电流为 9.8kA 时，则 YN 侧最大相电流为 3.96kA。

答案：【正确】

14. YN/d-11 变压器，变比为$\sqrt{3}$：1，低压侧为电源侧。不计负荷电流情况下，Y 侧单相接地时，则三角侧最大相电流等于 Y_0 侧故障相电流。

答案：【正确】

15. 接线为 YN/d-11 的变压器，两侧 TA 接成星形，微机差动保护采用 d 侧移相方式，额定运行下 YN 侧保护区内发生单相接地，差动回路最小相电流与最大相电流之比等于 0.5。

答案：【正确】

16. 变压器接线为 YN/d-11 接线，微机差动保护采用 d 侧移相方式，变压器比率差动保护启动值为 0.4I_e，当该变压器在额定运行时，YN 侧 TA 的 B 相二次回路断线，则 B 相差动元件动作，其余两相差动元件处于制动状态。

答案：【正确】

17. 变压器接线为 YN/d-11 接线，微机差动保护采用 d 侧移相方式，该变压器在额定运行时，YN 侧一相 TA 二次回路断线，三个差动继电器只有一个处动作状态，其余两个因差动回路无电流仍处制动状态。

答案：【错误】

18. 变压器充电时，励磁电流的大小与断路器合闸瞬间电压的相位角 α 有关，当 $\alpha=90°$ 时，不产生励磁涌流；当 $\alpha=0°$时，合闸磁通由零增至 $2\Phi_m$，励磁涌流最大。

答案：【正确】

19. 某降压变压器在投入运行合闸时产生励磁涌流，当电源阻抗越小时，励磁涌流越大。

答案：【正确】

20. 励磁涌流衰减时间常数与变压器至电源之间的阻抗大小、变压器的容量和铁芯的材料等因素有关。

答案：【正确】

21. 变压器差动保护配置二次谐波制动用于避免变压器差动保护在区外故障由于 TA 饱

和误动。

答案：【错误】

22. 变压器如果是带负载合闸，由于副边电流的去磁作用，铁芯较难饱和，因而难以产生很大的励磁涌流。

答案：【正确】

23. 当变压器空载合闸或外部故障切除电源恢复时，磁通突变后，会产生暂态磁通，再加上剩磁和稳态磁通，经过一个较短时间后会达到峰值，导致铁芯饱和，励磁阻抗急剧增加。

答案：【错误】

24. 励磁涌流对于 Y_0 侧是电源侧的 Y_0/d，Y_0 侧出现较大的零序电流，d 侧出现较大的环流。这个较大的零序电流将会通过其他的中性点接地的变压器构成回路，对其他运行中的变压器，这个零序电流就是“励磁涌流”。

答案：【错误】

25. 相对于变压器容量而言，大容量变压器的励磁涌流大于小容量变压器的励磁涌流。

答案：【错误】

26. 从频域角度分析，波形对称原理差动继电器判据的动作条件，输入电流中的偶次谐波为制动量，相应基波及奇次谐波为动作量，因此躲励磁涌流的特性比二次谐波制动的特性好。

答案：【正确】

27. 变压器差动保护的二次谐波制动比，是指在差动元件处于临界制动状态时，差动电流的二次谐波电流与基波电流的百分比。

答案：【正确】

28. 当变压器差动保护中的 2 次谐波制动方式采用分相制动时，躲励磁涌流的能力比其他 2 次谐波制动方式要高。

答案：【错误】

29. 采用二次谐波分相制动原理的变压器保护在空充时可能某一相二次谐波未达到定值引起差动保护误动。

答案：【正确】

30. 具有二次谐波制动的变压器分相差动保护，其制动方式可以采用分相制动方式，也可以采用“或门”制动（即一相制动三相）方式。前者有利于躲励磁涌流；后者有利于空投变压器且发生内部故障时，快速切除变压器。

答案：【错误】

31. 励磁涌流对于零差保护来说应该是一种穿越性电流，如果中性点 TA 极性错误，合闸那一侧产生的零序励磁涌流和中性点零序励磁涌流大小应该相等，方向相同。

答案：【正确】

32. 超高压电网中某中性点接地变压器空载合闸，产生了励磁涌流，流过中性点的励磁涌流之和为零。

答案：【错误】

33. 变压器外部短路故障切除电压突然升高，差动保护的差动回路中有谐波电流出现，其主要的谐波次数为 2 次。

答案：【正确】

34. 主变压器的短路电流远远大于励磁涌流。

答案：【错误】

35. 变压器分侧差动保护、零序差动保护、过励磁保护不会受到励磁涌流的影响。

答案：【正确】

36. 在间断角原理微机型变压器纵差动保护中，数据采集系统中的采样频率与比率制动式差动保护中的相当。

答案：【错误】

37. 有的变压器的复合电压方向过流保护中，采用各侧复合电压或逻辑是为了提高该保护的灵敏度。

答案：【正确】

38. 为了改进主变压器差动保护的工作条件，除 500kV 外，一般不考虑用满足暂态特性要求的保护用互感器（TP 型），低压侧可用体积较小 PR，后者除要求铁芯剩磁小于 10%外，其余与 P 级相同。

答案：【正确】

39. $Y_0/Y_0/d$ 接线的三卷变压器在中压侧出线故障时，中压侧直接接地中性点的零序和中压侧套管三倍零序电流相等。

答案：【正确】

40. 高压侧电压为 500kV 的变压器，对频率降低和电压升高引起的变压器工作磁密度过高，应装设过励磁保护。

答案：【正确】

41. 变压器过电压将会产生 5 次谐波和 2 次谐波分量，其中以 5 次谐波分量为主。

答案：【正确】

42. 超高压变压器过励磁时，差动保护的差回路中出现 5 次谐波电流，过励磁愈严重，5 次谐波电流与基波电流之比也愈大。

答案：【错误】

43. 变压器差动保护在过励磁或过电压防止误动的措施是增设五次谐波制动回路。

答案：【正确】

44. 因为变压器从开始过激磁，到产生的过热程度危及变压器安全的时间与过激磁倍数的平方成反比，所以变压器过激磁保护按反时限整定。

答案：【正确】

45. 变压器保护装设负序功率方向元件可以区别变压器匝间短路还是内部不对称短路。

答案：【错误】

46. YN/d-11 变压器 d 侧发生匝间短路故障，若 YN 侧系统有接地中性点，则 YN 侧有零序电流出现。

答案：【正确】

47. 对 220kV 及以上电网不宜选用全星型自耦变压器，以免恶化接地故障后备保护的运行整定。

答案：【正确】

48. 在标准化的变压器保护装置中，变压器纵差保护、分相差动保护的定值是以变压器全容量额定电流为基准的二次标幺值，例如 $I_{zd}=0.5I_e$，而单相式自耦变压器的分侧差动保护的定值，规定为变压器高压侧全容量额定电流为基准的二次标幺值。

答案：【正确】

49. 自耦变压器之所以能够节省材料，是由于他的能量传递方式与普通变压器不一样。

答案：【正确】

50. 自耦变压器的零序差动保护，能反映变压器内部各侧线圈的接地故障。

答案：【错误】

51. 当自耦变压器配置有不完全纵差保护时，高中两侧可不滤除零序电流。

答案：【错误】

52. 三绕组自耦变压器一般各侧都应装设过负荷保护，至少要在送电侧和低压侧装设过负荷保护或者至少要在公共绕组装设过负荷保护。

答案：【正确】

53. 对于中性点直接接地的三绕组自耦变压器，中压侧母线发生单相接地故障时，接地中性线的电流流向、大小要随高压侧系统零序阻抗大小而发生变化。

答案：【错误】

54. 对自耦变压器，为增加切除单相接地短路的可靠性，可在变压器中性点回路增设零序过电流保护。

答案：【正确】

55. 自耦变压器的零序比率差动保护中，取用的零序电流是：高压侧零序电流、中压侧零序电流、接地中性点的零序电流。

答案：【正确】

56. 自耦变压器的比率制动式相间短路差动保护其高、中压侧 TA 总是接成三角形，但是对高、中压侧单相或两相接地短路，由于零序电流被虑去，因此可能导致接地短路灵敏度不足，需要增设零序差动保护。

答案：【正确】

57. 自耦变压器高压侧接地故障，接地中性线中零序电流方向不固定，因而接地中性点电流可能为零。

答案：【正确】

58. 变压器保护中零序电流方向元件采用－110°灵敏角，如要求方向元件指向母线，则零序电压与零序电流应反极性接入。

答案：【正确】

59. YN/d-1 接线变压器三角侧发生两相短路时，故障相中滞后相的接地距离继电器能够准确反映故障阻抗。

答案：【错误】

60. 接线变压器，在星形侧发生 AB 相间短路时，三角形侧阻抗继电器能正确反应保护安装处至故障点的测量阻抗是 B 相接地距离继电器和 AB 相的相间距离继电器。

答案：【错误】

61. 对 Y/d-11 接线的变压器，当变压器 d 侧出口故障，Y 侧绕组低电压接相间电压，不能正确反映故障相间电压。

答案:【正确】

62. YN/d-11 变压器的 YN 侧发生单相接地短路，则 d 侧电流为 0 的一相电压最高。

答案:【正确】

63. 当变压器保护启动失灵保护时，为提高可靠性，断路器未断开的判别元件宜采用双重化构成“与”回路的方式。

答案:【正确】

64. 变压器保护动作后，主、后保护均应启动失灵、非电量保护由于接点返回慢不应当启动失灵。

答案:【错误】

65. 主变压器保护动作解除失灵保护电压闭锁，主要解决失灵保护电压闭锁元件对主变压器中低压侧故障的灵敏度不足问题。

答案:【正确】

66. 变压器短路故障的后备保护，主要是作为相邻母线及线路的后备保护。

答案:【错误】

67. 变压器间隙保护作为后备保护，其动作电流、动作电压及动作延时的整定值不需与其他保护相配合。

答案:【错误】

68. 500kV 主变压器保护动作时 220kV 侧断路器失灵与 220kV 母线保护动作时主变压器 220kV 侧断路器失灵动作逻辑与联跳对象相同。

答案:【错误】

69. 为了防止变压器后备阻抗保护在电压断线时误动作必须同时装设 TV 断线闭锁装置和电流增量启动元件。

答案:【正确】

70. 在变压器保护中采用的阻抗保护，如果其动作时间在 1.5s 以上时，可以用时限躲过振荡的影响，就不必经振荡闭锁控制。

答案:【正确】

71. 分裂运行状态是指联络开关全部处于分位状态。

答案:【错误】

72. 母线电流差动保护中，广泛采用复合电压动作开放保护出口是为了防止 TA 断线误动。

答案：【正确】

73. 对于 220kV 及以上电力系统的母线，母线差动保护是其主保护，变压器或线路后备保护是其后备保护。

答案：【正确】

74. 母线差动保护元件的启动元件的动作电流必须避越外部故障时的最大不平衡电流。

答案：【正确】

75. 在微机母差的 TA 饱和鉴别方法中，基于采样值的重复多次判别法是基于 TA一次故障电流过零点附近存在线性传变区原理构成的。

答案：【正确】

76. 在采用自适应阻抗加权抗饱和法的母差保护装置中，如果工频变化量阻抗元件动作在先而工频变化量差动元件及工频变化量电压元件后动作，即判为区外故障 TA 饱和，立即将母差保护闭锁。

答案：【错误】

77. 在微机母线复式比例差动保护中可以采取在正常时取制动系数 1～2，故障后若保护不动作就立即增大制动系数，然后逐步减小，约 100ms 后恢复到初始值的措施，避免外部短路故障线路电流互感器完全饱和而造成的差动保护误动作。

答案：【正确】

78. 所有母差保护的电压闭锁元件由低电压元件、负序电压元件及零序电压元件经或门构成。

答案：【错误】

79. 母线差动用复合电压闭锁主要是为了防止母线保护本身误动。

答案：【错误】

80. 母联（分段）失灵保护、母联（分段）死区保护可不经电压闭锁元件控制。

答案：【错误】

81. 在 500kV 母差保护中（电缆跳闸方式），按间隔独立接入的 500kV 断路器失灵联跳接点采用双开入接入方式，间隔双开入同时存在时，经 20ms 短延时跳母线所有断路器。

答案：【错误】

82. 对构成环路的各种母线，母线保护不应因母线故障时电流流入的影响而拒动。

答案：【错误】

83. 母线保护线路支路 TA 断线闭锁所有的大差和小差保护。

答案：【错误】

84. 失灵保护是一种后备保护，当设备发生故障时，如保护拒动时可依靠失灵保护隔离故障。

答案：【错误】

85. 在母线发生短路故障而某一断路器失灵或故障点在断路器与电流互感器之间时，为使失灵保护能可靠切除故障，在母线保护动作后，应立即去启动失灵保护。

答案：【正确】

86. 断路器失灵保护，是近后备保护中防止断路器拒动的一项有效措施。当远后备保护满足灵敏度要求时，仍应考虑装设断路器失灵保护。

答案：【错误】

87. 断路器失灵保护的整定时间为保护动作时间与断路器跳闸时间，再加上一定的裕度。

答案：【错误】

88. 母差保护和充电过流保护应启动母联（分段）失灵保护。

答案：【正确】

89. 为缩短失灵保护切除故障的时间，失灵保护宜同时跳母联（分段）和相邻断路器。

答案：【正确】

90. 断路器失灵保护的相电流判别元件的整定值，在为了满足线路末端单相接地故障时有足够灵敏度，可以不躲过正常运行负荷电流。

答案：【正确】

91. 母差保护与失灵保护共用出口回路时，闭锁元件的灵敏系数应按失灵保护的要求整定。

答案：【正确】

92. 母线充电保护是指母线故障的后备保护。

答案：【错误】

93. 500kV 系统各元件的序阻抗角为 90°，线路一侧的并联电抗器一相发生了匝间短路，则该侧线路零序电压超前流入电抗器零序电流的相角是 270°。

答案：【正确】

94. 在电抗器处于非全相运行状态时该零序功率方向保护将会误动。

答案：【正确】

95. 电抗器的匝间短路是比较常见的内部故障形式，装设纵差保护不能反应匝间短路故障。

答案：【正确】

96. 当高压并联电抗器突然加电压时，差动保护中的差动回路同样有励磁涌流流过，所以差动保护动作值应躲过励磁涌流。

答案：【错误】

4.4 问答题

1. 变压器差动保护的动作原理是建立在正常运行及区外故障时，变压器两侧电流在绕组中产生的励磁作用相互抵消，不是建立在基尔霍夫电流定律之上。该原理有何优缺点？

答：优点是保护范涵盖了高低压两侧的绕组，并能保护绕组的匝间短路。变压器绕组的故障绝大多数是匝间短路。缺点是在空载合闸时励磁涌流会使保护误动。避开励磁涌流成为变压器差动保护的难题。

2. 请列举影响变压器空载合闸励磁涌流的因素。

答：（1）系统联系阻抗；

（2）合闸初相角；

（3）剩磁大小及剩磁方向；

（4）绕组接线方式；

（5）铁芯结构及材质；

（6）容量大小；

（7）电源电压等级。

3. 什么是和应涌流，简述和应涌流的特点。

答：和应涌流是当电网中空投一台变压器时，在相邻的并联或级联运行变压中产生的。和应涌流在合闸变压器涌流持续一段时间后产生，该涌流波形特征不明显且持续时间很长，容易导致变压器的涌流闭锁失效，造成运行变压器误动作。

和应涌流的特点：①运行变压器在合闸变压器励磁涌流持续一段时间后才产生，两台变压器的涌流交替出现，方向相反，且不会重叠；②励磁涌流的最大值发生在合闸后的很短时间内，而和应涌流的幅值是随时间逐步增大到最大值，随后又不断衰减；③出现和应涌流时，两台变压器的相互作用使得涌流的衰减过程较单个变压器合闸时间要慢得多；④当空载合闸，变压器励磁涌流处于峰值附近，母线电压的瞬时值较低，此时不产生和应涌流。当励磁涌流处于间断期间，母线电压瞬时值较高，运行变压器在母线电压的直流分量和高电压的共同作用下，将产生和应涌流。

4. 发电机差动、发变组差动、变压器差动、自耦变压器分侧差动保护哪个能反映匝间故障，哪个要考虑励磁涌流问题，为什么？

答：(1) 以磁势平衡为原理的保护能够反映匝间短路，能反映匝间短路的要考虑励磁涌流问题，不反映匝间短路的不考虑励磁涌流问题；

(2) 以基尔霍夫定理为基础的保护的不能反映匝间短路；

(3) 发电机差动和自耦变压器分侧差动保护不考虑励磁涌流问题；

(4) 发电机差动和自耦变压器分侧差动不能反映匝间短路故障；

(5) 变压器差动和发变组差动能够反映变压器匝间短路，不能反映发电机的匝间短路。

5. 有 d 接线的变压器，变压器差动保护接线为：①绕组差动（A 相电流与 d 侧内的 a 相电流组成差动）；②相间电流差动（由高压侧电流完成相位补偿）；③Y_0 侧电流减去自产零序电流差动（由低压侧电流完成相位补偿）。

(1) 分析躲励磁涌流的性能和不足之处；

(2) 试述励磁涌流中 d 接线的电流的作用及影响。

答：(1) 第②种和第③种躲励磁涌流的性能差，主要是差动保护中不能反映 d 绕组的电流。第②种接法在反映的两相电流之差有任两相的励磁涌流。第③种接法反映 $\dot{I}_0=\frac{1}{3}(\dot{I}_A+\dot{I}_B+\dot{I}_C)$，仍有 A、B、C 三相的励磁涌流，因此为了躲避励磁涌流，只能取三个差动继电器其中涌流最大的一相，闭锁整个三个差动继电器，这对于合闸于故障，变压器将延时动作或拒动。第①种接法真实地反映一相的励磁涌流，有很好的躲避励磁涌流的性能。第①种的不足之处是只能适用于单相变压器，如套管外故障不能正确反映，必须增设 d 侧内的 TA 和 d 侧外的 TA 组成的纵联保护。或者配置第②种或第③种的差动保护作为补偿措施；

(2) d 绕组上的电流相当于变压器二次侧有环流，将影响一次侧的空载合闸的励磁电流，使二次谐波量和偶次谐波量的减小，造成差动保护躲励磁涌流性能差。

6. 220kV/110kV/35kV 变压器一次绕组 YN/yN/d-11 接线，高压侧中性点采用间隙接地，中压侧中性点不接地。35kV 侧没负荷也没引线，变压器实际当作两绕组变压器运行，高中压侧 TA 采用星形接线，如果差动保护只经平衡系数对两侧电流大小进行调整，分析差动保护的安全性。如果需要改进，说出改进措施。

答：变压器正常对称负荷运行下，没有差电流保护不误动。发生两相短路或三相短路，如果短路点在差动外部，差动不误动，在差动内部差动正确动作。

如果发生的是220kV侧的差动区外接地短路事故（单相接地或两相短路接地），如果高压侧中性点放电间隙不击穿，差动不会误动；间隙击穿差动保护误动跳闸。

如果发生的是区内220kV侧差动区内的接地短路，不论间隙击穿与否差动都能正确跳闸。差动区外接地短路事故导致间隙击穿，对于零序网络来说故障点加零序电源，零序电流流进中性点，中压侧TA无零序电流，而220kV侧TA因有零序电流，而形成差电流，差动误动。

改进措施：为了防止区外接地故障间隙击穿差动误动，高压侧中压侧必须减掉零序电流进行差动运算，方法两种：星形侧转换三角形补偿方式；或在星形侧直接减掉零序电流。

7. YN/d接线变压器的差动保护为什么对YN侧绕组单相短路不灵敏？如何解决？

答：(1) 通常作相间短路用的差动保护，一次为YN接线，其二次用角型接线，而单相短路的零序电流流经二次角型接线时被滤掉，所以对单相短路不灵敏；

(2) YN绕组单相短路，YN/d变压器两侧电流的相位可能具有外部短路特征，所以差动保护不灵敏；

(3) 在YN绕组侧装设零序差动保护。

8. 为什么说变压器差动保护，采用Δ→Y进行电流变换时，快速选择空投故障相能快跳？

答：采用Δ→Y进行电流变换时，相当于将三角形侧角外的电流转到角内各相中，因此可以完成按相作差动电流（因角侧转入的电流无零序电流，所以星侧就减去零序电流），考虑到零序电流中的涌流分量要小于相电流涌流这一条件，可以用谐波分相闭锁抗励磁涌流，因此可快速选择出空投时的故障相，就可以快跳。

9. 某220kV变电站两台主变压器并列运行，1号变220kV及110kV中性点接地，假设该时刻110kV某线路近区发生了故障，线路保护正确动作，开关跳闸，当开关重合时，线路保护又动作，同时1号主变压器差动速断保护动作，不考虑主变压器内部故障、装置及二次回路的问题。试说明原因？如何采取防范措施。

答：差动速动的原因为主变压器用的电流互感器在两次故障情况下，由于铁芯具有剩磁的影响，过度饱和，造成主变压器差流过大，达到差流速断定值，造成保护动作。

采取措施：提高主变压器用的电流互感器差动组级别，采用暂态型电流互感器；延长重合闸的时间；提高主变压器差动速断的定值；保护装置软件改进，增强保护抗 TA 饱和能力。

10. 变电站 A 在 1 号主变压器检修复电操作过程中，发生了 2 号主变压器差动保护动作的情况，已知 1 号、2 号主变压器差动保护为比率差动保护，差动启动值为 $0.3I_e$，二次谐波制动系数为 20%，采用按相制动原理。现场检查差动保护回路及接线正确，系统及主变压器均无故障，装置正常。试分析 2 号主变压器差动保护动作的可能原因，并提出防范措施。

答：1 号主变压器空充操作时，产生的和应涌流可能引起运行主变压器差动保护动作。2 号主变压器差动保护动作的原因是 1 号主变压器空充操作时，合闸励磁涌流流过系统电阻使得运行变压器的母线电压偏移，导致铁芯饱和产生的和应涌流造成差动保护误动。

防止和应涌流误动的措施：

(1) 差动保护差流启动值在保证变压器低压侧故障的灵敏度足够的情况下，尽可能取高值，躲过和应涌流产生的差流。可将差动启动值由 $0.3I_e$ 改为 $0.5I_e$；

(2) 差动保护的二次谐波闭锁值应尽可能地选取小值。可将二次谐波制动系数由 20%改为 15%甚至根据现场实测值选取更小值，通常不得小于 12%；

(3) 防止电流互感器的暂态饱和引起差动保护误动，选择有气隙的铁芯互感器，或适当地增大电流互感器变比，重视差动保护各侧电流互感器特性及二次回路参数的匹配，严格控制 10%误差特性，防止在差动继电器中产生较大的不平衡电流。

11. 一台主变压器的接线方式为 Y/Δ-11，满负荷运行时，高压侧额定电流：3.94A，低压侧额定定流 4.95A，施工过程中误把低压侧电流 B 相和 C 相在端子排处接反，请问在该主变压器满负荷运行时，主变压器保护装置显示的差流是多少？（该保护装置以 Y 侧电流相位为基准，用 Δ 侧电流进行移相）

答：根据已知条件可以画出相量图如图 4-3 所示

由相量图可知：

$$I_{da} = 1.0I_e \qquad I_{db} = 1.0I_e \qquad I_{db} = 2.0I_e$$

12. 图 4-4 为 YN/d-11 联结组别变压器接线示意图，在 YN 侧发生 AC 相短路故障，Y，d 绕组间变比 1∶1。请根据给定条件，推导故障时该变压器两侧电压、电流，并绘出电压、电流相量关系图。

答：YN 侧 AC 短路点边界条件为：

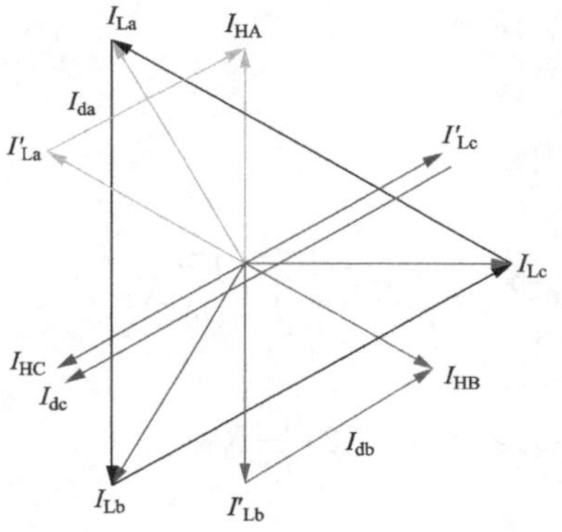

图 4-3

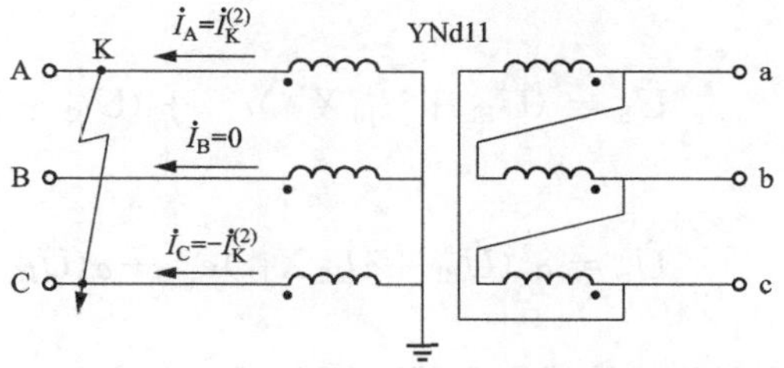

图 4-4

$$\begin{cases}\dot{I}_{B0}=0\\ \dot{I}_{B1}=-\dot{I}_{B2}\\ \dot{U}_{B1}=\dot{U}_{B2}\end{cases}$$

以 B 相为特殊准相，YN 侧、d 侧各相电流为

$$\dot{I}_A=\alpha\dot{I}_{B1}+\alpha^2\dot{I}_{B2}=\mathrm{j}\sqrt{3}\,\dot{I}_{B1}=\dot{I}_K^{(2)}$$

$$\dot{I}_B=\dot{I}_{B1}+\dot{I}_{B2}=0$$

$$\dot{I}_C=\alpha^2\dot{I}_{B1}+\alpha\dot{I}_{B2}=-\mathrm{j}\sqrt{3}\dot{I}_{B1}=-\dot{I}_K^{(2)}$$

$$\dot{I}_a=\alpha\dot{I}_{B1}e^{\mathrm{j}30}+\alpha^2\dot{I}_{B2}e^{-\mathrm{j}30}=\mathrm{j}\dot{I}_{B1}=\frac{\dot{I}_K^{(2)}}{\sqrt{3}}$$

$$\dot{I}_b=\dot{I}_{B1}e^{\mathrm{j}30}+\dot{I}_{B2}e^{-\mathrm{j}30}=\mathrm{j}\dot{I}_{B1}=\frac{\dot{I}_K^{(2)}}{\sqrt{3}}$$

$$\dot{I}_c=\alpha^2\dot{I}_{B1}e^{\mathrm{j}30}+\alpha\dot{I}_{B2}e^{-\mathrm{j}30}=-\mathrm{j}2\dot{I}_{B1}=-2\frac{\dot{I}_K^{(2)}}{\sqrt{3}}$$

YN 侧、d 侧三相电压为

$$\dot{U}_A=\dot{U}_{A1}+\dot{U}_{A2}=\alpha\dot{U}_{B1}+\alpha^2\dot{U}_{B2}=-\dot{U}_{B1}=-\frac{\dot{U}_B}{2}$$

$$\dot{U}_B=\dot{U}_{B1}+\dot{U}_{B2}=2\dot{U}_{B1}$$

$$\dot{U}_C=\alpha^2\dot{U}_{B1}+\alpha\dot{U}_{B2}=-\dot{U}_{B1}=-\frac{\dot{U}_B}{2}$$

$$\dot{U}_a=\alpha(\dot{U}_{B1}+j\dot{I}_{B1}X_{T1})e^{j30}+\alpha^2(\dot{U}_{B2}+j\dot{I}_{B2}X_{T2})e^{-j30}$$

$$=-\sqrt{3}\dot{U}_{B1}-\dot{I}_{B1}X_{T1}=-\sqrt{3}\dot{U}_{B1}+j\frac{\dot{I}_k^{(2)}}{\sqrt{3}}X_{T1}$$

$$\dot{U}_b=(\dot{U}_{B1}+j\dot{I}_{B1}X_{T1})e^{j30}+(\dot{U}_{B2}+j\dot{I}_{B2}X_{T2})e^{-j30}=-\sqrt{3}\dot{U}_{B1}+j\frac{\dot{I}_k^{(2)}}{\sqrt{3}}X_{T1}$$

$$\dot{U}_c=\alpha^2(\dot{U}_{B1}+j\dot{I}_{B1}X_{T1})e^{j30}+\alpha(\dot{U}_{B2}+j\dot{I}_{B2}X_{T2})e^{-j30}=-j2\frac{\dot{I}_k^{(2)}}{\sqrt{3}}X_{T1}$$

YN/d-11 接线变压器两侧电压、电流相量关系如图 4-5 所示。

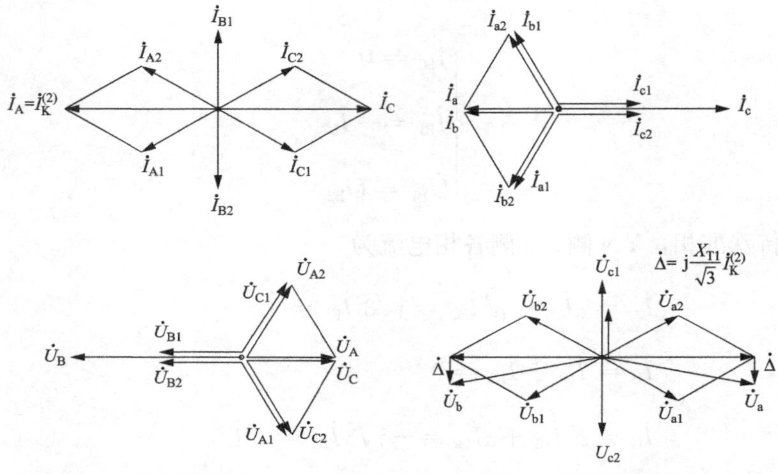

图 4-5

13. 变压器差动保护在过励磁或过电压时，防止误动的措施是什么?

答：变压器过励磁或过电压时，由于铁芯饱和，励磁电流急剧增大，波形严重畸变，当电压达额定电压的 120%～140%，励磁电流可增至额定电流的 10%～43%，这个电流将作为不平衡电流流入差动保护使差动保护误动作。

试验和分析表明，过励磁（过电压）时，励磁电流中含有较大的三次及五次谐波。过励磁电流虽含有较大的三次谐波分量，但因内部故障，电流互感器饱和也会出现较大的三次谐波，故不宜用作制动。

防止误动的措施一般是增设五次谐波制动回路，当过电压为 1.15～1.2 倍时，五次谐波最大，可达基波的 50%，电压再高时又明显下降，过电压 1.4 倍时，五次谐波分量为基波的 35%。当电压超过 1.4 倍时，严重威胁变压器的安全，此时 $I_5/I_1<35\%$，差动保护如动作

也是合理的，因此选择五次谐波成分为基波的35%进行闭锁。当过电压超过1.4倍，五次谐波成分降低，差动保护自动解除闭锁。

14. 传统的220kV变压器稳态差动保护存在什么问题，有什么好办法可解决？

答：存在问题：变压器稳态纵差保护若选用P级电流互感器，在外部短路时，由于特性不一致，形成较大的不平衡电流，使差动电流增大，造成差动保护误动作；若用提高定值来解决，则会在区内小匝间故障时拒动。

解决方案：可将原来的一个稳态比率差动特性，改为两个稳态比率差动特性，一个有固定特性的高值比率特性，他利用其比率制动特性，抗区外故障时TA的暂态、稳态饱和情况不同形成的差流误动，而在区内故障TA饱和时能可靠正确动作。另一个为比率制动特性可调的灵敏的三折线特性，利用各侧各相电流是否有谐波电流（二次电流中的二次和三次谐），决定是否开放此特性出口，因而解决了稳态比率差动保护区外故障误动问题。而区内小匝间故障时，TA不饱和，可以灵敏的开放差动保护。

15. 电流互感器二次回路一相开路，是否会造成母差保护误动作？说明原因。

答：电压闭锁元件投入时，如系统无扰动，电压闭锁元件不动作，此时电流断线闭锁元件动作，经整定延时后闭锁母差保护，母差保护不会误动作；如电流断线时，电压闭锁元件正好动作（在电流断线闭锁元件整定延时到达之前）或没有投入，则母差保护会误动作。

16. 为什么母线差动保护的暂态不平衡电流的最大值不是出现在短路的最初时刻？

答：因为构成母差保护的电流互感器的励磁阻抗是电感性的，励磁电流不会突变，在短路最初的瞬间全部一次电流传变到二次来，几乎每一电流互感器都没有误差，所以不平衡电流为零。其后直流分量流入励磁阻抗，电流互感器误差增大，不平衡电流也随之增大。当直流分量衰减后，不平衡电流减小为稳态不平衡电流。

17. 当母线出线发生近区故障TA饱和时，其二次侧电流有哪些特点？

答：（1）在故障发生瞬间，由于铁芯中的磁通不能跃变，TA不能立即进入饱和区，而是存在一个时域为3～5ms的线性传递区。在线性传递区内，TA二次电流与一次电流成正比。

（2）TA饱和之后，在每个周期内一次电流过零点附近存在不饱和时段，在此时段内，TA二次电流又与一次电流成正比。

（3）TA饱和后其励磁阻抗大大减小，使其内阻大大降低，严重时内阻等于零。

（4）TA饱和后，其二次电流偏于时间轴一侧，致使电流的正、负半波不对称，电流中含有很大的二次和三次谐波电流分量。

18. 在微机母差保护装置中，电流互感器饱和元件的鉴别方法有哪四种？

答：(1) 同步识别法。母线上的各连接元件当标量和的电流变化量和相量和的电流变化量同时出现时，认为区内故障，开放差动保护，当标量和的电流变化量比相量和的电流变化量出现早一定时间以上时，判定是电流互感器保护，将差动保护闭锁；

(2) 自适应阻抗加权抗电流互感器饱和法。其基本原理也是利用故障后电流互感器即使饱和也不是故障后立即饱和的原理，设置工频变化量差动元件 ΔBLCD，其动作电流是电流相量和的变化量，制动电流是电流标量和的变化量；工频变化量阻抗元件 ΔZ 是母线电压的变化量与各连接元件电流相量和的变化量的比值；工频变化量电压元件是 ΔU。这三个元件按相设置。ΔU 元件无论区内、区外故障都立即动作，作为开放元件。ΔBLCD 和 ΔZ 在区内故障可以灵敏快速动作。而区外故障时，ΔU 元件先动，ΔBLCD 和 ΔZ 没有动作，等到电流互感器饱和后才动作，故判断是区外故障，保护不动作；

(3) 基于采样值的重复多次判别法。在对差流一个周期的连续 R 次采样值判别中，有 S 次及以上不满足差动元件的动作条件，认为是区外故障电流互感器饱和，闭锁差动保护。在连续 R 次采样判别中有 M 次以上满足差动元件的动作条件时，判为区内故障立即开放差动保护 ($M>S$)。其基点立足于：即使电流互感器饱和，在一次故障电流过零点附近也存在一、二次电流线性传变区；

(4) 谐波制动原理。电流互感器饱和时，差电流的波形将发生畸变，利用谐波制动，可以防止区外故障电流互感器饱和误动。在区内故障时，若电流互感器饱和亦可能有谐波，故需要其他判据来确定。例如，区外故障电流互感器饱和后在每个周波内的线性传变区内无差动电流，而区内故障电流互感器饱和后，无论是否在线性传变区，一直有差流存在。有线性传变区的辅助判据需一个周波数据。

19. 简述 220kV 双母线接线方式的断路器失灵保护跳闸顺序，并简要说明其理由。母差跳闸时对侧保护可能什么保护跳闸，为何要如此设计？

答：双母线接线方式的断路器失灵时，失灵保护动作后，可先跳开母联和分段开关，以第二延时跳开失灵开关所在母线的其他所有开关；若需要尽快隔离故障，可用同一时限同时跳包括母联在内的所有开关。先跳开母联开关，主要是为了减少双母线同时停电的可能，减少对系统的影响，避免非故障母线线路对侧保护误动；同时跳各开关主要是因为可以减少一个时间段，以实现故障的尽快隔离。

母差保护动作，对侧纵联保护将快速动作，主要是实现故障点在断路器与 TA 之间死区时故障的快速隔离。

20. 某变电站 220kV 一次为双母线接线方式，当其中一条母线电压互感器异常或检修时，可否不改变一次运行方式，用正常母线上的电压互感器二次并列代替异常母线电压回路？正确的操作是什么？为什么这样操作？

答：不可用正常母线上的电压互感器二次并列代替异常母线电压回路；因为如果异常母线失灵保护或变压器后备保护动作后第一时限先跳开母联开关，那么此时正常母线上的电压互感器将不能正确反应异常母线的电压状况，造成复压闭锁回路返回，失灵保护无法再动作切除其他线路，变压器复压闭锁后备保护无法切除变压器主开关。正确的做法一次倒母线运行。

21. 什么是汲出电流？并分析当双母线内部故障且有电流汲出时对该母差保护的动作行为有何影响？在微机型母差保护中如何解决此问题？

答：母线内部故障时，流出母线的电流称为汲出电流。双母线内部故障且母联开关在分列运行时，存在汲出电流，会导致大差保护灵敏度下降，但对小差保护无影响。微机型母差保护大差在母线分列运行存在汲出电流的情况下降低比率制动系数以提高母差保护的灵敏度。

22. 重负荷下发生母线内经高电阻短路时，对比率制动特性的母差保护来说有什么影响？

答：对保护的灵敏度有影响。对所有稳态量的差动保护来说负荷电流不会产生动作电流而只能产生制动电流。因此在重负荷下发生母线内经高电阻短路时由于动作电流（短路电流）不大而制动电流较大将影响差动保护动作的灵敏度。可以采用工频变化量母线差动保护以提高在重负荷下母线内部发生轻微故障（经高电阻短路）的灵敏度。

23. 220kV 站采用双母线接线方式，220kV 出线保护配置均为双套差动保护。220kV 出线 L1 发生单相故障，重合于故障后两侧开关跳开，隔离故障。随后，出线 L1 因雷击导致本站开关单相纵向击穿，并发生接地故障。请回答：

（1）故障后，线路差流达到定值，出线 L1 差动保护能否满足动作条件，并说明原因。

（2）L1 线开关单相纵向击穿时，发生了母差误动。在此过程中，发现与出线 L1 在同一段母线上的出线 L2 保护收到对侧的远方跳闸信号，请问上述现象是否合理。

答：（1）L1 线两侧开关均在分位，雷击开关纵向击穿后，本侧电流启动元件动作，差动动作电流达到定值，则发差动允许信号给对侧，对侧开关在三相跳开状态，向本侧差动发差动允许信号，线路差动保护能够动作出口。

(2) L1线故障，差动保护动作后，因开关纵向击穿，开关拒动后由母线失灵保护动作后跳本母线相关开关。出线L2的TJR继电器开入本线路差动保护向对侧发远跳信号，对侧收到远跳信号后三跳不重，所以对侧差动保护永跳出口驱动TJR继电器跳闸的同时会开入对侧的装置再向本侧发远跳信号。所以本侧线路保护会收到对侧的远方跳闸信号。

24. 某枢纽变电站甲，220kV双母线接线合环运行，其中甲乙Ⅰ、Ⅱ线为同杆并架双回线路，物理参数一致，分别运行于220kVⅠ、Ⅱ母，220kV A套母线保护因故退出，B套母线保护正常运行，甲乙Ⅰ、Ⅱ线接入220kV B套母线保护的隔离开关位置接点相互接反，当220kV Ⅰ母发生两相短路故障时，试分析相关保护及断路器的动作行为及原因。(不考虑断路器失灵)

答：(1) 220kVⅠ母小差动作跳Ⅰ母上除了甲乙Ⅰ线外所有断路器（含母联断路器）及甲乙Ⅱ线断路器（相应线路对侧可能三跳）；

(2) 甲乙Ⅰ线未跳闸，Ⅰ母故障未切除。Ⅰ、Ⅱ母分列运行（如Ⅱ母有较大穿越电流，大差或Ⅱ母小差可能不动作，由甲乙Ⅰ线乙侧相间距离Ⅱ段保护延时切除故障，保住了Ⅱ母运行），Ⅱ母小差动作，如Ⅱ母与系统联系仍紧密，Ⅱ电压闭锁元件开放，则Ⅱ母小差动作跳Ⅱ母上除了甲乙Ⅱ线外所有断路器及甲乙Ⅰ线断路器（相应线路对侧可能三跳），故障切除；如Ⅱ母与系统联系不紧密，Ⅱ电压闭锁元件无法开放，则Ⅱ母差动无法出口，只能由甲乙Ⅰ线乙侧相间距离Ⅱ段保护延时切除故障。

25. 简述双母双分段线接线变电站的母差保护、断路器失灵保护，分段支路不应经复合电压闭锁的原因。

答：双母双分段接线的变电站分段断路器左右两侧各配置两套母线保护，相互之间不交互信息，当分段断路器和TA之间发生先断线后接地故障时（故障点靠近分段断路器），故障母线差动元件满足动作条件、但电压闭锁元件不满足动作条件，另一侧母线保护差动元件不动作、但电压闭锁元件开放，将导致两套母线差动保护均拒动，如跳分段断路器不经电压闭锁，则可先跳分段，再启动分段失灵保护切除故障，因此母线保护跳分段支路不应经复合电压闭锁。

26. 双母线接线的母差保护中，母联断路器只在Ⅰ母与母联间有电流互感器，当母联断路器与母联电流互感器间发生故障称为母联死区。母联死区保护需要同时满足什么条件，然后经过复合电压闭锁和限时去跳开Ⅱ母上各连接元件。如双母线分裂运行为防止死区故障导致误切两条母线上所有连接元件又采取什么措施？

答：(1) 母联死区保护需同时满足下述四个条件：母线差动保护发过Ⅱ母的跳令；母联断路器已跳开（母联断路器位置触点三相串联）；母联电流互感器任一相仍有电流；大差差动元件及Ⅱ母小差差动元件动作后一直不返回；

(2) 双母线分列运行，为防止死区故障误切两条母线上所有连接元件应采取如下措施：采取当两母线都有电压（说明两条母线都在运行），母联三相均无电流，且母联在跳位时，母联电流不计入两个小差的电流计算中的措施，上述措施延时返回 400ms；双母线分列运行，在母联电流不再计入小差的计算后再将母联死区保护退出运行。

27. 由于失灵保护误动作后果较严重，且 3/2 断路器接线的失灵保护无电压闭锁，根据具体情况，对于线路保护分相跳闸开入和变压器、发变组、线路高抗三相跳闸开入，应采取措施防止由于开关量输入异常导致失灵保护误启动。因此，失灵保护可采用哪些不同的启动方式?

答：由于失灵保护误动作后果较严重，且 3/2 断路器接线的失灵保护无电压闭锁，根据具体情况，对于线路保护分相跳闸开入和变压器、发变组、线路高抗三相跳闸开入，应采取措施，防止由于开关量输入异常导致失灵保护误启动，失灵保护应采用不同的启动方式；

(1) 任一分相跳闸触点开入后，经电流突变量或零序电流启动并展宽后启动失灵；

(2) 三相跳闸触点开入后，不经电流突变量或零序电流启动失灵；

(3) 失灵保护动作经母线保护出口时，应在母线保护装置中设置灵敏的、不需整定的电流元件并带 50ms 的固定延时。

28. 短引线保护有何作用？配置了什么功能保护？

答：主接线采用 3/2 断路器接线方式的一串断路器，当其中一条线路停用，但断路器仍需要合环运行时，则该线路侧隔离开关将断开，此时保护用电压互感器也停用，线路主保护停用。此时将没有快速保护切除该短引线范围内的故障，为此设置了短引线保护。短引线保护配置了比率差动保护和过流功能保护。

或者说：在 3/2 接线中，存在一种元件停电开关合环的运行方式，在这种运行方式下，元件正常运行时两套主保护由于其电压回路接在出线侧 CVT 上，故因此失去电压而退出工作，此时，出线各侧两个开关间连线及出线至出线闸刀间仍带电，如图 4-6 所示。为在这一特定方式下仍能快速保护这段短线，

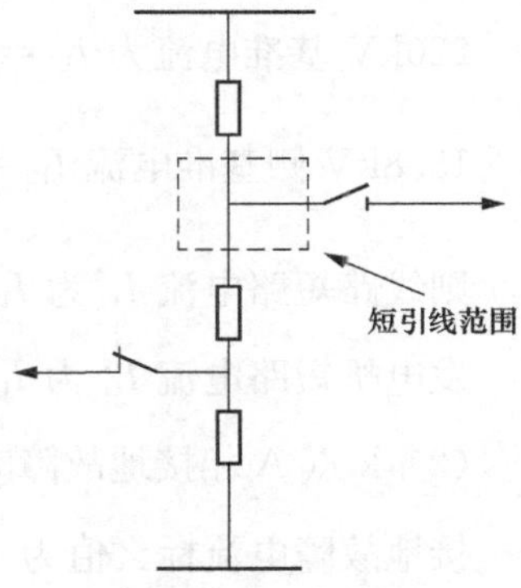

图 4-6

所以配置短引线保护。短引线保护配置了比率差动保护和过流功能保护。

4.5 计 算 题

1. 在如图 4-7 所示的系统中：

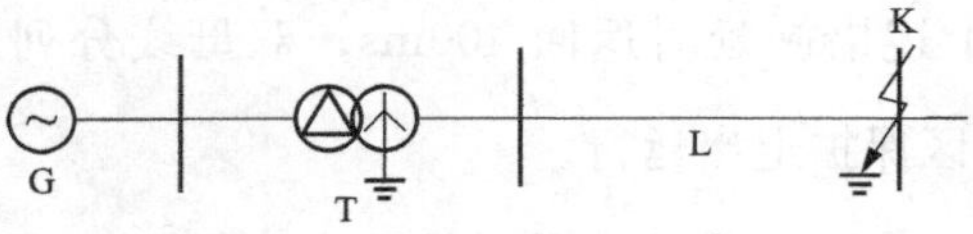

图 4-7

已知：G：$S_N = 171\text{MVA}$，$U_N = 13.8\text{kV}$，$X''_d\% = 24$；

T：$S_N = 180\text{MVA}$，$U_N = 13.8/242\text{kV}$，$U_k\% = 14$；

主变压器压器从 220kV 侧看入的零序阻抗实测值为 38.7Ω/相；

L：$L = 150\text{km}$，$X_1 = 0.406\Omega/\text{km}$，$X_0 = 3X_1$。

求：(1) K 点发生三相短路时，线路和发电机的短路电流；

(2) K 点发生 A 相接地故障时，线路的短路电流。

答：(1) 将所有参数统一归算到以 100MVA 为基准的标幺值

$$X_G = \frac{X''_d\%}{100} \times \frac{S_B}{S_N} = \frac{24}{100} \times \frac{100}{171} = 0.14$$

$$X_T = \frac{X''_k\%}{100} \times \frac{S_B}{S_N} \times \left(\frac{U_N}{U_B}\right)^2 = \frac{14}{100} \times \frac{100}{180} \times \left(\frac{242}{220}\right)^2 = 0.094$$

$$X_{0.T} = \frac{38.7}{484} = 0.08$$

$$X_L = X_1 \times \frac{L}{484} = 0.406 \times \frac{150}{484} = 0.126 \quad X_{0.L} = 3 \times 0.126 = 0.378$$

K 点三相短路时短路电流标幺值为：

220kV 基准电流为 $I_{B1} = 263\text{A}$

13.8kV 侧基准电流 $I_{B2} = \frac{100}{\sqrt{3} \times 13.8} = 4.19\text{kA}$

则线路短路电流 I_L 为 $I_L = 2.78 \times 263 = 731\text{A}$

发电机短路电流 I_G 为 $I_G = 2.78 \times 4190 = 1165\text{A}$

(2) k 点 A 相接地故障时，单相接地故障的复合序网如图 4-8 所示。

接地故障电流标幺值为

$$I_a = 3I_0 = \frac{3E}{X_1 + X_2 + X_0} = \frac{3}{0.36 + 0.36 + 0.458} = 2.547$$

则线路故障电流为

$$I_a = 2.547 \times 236 = 670\text{A}; I_b = 0; I_c = 0$$

2. 已知一台主变压器为 $Y_0/Y_0/d\text{-}11$ 接线，变比 225/115/37，三侧额定容量 180/180/180MVA。主变压器差动保护用高中低三侧 TA 变比分别为：2000/5、2000/5、3000/5。试计算低压侧 A 相 TA 断线时，差动保护各相差流标幺值及动作情况（低压侧负荷电流 2700A，中压侧空载）。已知差动保护在 Y 侧滤零，在 d 侧转角。制动电流（I_r）取三侧差流计算电流绝对值之和的 1/2，比例制动特性如图 4-9 所示（其中 $I_{qd}=0.5I_e$，$I_{r1}=0.5I_e$、$I_{r2}=6I_e$、$K_1=0.2$、$K_2=0.5$、$K_3=0.7$）。

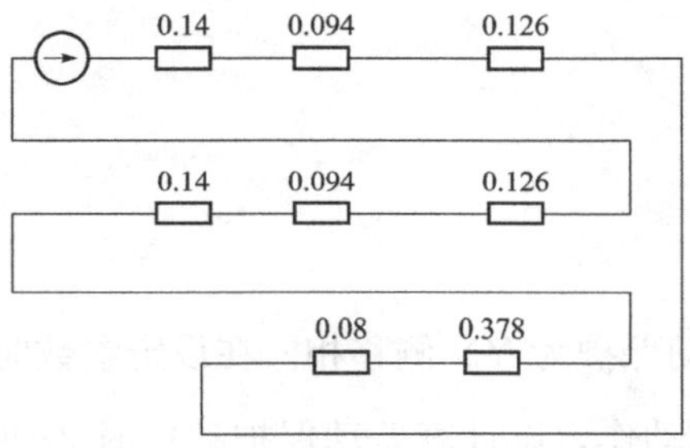

图 4-8

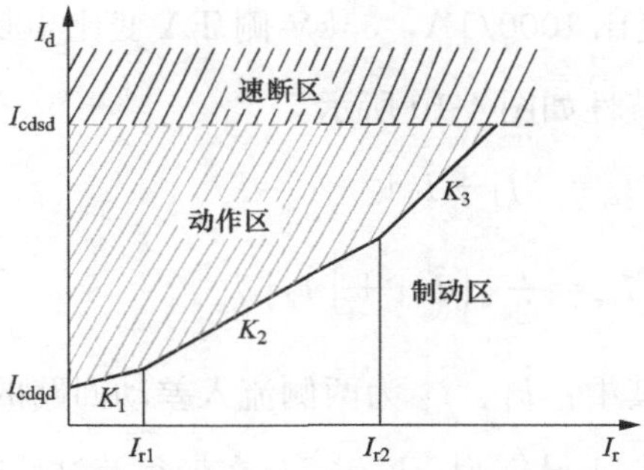

图 4-9

答：(1) 写出差动保护动作方程：

$$\begin{cases} I_d > 0.2I_r + I_{qd} & I_r < I_{r1} \\ I_d > 0.2I_{r1} + I_{qd} + 0.5(I_r - I_{r1}) & I_{r1} \leqslant I_r < I_{r2} \\ I_d > 0.2I_{r1} + I_{qd} + 0.5(I_{r2} - I_{r1}) + 0.7(I_r - I_{r2}) & I_{r2} \leqslant I_r \end{cases}$$

(2) 计算低压侧 A 相 TA 断线时 A 相的制动电流与差动电流：

$$I_e = \frac{I_a}{\dfrac{S_B}{\sqrt{3}U_{B3}}} = \frac{2700}{\dfrac{1800 \times 1000}{\sqrt{3} \times 37}} = 0.96$$

$$I_{da} = \left| (\dot{I}_A - \dot{I}_0) + \frac{(\dot{I}_a - \dot{I}_c)}{\sqrt{3}} \right| = \left| (0.96\angle 0° - 0) + \frac{(0 - 0.96\angle -30°)}{\sqrt{3}} \right| = 0.554I_e$$

$$I_{ra} = \frac{|\dot{I}_A - \dot{I}_0| + \left| \dfrac{(\dot{I}_a - \dot{I}_c)}{\sqrt{3}} \right|}{2} = \frac{|0.96\angle 0° - 0| + \left| \dfrac{(0 - 0.96\angle -30°)}{\sqrt{3}} \right|}{2} = 0.758I_e$$

当制动电流 $I_{ra}=0.758I_e$ 时，需要的差流动作值：

$I'_{da}=0.2I_{r1}+I_{qd}+0.5(I_{ra}-I_{r1})=0.2\times0.5I_e+0.5\times(0.758I_e-0.5I_e)=0.729I_e$

因为 $I_{da}<I'_{da}$，可见，虽然差流大于启动门槛，但是由于制动作用，A 相差动不动作

(3) 同理计算出低压侧 A 相 TA 断线时 B、C 相的制动电流与差动电流：

$$I_{rb}=0.758I_e, I_{db}=0.554I_e,$$

当制动电流 $I_{rb}=0.758I_e$ 时，需要的差流动作值：$I'_{db}=0.729I_e$

因为 $I_{db}<I'_{db}$，可见，虽然差流大于启动门槛，但是由于制动作用，B 相差动不动作。

$$I_{rc}=0.96I_e, I_{dc}=0.I_e$$

可见此时 C 相制动电流最大，C 相差流为零，因此 C 相差动元件不动作。

3. 容量为 100MVA、变比为 230±2×2.5%/38.5kV、YN/d-11 接线变压器，220kV 侧 TA 变比 1000/1A，35kV 侧 TA 变比 4000/1A，两侧 TA 接成星形。该变压器差动保护比率制动特性如图 4-10 所示。

$$\begin{cases} I_{op}=|\dot{I}_1+\dot{I}_2| \\ I_{res}=\dfrac{1}{2}\{|\dot{I}_1|+|\dot{I}_2|\} \end{cases}$$

其中：$\dot{I}_1$、$\dot{I}_2$ 为两侧流入差动回路的电流；差动保护为 YN 侧移相。在设定参数时误将 YN/d-11 设定为 YN/d-7，在带负荷试验时差动保护动作，试计算差动保护动作时 220kV 最小一次电流。

答：(1) 设定 YN/d-7 时，两侧进入差动回路电流示意图如图 4-11 所示：

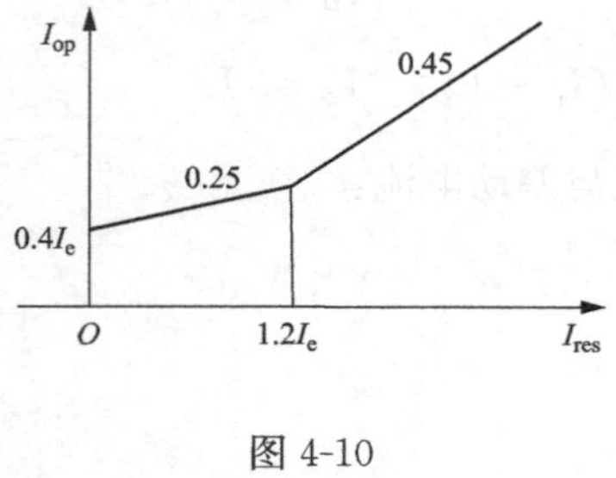

图 4-10

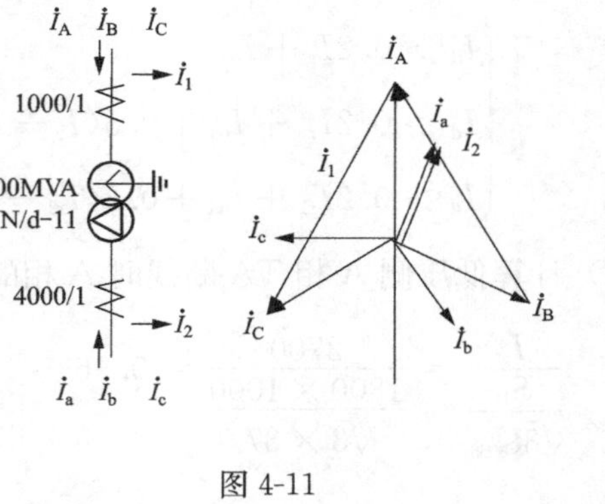

图 4-11

d 侧：$\dot{I}_a$，$\dot{I}_b$，$\dot{I}_c$

YN 侧：$\dfrac{\dot{I}_C-\dot{I}_A}{\sqrt{3}}$，$\dfrac{\dot{I}_A-\dot{I}_B}{\sqrt{3}}$，$\dfrac{\dot{I}_B-\dot{I}_C}{\sqrt{3}}$

(2) 实际变压器为 YN/d-11 接线，但按上述电流形式进入差动回路，从而形成差动回路电流。

所以：$\dot{I}_1$、$\dot{I}_2$ 的相角差为 60°，形成的差流为：$I_d=\sqrt{3}I_1=\sqrt{3}I_\varphi$（$I_1=I_\varphi$）

（3）确定 220kV 最小动作电流。因为 $I_d=\sqrt{3}I_\varphi$，$I_{res}=I_\varphi$

所以 $I_d=\sqrt{3}I_{res}$

作出动作特性为一条斜线，图 4-12 中 A 点动作。

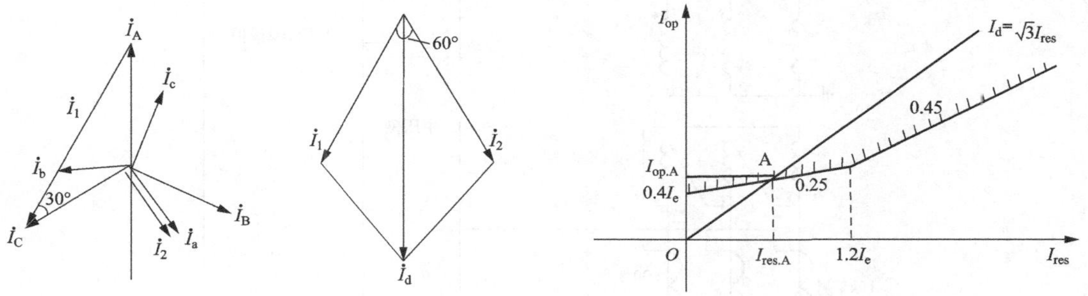

图 4-12

$$I_{op.A}=0.4I_e+0.25I_{res.A}=0.4I_e+0.25\times\frac{I_{op.A}}{\sqrt{3}}$$

因此，最小动作电流

$$I_{op.A}=\frac{0.4I_e}{1-0.25/\sqrt{3}}=0.47I_e,$$

换算至 220kV 侧，可得

$$I_{YN}=0.47\times\frac{100\times10^3}{\sqrt{3}\times230}=118A$$

4. 某 220kV 变电站扩建 2 号主变压器在启动送电时，所有 TA 接线都正确，但调试人员误将主变压器 PST1202 保护的控制字整定错误，即将差动保护控制字“Y/d-11 接线”误整定为“Y/d-1 接线”，主变压器带低压侧送电时，高压侧流出负荷为 P：40MVA，Q：2MVA，请计算在此种情况下（不计主变压器功率损耗及励磁电流影响）主变压器保护装置高低压侧二次电流显示值是多少安（未折算），以及误整定后每相差电流值是多少安？主变压器接线图及 TA 接丝配置图如图 4-13 所示。主变压器额定容量 180MVA，高压侧额定电压 220kV，低压侧额定电压 10.5kV。

答：高压侧二次电流值为：

$$I_{BH2}=\frac{S_B}{\sqrt{3}U_{BH}n_{CTH}}=\frac{\sqrt{40^2+2^2}\times1000}{\sqrt{3}\times220\times240}=0.438A$$

主变压器保护装置高压侧二次电流值未折进差动保护，不受主变压器转换方式影响，所以

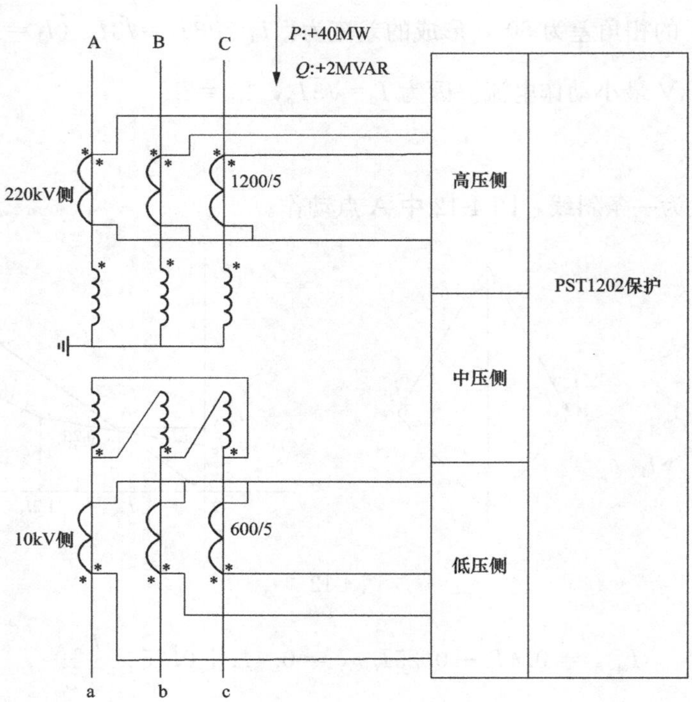

图 4-13

$$I_{BH2} = 0.438A$$

低压侧二次电流为：

$$I_{BL2} = \frac{S_B}{\sqrt{3}U_{BL}n_{CTL}} = \frac{\sqrt{40^2 + 2^2} \times 1000}{\sqrt{3} \times 10.5 \times 1200} = 1.835A$$

主变压器保护装置低压侧二次电流值未折进差动保护，不受主变压器转换方式影响，所以

$$I_{BL2} = 1.835A$$

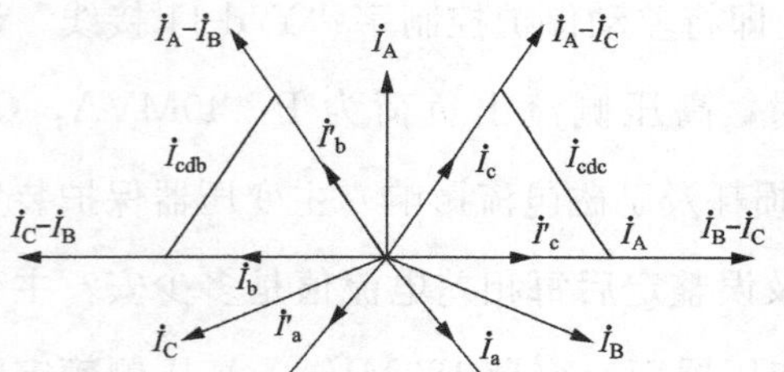

图 4-14

按照原有 Y/d-11 接线，所有回路接线均正确情况下，流进保护装置各相差电流应为 0，但因错将“Y/d-11 接线”误更改为“Y/d-1 接线”。

Y/d-11 接线：$I_{cda} =（I_A - I_B）\times K_{ph} + I_a \times K_{pl}$

Y/d-1 接线：$I_{cda} =（I_A - I_C）\times K_{ph} + I_a \times K_{pl}$

相量图如图 4-14 所示。

通过图 4-14 可看出，因转换错误，相当于把高压侧进差动继电器的电流进行顺时针 60°转角补偿，相当于在任一侧任一相电流产生一个等边三角形差电流值，为简化计算，即用高压侧电流直接进行计算，该差电流值为高压侧电流归算至差动保护的数值。

PST1202 主变压器差动保护，高压侧绕组及 TA 均采用星形接线，其 $K_{ph}=1/\sqrt{3}$。

$$I_{cda}=I_{cdb}=I_{cdc}=I_{BH2}\times\sqrt{3}\times K_{ph}=0.438\times\sqrt{3}/\sqrt{3}=0.438\text{A}。$$

5. 1 号主变压器中性点不接地运行，低压侧有电源。低压侧更换 TA 后送电，相量检查时主变压器保护显示有差流，现场检修人员用钳型电流表测得高压侧电流正常，低压侧三相电流幅值相同，高压侧 A 相电流超前低压侧 A 相电流 30°，高压侧 B 相电流超前低压侧 B 相电流 150°，高压侧 C 相电流滞后低压侧 C 相电流 90°。此时恰好高压侧区内发生 A 相接地故障，差动保护动作，根据录波数据，高压侧故障相电流比非故障相电流大 0.328A，且故障相差流恰好达到差动速断定值，忽略负荷电流，计算故障时两侧电流。（变压器为 Y0/d-11 接线，220kV/35kV。高压侧 TA 变比 1200/1，低压侧 TA 变比 4000/1，主变压器容量 $S_N=150\text{MVA}$，差动速断定值为 $6I_e$，分角转星和星转角两种情况讨论）

答：由题意知高压侧高压侧 A 相电流超前低压侧 C 相电流 150°，高压侧 B 相电流超前低压侧 B 相电流 150°，高压侧 C 相电流超前低压侧 A 相电流 150°，低压侧 AC 电流反接。

高压侧二次额定电流 $I_{e1}=\dfrac{150\times10^3}{\sqrt{3}\times220\times1200}=0.328\text{A}$

低压侧二次额定电流 $I_{e2}=\dfrac{150\times10^3}{\sqrt{3}\times35\times4000}=0.619\text{A}$

设置三相电流如图 4-15 所示。

（1）角转星。

A 相差流为 $6I_e$，Y 侧折算后差流 $I'_A=n+1-\dfrac{n+1+n+n}{3}=\dfrac{2}{3}$

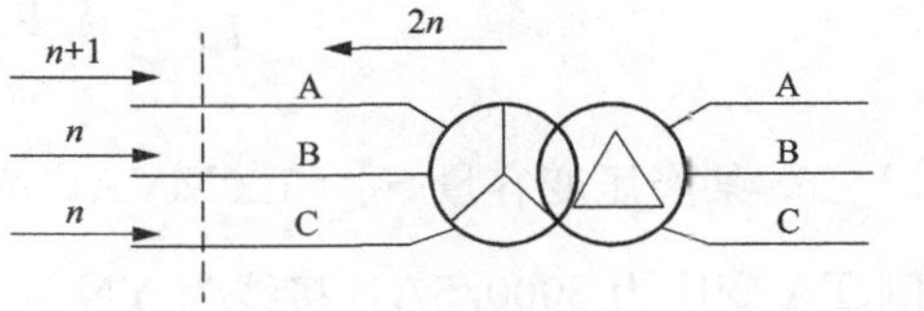

图 4-15

三角形侧 AC 相电流接反，三角侧差流 I'_a 反向由 2N 变为 $-2N$；

所以 $\left|-2n+\dfrac{2}{3}\right|=6$，得 $n=\dfrac{10}{3}$。

高压侧电流：

$$I_{HA}=(n+1)\times0.328=1.421\text{A}$$

$$I_{HB}=I_{HC}=1.421-0.328=1.093\text{A}$$

低压侧电流：

$$I_{LA}=-\frac{(2n+n)}{\sqrt{3}}\times0.619=-3.574\text{A}$$

$$I_{LB}=-\frac{(-n+n)}{\sqrt{3}}\times 0.619=0A$$

$$I_{LC}=\frac{(2n+n)}{\sqrt{3}}\times 0.619=3.574A$$

(2) 星转角。

A 相差流为 $6I_e$，Y 侧折算后差流 $I'_A=\frac{n+1-n}{\sqrt{3}}=\frac{1}{\sqrt{3}}$。

三角形侧 AC 相电流接反，三角侧差流 I'_a反向，由 $\frac{2n+n}{\sqrt{3}}$变为$-\frac{2n+n}{\sqrt{3}}=-\sqrt{3}n$，所以 $\left|1/\sqrt{3}-\sqrt{3}n\right|=6$，得 $N=3.797$。

高压侧电流：

$$I_{HA}=(n+1)\times 0.328=1.573A$$

$$I_{HB}=I_{HC}=1.573-0.328=1.245A$$

低压侧电流：

$$I_{LA}=-\frac{(2n+n)}{\sqrt{3}}\times 0.619=-4.071A$$

$$I_{LB}=-\frac{(-n+n)}{\sqrt{3}}\times 0.619=0A$$

$$I_{LC}=\frac{(2n+n)}{\sqrt{3}}\times 0.619=4.071A$$

6. 某降压变容量 $S_N=120MVA$，变比 230/38.5kV，高压侧 TA 变化为 1500/5A，低压侧 TA 变比为 3000/5A，接线为 YN/d-11，该变压器微机差动保护 TA 接线为星形，采用低压侧移相方式。请回答以下问题：

(1) 以低压侧为基准，求高压侧电流平衡系数；

(2) 额定运行情况下，高压侧保护区内发生单相接地故障，接地电流为 12.6kA，求各相差动回路电流（低压侧为负荷侧）；

(3) 画出 YN 侧一次电流流入差动继电器的相量图。

答：(1) 一次额定电流：

$$I_{1N}=S_N/\sqrt{3}U_{1N}=120\times 10^3/\sqrt{3}\times 230=301.24A$$

$$I_{2N}=S_N/\sqrt{3}U_{2N}=120\times 10^3/\sqrt{3}\times 38.5=1799.6A$$

二次额定电流：

$$I_{1n} = I_{1N}/(1500/5) = 1.00\text{A}$$

$$I_{2n} = I_{2N}/(3000/5) = 3.00\text{A}$$

平衡系数：

$$K_{ph} = 3.0/1.0 = 3.0$$

$$K_{pl} = 3.0/3.0 = 1.0$$

（2）YN 侧保护区内单相接地时，有 $I_{KA1}=I_{KA2}=I_{KA0}=12.6/3=4.2\text{kA}$

对于 YN 侧，校正电流的计算公式为：

$$I'_A=(I_A-I_0)$$

$$I'_B=(I_B-I_0)$$

$$I'_C=(I_C-I_0)$$

流进差动继电器的电流（一次值）：

$$I_{KA}=2\times4.2=8.4\text{kA}$$

$$I_{KB}=-4.2\text{kA}$$

$$I_{KC}=-4.2\text{kA}$$

因低压侧无电流，所以低压侧进入差动回路的电流为 0，差动电流为：

$$I_{dA}=\frac{8.4\times1000}{300}\times3.0=84\text{A}$$

$$I_{dB}=\frac{4.2\times1000}{300}\times3.0=42\text{A}$$

$$I_{dC}=\frac{4.2\times1000}{300}\times3.0=42\text{A}$$

（3）做出 YN 侧电流流入差动继电器的相量见图 4-16。

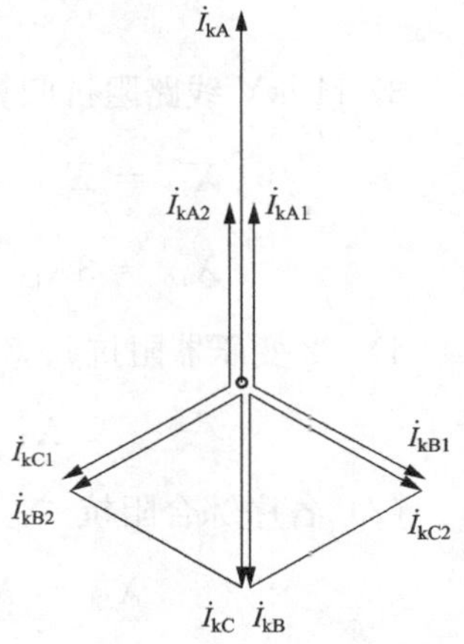

图 4-16

7. 已知三相自耦变压器容量为 180/180/90MVA，电压为 220kV/110kV/35kV，短路电压比（折算至变压器全容量全电压基准下）测得 $X_{12}=17\%$，$X_{23}=21\%$，$X_{13}=38\%$；系统等值电源 $S_N=250\text{MVA}$，正负序等值阻抗 $X_{S1}=X_{S2}=0.18$，零序等值阻抗 $X_{S0}=0.24$，T2 变压器容量 $S_N=50\text{MVA}$，电压为 110kV/10.5kV，$U_d=10.5\%$，110kV 输电线路 $X_{L1}=X_{L2}=0.04\Omega/\text{km}$，$X_{L0}=3X_{L1}$，线路全长 40km。如图 4-17 所示变压器中压侧发生 A 相单相接地故障，试计算出流经中性点零序电流的大小和流向。

答：设基准容量 $S_B=100\text{MVA}$，$U_{B1}=220\text{kV}$，$U_{B2}=110\text{kV}$

（1）作出各元件阻抗标幺值：

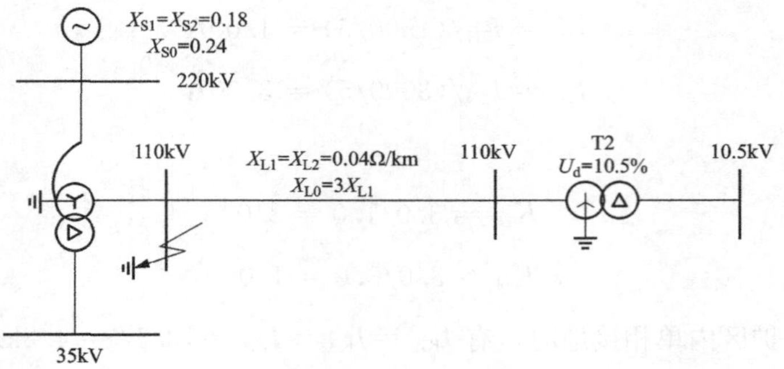

图 4-17

1）将自耦变各侧阻抗归算至上述基准容量及电压时的标幺值为：

$$X_{T1}^{*}=0.5\times(X_{12}+X_{13}-X_{23})\times S_B/S_e=0.5\times(0.17+0.38-0.21)\times100/180=0.094$$

$$X_{T2}^{*}=0.5\times(X_{12}+X_{23}-X_{13})\times S_B/S_e=0.5\times(0.17+0.21-0.38)\times100/180=0$$

$$X_{T3}^{*}=0.5\times(X_{13}+X_{23}-X_{12})\times S_B/S_e=0.5\times(0.38+0.21-0.17)\times100/180=0.117$$

2）系统阻抗归算至基准容量的标幺值为：

$$X_{S1}^{*}=X_{S2}^{*}=0.18\times S_B/S_e=0.18\times100/250=0.072$$

$$X_{S0}^{*}=0.24\times S_B/S_e=0.24\times100/250=0.096$$

3）110kV 线路阻抗归算至上述基准容量及电压时的标幺值为：

$$X_{L1}^{*}=X_{L2}^{*}=X_{L1}\times S_B/U_{B2}^{2}=0.04\times40\times100/12100=0.013$$

$$X_{L0}^{*}=3X_{L1}^{*}=0.039$$

4）T2 变压器阻抗归算至基准容量的标幺值为：

$$X_{T}^{*}=X_{T}\times S_B/S_e=0.105\times100/50=0.21$$

（2）各序综合阻抗

$$X_{\Sigma1}^{*}=X_{S1}^{*}+X_{T1}^{*}+X_{T2}^{*}=0.072+0.094+0=0.166$$

$$X_{\Sigma2}^{*}=X_{S2}^{*}+X_{T1}^{*}+X_{T2}^{*}=0.072+0.094+0=0.166$$

$$X_{\Sigma0}^{*}=[(X_{S0}^{*}+X_{T1}^{*})\,/\!/\,X_{T3}^{*}+X_{T2}^{*}]\,/\!/\,(X_{L0}^{*}+X_{T}^{*})$$

$$=[(0.096+0.094)\,/\!/\,0.117+0]\,/\!/\,(0.039+0.21)=0.072\,/\!/\,0.249=0.056$$

（3）短路电流计算

$$I_{KA0}^{*}=\frac{1}{X_{\Sigma1}^{*}+X_{\Sigma2}^{*}+X_{\Sigma0}^{*}}=\frac{1}{0.166+0.166+0.056}=2.577$$

$$I_{K0M}^{*}=I_{KA0}^{*}\times\frac{X_{L0}^{*}+X_{T}^{*}}{(X_{S0}^{*}+X_{T1}^{*})\,/\!/\,X_{T3}^{*}+X_{T2}^{*}+X_{L0}^{*}+X_{T}^{*}}$$

$$= 2.577 \times \frac{0.249}{0.072 + 0.249} = 1.999$$

$$I_{K0H}^{*} = I_{K0M}^{*} \times \frac{X_{T3}^{*}}{X_{S0}^{*} + X_{T1}^{*} + X_{T3}^{*}}$$

$$= 1.999 \times \frac{0.117}{0.096 + 0.094 + 0.117} = 0.762$$

折算成中压侧有名值：

$$I_{K0M} = I_{K0M}^{*} \times \frac{S_B}{\sqrt{3}U_{B2}} = 1.999 \times \frac{100 \times 1000}{\sqrt{3} \times 110} = 1049.203\text{A}$$

折算成高压侧有名值：

$$I_{K0H} = I_{K0H}^{*} \times \frac{S_B}{\sqrt{3}U_{B1}} = 0.762 \times \frac{100 \times 1000}{\sqrt{3} \times 220} = 199.973\text{A}$$

所以流经中性点零序电流为：

$$I_{K0N} = 3 \times (I_{K0M} - I_{K0H}) = 3 \times (1049.203 - 199.973) = 2547.69\text{A}$$

中性点零序电流流向为由地流向中性点。

8. 发电厂 YN/d-11 主变压器高压侧 A 相差动 TA 主变压器侧与 B 相差动 TA 母线侧同时发生接地故障，故障点电流大小 $I_A = I_B = 6000\text{A}$，高压侧 TA 变比为 1200/5，低压侧 TA 变比为 3000/5，主变压器容量 $S_N = 150\text{MVA}$，220kV/35kV。主变压器高压侧中性点接地运行。分别计算以下两种情况下的三相差流大小。

（1）配置 PST1200 主变压器保护时；

（2）配置 RCS978 主变压器保护时。

答：主变压器 Y 侧额定一次电流 I_{E1}，三角侧额定一次电流 I_{E2}。

（1）PST 差流标幺值

$$\dot{I}_{dA}^{*} = \frac{\dot{I}_A - \dot{I}_B}{\sqrt{3}I_{E1}} + \frac{\dot{I}_a}{I_{E2}} = \frac{\dot{I}_A^{*} - \dot{I}_B^{*}}{\sqrt{3}} + \dot{I}_a^{*} \quad ①$$

$$\dot{I}_a^{*} = \dot{I}_{a1}^{*} + \dot{I}_{a2}^{*} = \dot{I}_{A1}^{*} e^{j30^\circ} + \dot{I}_{A2}^{*} e^{-j30^\circ}$$

$$= \dot{I}_{A'1}^{*} \frac{1 - a^2}{\sqrt{3}} + \dot{I}_{A'2}^{*} \frac{1 - \alpha}{\sqrt{3}} = \frac{1}{\sqrt{3}}[\dot{I}_{A'1}^{*} + \dot{I}_{A'2}^{*} - (\dot{I}_{B'1}^{*} + \dot{I}_{B'2}^{*})]$$

$$= \frac{\dot{I}_{A'}^{*} - \dot{I}_{B'}^{*}}{\sqrt{3}}$$

其中，$\dot{I}_{A'1}^{*}$、$\dot{I}_{B'1}^{*}$、$\dot{I}_{C'1}^{*}$ 为三角侧相绕组电流标幺值。

代入①式可得：

$$\dot{I}_{dA}^{*}=\frac{(\dot{I}_{A}^{*}+\dot{I}_{A'}^{*})-(\dot{I}_{B}^{*}+\dot{I}_{B'}^{*})}{\sqrt{3}}$$

同理：

$$\dot{I}_{dB}^{*}=\frac{(\dot{I}_{B}^{*}+\dot{I}_{B'}^{*})-(\dot{I}_{C}^{*}+\dot{I}_{C'}^{*})}{\sqrt{3}}$$

$$\dot{I}_{dC}^{*}=\frac{(\dot{I}_{C}^{*}+\dot{I}_{C'}^{*})-(\dot{I}_{A}^{*}+\dot{I}_{A'}^{*})}{\sqrt{3}}$$

由于非故障相和区外故障相的 $\dot{I}_{\varphi}^{*}+\dot{I}_{\varphi'}^{*}0$，可得

$$\dot{I}_{B}^{*}+\dot{I}_{B'}^{*}=0,\dot{I}_{C}^{*}+\dot{I}_{C'}^{*}=0$$

因此

$$\dot{I}_{dA}^{*}=\frac{\dot{I}_{FA}^{*}}{\sqrt{3}},\ \dot{I}_{dB}^{*}=0\ ,\dot{I}_{dC}^{*}=-\frac{\dot{I}_{FA}^{*}}{\sqrt{3}}$$

A、C 相差流大小为 6000/（240$\sqrt{3}$）＝14.43A，B 相差流为大小 0。

(2) RCS978 差流标幺值同理得：

$$\dot{I}_{dA}^{*}=\frac{2(\dot{I}_{A}^{*}+\dot{I}_{A'}^{*})-(\dot{I}_{B}^{*}+\dot{I}_{B'}^{*})-(\dot{I}_{C}^{*}+\dot{I}_{C'}^{*})}{3}$$

$$\dot{I}_{dB}^{*}=\frac{2(\dot{I}_{B}^{*}+\dot{I}_{B'}^{*})-(\dot{I}_{C}^{*}+\dot{I}_{C'}^{*})-(\dot{I}_{A}^{*}+\dot{I}_{A'}^{*})}{3}$$

$$\dot{I}_{dC}^{*}=\frac{2(\dot{I}_{C}^{*}+\dot{I}_{C'}^{*})-(\dot{I}_{A}^{*}+\dot{I}_{A'}^{*})-(\dot{I}_{B}^{*}+\dot{I}_{B'}^{*})}{3}$$

由于

$$\dot{I}_{B}^{*}+\dot{I}_{B'}^{*}=0,\dot{I}_{C}^{*}+\dot{I}_{C'}^{*}=0$$

可得

$$\dot{I}_{dA}^{*}=\frac{2\dot{I}_{FA}^{*}}{3},\dot{I}_{dB}^{*}=-\frac{\dot{I}_{FA}^{*}}{3},\dot{I}_{dC}^{*}=-\frac{\dot{I}_{FA}^{*}}{3}$$

对于三角侧故障可同样分析。主变压器高压侧电流标幺值

$$I_{e1}=\frac{150000}{\sqrt{3}\times 220\times 1200/5}=1.64\text{A}$$

则 A 相差流：

$$\frac{6000\times 2}{3\times 1200/5}=16.67\text{A}$$

转化为标幺值：16.67/1.64=10.16；

B、C 相差流为大小 8.33A，标幺值为 8.33/1.64＝5.08。

9. 某站 220kV 为双母线接线，母差保护型号为 BP-2B，已知差动动作值＝2A，比率高值 $K_H=0.7$，比率低值 $K_L=0.5$，TA 基准变比为 2000/5。某日两段母线并列运行时，站内Ⅰ母 K 点发生 A 相接地故障，故障电流（二次值）、TA 变比如图 4-18 所示。试计算Ⅰ母小差差动电流值、大差差动电流值，并校验Ⅰ母差动是否能动作？

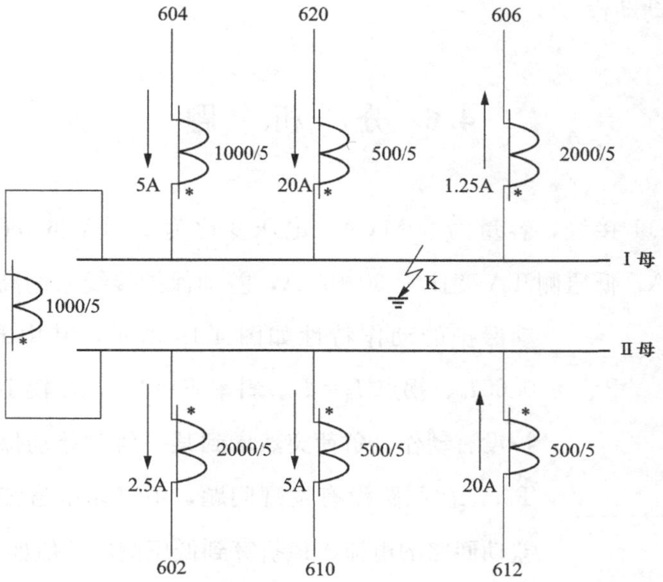

图 4-18

答：依题目可求得：母联一次流过 500A 电流，方向由Ⅱ母流向Ⅰ母。已知基准变比为 2000/5，则Ⅰ母小差差动电流

$$I_{d1}=\frac{5}{2}+\frac{20}{4}+\frac{2.5}{2}-1.25=7.5\text{A}$$

Ⅰ母小差制动电流：

$$I_{r1}=\frac{5}{2}+\frac{20}{4}+\frac{2.5}{2}+1.25=10\text{A}$$

则 $I_{d1}=7.5\text{A}>2\text{A}$，大于启动值。同时

$$I_{d1}=7.5A>K_H\times(I_{r1}-I_{d1})=0.7\times(10-7.5)=1.75\text{A}$$

因此，Ⅰ母小差满足动作条件。

大差差动电流：

$$I_d=\frac{5}{2}+\frac{20}{4}+\frac{20}{4}-2.5-\frac{5}{4}-\frac{2.5}{2}=7.5\text{A}$$

大差制动电流：

$$I_r=\frac{5}{2}+\frac{20}{4}+\frac{20}{4}+2.5+\frac{5}{4}+\frac{2.5}{2}=17.5A$$

则 $I_d=7.5A>2A$，大于启动值。

$$I_d=7.5A>K_H\times(I_r-I_d)=0.7\times(17.5-7.5)=7A$$

大差元件满足动作条件。

结论：Ⅰ母差动动作。

4.6 分析题

1. 一台 YN/d-11 接线，容量为 50MVA、电压变比为 230kV/6.3kV 变压器，高压侧 TA 变比为 1200/5A，低压侧 TA 变比为 3000/5A，差动保护接线采用高压侧移相方式，差动保护的动作特性如图 4-19 所示，其中差动启动电流 $I_q=0.65I_e$、拐点 $I_g=I_e$、斜率 $S=0.5$。在较小负荷电流时差动保护没有动作，负荷突然增到某一值时差动保护动作。事后检查 TA 二次回路没有发现问题，由打印报告知，高、低压侧进入差动回路的电流数值折算到低压侧后数值如下：

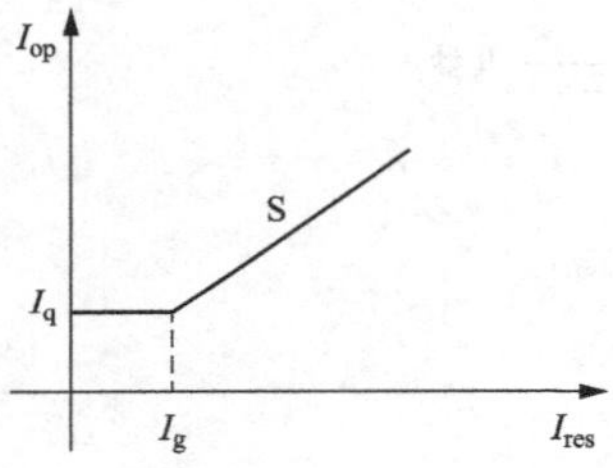

图 4-19

高压侧 A、B、C 相：5∠0°A、5∠−120°A、5∠−240°A

低压侧 a、b、c 相：5∠−120°A、5∠−240°A、5∠0°A

试分析差动保护动作原因。

答：6.3kV 侧二次额定电流为 $I_{2e}=\frac{50\times1000}{\sqrt{3}\times6.3\times3000/5}=7.64A$

以低压侧为基准，差动启动电流 $I_q=0.65\times7.64=4.97A$

由打印报告知，进入差回路电流为 5A>4.97A，故而保护动作。

由折算后的电流均为三相 5A，可见变比等系数设置没有错误，故不考虑幅值仅需考虑相角差别。

由低压侧 a、b、c 相：5∠−120°A、5∠−240°A、5∠0°A。按 Y0/d-11 接线折算高压侧相角应为：

高压侧：A 相 −120°+180°−30°=30°，B 相 −240°+180°−30°=−90°，C 相 0°+180°−30°=150°

而题设中高压侧 A、B、C 相折算到低压侧后的数值：$5\angle 0°$A、$5\angle -120°$A、$5\angle -240°$A，可知折算后高压侧超前低压侧 30°，结论：定值中变压器接线方式错设定为 $Y_0/d\text{-}1$ 接线方式。

2. $Y_0/Y_0/d\text{-}11$ 的 500kV 主变压器，用 500kV 和 35kV 侧进行主变压器差动带负荷试验（110kV 侧断开），主变压器容量 750/750/240MVA，低压侧满负荷时 A、B、C 三相差流分别为 $0.16I_e$，$0.32I_e$，$0.16I_e$，请分析可能是什么原因？已知：保护装置采用 RCS978。（提示：TA 二次回路有一处缺陷）

答：主变压器容量 750/750/240MVA，低压侧满负荷时，高压侧电流为 $I=240/750=0.32I_e$。RCS978 保护的 TA 二次回路一处缺陷，A、B、C 三相差流分别为 $0.16I_e$，$0.32I_e$，$0.16I_e$，判断为 Y 侧 TA 的 B、C 相电流二次回路短接。如图 4-20 所示。

短接后 $\dot{I}'_B=\dot{I}'_C=\frac{1}{2}(\dot{I}_B+\dot{I}_C)=-\frac{1}{2}\dot{I}_A$。高压侧经转角后的电流为：

A 相：$\frac{\dot{I}_{AB}}{\sqrt{3}}=\frac{\dot{I}'_A-\dot{I}'_B}{\sqrt{3}}=\frac{\sqrt{3}}{2}\dot{I}_A$；

B 相：$\frac{\dot{I}_{BC}}{\sqrt{3}}=0$；

C 相：$\frac{\dot{I}_{CA}}{\sqrt{3}}=-\frac{\sqrt{3}}{2}\dot{I}_A$

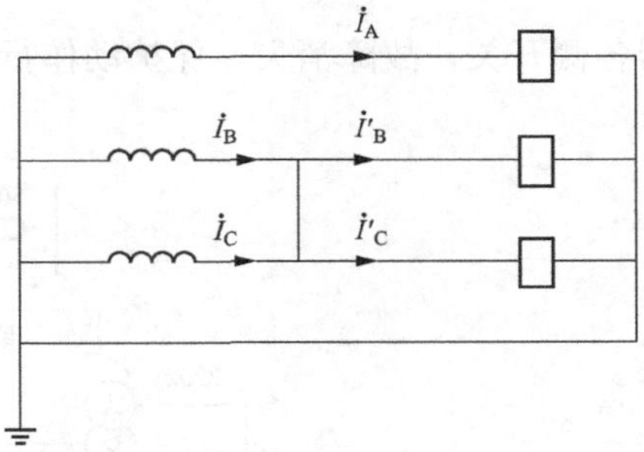

图 4-20

由相量图 4-21 得

$$I_{dA}=I_{dC}=0.16I_e, I_{dB}=0.32I_e$$

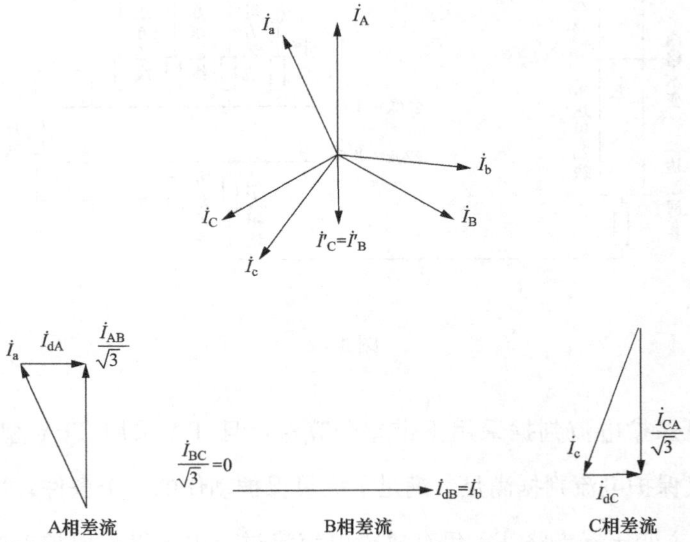

图 4-21

3. 某 500kV 主变压器 220kV 侧发生 B 相单相接地短路如图 4-22 所示，B 相开关灭弧室爆炸，220kV 母差保护动作，跳开Ⅰ母线上所连接的元件；220kV 母联失灵保护动作，跳开Ⅱ母线上所连接的元件；1s 后 2 号主变压器 220kV 距离保护动作，跳开 2 号主变压器各侧开关。已知主变压器中压侧后备距离保护带偏移特性，方向指向变压器；母联元件的电流判别元件采用不带差分的全波傅里叶算法，母联间隔采用 TPY 型 TA，分析各保护动作行为并评价是否正确。

答：(1) 母差保护：此次故障应该发生在主变压器 220kV 侧 1402 开关和 TA 之间，属变压器差动保护范围之外，母线差动保护区内，220kV 母差保护正确动作，跳开Ⅰ母线上连接的元件；

(2) 主变压器距离保护：母差保护动作后，由于 2 号主变压器仍通过 500kV 系统向故障点提供短路电流，2 号主变压器距离保护由于具有反向偏移特性，正确动作跳开 2 号主变压器各侧开关，故障消失，保护动作行为正确；

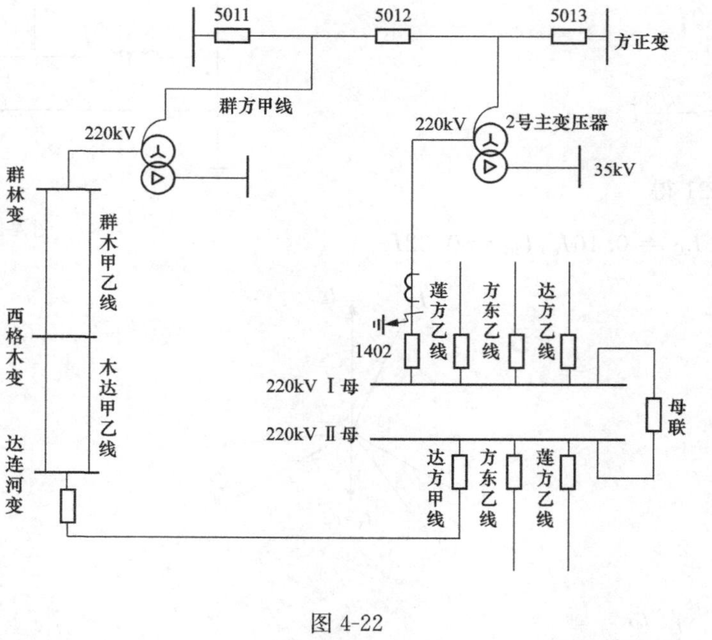

图 4-22

(3) 母联失灵保护电流判据采用不带差分算法，且 TA 采用 TPY 型，衰减时间较长，很可能使母联失灵保护电流判据满足，满足了失灵保护动作的一个条件；当 220kV Ⅰ母母差保护动作后，2 号主变压器支路 TA 仍有故障电流流过，由于母差保护差电流回路中还有故障电流存在，造成母差保护Ⅰ母差动元件仍处于动作状态，满足了失灵保护动作的第二个条件；220kV Ⅰ母线切除后，Ⅱ母线上的方东甲线仍通过达方甲线，木达甲、乙线，群木甲、乙线，500kV 群方甲线向故障点提供短路电流（此时主变压器距离后备保护尚未动作），产生零序电压，造成失灵保护复合电压闭锁继电器动作，满足了失灵保护动作的第三个条件。由于上述原因，造成 220kV 母联失灵保护误动作。

4. 某 YN/d-11 变压器差动保护采用星形侧相位补偿方法，星侧电流在软件中做一个两相电流差并除以$\sqrt{3}$的运算，角侧电流不变。各侧电流极性均为指向变压器为正。在投运带负荷试验时，系统无故障，保护动作，经查保护装置平衡系数整定无误，保护装置的录波电流波形如图 4-23 所示，故障报告显示 B、C 两相出现幅值相同的差动电流而 A 相差动电流幅值为 B、C 相差动电流幅值的两倍。请分析发生了什么错误会出现这种后果并做相量分析？

答：Y 侧电流为负序，又 A 相差流为 B、C 相的两倍，故判断错误是 Y 侧 A、B 相电流交叉错接。设：

星侧 TA 二次电流分别为 I_{aY}、I_{bY}、I_{cY}

角侧 TA 二次电流分别为 $I_{a\Delta}$、$I_{b\Delta}$、$I_{c\Delta}$；

装置参与差动计算的角侧电流为：$I_{A\Delta}=I_{a\Delta}$、$I_{B\Delta}=I_{b\Delta}$、$I_{C\Delta}=I_{c\Delta}$

接线正确时装置参与差动计算的星侧电流：

$I_{AY}=\frac{I_{aY}-I_{bY}}{\sqrt{3}}$与 $I_{A\Delta}$大小相等方向相反

$I_{BY}=\frac{I_{bY}-I_{cY}}{\sqrt{3}}$与 $I_{B\Delta}$大小相等方向相反

$I_{CY}=\frac{I_{cY}-I_{aY}}{\sqrt{3}}$与 $I_{C\Delta}$大小相等方向相反

接线错误时装置参与差动计算的星侧电流：

$I_{AY}=\frac{I_{bY}-I_{aY}}{\sqrt{3}}$与 $I_{A\Delta}$大小相等方向相同

$I_{BY}=\frac{I_{aY}-I_{cY}}{\sqrt{3}}$与 $I_{B\Delta}$大小相等方向滞后 120°

$I_{CY}=\frac{I_{cY}-I_{bY}}{\sqrt{3}}$与 $I_{C\Delta}$大小相等方向超前 120°

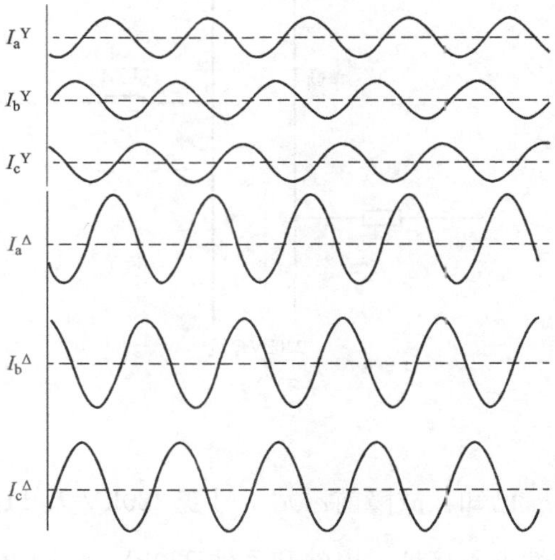

图 4-23

相量图如图 4-24 所示，由图可知，A 相差动电流幅值是 B、C 相差动电流幅值的两倍。

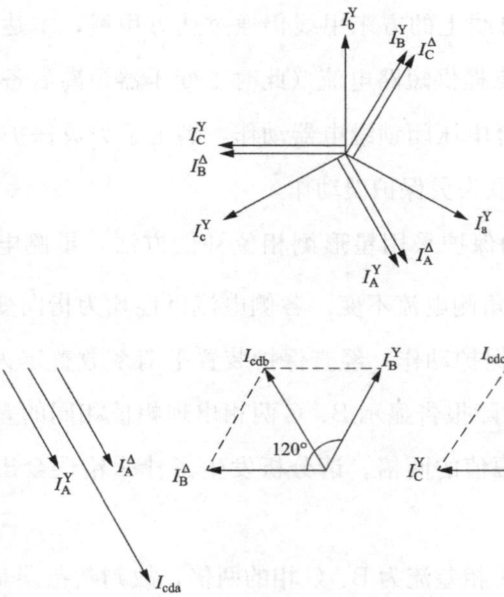

图 4-24

5. 某 220kV 系统简图如图 4-25 所示。

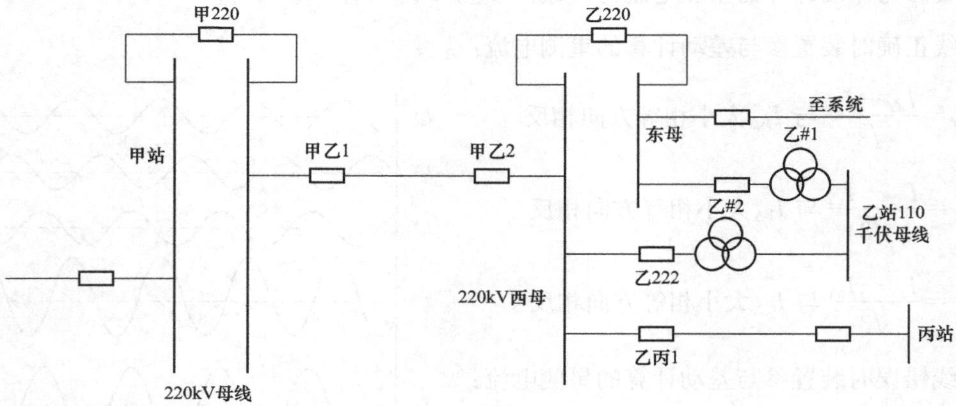

图 4-25

已知：故障前乙站 1 号变 220kV 及 110kV 中性点接地运行，2 号变 220kV 及 110kV 侧中性点不接地。甲站和乙站 220kV 系统均装设断路器失灵保护，失灵保护 0.25 秒跟跳本间隔断路器并跳 220 母联，0.5s 跳所在母线所有开关。乙站 1 号、2 号主变压器高压侧零序过压保护动作延时整定为 500ms，乙站 110kV 侧 1 号、2 号主变压器并列运行。相关保护动作情况见表 4-1：

表 4-1

序号	保护和开关动作情况
1	乙丙线发生 A 相单相接地故障，乙变电站乙丙 1 纵联保护 32ms 动作跳闸，但 A 相开关失灵
2	由于甲站 220kV 甲乙线间隔失灵启动回路存在寄生回路，启动失灵回路中的线路保护出口接点被短接，乙丙线 A 相故障时失灵电流判据满足，甲站失灵保护误动
3	乙站 2 号主变压器高压侧零序过压保护正确动作跳开 2 号变，动作时间为 828ms

试问：(1) 乙站 220kV 失灵保护动作行为及其原因。

(2) 试分析乙站 2 号主变压器高压侧零序过压保护动作原因。

答：(1) 乙站失灵保护只跳了乙 220 及乙丙 1 开关 BC 相。失灵保护跳开乙 220 的同时，甲站失灵保护误动跳开甲 220 及甲乙 1 开关，并启动远跳跳开甲乙 2 开关。因乙 2 号变中性点不接地，此时乙站西母变为小电流接地系统，系统通过乙 1 号变压器—乙 110kV 母线—乙 2 号变压器和故障点相连，故障电流将变为电容电流，故障电流小于失灵判别元件电流，乙站失灵保护会返回。

(2) 零序过压保护为正确动作，动作条件是变压器所接系统变为小电流接地系统后才会达到零序过压保护动作的定值（180V）。乙 220 开关和甲乙 1 开关跳开后（失灵 0.25s＋开关动作时间约 40～60ms＋电流返回时间约 20ms），此动作条件成立，开始计时。0.5s 后跳主变压器三侧，时间与题设 828ms 基本吻合。

注：1) 失灵保护动作条件：保护动作、失灵电流判据、电压开放条件。电流判据：一般都是躲过负荷电流整定的，所以当大接地电流系统失去接地点变成小电流接地系统后，失灵电流判据一定不会满足动作条件（小电流接地系统单相接地时流过故障线路的电流为小电流接地系统的电容电流必然小于失灵电流整定定值），失灵电流判据不满足条件后返回时间不大于 20ms；电压开放：往往结合密集型电网与大接地电流系统，发生接地故障时，与故障点相联系的线路零序、负序、低压元件均有可能开放。

2) 注意大接地电流系统变成小电流接地系统后，由于电压互感器变比的原因，母线开口三角电压理论值可达 300V，造成不接地变压器中性点击穿或零序电压动作。

定值：$3U_0$＝120V（自产）；$3U_0$＝180V（外接）；$3I_0$＝100A。

动作时间：0.5s　装置默认设置。

3) 故障分析时，应特别注意故障的起始时间、每个保护装置动作的计时时刻。录波图一般情况下应以电压或电流突变点作为故障的起始时间点。

6. 某 220、110kV 终端变电站一次接线相同（如图 4-26 所示）。某次故障，220kV 线路因雷击发生A相瞬时接地，在两侧线路保护选相跳闸后等待重合的过程中，2号主变压器的两套间隙保护动作。而110kV变电站进线多次因雷击发生单相接地故障，均未发生主变压器间隙保护动作情况。220kV环网中也多次发生线路雷击故障，均未出现主变压器间隙保护动作情况。请分析：

(1) 2号主变压器的什么间隙保护动作；

(2) 2号主变压器保护动作原因；

(3) 110kV变电站进线发生故障时，为什么主变压器间隙保护不会动作？

(4) 220kV环网中线路发生雷击故障，为什么主变压器间隙保护不会动作？

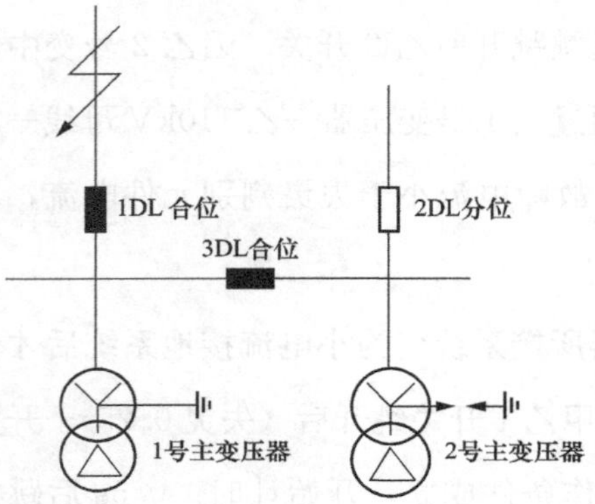

图4-26

答：(1) 因为1号主变压器中性点接地，间隙过压保护不会动作，所以2号主变压器的间隙零序电流保护动作。

(2) 2号主变压器间隙在线路遭雷击时已经击穿，在线路单相重合闸期间，因线路非全相运行存在零序电流，中性点间隙仍然续流；而220kV线路单相重合闸时间超过了中性点间隙过流保护的动作时间（一般为0.5s），导致2号主变压器间隙过流保护动作。

(3) 因110kV系统采用三相重合闸，不存在非全相运行阶段，即使雷击时主变压器中性点间隙击穿，线路保护动作跳开断路器后间隙不会续流，因此主变压器间隙保护不会动作。

(4) 因环网中线路及接地变压器较多，在重合线路非全相运行期间，对零序电流产生很大的分流，导致本侧母线零序电压较低，中性点间隙无法续流，因而也不会出现主变压器间隙动作的情况。

7. 如图4-27所示：220kV双母并列运行，110kV母线及35kV母线分列运行，110kV及35kV侧无电源。1号及2号主变压器中性点接地运行，线路L1、L2、L3、L4对侧均为强电源。本站220kV线路保护配置：RCS931＋CSC103，单重方式（单重延时1s）；220kV母差1：RCS915GB；220kV母差2：BP2CS。所有保护二次回路正确，本站保护配置满足国网标准要求。某日对220kV母差1进行定期校验，母差2的差动投入压板接触不良导致母差2的差动保护退出运行，该系统所有Ⅱ段保护动作三跳并闭重（Ⅱ段保护动作时间均为1s），回答下列问题：

1) 线路L1的F1点发生单相金属性接地故障，且QF1失灵，分析保护动作行为？

2）QF5 为三相联动机构，F2 点发生单相金属性接地故障且 QF5 失灵，分析保护动作行为？

3）QF5 为分相操动机构，F2 点发生单相金属性接地故障且 QF5 故障相断路器失灵，分析保护动作行为？

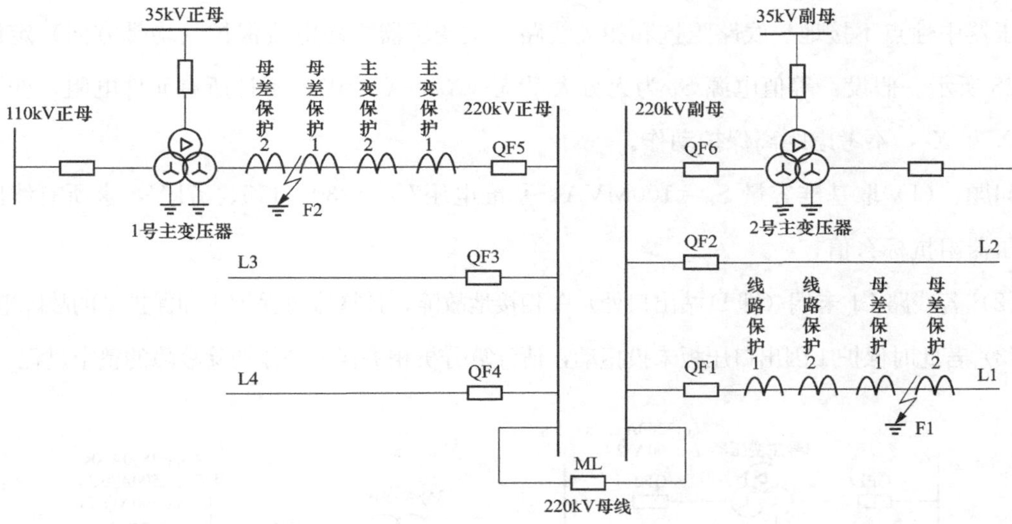

图 4-27

答：母差 1 因定期校验，母差 1 及失灵 1 均停用。母差 2 因压板接触不良，母差 2 退出运行，只剩失灵 2 运行。

（1）F1 故障，线路纵联保护动作，对侧选跳故障相，本侧开关失灵启动母差保护中的失灵保护，由于对侧故障相跳开，本侧母差 2 中的 L1 间隔故障相电流为零，线路失灵电流判据不满足，失灵拒动。L2、L3、L4 线对侧Ⅱ段保护经 1s 动作三跳闭重，L1 线对侧选故障相，经单重 1s 延时重合于永久性故障后加速保护三跳并闭重。（F1 位于 L1 死区处）

（2）F2 故障，主变压器差动保护 1、2 动作跳开中、低压侧开关，高压侧开关三相失灵，由于低压侧三角绕组作用，1 号主变压器间隔母差 2 中的间隔电流为零序电流，失灵电流判据满足，失灵保护经延时跳母联和跳 QF3、QF4，切除故障。（F2 位于主变压器高压侧死区处）

（3）F2 点故障，由于开关为分相操动机构，只考虑单相拒动，由于中、低压侧已三相跳开，正负序阻抗无穷大，主变压器高压侧绕组无正负序电流，又因开关单相拒动，变压器侧零序电流无法流通，失灵电流判据不满足，失灵拒动。由 L1、L2、L3、L4 对侧Ⅱ段经 1s

延时动作三跳闭重，切除故障。

8. 某 220kV 变电站（A 站）的 110kV 送出系统局部电网如图 4-28，已知：1 号、2 号主变压器参数相同：$S_N=180$MVA，$U_N=230/115/37$kV，$U_{k高-中}\%=14\%$，$U_{k高-低}\%=24\%$，$U_{k中-低}\%=8\%$；3 号、4 号主变压器参数相同：$S_N=90$MVA，$U_N=115/10.5$kV，$U_{k高-低}\%=18\%$；1 号主变压器和 3 号主变压器中性点直接接地，2 号主变压器中性点经间隙接地，4 号主变压器中性点不接地。线路阻抗和相关线路、主变压器零序电流保护（均带方向）定值如图 4-28 所示。假设：等值电源 S_1 为无穷大系统（$X_0=X_1=0$），不计所有元件电阻，变压器 $X_0=X_1=X_2$，不考虑距离保护动作。

问题：(1) 取基准容量 $S_B=100$MVA，基准电压 $U_B=230$、115、37kV，求所有线路和主变压器阻抗标幺值；

(2) 若线路 L1 末端（即 D 站出口处）A 相接地故障，计算流过保护 1 和保护 2 的故障电流；

(3) 若此时保护 1 因出口压板未投拒动，请计算分析相关保护动作切除故障的整个过程。

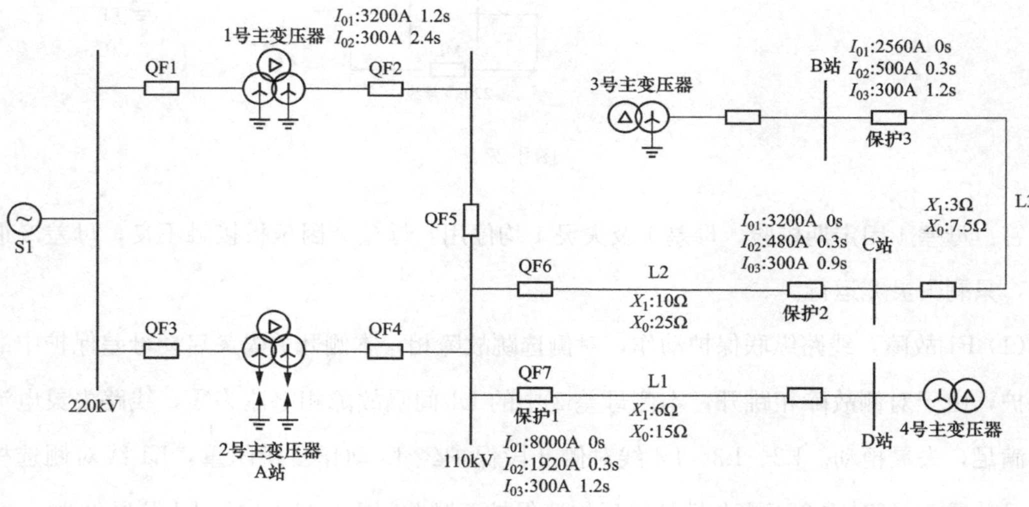

图 4-28

答：(1) 1 号、2 号主变压器阻抗标幺值：

$$U_{k高}=(14\%+24\%-8\%)/2=15\%$$
$$U_{k中}=(14\%+8\%-24\%)/2=-1\%$$
$$U_{k低}=(24\%+8\%-14\%)/2=9\%$$

则

$$X_{t1高}=15\%\times\frac{100}{180}=0.0833$$

$$X_{t1中} = -1\% \times \frac{100}{180} = -0.0056$$

$$X_{t1低} = 9\% \times \frac{100}{180} = 0.05$$

3 号、4 号主变压器阻抗标幺值：$X_{t3}=X_{t4}=18\%\times\frac{100}{90}=0.2$；

L1 阻抗标幺值：$X_1=6\times\frac{100}{115^2}=0.0454$，$X_0=15\times\frac{100}{115^2}=0.1134$；

L2 阻抗标幺值：$X_1=10\times\frac{100}{115^2}=0.0756$，$X_0=25\times\frac{100}{115^2}=0.1890$；

L3 阻抗标幺值：$X_1=3\times\frac{100}{115^2}=0.0227$，$X_0=7.5\times\frac{100}{115^2}=0.0567$。

(2) 故障点正序综合阻抗：$X_1=(0.0833-0.0056)/2+0.0454=0.0843$；

故障点零序综合阻抗：

$$X_0 = (0.05 \,//\, 0.0833 - 0.0056) \,//\, (0.2 + 0.0567 + 0.1890) + 0.1134$$
$$= 0.0256 \,//\, 0.4457 + 0.1134 = 0.1376$$

则流过保护 1 的正、负、零序电流

$$I_1 = I_2 = I_0 = \frac{1}{0.0843 \times 2 + 0.1376} \times \frac{100 \times 1000}{\sqrt{3} \times 115} = 1640\text{A}$$

故障电流 3×1640=4920A。

由于流过保护 2 的正、负序电流为零，所以流过保护 2 的故障电流仅有零序分量，即

$$1640 \times \frac{0.0256}{0.0256 + 0.4457} = 89\text{A}$$

(3) 由于流过保护 2、保护 3 的电流为 $3I_0=3\times89=267\text{A}$，未达到 300A 的定值，因此保护 2、保护 3 不会动作。

保护 1 零序Ⅱ段动作，但由于出口压板未投开关未跳开，此时 1 号主变压器中压侧流过电流

$$3I_0 = 4920 - 3 \times 89 = 4653\text{A} > 3200\text{A}$$

因此，1 号主变压器中压侧零序电流保护Ⅰ段 1.2s 动作跳开 110kV 母分开关（QF5）；A 站 110kV 母分开关跳开后，1 号主变压器保护返回。由于 2 号主变压器经间隙接地，零序电流全部由 3 号主变压器提供，此时零序网发生变化，重新计算故障电流如下：

故障点正序综合阻抗：$X_1=0.0833-0.0056+0.0454=0.1231$；

故障点零序综合阻抗：$X_1=0.1134+0.2+0.0567+0.1890=0.5591$；

流过保护 1 的正、负、序电流

$$I_1 = I_2 = I_0 = \frac{1}{0.1231 \times 2 + 0.5591} \times \frac{100 \times 1000}{\sqrt{3} \times 115} = 623\text{A}$$

故障点电流 3×623=1869A。

流过保护 2 的故障电流仅有零序分量，所以流过保护 2 得故障电流为

$$3I_0 = 3 \times 623 = 1869\text{A}$$

0.3s 后保护 2、保护 3 的零序Ⅱ段同时动作跳闸。保护 2、保护 3 动作跳闸后，故障变成不接地系统单相接地，A 站 110kV 母线零序电压很高，2 号主变压器中性点间隙击穿，间隙零序保护动作切除 2 号主变压器三侧。

9. YN/d-11 接线变压器星形侧的“滤零”方法有：①用两相电流差滤除差动电流中的零序电流；②用星形侧相电流减去 $3I_0/3$ 来滤除差动电流中的零序电流（$3I_0$ 分别取自星形侧 TA 自产和星形侧中性点 TA）。YN/d-11 变压器的星形侧中性点接地，假设星形侧区内 K 点发生 A 相单相接地故障，C_S 为系统侧零序分配系数，C_T 为变压器侧零序分配系数。$C_S+C_T=1$，忽略 d 侧电流。通过分析计算，比较不同“滤零”方式的差动保护灵敏度的高低。

答：各电流均以 Y 侧流向主变压器中性点为正，中性点 TA 电流：$3\dot{I}_0=-3C_T\dot{I}_{KA0}$

星形侧三相电流：$\dot{I}_A=\dot{I}_{KA1}+\dot{I}_{KA2}+C_S\dot{I}_{KA0}$，$\dot{I}_B=\dot{I}_C=-C_T\dot{I}_{KA0}$

星形侧三相差流计算值：

（1）用两相电流差“滤零”时，最大相差流为

$$\dot{I}_{dA} = \frac{\dot{I}_A - \dot{I}_B}{\sqrt{3}} = \frac{\dot{I}_{KA1} + \dot{I}_{KA2} + C_S\dot{I}_{KA0} + C_T\dot{I}_{KA0}}{\sqrt{3}} = \frac{\sqrt{3}}{3}\dot{I}_{KA}$$

（2）用星形侧相电流减去 $3\dot{I}_0/3$ 来滤除差动电流中的零序电流（$3I_0$ 取自星形侧 TA 自产），最大相差流为

$$\dot{I}_{dA} = \dot{I}_A - \frac{3\dot{I}_0}{3} = \dot{I}_A - \frac{\dot{I}_A + \dot{I}_B + \dot{I}_C}{3} = \frac{2\dot{I}_{KA1} + 2\dot{I}_{KA2} + 2C_S\dot{I}_{KA0} + 2C_T\dot{I}_{KA0}}{3} = \frac{2}{3}\dot{I}_{KA}$$

（3）用星形侧相电流减去 $3\dot{I}_0/3$ 来滤除差动电流中的零序电流（$3I_0$ 取自星形侧中性点 TA），最大相差流为

$$\dot{I}_{dA} = \dot{I}_A - \frac{3\dot{I}_0}{3} = \dot{I}_{KA1} + \dot{I}_{KA2} + C_S\dot{I}_{KA0} - \frac{-3C_T\dot{I}_{KA0}}{3} = \dot{I}_{KA}$$

由上述分析可知：YN/d-11 接线变压器星形侧区内单相接地故障时，用星形侧相电流减

去 $3\dot{I}_0/3$ 来滤除差动电流中的零序电流（$3I_0$ 取自星形侧中性点 TA）时，差动保护的灵敏度最高。两相电流差“滤零”的差动保护灵敏度最低。

10. 如图 4-29 所示 110kV 系统，A 站与系统联络线因故障跳闸，A 站及低压侧小电源孤岛运行。除联络线开关，图中设备均运行，1 号主变压器高压侧中性点经间隙接地，发电机中性点不接地。基准容量为 100MVA，110kV 母线基准电压为 115kV，发电机正序电抗标幺值 $Z_{S1}=0.4$，负序电抗标幺值 $Z_{S2}=0.5$，1 号主变压器正序、负序电抗标幺值 $Z_{T1}=0.26$，零序电抗标幺值 $Z_{T0}=0.24Z_{T0}$。1 号主变压器仅考虑高后备保护，不考虑发电机保护动作情况。已知 1 号主变压器高后备保护定值如下，未提及的保护退出。

（1）过流Ⅰ段保护：定值 1500A（一次值），时限 1.5s，跳主变压器各侧开关；

（2）过流Ⅱ段保护：定值 400A（一次值），时限 4s，跳主变压器各侧开关；

（3）间隙零序过流保护：定值 100A（一次值），时限 3.0s，跳主变压器各侧开关。

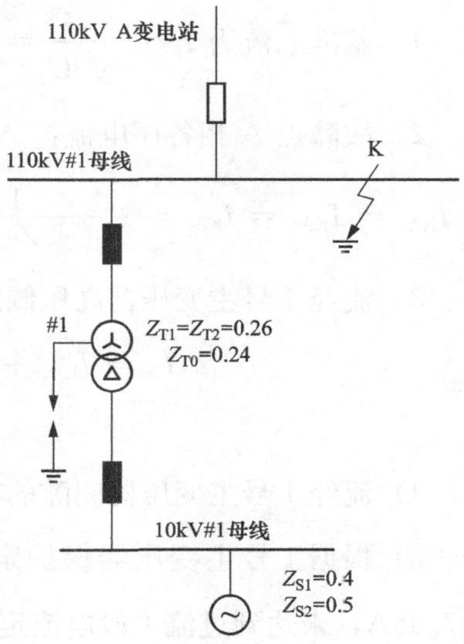

图 4-29

问：（1）110kV 母线 K 点 A 相发生永久性单相接地故障，1 号主变压器高压侧中性点间隙保护击穿前，画出 110kV 母线相电压及零序电压 U_0 的相量图；

（2）110kV 母线 K 点 A 相发生永久性单相接地故障，1 号主变压器高压侧中性点间隙保护击穿后，并保持击穿状态下，1 号主变压器高后备保护动作，跳主变压器各侧开关。画出 1 号主变压器高后备保护跳闸前故障点的复合序网图，计算故障点的正、负、零序电流幅值及流经 1 号主变压器高后备的各相电流，分析 1 号主变压器高后备保护动作行为。

答：（1）110kV 母线相电压及零序电压 U_0 的相量图如图 4-30 所示。

（2）主变压器中性点间隙击穿后，主变压器中性点直接接地运行。复合序网如图 4-31 所示。

复合序网中各序阻抗标幺值：

正序阻抗 $Z_{\Sigma1}=Z_{S1}+Z_{T1}=0.4+0.26=0.66$

负序阻抗 $Z_{\Sigma2}=Z_{S2}+Z_{T2}=0.5+0.26=0.76$

零序阻抗 $Z_{\Sigma0}=0.24$

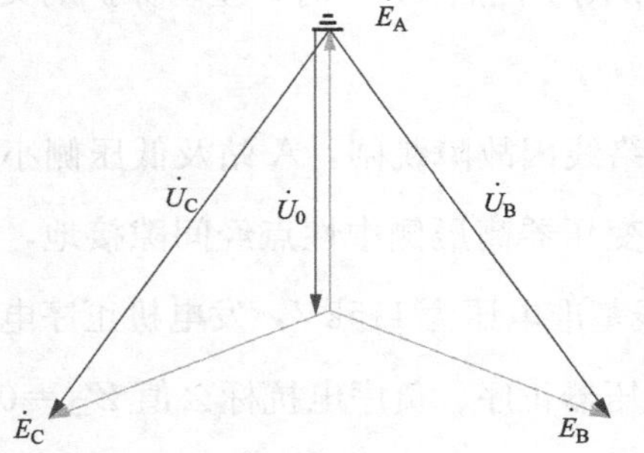

图 4-30

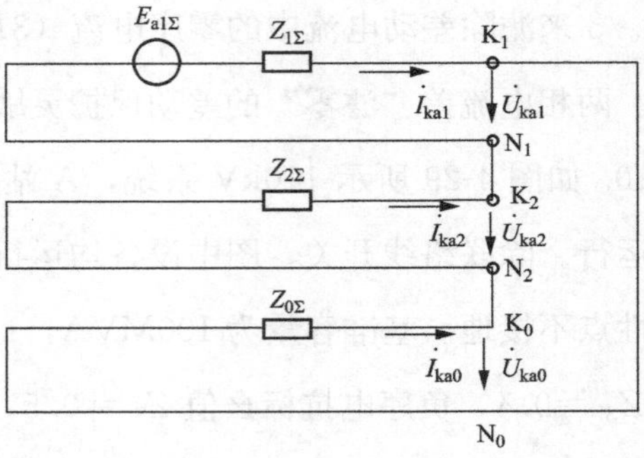

图 4-31

1）基准电流为 $I_j = \frac{S_j}{\sqrt{3}U_j} = \frac{100 \times 1000}{\sqrt{3} \times 115} = 502.06A$

2）故障点 A 相各序电流：

$$I_{KA1} = I_{KA2} = I_{KA0} = \frac{1}{Z_{\Sigma1} + Z_{\Sigma2} + Z_{\Sigma0}} \times I_j = \frac{1}{0.66 + 0.76 + 0.24} \times 502.06 = 302.45A$$

3）流经 1 号主变压器高压侧的各相电流

$$I_A = I_{KA1} + I_{KA2} + I_{KA0} = 3 \times 302.45 = 907.35A$$

$$I_B = I_C = 0A$$

4）流经 1 号主变压器间隙的零序电流为 $I_{0J} = 3 \times I_{KA0} = 3 \times 302.45 = 907.35A$

5）根据 1 号主变压器保护定值分析保护动作行为：1 号主变压器高压侧最大相电流 907.35A，未达到过流Ⅰ段电流定值 1500A，所以过流Ⅰ段不动作；相电流大于过流Ⅱ段电流定值 400A，间隙零序电流大于间隙零序过流电流定值 100A，过流Ⅱ段和间隙零序过流保护均启动，间隙零序过流保护时限 3s，过流Ⅱ段保护时限 4s，所以间隙零序电流保护先于过流Ⅱ段保护动作跳闸。

5 安全自动装置部分

5.1 单 选 题

1. 备用电源和备用设备自动投入装置，用在发电厂和变电站的主要作用是（ ）。

A. 提高电能质量　　B. 防止发电机并网时产生冲击电流

C. 防止电力系统发生频率崩溃　　D. 提高供电可靠性

答案：【D】

2. 功角稳定是指同步互联电力系统中的同步发电机受到扰动后保持（ ）运行的能力。

A. 同步　　B. 同时　　C. 等压　　D. 等电位

答案：【A】

3. 当系统发生使备用电源自动投入装置的低电压继电器动作的短路故障时，先由（ ）切除故障。

A. 备自投　　B. 频率电压紧急控制装置

C. 保护　　D. 自动解列装置

答案：【C】

4. 下列不属于功角稳定分类的是（ ）。

A. 静态功角稳定　　B. 稳态功角稳定

C. 暂态功角稳定　　D. 动态功角稳定

答案：【B】

5. 备自投装置的原则尽快恢复负荷的正常供电，下列理解不正确的是（ ）。

A. 备自投不应延时动作

B. 在有高压大电动机的情况下，备自投动作时间以 1～1.5s 为宜

C. 低压场合备自投动作时间可以为 0.5s

D. 备自投动作应有一定延时

答案：【A】

6. 可中断负荷是指根据电力系统（ ）或电力平衡需要，与用户约定可在规定时间内切除和恢复的用电负荷。

A. 负荷需求　　B. 功率平衡　　C. 安全稳定　　D. 电压稳定

答案：【C】

7. 电力系统安全稳定要求在正常运行方式下（含计划检修方式，下同），所有设备均应不过负荷、电压与频率不越限，系统中（ ）时，应能保持系统安全稳定运行。

A. 任意元件发生故障　　B. 任两个元件发生故障

C. 任一元件发生故障　　D. 任一元件发生单一故障

答案：【D】

8. 110kV 完整内桥变电站高、低压侧均装设备用电源自投装置，装设高压侧备自投装置的目的是为了（ ）。

A. 110kV 进线电源侧保护后加速动作或重合不成功

B. 110kV 进线电源侧保护距离Ⅲ段保护动作

C. 110kV 进线电源侧保护距离Ⅱ段保护动作

D. 110kV 进线电源侧保护零序过流保护动作

答案：【A】

9. 对于单独备自投装置时间的整定要求：低压元件动作后延时跳开工作电源，其动作时间宜（ ）本级线路负荷侧后备保护动作时间与线路重合闸时间之和。

A. 大于　　B. 小于　　C. 等于　　D. 不相关

答案：【A】

10. 下列（ ）满足典型进线断路器备自投充电逻辑（“线路检有压”退出）。

A. 逻辑“或”：线路一进线断路器合位，线路二进线断路器合位，桥断路器分位，Ⅰ母有压，Ⅱ母有压

B. 逻辑“与”：线路一进线断路器合位，线路二进线断路器合位，桥断路器分位，Ⅰ母有压，Ⅱ母有压

C. 逻辑“与”：线路一进线断路器合位，线路二进线断路器分位，桥断路器合位，Ⅰ母有压，Ⅱ母有压

D. 逻辑“或”：线路一进线断路器合位，线路二进线断路器分位，桥断路器合位，Ⅰ母有压，Ⅱ母有压

答案：【C】

11. 交流联络线的电压等级应与主电网（　）电压等级相一致。

A. 就近变电站　　B. 主要变电站　　C. 最高一级　　D. 最主要一级

答案：【C】

12. 当事故扰动引起地区大量失去电源，低频减负荷不能有效防止频率严重下降时，应采用集中切除某些负荷的措施，以防止频率过度降低。集中切负荷的判据应反应受电联络线跳闸、大机组跳闸等，并按（　）分档联切负荷。

A. 电压　　B. 频率　　C. 功率　　D. 负荷等级

答案：【C】

13. 电力系统应考虑可能发生的最严重故障情况，并配合解列点的设置，合理安排自动（　）的顺序和所切负荷数值。

A. 解列　　B. 低频减负荷　　C. 切负荷　　D. 切机

答案：【B】

14. 线路间隔接入稳控装置的电流回路宜从（　）后级接入，与线路保护共用一组 TA 绕组次级。

A. 线路保护　　B. 母差保护　　C. 故障录波器　　D. 测控装置

答案：【A】

15. 下列不属于电力系统低频运行危害的是（　）。

A. 使系统内的发电机产生振动　　B. 影响对用户的供电质量

C. 影响系统的经济运行　　D. 增大线路上的损耗

答案：【D】

16. 根据我国《电力工业技术管理法规》规定，正常运行时电力系统的频率应保持在（　）Hz 的范围内。

A. 50±0.1　　B. 50±0.2　　C. 50±0.4　　D. 50±0.5

答案：【B】

17. 自动低频减载装置是用来解决（　）事故的重要措施之一。

A. 少量有功功率缺额　　B. 少量无功功率缺额

C. 严重有功功率缺额　　　　　　　　D. 严重无功功率缺额

答案：【C】

18. 自动低频减负荷装置动作后，应使运行系统稳态频率恢复到不低于（　）Hz。

A. 48　　　　B. 48.5　　　　C. 49.0　　　　D. 49.5

答案：【D】

19. 自动按频率减负荷装置需分级实现，其目的是（　）。

A. 提高装置的灵敏性　　　　　　　　B. 提高供电的可靠性

C. 提高装置的可靠性　　　　　　　　D. 提高装置的选择性

答案：【B】

20. 按频率自动减负荷装置中电流闭锁元件的作用是防止电流反馈造成（　）误动。

A. 高频率　　　　B. 低频率　　　　C. 过电流　　　　D. 低电压

答案：【B】

21. 在进行互联网电力系统稳定分析中，对外部系统进行必要的等值简化时，应保证等值简化前后的（　）一致，动态特性基本一致。

A. 负荷分布　　　　B. 系统功率　　　　C. 系统潮流　　　　D. 系统电压

答案：【C】

22. 电力系统静态安全分析指应用（　）原则，逐个无故障断开线路、变压器等元件，检查其他元件是否因此过负荷和电压越限。

A. N-1　　　　B. N-2　　　　C. 静态稳定　　　　D. 暂态稳定

答案：【A】

23. 电力系统出现较大有功功率缺额并立即切除部分负荷后，一定会出现的现象是（　）。

A. 频率上升　　　　B. 频率变化率减缓　　　　C. 频率不升不降　　　　D. 频率继续下降

答案：【B】

24. 电力系统静态稳定判据为（　）。

A. $dP/d\theta<0$　　　　B. $dP/d\theta>0$　　　　C. $dP/d\theta=0$　　　　D. 以上都不对

答案：【B】

25. 某系统的负荷总功率 $P_L=5000$MW，系统最大功率缺额为 $\Delta P_{max}=1200$MW，负荷调节效应系数为 $K_{L^*}=2$，自动低频减载装置动作后，希望系统恢复频率为 $f_h=48$Hz，低频减载装置的功率总数 ΔP_{max} 为（　）。

A. 870MW　B. 1200MW　C. 1000MW　D. 800MW

答案：【A】

26. 确定低频自动减负荷的总容量时应考虑系统可能的最严重事故情况，一般电网的低频减负荷总容量不低于系统总负荷量的（　）。

A. 10%　B. 20%　C. 25%　D. 35%

答案：【D】

27. 对于可能孤立运行的地区电网或大机组小系统电网，应采取措施防止低频自动减负荷装置的过切负荷行为，过切负荷引起的系统频率超调不应超过（　）。

A. 49Hz　B. 50Hz　C. 51Hz　D. 52Hz

答案：【C】

28. 下面说法正确的是（　）。

A. 当10kV母线频率降低时，可以多投两组电容器，恢复系统频率

B. 当10kV母线频率升高时，可以多切两组电容器，恢复系统频率

C. 当10kV母线电压降低时，可以多投两组电容器，恢复系统电压

D. 当10kV母线电压降低时，可以切除部分不重要用户，恢复系统电压

答案：【C】

29. 系统频率崩溃的主要原因是（　）。

A. 发电机失磁　B. 系统振荡

C. 继电保护拒动或误动　D. 厂用电输出功率随频率下降

答案：【B】

30. 以下不属于安全自动装置的控制作用方式的是（　）。

A. 切除发电机　B. 电气制动　C. 切集中负荷　D. 自愈控制

答案：【D】

31. 安全稳定自动装置应优先采用（　）通道。

A. 载波　B. 光纤　C. 微波　D. 同轴电缆

答案：【B】

32. 双重化配置的两套稳控系统通道延时差应小于（　）。

A. 1ms　B. 10ms　C. 50ms　D. 100ms

答案：【B】

33. 频率稳定的判据是系统频率能迅速恢复到（　）附近继续运行，不发生频率持续振荡或频率崩溃，也不使系统频率长期悬浮于某一过高或过低的数值。

A. 额定频率　B. 稳定频率　C. 稳定边界　D. 固定频率

答案：【A】

34. 以下属安全自动装置实施紧急控制在负荷端的控制手段的是（　）。

A. 动态电阻制动　B. 集中式切负荷

C. 发电机励磁紧急控制　D. 输电线路自动重合闸

答案：【B】

35. 系统频率的突然深度下降，标志着严重的系统事故即将来临，（　）是对付频率崩溃的最有效手段。

A. 负荷调节效应　B. 按频率减负荷

C. 发电机组快速增加出力　D. 短时投入电气制动

答案：【B】

36. 稳控装置电流回路应采用（　）TA 二次绕组，如无专用 TA 绕组，电流回路宜串接于线路（变压器、发电机）保护之后，宜串接于故障录波之前。

A. 测量级　B. 计量级　C. 保护级　D. 以上都可

答案：【C】

37. 区域性安稳装置主要解决什么问题（　）。

A. 区域性暂稳　B. 区域性热稳　C. 机组失步　D. 线路备投

答案：【A】

38. 某稳控系统由 1 个稳控主站和若干个稳控子站组成，当某一稳控子站至稳控主站的通道异常时，稳控装置会（　）。

A. 稳控主站和稳控子站均会报通道告警　B. 只有稳控主站会报通道告警

C. 只有稳控子站会报通道告警　D. 不确定哪侧稳控装置会告警

答案：【D】

39. 稳控装置应优先采用 2Mbit/s 数字接口，与通信设备采用 75Ω 同轴电缆不平衡连接，复用光纤通道误码率应小于（　）。

A. 10^{-6}　B. 10^{-7}　C. 10^{-8}　D. 10^{-10}

答案：【C】

40. 电力系统可能出现的最大有功功率缺额 ΔP_{hmax} 与自动低频减载装置的切除负荷总量 ΔP_{Lmax} 的关系为（　）。

A. $\Delta P_{hmax} > \Delta P_{Lmax}$　B. $\Delta P_{hmax} < \Delta P_{Lmax}$　C. $\Delta P_{hmax} = \Delta P_{Lmax}$　D. 不相关

答案：【A】

41. 当系统中某元件的电气量参与安全稳定控制装的逻辑判断时，可以在装置上设置该元件的（　）。

A. 检修压板　B. 运行方式压板　C. 通道投入　D. 功能投入压板

答案：【D】

42. 多机系统在摇摆过程中，任两机组间相对角度超过 180 度，（　）作为判断系统失去暂态稳定指标。

A. 肯定可以　B. 不可以　C. 一般可以　D. 以上均不正确

答案：【B】

43. 下列属于故障解列装置原理的是（　）。

A. 自产零序过电压解列　B. 外加零序过电压解列

C. 自产零序低电压解列　D. 外加零序低电压解列

答案：【B】

44. 稳控装置在实际运行中，可能出现装置策略表不能自动匹配的电网运行方式或稳定控制措施，如切机、切负荷量有变化的情况，此时可设置（　）。

A. 自适应策略表　B. 变化量策略表

C. 多运行方式策略表　D. 特殊方式策略表

答案：【D】

45. 为防止安全稳定控制装置策略表不能自动匹配电网运行方式，可通过设置（　）的方式来作为后备控制策略？

A. 自适应策略表　B. 紧急策略表

C. 多运行方式策略表　D. 特殊方式策略表

答案：【B】

46. 失步解列装置（　）在两侧电势角差在 180°附近时断开断路器。

A. 可以　B. 不宜　C. 必须　D. 其他三个选项都不是

答案：【B】

47. 当安全稳定控制装置切负荷执行站装置“总功能压板”退出时，执行站上送可切负荷量应（　）。

A. 清零　B. 保持原值　C. 带异常标识　D. 参与主站逻辑计算

答案：【A】

48. 故障解列装置的低电压解列逻辑可以选择三个线电压与门逻辑和或门逻辑两种方案，发生相间故障时或门逻辑和与门逻辑动作出口跳闸速度的关系是（　）。

A. 前者更快　B. 后者更快　C. 相同　D. 不确定

答案：【A】

49. （　）（动作延时应大于振荡周期）是隔离低电压事故区域（含短路故障不能及时清除）的有效措施，宜根据电网的具体结构进行电网的分区设计。

A. 故障解列　B. 低电压解列　C. 低压减载　D. 过负荷控制

答案：【B】

50. 负荷中心的区域电网在主要受电断面联络线全部断开或部分断开引起潮流大转移时，该区域电网可能面临（　）问题，可采取在送电端切机、受电端集中切负荷的措施解决。

A. 频率稳定　B. 电压稳定

C. 功角稳定　D. 暂态稳定

答案：【B】

51. 防止电力系统有功功率或无功功率突然缺额引起的频率崩溃或电压崩溃事故的有效措施是（　）。

A. 电压紧急控制　B. 频率紧急控制

C. 低频低压自动减负荷　D. 失步解列控制

答案：【C】

52. 双重化配置的两套稳控通道延时差宜小于（　）。

A. 1ms　B. 2ms　C. 5ms　D. 10ms

答案：【D】

53. 远方切机、切负荷控制命令信息应至少持续发送（　），以确保通信设备及远方稳控装置可靠收到。

A. 50ms　B. 100ms　C. 150ms　D. 200ms

答案：【B】

54. 稳控装置接收远方命令应至少确认（ ）帧报文。

A. 一 B. 二 C. 三 D. 五

答案：【C】

55. 对于双极高低端换流站的直流受端稳控系统，在发生阀组闭锁时，认为在当前极控制模式下可转带的阀组均能够成功。如事故前四阀均运行，发生极 1 高端阀闭锁，极 1 低端阀和极 2 低端阀可调制，极 2 高端阀不可调制，则直流损失功率 $P_{dclost1}$ 为（ ）（其中：$P_{dc1\_}$，$P_{dc2\_}$，$P_{dc3\_}$，$P_{dc4\_}$ 为启动前极 1 高、极 1 低、极 2 高、极 2 低阀组输送功率；P_{dc1max}，P_{dc2max}，P_{dc3max}，P_{dc4max} 为极 1 高、极 1 低、极 2 高、极 2 低阀组的最大可传输功率。）

A. $(P_{dc1\_}+P_{dc2\_}+P_{dc3\_}+P_{dc4\_})-(P_{dc2max}-P_{dc4max}-P_{dc3\_})$

B. $(P_{dc1\_}+P_{dc2\_}+P_{dc3\_}+P_{dc4\_})-(P_{dc2max}+P_{dc4max}+P_{dc3\_})$

C. $[(P_{dc1\_}+P_{dc2\_})-(P_{dc3\_}+P_{dc4\_})]-(P_{dc2max}-P_{dc4max}-P_{dc3\_})$

D. $[(P_{dc1\_}+P_{dc2\_})-(P_{dc3\_}+P_{dc4\_})]-(P_{dc2max}+P_{dc4max}+P_{dc3\_})$

答案：【B】

56. 处于主辅闭锁运行模式的双套稳控装置，在电网运行需要稳控装置动作时，由主运装置无延时动作出口并立即（ ）。

A. 向辅运装置发闭锁命令 B. 切断辅运装置出口回路

C. 向辅运装置发送动作命令 D. 以上都不对

答案：【A】

57. 处于主辅命令跟随运行模式的双套稳控装置，在电网运行需要稳控装置动作时，由主运装置无延时动作出口并立即（ ）。

A. 向辅运装置发闭锁命令 B. 切断辅运装置出口回路

C. 向辅运装置发送动作命令 D. 以上都不对

答案：【C】

5.2 多 选 题

1. 备用电源自动投入装置的投退原则是（ ）。

A. 工作电源开关合上后投入 B. 备用电源开关合上后退出

C. 工作电源开关合上前投入 D. 备用电源开关合上前退出

答案：【AB】

2. 电网结构应根据各类电源在电力系统中的功能定位，结合一次能源供应可靠性，合理配置不同类型电源的装机规模和布局，满足电力系统电力电量平衡和安全稳定运行的需求，为系统提供必要的（　）。

A. 惯量　　B. 短路容量　　C. 有功支撑　　D. 无功支撑

答案：【ABCD】

3. 同步发电机或调相机应带自动调节励磁（包括强行励磁）运行，具备充足的（　）能力，并保持其运行的稳定性。

A. 进相　　B. 迟相　　C. 发电　　D. 受电

答案：【AB】

4. 稳控装置判断元件的异常包括（　）。

A. 零序电压异常　　B. 零序电流异常　　C. 低电压异常　　D. 高电压异常

答案：【ABCD】

5. 安全稳定控制装置一般由（　）组成。

A. 主机　　B. 从机　　C. 通信接口装置　　D. 光纤

答案：【ABCD】

6. 稳控装置双重化主要指（　）。

A. 输入电气量绕组双重化　　B. 输入开关量节点双重化

C. 输出出口跳圈双重化　　D. 输入直流电源双重化

答案：【ABCD】

7. 稳控装置一般采用（　）判别元件过载。

A. 电压　　B. 电流　　C. 功率　　D. 频率

答案：【BC】

8. 下列属于安全稳定控制装置的启动判据的是（　）。

A. 电流突变量　　B. 功率突变量　　C. 过电流突变量　　D. 开关量启动

答案：【ABCD】

9. 失步解列装置是指针对电力系统失步振荡的情况，在预先选定的输电断面有计划地将电力系统解开，或将（　）自动与主系统断开，以平息振荡点的自动装置。

A. 电厂机组　　B. 连带的适当负荷　　C. 部分有功设备　　D. 部分无功设备

答案：【AB】

10. 自动低频减载装置第 N 级动作切除一定负荷后，可能出现的结果是（　）。

A. 系统频率开始回升　　B. 系统频率不再下降

C. 系统频率继续下降　　D. 系统频率恢复到原频率

答案：【ABC】

11. 预防控制时在正常运行时调整系统工作点，以增大安全稳定储备，实现下列功能（　）。

A. 根据系统实现运行情况进行功角动态安全评估并进行相应控制

B. 维持系统频率于规定范围并具有必要的运行备用容量

C. 维持母线电压于规定范围并具有必要的电压稳定储备

D. 防止电网元件过负荷

答案：【ABCD】

12. 下列哪些情况应装设备用电源自动投入装置（　）。

A. 具有备用电压的发电厂厂用电压和变电站所用电源

B. 由双电源供电，其中一个电源经常断开作为备用的电源

C. 降压变电站内有备用变压器或有互为备用的电源

D. 有备用机组的某些重要辅机

答案：【ABCD】

13. 快速励磁系统可以（　）。

A. 提高系统的暂态稳定性　　B. 降低系统的暂态稳定性

C. 提高系统的动态稳定性　　D. 降低系统的动态稳定性

答案：【AD】

14. 在电力系统出现失步状态时，应采用失步解列装置，下列解列地点的选择原则中正确的是（　）。

A. 送端孤立的大型发电厂，在失步时应优先切除部分机组，以利其他机组再同步

B. 地区电网与主系统的联络线

C. 解列后的两侧系统，各自可以同步运行

D. 有 2 个及以上联系通道中选择一个通道进行解列

答案：【AC】

15. 安全稳定控制系统一般分为哪几种类型（　）。

A. 稳定控制主站　　B. 稳定控制子站

C. 稳定控制测量站　　D. 稳定控制执行站

E. 稳定控制负荷站

答案：【ABCD】

16. 电力系统低频率事故可采取以下处理方法（　）。

A. 调出旋转备用　　B. 迅速启动备用机组

C. 联网系统的事故支援　　D. 投入部分电容器或电抗器

答案：【ABC】

17. 对于设有柜间信息交互功能的双套稳控装置，当出现以下（　）情况时，控制主站柜间需要进行数据交换。

A. 控制主站与执行站通道通信异常

B. 控制主站与执行站的通道压板退出（控制主站与执行站均设有该压板）

C. 执行站装置异常闭锁

D. 执行站装置总功能压板退出

答案：【ABCD】

18. 低频减负荷装置定检应做（　）试验。

A. 低压闭锁回路检查　　B. 滑差闭锁

C. 负荷特性检查　　D. 功角特性检查

答案：【AB】

19. 正常运行方式下的电力系统受到下述（　）较严重的故障扰动后，保护、开关及重合闸正确动作，应能保持稳定运行，必要时允许采取切机和切负荷等稳定控制措施。

A. 单回线单相永久性故障重合不成功及无故障三相断开不重合

B. 任一段母线故障

C. 同杆并架双回线的异名两相同时发生单相接地故障重合不成功，双回线三相同时跳开；由直流输电线路双极故障

D. 任一回交流联络线故障或无故障断开不重合

答案：【ABC】

20. 对稳控装置的主要技术性能要求包括（　）。

A. 装置在系统中出现扰动时，如出现不对称分量，线路电流、电压或功率突变等，应

能可靠起动

B. 装置宜由接入的电气量正确判别本厂站线路、主变压器或机组的运行状态

C. 装置的动作速度和控制内容应能满足稳定控制的有效性

D. 装置应有能与厂站自动化系统和/或调度中心相关管理系统通信，能实现就地和远方查询故障和装置信息、修改定值

E. 装置应具有自检、整组检查试验、显示、事件记录、数据记录、打印等功能

答案：【ABCDE】

21. 低频、低压解列装置一般装设在系统中的地点有（　）。

A. 系统间的联络线

B. 地区系统中从主系统受电的终端变电站母线联络断路器

C. 地区电厂的高压侧母线联络断路器

D. 专门划做系统事故紧急启动电源、专带厂用电的发电机组母线联络断路器

答案：【ABCD】

22. 电力系统安全稳定计算分析的任务是确定电力系统的（　）水平，分析和研究提高安全稳定的措施，及研究非同步运行后的再同步及事故后的恢复策略。

A. 静态稳定　　B. 暂态稳定　　C. 动态稳定　　D. 振荡恢复

答案：【ABC】

23. 为防止电力系统暂态稳定破坏，应采取的措施是（　）。

A. 对功率过剩地区采用发电机快速减出力，切除部分发电机、投入电气制动等

B. 将调相机运行的机组改发电运行

C. 对功率缺额地区采用发电机快速加出力、切除部分负荷

D. 在预定地点将系统解列

答案：【ACD】

24. 下面（　）属于紧急控制。

A. 切除发电机

B. 水轮发电机快速增、减出力

C. 紧急投切并联电容器

D. HVDC 功率紧急调制

答案：【ABCD】

25. 电力系统安全稳定计算分析前应首先确定的基础条件包括（ ）。

A. 电力系统接线和运行方式

B. 电力系统各元件及其控制系统的模型和参数、负荷模型和参数

C. 故障类型和故障切除时间、重合闸动作时间

D. 继电保护和安全自动装置动作条件

答案：【ABCD】

26. 电力系统的动态稳定主要有（ ）。

A. 电力系统的低频振荡　　B. 机电耦合的次同步振荡

C. 电力系统的频率调整　　D. 同步电机的自激

答案：【ABD】

27. 暂态稳定计算需要的原始数据包括（ ）。

A. 原动机参数

B. 支路元件参数，包括线路电阻、电抗、对地导纳、变压器变比、两端节点号

C. 调速器参数

D. 励磁机、励磁调节器参数

答案：【ABCD】

28. 稳控装置信息报文应采用（ ）等方式进行多重校验，避免因通道干扰造成装置不正确动作。

A. CRC　　B. 识别码　　C. 正反码　　D. 地址码

答案：【ACD】

29. 防止因恶性连锁反应或失去电源容量过多而引起受端系统崩溃的措施有（ ）。

A. 受端系统应有一定的备用电源容量

B. 每一回送电线路的最大输送功率所占受端系统总负荷的比例不宜过大

C. 送到不同方向的几回送电线路如在送端连在一起，必须具备事故时快速解列或切机等措施

D. 受端系统应有足够的低频减负荷数量和联切负荷数量

答案：【ABCD】

30. 根据《电力系统安全稳定控制技术导则》，下列（ ）属第Ⅲ类大扰动。

A. 切除故障时断路器拒动　　B. 故障时继电保护拒动

C. 故障时自动控制装置误动　　　　　　D. 失去大容量发电厂

答案：【ABCD】

31. 稳控装置可以通过以下哪些判据判别来判别单相瞬时性故障。（ ）

A. 突变量启动

B. 至少有一相电流增加且当前电流与启动前 0.2s 的电流差大于 100A

C. 至少有一相电压降低且当前电压与启动前 0.2s 的电压差大于 20%U_N

D. 有一相跳闸信号，并在 15ms 内查不到其他相跳闸信号

答案：【ABCD】

32. 稳控装置策略表定值单应包括哪些内容。（ ）

A. 检测断面　　　　　　B. 运行方式判别

C. 装置方式策略表　　　　　　D. 线路投停判别定值

答案：【ABC】

33. 安全稳定控制策略是指在电网发生大扰动进入紧急状态情况下，由稳控系统根据电网运行方式、故障形式等条件所采取的（ ）等稳定控制的措施。

A. 调频率　　B. 切机组　　C. 切负荷　　D. 功率控制

答案：【BCD】

34. 下列属于稳控装置配置压板的是（ ）。

A. 总功能压板　　　　　　B. 启动失灵压板

C. 检修投入压板　　　　　　D. 跳闸出口压板

答案：【ACD】

35. 在电力系统中广泛采用按频率降低自动减负荷装置，简称 AFL，则对 AFL 下列正确的是（ ）。

A. 在同样功率缺额情况下，负荷的频率调节效应系数愈大，减轻系统频率下降的效果也愈显著

B. 在同样功率缺额系数情况下，大系统的频率变化时间比小系统慢

C. 在 AFL 中采用 $\left|\frac{df}{dt}\right|$ 闭锁，大系统中 $\left|\frac{df}{dt}\right|$ 取值比小系统的大

D. 在 AFL 中的附加级（或附加轮），带有较长时限，其作用是作前几级的后备，当前几级失效时附加级可发挥作用

答案：【AB】

36. 故障解列装置应配置（ ）。

A. 低频解列和低压解列　B. 零序过压解列　C. 母线过压解列　D. 过频解列

答案：【ABCD】

37. 零序序过解列设两段零序过压解列保护，大于整定值允许出口跳闸，TV 断线固定闭锁零序过压解列。（ ）

A. 低频解列和低压解列　B. 零序过压解列

C. 母线过压解列　D. 外接 $3U_0$ 和自产 $3U_0$ 同时

答案：【ABCD】

5.3 判　断　题

1. 备用电源自动投入装置启动的三个条件是工作电源断开，工作电源无流和备用电源完好。

答案：【正确】

2. 工作电源或设备闭锁的电压，不论何种原因消失，除有闭锁信号外，备自投装置均应动作。

答案：【正确】

3. 为保证在工作电源断开后，备用电源自动投入装置才动作，其措施是备自投装置的合闸部分应由供电元件受电侧断路器的辅助常开触点来起动。

答案：【错误】

4. 稳控装置策略表中的断面功率是指稳控装置启动后相关断面的功率值。

答案：【错误】

5. 备用电源和备用设备自动投入装置的动作时间的确定，是以使负荷的停电时间尽可能短为原则，以减少电动机的自启动时间。

答案：【正确】

6. 进线备自投是暗备用方式。

答案：【错误】

7. 备自投装置的低电压元件，为了在所接母线失压后，能可靠工作，其低电压定值整定较低，一般为 0.15～0.3 倍的额定电压。

答案：【正确】

8. 内桥接线的110kV变电站中的10kV母分开关备用电源自投装置在全所失压时，可瞬时放电。

答案：【错误】

9. 应校验备用电源和备用设备自动投入时过负荷情况，以及电动机自起动的情况，如过负荷超过允许限度，或不能保证自起动时，应有自动投入装置动作于自动减负荷。

答案：【正确】

10. 运行开关手分开入和外部闭锁有开入是备自投装置的瞬时放电条件。

答案：【正确】

11. 开关重合闸的整定时间考虑的是发生瞬时性故障，备自投装置的整定时间是考虑发生永久性故障的情况。

答案：【正确】

12. 在自动低频减负荷装置切除负荷后，可以分开使用备用电源自动投入装置将所切除的负荷送出。

答案：【错误】

13. 为了防止在电源中断时因负荷反馈而引起按频率自动减负荷装置误动作，可采用低电压或过电流闭锁措施。

答案：【错误】

14. 停用低频减载装置时应先停电压回路。

答案：【错误】

15. 系统中存在多级备自投，高电压等级备自投后动作。

答案：【错误】

16. 不同稳控系统需要监测或控制同一设备时，宜采用同一稳控装置，以简化回路和功能。

答案：【错误】

17. 不同稳控系统控制的对象宜相互独立，避免控制对象重复使用，导致某些工况下稳控系统控制策略失效。

答案：【正确】

18. 110kV完整内桥变电站高、低压侧均装设备用电源自投装置，装设10kV母分备自投装置的目的是主变压器内部故障时差动保护或非电量保护动作。

答案：【正确】

19. 内桥接线备进线运行方式时，主变压器差动、非电量、高压侧后备（对应跳桥断路器时限）保护动作应闭锁桥备自投。

答案：【错误】

20. 对于线路（桥）开关备自投动作时间应小于母分备自投动作时间。

答案：【正确】

21. 稳控装置动作后不应启动断路器失灵保护。

答案：【正确】

22. 稳定控制措施应优先采用切机、直流调制，必要时可采用切负荷，解列局部电网。

答案：【正确】

23. 在交、直流并联输电的情况下，利用交流有功功率调制，可以有效抑制与其并列的交流线路的功率振荡，包括区域性低频振荡，明显提高交流的暂态、动态稳定性能。

答案：【正确】

24. 自动解列装置是当电力系统发生稳定破坏（如电力系统振荡时），能够有计划地将系统迅速而合理地解列为功率尽可能平衡各自保持同步运行的两个或几个部分的装置，可防止系统长时间不能拉入同步或造成系统瓦解扩大的事故。

答案：【正确】

25. 对于双重化配置的稳控系统，其中一套稳控系统内的任一装置、设备或回路故障，不应影响另一套稳控系统控制策略的正确执行。

答案：【正确】

26. 系统频率下降会影响某些测量仪表的准确性和某些继电保护装置动作的准确性。

答案：【正确】

27. 整流器负荷消耗的有功功率和频率无关。

答案：【正确】

28. 电网低频运行的原因是负荷大于出力，此时可用线路检修的方式恢复原来的频率。

答案：【错误】

29. 防止频率崩溃的措施包括保证足够的旋转备用、水电机组低频自启动、采用低频率自动减负荷装置、紧急手动切除负荷。

答案：【正确】

30. 低频振荡常出现在弱联系、远距离、重负荷的输电线路上。

答案：【正确】

31. 电力设备和电网的保护装置，除了预先规定的外，都不允许因系统振荡引起误动作。

答案：【正确】

32. 低频减载装置是按照逐步试探、逐次逼近的求解原则分级切除负荷的。

答案：【正确】

33. 自动低频减负荷的顺序，应按负荷的大小进行安排。

答案：【错误】

34. 低频减载装置级数 N 越小，每级断开的负荷就越小，这样装置所切除的负荷量就越有可能近于实际功率额，具有较好的适应性。

答案：【错误】

35. 为了防止低频减载装置在系统正常运行时误动作，要求装置有一定的动作时限。

答案：【错误】

36. 低频减载末级启动频率一般不低于 46～46.5Hz 为宜。

答案：【正确】

37. 自动按频率减负荷装置切除负荷应尽量少，以达到超调和悬停。

答案：【错误】

38. 在系统频率恢复至 49.8Hz 以上时，可经上级调度同意恢复对拉闸和自动低频减负荷装置动作跳闸线路的送电。

答案：【正确】

39. 电力系统的自动低频减负荷方案，应由运行部门负责制定并监督其执行。

答案：【错误】

40. 自动低频减载装置动作反应的是所接母线的频率瞬时值。

答案：【错误】

41. 根据自动低频减负荷装置的整定原则，自动低频减负荷装置所切除的负荷不应被自动重合闸再次投入，并应与其他安全自动装置合理配合使用。

答案：【正确】

42. 事故手动低频减负荷是自动减负荷的必要补充，当电源容量恢复后，应逐步地手动或自动地恢复被切负荷。

答案：【正确】

43.《DL/T 428—2010 电力系统自动低频减负荷技术规定》推荐采用反应装设母线电压频率绝对值的继电器作为自动低频减负荷装置的启动元件。

答案：【正确】

44. 对于终端站具有小水电或自备发电机的线路，当主供电源线路故障时，为保证主供电源能重合成功，应将其解列。

答案：【正确】

45. 直流换流站稳控装置应考虑直流控制保护系统出现双套异常情况时的后备处理措施，防止因直流控制保护双套异常导致的稳控系统拒动。

答案：【正确】

46. 智能站稳控装置与保护装置之间的信息传输应通过 GOOSE 点对点传输。

答案：【错误】

47. 解列点上的距离保护不应经振荡闭锁控制。

答案：【正确】

48. 地区系统中由主系统受电的终端变电站母线联络断路器可考虑设置低频解列装置。

答案：【正确】

49. 故障解列装置与线路电源侧开关的重合闸配合动作。

答案：【正确】

50. 故障解列装置接入外加零序电压目的是鉴别母线三相 TV 断线闭锁。

答案：【错误】

51. 对于终端站具有小水电或自备发电机的线路，当主供电源线路故障时，为保证主供电源能重合成功，应将他们解列。

答案：【正确】

52. 故障解列装置与永久性故障类型配合使用。

答案：【错误】

53. 线路过载联切装置和主变压器过载联切装置，是提高线路、主变压器供电能力的自动装置。

答案：【正确】

54. 为了保持电力系统正常运行的稳定性和频率、电压的正常水平，系统应有足够的动态稳定储备和有功、无功备用容量，并有必要的调节手段。

答案：【错误】

55. 制定控制策略时宜优先采取切机措施、其次是解列和切负荷措施。

答案：【正确】

56. 安全自动装置的配置主要取决于电力系统的电网结构、设备承受能力和运行方式。

答案：【正确】

57. 电网内大机组配置的高频率、低频率、过压、欠压保护及振荡解列装置的定值必须经电网调度机构审定。

答案：【正确】

58. 电力系统整体仍处于安全的范围内，但个别元件或地区的运行参数已临近安全范围的边缘，此时再有新的扰动将使系统进入紧急状态称为警戒状态。

答案：【正确】

59. 电力系统紧急控制装置在电力系统发生短路等事故时首先动作并切除和隔离故障。

答案：【错误】

60. 某110kV终端变电站的低压侧接入比较多的小电源，总容量达到23MVA，此时必须在该终端变电站的高压母线上安装高频解列装置。

答案：【错误】

61. 双重化配置的稳控装置采用主辅闭锁运行模式或主辅命令跟随运行模式时，当主运装置异常或退出时，运维人员应将辅运装置切换为主运模式。

答案：【错误】

62. 双重化配置的稳控装置采取主辅运行模式时，若装置具有出口跳闸功能，则每套装置都应能够同时作用于断路器的两个跳闸线圈。

答案：【正确】

63. 双重化配置的两套稳控系统，其通信通道及相关接口设备应相互独立，应使用不同的通道路由，且两个通道的延时差不应超过5ms。

答案：【错误】

64. 稳控装置接收远方命令应至少连续确认3帧报文正确后，方可执行。

答案：【正确】

65. 当备自投装置用于内桥接线方式，主变压器保护动作闭锁备自投动作逻辑。

答案：【正确】

66. 电网发生接地与相间故障转换时故障解列装置应被闭锁。

答案：【错误】

5.4 问 答 题

1. 电力系统的三道安全防线的内容。

答：第一道防线：在电力系统正常状态下通过预防性控制保持其充裕性和安全性（足够的稳定裕度），当发生短路故障时由电力系统固有的控制设备及继电保护装置快速、正确地切除电力系统的故障元件。

第二道防线：针对预先考虑的故障形式和运行方式，按预定的控制策略，采用安全稳定控制系统实施切机、切负荷、局部解列等控制措施，防止系统失去稳定。

第三道防线：由失步解列、频率及电压紧急控制装置构成，当电力系统发生失步振荡、频率异常、电压异常等事故时采取解列、切负荷、切机等控制措施，防止系统崩溃。

2. 什么是电力系统安全自动装置？举出5种以上的电力系统安全自动装置？

答：电力系统安全自动装置是用于防止电力系统稳定破坏、防止电力系统事故扩大、防止电网崩溃及大面积停电以及恢复电力系统正常运行的各种自动装置的总称。如稳控装置、失步解列装置、低频减负荷装置、低压减负荷装置、过频切机装置、备用电源自投装置、水电厂低频自启动装置、输电线路的自动重合闸等。

3. 稳控装置的定义描述是什么？

答：为保证电力系统在遇到大扰动时的稳定性而在电厂或变电站内装设的控制设备，实现切机、切负荷、快速减出力、直流功率紧急提升或回降等功能，是保持电力系统安全稳定运行的第二道防线的重要设施。

4. 什么情况需要进行电力系统恢复控制？

答：(1) 系统某些元件因故障退出运行和某些用户被迫中断供电，为恢复系统完整性和恢复用户供电而进行的控制；

(2) 由于严重故障导致大范围停电，为系统全停后恢复而进行的控制。

5. 紧急控制在电力系统出现大扰动时改变系统状态，以提高安全稳定水平，可实现哪些功能？

答：(1) 防止功角暂态稳定破坏；

(2) 消除失步状态；

(3) 限制频率严重异常（降低或升高）；

(4) 限制电压严重异常（降低或升高）；

(5) 限制设备严重过负荷等。

6. 稳控系统的可靠性要求有哪些？

答：(1) 在电力系统发生策略表中规定的故障事故时应正确检测和判别，满足动作条件时应正确动作，不满足动作条件时应可靠不动作，并做好记录。

(2) 在装置本身出现异常、输入回路异常、通信回路异常时应及时报警，当异常状态危及动作正确性时，应将装置可靠闭锁；装置任一回路或任一元件异常不应导致装置出口跳闸或发出命令报文。

(3) 220kV及以上电网的稳控系统宜采取双重化配置。

7. 进行电力系统安全稳定计算分析时，应针对具体校验对象，可选择哪些运行方式中对安全稳定最不利的情况进行安全稳定校验。

答：(1) 正常运行方式：包括计划检修方式和按照负荷曲线以及季节变化出现的水电大发、火电大发、最大或最小负荷、最小开机和抽水蓄能运行工况、新能源发电最大或最小等可能出现的运行方式；

(2) 故障后运行方式：电力系统事故消除后，在恢复到正常运行方式前所出现的短期稳态运行方式；

(3) 特殊运行方式：主干线路、重要联络变压器等设备检修及其他对系统安全稳定运行影响较为严重的方式。

8. 为了使失去同步的电力系统能够迅速恢复正常运行，并减少运行操作，经计算分析，在全部满足哪三个条件的前提下，可以不解列，允许局部系统做短时间的非同步运行，而后再同步？

答：(1) 非同步运行时通过发电机、调相机等的振荡电流在允许范围内，不致损坏系统重要设备；

(2) 在非同步运行过程中，电网枢纽变电站或接有重要用户的变电站的母线电压波动最低值不低于额定值的75%；

(3) 系统只在两个部分之间失去同步，通过预定控制措施，能使之迅速恢复同步运行。若调整无效，应在事先规定的适当地点解列。

9. 稳控装置的运行模式有哪些，其具体定义是什么？

答：包括：并列运行模式、主辅闭锁运行模式、主辅命令跟随运行模式。

（1）并列运行模式指在正常运行时，双套稳控装置各自独立完成信息采集、逻辑判别，在电网运行需要稳控装置动作时按各自选择的策略动作出口，任一套稳控装置动作行为不受另一套装置影响。

（2）主辅闭锁运行模式指在正常运行时，双套稳控装置中的一套设置为主运模式，另一套设置为辅运模式，主辅运装置各自独立完成信息采集和逻辑判别，在电网运行需要稳控装置动作时，由主运装置无延时动作出口并立即闭锁辅运装置；辅运装置若未收到主运装置的闭锁命令，则经一定延时后动作出口。

（3）主辅命令运行模式指在正常运行时，双套稳控装置中的一套设置为主运模式，另一套设置为辅运模式，主辅运装置各自独立完成信息采集和逻辑判别，在电网运行需要稳控装置动作时，由主运装置无延时动作出口，同时将动作命令发送至辅运装置。此时若辅运装置自身策略也满足动作条件，则按主运装置命令动作出口；若主运装置未动作，则由辅运装置延时动作出口，同时将动作命令发送至主运装置，从而确保双套稳控系统执行策略一致。

10. 备自投装置的保护闭锁包括哪些？

答：（1）母差保护动作闭锁；

（2）主变压器后备保护动作闭锁；

（3）主变压器差动保护动作闭锁；

（4）主变压器非电量保护动作闭锁。

11. 稳控装置的纯电气量故障跳闸判据一般需满足哪些条件？

答：（1）电流突变量启动或功率突变量启动；

（2）跳闸前有功功率应大于跳闸前功率定值；

（3）跳闸后有功功率应小于跳闸后功率定值；

（4）至少两相电流小于投运电流定值；

（5）电流减小量大于门槛值；

（6）延时大于延时定值。

12. 稳定导则定义的电力系统第二级安全稳定标准所涉及的较严重故障扰动包括哪些（至少列举 4 种）。

答：（1）单回线或单台变压器（辐射型结构）故障或无故障三相断开；

(2) 同杆并架双回的异名两相同时发生单相接地故障重合不成功，双回线三相同时跳开，或同杆并架双回线同时无故障断开；

(3) 直流系统双极闭锁；或两个及以上换流器闭锁（不含同一极的两个换流器）；

(4) 直流双极线路短路故障。

13. 简述安全稳定控制装置“运行方式压板”的主要功能。

答：当安全稳定控制装置需要对应不同的系统运行方式时，应按照设计要求，在装置上设置与策略表中各运行方式相对应的“运行方式压板”。每一块压板对应策略表中一种逻辑判断模式及对应的一组装置定值。

若安全稳定控制装置有多快方式压板，当装置投入运行时，必须且只能投入一个“运行方式压板”。不投或多投，安全稳定控制装置会发出告警信号，同时闭锁装置。

14. 限制频率下降的措施有哪些？其中阻止频率下降的最有效措施是什么？

答：(1) 动用系统中的旋转备用容量；

(2) 应迅速启动备用机组；

(3) 按频率自动减去负荷。其中最有效的措施是按频率自动减去负荷。

15. 叙述自动低频减载装置的类型和性能。

答：(1) 快速动作的基本段，应按频率分为若干级，动作延时不宜超过 0.3s。装置的频率整定值应根据系统的具体条件、大型火电机组的安全运行要求，以及由装置本身的特性等因素决定。提高最高一级的动作频率值，有利于抑制频率下降幅度，但一般不宜超过 49.2Hz；

(2) 延时较长的后备段，可按时间分为若干级，起动频率不宜低于基本的最高动作频率。装置最小动作时间可为 10～20s，级差不宜小于 5s。

16. 自动按频率减负荷装置为什么要分级动作？

答：由于接于自动按频率减负荷装置的总功率是按系统最严重事故的情况来考虑的。然而，系统的运行方式很多，而且事故的严重程度也有很大差别，对于各种可能发生的事故，都要求自动按频率减负荷装置能作出恰当的反应，切除相应数量的负荷功率，既不过多又不能不足，只有分批断开负荷功率采用逐步修正的办法，才能取得较为满意的结果。因此，自动按频率减负荷装置采用分级动作。

17. 自动低频减载装置在什么情况下可能会发生误动作？应采取什么措施？

答：(1) 暂态过程引起的误动作。应在装置中设置一个不大的动作时限（通常为 0.1～0.2s）以躲过瞬态过程可能出现的误动作。

(2) 负荷反馈引起的误动作。应加电流闭锁、电压闭锁和滑差闭锁。

(3) 当电力系统容量不大、系统中有很大冲击性负荷时，系统频率将瞬时下跌引起误动作。应加滑差闭锁。对于后两种误动，有时可不采用电流、电压或滑差闭锁，而简单地采用自动重合再来补救，即当系统频率恢复时，将被自动低频减载装置所断开的用户按频率分批地进行自动重合闸，以恢复供电。

18. 安全稳定控制系统的控制策略的制定应遵循哪些原则？

答：(1) 当电网需采取稳定控措施时，应尽量兼顾事故后的运行方式的调整；

(2) 优先采取调制直流、切机措施、其次是解列和切负荷措施。

(3) 稳控措施采取时要开路被控制对象的设备安全，以及被且机组所在电厂的厂用电可靠性。

(4) 稳定控制措施的采取要考虑梯级水电站的水量匹配问题；

(5) 同一区域电厂内厂站的稳定控策略应采用统一标准和原则；

(6) 地区或局部电网与主电网解列后的频率问题由各自电网解决；

(7) 任何单一稳控装置发生误动不能导致发生重大电网事故；

(8) 稳控措施控制量的整定计算以大方式 N-1 为主，兼顾其他方式；

(9) 稳控系统在确定控制策略参数时，应留有裕度；

(10) 稳控系统控制策略应尽量简化，具备必要的校验和防误措施。

19. 电力系统发生低频振荡的起因是什么？如何改善电力系统稳定性？

答：电力系统发生低频振荡的起因是：

(1) 励磁调节器按电压偏差比例调节；

(2) 励磁控制系统具有惯性。

提高电力系统稳定性的措施：

(1) 改善电力系统基本元件的特性和参数；

(2) 采用附加装置提高电力系统的稳定性；

(3) 改善运行条件及其他措施。

20. 系统中自动低频减负荷装置切除的有功功率负荷量为何总是小于系统的有功功率缺额？为何不切除与功率缺额等量的有功功率负荷？

答：低频减负荷装置切除的有功功率 $P_{cut} < P_{almax}$ 系统最大有功缺额，实际电力系统不是每一次出现功率缺额都是最大功率缺额 P_{almax} ，自动低频减负荷装置也不是每一次动作都

要切除 P_{cut} ，而是依据实际的有功缺额切除相应数量的负荷使自动低频减负荷装置动作后系统的恢复频率不超过希望值。所以自动低频减负荷装置分级动作，且每级动作后的目的是使系统频率恢复到接近希望值。不切除等量有功负荷是为防止突然切除大量负荷，造成同步发电机飞车事故，危及发电机的安全。

21. 安全稳控控制系统一般会设置稳控主站，简述稳定控制主站的重要功能有哪些？

答：（1）满足安全稳定控制装置的基本功能要求；

（2）监测主要输电断面功率、判断设备投停状态，识别电网运行方式；

（3）自动判别电力系统故障、设备跳闸、运行参数异常等；

（4）根据整个区域电网的控制策略表，采取切机、切负荷等控制措施；

（5）通过通信通道实时交换运行信息，传递控制命令等。

22. 对系统低频率事故处理有哪些方法？

答：任何时候保持系统发供用电平衡是防止低频率事故的主要措施，因此在处理低频率事故时的主要方法有：

（1）调出旋转备用；

（2）迅速启动备用机组；

（3）联网系统的事故支援；

（4）必要时切除负荷（按事先制定的事故拉电序位表执行）。

23. 电力系统中为什么采用低频低压解列装置？

答：功率缺额的受端小电源系统中，当大电源切除后，发、供功率严重不平衡，将造成频率或电压的降低，如用低频减载不能满足发供电安全运行时，须在发供平衡的地点装设低频低压解列装置。

24. 故障解列装置有哪两种基本的工作原理？

答：故障解列装置通过系统电压判别故障情况，一般配置相间低电压、零序电压解列功能。零序电压解列保护反应系统不对称故障类型，当外接 $3U_0$ 和自产 $3U_0$ 电压同时大于整定值经整定延时出口跳闸并闭锁重合闸；低压解列保护反应三相对称短路或相间短路故障类型，三个线电压中任何一个线电压低于低电压定值时经整定延时出口跳闸并闭锁重合闸。

25. 失步解列点的选择原则是什么？

答：（1）振荡中心落在互联电网的网间联络线附近时应解列该联络线或联络断面，并兼顾功率平衡原则，将有关负荷尽量留在电源过剩的电网；

(2) 当振荡中心落在主网内部（多由主干线开断后）应解列与之相近的网间联络线，并在解列后采取必要的再同步措施，使主网尽快实现同步运行；

(3) 电厂经送出线路与主网振荡时，振荡中心可能落在线路或升压变压器内，可采用解列机组或解列线路的措施；

(4) 不同断面的解列装置可采用振荡周期次数、离振荡中心的远近来取得配合，防止出现多个断面同时解列。

26. 为保证地区重要负荷能够确实受到双重电源的实惠，在安排解列点的母线负荷分配、选择解列装置的整定值以及地区发电机组保护定值时，应考虑哪些情况？

答：(1) 因主网故障影响地区供电可靠性时，能保证地区重要负荷继续由地区电源可靠供电；

(2) 当地区电源故障时，能保证地区重要负荷继续由地区电源可靠供电。

27. 110kV 典型分段内桥接线方式下进线备自投的充电条件、放电条件及动作逻辑分别是什么？

答：(1) 备自投充电条件：两段母线线电压均大于有压定值，备用进线电压大于有压定值，分段（内桥）断路器在合闸位置，工作线路断路器在合闸位置，备用进线断路器在分闸位置，且无其他闭锁条件；

(2) 备自投放电条件：断路器位置异常、手跳/遥跳闭锁、备用进线电压低于有压定值延时 15s、闭锁备自投开入、备自投合上备用进线断路器等；

(3) 备自投动作逻辑：两段母线电压均低于无压定值，工作进线无流，备用进线有压，延时跳工作进线断路器及失压母线联切出口，确认工作进线断路器跳开后，延时合备用进线断路器。若分段（内桥）断路器偷跳，经跳闸延时补跳分段断路器及失压母线联切出口，确认分段（内桥）断路器跳开后，延时合备用进线断路器。

28. 110kV 典型分段内桥接线方式下分段备自投的充电条件、放电条件及动作逻辑分别是什么？

答：(1) 备自投充电条件：两段母线线电压均大于有压定值，分段（内桥）断路器在分闸位置，两进线断路器在合闸位置，且无其他闭锁条件；

(2) 备自投放电条件：断路器位置异常、手跳/遥跳闭锁、两段母线电压均低于有压定值延时 15s、闭锁备自投开入、备自投合上分段（内桥）断路器等；

(3) 备自投动作逻辑：Ⅰ母或Ⅱ母电压低于无压定值，且对应进线电流小于无流定值，当另一段母线任一线电压有压时，延时跳失压母线进线断路器及失压母线联切出口；确认失压进线断路器跳开后，延时合分段（内桥）断路器。

29. 请问低压解列技术原则是什么？

答：（1）设两段相间低电压解列保护，三个线电压中任意一个小于低电压定值允许跳闸出口；

（2）TV 断线瞬时闭锁低压解列保护，延时 10s 报装置运行异常告警信号。

30. 当系统频率低于 49.1Hz 时，当低于 49Hz 时，省调对频率异常处理是如何规定执行的？

答：（1）当低于 49.1Hz 时，各发电厂、变电临近中心值班人员应主动迅速地将装有自动低频减负荷装置应该动作而未动作的线路拉闸；

（2）当低于 49Hz 时，各地调值班调度员应主动按事故拉路序位拉闸，使频率恢复上来；

（3）当低频率运行时，对拉闸和自动低频减负荷装置动作跳闸的线路，需在频率恢复到 49.8Hz 以上，并征得省调同意，方可送电。

31. 低频减载当不采用滑差闭锁时，躲负荷反馈的时限怎么考虑？

答：由于负荷反馈电压衰减的时间常数与负荷的构成有关，最严重的情况是从额定电压下降到 0.5 倍额定电压的时间长达 1s 以上。在 1s 左右反馈电压的频率往往低于电磁式低周继电器的动作频率，为了防止误动作，其出口延时必须大于反馈电压从额定电压下降到 0.15 倍额定电压的时间，一般取 1.5s，才能防止最严重情况下的误动，采用数字低周继电器因其有 50～60V 的电压闭锁，该时间可以降到 0.5s。

32. 如图 5-1 所示为进线备自投的接线方式，请写出备自投装置的充电条件及放电条件，并写出当进线Ⅰ因故障跳开或偷跳时，备自投装置动作的逻辑。

答：充电条件（逻辑“与”）：QF1 合位；QF2 分位；QF3 合位；Ⅰ母有压；Ⅱ母有压；进线Ⅱ有压。（“线路检有压”投入，检查此条件，反之不检查）

放电条件（逻辑“或”）：QF1 分位；QF2 合位；QF3 分位；进线Ⅱ无压。（“线路检有压”投入，检查此条件，反之不检查）

起动条件（逻辑“与”）：Ⅰ母无压；Ⅱ母无压；进线Ⅰ无流；进线Ⅱ有压；备自投起动后，经延时跳开 QF1，合上 QF2。

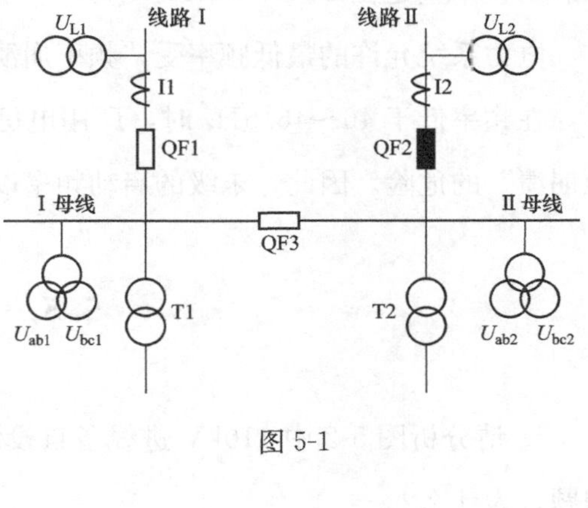

图 5-1

33. 试列举安稳装置使用的典型元件跳闸判据，并说明电网对于安全稳定装置故障判据有何技术要求？

答：典型元件跳闸判据：纯电气量判跳闸判据、电气量结合断路器位置判跳闸判据、故障跳闸判据。

技术要求：

1）对需要安全稳定装置判跳闸的线路，除电送网的电厂送出线外，都需要提供线路双侧分相开关跳闸位置常闭辅助接点，并用双侧分相开关跳闸位置常闭辅助接点进行跳闸逻辑判别；

2）开关位置常闭辅助接点应选取开关本体的常闭辅助接点；

3）位置接点接入装置之前必须根据电网反措要求，串接大功率重动继电器。

34. 自动按频率减负荷装置的最大功率缺额如何确定？

答：在确定最大功率缺额时应考虑系统发生最严重事故，出现最大可能的功率缺额时的情况，以保障系统安全运行。由于自动按频率减负荷装置是针对事故情况的一种反事故措施，并不要求系统频率恢复至额定值，一般希望他的恢复频率 f_r 低于额定值，约为 49.5～50Hz，所以接到自动按频率减负荷装置最大可能的断开功率 $\Delta P_{s.max}$ 可小于最大功率缺额 $P_{V.max}$。当系统负荷 $P_{L.N}$、系统最大功率缺额 $P_{V.max}$ 已知后，只要系统恢复频率 f_r 确定，就可按式 $\Delta P_{s.max}=\dfrac{P_{V.max}-K_{L^*}P_{L.N}\Delta f^*}{1-K_{L^*}\Delta f^*}$ 求得接到自动按频率间负荷装置的功率总数 $\Delta P_{s.max}$。

35. 自动按频率减负荷装置首级和末级动作频率应如何确定？

答：由系统频率动态特性知，在事故初期如能及早切除负荷功率，对于延缓频率下降过程是有利的。因此第一级的启动频率值宜选择得高些，但又必须计及电力系统动用旋转备用容量所需的时间延迟，避免因暂时性频率下降而不必要地断开负荷的情况，所以一般第一级的启动频率整定在 48.5～49Hz。

电力系统允许的最低频率受“频率崩溃”或“电压崩溃”的限制，对于高温高压的火电厂，在频率低于 46～46.5Hz 时，厂用电已不能正常工作。在频率低于 45Hz 时，就有“电压崩溃”的危险。因此，末级的启动频率以不低于 46～46.5Hz 为宜。

5.5 分析题

1. 请分析图 5-2 中 110kV 进线备自投设备采用 TWJ 节点作为开关位置判断依据，有无问题，为什么？

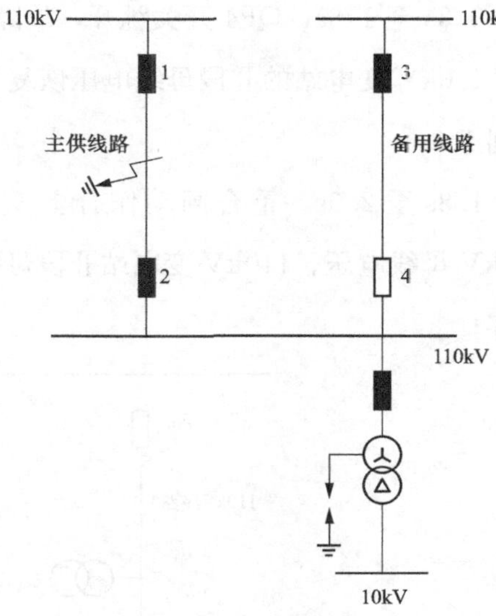

图 5-2

答：如图 5-2 所示，变电站由主供线路供电，备用线路在负荷变电站侧解环，当主供电源发生永久性故障，开关 1 重合不成功，开关 2 也会提供短路电流（如低压侧有小电源点），开关 2 保护动作。动作的同时联切小电源开关（如装设有联切装置）。此后，开关 2 重合闸动作，开关储能释放。变电站备自投因 110kV 母线失压开始启动，再次发令切开关 2，并等待开关 2 的位置信号，以便确认开关 2 分位后再合上开关 4，恢复电压。由于开关 2 的位置确认目前普遍使用操作箱中的 TWJ 位置节点来识别，而 TWJ 位置信号受开关储能节点影响，在开关重合闸动作后，需要一个较长的时间才能到位（该时间为开关储能时间，一般为 10～12s 左右，断路器在第一次重合后开始储能，储能过程中合闸回路不通，则 TWJ＝0），因此，备自投将在较长的时间内无法监视到开关 2 跳位到位，装置误认为开关 2 拒分（一般备自投发跳令后仅在较短时间内判别开关是否处于分位，时间到则判断为开关拒分，该时间各生产厂家设定不一致，短的几百毫秒，长的大约几秒钟，无法和开关储能时间配合），从而终止了备自投过程，不再合上开关 4，导致变电站长久性失压。

注：①断路器储能一般需要 10～12s；②断路器在第一次重合后开始储能计时；③断路器在储能时合闸回路断开，因 TWJ 在合闸回路中，因此 TWJ＝0。

2. 如图 5-3 所示的桥接线变电站，110kV 母线上安装桥接线备自投装置，图中为母分热备用方式，当主备用电源同时失去，装置瞬时放电为什么要改成延时放电？注：电源侧线路保护时间定值保护灵敏段时间定值为 0.3s、重合闸时间整定 1.5s、后加速时间定值 0.2s（忽略保护、开关固有跳闸时间）。

答：母分开关热备用方式，当 110kV 线路 1、线路 2 为同电源双回线路，从同一个 220kV 变电站出线（或者线路 1、线路 2 两个电源点的电气距离很近）时，110kV 终端内桥接线变电站的线路 1 发生三相永久性故障。

从 0s 至 0.3s，由于故障点未被隔离，220kV 变电站 110kV 母线电压、110kV 变电站Ⅱ段母线电压同时下降到 U_{cy}，110kV 变电站Ⅰ段母线电压为零；

0.3s至1.8s，QF4开关跳开，故障点被隔离，220kV变电站110kV母线恢复为额定电压，110kV变电站的Ⅱ段母线电压恢复为正常额定电压，Ⅰ段母线电压为零，此状态一直持续到1.8s；

1.8s至2.0s，重合闸动作合上QF4开关，又将系统拖入了故障点，220kV变电站110kV母线电压、110kV变电站Ⅱ段母线电压同时下降到U_{cy}，110kV变电站Ⅰ段母线电压为零；

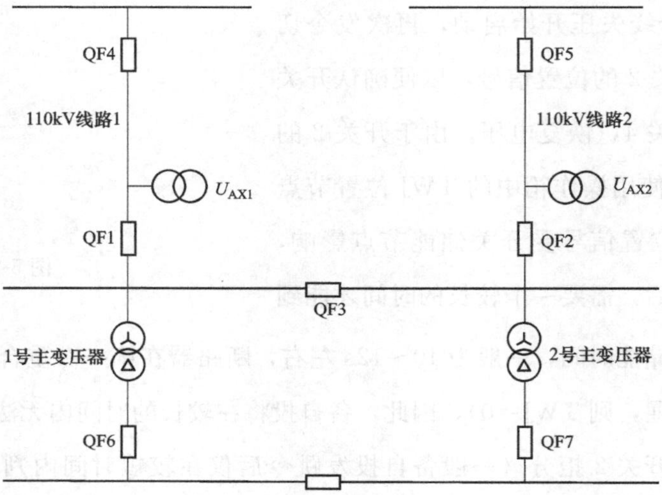

图 5-3

2.0s之后，开关QF4后加速保护动作，开关QF4跳开，220kV变电站110kV母线恢复为额定电压，110kV变电站的Ⅱ段母线电压恢复为正常额定电压，Ⅰ段母线电压为零。

如图5-4所示，0～0.3s和1.8～2.0s两个区间内，主供电源和备用电源的母线三相电压均低于有压值U_{yy}。如采用瞬时放电逻辑，此时装置就完成放电，等线路1后加速保护动作跳闸重新满足备自投动作条件时，装置就拒动；然而改成延时放电逻辑时，在整组复归时间内，一旦满足装置动作条件就能继续动作，保证该110kV变电站的供电。

3. 某电力系统中，与频率无关的负荷占30%，与频率一次方成正比的负荷占40%，与频率二次方成正比的负荷占10%，与频率三次方成正比的负荷占20%。求系统频率由50Hz降到47Hz时，负荷功率变化的百分数及其相应的K_L^*值。

答：当$f=47$Hz时，$f^*=\frac{47}{50}=0.94$，可求当频率下降到47Hz时系统的负荷为

$$P_L^* = a_0 + a_1 f^* + a_2 f^{2*} + a_3 f^{3*}$$
$$= 0.3 + 0.4 \times 0.94 + 0.1 \times 0.94^2 + 0.2 \times 0.94^3 = 0.93$$

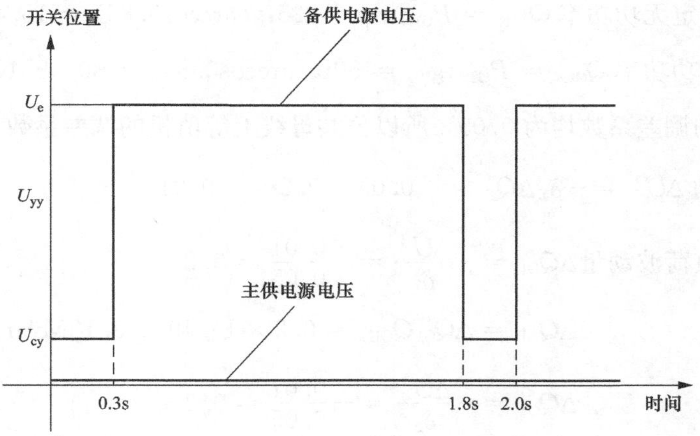

图 5-4

则

$$\Delta P_L\% = (1-0.93)\times 100 = 7$$

于是 $K_L^* = \dfrac{\Delta P_L\%}{\Delta f\%} = \dfrac{7}{6} = 1.17$

4. 假设某系统发电机的出力保持不变，负荷调节效应系数 K_L^* 保持不变，投入相当于10%负荷或者切除相当于10%负荷的发电机组，两种情况下系统的稳定频率是否相同？为什么？

答：(1) 投入相当于 $10\%P_{LN}$ 的负荷，总负荷增加到 $(1+0.1)P_{LN}=1.1P_{LN}$，由于发电机出力保持不变，将出现功率缺额 $0.1P_{LN}$，所以，稳定计算频率可计算如下：

$$f_\infty = f_N\left(1-\frac{1}{K_L^*}\times\frac{\Delta P_L}{P_{LN}}\right) = 50\left(1-\frac{1}{K_L^*}\times\frac{0.1P_{LN}}{1.1P_{LN}}\right) = 50\left(1-\frac{1}{11K_L^*}\right)$$

(2) 切除相当于 $10\%P_{LN}$ 的发电功率，总负荷不变，但由于剩余发电机的出力保持不变，也将出现功率缺额 $0.1P_{LN}$，所以，稳定计算频率可计算如下：

$$f_\infty = f_N\left(1-\frac{1}{K_L^*}\times\frac{\Delta P_L}{P_{LN}}\right) = 50\left(1-\frac{1}{K_L^*}\times\frac{0.1P_{LN}}{P_{LN}}\right) = 50\left(1-\frac{1}{10K_L^*}\right)$$

比较上面两个结果，两种情况下系统的稳定频率是不相同的。(1) 的稳定频率大于 (2) 的稳定频率。

5. 某电厂有两台发电机在公共母线上并联运行，1 号机的额定功率为 25MW，2 号机的额定功率为 50MW。两台机组的额定功率因数都是 0.85。励磁调节器的调差系数都为 0.05。若系统无功负荷波动使电厂无功增量为他们总无功容量的 20%，问各机组承担的无功负荷增量是多少？母线上的电压波动是多少？

答：1号机额定无功功率 $Q_{G1N} = P_{G1N}\text{tg}\varphi_1 = 25\text{tg}(\arccos 0.85) = 15.49\text{Mvar}$

2号机额定无功功率 $Q_{G2N} = P_{G2N}\text{tg}\varphi_2 = 50\text{tg}(\arccos 0.85) = 30.99\text{Mvar}$

因为两台机的调差系数均为0.05，所以公共母线上等值机的调差系数 δ_Σ 也为0.05。

母线电压波动 $\Delta U^* = -\delta_\Sigma \Delta Q_\Sigma^* = -0.05 \times 0.2 = -0.01$

各机组无功负荷波动量 $\Delta Q_{G1}^* = -\dfrac{\Delta U^*}{\delta_1} = -\dfrac{0.01}{0.05} = 0.2$

$$\Delta Q_{G1} = \Delta Q_{G1}^* Q_{G1N} = 0.2 \times 15.49 = 3.10\text{Mvar}$$

$$\Delta Q_{G2}^* = -\frac{\Delta U^*}{\delta_\Sigma} = -\frac{0.01}{0.05} = 0.2$$

$$\Delta Q_{G2} = \Delta Q_{G2}^* Q_{G2N} = 0.2 \times 30.99 = 6.20\text{Mvar}$$

1号机组无功负荷增加3.10Mvar，2号机组的无功负荷增加6.2Mvar。因为调差系数相等，无功的波动量与他们的容量成正比。母线上的电压降低了 $0.01U_N$。

6. 某电力系统总负荷 $P_{L.N}=12500\text{MW}$，出现功率缺额 $P_{V.max}=2500\text{MW}$，负荷调节效应系数 $K_L^*=1.5$。求下列情况下的结果：

（1）如果不采取任何措施，求系统的稳定频率？

（2）如果希望系统的稳定频率为48.5Hz，求应切除多少负荷？

答：（1）$\Delta f = f_N \dfrac{\Delta P_L}{K_L^* \times P_{L.N}} \times 50 \times \dfrac{2500}{1.5 \times 12500} \approx 6.667\text{Hz}$

系统的稳定频率为：$f_\infty = 50 - 6.667 = 43.333\text{Hz}$

（2）$\Delta f^* = \dfrac{50 - 48.5}{50} = 0.03$

$$\Delta P_{s.max} \frac{P_{V.max} - K_L^* P_{L.N} \Delta f^*}{1 - K_L^* \Delta f^*} = \frac{2500 - 1.5 \times 12500 \times 0.03}{1 - 1.5 \times 0.03} \approx 2028.8\text{MW}$$

接入自动按频率减负荷装置功率总数为2028.8MW。如果不采取任何措施，系统的稳定频率约为43.3Hz；如果希望系统的稳定频率为48.5Hz，应切除的负荷为2028.8MW。

7. 故障解列装置的TV二次负载为星形接线时，当其保护屏顶的一相空开跳开时（图5-5），试分析各相电压及各线电压值的大小，请问是否满足低压解列动作的条件？为什么？装置电压回路的三相负载平衡，阻抗相等。

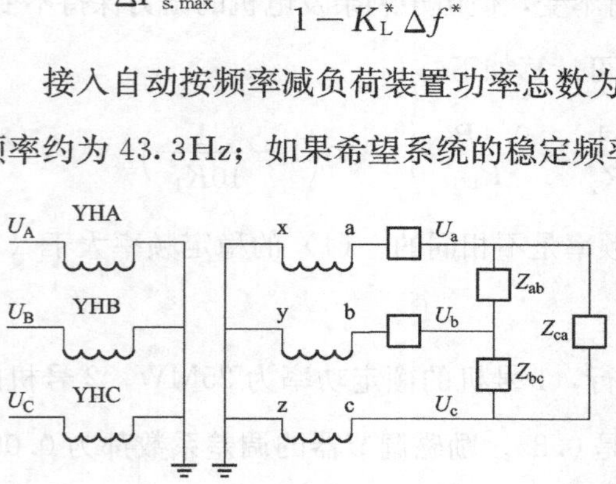

图 5-5

答：如图5-5所示，当其保护屏顶的一相空开跳开时，$U_a = 100/\sqrt{3}\text{V}$；$U_b = 100/\sqrt{3}\text{V}$；

$U_{ab}=100V$；$U_{bc}=\dfrac{Z_{bc}}{Z_{ac}+Z_{bc}}\times U_{ab}=\dfrac{1}{2}\times 100=50V$；$U_{ca}=\dfrac{Z_{ac}}{Z_{ac}+Z_{bc}}\times U_{ab}=\dfrac{1}{2}\times 100=50V$。

如图 5-6 所示，U_c 点位于 U_{ab} 的中点，所以可求出 U_c 点的电压值：

$$U_c=\sqrt{57.7^2-50^2}=28.8V。$$

按照整定计算规程要求，故障解列装置低电压定值整定 65%～70%U_e，即任一个线电压低于 65～70V 或相电压低于 37～40V 开放低电压解列。所以保护屏顶一相空开跳开时，满足故障解列装置低压解列动作条件，但不会出口，因为装置会判断 TV 断线，从而闭锁出口。

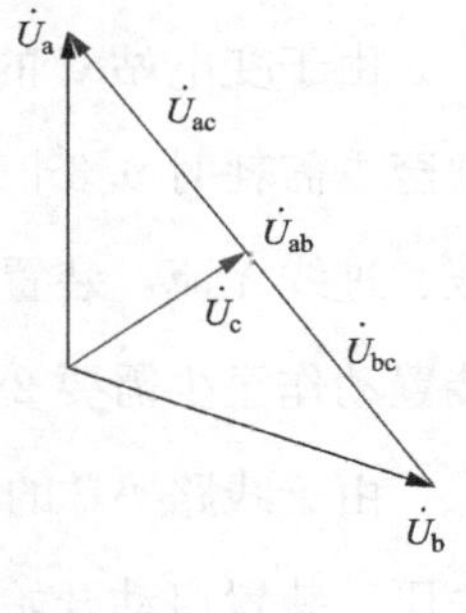

图 5-6

8. 如图 5-7 所示系统，110kV 变电站 A 由 220kV 变电站甲供电，110kV 变电站 B、C 由 220kV 变电站乙供电，110kV 变电站 C 连接有小水电。110kV 变电站 AB 之间有联络线路 AB，C 相接有单相线路电压互感器，线路 AB 在变电站 A 侧 QF2 热备用，投入备用电源自投装置，B 侧 QF3 运行，投入失压解列装置。备用电源自投装置具有两种自投方式，分别为母线自投方式、线路自投方式。其中线路自投方式仅判断线路 AB 单相线路电压消失，即合上热备用开关 QF2；失压解列装置判断 B 变电站母线三相无压，且线路 BC 在变电站 B 侧的 T 接线无流，动作跳开 QF4，两个功能配合使用。备用电源自投装置线路自投方式的合闸整定延时时间为 6s；失压解列装置动作跳闸整定时间为 5s。变电站 C 发生 110kV 母线电压互感器至避雷器 C 相引线线夹断裂并接地，变电站 A 备用电源自投装置动作合闸，却导致变电站 B 全所失压，请分析动作过程并解释失压原因。

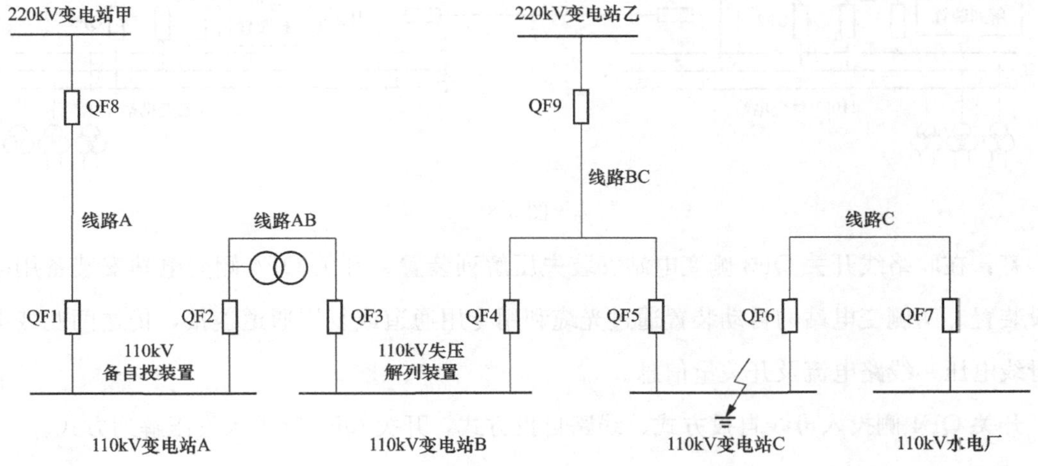

图 5-7

答：变电站C发生110kV母线电压互感器至避雷器C相引线线夹断裂并接地，220kV变电站乙线路BC保护动作跳闸、重合并后加速，QF9分位；110kV小水电线路C保护动作跳闸、重合闸、后加速保护动作跳闸。

由于变电站C的故障位于QF9、QF7保护的Ⅱ段保护范围内，从故障发生到后加速跳闸至少需耗时0.3＋1.5＋0.2＝2.0s。随后变电站B的110kV失压解列装置判断母线三相失压、进线无流，装置启动开始计时，等待5s延时出口跳QF4。由于从故障发生到失压解列装置动作至少需要2＋5＝7s时间。

由于线路AB的C相电压互感器失压，变电站A的110kV备用电源自投装置判断线路失压，装置启动开始计时，经过6s合上QF2。因此，失压解列装置未动作跳开QF4，备用电源自投装置已经动作合上QF2，导致QF2合闸于永久性故障，启动QF2的合闸加速保护跳开QF2，引起变电站B全所失压。

9. 如图5-8所示的区域电网，两回线路运行分别送一个变电站负荷，两变电站之间通过一回线路联络，联络线一侧开关QF4热备用、另一侧开关QF3运行，如何实现两变电站之间的相互备用，请谈谈设想。

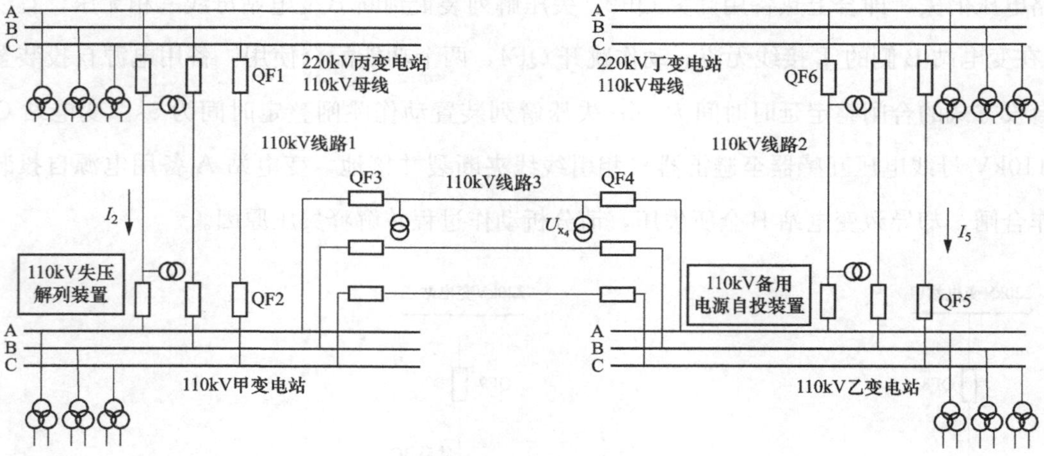

图5-8

答：在联络线开关QF3侧变电站安装失压解列装置、开关QF4侧变电站安装备用电源自投装置。两侧变电站的自动装置通过光缆利用专用通道或复用通道连接，传送两侧变电站的母线电压、线路电流及开关量信息。

开关QF4侧投入母线自投方式、线路自投方式，开关QF3侧投入失压解列方式。

方式一：母线备投

充电条件：开关QF2、QF5合位，开关QF4热备用，甲变电站110kV母线三相有压、乙变电站 110kV 母线三相有压，装置经 15s 完成充电。

动作过程：乙变电站 110kV 母线三相无压，线路 2 电流 I_2 无流，装置启动经 T_1 延时跳 QF5 开关，确认开关跳开，经 T_3 延时合 QF4L 开关。

放电条件：QF4 合上；手跳 QF2 或 QF5（KKJ2 或 KKJ5＝0）；其他外部闭锁信号；QF2，QF4 或 QF5 的 TWJ 异常；甲乙变电站 110kV 母线均三相无压，延时 15s 放电。

方式二：线路自投

充电条件：开关 QF2、QF5 合位，开关 QF4 热备用，甲变电站 110kV 母线三相有压、乙变电站 110kV 母线三相有压，装置经 15s 完成充电。

动作过程：甲变电站 110kV 母线三相无压，线路 1 电流 I_1 无流，装置启动经 T_2 延时跳 QF2 开关，确认开关跳开，经 T_3 延时合 QF4 开关。

放电条件：QF4 合上；手跳 QF2 或 QF5（KKJ2 或 KKJ5＝0）；其他外部闭锁信号；QF2，QF4 或 QF5 的 TWJ 异常；甲乙变电站 110kV 母线均三相无压，延时 15s 放电。

方式三：失压解列方式

充电条件：QF2、QF3 合位，甲变电站 110kV 母线三相有压，装置经 15s 完成充电。

动作过程：甲变电站 110kV 母线三相有压，线路无流，装置经整定延时动作跳开 QF2。

放电条件：手分开关 QF2、QF3，或 QF3 开关分位。

10. 图 5-9 为 AB 省间联络线的安全稳定控制系统包含 A1、B1、B2、B5 及 B 省的相关切负荷执行站，各厂站均为双套配置，主要解决 A1-B1 双回、B1-B3 双回、A2-E2 线及 B1 站主变压器故障引起剩余元件等暂态稳定及过载问题。系统地理接线示意图及各站稳装置之间的信息交互如下图所示。

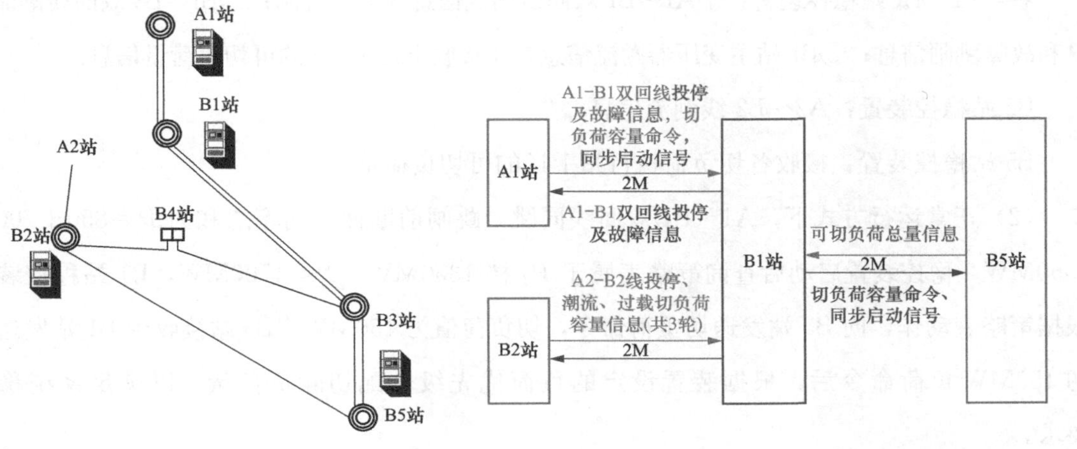

图 5-9

各站稳控装置功能如下：

B1 站稳控装置：监测本站 500kV 线路和主变压器运行工况，根据系统运行方式查询对应策略表，采取向 B5 发送切负荷容量命令和联切本站主变压器中压侧控制措施；

A1 站稳控装置：①向 500kV B1 站发送 A1～B1 双回故障信息（区分故障类型）及投停信息；②根据系统运行方式查询对应策略表，采取向 B1 发送切 B 省负荷容量命令。

B2 站稳控装置：向 B1 站发送 A2-B2 线的投停状态、潮流、过载切负荷容量信息。

以下是在正常运行方式下稳控系统策略表见表 5-1（潮流以 A 省送 B 省为正）：

表 5-1

故障元件	故障类型	检测断面 2	断面功率（MW）	切负荷容量（MW）	联切 B1 站主变压器（0/1）
A1～B1 双回线	同跳	A1～B1 双回线、A2～B2 线功率之和潮流断面	$P_1>+1000$	0	0
			$P_2>+1350$	150	0
			$P_3>+1700$	500	0
			$P_4>+2050$	800	0
B1-B3 双回线	同跳	A1～B1 双回线、A2～B2 线功率之和潮流断面	$P_1>+1200$	0	1
			$P_2>+1400$	150	1
			$P_3>+1750$	500	1
			$P_4>+2100$	800	1

问：（1）根据稳控装置实现的功能，请简述 B 省各站稳控装置应接收信息？

（2）某日系统正常运行，A1-B1 双回线潮流为 850MW，A2-B2 线潮流为 700MW，B1 站送 B3 站潮流 750MW，B2 站送 B3 站潮流 500MW，在 A1～B1 双回线发生跨线故障，导致双回线同时跳闸，请问稳控系统的动作情况接切负荷情况？

答：（1）B1 站稳控装置：①A1～B1 双回线潮流信息和故障跳闸；②B1～B3 双回线潮流信息和故障跳闸信息；③B1 站主变压器潮流信息；④接收 B5 站上送的可切负荷量信息。

B2 站稳控装置：A2～B2 线潮流信息。

B5 站稳控装置：接收各切负荷执行站上送的可切负荷量。

（2）正常运行方式下，A1～B1 双回线同跳，跳闸前断面 2 功率之和为 $P=850+700=1550$MW，稳控装置启动后查询策略表属于 P_2 档 1350MW$<P<$1700MW，B1 站稳控装置根据策略表动作，向 B5 站发送切负荷命令，切负荷值为 150MW，B5 站接收到 B1 站发送的切 150MW 负荷命令后，根据装置设定的负荷优先级分配切除负荷量，以满足系统稳定要求。

6　二次回路部分

6.1　单　选　题

1. 某三角形网络 LMN，其支路阻抗（Z_{LM}、Z_{MN}、Z_{LN}）均为 Z，变换为星形网络 LMN-O，其支路阻抗（Z_{LO}、Z_{MO}、Z_{NO}）均为（　）。

A. $3Z$　　B. $Z/3$　　C. Z　　D. $Z/2$

答案：【B】

2. 保护柜屏、就地端子箱的外壳均应可靠与（　）相连。

A. 等电位接地网　　B. 主地网

C. 等电位接地网或主地网　　D. 屏位固定轨道

答案：【B】

3. 继电保护所使用的电流互感器，规程规定其稳态变比误差及角误差的范围是（　）。

A. 稳态变比误差不大于 10%，角误差不大于 3°

B. 稳态变比误差不大于 10%，角误差不大于 7°

C. 稳态变比误差不大于 5%，角误差不大于 3°

D. 稳态变比误差不大于 5%，角误差不大于 7°

答案：【B】

4. 下述不能改进电流互感器饱和的措施为（　）。

A. 选用二次额定电流较小的电流互感器　　B. 铁芯设置间隙

C. 减小二次负载阻抗　　D. 缩小铁芯面积

答案：【D】

5. 电流互感器在铁芯中引入大气隙后，可以（　）电流互感器到达饱和的时间。

A. 瞬时到达　　B. 缩短　　C. 延长　　D. 没有影响

答案：【C】

6. 如果TA二次回路负担不满足要求，则下面做法不正确的是（　）。

A. 将两套相同变比的TA串联使用　　B. 选用变比较小的TA圈

C. 选用TA直阻较小的TA圈　　D. 增加TA二次回路导线截面积

答案：【B】

7. 电流互感器二次回路负载增加后，电流互感器（　）。

A. 励磁阻抗增加、励磁电流增加　　B. 励磁阻抗减小、励磁电流增加

C. 励磁阻抗增加、励磁电流减小　　D. 无法确定

答案：【B】

8. 同一相中两只相同特性的电流互感器二次绕组串联或并联，作为相间保护作用，计算其二次负载时，应将实测二次负载折合到相负载后再乘以系数为（　）。

A. 串联乘0.5，并联乘1　　B. 串联乘0.5，并联乘2

C. 串联乘1，并联乘2　　D. 串联乘0.5，并联乘0.5

答案：【B】

9. 某P型电流互感器，二次接纯电阻负载，若不计铁芯损耗和绕组漏抗，在某一正弦电流作用下铁芯处线性范围内，当该正弦电流大小不变仅频率降低时，则相角误差δ、变比误差ε的变化是（　）。

A. δ增大、ε值不变　B. δ不变、ε值增大　C. δ、ε值均不变　D. δ、ε值均增大

答案：【D】

10. 电流互感器额定拐点电动势是指作用于互感器二次端子的额定频率正弦波电动势最小方均根值，当此值增加10%时，励磁电流方均根值增加不大于（　）。

A. 15%　　B. 25%　　C. 30%　　D. 50%

答案：【D】

11. 电力系统运行时的电流互感器，同样大小电阻负载采用（　）接线方式时TA负载较大。

A. 三角形　　B. 星形　　C. 一样　　D. 不确定

答案：【B】

12. 过电流保护一只继电器接入两相电流差的连接方式能反应（　）。

A. 各种相间短路　　B. 单相接地故障

C. 两相接地故障　　D. 相间和装有电流互感器的那一相的单相接地短路

答案：【A】

13. 过电流保护两相两继电器的不完全星形连接方式能反应（　）。

A. 各种相间短路　　B. 单相接地短路

C. 开路故障　　D. 两相接地短路

答案：【A】

14. 过电流保护的三相三继电器的完全星形连接方式，能反应（　）。

A. 各种相间短路　　B. 单相接地故障

C. 两相接地故障　　D. 各种相间和单相接地短路

答案：【D】

15. 按躲负荷电流整定的线路过电流保护，在正常负荷电流下，由于电流互感器的极性接反而有可能误动的接线方式为：（　）。

A. 三相三继电器式完全星形接线　　B. 两相两继电器式不完全星形接线

C. 两相三继电器式不完全星形接线　　D. 电流差接线方式

答案：【C】

16. 电动机过流保护电流互感器往往采用两相差接法接线，则电流的接线系数为（　）。

A. 1　　B. $\sqrt{3}$　　C. 2　　D. $1/\sqrt{3}$

答案：【B】

17. 某电流互感器一次侧通入正弦交流电流 I_1，二次侧在纯电阻负载下测得的电流为 I_2，在不计二次绕组漏抗及铁芯损失的情况下，若电流互感器变比误差为5%，此时的相角误差 δ 为（　）。

A. 25.8　　B. 22.7　　C. 20.1　　D. 18.2

答案：【D】

18. 电流互感器工作时具有角误差，设变比误差为10%时的相角误差为 α，综合误差为10%时的相角误差为 β，则（　）。

A. $\alpha<\beta$　　B. $\alpha>\beta$　　C. $\alpha=\beta$　　D. 无法确定

答案：【B】

19. 电流互感器二次接纯电阻负载，就一次电流 I_1 与二次电流 I_2 的相位来说，正确的是（　）。

A. I_1 与 I_2 同相位　　B. I_1 滞后 I_2　　C. I_1 超前 I_2　　D. 无法确定

答案：【B】

20. 某电流互感器的变比为1500A/1A，二次接入负载阻抗5Ω（包括电流互感器二次漏抗及电缆电阻），电流互感器伏安特性试验得到的一组数据为电压120V时，电流为1A。试问当其一次侧通过的最大短路电流为30000A时，其变比误差是否满足规程要求？（　）

A. 满足　　B. 不满足　　C. 无法确定　　D. 以上均不正确

答案：【A】

21. 线路一次侧三相短路时，最大短路电流为10000A，其保护TA变比为1200/5，现经测得该TA某一点的伏安特性为$I_e=4A$，$U_2=180V$，设TA的伏安特性是线性的，试分析计算，如果其变比误差不超过10%，其二次侧最多能接入多大的负载阻抗？（设TA二次漏抗及电缆电阻为0.5Ω）（　）

A. 3.5Ω　　B. 4Ω　　C. 4.5Ω　　D. 无法计算

答案：【C】

22. 某110kV系统最大短路电流为20kA，线路最大负荷为800A，为保证保护正确动作的最佳TA选择为（　）。

A. 600/5　10P20　　B. 1000/5　10P20　　C. 500/1　10P40　　D. 1000/1　10P10

答案：【B】

23. 应根据系统（　）合理选择电流互感器的容量、变比和特性，满足保护装置整定配合和可靠性的要求。

A. 残压　　B. 短路容量

C. 负荷电流　　D. 负荷容量

答案：【B】

24. 容量为30VA的10P20电流互感器，二次额定电流为5A，当二次负载小于1.2Ω时，允许的最大短路电流倍数为（　）。

A. 小于10倍　　B. 小于20倍　　C. 等于20倍　　D. 大于20倍

答案：【D】

25. 用实测法测定线路的零序参数，假设试验时无零序干扰电压，电流表读数为10A，电压表读数为10V，瓦特表读数为50W，零序阻抗的计算值为（　）。

A. 0.5+j0.866Ω　　B. 1.5+j2.598Ω

C. 1.0+j1.732Ω　　D. 1.0+j1.5Ω

答案：【B】

26. 运行中的电流互感器发生饱和时，铁芯中磁通波形是（　）。

A. 接近正弦波

B. 接近正、负梯形波形，周期为工频周期

C. 正负脉冲波形，周期为工频周期

D. 正弦波，但波形有缺损，饱和越深，波形缺损越严重

答案：【B】

27. 关于P型电流互感器、TPY型电流互感器来说，下列正确的是（　）。

A. TPY电流互感器因铁芯有小气隙，故铁芯不会发生饱和

B. P型电流互感器铁芯剩磁大、TPY型电流互感器铁芯剩磁小

C. 当一次电流因开关跳闸强迫为零后，P型TA二次电流衰减要比TPY型二次电流衰减慢得多，因为P型TA二次回路时间常数比TPY型二次回路时间常数大得多

D. 以上均错误

答案：【B】

28. 电力系统正常工况下，电流互感器一次电流为额定值时的误差称为稳态误差，下列各准确级中哪个角误差最大？（　）

A. 5P　　B. TPX

C. TPY　　D. TPZ

答案：【D】

29. 对剩磁有控制的电流互感器有（　）。

A. PR级、TPY和TPZ级电流互感器　　B. P级和TPS级电流互感器

C. TPS级和TPX级电流互感器　　D. P级、TPX、TPY和TPZ级互感器P

答案：【A】

30. 考虑非周期分量影响的电流互感器有（　）。

A. P级和PR级电流互感器　　B. TP级电流互感器

C. D级电流互感器　　D. TPY级电流互感器

答案：【B】

31. 一组电流互感器的二次绕组，在工作中必须有一个可靠的接地点，其目的是（　）。

A. 防止电流互感器二次回路开路引起的高电压危险

B. 防止一次回路、二次回路间电磁感应引起二次回路上高电压危险

C. 防止一次回路、二次回路间电容耦合引起二次回路上高电压危险

D. 继电保护正确工作需要

答案：【C】

32. 如果运行中的电流互感器二次开路，互感器就成为一个带铁芯的电抗器。一次绕组中的电压降等于铁芯磁通在该绕组中引起的电动势，铁芯磁通由一次电流所决定，因而一次压降会增大。根据铁芯上绕组各匝感应电动势相等的原理，二次绕组（　）。

A. 产生很高的工频高压　　B. 产生很高的尖顶波高压

C. 不会产生工频高压　　D. 不会产生尖顶波高压

答案：【B】

33. 系统故障时电流互感器磁路的饱和一般（　）发生。

A. 立即　　B. 3～5ms 后　　C. 半个周波后　　D. 一个周波后

答案：【B】

34. 在互感器暂态过程中以及 TA 饱和情况下，母线保护应能正确动作。TA 饱和检测时间应不大于（　）。

A. 3ms　　B. 5ms　　C. 8ms　　D. 10ms

答案：【A】

35. 220kV 主变压器差动、220kV 母差保护对于 TA 饱和检测时间要求分别是（　）。

A. 3ms、5ms　　B. 5ms、3ms　　C. 8ms、5ms　　D. 5ms、8ms

答案：【B】

36. 严禁在保护装置电流回路中并联接入（　），防止其不可靠动作引起差动保护误动作。

A. 欠电压保护器　　B. 过电流保护器　　C. 过负荷保护器　　D. 过电压保护器

答案：【D】

37. 独立的、与其他互感器二次回路没有电气联系的电流互感器二次回路可在（　）一点接地，但应考虑将开关场不同点地电位引至同一保护柜时对二次回路绝缘的影响。

A. 开关场　　B. 保护室　　C. 开关场或保护室　　D. 不接地

答案：【A】

38. 电流互感器及电压互感器的一、二次线圈都设置了屏蔽以降低线圈间的（　）。

A. 电容耦合　　B. 杂散耦合　　C. 传导耦合　　D. 交流耦合

答案：【A】

39. 下述不能减少电压互感器基本误差的方法是（　）。

A. 减小电压互感器线圈的阻抗　　B. 减小电压互感器励磁电流

C. 减小电压互感器负荷电流　　D. 减小电压互感器的负载。

答案：【D】

40. 电压互感器的负载电阻越大，则电压互感器的负载（　）。

A. 越大　　B. 越小　　C. 不变　　D. 不定

答案：【B】

41. 电容式电压互感器中的阻尼器的作用（　）。

A. 抑制操作过电压　B. 消除铁磁谐振　　C. 分担二次压降　D. 改变二次阻抗角

答案：【B】

42. CVT 和 YDR 电压抽取装置，在二次绕组端子 af、xf 上接一个 200～400W 电阻，其作用是（　）。

A. 平衡电压，改善变比　　B. 防止电压回路开路出现过电压

C. 起阻尼作用，抑制谐振　　D. 加热烘潮

答案：【C】

43. 电容式和电磁式电压互感器比较，其暂态特性是（　）。

A. 两者差不多　B. 电容式好　　C. 电磁式好　　D. 不确定

答案：【C】

44. 电容式电压互感器中的阻尼器的作用（　）。

A. 抑制操作过电压　B. 消除铁磁谐振　　C. 分担二次压降　D. 改变二次阻抗角

答案：【B】

45. 在靠近保护安装点发生短路的情况下，要求电容式电压互感器的二次电压峰值应在额定频率的一个周波内衰减到低于短路前电压峰值的（　），称之为电容式电压互感器的“暂态响应”。

A. 10%　　B. 5%　　C. 20%　　D. 没有要求

答案：【A】

46. 电力系统运行时的电压互感器，同样大小电阻采用（　）接线方式时 TV 的负载较大。

A. 三角形　　B. 星形　　C. 一样　　D. 不确定

答案：【A】

47. 电压互感器的负载电阻（　），则电压互感器的负载越大，越容易造成误差。

A. 越大　　B. 越小　　C. 不变　　D. 不确定

答案：【B】

48. 电压互感器二次自动开关断开短路电流的时间不大于（　）。

A. 0.01s　　B. 0.02s　　C. 0.04s　　D. 0.05s

答案：【B】

49. 各电压级电压互感器一次绕组中性点采取直接接地是（　）。

A. 保安接地　　B. 使二次能反应一次零序分量电压

C. 改善二次电压的波形　　D. 保证二次相电压的对称性

答案：【B】

50. 如果将 TV 的 $3U_0$ 回路短接，则在系统发生单相接地故障时，（　）。

A. 会对 TV 二次的三个相电压都产生影响，其中故障相电压将高于实际的故障相电压，非故障相电压低于实际的非故障相电压

B. 会对 TV 二次的三个相电压都产生影响，其中故障相电压将高于实际的故障相电压，非故障相电压也高于实际的非故障相电压

C. 只会对 TV 二次的故障相电压产生影响，使其高于实际的故障相电压

D. 会对 TV 二次的三个相电压都产生影响，其中故障相电压将高于实际的故障相电压，非故障相电压低于实际的非故障相电压不会对 TV 二次的相电压产生影响

答案：【A】

51. 应严防电压互感器的反充电，这是因为反充电将使电压互感器严重过载，如变比为 220/0.1 的电压互感器，他所接母线的对地绝缘电阻虽有 1MΩ，但换算至二侧的电阻只有（　），相当于短路。

A. 0.21Ω　　B. 0.45Ω　　C. 0.12Ω　　D. 0.24Ω

答案：【A】

52. 某 220kV 电压互感器一次熔断器 A 相熔断，一次熔断器串有 20Ω 的电阻，若电压互感器二次侧没有相间负载，各相负载折算到一次侧均为 2000Ω，则此时开口三角形侧电压约为（　）。

A. 45V　　B. 59V　　C. 78V　　D. 105V

答案：【C】

53. 对采用金属氧化物避雷器接地的电压互感器一、二次回路，定期检查时可用绝缘电阻表检验金属氧化物避雷器的工作状态是否正常。一般当用（　）绝缘电阻表时，金属氧化物避雷器不应击穿；而用（　）绝缘电阻表时，则应可靠击穿。（　）

A. 500V，2000V　　B. 500V，2000V

C. 1000V，2500V　　D. 1000V，2500V

答案：【C】

54. 已经在控制室一点接地的电压互感器二次线圈，宜在开关场将二次线圈中性点经放电间隙或氧化锌阀片接地，其击穿电压峰值应大于（　）V（I_{max}为电网接地故障时通过变电站的可能最大接地电流有效值，单位为 kA）。应定期检查放电间隙或氧化锌阀片，防止造成电压二次回路多点接地的现象。

A. $30I_{max}$　　B. $40I_{max}$　　C. $50I_{max}$　　D. $60I_{max}$

答案：【A】

55. 某 35kV 变电站发“35kV 母线接地”信号，测得三相电压为 A 相 22.5kV，B 相 23.5kV，C 相 0.6kV，则应判断为（　）。

A. 单相接地　　B. TV 断线　　C. 铁磁谐振　　D. 线路断线

答案：【B】

56. 电力系统中处额定运行状况的电压互感器 TV 和电流互感器 TA，TV 铁芯中的磁密 Bv、TA 铁芯中的磁密 Ba，和大小间的关系是（　）。

A. Bv＞Ba　　B. Bv≈Ba

C. Bv＜Ba　　D. 与系统电压等级有关

答案：【A】

57. 某变电站电压互感器的开口三角形侧 B 相接反，则正常运行时，如一次侧运行电压为 10kV，开口三角形的输出为（　）。

A. 0V　　B. 100V　　C. 200V　　D. 67V

答案：【D】

58. 某 110kV 变电站，变压器为 Y/Δ-11，用 110kV 侧 TV 与 10kV 侧 TV 进行核相，接线正确的是（　）。

A. 高压侧 A 相与低压侧 A 相之间电压为 30V

B. 高压侧 A 相与低压侧 C 相之间电压为 82V

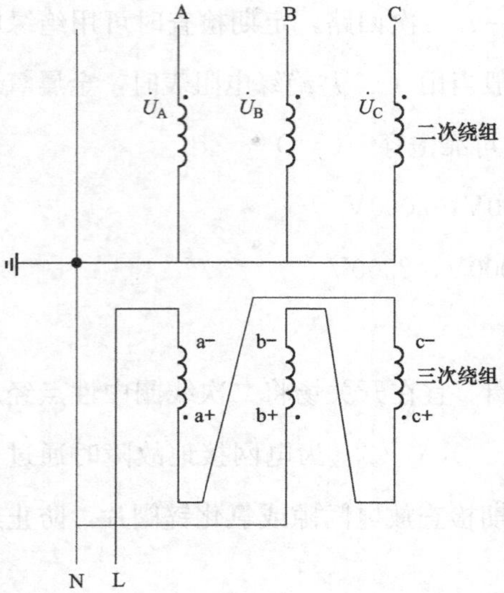

图 6-1

C. 高压侧 A 相与低压侧 B 相之间电压为 100V

D. 高压侧 A 相与低压侧 B 相之间电压为 115V

答案：【A】

59. 电压互感器二次绕组及三次绕组接线如图 6-1 所示，其中 $\dot{U}_{Cc+}$ 为（　）伏（电压互感器的二次和三次电压分别为 $100/\sqrt{3}$V 和 100V，"•"表示极性端）。

A. 0　　B. 57. 7

C. 43　　D. 87

答案：【D】

60. 系统接线如图 6-2 所示，当线路 L 发生两相断线时，不考虑母线电压互感器饱和，N 侧母线电压互感器开口三角电压为（　）。

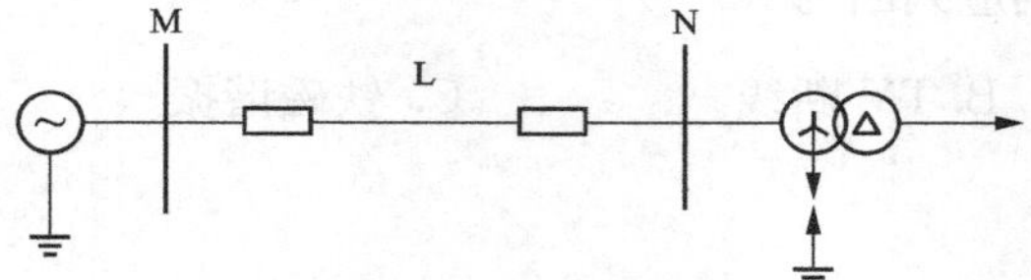

图 6-2

A. 0V　　B. 150V　　C. 200V　　D. 300V

答案：【D】

61. 系统接线如图 6-3 所示，当线路 L 发生单相断线时，不考虑母线电压互感器饱和，N 侧母线电压互感器开口三角电压为（　）。

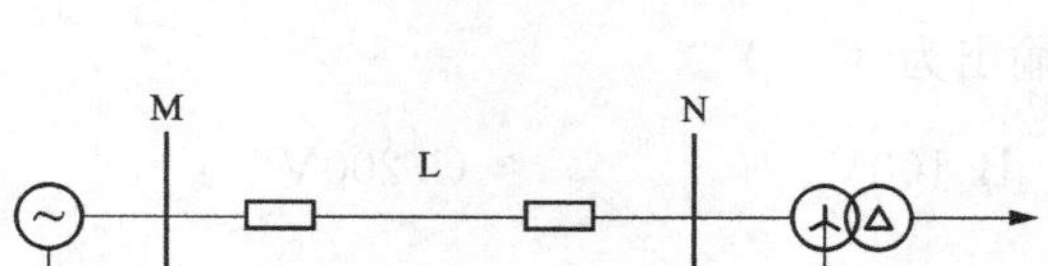

图 6-3

A. 0V　　B. 150V　　C. 200V　　D. 300V

答案：【B】

62. 220kV 电压等级终端变侧的其中一台中性点不接地变压器，当该变压器高压侧断路器单相偷跳时，采用母线 TV 时其开口三角电压为（　）。

A. 0V　　B. 150V　　C. 200V　　D. 300V

答案：【A】

63. 未接任何负载的电压互感器低压侧两相电压降为零，一相正常，一个线电压为零则说明（　）。

A. 低压侧两相熔断器断　　B. 低压侧一相铅丝断

C. 高压侧一相铅丝断　　D. 高压侧两相铅丝断

答案：【A】

64. 关于保护装置和操作箱的配置，下列说法正确的是（　）。

A. 对于 3/2 断路器接线的断路器保护按断路器双重化配置

B. 对于 3/2 断路器接线的断路器保护按断路器配置，常规站单套配置，智能站双套配置

C. 对于双母线接线的线路保护操作箱常规站配置单套双跳圈分相操作箱

D. 对于双母线接线的线路保护智能站智能终端配置双套双跳圈分相操作箱

答案：【B】

65. 断路器在分闸状态时，断开智能终端跳闸出口压板，测量智能终端跳闸出口压板上下端口对地电压为（　）。

A. 0V，－110V　　B. ＋110V，0V

C. 0V，＋110V　　D. 0V，0V

答案：【D】

66. 对分相断路器，母联（分段）死区保护所需的开关位置辅接点应采用（　）。

A. 三相常开辅助节点并联，三相常闭辅助节点并联

B. 三相常开辅助节点并联，三相常闭辅助节点串联

C. 三相常开辅助节点串联，三相常闭辅助节点串联

D. 三相常开辅助节点串联，三相常闭辅助节点并联

答案：【B】

67. 双母线接线起动两组母线电压并列装置回路的母联断路器辅助接点形式应为（　）。

A. 三相常开辅助节点并联起动并列，三相常闭辅助节点并联断开并列装置

B. 三相常开辅助节点并联起动并列，三相常闭辅助节点串联断开并列装置

C. 三相常开辅助节点串联起动并列，三相常闭辅助节点串联断开并列装置

D. 三相常开辅助节点串联起动并列，三相常闭辅助节点并联断开并列装置

答案：【D】

68. 保护装置在（　）二次回路不正常或断线时应发告警信号，除母线保护外允许跳闸。

A. 电流互感器　　B. 电压互感器

C. 断路器　　D. 电容器

答案：【A】

69. 平行线路重合闸可以采用检查相邻有电流起动方式，其正确接线应在重合闸的起动回路中串入（　）。

A. 相邻线电流继电器的常闭触点　　B. 相邻线电流继电器的常开触点

C. 本线电流继电器的常开触点　　D. 本线电流继电器的常闭触点

答案：【B】

70. 二次回路的工作电压不宜超过（　），最高不应超过（　）。（　）

A. 220V、380V　　B. 250V、500V

C. 250V、380V　　D. 220V、500V

答案：【B】

71. 断路器的跳闸辅助触点应在（　）接通。

A. 合闸过程中，合闸辅助触点断开后　　B. 合闸过程中，动静触头接触前

C. 合闸过程中　　D. 合闸终结后

答案：【B】

72. 出口继电器作用于断路器跳（合）闸时，其触点回路中串入的电流自保持线圈的自保持电流应当是（　）。

A. 不大于跳（合）闸电流　　B. 不大于跳（合）闸电流的一半

C. 不大于跳（合）闸电流的10%　　D. 不大于跳（合）闸电流的80%。

答案：【B】

73. 断路器应有足够数量的、动作逻辑正确、接触可靠的辅助触点供保护装置使用。辅助触点与主触头的动作时间差不大于（　）ms。

A. 6　　B. 8　　C. 10　　D. 12

答案：【C】

74. 为防止启动中间继电器的触点返回（断开）时，中间继电器线圈所产生的反电势，中间继电器线圈两端并联“二极管串电阻”。当直流电源电压为 110～220V 时，其中电阻值应选取为（　）。

A. 10～30Ω　　B. 1000～2000Ω　　C. 250～300Ω　　D. 1500～2000Ω

答案：【C】

75. 为了减小两点间的地电位差，二次回路的接地点应当离一次接地点有不小于（　）m 的距离。

A. 1～3　　B. 2～4　　C. 3～5　　D. 4～6

答案：【C】

76. 下列对电抗变换器和电流互感器的表述，哪项是正确的？（　）

A. 电抗变换器励磁电流大，二次负载大，为开路状态；电流互感器励磁电流大，二次负载大，为开路状态

B. 电抗变换器励磁电流大，二次负载大，为开路状态；电流互感器励磁电流小，二次负载小，为短路状态

C. 电抗变换器励磁电流小，二次负载小，为短路状态；电流互感器励磁电流大，二次负载大，为开路状态

D. 电抗变换器励磁电流小，二次负载小，为短路状态；电流互感器励磁电流大，二次负载大，为短路状态

答案：【B】

77. 承受工频耐压试验 1000V 的回路有（　）。

A. 交流电压回路对地　　B. 110V 或 220V 直流回路对地

C. 110V 或 220V 直流回路各对触点对地　　D. 交流电流回路对地

答案：【C】

78. 新安装继电保护装置绝缘试验，下列错误的说法是（　）。

A. 在保护屏柜端子排内侧分别短接交流电压回路端子、交流电流回路端子、直流电源回路端子、跳合闸回路端子、开关量输入回路端子、厂站自动化系统接口回路端子及信号回路端子

B. 断开与其他保护弱电联系回路

C. 在测量某一组回路对地绝缘电阻时，应将其他各组回路都接地

D. 用1000V绝缘电阻表测量绝缘电阻值，要求阻值均大于20MΩ，测试合格后应将各回路对地放电

答案：【D】

79. 开关场到控制室的电缆线抗干扰要求，下列说法错误的是（　）。

A. 对于单屏蔽层的二次电缆，屏蔽层应两端接地，对于双屏蔽层的二次电缆，外屏蔽层两端接地，内屏蔽层宜在户内端一点接地。以上电缆屏蔽层的接地都应连接在二次接地网上

B. 各相电流线、各相电压线应分别置于同一电缆内，其中性线可不置于同一电缆内

C. 动力线、电热线等强电线路不得与二次弱电回路共用电缆

D. 不允许用电缆芯两端同时接地的方法作为抗干扰措施

答案：【B】

80. 线路保护电压切换（　）只切（　）电压，（　）电压由其他回路完成。（　）

A. 宜，保护和测量，计量和同期　　B. 宜，保护，测量、计量和同期

C. 应，保护和测量，计量和同期　　D. 应，保护，测量、计量和同期

答案：【B】

81. 断路器防跳功能（　）由（　）实现，断路器跳、合闸压力异常闭锁功能（　）由（　）实现。（　）

A. 应，断路器本体机构，应，断路器本体机构

B. 宜，操作箱，应，断路器本体机构

C. 应，断路器本体机构，宜，操作箱

D. 宜，断路器本体机构，应，断路器本体机构

答案：【D】

6.2 多选题

1. 运行中的电压互感器（TV）和电流互感器（TA），下列正确的是（　）。

A. TV铁芯中的磁感应强度比TA铁芯中的磁感应强度大很多

B. TV一次侧看进去的阻抗比TA一次侧看进去的阻抗大很多

C. TV二次侧看进去的阻抗比TA二次侧看进去的阻抗大很多

D. TV、TA的比误差、角误差均由励磁电流存在而产生

答案：【AB】

2. 造成电流互感器测量误差的原因是什么，下面说法正确的有（ ）。

A. 产生测量误差的原因一是电流互感器本身造成的，二是运行和使用条件造成的

B. 电流互感器本身造成的测量误差是由于电流互感器有励磁电流的存在，而励磁电流是输入电流的一部分，他不传变到二次测，故形成了变比误差

C. 励磁电流所流经的励磁支路是一个呈电感容性的支路，励磁电流和折算到二次侧的一次输入量不同相位，这是造成角度误差的主要原因

D. 运行和使用中造成的测量误差过大是电流互感器铁芯饱和和二次负载过大所致

答案：【ABD】

3. 下列关于电流互感器稳态误差的描述错误的是？（ ）

A. 增大励磁电流可以减小误差

B. 一次绕组串联可以减小误差

C. 减小二次负载可以增大误差

D. 将三角形接线改为星形接线可以减少误差

答案：【ABC】

4. 过电流保护两相两继电器的不完全星形连接方式，能反映（ ）。

A. 三相短路故障　　　　　　　B. 单相接地故障

C. 两相短路故障　　　　　　　D. 两相接地短路故障

答案：【AC】

5. 改进电流互感器饱和的措施通常为（ ）。

A. 选用二次额定电流较小的电流互感器　　B. 铁芯设置间隙

C. 减小二次负载阻抗　　　　　　　　　　D. 缩小铁芯面积

E. 采用两只完全相同的电流互感器并联使用

答案：【ABC】

6. 电流互感器的二次负载包括（ ）。

A. 二次设备（保护、表计、辅助设备等）的电流线圈的电阻

B. 二次电流电缆回路电阻

C. 电流互感器的二次线圈的电阻

D. 连接点的接触电阻

答案：【ABD】

7. 当一次电流过大电流互感器饱和时，稳态下二次电流的波形特点为（ ）。

A. 含有二次、三次谐波分量　　B. 波形缺损，数值下降

C. 从负到正过零点提前　　D. 含有非周期分量

答案：【ABC】

8. 电力系统短路故障时，电流互感器发生饱和，其二次电流波形特征是（ ）。

A. 波形失真，伴随谐波出现

B. 过零点提前，波形缺损

C. 一次电流越大时，过零点提前越多

D. 二次电流的饱和点可在该半周期内任何时刻出现，随一次电流大小而变

答案：【ABC】

9. 下列关于电流互感器饱和的描述正确的是？（ ）

A. 剩磁越大，饱和程度越深　　B. 一次时间常数越小，饱和程度越深

C. 故障初始角为90°饱和程度最严重　　D. TA暂态饱和时二次电流中有2次谐波

答案：【ACD】

10. TA饱和时二次电流特征有（ ）。

A. 故障瞬间，TA不能立即进入饱和区，此时二次电流与一次电流成正比

B. TA饱和后，二次电流与一次电流将呈非线性关系

C. TA饱和后，励磁阻抗减小，内阻降低，严重时内阻接近于0

D. TA饱和后，二次电流偏向时间轴一侧，含有大量奇数倍谐波分量

答案：【AC】

11. 在稳态对称短路电流（无非周期分量）下，影响互感器饱和的主要因素是（ ）。

A. 短路电流幅值　　B. 二次回路的阻抗

C. 电流互感器的工频励磁阻抗　　D. 电流互感器匝数比和剩磁

答案：【ABCD】

12. 电力系统发生短路故障时，电流互感器的一次电流中除交流分量电流外，还有非周期分量电流，就电流互感器饱和来说，下列正确的是（ ）。

A. 计及非周期分量电流后，铁芯容易饱和，且非周期分量电流衰减时间常数愈大愈易饱和

B. 计及电流互感器的剩磁后，电流互感器一定更易饱和

C. 在同样一次电流、变比下，电流互感器容量愈大愈不易饱和

D. 剩磁越大，TA 二次绕组续流越严重

答案：【ACD】

13. 电力系统短路故障，由于一次电流过大，电流互感器发生饱和，从故障发生到出现电流互感器饱和，称 TA 饱和时间 t_{sat}，下列说法正确的是（　）。

A. 减少 TA 二次负载阻抗使 t_{sat}减小

B. 减少 TA 二次负载阻抗使 t_{sat}增大

C. TA 剩磁越大，可使 t_{sat}减小

D. t_{sat}与短路故障时的电压相角无关

答案：【BC】

14. 从短路故障发生到电流互感器出现饱和为止，这一时间称电流互感器的饱和时间 t_{sat}。就电力系统中某一 P 级电流互感器来说，下列说法正确的是（　）。

A. 通过电流互感器的短路电流愈大，t_{sat}愈短

B. 二次负载阻抗愈小，t_{sat}愈长，但与电流互感器的容量大小无关

C. 电流互感器二次额流为 1A 时的 t_{sat}要比 5A 时的长

D. 由于 P 级互感器可能饱和，因此 500kV 母差保护不能使用该型互感器

答案：【AC】

15. 电力系统短路故障时，电流互感器饱和是需要时间的，饱和时间与下列因素有关（　）。

A. 电流互感器剩磁越大，饱和时间越长

B. 二次负载阻抗减小，可增长饱和时间

C. 饱和时间受短路故障时电压初相角影响

D. 饱和时间受一次回路时间常数影响

答案：【BCD】

16. 500kV 系统采用 TPY 型电流互感器，TPY 型带有较小的气隙显著影响其暂态性能和稳态性能，相比铁芯没有气隙的电流互感器的性能相比较，下面描述正确的有（　）。

A. 励磁电流大，TA 误差大

B. 剩磁大大减少，改善 TA 暂态性能

C. 二次开路电压大

D. 为避免饱和，在同一电流下，比闭路铁芯 TA 尺寸大

答案：【ABD】

17. 电流互感器在铁芯磁回路中留有气隙，可以使电流互感器（ ）。

A. 铁芯中的剩磁很快消失　　B. 测量 TA 达饱和的时间缩短

C. 到达饱和的时间延长　　D. 铁芯中的剩磁较慢消失

答案：【AC】

18. 关于电流互感器二次电流中的谐波电流，下列正确的是（ ）。

A. 变压器过电压、频率下降会导致变压器铁芯过励磁，于是会出现偶次谐波电流，并且也含有一定量的三次谐波电流

B. 电流互感器饱和时，二次电流中会出现二次、三次谐波电流

C. 变压器空载合闸时，会出现二次谐波电流分量，同时也含有一定量的三次谐波电流分量

D. 正常运行时电力系统的谐波电流主要来源是变压器的饱和产生，并且为奇次谐波

答案：【BD】

19. 下列对于电流互感器的一次额定电流应满足要求，描述正确的是（ ）。

A. 应大于所在回路可能出现的最大负荷电流，并考虑适当的负荷增长，当最大负荷无法确定时，可以取与断路器、隔离开关等设备的额定电流一致

B. 应能满足短时热稳定，动稳定电流的要求

C. 一次额定电流要满足正常运行测量仪表的误差范围，保护用的次级要满足 10%要求

D. 考虑到母差保护等使用电流互感器的需要，由同一母线引出的各回路、电流互感器的变比尽量一致

答案：【ABCD】

20. 下列关于电流互感器接入位置的描述，正确的是（ ）。

A. 保护用电流互感器应根据保护原理和保护范围合理选择接入位置，确保一次设备的保护范围没有死区

B. 当有旁路断路器而且需要旁代主变压器断路器等时，如有差动等保护则需要进行电流互感器的二次回路切换，这时既要考虑切换的回路要对应一次允许方式的变换，还要考虑切入的电流互感器二次极性必须正确，变比必须相等

C. 按照反措要求需要安装双母差保护的 220kV 及以上母线，其相应单元的电流互感器要增加一组二次绕组，其接入位置应保证任何一套母差保护运行时与线路、主变压器保护的保护范围有重叠，不能出现保护死区

D. 选用合适的准确等级，保护装置对准确度要求不高，但要求能承受很大的短路电流倍数

答案：【ABCD】

21. 为防范220kV及110kV电流互感器在暂态分量影响下迅速饱和带来的运行风险，对220kV及110kV电流互感器参数提出以下要求（ ）。

A. TA最大短路电流应低于额定准确限值一次电流的80%，最大短路电流的计算应综合考虑电网发展的情况，并保留一定裕度

B. TA的暂态系数应不小于2.0

C. TA额定二次极限电动势应大于实测拐点电压

D. 110kV及以上新建变电站应选用额定二次电流为1A的电流互感器

答案：【ABD】

22. 高电压、长线路用暂态型电流互感器是因为（ ）。

A. 短路过渡过程中非周期分量大，衰减时间常数大

B. 保护动作时间相对短，在故障暂态状时动作

C. 短路电流幅值大

D. 不易发生饱和

答案：【ABC】

23. 下列关于运行中的电压互感器（TV）和电流互感器（TA）说法正确的是（ ）。

A. TV铁芯中的磁感应强度比TA铁芯中的磁感应强度大很多

B. TV一次侧看进去的阻抗比TA一次侧看进去的阻抗大很多

C. TV二次侧看进去的阻抗比TA二次侧看进去的阻抗大很多

D. TV、TA的比误差、角误差均由励磁电流存在而产生

答案：【AB】

24. 减少保护用电压互感器的基本误差方法有（ ）。

A. 减小电压互感器线圈的阻抗

B. 减小电压互感器励磁电流

C. 减小电压互感器负荷电流

D. 减小电压互感器的负载

答案：【ABC】

25. 改善电容式电压互感器暂态响应的途径有（ ）。

A. 取消内部的调谐回路

B. 增设快速反应回路

C. 设置快速释放储能的回路

D. 应有良好的消谐回路

答案：【ABC】

26. 电压互感器开口三角形上电压，下列正确的是（ ）。

A. 正常运行时为相电压值，即 $100/\sqrt{3}$V

B. 35kV 系统中发生两相短路，其值为 100V 左右

C. 220kV 系统中发生单相接地时，其最大理论值可达 300V

D. 10kV 系统中发生单相接地，其值为 100V 左右

E. 220kV 系统发生单相接地，其值要高于 110kV 系统单相接地时之值

答案：【CD】

27. 引起 CVT 二次电压异常的主要原因，以下说法错误的是（　）。

A. 二次输出为零，可能是中压回路开路或短路，电容单元内部连接断开，或二次接线短路

B. 二次输出电压低。可能是电容器 C_1 有元件损坏，或电容单元低压端未接地

C. 二次输出电压高。可能是电容器 C_2 有元件损坏，二次过负荷或连接接触不良或电磁单元故障

D. 三相电压不平衡，开口三角有较高电压，设备有异常响声并发热，可能是阻尼回路不良引起自身谐振现象，应立即停止运行

答案：【BC】

28. 在超高压电网中的电压互感器可视为一个变压器，就零序电压来说下列正确的是（　）。

A. 超高压电网中发生单相接地时，一次电网中有零序电压，所以电压互感器二次星型侧出现零序电压

B. 电压互感器二次星型侧发生单相接地时，该侧出现零序电压，因电压互感器相当于一个变压器，所以一次电网中也有零序电压

C. 电压互感器二次星型侧发生单相接地时，该侧无零序电压，所以一次电网中也无零序电压

D. 电压互感器二次星型侧发生单相接地时，该侧有零序电压，而一次电网中没有零序电压

答案：【AD】

29. 某双母线接线形式的变电站，每一母线上配有一组电压互感器，母联开关在合入状态，该站某出线出口发生接地故障后，查阅录波图发现：无故障时两组 TV 对应相的二次电压相等，故障时两组 TV 对应相的二次电压很大不同，以下可能的原因是（　）。

A. TV 二次存在两个接地点　　B. TV 三次回路被短接

C. TV 损坏　　D. TV 二、三次中性线未分开接地

答案：【AB】

30. 某 330kV 线路保护装置交流电压回路 N 端未与电压互感器二次中性点相联而悬空。当系统运行正常时，保护测量到的三相电压是正确的；而在系统发生单相故障时（　）。

A. 故障相电压幅值比实际大　　B. 健全相电压幅值减小

C. 故障相电压幅值比实际小　　D. 健全相电压幅值增大

答案：【AB】

31. 接入两段母线电压的按间隔配置的合并单元，根据采集的双位置刀闸信息，进行电压切换。切换逻辑应满足（　）。

A. 当Ⅰ母刀闸合位，Ⅱ母刀闸分位时，母线电压取自Ⅰ母

B. 当Ⅰ母刀闸分位，Ⅱ母刀闸合位时，母线电压取自Ⅱ母

C. 当Ⅰ母刀闸分位，Ⅱ母刀闸分位时，母线电压为 0，并在 GOOSE 报文中报失压告警信号

D. 采集刀闸位置异常状态时报警

答案：【ABCD】

32. 下列情况中出现 2 次谐波的是（　）。

A. TA 稳态饱和时二次电流中有 2 次谐波

B. TA 暂态饱和时二次电流中有 2 次谐波

C. 发电机过励磁时差动电流中有 2 次谐波

D. 变压器过励磁时差动电流中有 2 次谐波

E. 变压器发生励磁涌流时，涌流中有 2 次谐波

F. 发电机励磁绕组不同地点发生两点接地

答案：【BEF】

33. 下列情况中出现 3 次谐波的是（　）。

A. TA 稳态饱和时二次电流中有 3 次谐波

B. TA 暂态饱和时二次电流中有 3 次谐波

C. 发电机过励磁时差动电流中有 3 次谐波

D. 变压器过励磁时差动电流中有 3 次谐波

E. 变压器发生励磁涌流时，涌流中有 3 次谐波

F. 转子回路两点接地时，通常情况下定子电压中有 3 次谐波

答案：【ABDE】

34. 就继电保护装置来说，检测到谐波电压或谐波电流的情况，正确的说法是（　）。

A. 变压器过电压时会出现 3 次、5 次谐波电流，并且过电压越高时 5 次谐波含量也越高

B. 变压器低频运行，会出现 3 次、5 次谐波电流

C. 电流互感器饱和时，二次电流中会出现 2 次、3 次谐波电流

D. 变压器空载合闸时，励磁涌流中主要含有 2 次谐波分量，同时也有一定量 3 次谐波分量

答案：【BC】

35. 微机保护做全检的项目有（　）。

A. 绝缘检验　　B. 告警回路检验　　C. 整组试验　　D. 打印机检验

答案：【ABCD】

36. 投入或经更改的电流回路应利用负荷电流进行哪些检验（　）。

A. 测量每相及零序回路的电流值

B. 测量各相电流的极性及相序是否正确

C. 定（核）相

D. 对接有差动保护或电流保护相序滤过器的回路，测量有关不平衡值

答案：【ABCD】

37. 以下不属于微机保护装置的判断控制回路断线的判据为（　）。

A. TWJ 不动作，经 500ms 延时报控制回路断线

B. HWJ 不动作，经 500ms 延时报控制回路断线

C. TWJ 和 HWJ 均不动作，经 500ms 延时报控制回路断线

D. TWJ 和 HWJ 均动作，经 500ms 延时报控制回路断线

答案：【ABD】

38. 下列哪些选项是正确的（　）。

A. 保护装置单点开关量输入，触点闭合时为“1”，触点断开为“0”

B. 智能站保护装置双点开关量输入，“00”为分位，“01”为合位

C. 智能站保护装置只设保护检修状态硬压板

D. 保护装置正常运行时，默认情况下电流、电压相关的数值显示为二次值，也可选择显示系统的一次值

答案：【AD】

39. 跳闸位置继电器与合闸位置继电器有（　）作用。

A. 可以表示断路器的跳、合闸位置

B. 可以表示断路器位置的不对应或表示该断路器是否在非全相运行状态

C. 在三相跳闸时去高频保护停信

D. 发出控制回路断线信号和事故音响信号

答案：【ABCD】

40. 静态保护装置应承受工频试验电压 500V 的回路有（　）。

A. 直流逻辑回路对高压回路　　B. 装置的交流电流互感器一次对地回路

C. 装置（或屏）的背板线对地回路　　D. 直流逻辑回路对地回路

E. 额定电压为 18～24V 对地回路

答案：【ADE】

41. 保护装置应承受工频试验电压 1000V 的回路有（　）。

A. 工作在 110V 或 220V 直流电路的各对地回路

B. 各对触点相互之间

C. 触点的动、静两端之间

D. 逻辑回路对地之间

答案：【ABC】

42. 保护装置应承受工频试验电压 2000V 的回路有（　）。

A. 装置的交流电压、电流互感器对地回路

B. 110V 或 220V 直流回路对地

C. 各对触点相互之间

D. 装置背板线对地回路

答案：【AD】

43. 所有导线的中间不允许有接头。每个端子的一个连接点上不允许连接超过两根的导线；连接两根导线，应将两根导线压接在一个端头后，再接入端子；对于（　）、（　）、和（　），一个端子的连接点只能连接一根导线，以确保连接可靠。（　）

A. 电流　　B. 电压　　C. 合闸回路　　D. 跳闸回路

答案：【ABD】

44.（　）之间应使用各自独立的电缆。

A. 交流电流和交流电压回路　　B. 不同交流电压回路

C. 交流和直流回路　　D. 强电和弱电回路

答案：【ABCD】

45. 保护装置整组传动验收时，应按照实际主接线方式，检验保护装置之间的相互配合关系和断路器动作行为正确，同时检验（　）及故障信息管理系统等信息正确。

A. 故障录波启动　B. 监控系统　C. 调度自动化系统 D. 继电保护

答案：【ABCD】

46. 出口继电器作用于断路器跳（合）闸线圈时，其触点回路中串入的电流自保持线圈应满足下列哪些条件（　）。

A. 自保持电流大于额定跳（合）闸电流的一半左右，线圈压降小于5%额定值

B. 出口继电器的电压启动线圈与电流自保持线圈的相互极性关系正确

C. 电流与电压线圈间的耐压水平不高于交流1000V、1miN的试验标准（出厂试验为交流2000V、1miN）

D. 电流自保持线圈接在出口触点与断路器控制回路之间。当有多个出口继电器可能同时跳闸时，应由防止跳跃继电器实现上述任务

E. 跳（合）闸出口继电器的触点不断弧

答案：【BE】

47. 对分相断路器，保护单相出口动作时，（　）情况应一致，其他两相不应动作。

A. 保护选相　　B. 出口压板

C. 操作箱指示　　D. 断路器实际动作情况

答案：【ABCD】

48. 断路器辅助接点和刀闸辅助接点在继电保护中的应用有（　）。

A. 提供保护开入　B. 作为状态判断　C. 控制逻辑构成　D. 用于控制回路灭弧

答案：【ABCD】

49. 微机线路保护装置对直流电源的基本要求是（　）。

A. 额定电压220/110V　　B. 允许偏差－15%～＋10%

C. 额定容量大于500安时　　D. 纹波系数不大于2%

答案：【ABD】

50. 用分路试停的方法查找直流接地有时查找不到，可能是由于（ ）。

A. 分路正极接地　　B. 分路负极接地

C. 环路供电方式合环运行　　D. 充电设备或蓄电池发生直流接地

答案：【CD】

51. 以下属于直流系统接地危害的是（ ）。

A. 直流系统两点接地有可能造成保护装置及二次回路误动

B. 直流系统两点接地有可能使得保护装置及二次回路在系统发生故障时拒动

C. 直流系统正、负极间短路有可能使得直流保险熔断

D. 直流系统一点接地时，如交流系统也发生接地故障，则可能对保护装置形成干扰，严重时会导致保护装置误动作

答案：【ABCD】

52. 某变电站有两套相互独立的220V直流系统，同时出现了直流接地告警信号，其中，第一组直流电源为正极接地；第二组直流电源为负极接地。现场利用拉、合直流保险的方法检查直流接地情况时发现：在当断开某断路器（该断路器具有两组跳闸线圈）的任一控制电源时，两套直流电源系统的直流接地信号又同时消失，以下说法正确的是（ ）。

A. 因为任意断开一组直流电源接地现象消失，所以直流系统可能没有接地

B. 第一组直流系统的正极与第二组直流系统的负极短接或相反

C. 两组直流短接后形成一个端电压为440V的电池组，中点对地电压为零

D. 每一组直流系统的绝缘监测装置均有一个接地点，短接后直流系统中存在两个接地点，故一组直流系统的绝缘监测装置判断为正极接地；另一组直流系统的绝缘监测装置判断为负极接地

答案：【ABCD】

53. 发生直流两点接地时，以下可能的后果是（ ）。

A. 可能造成断路器误跳闸　　B. 可能造成熔丝熔断

C. 可能造成断路器拒动　　D. 可能造成保护装置拒动

答案：【ABCD】

54. 继电保护使用直流系统在运行中的最低电压不低于额定电压的（ ），最高电压不高于额定电压的（ ）。（ ）

A. 80%　　B. 85%　　C. 110%　　D. 115%

答案：【BC】

55. 某220kV变电站有两套直流系统，均为220V。有一只电压继电器误接入第一组直流负极与第二组直流正极之间，有关参数如图6-4所示，关于两组直流母线的正、负对地电压计算正确的是（ ）。

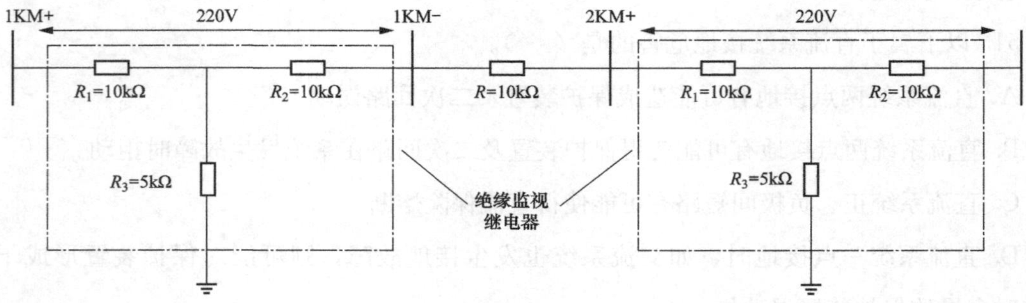

图6-4

A. $U_{1(+)}=183.3\text{V}$，$U_{1(-)}=-36.7\text{V}$　　B. $U_{1(+)}=176.3\text{V}$，$U_{1(-)}=-23.7\text{V}$

C. $U_{2(+)}=36.7\text{V}$，$U_{2(-)}=-183.3\text{V}$　　D. $U_{2(+)}=23.7\text{V}$，$U_{2(-)}=-176.3\text{V}$

答案：【AC】

56. 由开关场至控制室的二次电缆采用屏蔽电缆且要求屏蔽层两端接地是为了降低（ ）。

A. 开关场的空间电磁场在电缆芯线上产生感应，对静态型保护装置造成干扰

B. 相邻电缆中信号产生的电磁场在电缆芯线上产生感应，对静态型保护装置造成干扰

C. 本电缆中信号产生的电磁场在相邻电缆的芯线上产生感应，对静态型保护装置造成干扰

D. 由于开关场与控制室的地电位不同，在电缆中产生干扰

答案：【ABC】

57. 下列属于二次回路产生干扰电压的主要途径的是（ ）。

A. 静电耦合产生的干扰　　B. 电磁感应产生的干扰

C. 由地电位差而产生的干扰　　D. 无线电信号的干扰

答案：【ABCD】

58. 下列关于保护装置应具有的抗干扰措施，描述正确的是（ ）。

A. 交流输入回路与电子回路的隔离应采用带有屏蔽层的输入变压器（或变流器、电抗变压器等变换器），屏蔽层要直接接地

B. 跳闸、信号等外引电路要经过触点过渡或光电耦合器隔离

C. 保护装置强弱电平回路的配线要隔离

D. 装置与外部设备相连，应具有一定的屏蔽措施

答案:【ABCD】

59. 为提高继电保护装置的抗干扰能力，下列采取的措施描述正确的是（ ）。

A. 保护室内的等电位地网应与变电站主地网一点相连，连接点设置在保护室的电缆沟道入口处

B. 为保证连接可靠，等电位地网与主地网的连接应使用 2 根及以上，每根截面积不小于 $50mm^2$ 的铜排（缆）

C. 为保证连接可靠，等电位地网与主地网的连接应使用 4 根及以上，每根截面积不小于 $50mm^2$ 的铜排（缆）

D. 保护室内的等电位地网应与变电站主地网一点相连，连接点设置在保护室的电缆沟道拐弯处

答案:【AC】

6.3 判　断　题

1. 按电气性能要求，在保护和测量仪表回路中，电流回路的导线截面不应小于 $2.5mm^2$。

答案:【正确】

2. 交流电流二次回路使用中间变流器时，采用降流方式互感器的二次负载小。

答案:【正确】

3. 按照规程要求，电压互感器负荷最大时，电压互感器至保护和自动装置的电压降不得超过其额定电压的 3%。

答案:【正确】

4. 发电厂和变电站应采用铜芯控制电缆和绝缘导线，按机械强度要求，强电控制回路截面不应小于 $1.5mm^2$，弱电回路截面不应小于 $1.0mm^2$。

答案:【错误】

5. 热极限输出是指在额定一次电压下的温升不超过规定限值时，二次绕组所能供给的以额定电压为基准的视在功率值。

答案:【正确】

6. 在有些情况下，电流并不是准确的正弦函数（例如铁芯饱和），不能用电流的有效值（方均根值）和相量的相位来准确表示其误差，为此还定义了电流互感器的复合误差。

答案：【正确】

7. 保护用电流互感器（不包括中间电流互感器）的稳态比误差不应大于10%，必要时还应考虑暂态误差。

答案：【错误】

8. 电流互感器选型不正确，容易引起故障时的饱和，影响保护动作的正确性，因此依据故障发生10ms后，电流互感器发生暂态饱和对保护进行考核是合理的。

答案：【错误】

9. 接线系数是继电保护整定计算中的重要参数，对各种电流保护测量元件动作值的计算都要考虑接线系数，他是通过继电器的电流与电流互感器的二次电流之比。

答案：【正确】

10. TA饱和后，保护装置感受到的二次谐波含量比一次实际的二次谐波含量要大。

答案：【正确】

11. P级是一般保护用电流互感器，其误差只考虑稳态特性，不涉及暂态问题，也不计剩磁影响。

答案：【正确】

12. D级电流互感器是专门用于线路保护的特殊电流互感器。

答案：【错误】

13. 当电流互感器10%误差超过时，可用两种同级别同型号同变比的互感器串联，以减小电流互感器的负担。

答案：【正确】

14. 母线保护用的电流互感器，一般要求在最不利的区外故障条件下，误差电流不超过最大故障电流的10%，对中间变流器的误差，一般要求误差电流不超过最大区外故障电流的10%。

答案：【错误】

15. 电流互感器变比越小，其励磁阻抗越大，运行的二次负载越小。

答案：【错误】

16. 电流互感器在运行中二次侧严禁开路，空余的次级抽头应当短接起来。

答案：【错误】

17. 在电流互感器二次绕组接线方式不同的情况下，假定接入电流互感器二次导线电阻的阻抗均相同，而此计算负载以两相电流差接线最大。

答案：【正确】

18. 电力系统发生短路故障，某一电流互感器发生饱和，从故障发生到电流互感器饱和经过了一段时间，该时间称电流互感器的饱和时间。如果该电流互感器的剩磁很大，饱和时间会大大缩短。

答案：【错误】

19. 某电流互感器参数为：5P40，2500/1A，额定电阻性负荷15VA，二次绕组电阻5Ω，给定暂态系数取2，短路电流为20kA，电流互感器额定二次极限电势为1600V。

答案：【错误】

20. 电流互感器铁芯剩磁大小和二次回路负载的阻抗角无关。

答案：【错误】

21. 电流互感器极性端等于同名端，母线保护所用线路及主变压器电流互感器极性端必需指向母线。

答案：【错误】

22. 电流互感器的一次电流从星标端流入二次电流从星标端流出，由于励磁电流的存在，一次电流超前于二次电流。

答案：【错误】

23. 电流互感器的铁芯中引入小气隙，可基本消除电流互感器中的剩磁。

答案：【正确】

24. 对于电流互感器当一次侧并联时，TA变比变大；当一次侧串联时，TA变比变小。

答案：【正确】

25. 为减轻暂态饱和影响，220kV及110kV系统采用P类电流互感器的暂态系数应不小于2。

答案：【正确】

26. 多个二次设备共用同一交流电流回路时，应按保护、录波和安稳装置的顺序依次串接。

答案：【错误】

27. 电流互感器及电压互感器二次回路必须一点接地，其原因是为了人身和二次设备的安全。

答案：【正确】

28. 电压互感器二次承受负载功率因数0.8（滞后），负载容量不大于额定容量时，互感器能保证幅值与相位的精度。

答案：【正确】

29. 当电压互感器二次星形侧发生相间短路时，在熔丝或自动开关未断开以前，电压回路断相闭锁装置不动作。

答案：【正确】

30. 如果采用三相电压互感器，允许使用三相三柱式电压互感器。

答案：【错误】

31. 电容式电压互感器的稳态工作特性与电磁式电压互感器基本相同，暂态特性比电磁式电压互感器差。

答案：【正确】

32. 不管是大电流接地系统还是小电流接地系统，供同期用的电压都可以从电压互感器的二次绕组相间取得，也可以从三次绕组的一个绕组上取得。

答案：【错误】

33. 一般规定在电容式电压互感器安装处发生短路故障一次电压降为零时，二次电压要求20ms内下降到10%以下。

答案：【正确】

34. 电压互感器的二次回路通电试验时，为防止由二次侧向一次侧反充电，除应将二次回路断开外，还应取下电压互感器高压熔断器或断开电压互感器一次刀闸。

答案：【正确】

35. 采用三次谐波串谐回路与继电器线圈并联可以去除电压回路三次谐波。

答案：【错误】

36. 对具有双跳圈的断路器进行试验时应对两组跳闸线圈的极性进行验证。

答案：【正确】

37. 跳闸出口继电器的动作电压一般应为额定电压的55%～70%。

答案：【正确】

38. 常规站中，母差保护的出口回路可以直接接至断路器的跳闸线圈，使断路器跳闸。

答案：【错误】

39. 供给断路器跳、合闸和继电保护装置用的操作电源的电压，应不受系统故障和运行方式变化的影响。

答案：【正确】

40. 跳、合闸线圈的电压降均不小于电源电压的90%。

答案：【正确】

41. 防跳继电器的动作时间，不应大于跳闸脉冲发出至断路器辅助触点切断跳闸回路的时间。

答案：【正确】

42. 国产操作箱防跳继电器TBJ的电流起动线圈的额定电流，应根据合闸线圈的动作电流来选择，并要求其灵敏度高于合闸线圈的灵敏度。

答案：【错误】

43. 一继电器线圈标称直阻为340Ω，现测量该继电器线圈直阻值为310Ω，则这块继电器满足直阻误差要求。

答案：【正确】

44. 控制回路尽量不串接二极管等晶体管元件，当功能要求必须采用晶体管元件时，应确保其参数能满足可靠使用的要求，并有2～3倍的可靠系数。

答案：【错误】

45. 当监视灯的灯丝在其底座上短路时，跳合闸线圈上的电压应不足以使断路器动作，其裕度不小于1.3。

答案：【正确】

46. 为防止继电器等电感元件在切断感性电流时产生干扰电压，一般采用在感性元件两端并联串有电阻的反向二极管或在继电器接点上并联电容。

答案：【错误】

47. 在跳合闸回路中，串入断路器辅助接点是为了熄弧、防止烧继电器接点，在合闸回路串入常闭接点，在跳闸回路串入常开接点。

答案：【正确】

48. 防跳跃中间继电器应为快速中间继电器，其电流、电压线圈极化接线的正确性须通过整组联动试验证明。

答案：【正确】

49. 在相同的实际断路器跳闸电流下，防止跳跃继电器的动作时间应小于跳闸回路断路器辅助触点的转换（跳闸时断开）时间。

答案：【正确】

50. 操作箱的“压力低闭锁重合闸”开入回路应使用断路器操动机构压力低时断开的接点接入。

答案：【错误】

51. 为确保断路器辅助触点先于保护出口接点动作，保证出口继电器的接点不断弧，保护动作返回时间应展宽 10～30ms。

答案：【错误】

52. 在可能出现操作过电压的二次回路中，应采取降低操作过电压的措施，例如对电感大的线圈并联消弧回路。

答案：【正确】

53. 断路器的分闸时间是指从断路器接收到分闸命令起（即跳闸线圈通电起）到断路器的主触头完全分离为止的时间。

答案：【错误】

54. 保护装置整定的动作时间系指从向装置通入模拟故障量至断路器分闸的全部时间。

答案：【错误】

55. 保护装置直流电源正常运行时由所用电 380V 交流系统供电，所用电全停时才由直流系统蓄电池供电。

答案：【正确】

56. 在最大负荷情况下保护动作时，直流母线电压不应低于额定电压的 80%，最高不应超过额定电压的 110%。

答案：【错误】

57. 220、110V 直流系统中绝缘检测对地绝缘电阻报警值应设置为 25、15kΩ。

答案：【正确】

58. 查找直流接地使用仪表检查时，所采用仪表的内阻不应低于 1000Ω/V。

答案：【错误】

59. 直流系统中保护电气的选择性配合原则应符合下列要求，熔断器装设在直流断路器上一级时，熔断器额定电流应为直流断路器额定电流 1.5 倍及以上。

答案：【错误】

60. 控制熔断器的额定电流应为最大负荷电流的 2 倍。

答案:【错误】

61. 逐步将现有运行的所有熔断器更换为直流专用断路器。直流断路器各级配合时，应考虑之间级差。

答案:【错误】

62. 对装置的直流熔断器或自动开关及相关回路配置的基本要求应不出现寄生回路，并增强保护功能的冗余度，信号回路应由专用的直流熔断器或自动开关供电，不得与其他回路混用。

答案:【正确】

63. 蓄电池在进行 100%容量放电校核过程中，电池组中任一节端电压必须大于 1.8V，否则应立即停止。

答案:【正确】

64. 蓄电池在进行 100%容量放电校核过程中，电池组中任一节端电压必须大于 1.8V，但 10 小时放电容量未达到可以继续放电，以达到校核的目的。

答案:【错误】

65. 逆变电源装置运行维护时可只测量额定电压下的各级输出电压、纹波数值。

答案:【正确】

6.4 问 答 题

1. 请说明某一型号为 5P20、变比为 1200/1、额定负荷为 25VA 的电流互感器的含义?

答：他表示当一次流过 1200×20=24000A 正弦波电流，互感器内阻与二次负荷载之和为 25Ω（$25/1^2$）时互感器的复合误差不大于 5%。

2. 试画出运行中电流互感器二次侧开路时，其一次电流、铁芯磁通和二次电压的波形。

答：答案见图 6-5。

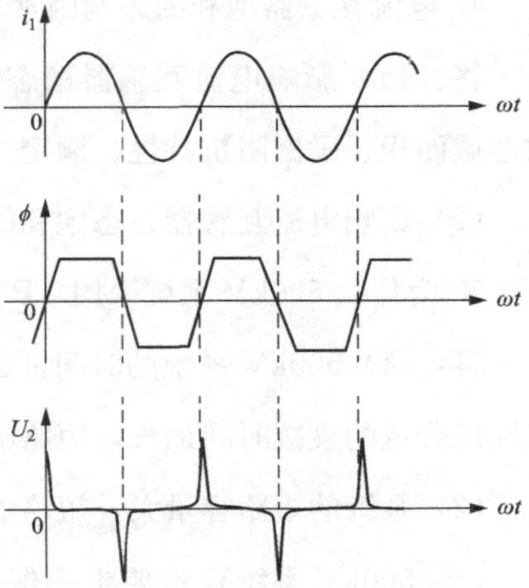

图 6-5

3. 如图 6-6 所示，某电流互感器按不完全星形接线，从 A、C 和 A、N 处测得二次回路阻抗 $Z=3.46\Omega$，设变比为 600/5，一次通过最大三相短路电流为 9160A，如测得该电流互感器某点伏安特性如下表所示。请回答该 TA 是否可以继续使用。

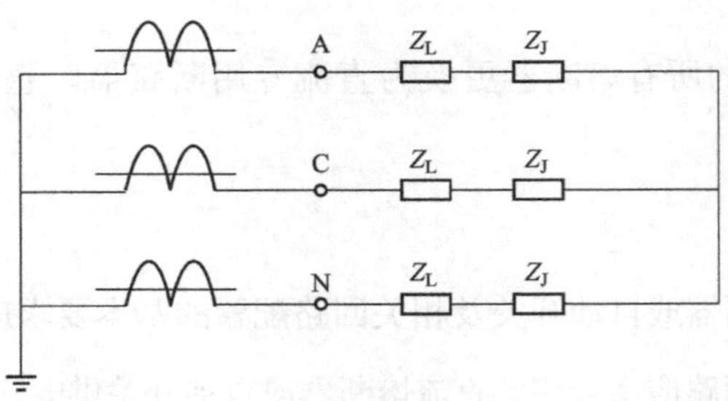

图 6-6

表 6-1

电流/A	0.02	0.04	0.08	0.10	0.50
电压/V	42	78	157	165	170

答：

$$Z_{FHA}=\left|\frac{I_A(Z_L+Z_J)+(I_A+I_C)(Z_L+Z_J)}{I_A}\right|$$
$$=\left|(2+e^{j120})(Z_L+Z_J)\right|=\sqrt{3}\times\frac{3.46}{2}=3\Omega$$

从该 TA 伏安特性数据表可以看出 TA 饱和拐点电压约 160V。三相短路故障电流折算到二次侧为 9160/120＝76.3A，由于（76.3－0.1）×3＝228V 大于 160V。所以 TA 不合格。

4. 电流互感器饱和的影响因素有哪些？

答：（1）影响电流互感器稳态饱和的因素有一次电流大小、TA 变比、二次负载大小、铁芯截面积、励磁阻抗特性、额定二次绕组容量等。

（2）影响电流互感器暂态饱和的因素有剩磁、一次时间常数、二次时间常数等。

5. 为什么 500kV 系统采用 TPY 型电流互感器？

答：（1）500kV 系统的时间常数在 80～200ms 之间，系统时间常数增大，导致短路电流非周期分量的衰减时间加长，短路电流的暂态持续时间加长；

（2）系统的短路容量大，短路电流的幅值也大；

（3）500kV 系统稳定要求主保护动作时间一般在 20ms 左右，总得切除故障时间小于 100ms，系统的主保护是在故障的暂态过程中动作的；

(4) 该型电流互感器铁芯设置一定的非磁性间隙，限制了剩磁。

6. 为什么说在高压系统中TV反充电的后果特别严重？电压切换回路采取什么措施防止反充电？

答：(1) 因为从TV低压侧看过去，阻抗很低，反充电时，运行TV近似二次短路，使TV二次熔断器（或空气开关）动作而失压，影响所有保护的正常运行，甚至误动作；

(2) 如果此时有人在TV高压侧作业，极可能造成人身事故。

措施：电压切换装置的启动受TV隔刀辅助接点的控制，及TV低压侧出线受TV隔刀辅助接点的控制。

7. 为什么要限制电压互感器的二次负荷，电压互感器二次熔丝（或快分开关）应如何选择？

答：(1) 电压互感器的准确等级是相对一定的负荷定的，增加电压互感器的二次负荷，二次电压会降低，其测量误差增大。同时增加负荷会使电压互感器至控制室的二次电缆压降也相应增大。

(2) 熔断器的熔丝必须保证在二次电压回路内发生短路时，其熔断的时间小于保护装置的动作时间；

(3) 熔断器的容量应满足在最大负荷时不熔断，一般电压互感器的二次侧熔丝（快分开关）应按最大负荷电流的1.5倍选择。

8. 电流互感器TA饱和分为稳态饱和和暂态饱和，请问两者的区别和饱和的特点？

答：(1) 稳态饱和：当电流互感器通过的稳态短路电流产生的二次电动势超过一定值时，互感器铁芯将开始出现饱和。稳态饱和多因TA选型不合适或者短路电流过大而引起，不会自行消失。饱和特点：畸变的二次电流呈脉冲形，正负半波大体对称，畸变开始时间较短，二次电流有效值将低于未饱和情况。谐波分量以3、5、7次等奇次谐波为主。

(2) 暂态饱和：短路电流中含有非周期分量和铁芯存在剩磁而引起的暂态饱和。短路电流一般含有非周期分量，这将使电流互感器的传变特性非常严重，原因为电流互感器的励磁特性是按工频设计的，在传变非周期分量时，铁芯磁通（励磁电流）需要大大增加。暂态饱和多由衰减直流或者TA剩磁引起，在暂态分量逐渐衰减后，饱和逐渐消失。饱和特点：二次电流波形是不对称的，开始饱和的时间较长。但铁芯有剩磁时，将加重饱和程度和缩短开始饱和的时间。谐波分量除了3、5、7次等奇次谐波，还有直流、2次等偶次谐波。

9. TV铁磁谐振的机理、波形特征及抑制措施？

答：铁磁谐振存在与采用电磁感应原理进行电压传变的TV中，二次电压波形中出现某相幅值降低、其余两相升高为接近线电压，且三相间轮流变化；某相电压出现倍频的畸形波形等。

铁磁谐振的机理是由于TV的励磁电抗进入非线性区，在开关操作、接地故障或稳定的直流分量情况下，出现励磁电抗与系统电容或断路器断口电容之间出现谐振点的情况，导致电压波形发生畸变。谐振会出现振动、声音异响及发热现象，并产生过电压，对TV的危害大。同时励磁绕组上流过较大电流，会烧断一次绕组或熔断器。铁磁谐振类型常遇到的有三倍频谐振、基频谐振和1/2分频谐振。频率越高过电压越大，频率越低过电流越大。

选用励磁特性好的TV是解决谐振问题的重要措施，但实际工程中，由于外部母线、线路的电容均会变化，因此考虑在回路中增加阻尼回路，使得谐振快速衰减，是通用的做法。具体的，包括在高压侧中性点接电阻接地，或者在TV二次绕组接阻尼负载。

10. 简述220kV线路、母联、主变压器间隔TA单侧配置时，当断路器与TA之间死区发生故障，分别由哪些保护动作切除故障。

答：线路间隔死区：由母线差动保护动作后启动远跳对侧切除或对侧线路后备保护切除；

母联间隔死区：并列运行时，由死区保护或母联失灵切除故障；

主变压器间隔死区：主变压器跳闸后启动失灵，由母线失灵联跳相邻线路并联跳三侧。

11. 根据反措要求“跳闸出口继电器的启动电压在直流额定电压的55%～70%之间。”请结合图6-7分析为什么启动电压不得低于50%U_e。

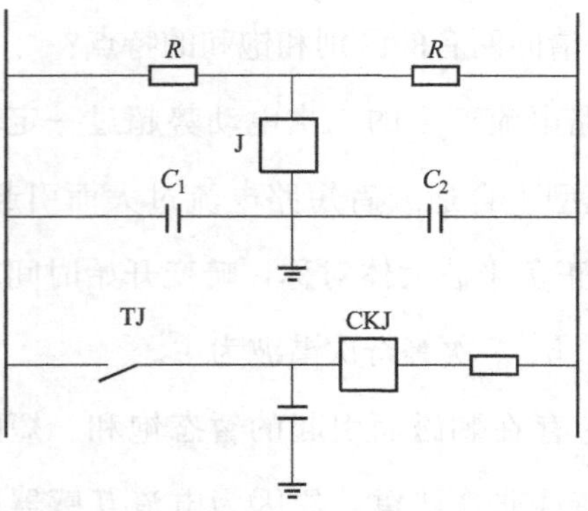

图6-7

答：正常运行时，正负控制母线对地绝缘电阻相等，这时，在抗干扰电容以及蓄电池正负极的对地电容上的充电电压为50%U_e。如果在出口继电器CKJ的正电源侧接地，接于负电源侧的抗干扰电容C将通过两个接地点沿着虚线对CKJ放电，当C的容量足够大并CKJ的动作电压小于50%U_e时，CKJ将动作跳闸。由于变压器、电抗器瓦斯保护动作的中间继电器从场地到控制室的电缆较长，电容量很大，当出现直流正极接地时，更容易误动。

12. 在图 6-8 示的电路中 K 点发生了直流接地，试说明故障点排除之前如果接点 A 动作，会对继电器 ZJ2 产生什么影响（注：图中 C 为抗干扰电容，可不考虑电容本身的耐压问题；ZJ2 为快速中间继电器）？

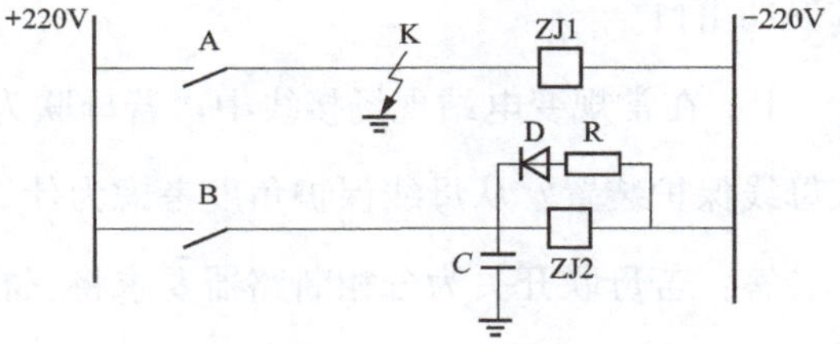

图 6-8

答：(1) 接点 A 动作之前，直流系统为负接地，直流系统的负极对地电位为 0V；正极对地电位为 220V，且电容 C 上的电位也为 0V；

(2) 接点 A 动作之后，直流系统瞬间便转为正接地，正极对地电位由 220V 转为 0V；负极对地电位由 0V 转为－220V；

(3) 由于抗干扰电容上的电位不能突变，因此在直流系统由正接地转为负接地之后，电容 C 上的电位不能马上转变为－220V，并通过继电器 ZJ2 的线圈对负极放电；

(4) 继电器 ZJ2 为快速继电器，有可能在电容 C 的放电过程中动作。

13. 某 220kV 开环线路由一侧充电运行，线路两侧均非智能变电站。正常运行中，为防止线路开环一侧断路器误合闸，运行人员将该断路器压力释放，并解除开关自动打压的功能，其余设备及保护装置均运行正常。请问线路纵联保护是否能正确动作，为什么？

答：不能，开环充电运行线路的纵联保护正确动作需要开关跳闸位置开入。若将开关压力释放后，串在合闸回路中的常闭压力接点将打开，合闸回路断开，串在合闸回路的跳闸位置继电器失磁，线路纵联保护将不能感受开关断开状态，纵联将拒动。

14. 如果 220kV 线路保护为常规配置，线路保护要求引入断路器的位置接点，保护根据接点闭合判断线路处于分闸状态，但实际接线时却将要求引入的常闭接点接成了常开接点（如为一个半断路器接线，两个断路器的位置接点也同时接错），调试时也没有及时得以纠正，而将该线路投入运行，保护装置也没有不正常指示。请问：

(1) 保护这样投入运行，可能会影响线路保护中的哪些保护功能（判别）（至少说出 4 种影响）？

(2) 在区外故障（包括正方向区外故障与反方向故障），该线路保护可能会怎样反应？简述理由。

答：(1) 会影响线路保护中的 TA 断线检测、TV 断线检测、合于故障（或合闸加速）保护投入判别、非全相运行判别、弱馈回路判别（跳闸位置发信/停信）；

(2) 在区外故障时，会使合于故障保护误动作，因为在保护启动时，保护会通过辅助接点输入判断出断路器刚被跳开，而开始投入合于故障保护。合于故障保护一般带偏移，且保护范围远大于本线路全长（即能反映正方向的区外故障及反方向的故障），因而可能会造成其误动出口。

15. 在常规变电站现场接线中，若母联为分相断路器，各相的常开、常闭接点应怎样接入母线保护装置？从母线保护角度考虑为什么采用这种方法？

答：若母联开关为分相断路器要求将三相常开接点并联，将三相常闭接点串联。一般情况下母线保护装置仅当母联常闭接点合且常开接点断时才认为母联开关分列运行，此时母联电流不计入小差回路。由于母线保护是分相计算差流，母联开关必须各相都断开，才能将母联电流退出小差。这样常闭接点串联、常开接点并联才能保证母联开关有一相合，都为合，必须三相都断开才为断。

16. 某双母线接线的220kV站110kV出线三相故障，线路保护正确动作的同时，站内一路直流总控制电源断开，且该直流电源为站内220kV母线电压切换回路（非保持回路接线）的电源，造成该站220kV线路距离保护动作跳闸，本站全停，简述220kV线路跳闸的原因。

答：110kV出线三相近区故障，造成系统电压下降，同时站内一路直流总控制电源断开，造成挂在1号直流母线上的负荷失电，使得220kV电压公用回路中电压切换继电器失磁，220kV保护电压回路失压。在区外故障时，220kV线路保护已经启动，不再进入TV断线闭锁程序，因220kV线路保护的相间距离Ⅲ段原理固定反偏包原点，距离Ⅲ段出口动作，跳开220kV线路的开关。

17. 某110kV线路保护装置零序电流频繁启动，同时伴随有TA断线告警信号，查看装置采样，三相电流为$I_a=1.5A$、$I_b=1.5A$、$I_c=1.0A$，$3I_0=0.5A$，装置显示各相电流相序正常。请说出你的处理思路。

答：首先要区分是一次系统电流不平衡造成还是二次系统的问题造成，譬如核对测控三相电流、该线母差保护中的三相电流、线路对侧装置三相电流等。确定为二次问题后，应主要查的几个方面：TA特性、二次线、装置采样计算。应体现先后顺序。

（1）C相电流互感器传变特性异常。可通过对互感器伏安特性、变比、绝缘、直流电阻测试，将测试结果与原始记录进行对比来发现问题，但是运行中的电流互感器特性突然变坏的可能性不大，该项检查可放在最后进行；

（2）电流互感器至保护装置二次电流回路检查。1）二次电流回路外观检查，有无放电、灼烧等异常痕迹，查相与相之间、相与地之间是否有异物搭碰。2）全回路绝缘测试，测试芯对地、芯对芯绝缘，绝缘水平应满足检验规程的标准。应尽可能将测试范围从互感器接线盒到保护装置背板的电流二次回路全部包含进去，检查是否存在两点接地。3）C 相互感器二次全回路负载测试，与原始记录比较，查 C 回路负载是否有明显增大现象；

（3）保护装置检查。1）保护装置交流采样系统硬件故障，更换采样板。2）保护装置软件计算错误。更换 CPU。

18. 如图 6-9 所示，已知直流电源电压 $U=220\text{V}$，正极绝缘电阻 $R_1=500\text{k}\Omega$，负极绝缘电阻 $R_2=100\text{k}\Omega$，$R=1\text{k}\Omega$，在 a 和 b 两点之间接入高灵敏度电流继电器 KMT。当 $R_K=30\text{k}\Omega$ 时，或 $R_K=20\text{k}\Omega$ 时，分别计算通过高灵敏度电流继电器的电流 I_K。

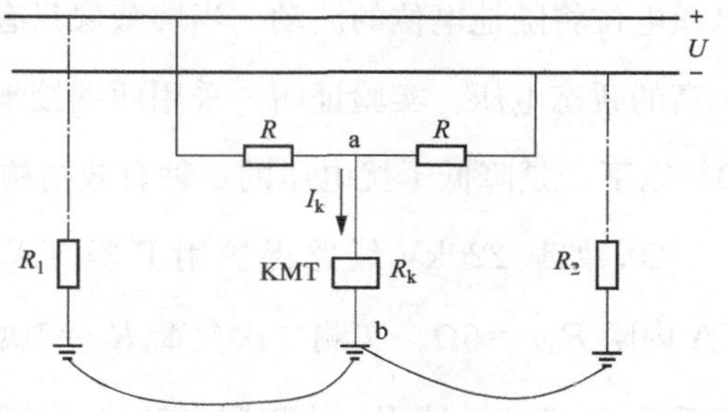

图 6-9

答：根据戴维南定理，从 ab 端看进去的内阻 $R_{内}=\dfrac{R}{2}+\dfrac{R_1R_2}{R_1+R_2}$，

ab 端的开路电压 $U_{ab}=\dfrac{U}{2}-\dfrac{UR_2}{R_1+R_2}=\dfrac{U(R_1-R_2)}{2(R_1+R_2)}$

则流过电流继电器线圈的电流为：

$$I_K=\frac{U_{ab}}{R_K+\dfrac{R}{2}+\dfrac{R_1R_2}{R_1+R_2}}=\frac{U(R_1-R_2)}{(2R_K+R)(R_1+R_2)+2R_1R_2}$$

当 $R_K=30\text{k}\Omega$ 时，$I_K=0.664\text{mA}$；当 $R_K=20\text{k}\Omega$ 时，$I_K=0.706\text{mA}$。

这说明电流继电器必须选用高内阻的继电器，从而降低电流继电器的动作电流，提高该装置直流系统一点接地时的灵敏度。

19. 怎样理解在 220kV 及以上电压等级变电站中，所有用于联接由开关场引入控制室继电保护设备的电流、电压和直流跳闸等可能由开关场引入干扰电压到基于微电子器件的继电保护设备的二次回路，都应当采用带屏蔽层的控制电缆，且屏蔽层在开关场和控制室两端同时接地。

答：（1）当控制电缆为母线暂态电流产生的磁通所包围时，在电缆的屏蔽层中将感应出屏蔽电流，由屏蔽电流产生的磁通，将抵消母线暂态电流产生的磁通对电缆芯线的影响，因此控制电缆要进行屏蔽；

（2）为保证设备和人身的安全，避免一次电压的串入，同时减少干扰在二次电缆上的电压降，屏蔽层必须保证有接地点；

(3) 屏蔽层两端接地，可以降低由于地电位升产生的暂态感应电压；

(4) 当雷电经避雷器注入地网，使变电站地网中的冲击电流增大时，将产生暂态的电位波动，同时地网的视在接地电阻也将暂时升高。当控制电缆在上述地电位升的附近敷设时，电缆电位将随地电位的波动。当屏蔽层只有一点接地时，在非接地端的导线对地将可能出现很高的暂态电压。实验证明：采用两端接地的屏蔽电缆，可以将暂态感应电压抑制为原值的10%以下，是降低干扰电压的一种有效措施。

20. 如某220kV线路保护用P类TA参数为：低漏磁特性，1250/1A，20VA，5P30，TA内阻$R_{TA}=6\Omega$。实测二次负荷$R_b=10\Omega$，最大短路电流按35kA计算，按规程规定，暂态系数K_s取2。请用二次极限电动势法验算该TA是否满足保护要求？如不满足要求该如何解决（至少2种不同类的方法）？如满足要求，二次负荷最大为多少？（提示：TA拐点电压要大于保护需要的电动势）

答：保护感受的电流倍数K_{pcf}：35/1.25=28

TA额定极限电动势：

$$E_{s1}=K_{alf}\times(R_{TA}+R_{bn}/I_{n2})\times I_n=30\times(6+20/1)\times 1=780V$$

保护要求的二次电动势：

$$E_s=K_s\times K_{pcf}\times(R_{TA}+R_b)\times I_n=2\times 28\times(6+10)\times 1=896V$$

因$E_{s1}<E_s$，所用TA不满足保护误差要求。

解决：(1) 降低TA二次负担；如降为8Ω以下

(2) 更换TA，增大准确限值系数K_{alf}，如提高为5P40

(3) 更换TA，增大额定二次负荷，如改为30VA。

21. 如何利用断开一相工作电压，分别在A、B、C三相通入工作电流的方法来检验负序功率方向继电器接线的正确性？

答：(1) 测出负荷电流和相应的工作电压的正确相位；

(2) 断开继电器一相电压，并将断开相的端子U_N相连，以模拟负序电压U_2，如断开A相，则$\dot{U}_2=-\frac{1}{3}\dot{U}_a$；

(3) 分别加入继电器一相电流，将其他两相电流回路短接并与继电器断开，以观察继电器的动作情况；

(4) 利用A、B、C相负荷电流，分别求出相应的负序电流及相位。如通入A相电流时，

其 $\dot{I}_2=\frac{1}{3}(\dot{I}_a+\dot{I}_b+\dot{I}_c)=\frac{1}{3}\dot{I}_a$；同理，通入B相电流时 $\dot{I}_2=\frac{1}{3}\dot{I}_b$；通入C相电流时 $\dot{I}_2=\frac{1}{3}\dot{I}_c$；

（5）以模拟出的 U_2 为基准，绘出负序功率方向继电器的动作特性图，然后将第（4）项所得的负序电流分别绘到功率方向继电器的特性图上，以分析继电器的动作情况。如果继电器的动作情况与分析所得的结果相符，则认为接线正确。

如以断开A相电压求出的负序电压以为基准绘出的负序功率方向继电器的动作特性如图6-10（假定线路只送有功），由图可知，分别通入A、C相电流时继电器动作，通入B相电流时继电器不动作。

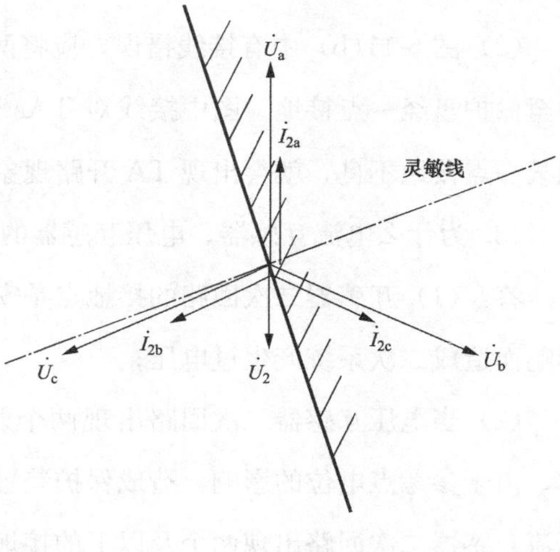

图 6-10

22. 电压互感器二次绕组和辅助绕组接线以及电流回路二次接线如图6-11所示。问：

（1）图6-11（a）中电压互感器二次绕组和辅助绕组接线有何错误？为什么？

（2）图6-11（b）中电流回路二次接线有何错误？为什么？

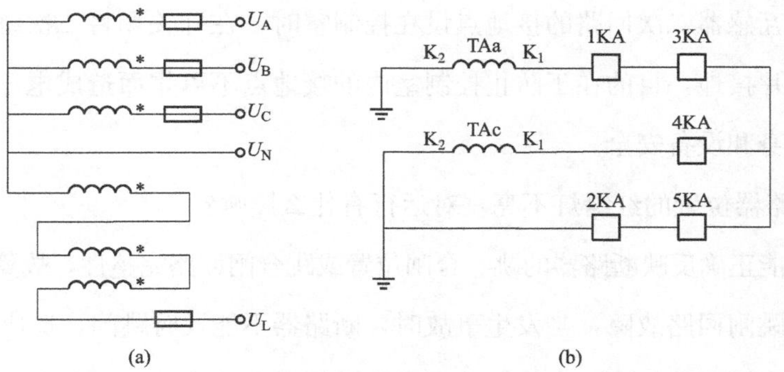

图 6-11

答：（1）图6-11(a) 中接线错误有两处，二次绕组零线和辅助绕组零线应分别独立从开关场引线至控制室后，在控制室将两根零线接在一块并可靠一点接地。

对于图中接线，在一次系统发生接地故障时，开口三角 $3U_0$ 电压有部分压降落在中性线电阻上，致使微机保护的自产 $3U_0$ 因含有该部分压降而存在误差，零序方向保护可能发生误动或拒动；开口三角引出线不应装设熔断器，因为即便装了，在正常情况下，由于开口三角无压，两根引出线间发生短路也不会熔断起保护作用，相反若熔断器损坏而又不能及时发现，在发生接地故障时，$3U_0$ 又不能送到控制室供保护和测量使用。

(2) 图 6-11(b) 中有接线错误，应将两个互感器的 K_2 端在本体处短接后，用一根导线引至保护盘经一点接地。图中接线对 TAa 来说是通过两个接地点和接地网构成回路，若出现某一点接地不良，就会出现 TA 开路现象。同时也增加了 TAa 的二次负载阻抗。

23. 为什么电流互感器、电压互感器的电气二次回路都必须且只能有一点接地？

答：(1) 互感器二次回路的接地点是安全接地，防止由于互感器及二次电缆对地电容的影响而造成二次系统产生过电压；

(2) 当电压互感器二次回路出现两个及以上的接地点，则将在一次系统发生接地故障时，由于参考点电位的影响，造成保护装置感受到的二次电压与实际故障相电压不对应；当电流互感器二次回路出现两个及以上的接地点，则将在一次系统发生接地故障时，由于存在分流回路，使通入保护装置的零序电流出现较大偏差；

因此，为防止保护装置在系统发生接地故障时不正确动作，无论是电压互感器还是电流互感器其二次回路均不能出现两个及以上的接地点。

24. 为什么未在开关场接地的电压互感器二次回路，宜在电压互感器端子箱处将每组二次回路中性点分别经放电间隙或氧化锌阀片接地？

答：当电压互感器二次回路的接地点设在控制室时，在开关场将二次绕组中性点经放电间隙或氧化锌阀片接地，目的在于防止控制室内的接地点不可靠而造成电压互感器二次回路过电压，危及人身和设备安全。

25. 指示断路器位置的红绿灯不亮，对运行有什么影响？

答：(1) 不能正确反映断路器的跳、合闸位置或跳合闸回路完整性，故障时造成误判断；

(2) 如果是跳闸回路故障，当发生事故时，断路器不能及时跳闸，造成事故扩大；

(3) 如果是合闸回路故障，会使断路器事故跳闸后自投失效或不能自动重合；

(4) 跳、合闸回路故障均影响正常操作。

6.5 计 算 题

1. 设 110kV 母线处额定电压运行，该母线上的各序阻抗有如下关系：$Z_{\Sigma1}=Z_{\Sigma2}$、$Z_{\Sigma0}=0.5Z_{\Sigma1}$（序阻抗角相等）当母线上发生单相金属性接地时，求 TV 二次负序相电压、开口三角形上电压。

答：(1) TV二次负序相电压

$$U_{2\varphi}\ \frac{Z_{\Sigma2}}{Z_{\Sigma1}+Z_{\Sigma2}+Z_{\Sigma0}}\times\frac{110}{\sqrt{3}}\times\frac{100/\sqrt{3}}{110/\sqrt{3}}=\frac{1}{2.5}\times\frac{100}{\sqrt{3}}=23.1\text{V}$$

(2) 开口三角形上电压

$$U_{开口}\ \frac{Z_{\Sigma0}}{Z_{\Sigma1}+Z_{\Sigma2}+Z_{\Sigma0}}\times\frac{110}{\sqrt{3}}\times\frac{100}{110/\sqrt{3}}\times3=\frac{0.5}{2.5}\times300=60\text{V}$$

2. 变比为1000/5、5P20、25VA的电流互感器，二次绕组电阻测得$R_{in}=1.4\Omega$，在不计二次绕组漏抗、不计铁芯未饱和时的励磁电流情况下，要求TA暂态系数满足2倍要求，当二次负载阻抗$R_{loa}=2\Omega$时，稳态下综合误差不超过该电流互感器允许值（5%）的最大一次电流为多少？

答：(1) 额定二次阻抗 $R_{2N}=\frac{25}{5^2}=1\Omega$

(2) 二次侧的饱和电势（综合误差5%时）

$$E_{2.\text{sat}}=mI_{1N}(R_{in}+R_{2N})\frac{I_{2N}}{I_{1N}}=20\times5\times(1.4+1)=240\text{V}$$

(3) $R_{loa}=2\Omega$ 时，二次电势

$$E_2=I_1(R_{in}+R_{loa})\frac{I_{2N}}{I_{1N}}=I_1\times(1.4+2)\times\frac{5}{1000}=\frac{17}{1000}I_1$$

(4) 为保证误差不超过允许值，$2E_2\leqslant E_{2.\text{sat}}$，即$2\times\frac{17}{1000}I_1\leqslant240$，则

$$I_{1.\max}=\frac{240\times1000}{17\times2}=7059\text{A}$$

3. 如图6-12所示电压互感器具二次额定线电压等于100V，各负载均相等。在测量线电压时发现下述两种情况，请通过计算分析，电压互感器二次绕组发生何种故障？（二次电缆阻抗忽略不计）

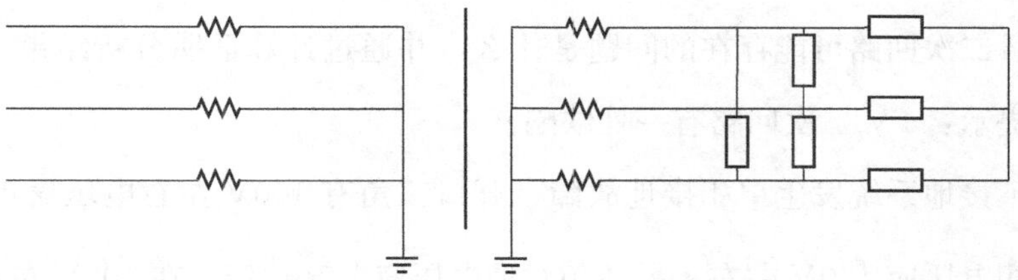

图 6-12

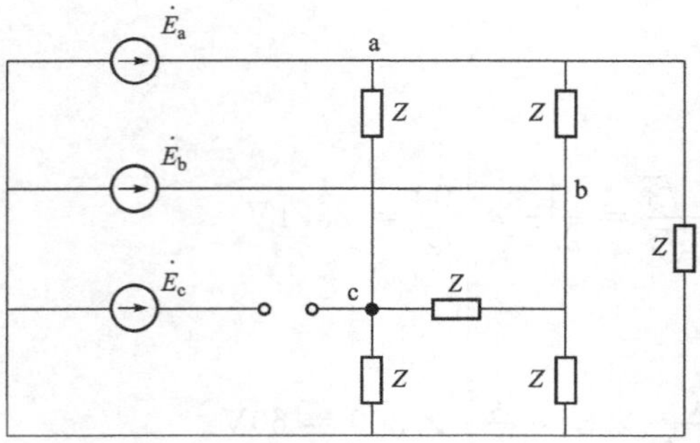

图 6-13

(1) $U_{ab}=100\angle 30°$，$U_{bc}=50.89\angle -139°$，$U_{ca}=50.89\angle -161°$。

(2) $U_{ab}=28.85\angle 0°$，$U_{bc}=0°$，$U_{ca}=28.85\angle 180°$。

答：(1) C 相熔断器熔断。图 6-13 为此时的等值电路。

图中

$$\dot{E}_a=100/\sqrt{3}\angle 0°,\quad \dot{E}_b=100/\sqrt{3}\angle -120°,\quad \dot{E}_c=100/\sqrt{3}\angle 120°$$

由图 6-13 可以得到

$$\dot{U}_a=100/\sqrt{3}\angle 0°\text{V},\quad \dot{U}_b=100/\sqrt{3}\angle -120°\text{V}$$

$$\dot{U}_c=(100/\sqrt{3})/3\angle -120°=19.23\angle -60°\text{V}$$

$$\dot{U}_{ab}=100\angle 30°\text{V},\quad \dot{U}_{bc}=50.89\angle -139°\text{V},\quad \dot{U}_{ca}=50.89\angle -161°\text{V}$$

与题设一致。

(2) B、C 相熔断器熔断。图 6-14 为此时的等值电路。

由图 6-14 可以得到

$\dot{U}_a=100/\sqrt{3}\angle 0°$

$\dot{U}_b=\dot{U}_c=(100/\sqrt{3})/2=28.85\angle 0°$

$\dot{U}_{ab}=(100/\sqrt{3})/2=28.85\angle 0°\text{V}$

$\dot{U}_{bc}=0\text{V}$，$\dot{U}_{ca}=28.85\angle 180°\text{V}$

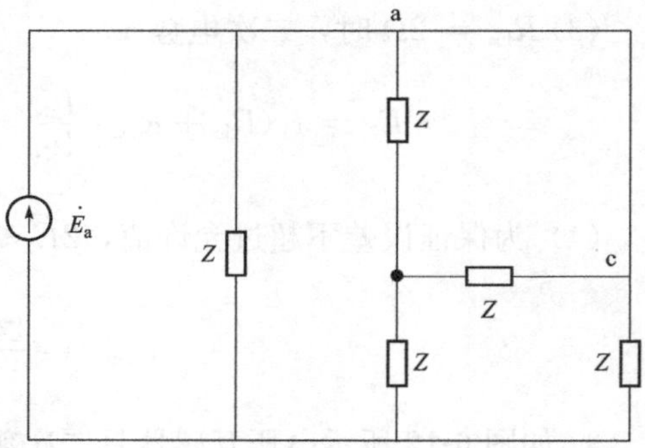

图 6-14

4. 某不接地系统发生单相接地故障，测量母线 TV 二次开口三角电压约为 100V（二次额定值：100/3V），星形绕组每相对地电压均在 58V 左右（二次额定值 57.74V）。试分析：

(1) 正确的电压幅值应该是多少？

(2) 该 TV 二次回路可能存在的问题是什么，并通过计算证明分析结果（TV 二次三相负载相同）。(提示：TV 二次回路有一处缺陷)

答：(1) 不接地系统发生单相接地故障，开口三角有 100V 左右电压属正常现象，但是星型绕组故障相电压应为 0V 左右，另两相对地电压应上升$\sqrt{3}$倍，在 100V 左右。

(2) 现三相对地电压幅值存在异常，可能为 TV 二次星形绕组中性线断线引起。

假设系统发生B相接地故障，分析如下：

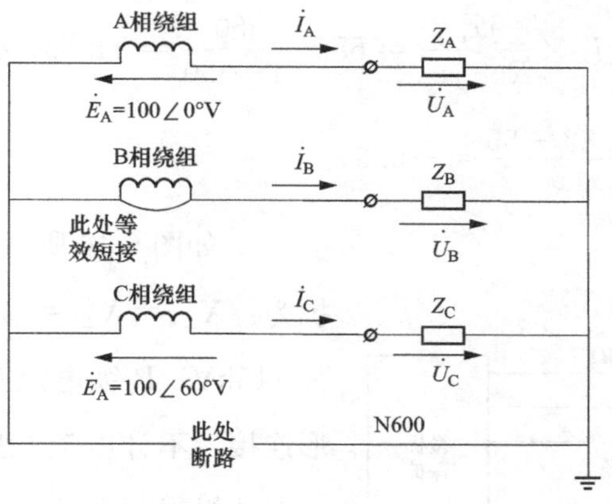

图 6-15

由叠加原理可得三相电流为：

$$\dot{I}_A=\frac{2\dot{E}_A}{3Z}-\frac{\dot{E}_C}{3Z}\quad \dot{I}_B=\frac{\dot{E}_A}{3Z}-\frac{\dot{E}_C}{3Z}\quad \dot{I}_C=\frac{2\dot{E}_C}{3Z}-\frac{\dot{E}_A}{3Z}$$

因此：

$$\dot{U}_A=\dot{I}_A\cdot Z=\frac{2\dot{E}_A}{3}-\frac{\dot{E}_C}{3}=\frac{200\angle 0^\circ}{3}-\frac{100\angle 60^\circ}{3}=57.74\angle -30^\circ\text{V}$$

$$\dot{U}_B=\dot{I}_B\cdot Z=-\frac{\dot{E}_A}{3}-\frac{\dot{E}_C}{3}=-\frac{100\angle 0^\circ}{3}-\frac{100\angle 60^\circ}{3}=57.74\angle -150^\circ\text{V}$$

$$\dot{U}_C=\dot{I}_C\cdot Z=\frac{2\dot{E}_C}{3}-\frac{\dot{E}_A}{3}=\frac{200\angle 60^\circ}{3}-\frac{100\angle 0^\circ}{3}=57.74\angle 90^\circ\text{V}$$

可见计算结果与故障现象相符，因此判断为TV二次回路发生如图所示的中性线N600断线故障。

5. 某一电流互感器的变比为600/5，其一次侧通过的最大三相短路电流6600A，如测得该电流互感器某一点的伏安特性为$I_1=3$A时，$U_2=150$V，当该电流互感器二次接入$R=4\Omega$（包括二次绕组电阻）时，在不计铁芯损失、二次绕组漏抗以及铁芯饱和的情况下，计算该电流互感器的变比误差和相角误差。

答：故障电流折算到二次侧，有 $I'_k=\frac{6600}{120}=55\text{A}$

由题意得励磁电抗 jx_μ，$jx_\mu=j\frac{150}{3}=j50\Omega$

则角误差 $\delta=\text{arctg}\frac{R}{x_\mu}=\text{arctg}\frac{4}{50}=4.6^\circ$

二次电流 $I_2 = I'_k \times \left|\frac{jx_\mu}{R+jx_\mu}\right| = 55 \times \left|\frac{j50}{4+j50}\right| = 54.82A$

$$(\dot{I}_2 = I'_k \times \frac{jx_\mu}{R+jx_\mu} = 55 \times \frac{j50}{4+j50} = 54.82\angle 4.6°A)$$

所以变比误差 $\varepsilon = \frac{54.82-55}{55} = -0.3\%$

6. 如图 6-16 所示，某 110kV 系统的各序阻抗为：$X_{\Sigma1} = X_{\Sigma2} = j5\Omega$，$X_{\Sigma0} = j3\Omega$，母线电压为 115kV；P 级电流互感器变比为 1200/5，星形连接，不计电流互感器二次绕组漏阻抗、铁芯有功损耗；不计二次电缆电抗和微机保护电流回路阻抗，若 $Z_L = 4\Omega$，K 点三相短路时测得 TA 二次电流稳态电流为 54.8A，TA 不饱和时求：

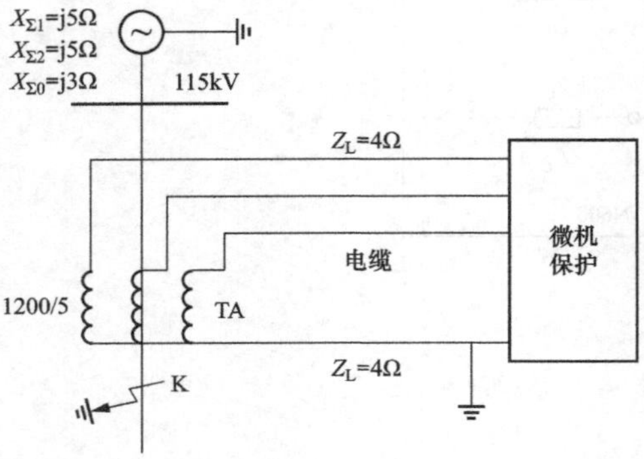

图 6-16

(1) K 点单相接地时稳态下 TA 的变比误差 ε；

(2) K 点单相接地时稳态下 TA 的相角误差 δ；

答：K 点三相短路电流为 $I_K^{(3)} = \frac{115}{\sqrt{3}\times 5} \times 10^3 = 13279A$

折算到期二次侧，$I_k^{(3)}$(二次) $= \frac{13279}{1200/5} = 55.3A$

K 点单相短路电流为 $I_k^{(1)} = \frac{(115/\sqrt{3}) \times 10^3}{5+5+3} \times 3 = 15322A$

折算到二次，$I_k^{(1)}$(二次) $= \frac{15322}{1200/5} = 63.8A$

求 TA 励磁阻抗 X_μ

由于 K 点三相短路时，TA 二次稳态电流为 54.8A。则根据分流公式可得

$$I_K^{(3)}(\text{二次})\left|\frac{jX_\mu}{Z_L + jX_\mu}\right| = 55.3 \times \left|\frac{jX_\mu}{Z_L + jX_\mu}\right| = 54.8$$

解得：$X_\mu = \frac{4}{\sqrt{\left(\frac{55.3}{54.8}\right)^2 - 1}} = 29.5\Omega$

K 点单相接地时，TA 二次负载阻抗 $Z_{负载} = 4\times 2 = 8\Omega$。计算 TA 二次稳态电流

$$I_2 = 63.8 \times \frac{j29.5}{8+j29.5} = 61.6\angle 15.2°A$$

所以 K 点单相接地时的变比误差 $\varepsilon=\frac{61.6-63.8}{63.8}=-3.45\%$

K 点单相接地时的相角误差 $\delta=15.2°$

7. 一个容量为120VA的TV接于220kV的无穷大电网上，设该TV的短路电压为3%，二次星形侧三相相间负载阻抗为 $Z_{\Phi\Phi}=3600\Omega$（$\Phi\Phi$=AB、BC、CA），三相负载阻抗 $Z_{\Phi}=1200\Omega$（Φ=A、B、C），不计该TV的阻抗，当220kV侧一相熔断器熔断时，开口三角上有多少电压？

答：依题意得一相熔断器熔断时的序阻抗分别为：

$$Z_{11}=Z_{22}=\left[\frac{Z_{\Phi\Phi}}{3}//Z_{\Phi}\right]\times(2200)^2=600\times(2200)^2$$

$$Z_{00}=Z_{\Phi}\times(2200)^2=1200\times(2200)^2=2Z_{11}=2Z_{22}$$

则根据单相断线复合序网图可得高压侧 U_0 为：

$$U_0=\frac{220/\sqrt{3}}{Z_{11}+Z_{22}//Z_{00}}\times Z_{22}//Z_{00}=\frac{220}{\sqrt{3}}\times\frac{Z_{00}}{2Z_{00}+Z_{11}}=\frac{220}{\sqrt{3}}\times\frac{2}{5}$$

所以开口三角电压 $U_L=\frac{2}{5}\times100\times3=120V$

8. 一台变压器的差动、瓦斯保护的出口回路如图6-17所示。他的直流电源额定电压为220V。ZJ1、ZJ2为110V中间继电器，电阻为2000Ω，其动作电压为他额定电压的60%。R 为外串电阻2000Ω。XJ1、XJ2为0.05A信号继电器，其电阻为300Ω，动作电流略小于额定电流。请校验他们能否可靠动作？

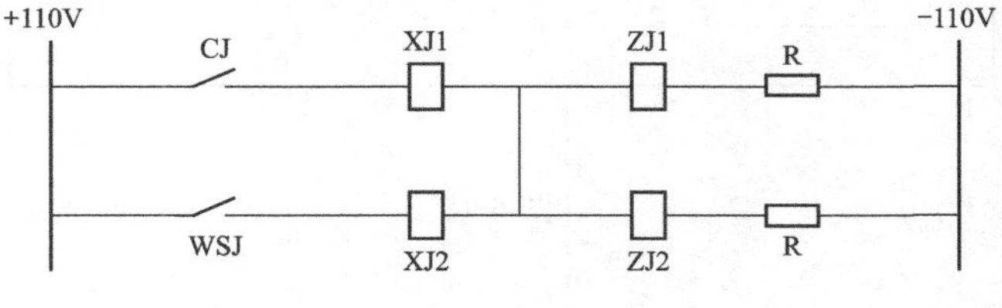

图 6-17

答：当CJ、WSJ中任一动作时校验XJ1、XJ2的灵敏度：

$$K_{XJ}=\frac{0.8\times220}{(300+2000)\times0.05}\approx1.53>1.4$$

则CJ、WSJ中的一套动作时，XJ能可靠动作。

当CJ、WSJ同时动作时校验XJ1、XJ2的灵敏度：

$$K_{XJ}=\frac{0.8\times220\times0.5}{(300+2000)\times0.05}\approx0.82<1.4$$

则 CJ、WSJ 同时动作时，XJ 不会动作，因此应选择动作电流较小的信号继电器。

当 CJ、WSJ 中的一套动作时校验 ZJ1、ZJ2 的灵敏度：

$$U_{ZJ}=\frac{1}{2}\times\frac{2000}{300+2000}\times 100\%U_{H}=43.5\%U_{H}$$

$$K_{ZJ}=\frac{0.8\times 220}{60\%\times 110}\times 43.5\%=1.16>1.1$$

则 CJ、WSJ 分别动作时，ZJ1、ZJ2 均能可靠动作。

当 CJ、WSJ 同时动作时校验 ZJ1、ZJ2 的灵敏度

$$U_{ZJ}=\frac{2000}{300+2000+2000}\times 100\%U_{H}=46.5\%U_{H}$$

$$K_{ZJ}=\frac{0.8\times 220}{60\%\times 110}\times 46.5\%=1.24>1.1$$

则 CJ、WSJ 同时动作时，ZJ1、ZJ2 均能可靠动作。

9. 电压互感器（TV）的二次额定相电压为 57.7V，如图 6-18 所示。TV 二次所接的负载为 Z，当 C 相熔断器（Rd）熔断后，分别求 U_{AN}、U_{BN}、U_{CN} 电压。

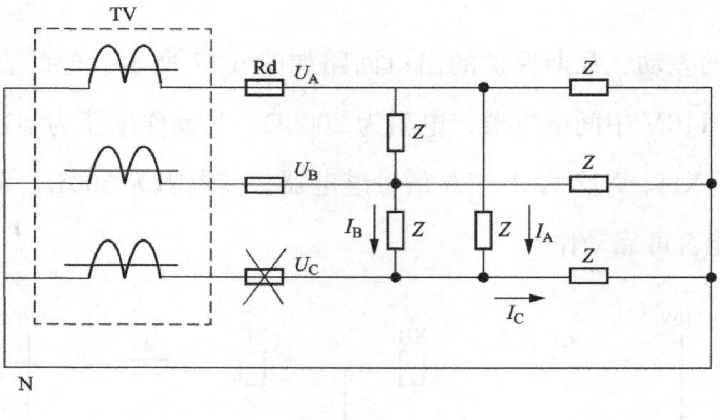

图 6-18

答：根据电路定律：

$$\dot{I}_{C}=\dot{I}_{A}+\dot{I}_{B}=\frac{\dot{U}_{BN}-\dot{U}_{CN}}{Z}+\frac{\dot{U}_{AN}-\dot{U}_{CN}}{Z}$$

$$U_{CN}=\dot{I}_{C}Z=(\dot{U}_{BN}-\dot{U}_{CN})+(\dot{U}_{AN}-\dot{U}_{CN})$$

则有

$$3\dot{U}_{CN}=\dot{U}_{AN}+\dot{U}_{BN}$$

因此

$$\dot{U}_{CN}=\frac{\dot{U}_{AN}+\dot{U}_{BN}}{3}=\frac{1}{3}(57.7\angle 0°V+57.7\angle 120°V)=19.2\angle 60°V$$

C 相熔断后，$U_{CN}=19.2V$，$U_{AN}=57.7V$，$U_{BN}=57.7V$

10. CVT 电压互感器结构如图 6-19 所示，$C_1=C_2=C_3=C$，若 C_1 被短路击穿，试分析此时的二次电压值为升高到多少倍？

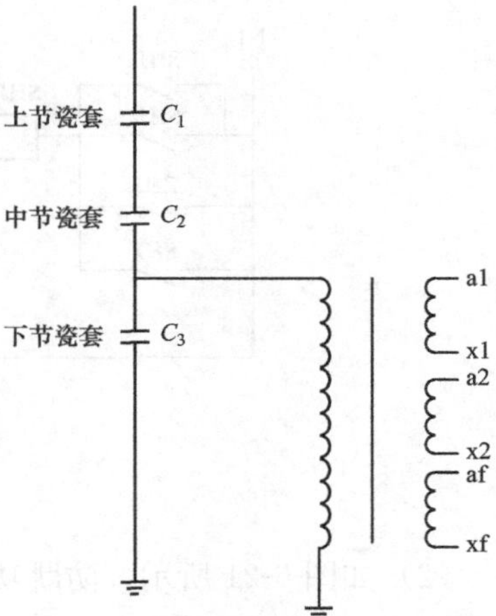

图 6-19

答：根据 $C_1U_1=C_2U_2=C_3U_3=C_{总}U_N$，可得

$$C_{总}=\frac{C_1C_2C_3}{C_1C_2+C_1C_3+C_2C_3}$$

其中，U_1、U_2、U_3 分别为电容 C_1、C_2、C_3 上分得的电压。并且有

$$U_1+U_2+U_3=U_N$$

由于 $C_1=C_2=C_3=C$，可得 $C_{总}=C/3$、$U_3=U_N/3$

故障前，二次电压 $U=U_3=U_N/3$

故障后，设二次电压有效值 U'。

根据 $C_2U'_2=C_3U'_3=C'_{总}U_N$，可得

$$C_{总}=\frac{C_2C_3}{C_2+C_3}=\frac{C}{2}$$

所以 $U'_3=U'=U_N/2$

因此 $U'=1.5U$，故障电压升高为 1.5 倍。

6.6 分析题

1. 变比为 600/5 的 10P20 电流互感器，电流互感器二次绕组为 △ 型接线，负载为 Y 型接线，额定负载 25VA，现场实测二次负载 2Ω，整定书要求电流速断保护动作值为 70A，这套保护能否动作？（计算时忽略二次绕组内阻的影响）

答：额定二次负载 $R=S/I^2=25/25=1\Omega$，而实际现场实测二次负载为 2Ω，大于该电流互感器额定二次负载。2Ω 时电流互感器允许倍数为 20/2=10 倍。而电流为 70A 时，70/5=14 倍，大于 2Ω 时电流互感器允许倍数 10，所以这套保护不能动作。

2. (1) 如图 6-20 所示，以 CZX-12 操作箱的 A 相为例，QF1 为断路器辅助接点，现场使用断路器本体机构防跳继电器 K1 后将保护操作箱防跳回路电阻 R 的两侧拆开，若发生 A

相永久性接地故障，重合闸脉冲展宽 300ms，且断路器的储能支持短时两次分合，请分析保护的动作行为及异常动作原因？

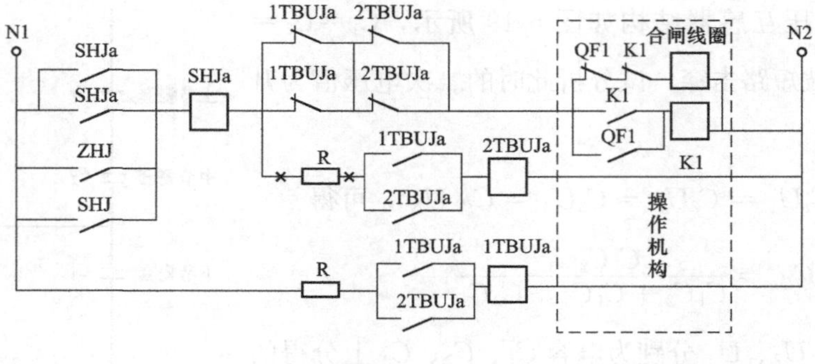

图 6-20

(2) 如图 6-21 所示，防跳功能由断路器本体机构防跳继电器 K1 实现，QF1 为断路器辅助接点，该保护重合闸脉冲展宽 300ms，请分析该防跳功能回路存在的问题。

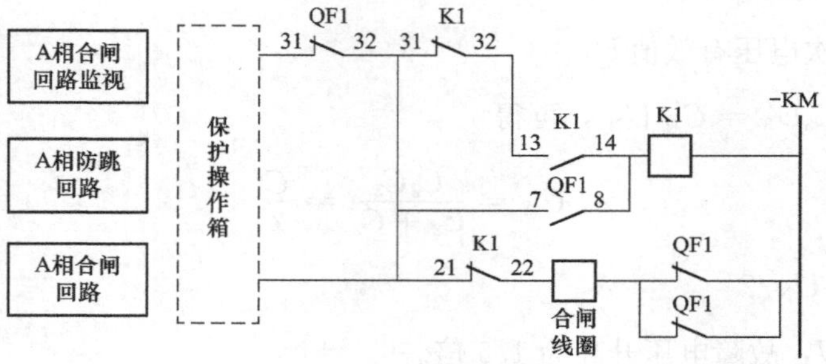

图 6-21

答：(1) A 相瞬时跳开，重合闸动作合上 A 相，三相跳开，A 相再次重合后再跳开。2TBUJa 继电器回路开断后，2TBUJa 接点一直处于闭合状态。合于故障跳开时，1TBUJa 励磁，合闸回路正电消失，K1 防跳功能失去。跳闸脉冲消失后 1TBUJa 继电器不励磁，1TBUJa 接点也将闭合。由于合闸脉冲持续 300ms，且断路器储能支持两次分合，因此 A 相再次重合。

(2) 合于故障跳开后，QF1 的 7-8 辅助接点断开，K1 的 31-32 常闭接点和 13-14 常开接点串联必然断开 K1 的保持回路，K1 失去防跳功能，若合闸脉冲持续，A 相会继续合闸。

3. 图 6-22 是断路器控制回路图，跳合闸闭锁回路由断路器机构本身实现（断路器操动机构为示意图），跳闸保持（防跳）继电器由独立的直流电流继电器 TBJI 和直流电压继电器

TBJU 组成，XJ 为保护跳闸信号继电器，HWJ 为合闸位置监视继电器，TWJ 为跳闸位置监视继电器，HBJ 为合闸保持继电器。KKJ 为手合手跳位置继电器。请修改图中设计错误或不完善的地方（可在图中直接修改），简要说明原因。

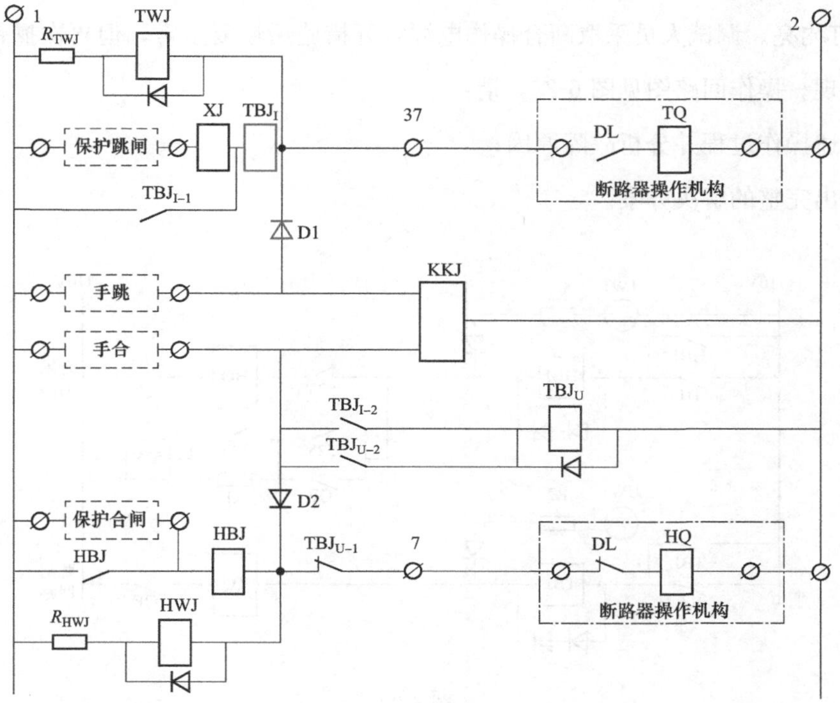

图 6-22

答：修改 1：各继电器线圈反向二极管应串 200～300Ω 电阻，防止二极管击穿短路；

修改 2：防跳继电器电流保持接点 TBJI-1 应串 1Ω 电阻，确保保护动作信号继电器 XJ 在 TBJI 动作后仍可分流电流，防止 TBJI 动作快于 XJ 时，TBJI-1 动作接点动作后短接 XJ 线圈，XJ 未动作到位就返回，不能发动作信号；

修改 3：手跳时应起动 TBJI 继电器，电流保持回路才能起作用，防止手跳接点过早返回时拉弧损坏；

修改 4：TBJU 电压保持回路应改至 D2 下方，否则保护合闸或 HBJ 接点长期动作或粘连时防跳回路由于二极管截止将不起作用；

修改 5：TWJ 线圈负端应接到 TBJU 继电器接点之后，否则 TBJU 动作后，容易与 TWJ 线圈形成保持回路，在没有合闸信号时 TBJU 继电器不能返回，造成跳合闸回路不能正常工作。

其他可改进之处：(1) 若采用就地防跳，TWJ 线圈负端应单独引出至端子排；(2) KKJ 继电器线圈也可并接反向二极管串电阻。

4. 某新建 110kV 变电站调试工程，调试人员在对 512 间隔进行传动试验过程中，从后台遥控操作断路器合、分一次后，再次遥合断路器未动作；期间观察控制面板发现 TWJ、HWJ 指示灯均亮。调试人员采取断合操作电源空开措施后恢复正常，但再次操作断路器合、分后故障重现。操作回路图见图 6-23，请：

(1) 描述操作过程并分析故障原因；

(2) 给出完整的解决方案。

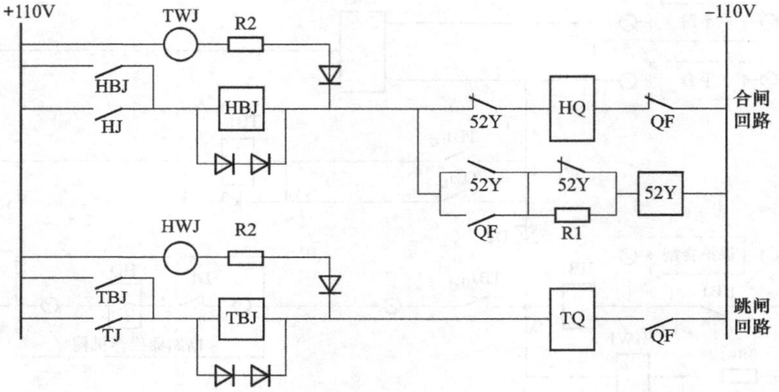

图 6-23

图中，HQ、TQ 为合闸线圈、跳闸线圈；QF 为断路器辅助接点；52Y 为机构箱防跳继电器。

答：(1) 因第二次合闸断路器未动作，断合操作电源后可以合闸，可见 52Y 防跳继电器未能可靠返回；TWJ、HWJ 同时亮，可见合位时 TWJ 未能可靠返回。故遥控合闸后，QF 辅助接点动作，合闸接点此时尚未返回，52Y 继电器动作并保持。合闸接点返回后，正电源仍可通过 TWJ、R2、二极管、52Y 和 QF 常开接点、R1、52Y 线圈至负电源构成回路，虽然该回路上的电流微小，但 TWJ 上分得的压降导致合位时 HWJ、TWJ 指示灯均亮，52Y 线圈上分得的压降使其动作后未能返回，52Y 常闭接点动作断开合闸回路导致第二次合闸时断路器未动作。

(2) ①52Y 继电器未返回是主要原因，可以更换返回电压较高的继电器；②更改 TWJ 回路，在 TWJ 回路中串联 52Y 和 QF 的常闭接点，使合闸后 52Y 继电器和 TWJ 可以可靠复归；③增大 TWJ 串联电阻 R2 的阻值，使合闸前 TWJ 可以动作，合闸后 52Y 继电器和 TWJ 可以可靠复归。

5. 以下为系统简图 6-24 和 MN1、MN2 线 M 侧距离保护装置内部录波图如图 6-25（1 线运行在Ⅰ母，2 线运行在Ⅱ母，母联在合位），220kV 线路 NP 发生 C 相接地故障，MN2 线 M 侧距离保护接地距离Ⅰ段动作跳闸。现场检查 TV 回路 N600 在控制室一点接地，保护装置正常，如果你是事故检查负责人，现场应如何进行检查？试根据录波图分析距离保护误动的原因。

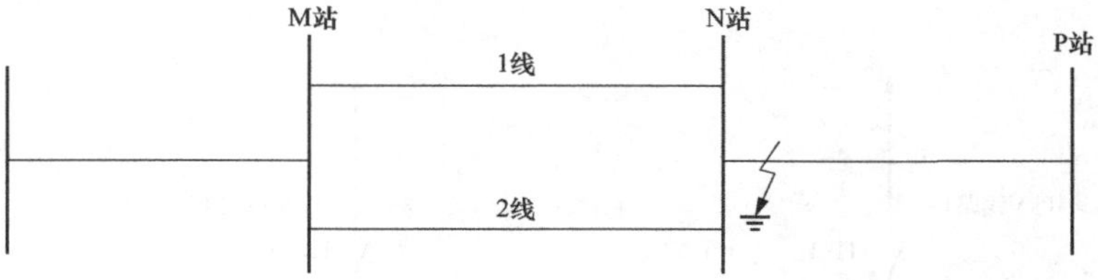

图 6-24

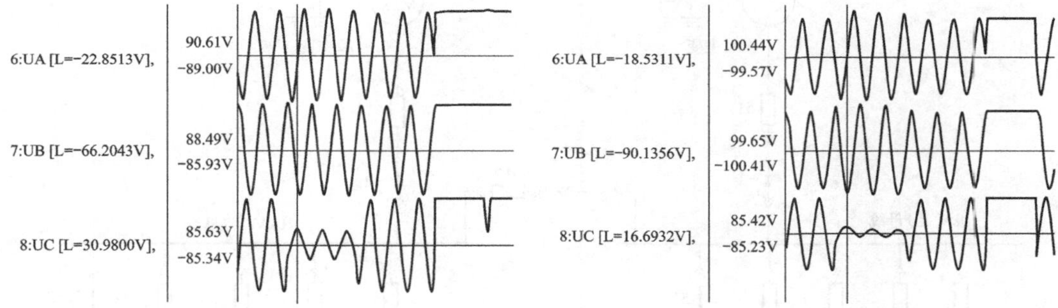

(a) 线路L1电压录波图　　(b) 线路L2电压录波图

图 6-25

答：从录波看线路 2 的电压采样有明显异常，故障时非故障相 A、B 相电压有明显升高，而 C 相故障电压则比 1 线明显偏低，现象看电压中性点往 C 相电压方向有偏移。虽然两条线路的电压分别取自各自母线 TV，但两 TV 电气距离都在同一站内，电气距离很近，一次电压不可能有如此大的区别，故问题还是出在 2 线的 TV 二次回路。2 母 TV 二次回路的问题可能是开口三角电压与 U_{LN}与 U_L 线接反（在保护屏端子排处开口三角电压的 U_L 接线与母线电压 U_N 短接，开口三角电压的 U_{LN}接线接至保护端子上 U_L 处）所致。以 A 相为例简单向量分析如下：

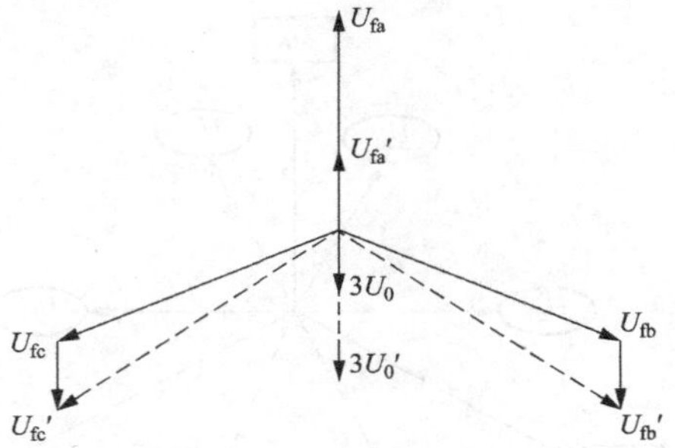

图 6-26

U_{fa}、U_{fb}、U_{fc}为正确接线情况下相故障时保护测得的电压（实线）；

U'_{fa}、U'_{fb}、U'_{fc}为现场错误接线情况下A相故障时保护测得的电压（虚线）。

6. 变电站主接线如图6-27所示，变压器接线组别YN/d-11，高压侧无电压互感器，低压侧电压互感器二次为57.7V。某日线路2进行了部分杆塔改造工作，送电后在变电站进行低压侧二次核相。已知变电站内原一、二次设备接线正确，核相结果如下：

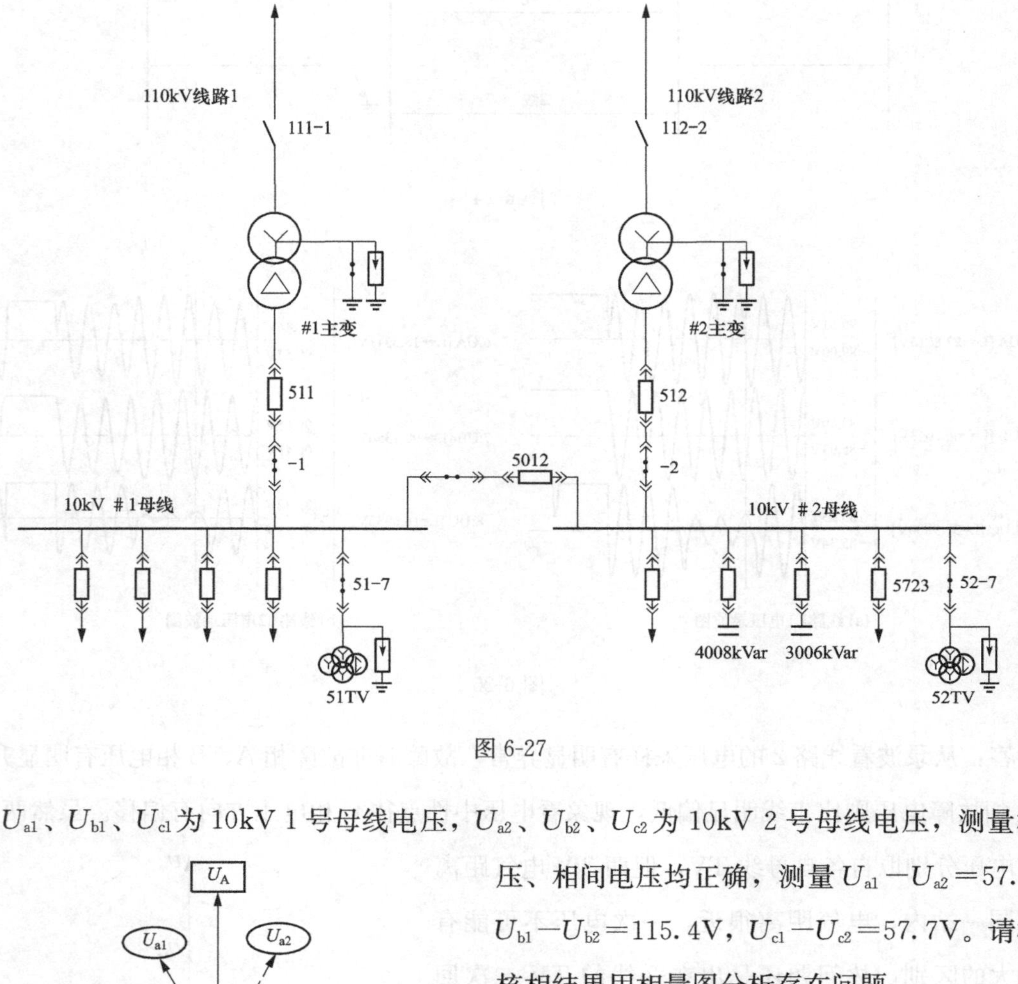

图6-27

U_{a1}、U_{b1}、U_{c1}为10kV 1号母线电压，U_{a2}、U_{b2}、U_{c2}为10kV 2号母线电压，测量相电压、相间电压均正确，测量$U_{a1}-U_{a2}=57.7V$，$U_{b1}-U_{b2}=115.4V$，$U_{c1}-U_{c2}=57.7V$。请根据核相结果用相量图分析存在问题。

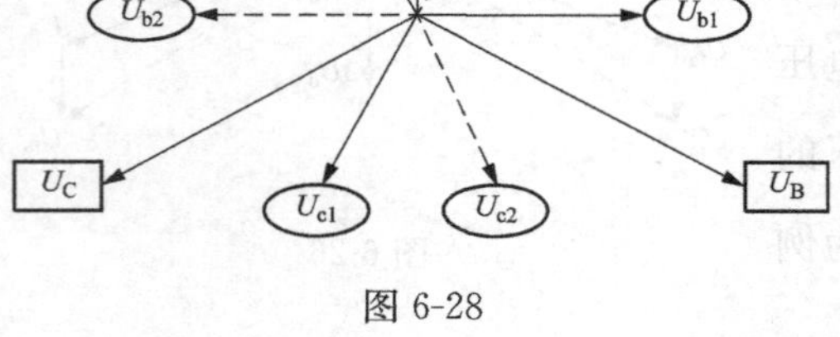

图6-28

答：电压相量图如图6-28，U_A、U_B、U_C为高压侧电压，U_{a1}、U_{b1}、U_{c1}为正常的1号母线电压，U_{a2}、U_{b2}、U_{c2}为异常的2号母线电压。通过相量图分析，2号主变压器低压侧电压变为负序系统通入主变压器的电压为负序电压。U_a 方向由 U_A-U_B 变成 U_A-U_C，U_b 方向由 U_B-U_C 变成 U_C-U_B，U_c 方向由 U_C-U_A 变成 U_B-U_A。以上说明线路 2 因施工相序发生 B 相 C 相接反。

7. 某 220kV 线路一次接线图如图 6-29 所示，某日 9 时 33 分在 NP 线路上发生故障，29ms 后，线路 MN 的 B 相差动保护动作出口。故障录波如图 6-30 所示。

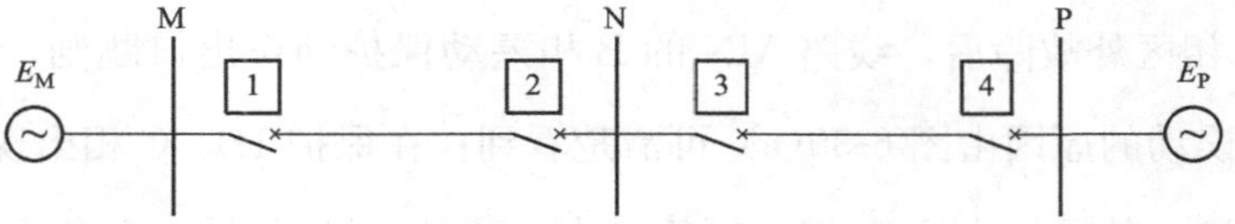

图 6-29

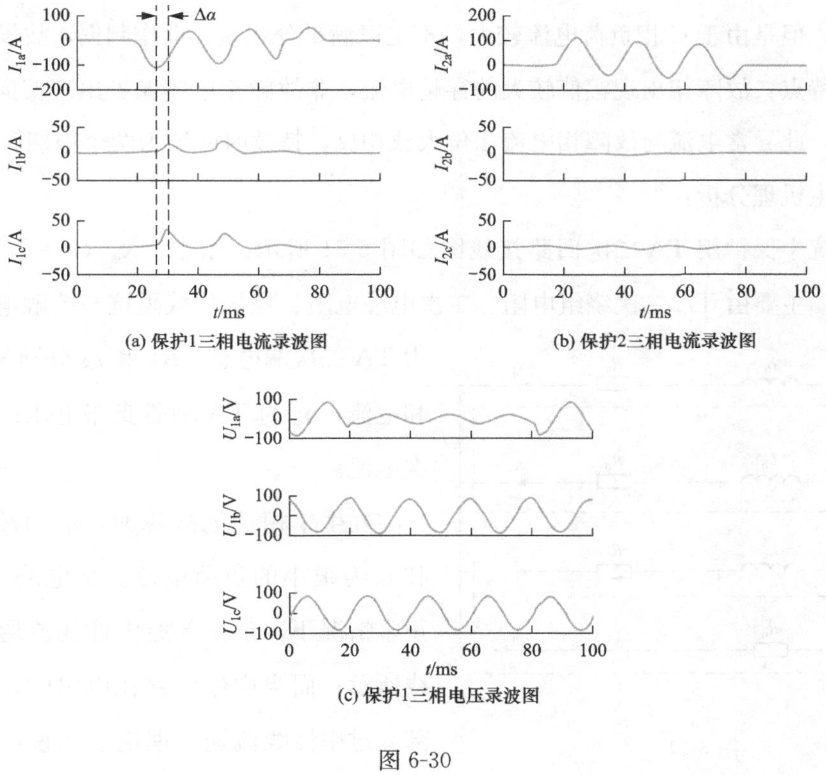

图 6-30

(1) 根据录波图，分析波形特征，并判断线路 NP 发生了什么故障。

(2) 线路 MN 的 B 相差动保护动作是否属于误动，C 相差动保护为何没有动作，分析保护动作原因及此类动作的特点。

(3) 故障发生后，对二次回路进行检查，发现 TA 二次回路中性线电阻明显较大，试对上述现象的产生机理分析。

(4) 哪些因素会对非故障相产生异常电流有影响。

答：(1) 图6-30(a)、(b) 是线路MN两侧保护电流录波图，对比两侧保护的电流波形可看出，该线路A相出现了幅值很大的穿越电流。6-30(c) 是线路MN两侧保护电压录波图，可看出三相电压只有A相跌落。结合以上两点，基本可以判定，线路MN在区外发生了A相接地故障。

(2) 发生A相区外故障后，线路MN的B相差动保护动作出口跳闸，显然这属于一起误动事件。导致误动的原因由图6-30(a) 可清楚看到：在保护1B、C相出现了波形偏向坐标轴一侧的异常电流，其幅值小于A相，幅值最大时刻比A相落后一个角度$\Delta\alpha$，但在保护2的B、C两相没有出现明显的电流波形。正是这个仅在保护B、C相出现的异常电流导致线路MN差动保护误动作，其中B、C相中误发跳闸令的为B相差动保护，C相虽然出现了更大异常电流，但是由于C相负荷电流较大，不足以满足分相差动动作判据，故没有误动。

误动的特点：故障相出现幅值较大的穿越电流，非故障相单侧保护出现偏向坐标轴一侧的异常电流，此异常电流与故障相电流相位大致相反，持续时间约为两个周期。

(3) 产生机理分析：

实际系统中保护用TA二次回路接线图如图6-31所示。图中：R_φ (φ=a，b，c) 为三相二次电阻，主要由TA二次绕组电阻、二次电缆电阻、保护负载阻抗与接触电阻构成；L_φ为TA二次漏电感；R_N和i_N分别为中性线电阻和电流；u_φ为TA励磁支路电压；i_φ为三相二次电流。

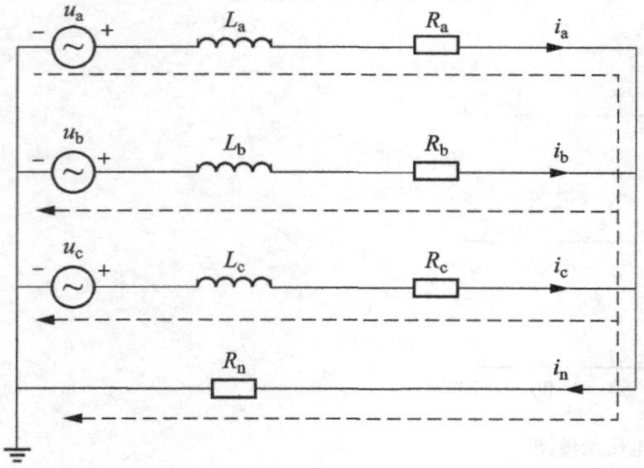

图6-31

发生单相接地故障时，i_a为故障电流，i_b和i_c为很小的负荷电流。从电路上可以看出，正常情况下，i_a全部经中性线流通，如图中虚线所示；而当中性线存在电阻时，i_a不再是全部经过中性线流通，理论上来说，会有一部分经过非故障相构成通路，如图中的点线所示。三相A从空间磁路上来看是相互独立的，但是在电路上并不独立，存在中性线电阻分量的耦合。此外，异常电流的波形偏向坐标轴一侧，这与励磁涌流有相似之处。励磁涌流的原因是空载合闸在励磁支路两端加上电压后，由于磁链不能突变感应出了非周期分量。本题异常电流也有相似的产生条件，故障电流流过R_N后产生电压降，此电压降作用在非故障相互感器二次侧后，可能也会出现类似的现象。

（4）以下因素会对非故障相电流产生影响：

1）中性线异常电阻大小的影响；

2）故障电流非周期分量的影响；

3）TA 容量的影响；

4）TA 剩磁的影响；

5）二次负载电阻的影响；

6）衰减时间常数；

7）故障相电流工频分量幅值。

8. 某变电站有两套直流系统，直流电压均为 220V，由于某种原因 1KM 的负极与 2KM 的正极之间误接入 10kΩ 的等效电阻 R，两套直流系统绝缘监视参数如图 6-32 所示。试分别计算 1、2 组直流电源正、负极对地电位应为多少？

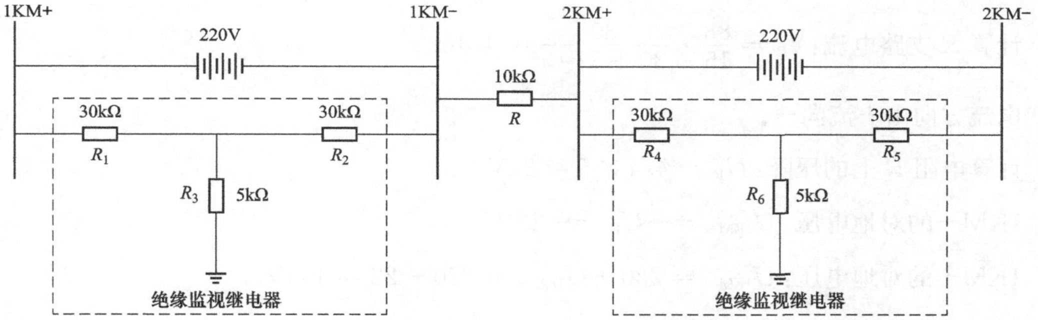

图 6-32

答：分析上述电路可以看出，当两组电源 1KM 的负极与 2KM 的正极之间有电阻 R 时，由于两个系统对称，在电阻 R 正中间应有一个虚拟零电位。因此可以有如下等效电路图 6-33。

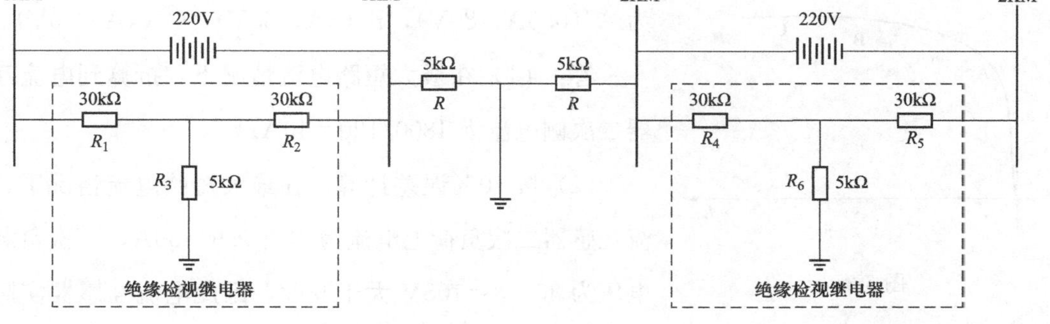

图 6-33

忽略右侧电路，并连接两个地电位，如图 6-34 所示。

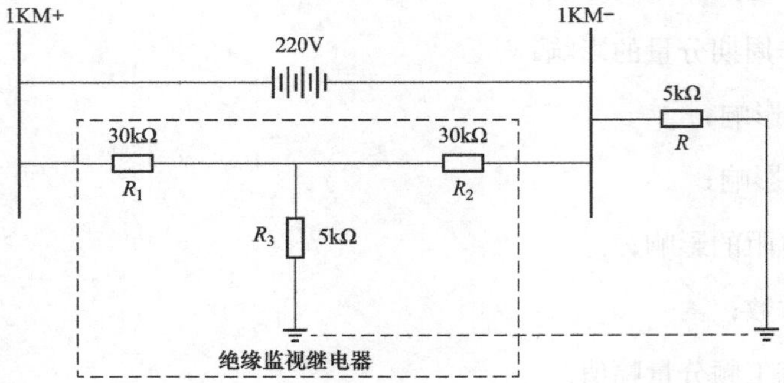

图 6-34

可以计算 R_1 支路电流：$I_{R1}=\dfrac{220}{R_1+(R_3+R)//R_2}=\dfrac{220}{30+(5+5)//30}=\dfrac{88}{15}\text{mA}$

电流方向由＋流向－；

计算 R 支路电流：$I_R=\dfrac{88}{15}\times\dfrac{30}{30+5+5}=4.4\text{mA}$

电流方向由＋流向－；

计算电阻 R 上的压降：$U_R=4.4\times5=22\text{V}$

1KM－的对地电压：$U_{1KM-}=-U_R=-22\text{V}$

1KM＋的对地电压：$U_{1KM+}=220+U_{1KM-}=220-22=198\text{V}$

同理可以计算：$U_{2KM+}=22\text{V}$，$U_{2KM-}=-178\text{V}$

9. 某电流互感器变比为 600/5，带有 3Ω 负载（含电流互感器二次漏抗）。已测得此电流互感器二次伏安特性如图 6-35，试分析一次最大短路电流为 4800A 时，此电流互感器变比误差是否满足 10％的要求？如有一组同型号、同变比的备有电流互感器，可采取什么措施来满足要求？各点坐标为 A（0.5A，80V），B（3A，85V），C（4A，90V）。

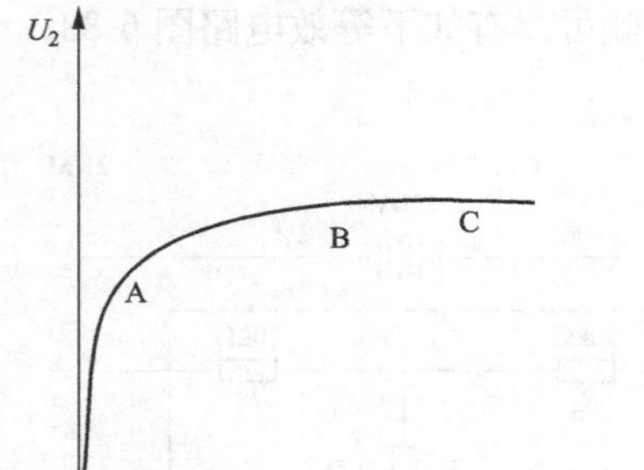

图 6-35

答：（1）在最大短路电流情况下，折算到电流互感器二次侧电流为 4800/120＝40A；

（2）按 10％误差计算，在最大短路电流情况下，电流互感器二次负荷上电流为 40×0.9＝36A，二次负载上电压为 36×3＝108V 大于 90V，因此电流互感器实际励磁电流会大于 4A，不满足 10％误差要求；

（3）采用两组电流互感器串联可解决问题；

（4）串联后，其伏安特性为 0.5A 时，电压约为 80×2＝160V，大于 108V，按 0.5A 励磁电流计算，误差为 0.5/40＝1.25％，实际误差应小于 1.25％。

10. 某 220kV 线路送有功功率 200MW、送无功功率 115Mvar。电压互感器 TV 变比为 220kV/100V；电流互感器 TA 变比有两档，分别为 600A/5A 和 2×600A/5A，保护定值按 600A/5A 下达。对新安装的微机线路高频保护装置进行带负荷试验，打印微机保护装置采样值，如表 6-2 所示（电压、电流单位分别为 V、A）。交流电压二次回路已通过核相，验证接线无误。请问交流电流二次回路接线正确与否，说明理由。若接线有误，应如何进行更改？

表 6-2

TIME	U_a	U_b	U_c	$3U_0$	I_a	I_b	I_c	$3I_0$
−6	0	−71.40	71.40	0	3.50	−3.50	3.50	3.50
−5	40.75	−81.50	40.75	0	0	−6.17	3.09	3.08
−4	71.40	−71.40	0	0	−3.50	−7.00	1.75	−8.75
−3	81.50	−40.75	−40.75	0	−6.17	−6.17	0	−12.34
−2	71.40	0	−71.40	0	−7.00	−3.50	−1.75	−12.25
−1	40.75	40.75	−81.50	0	−6.17	0	−3.09	−9.26
0	0	71.40	−71.40	0	−3.50	3.50	−3.50	−3.50
1	−40.75	81.50	−40.75	0	0	6.17	−3.09	3.80
2	−71.40	71.40	0	0	3.50	7.00	−1.75	8.75
3	−81.50	40.75	40.75	0	6.17	6.17	0	12.34
4	−71.40	0	71.40	0	7.00	3.50	1.75	12.25
5	−40.75	−40.75	81.50	0	6.17	0	3.09	9.26

注：（arctaN0.575＝30°；arctaN1.739＝60°；siN30°＝0.5；siN60°＝0.866）

答：（1）按送出功率计算功角：

$\Phi = \arctan(115/200) = 30°$，即电流滞后电压 30°；

（2）计算电流二次值：

有效值 $I = \dfrac{\sqrt{200^2 + 115^2} \times 1000}{\sqrt{3} \times 220 \times 600/5} \approx 5\text{A}$，峰值为 $\sqrt{2} \times 5 \approx 7\text{A}$。

（3）计算采样频率及两采样点的相角差：由表可知，采样频率为 12 点/周波；两采样点的相角差为 360/12＝30°。

（4）由表可知，I_a 滞后 U_a 角度为 30×7＝210°，与计算功角值不同；而 $-I_a$ 滞后 U_a 角度为 210−180＝30°，与计算功角值相同；I_a 采样最大值为 7A，与计算电流值相同，说明 I_a 极性接反；

(5) 由表可知，I_b 滞后 U_b 角度为 30×1＝30°，与计算功角值相同；I_b 采样最大值为 7A，与计算电流值相同，说明 I_b 接线正确；

(6) 由表可知，I_c 滞后 U_c 角度为 30×1＝30°，与计算功角值相同；I_c 采样最大值为 3.5A，为计算电流值的一半，说明 I_c 变比增大了一倍；

(7) 将 A 相电流互感器二次绕组极性互换，将 C 相电流互感器变比调整为 1200/5。

11. 某 500kV 线路发生单相接地故障，本线路高抗第一套差动保护误动作出口，第二套保护未动作，故障期间电流瞬时采样值见表 6-3（二次值，单位：A，0ms 为故障起始时刻）。现场检查发现两套高抗保护装置无异常，试简要分析高抗第一套差动保护误动作的原因，并说明理由。

表 6-3

采样位置	T (ms)	−5	0	5	10	15	20	25	…
首端	I_{aH}	−0.28	0.00	0.12	0.02	−0.09	0.02	0.12	…
	I_{bH}	0.14	−0.25	−0.05	0.24	0.04	−0.26	−0.05	…
	I_{cH}	0.14	0.25	−0.07	−0.26	0.05	0.24	−0.07	…
尾端	I_{aL}	0.28	0.00	−0.07	−0.02	0.03	−0.02	−0.06	…
	I_{bL}	−0.14	0.25	0.10	−0.25	−0.09	0.25	0.10	…
	I_{cL}	−0.14	−0.25	0.12	0.25	−0.11	−0.24	0.11	…

答：将故障前及故障期间高抗首、尾端电流数据进行对比分析，发现：

(1) 故障前电抗器首尾端电流幅值相等、相位相反，保护数据正常；

(2) 故障期间电抗器首尾端相电流不满足幅值相等、相位相反的特征，继而造成差流产生；

(3) 进一步计算可知，故障期间高抗首端三相电流非三相对称，但自始至终 $3I_0=0$（无零序电流），而尾端三相电流非三相对称，存在 $3I_0$；

(4) 推测可能原因为高抗第一套保护高压侧电流 N 线断线造成，该情况下可能造成高抗保护相电流差动或零序电流差动动作。

12. 某 220kV 新建站投产冲击受电，对侧分相合闸冲击到本侧母线，当仅合 A 相时，在Ⅰ母母线 TV 端子箱量得测量绕组 $U_A=57.74$V、$U_B=5$V、$U_C=6$V、开口三角电压为 101.732V，请根据以上测量数据分析可能的接线错误。

答：大接地系统的 TV 开口三角绕组的电压是测量绕组电压的$\sqrt{3}$倍，故 A 相的开口三角绕组上电压应为 100V，B 相的开口三角绕组上电压应为 8.66V，C 相的开口三角绕组上电压应为 10.392V。B、C 两相是感应电压应当与 A 相同相位，三相串接应当是 119.052V。而现在三相串接电压为 101.732V，大于 100V，这说明 B、C 两相中感应电压较小的那相的极性接反。因为 B 相开口三角绕组两根线接反时，开口三角电压变成了 $U_A - U_B + U_C$，正好为 101.732V。所以，可能原因为 B 相开口三角绕组的两根线接反。

13. 某站的 220kV 电流互感器的布置图一部分如图 6-36 所示，该站 220kV 母线配置双套母差保护，220kV 线路、变压器保护均双重化配置。请指出图中设计的部分（图以外的回路不考虑）不合理之处并提出改进建议？

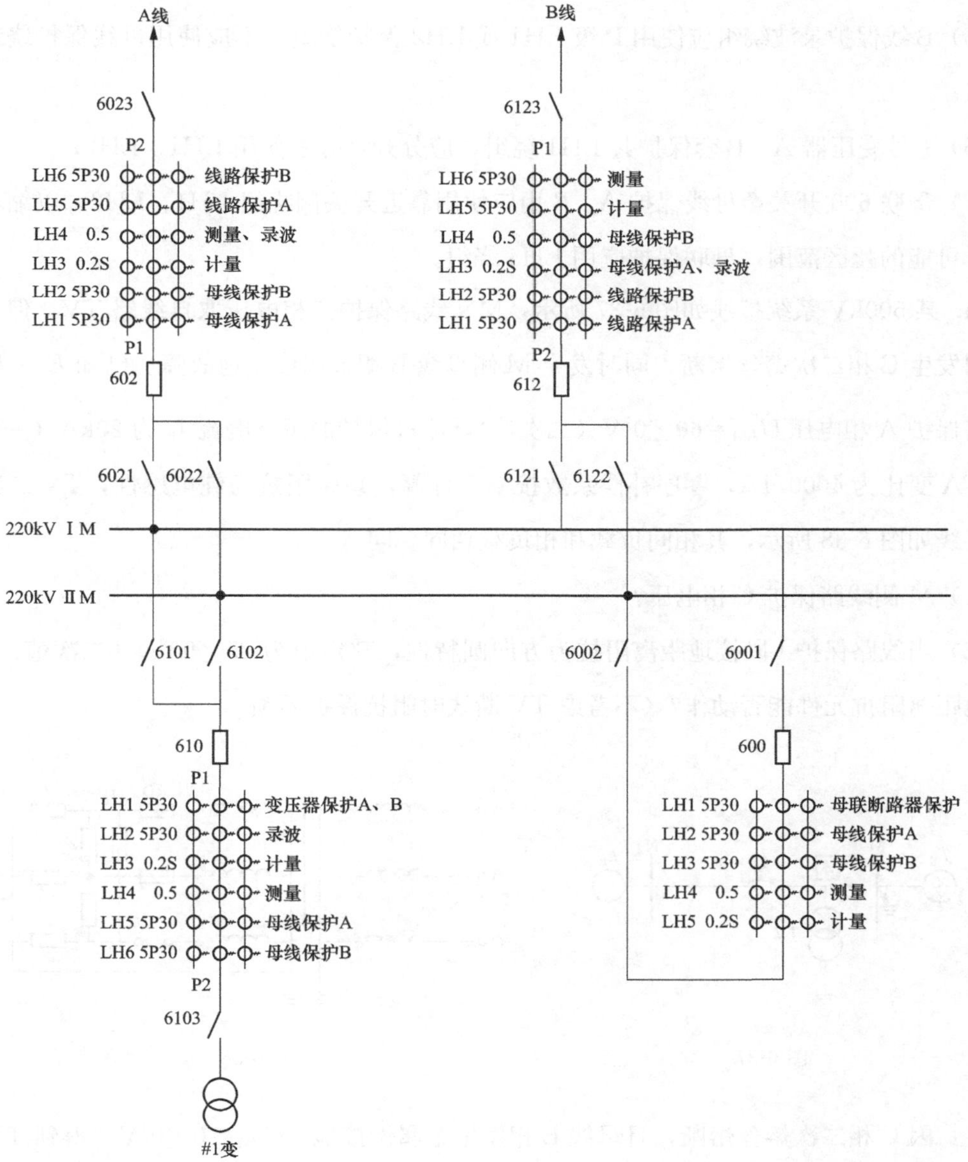

图 6-36

答：(1) A 线存在保护死区，TA 内部故障无快速保护可切除故障。母线保护应选用 LH6、LH5 绕组，线路保护应选用 LH1、LH2 绕组；

(2) A 线故障录波不使用 LH3 测量绕组，应串接在线路保护后，使用 LH1 或 LH2 绕组；

(3) B 线电流互感器 P1 应靠母线侧安装；

(4) B 线母线保护 A、B 不应使用 0.5、0.2S 级，应使用 P 级 LH5、LH6 绕组，测量计量使用 LH3、LH4 绕组；

(5) B 线保护录波绕组应使用 P 级 LH1 或 LH2 保护绕组，不应使用母线保护绕组或计量绕组；

(6) 1 号变压器 A、B 套保护共 LH1 绕组，应分开，分别使用 LH1、LH2；

(7) 母联 600 开关至母线保护 A、B 用应使用靠近开关侧绕组 LH1、LH2，以缩小内部故障时可能的死区范围，母联保护应用 LH3 绕组。

14. 某 500kV 系统接线如图 6-37 所示，MN 线路保护三相电压取自线路 TV，但 TV 运行期间发生 C 相二次熔丝熔断，同时发生 M 侧母线 B 相金属性接地故障。已知 $\dot{E}_S=\dot{E}_R$，M 侧线路保护 A 相电压 $\dot{U}_{AM}=60\angle 0°V$（二次值），流过保护的短路电流 I_k 为 20kA（一次值），线路 TA 变比为 4000/1A，零序补偿系数按 0.5 计算，短路阻抗为纯电感性，TV 二次回路阻抗接线如图 6-38 所示，其相间负载和相负载相同。问：

(1) M 侧线路保护 C 相电压？

(2) 当线路保护 I 段接地距离阻抗为方向圆特性，整定值为 $25\angle 90°\Omega$（二次值）时，C 相接地距离阻抗元件能否动作？（不考虑 TV 断线时阻抗保护闭锁）

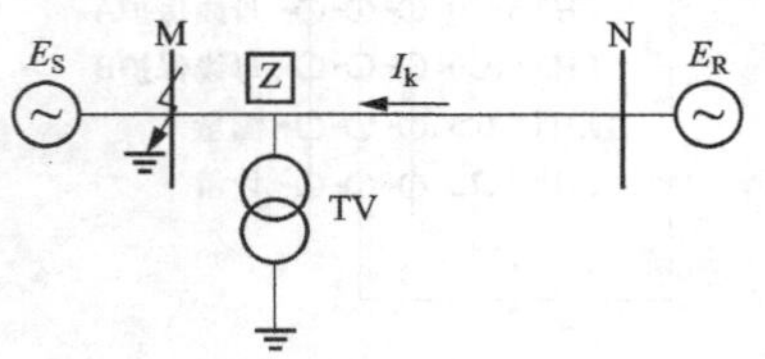

图 6-37

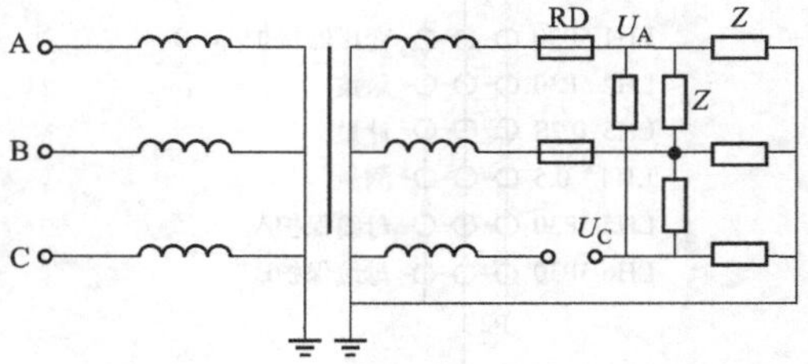

图 6-38

答：因 C 相二次熔丝熔断，且母线 B 相发生金属性接地，$\dot{U}_{BM}=0\angle 0°V$，得到 TV 二次等效电路如图 6-39。对 TV 二次回路进行简化计算，得到图 6-40。根据 6-40 可求得 $\dot{U}_{CM}$：

$$\dot{U}_{CM}=\dot{U}_{AM}\times\frac{\frac{1}{2}Z}{Z+\frac{1}{2}Z}=\frac{1}{3}\dot{U}_{AM}=20\text{V}$$

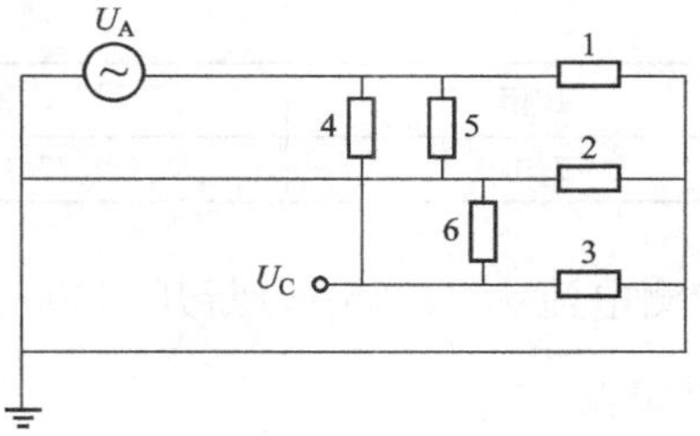

图 6-39

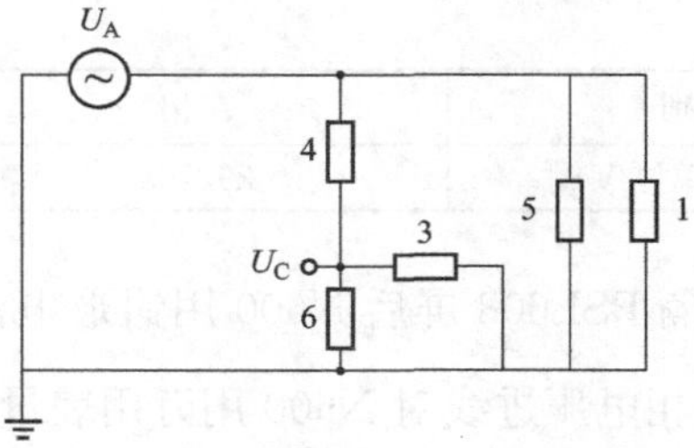

图 6-40

保护安装处 C 相测量阻抗

$$Z_{cj}=\frac{\dot{U}_{cj}}{I_{cj}+3kI_0}=\frac{\dot{U}_{cj}}{k\dot{I}_{kb}}=\frac{\frac{1}{3}\times 60}{0.5\times\frac{20000}{4000}\cdot e^{-j30^\circ}}=8\angle 30^\circ\Omega$$

M 母线处发生 B 相接地，流过保护安装处的故障电流由 R 侧电源提供，所以 I_{kb} 超前 $E_{MB}90^\circ$。C 相电压和 B 相电流相位图如图 6-41 所示。

已知接地距离Ⅰ段阻抗整定值为 j25Ω，则整定阻抗在测量阻抗方向上的分量为：

$$Z'_{zd}=25\times\cos(90^\circ-30^\circ)=12.5\angle 30^\circ\Omega,$$

整定阻抗在测量阻抗方向上的分量 Z'_{zd} 与测量阻抗 Z_{cj} 关系如图 6-42 所示。由于 $Z_{cj}<Z'_{zd}$，所以 C 相接地距离测量阻抗元件能动作。

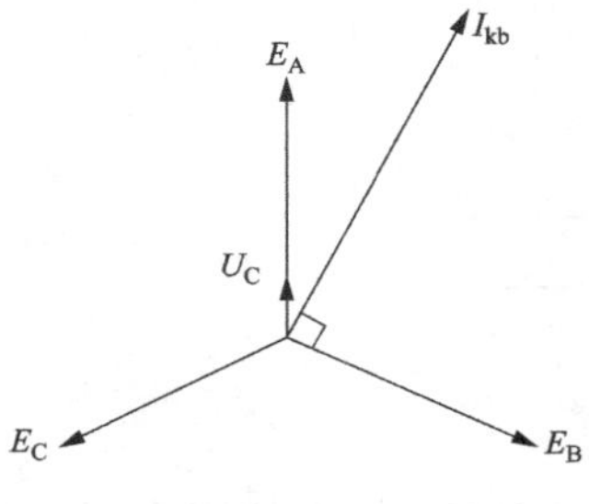

图 6-41

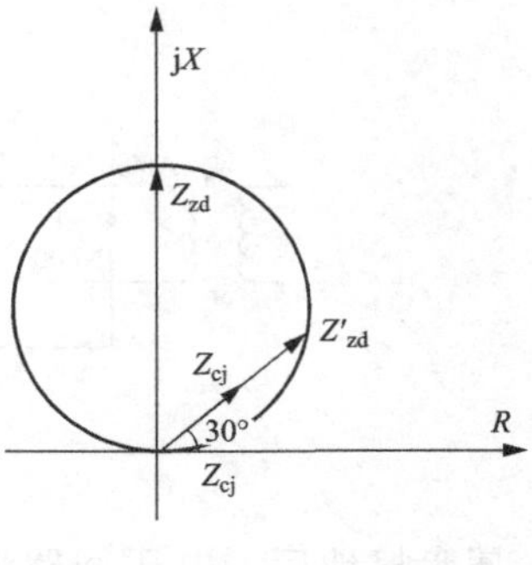

图 6-42

15. 220kV 某变电站母线保护、602 间隔双套保护（RCS931+PSL603），604、606 间隔 RCS931 保护发 TV 断线信号。本站线路保护电压采自线路 CVT，母线保护采自母线 CVT。

某日天气情况为大雨，变电站内无任何操作。经现场测量，602 间隔 PSL603 保护电压偏移最明显，各相电压幅值及相角如表 6-4（保护屏显示值）：（电缆呈阻性，请考虑误差等因素）

表 6-4

相别	A 相	B 相	C 相
幅值（单位 V）	29.163	77.049	77.121

602 间隔 PSL603 屏后 N600 用钳形电流表量测电流为 14.25A，断开 N600 连片后，屏后端子排三相电压进线对 N600 用万用表量测情况如表 6-5：

表 6-5

相别	A 相-N600	B 相-N600	C 相-N600	N600 对地
幅值（单位 V）	0	105	105	60

问：(1) 请初步判断造成此缺陷的原因？

(2) 请画出相关二次回路图及相量图，并计算上述保护采样值的正确性。

答：(1) 电压回路中发生两点接地。对 N600 连片断开后电压幅值分析，CVT 二次电压不符合接地系统单相全接地的特征，理论上在理想状态下，当电压互感器二次发生单相接地短路时，故障相电压应基本为 0V，非故障相电压保持不变，但在实际发生电压互感器二次单相接地短路故障时，非故障相电压将升高，故障相电压不为 0V。

(2)

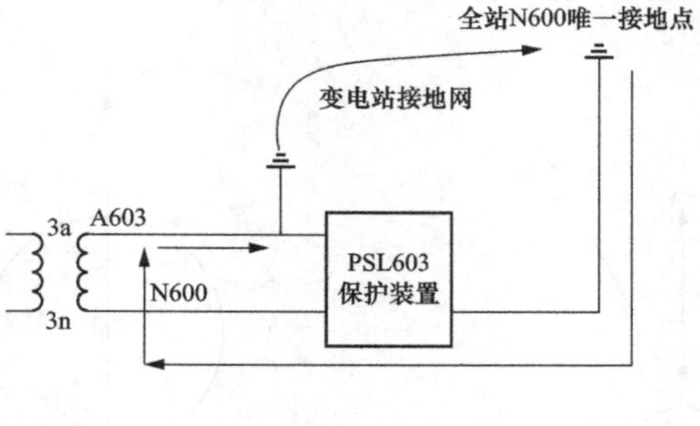

图 6-43

A603 与金属盘接地后，电压回路形成两点接地，N600 等电位网中形成地点位差 ΔU，A603 回路电位差通过大地、220kV 保护室 N600 全站唯一接地点、保护室 N600 连接线到 PSL603 保护屏 N600 与线路 A 相电压互感器二次回路 N600 形成通路，流过很大的电流 14.25A，由于存在回路电阻使得保护测量到的相电压不平衡，出现零序电压。

根据测量到的电压分析，电缆线芯在故障时主要呈阻性，并且故障电流是由以电压源产生的，因此根据余弦定理：

$$U'_{\mathrm{B}} = \sqrt{U_{\mathrm{B}} + \Delta U - 2 \times U_{\mathrm{B}} \times \Delta U \times \cos 120}$$

$$U'_{\mathrm{B}} = 77\mathrm{V}, \quad U_{\mathrm{B}} = 60\mathrm{V}$$

解得 $\Delta U = 26\mathrm{V}$，因此 $U'_{\mathrm{A}} = U_{\mathrm{A}} - \Delta U = 34\mathrm{V}$。电压相量图如图 6-44 所示。

测到的 A 相电压幅值为 29.163V，考虑到测量误差，计算角度误差等因素，认为计算结果与实际测得基本一致。

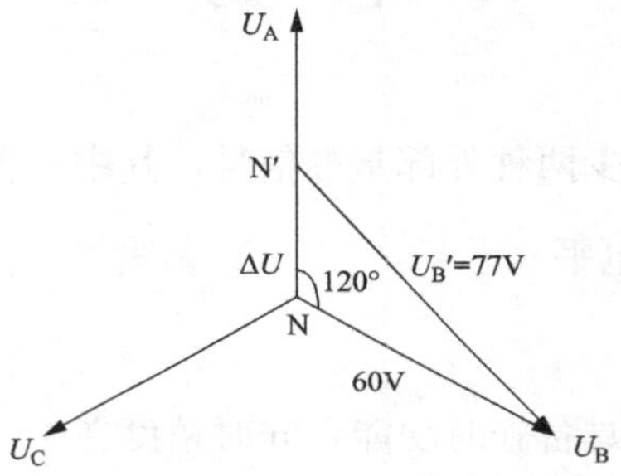

图 6-44

7 智能站部分

7.1 单 选 题

1. 主时钟应能同时接收至少两种外部基准信号，其中一种应为（ ）时间基准信号。

A. 脉冲　　B. 电平　　C. 无线　　D. 串行口

答案：【C】

2. 变电站时间同步装置应具备守时功能，守时精度在12小时内应优于（ ）。

A. 1μs/h　　B. 10μs/h　　C. 1ms/h　　D. 10ms/h

答案：【A】

3. SNTP网络对时精度为（ ）。

A. 10ms　　B. 1ms　　C. 10μs　　D. 1μs

答案：【A】

4. 保护装置、智能终端的对时精度误差应不大于（ ），MU的对时精度应不大于（ ）。

A. ±1μs　±1μs　　B. ±1ms　±1ms

C. ±1ms　±1μs　　D. ±1μs　±1ms

答案：【C】

5. 合并单元正常情况下对时精度应为（ ），10miN内守时精度范围为（ ）。

A. ±1μs　±4μs　　B. ±1ms　±4μs

C. ±10μs　±1μs　　D. ±10us　±4μs

答案：【A】

6. 合并单元智能终端集成装置的智能终端功能对时精度误差应不大于（ ）。

A. 1ms　　B. 10ms　　C. 1μs　　D. 4μs

答案：【C】

7. 下列哪个内容没有包含在 DL/T 860 标准内容中（　）。

A. 一致性测试要求　　B. 通信冗余配置要求

C. 变电站配置描述语言　　D. 面向对象的建模要求

答案：【B】

8. DL/T860 标准中通过用（　）来表示数据的用途。

A. 功能约束　　B. 公共数据类　　C. 数据对象　　D. 以上都不是

答案：【A】

9. 分闸闭锁 BlkOpN 的公用数据类型是（　）。

A. SPC　　B. SPS　　C. Ins　　D. DPC

答案：【A】

10. 以下属于模拟定值类的公用数据类的是（　）。

A. SPG　　B. CMV　　C. DPS　　D. ASG

答案：【D】

11. 下列数据类型中，属于双点遥信类型的是（　）。

A. CN_SPS　　B. SN_SPC　　C. CN_DPS　　D. CN_DPC

答案：【C】

12. DL/T860 标准中一个逻辑设备最少包含（　）个逻辑节点。

A. 1　　B. 2　　C. 3　　D. 4

答案：【C】

13. 智能变电站中应用的数据服务可按 3 个层次建模，其中第 1 层采用（　）。

A. 兼容逻辑节点和数据类　　B. 抽象通信服务接口

C. 公用数据类　　D. 以上都不正确

答案：【B】

14. 智能变电站中应用的数据服务可按 3 个层次建模，其中第 2 层采用（　）。

A. 兼容逻辑节点和数据类　　B. 抽象通信服务接口

C. 公用数据类　　D. 以上都不正确

答案：【C】

15. 智能变电站中应用的数据服务可按 3 个层次建模，其中第 3 层采用（　）。

A. 兼容逻辑节点和数据类　　B. 抽象通信服务接口

C. 公用数据类　　　　D. 以上都不正确

答案：【A】

16. 智能变电站采用统一的 IEC61850 标准，装置之间的通信、互操作的规范性需要通过 IEC61850 标准的（　）测试来验证。

A. 过程层　　B. 站控层　　C. 一致性　　D. 规范性

答案：【C】

17. 文件服务使用哪些服务（　）。

A. GetSGCBValues　　B. GetFileAttributeValues

C. GetLCBValues　　D. GetLogStatusValues

答案：【A】

18. IEC61850 工程应用中，控制服务应用不正确的是（　）。

A. 断路器隔离开关遥控使用 sbo with eNheNced security 方式

B. 装置复归使用 direct coNtrol with Normal security 方式

C. 软压板采用 sbo with eNhaNced security 的控制方式

D. 变压器挡位采用 direct coNtrol with Normal security 的控制方式

答案：【D】

19. 装置复归采用（　）进行控制。

A. sbo-with-eNhaNced-security　　B. direct-with-eNhaNced-security

C. sbo-with-Normal-security　　D. direct-with-Normal-security

答案：【D】

20. 隔离开关、接地开关的控制类型通常选择为（　）。

A. sbo-with-eNhaNced-security　　B. direct-with-eNhaNced-seurity

C. sbo-with-Normal-seurity　　D. direct-with-Normal-seurity

答案：【A】

21. 报告服务中触发条件为 dupd 类型，代表着（　）。

A. 由于数据属性的变化触发

B. 由于品质属性值变化触发

C. 由于冻结属性值的冻结或任何其他属性刷新值触发

D. 由于设定周期时间到后触发

答案：【C】

22. 报告服务中触发条件为 iNtegrity 类型，代表着（ ）。

A. 由于数据属性的变化触发

B. 由于品质属性值变化触发

C. 由于冻结属性值的冻结或任何其他属性刷新值触发

D. 由于设定周期时间到后触发

答案：【D】

23. 可控的断路器、隔离开关的 ctlModel 值为（ ）。

A. 1　　B. 2　　C. 3　　D. 4

答案：【D】

24. 智能变电站 CID 文件中，GOOSE 连线一般放置在（ ）逻辑节点内。

A. LPHD　　B. LLN0　　C. GGIO　　D. CIL0

答案：【B】

25. 断路器和隔离开关的控制使用（ ）实例。

A. XCBR　　B. XSWI　　C. CSWI　　D. RBRF

答案：【C】

26. 下面对于智能变电站中模型的举例，错误的是（ ）。

A. 保护模型 PDIF、PTOC 等　　B. 测量功能模型 MMXU、MMXN 等

C. 控制功能模型 CSWI、CILO 等　　D. 计量功能模型 MMXU、MMTR 等

答案：【D】

27. 下列 IEC61850 标准中定义的逻辑节点名称含义错误的是（ ）。

A. PDIF：距离保护逻辑节点　　B. PTOC：过流保护逻辑节点

C. TCTR：电流互感器逻辑节点　　D. ATCC：自动分接开关控制

答案：【A】

28. 压板数据集不可能出现在下列哪个逻辑设备中（ ）。

A. PIGO　　B. LD0　　C. PROT　　D. PROT

答案：【A】

29. 线路保护的纵联通道采用（ ）逻辑节点建立模型。

A. PDIF　　B. PDIS　　C. PSCH　　D. PTOC

答案：【C】

30. 纵联距离保护由实例（　）组成。

A. PVOC＋PSCH　　B. PDIS＋PSCH

C. PTOC＋PSCH　　D. PDIR＋PSCH

答案：【B】

31. 主变压器失灵联跳使用（　）实例。

A. PTOC　　B. PTRC　　C. RREC　　D. RBRF

答案：【D】

32. 重合闸动作采用（　）建模。

A. RBRF　　B. PTOC　　C. RREC　　D. PSCH

答案：【C】

33. 常规交流测量使用（　）实例，单相测量使用（　）实例，不平衡测量使用 MSQI 实例。（　）

A. MMXU　MMXU　　B. MMXU　MMXN

C. MMXN　MMXU　　D. MMXN　MMXN

答案：【B】

34. 复压闭锁过流使用（　）模型；过励磁保护用（　）模型。（　）

A. PTOC　PVPH　　B. PVOC　PVPH

C. PVPH　PVOC　　D. PVPH　PTOC

答案：【B】

35. 根据 Q/GDW 1396—2012，建模时智能终端 LD 的 inst 名为（　）。

A. PROT　　B. CTRL　　C. LD0　　D. RPIT

答案：【D】

36. （　）采用 RFLO 建模。

A. 振荡闭锁　　B. 单跳失败跳三相

C. 非全相运行再故障动作　　D. 故障定位信息

答案：【D】

37. 装置建模中，dB. zerodb 值 61850 规范中的系数为（　）。

A. 1/1000　　B. 1/100000　　C. 1/1000000　　D. 1/100

答案：【B】

38. 保护软压板的数据集名为（　）。

A. dsTripINfo　　B. dsRelayENa　　C. dsAlarm　　D. dsRelayDiN

答案：【B】

39. 以下是模型文件包含的四部分主元素：SCD 文件可包含多个（　）元素。

A. <Header>　　B. <CommuNicatioN>

C. <IED>　　D. <DataTypeTemplate

答案：【C】

40. 数据集应在（　）文件中生成与定义。

A. ICD　　B. SCD　　C. CID　　D. SSD

答案：【A】

41. ICD 文件中 IED 名应为（　）。

A. IEDNAME　　B. 装置型号　　C. TEMPLATE　　D. 没要求

答案：【C】

42. ICD 文件版本号和 CRC 校验码信息应包含于对应 IED 的（　）文件中。

A. CCD　　B. SCD　　C. CID　　D. SSD

答案：【C】

43. ICD 文件中描述了装置的数据模型和能力，但是不包括（　）。

A. 装置包含哪些逻辑装置、逻辑节点　　B. 逻辑节点类型、数据类型的定义

C. GOOSE 连接关系　　D. 装置通信能力和参数描述

答案：【C】

44. 某智能变电站里有两台完全相同的保护装置，请选出下面描述中正确的选项（　）。

A. 两台保护装置提供一个 ICD 文件，并使用相同的 CID 文件

B. 两台保护装置提供一个 ICD 文件，但使用不同的 CID 文件

C. 两台保护装置提供两个不同的 ICD 文件，但使用相同的 CID 文件

D. 两台保护装置提供两个不同的 ICD 文件，并使用不同的 CID 文件

答案：【B】

45. CCD 文件：IED 二次回路实例配置文件，包括虚端子连接关系等信息，不含有（　）。

A. 发布/订阅的控制块配置　　B. 物理端口描述

C. 通信参数　　D. 内部变量映

答案：【C】

46. 下列选项不属于 SCD 管控技术的是（　）。

A. 管理模块　B. 同步模块　C. 比对模块　D. 图形化模块

答案：【B】

47. GOOSE 虚端子引用路径的格式为（　）。

A. LD. LN. DO/DA　B. LD. LN. DO. DA

C. LD/LN. DO. DA　D. LD/LN/DO. DA

答案：【C】

48. SV 虚端子引用路径的格式为（　）。

A. LD/LN. DO　B. LD/LN/DO　C. LD. LN. DO　D. LD. LN/DO

答案：【A】

49. Extref 中的 INtAddr 描述了内部输入采样值的引用地址，应填写与之相对应的以“（　）”为前缀的 GGIO 中 DO 信号的引用名。

A. SVIN　B. GOIN　C. INPUTS　D. dsGOOSE

答案：【A】

50. 根据 Q/GDW 1396—2012《IEC61850 继电保护工程应用模型》规定，SV 数据集成员应该按（　）配置。

A. DA　B. DO　C. LN　D. LD

答案：【B】

51. 若合并单元发送一个新的采样报文，SV 报文中哪个属性在累加和翻转（　）。

A. SmpCNt　B. SmpSyNch　C. coNfRev　D. svID

答案：【A】

52. 关于国网对于 IEC61850-9-2 点对点方式的技术指标说法不正确的是（　）。

A. MU 采样值发送间隔离散值应小于 7μs

B. 电子式互感器（含 MU）额定延时时间不大于 2ms

C. MU 及保护测控装置宜采用采样频率为 4000Hz

D. MU 的额定延时应放置于 dsSV 采样发送数据集中

答案：【A】

53. 交换机地址表存放的是（　）。

A. IP 地址与端口的对应关系　B. IP 地址与 MAC 地址的对应关系

C. MAC 地址与端口的对应关系

D. IP 地址与 VLAN 的对应关系

答案：【C】

54. 以太网交换机一个端口在接收到数据帧时，如果没有在 MAC 地址表中查找到目的 MAC 地址，通常（　）。

A. 把以太网帧复制到所有端口

B. 把以太网帧单点传送到特定端口

C. 把以太网帧发送到除本端口以外的所有端口

D. 把以太网帧发送到一组特定的端口

答案：【C】

55. 下列关于智能变电站网络交换机虚拟局域网 VLAN 要求，错误的是（　）。

A. 交换机应支持 IEEE802. 1Q 定义的 VLAN 标准

B. 交换机应支持通过 VLAN 技术实现 VPN，至少应支持基于端口或 MAC 地址的 VLAN

C. 应支持同一 VLAN 内不同端口间的隔离功能

D. 单端口不支持多个 VLAN 划分

答案：【D】

56. VLAN 优先级为 1 位 16 进制值，范围（　）。

A. 0～6　　B. 1～7　　C. 0～7　　D. 1～6

答案：【C】

57. GOOSE 报文和 SV 报文的默认 VLAN 优先级为（　）。

A. 1　　B. 4　　C. 5　　D. 7

答案：【B】

58. VLAN tag 在 OSI 参考模型的哪一层实现？（　）。

A. 物理层　　B. 数据链路层　　C. 网络层　　D. 应用层

答案：【B】

59. 能保证数据在发送端与接收端之间可靠传输的是 OSI 的（　）。

A. 数据链路层　　B. 传输层　　C. 网络层　　D. 会话层

答案：【B】

60. OSI 参考模型中负责网络中的源节点和目的节点之间建立逻辑连接的为（　）层。

A. 传输层　　B. 数据链路层　　C. 网络层　　D. 应用层

答案：【C】

61. 通常把传输层、网络层、数据链路层、物理层的数据依次称为（　）。

A. 帧（frame）、数据包（packet）、段（segmeNt）、比特流（bit）

B. 段（segmeNt）、数据包（packet）、帧（frame）、比特流（bit）

C. 比特流（bit）、帧（frame）、数据包（packet）、段（segmeNt）

D. 数据包（packet）、段（segmeNt）、帧（frame）、比特流（bit）

答案：【B】

62. GOOSE 通信的通信协议栈不包括的是（　）。

A. 数据链路层　B. 表示层　C. 网络层　D. 应用层

答案：【C】

63. GOOSE 报文保证其通信可靠性的方式是（　）。

A. 协议问答握手机制　　B. 由以太网链路保证

C. 报文重发与超时机制　　D. 没有可靠性保证手段

答案：【C】

64. 当 GOOSE 发生且仅发生一次变位时，（　）。

A. 装置连发 5 帧，间隔为 2、2、4、8ms　B. 装置连发 5 帧，间隔为 2、2、4、4ms

C. 装置连发 5 帧，间隔为 2、2、2、2ms　D. 装置连发 5 帧，间隔为 2、4、6、8ms

答案：【A】

65. ACSI 关联请求服务应直接映射到 MMS（　）服务。

A. 初始化-响应　　B. 初始-请求

C. 初始服务否定结果　　D. 请求-响应

答案：【B】

66. 在采用双重化 MMS 通信网络的情况下，来自冗余连接组的连接应使用（　）报告实例号和（　）缓冲区映像进行数据传输。

A. 不同的、不同的　　B. 不同的、相同的

C. 相同的、不同的　　D. 相同的、相同的

答案：【D】

67. 下列 IP 地址不可以作为保护装置站控层 IP 地址的为（　）。

A. 10.168.1.10　　B. 172.168.1.172　　C. 192.168.1.192　　D. 224.168.1.224

答案：【D】

68. IEC 61850 国际标准规范建议的多播地址中 GOOSE 的地址范围是（　）。

A. 01-0C-CD-01-00-00 至 01-0C-CD-01-01-FF

B. 01-0C-CD-02-00-00 至 01-0C-CD-02-01-FF

C. 01-0C-CD-04-00-00 至 01-0C-CD-04-01-FF

D. 01-0C-CD-05-00-00 至 01-0C-CD-05-01-FF

答案：【A】

69. GOOSE 分配的以太网类型值是（　），APPID 类型为 00。

A. 0x88B8　　B. 0x88B9　　C. 0x88BA　　D. 0x88BB

答案：【A】

70. SV 分配的以太网类型值是（　），APPID 类型为 01。

A. 0x88B8　　B. 0x88B9　　C. 0x88BA　　D. 0x88BB

答案：【C】

71. 国内现行智能变电站工程 GOOSE 变位时最短传输时间（T_1）一般默认为（　）。

A. 5000ms　　B. 2ms　　C. 1000ms　　D. 20s

答案：【B】

72. 国内现行智能变电站工程 GOOSE 报文的允许生存时间为（　）。

A. 5000ms　　B. 2ms　　C. 10000ms　　D. 20s

答案：【C】

73. GOOSE 事件时标的具体含义为（　）。

A. GOOSE 报文发送时刻　　B. GOOSE 报文接收时刻

C. GOOSE 事件发生时刻　　D. GOOSE 报文生存时间

答案：【C】

74. 下面有关采样值变电站配置语言定义的描述不正确的是（　）。

A. APPID：应用标识，可选项，应为 4 个字符，字符应限定为 0～9 和 A～F

B. MAC-Adress：介质访问地址值，可选项，成为 6 组通过连接符（—）通过的可显示字符，字符应限定为 0～9 和 A～F

C. LAN-PRIORITY：VLAN 用户优先级，条件性支持项目，应为单个字符，字符应限定为 A～F

D. VLAN-ID：VLAN 标识，可选项，应为 3 字符，字符应限定为 0～9 和 A～F

答案：【C】

75. 智能变电站全站通信网络采用（　）。

A. 以太网　　B. loNworks 网　　C. FT3　　D. 232 串口

答案：【A】

76. 智能变电站中的网络交换机，应满足以下要求（　）。

A. 应采用成熟的商业级或工业级产品

B. 宜使用无扇型，采用直流工作电源

C. 支持端口速率限制和组播风暴限制

D. 应提供完善的异常告警功能，包括失电告警、端口异常等

答案：【D】

77. 根据 Q/GDW 429，智能变电站中应用的交换机应支持不少于（　）个端口链路聚合。

A. 2　　B. 4　　C. 8　　D. 10

答案：【B】

78. 在任何网络运行工况流量冲击下，装置均不应死机或重启，不发出错误报文，响应正确报文的延时不应大于（　）。

A. 1ms　　B. 2ms　　C. 10ms　　D. 1s

答案：【A】

79. Q/GDW1808—2012《智能变电站继电保护通用技术条件》规定，保护装置过程层光纤接口发送同一报文的最大时间差不应大于（　）。

A. 1μs　　B. 10μs　　C. 100μs　　D. 1ms

答案：【C】

80. 智能变电站中，交换机传输各种帧长数据时交换机固有时延应小于（　），帧丢失率应为（　）。（　）

A. 10μs，1%　　B. 15μs，1%　　C. 10μs，0　　D. 15μs，0

答案：【C】

81. 交换机平均延时应小于（　），用于采样值传输交换机最大延时与最小延时之差应小于（　）。（　）

A. 1μs　1μs　　B. 1μs　10μs　　C. 10μs　1μs　　D. 10μs　10μs

答案：【D】

82. 百兆工业级交换机，1 个 200Byte 的 SV 报文从传输第一位进入交换机至最后一位输出交换机的时间约为（　）。

A. 7μs　　B. 11μs　　C. 20μs　　D. 40μs

答案：【D】

83. 如果要完整抓捕交换机其他端口数据，以下方法（　）可以实现。

A. 连到交换机任意端口，直接抓取即可

B. 端口映射到待抓捕端口，再抓报文

C. 先将该端口接到 Hub，通过 Hub 抓取

D. 接到交换机控制口抓取报文

答案：【B】

84. 以下关于变电站智能化改造中对网络结构的要求，（　）是错误的。

A. 220kV 变电站宜采用双重化星形以太网，在站控层网络失效的情况下，间隔层应能独立完成就地数据采集和控制功能

B. 220kV 过程层网络可分别设置 GOOSE 网络和 SV 网络，均采用双重化星形以太网，双重化配置的两个过程层网络应遵循完全独立的原则

C. 110kV 每个间隔除应直接采集的保护及安全自动装置外有 3 个及以上装置需接收 SV 报文时，配置 SV 网络、SV 网络宜采用星形双网结构

D. 35kV 及以下电压等级 GOOSE 报文可通过站控层网络传输

答案：【C】

85. 以下变电站智能化改造中对网络通信设备的要求，（　）是错误的。

A. 220kV 变电站站控层中心交换机宜冗余配置，每台交换机端口数量应满足站控层设备和交换机级联的接入要求

B. 过程层交换机中的每台交换机的光纤接入数量不宜超过 16 对，并配备适量的备用端口，备用端口的预留应考虑虚拟网的划分

C. 任两台 IED 之间的数据传输路由不应超过 4 个交换机，任两台主变压器 IED 不宜接

入同一台交换机

D. 当交换机处于同一建筑物内距离较短（小于 100m）时宜采用光口互联

答案：【D】

86. 关于智能变电站网络性能测试，下列说法错误的是（　）。

A. 在“直采直跳”模式下，保护的点对点采样口和直跳口需要经过网络性能测试

B. 在“直采直跳”模式下，保护、智能终端、MU 等 IED 的网络性能测试是指其与交换机相联的组网口的性能测试，组网口在压力背景流量下整个装置能否正常工作的测试是一项重要工作

C. 故障录波、网络报文记录仪、交换机等需要经过网络性能测试

D. 计量装置、测控装置、PMU 等需要经过网络性能测试

答案：【A】

87. 过程层交换机故障是（　）。

A. 一般缺陷　　B. 严重缺陷　　C. 危及缺陷　　D. 以上均可

答案：【C】

88. 当用于双重化保护时，分压原理电压互感器的分压器宜（　）独立输出，采集器宜（　）配置。（　）

A. 两路　双套　　B. 一路　双套　　C. 一路　单套　　D. 两路　单套

答案：【B】

89. 对于 220kV 及以上变电站，宜按（　）和网络配置故障录波装置和网络报文记录分析装置。

A. 电压等级　　B. 功能　　C. 间隔　　D. 其他

答案：【A】

90. 双母单分段接线，按双重化配置（　）台母线电压合并单元，不考虑横向并列。

A. 1　　B. 2　　C. 3　　D. 4

答案：【B】

91. 双母双分段接线，按双重化配置（　）台母线电压合并单元，含电压并列功能（不考虑横向并列）。

A. 1　　B. 2　　C. 3　　D. 4

答案：【D】

92. QGD/W 441 规定，在输入输出端口方面，标准规定每个 MU 应能满足最多（　）个输入通道和至少（　）个输出端口的要求。

A. 12、8　　B. 12、12　　C. 16、8　　D. 16、12

答案：【A】

93. 母线电压合并单元可接收（　）组电压互感器数据，并支持向其他合并单元提供母线电压数据，根据需要提供电压并列功能。

A. 1　　B. 2　　C. 3　　D. 4

答案：【C】

94. 220kV 及以上变压器各侧的中性点电流、间隙电流应（　）。

A. 各侧配置单独的合并单元进行采集　　B. 于相应侧的合并单元进行采集

C. 统一配置独立的合并单元进行采集　　D. 其他方式

答案：【B】

95. 变压器智能终端不包含（　）保护功能。

A. 冷控失电　　B. 过负荷　　C. 启动风冷　　D. 非电量延时跳闸

答案：【B】

96. 断路器智能终端至少提供（　）分相跳闸触点和（　）合闸触点。（　）

A. 一组　一组　　B. 二组　一组

C. 一组　二组　　D. 二组　二组

答案：【B】

97. 智能终端装置在正常工作时，装置功率消耗不大于（　）W，当装置动作时，功率消耗不大于（　）W。（　）

A. 30，50　　B. 30，60　　C. 40，60　　D. 40，70

答案：【B】

98. GOOSE 数据集成员个数不应超过（　）个。

A. 32　　B. 64　　C. 128　　D. 256

答案：【D】

99. 智能变电站中故障录波装置以（　）方式和站控层设备通信。

A. MMS　　B. SV　　C. GOOSE　　D. 其他方式

答案：【A】

100. 故障录波器数字式交流量宜采用（　）路。

A. 24　　B. 48　　C. 96　　D. 128

答案：【C】

101. 故障录波器数字式开关量宜采用（　）路。

A. 96　　B. 128　　C. 256　　D. 512

答案：【C】

102. 智能变电站的故障录波器配置中，每台装置接入的 SV 控制块应不少于（　）个。

A. 22　　B. 23　　C. 24　　D. 25

答案：【C】

103. 智能录波器采集单元记录的各路电压和电流波形相位应一致，相互之间的相位误差不应大于（　）。

A. 1°　　B. 2°　　C. 3°　　D. 5°

答案：【B】

104. 智能变电站网络报文记录分析装置配置原则中单个装置的接入流量应不超过（　）Mbps。

A. 300　　B. 400　　C. 500　　D. 600

答案：【B】

105. 智能变电站网络报文记录分析装置配置原则中单个百兆采集接口接入流量宜不超过（　）Mbps。

A. 50　　B. 55　　C. 60　　D. 65

答案：【C】

106. 智能变电站故障录波器的数字量输入动态记录装置，当点对点方式下 SV 失步时，（　）次及以下谐波分量测量误差应不超过（　）%。（　）

A. 10、10　　B. 10、5　　C. 12、10　　D. 12、5

答案：【D】

107. 关于光波长为 1310Nm 的光纤发送功率和接受灵敏度范围正确的是（　）。

A. 光纤发送功率：－19dBm～－10dBm；光接收灵敏度：－24dBm～－10dBm

B. 光纤发送功率：－31dBm～－14dBm；光接收灵敏度：－20dBm～－14dBm

C. 光纤发送功率：－20dBm～－14dBm；光接收灵敏度：－31dBm～－14dBm

D. 光纤发送功率：－24dBm～－10dBm；光接收灵敏度：－19dBm～－10dBm

答案：【C】

108. 若电子式互感器采集器的采样频率为4000，其额定延时不大于多少？（　）。

A. 250μs　　B. 500μs　　C. 750μs　　D. 1000μs

答案：【B】

109. 有源电子式电流互感器对准确级的要求通常为（　）。

A. 0. 2S/5TPE　　B. 0. 5S/5P20　　C. 0. 5S/5P20　　D. 0. 2/3P

答案：【A】

110. 有源电子式电压互感器对准确级的要求通常为（　）。

A. 0. 2S/5TPE　　B. 0. 5S/5P20　　C. 0. 5S/5P20　　D. 0. 2/3P

答案：【D】

111. 下列规约中采用绝对瞬时值传输的是（　）。

A. IEC61850-9-2　　B. IEC61850-9-1　　C. IEC60044-8　　D. IEC61850-8-1

答案：【A】

112. 下列规约中采用标幺瞬时值传输的是（　）。

A. IEC61850-9-2　　B. IEC61850-9-1　　C. IEC60044-8　　D. IEC61850-8-1

答案：【C】

113. DL/T860. 92 所规范的 SV 报文能表示的最大电流为（　）。

A. 2147kA　　B. 4295kA　　C. 21475kA　　D. 42950kA

答案：【A】

114. 交流额定电压数字量为：采样值通信规约为 GB/T20840. 8 时，额定值为（　）。

A. 01CFH　　B. 00E7H　　C. 2D41H　　D. 2DCFH

答案：【C】

115. 500kV 智能变电站中，若母线电压刚好为额定值，则此时 SV（DL/T 860、92）中最小峰值为（　）。

A. 0xFE478447　　B. 0xFD911003　　C. 0xFD050F80　　D. 0x2FAF080

答案：【B】

116. 500kV 智能变电站中，500kV 部分 TA 变比为 4000：1，保护装置显示电流有效值为 0. 5A，则此时 SV 中电流的最大峰值为（　）。

A. 0x2B288B　　B. 0xFFD4D775　　C. 0x1E8480　　D. 0xFFE17B80

答案:【A】

117. 测试仪输出 9-2 的 SV 报文，设置测试变电流比为 2500/5，则测试仪输出 5A 电流时，SV 报文中最小的峰值为（　）。

A. 0x35F098　　B. 0x2625A0　　C. 0xFFCA0F68　　D. 0xFFD9DA60

答案:【C】

118. 光数字继电保护测试仪 SV 能加上，但是装置显示变比不对应，原因可能为（　）。

A. SV 虚端子的映射问题，检查 SV 虚端子的映射，重新配置

B. 测试仪变比设置不一致，检查变比设置，重新设置

C. SCD 文件配置错误，需抓包分析

D. 测试仪 SV 配置光口映射错误，检查配置 SV 配置光口映射，重新配置

答案:【B】

119. 按 IEC60044-8 第 8、10、2 规定，在额定一次短电流（$I_{psc}=I_{pr}K_{ssc}$）、100%直流偏移、额定一次时间常数和额定工作循环下，电流互感器的最大峰值瞬时误差应小于（　）。

A. 3%　　B. 5%　　C. 10%　　D. 15%

答案:【C】

120. 关于 IEC60044-8 规范，下述说法不正确的是（　）。

A. 采用 MaNchester 编码　　B. 通用帧的标准传输速度为 10Mbit/s

C. 采用点对点通信模式　　D. 传输延时固定

答案:【B】

121. 采样值报文中一级级联传输延时不大于（　），二级级联传输延时不大于（　）。

A. 1ms，1.75ms　　B. 1ms，2ms　　C. 1.05ms，1.75ms　　D. 1.05ms，2ms

答案:【B】

122. MU 采样率为 4kHz 时，采样值报文采样延时应小于（　），点对点采样值发送间隔离散值应小于（　）。（　）

A. 1ms　10μs　　B. 2ms　10μs　　C. 10μs　1ms　　D. 10μs　1μs

答案:【B】

123. 检查合并单元接收交流模拟量到输出交流数字量的时间以及级联传输延时，最大值、最小值与厂家提供数据误差不超过（　）。

A. 5μs　　B. 10μs　　C. 15μs　　D. 20μs

答案：【D】

124. 检查合并单元内保护用通道，应采用双 A/D 且两路 A/D 电路互相独立，两路独立采样数据的瞬时值之差不大于（　）倍额定值。

A. 0.02　　B. 0.03　　C. 0.04　　D. 0.05

答案：【A】

125. 合并单元失步后再同步，其采样周期调整步长应不大于（　）。

A. 1μs　　B. 2μs　　C. 5μs　　D. 10μs

答案：【A】

126. 主变压器压器保护接收的采样品质不包含（　）。

A. 传动标志　　B. 有效标志　　C. 同步标志　　D. 检修状态

答案：【A】

127. 智能变电站中故障录波器产生的告警信息上送报文是（　）。

A. MMS　　B. GSSE　　C. GOOSE　　D. SV

答案：【A】

128. 智能变电站应利用网络技术将保护信息上送至站控层，可以上传的信息不包括（　）。

A. 断路器位置信号　　B. 保护动作信号

C. 保护启动失灵信号　　D. 电流、电压信号

答案：【C】

129. 继电保护设备的自检信息不包括（　）。

A. 与站控层设备通信状况　　B. 与过程层设备通信状况

C. 硬件损坏情况　　D. 功能异常信号

答案：【A】

130. 软压板投退后，软压板的状态信息应作为（　）上送。

A. 开关量　　B. 模拟量　　C. SOE　　D. 遥信状态

答案：【D】

131. 保护装置处理 MU 上送的数据时，以下说法错误的是（　）。

A. 实时处理 SV 的品质位（无效、检修等），及时准确提供告警信息

B. 利用SV的信息合理地进行保护功能的退出和保留，瞬时闭锁可能误动的保护

C. 当SV数据品质由异常恢复正常后应尽快恢复被闭锁的保护功能

D. SV数据品质位异常时应实时告警

答案：【D】

132. MU数据品质位（无效、检修等）异常时，保护装置应怎样处理？（　）

A. 延时闭锁可能误动的保护

B. 瞬时闭锁可能误动的保护，并且一直闭锁

C. 瞬时闭锁可能误动的保护，并且在数据恢复正常后尽快恢复被闭锁的保护

D. 不闭锁保护

答案：【C】

133. GOOSE报文可以在（　）层传输。

A. 站控层　　B. 间隔层　　C. 过程层　　D. 以上三者

答案：【D】

134. 智能终端收到保护跳闸的GOOSE命令后（　）。

A. 收到第一帧GOOSE命令后执行

B. 收到第二帧GOOSE命令执行

C. 收到第三帧GOOSE命令后执行

D. 收到前两帧GOOSE命令后进行比较再执行

答案：【A】

135. 过程层产品新规范中智能终端装置采集的模拟小信号精度误差在正常试验条件下不应大于额定值的（　），其他条件下精度误差应不大于额定值的（　）。（　）

A. 0.3%，1%　　B. 0.3%，3%　　C. 0.5%，1%　　D. 0.5%，3%

答案：【C】

136. 220kV开关第一套智能终端装置因故障需要停用时，应投入（　）线路保护“停用重合闸”软压板。

A. 第一、二套　　B. 第一套　　C. 第二套　　D. 第一套或第二套

答案：【A】

137. 某220KV间隔智能终端故障断电时，相应母差保护（　）。

A. 母差强制互联　　B. 母差强制解裂

C. 闭锁差动保护　　D. 保持原来的运行状态

答案：【D】

138. 某 220kV 间隔智能终端检修压板投入时，相应母差保护（　）。

A. 母差强制互联　　B. 母差强制解裂

C. 闭锁差动保护　　D. 保持原来的运行状态

答案：【D】

139. 当与接收母线保护 GOOSE 检修不一致时，线路保护采集母差远跳开入应（　）。

A. 清 0　B. 保持前值　C. 置 1　D. 取反

答案：【A】

140. “通道延时变化”对母线保护有什么影响？（　）。

A. 闭锁所有保护　　B. 闭锁差动保护

C. 闭锁差动和该支路的失灵保护　　D. 没有影响

答案：【B】

141. 母线保护报警“通道延时异常报警”不可能是由于（　）。

A. 文本未配置通道延时　　B. 延时通道发生变化

C. 延时通道超过 3ms　　D. 通道延时为 0

答案：【A】

142. 采用 IEC 61850-9-2 点对点采样模式的智能变电站，一次设备未停役，仅某支路合并单元投入检修对母线保护产生了一定影响，下列说法不正确的是（　）。

A. 闭锁差动保护　　B. 闭锁所有支路失灵保护

C. 闭锁该支路失灵保护　　D. 显示无效采样值

答案：【B】

143. 采用 IEC 61850-9-2 点对点采样模式的智能变电站，仅母线合并单元投入检修会对母线保护产生了一定的影响的，下列说法不正确的是（　）。

A. 闭锁所有保护　　B. 不闭锁保护

C. 开放该段母线电压　　D. 显示无效采样值

答案：【A】

144. 合并单元异常后，关于对 220kV 双绕组变压器保护影响的以下说法，不正确的是（　）。

A. 变压器差动相关的电流通道异常，闭锁相应差动保护和该侧后备保护

B. 零序电压异常时，闭锁该侧的间隙保护和零序过压保护

C. 相电压异常时，保护逻辑按该侧 TV 断线处理

D. 变压器中性点零序电流、间隙电流异常时，闭锁该侧后备保护

答案：【D】

145. 500kV 主变压器低压侧套管电流数据无效时，以下（　）保护必须闭锁。

A. 分相差保护　B. 分侧差保护　C. 低压侧开关过流　D. 纵差保护

答案：【A】

146. 500kV 主变压器低压侧开关电流数据无效时，以下（　）保护可以保留。

A. 纵差保护（独立 TA）　B. 分侧差动保护

C. 小区差保护　D. 低压侧过流

答案：【B】

147. 可以通过逐一修改合并单元配置文件 VLAN-ID、VLAN-PRIORITY、（　）、APPID. coNfRev、MAC-Address 等参数，核对 SV 报文中标识与设置参数的变化是否一致。

A. GOID. datSet　B. SVID. datSet

C. GOID. GOCBRef　D. SVID. GOCBRef

答案：【B】

148. SV 通信时对接收报文的配置不一致信息应送出告警信号，判断条件为配置版本号、ASDU 数目及（　）不匹配。

A. 采样值顺序　B. 采样值数目　C. 采样值大小　D. 采样值标志

答案：【B】

149. 保护 SV 接收压板退出后，电流/电压显示为（　），不参与逻辑运算。

A. 退出前值　B. 0　C. 额定值　D. 任意值

答案：【B】

150. 某 500kV 智能变电站，5031、5032 开关（5902 出线）间隔停役检修时，必须将（　）退出。

A. 500kV Ⅰ母母差检修压板

B. 500kV Ⅰ母 5031 支路“SV 接收”压板

C. 5031 断路器保护跳本开关出口压板

D. 5902 线线路保护 5031 支路“SV 接收”压板

答案：【B】

151. 220kV 双母线第一套母差保护断电重启时，监控后台不应有的报警信息是（　）。

A. 220kV 第一套线路保护远跳 G0OSE 断链

B. 220kV 第一套主变压器保护失灵联跳 COOSE 断链

C. 220kV 线路第一套智能终端跳闸 COOSE 断链

D. 220kV 线路第一套合并单元 SV 断链

答案：【D】

152. 以下哪种情况不会导致保护装置无法正确接收合并单元的 SV 采样数据？（　）

A. SV 通道为无效状态　　B. SV 通道为检修状态

C. SV 报文为非同步状态

D. SV 报文 MAC 地址、APPID 等通信参数与保护装置配置不一致

答案：【C】

153. 在保护传动试验中开关未正确动作，下列原因中不可能的是（　）。

A. 保护与智能终端的检修状态不一致

B. 保护的 GOOSE 组网端口与点对点端口连接不正确

C. 智能终端的 GOOSE 组网端口与点对点端口连接不正确

D. 保护中 GOOSE 出口软压板未投入

答案：【B】

154. 在现场调试线路保护时，不报 GOOSE 断链的情况下，测试仪模拟断路器变位，保护却收不到，原因可能是（　）。

A. 下载错误的 GOOSE 控制块

B. GOOSE 控制块的光口输出设置与实际接线不对应

C. 映射的控制块的通道没有连接到该保护中

D. 测试仪没有正常下载配置该控制块

答案：【C】

155. 通过网络报文分析仪抓取某 220kV 线路保护装置（投单相重合闸）发送的 GOOSE 报文发现，其报文 stNum=1，假设该时刻线路发生单相瞬时性故障，且保护及开关动作行为均正确，该装置故障切除后第一帧的 GOOSE 报文中 stNum 应为（　）。

A. 3　　B. 4　　C. 5　　D. 6

答案：【C】

156. 保护装置发送 GOOSE 报文的 stNum=5，sqNum=103，此时系统故障，保护单跳单重，重合成功，则保护整组复归后，GOOSE 报文的 stNum 为（ ）。

A. 6　　B. 7　　C. 8　　D. 9

答案：【D】

157. 保护装置发送 GOOSE 报文的 stNum=10，sqNum=96，此时系统故障，保护单跳失败转三跳后整组复归，恢复心跳后，GOOSE 报文的 sqNum 为（ ）。

A. 101　　B. 13　　C. 1　　D. 5

答案：【D】

158. 保护装置接收到上一帧 GOOSE 报文的 stNum=10，sqNum=10，则接收到下列哪一帧报文时不会更新数据。（ ）

A. stNum=10，sqNum=10　　B. stNum=11，sqNum=10

C. stNum=10，sqNum=11　　D. stNum=11，sqNum=11

答案：【C】

159. 保护装置单网 GOOSE 接收机制，当前接收 GOOSE 报文的 stNum=20，sqNum=30，则下一帧 GOOSE 报文的 stNum 和 sqNum 为下列哪一情况时（ ），不会更新 GOOSE 数据内容。

A. 20、30　　B. 21、32　　C. 21、30　　D. 20、31

答案：【D】

160. 抓取网络中 GOOSE 报文，解析报文中的 TTL 时间为 5000ms，则 GOOSE 报文的 T0 设置为（ ）。

A. 2ms　　B. 2500ms　　C. 5000ms　　D. 20000ms

答案：【B】

161. 订阅方根据 GOOSE 报文传递的（ ）字段检测链路是否中断。

A. t　　B. test　　C. gocRef　　D. timeAllowToLive

答案：【D】

162. GOOSE 光纤拔掉后，装置（ ）报 GOOSE 断链。

A. 立刻　　B. $2T_0$ 与 $3T_0$ 时间之间

C. $3T_0$ 与 $4T_0$ 时间之间　　D. $4T_0$ 时间后

答案：【C】

7.2 多 选 题

1. 智能变电站交换机 VLAN 配置的必要性为（　）。

A. 减轻交换机和装置的负载

B. 采用 VLAN 技术，有效隔离网络流量

C. 安全隔离，限制每个端口只收所需报文，避免无关信号干扰

D. 控制数据流向，提高网络可靠性、实时性

答案：【ABCD】

2. 智能变电站过程层组网使用 VLAN 划分的目的为（　）。

A. 把同一物理网段内的不同装置逻辑地划分成不同的广播域

B. 减少装置网络流量和降低装置网络负载

C. 实现信息的安全隔离

D. 便于管理

答案：【BC】

3. VLAN 可以基于哪几种方式划分（　）。

A. 根据交换机端口划分　　B. 根据 MAC 地址划分

C. 根据网络层地址划分　　D. 根据 IP 组播划分

答案：【ABCD】

4. 智能变电站中用于流量控制的主要手段有（　）。

A. VLAN　　B. GMRP　　C. IGMP SNoopiNg　　D. SNTP

答案：【ABC】

5. 以下哪些技术是组播管理专用技术（　）。

A. GMRP　　B. IGMP sNoopiNg

C. VLAN　　D. GVRP

答案：【AB】

6. 直通式交换方式的缺点有哪些？（　）

A. 因为数据包内容并没有被交换机保存下来，所以无法检查所传送的数据包是否有误，不能提供错误检测能力

B. 在数据处理时延迟大，这是他的不足，但是他可以对进入交换机的数据包进行错误检测

C. 由于没有缓存，不能将具有不同速率的输入/输出端口直接接通

D. 当以太网交换机的端口增加时，交换矩阵变得越来越复杂，实现起来越来越困难

答案：【ACD】

7. 提高站控层网络可靠性的措施有（　）。

A. 站控层采用独立双网，增加冗余链路，提高可靠性

B. 定期检查 ARP 表，发现 MAC 和 IP 发生变化时，发告警信息

C. 加强网络记录仪的分析和告警功能，网络流量出现异常时及时告警

D. 间隔层装置的网络接口增加流量控制功能

答案：【ABCD】

8. 下面那些 MAC 地址是组播地址？（　）

A. 81：CD：AF：34：B8：01　　B. 03：00：00：00：00：00

C. FF：FF：FF：FF：FF：FF　　D. 94：69：AC：ED：03：04

答案：【AB】

9. 下列哪些 MAC 地址不能作为装置自身的 MAC 地址使用（　）

A. 81：CD：AF：34：B8：01　　B. 03：00：00：00：00：00

C. FF：FF：FF：FF：FF：FF　　D. 94：69：AC：ED：03：04

答案：【AB】

10. 智能变电站中，220kV 母差保护宜设置（　）压板。

A. 启动失灵接收软压板　　B. 间隔投入压板

C. 失灵联跳发送软压板

D. 跳闸（兼远跳、闭锁重合闸）GOOSE 发送压板

答案：【ABCD】

11. 在高压侧合并单元加三相正序 5A 电流，变压器保护装置却显示 2.5A，可能的原因是（　）。

A. 合并单元中变比参数设置错误　　B. 主变压器保护装置中参数设置错误

C. 合并单元故障　　D. 主变压器保护装置故障

答案：【ABCD】

12. 对于内桥接线的桥开关备自投，需要接入下列（　）GOOSE 信号作为放电条件。

A. 主变压器压器低后备保护　　B. 主变压器压器高后备保护

C. 主变压器压器差动保护　　D. 主变压器压器非电量保护

答案：【BCD】

13. 下列哪种情况下，线路保护装置会报“通道延时异常”报警？（　）

A. 前后两次连接的合并单元采样通道延时不一致

B. 通道延时为 0

C. 通道延时超过 6ms

D. 两组电流接入时，采样通道延时不相等

答案：【ABCD】

14. 网络风暴的现象是（　）。

A. 大量重复报文复制传播　　B. 大量异常帧报文

C. 瞬间端口负载率达到 100％　　D. 瞬间端口负载率达到 20％

答案：【ABC】

15. 网络风暴可能的成因有（　）。

A. 广播节点太多　　B. 网卡损坏

C. 链路环路（LOOP）　　D. 环网

答案：【ABCD】

16. 当网络发生网络风暴时，智能终端应该（　）。

A. 不能导致装置重启　　B. 不能导致装置死机无法恢复

C. 允许设备自动重启避免造成死机　　D. 不允许设备出现丢帧情况

答案：【AB】

17. 从交换机导出的配置描述文件，包括（　），用于更换设备时快速恢复到原设置。

A. 交换机型号、参数　　B. VLAN 划分

C. 镜像设置等端口配置信息　　D. 其他私有设置数据

答案：【BCD】

18. 以下（　）报告控制块属于缓存型。

A. brcbTripINfo　　B. brcbRelayENa　　C. brcbRelayRec　　D. urcbRelayAiN

答案：【ABC】

19. 以下哪些不是站控层逻辑设备（ ）。

A. CTRL　B. PROT　C. PI　D. RPIT

答案：【CD】

20. GOOSE 出口软压板通常设置在以下哪项逻辑节点中（ ）。

A. PTOC　B. PTRC　C. PSCH　D. RREC

答案：【BCD】

21. 线路保护模型中对应要跳闸的每个断路器各使用一个 PTRC 实例，应包含（ ）等信号。

A. 跳闸　B. 启动失灵　C. 重合闸　D. 闭锁重合闸

答案：【ABD】

22. 在 SCD 文件中，以下（ ）参数应该唯一。

A. APPID　B. IP 地址　C. SMVID　D. MaxTime

答案：【ABC】

23. SCD 文件导入内容包括（ ）。

A. SV 配置（地址、描述、类型、相别）　B. GOOSE 配置（地址、描述、关联）

C. MMS 报告配置（报告数据集、关联等）　D. 系统网络信息（网络拓扑、关联等）

答案：【ABCD】

24. CID 文件中和 ICD 文件相同的信息有（ ）。

A. 实例化信息　B. 数据模板信息

C. SCD 文件中针对 IED 名称的配置信息　D. MMS 和 GOOSE 通信地址

答案：【AB】

25. CID 文件中和 ICD 文件不同的信息有（ ）。

A. MMS 通信地址　B. GOOSE 通信地址

C. IED 名称　D. GOOSE 输入

答案：【ABCD】

26. ICD 文件与 CID 文件的区别是（ ）。

A. 实例化了 IEDNAME　B. 增加了通信配置

C. 配置了 INPUTS 部分　D. 仅叫法不同，无实质变化

答案：【ABC】

27. 智能变电站系统中，保护、测控单元的IED模型文件ICD文件中不应包含（　）。

A. 报告控制块　　B. GOOSE发送控制块

C. SMV发送控制块　　D. GOOSE连线

答案：【BCD】

28. 智能变电站纯智能终端单元的IED模型文件ICD文件中不应包含（　）。

A. 报告控制块　　B. GOOSE发送控制块

C. SMV发送控制块　　D. GOOSE连线

答案：【ABCD】

29. 关于智能变电站中压板的描述，下述说法正确的有（　）。

A. 检修压板可采用硬压板

B. 保护装置应采用软压板

C. 检修压板投入时应上送带品质位信息

D. 当检修压板投入其他装置收到保护信息，视为无效数据

答案：【ABCD】

30. IEC60044-8与点对点IEC61850-9-2应用帧格式都包括（　）。

A. 计数器　　B. 额定相电流　　C. 额定延时　　D. SVID

答案：AC

31. 保护电压采样无效对光差线路保护的影响（　）。

A. 闭锁所有保护　　B. 闭锁与电压相关保护

C. 对电流保护没影响　　D. 自动投入TV断线过流

答案：BD

32. 采样值组网情况下，合并器的采样数据失步的情况下，以下（　）保护会被闭锁。

A. 光纤纵差　　B. 母线差动

C. 主变压器压器后备　　D. 失灵保护

答案：【AB】

33. 采样值组网情况下，合并器的同步输入中断后，220kV光纤差动线路保护的（　）保护元件可以继续正常运行。

A. 距离　　B. 差动　　C. 重合闸　　D. 零序

答案：【ACD】

34. 采样值组网情况下，母联间隔采样数据失步情况下，哪些保护功能（　）不受影响。

A. 母联充电保护　　B. 母联过流保护

C. 母联失灵保护　　D. 母线差动保护

答案：【ABC】

35. 采样值组网情况下，母联间隔采样数据无效情况下，应该闭锁（　）保护功能。

A. 母联充电保护　　B. 母联过流保护

C. 母联失灵保护　　D. 母线差动保护

答案：【ABC】

36. 采样数据品质异常情况下，保护的处理原则是（　）。

A. 闭锁所有保护　　B. 及时准确提供告警信息

C. 瞬时闭锁可能误动的保护　　D. 不闭锁与该采样数据异常无关的保护

答案：【BCD】

37. 新安装模拟量输入式合并单元的保护通道准确度检验包括（　）。

A. 比值误差检验　　B. 同步脉冲相位误差检验

C. 插值法相位误差检验　　D. 电压切换功能试验

答案：【ABC】

38. 某智能站 220kV 线路保护定期校验进行检修机制检验时，假设其智能终端压板均投入，其动作行为正确的是（　）。

A. 合并单元检修压板投入，智能终端检修压板投入，保护检修压板退出，保护动作，智能终端出口

B. 合并单元检修压板投入，智能终端检修压板退出，保护检修压板投入，保护动作，智能终端不出口

C. 合并单元检修压板退出，智能终端检修压板投入，保护检修压板投入，保护不动作，智能终端不出口

D. 合并单元检修压板退出，智能终端检修压板退出，保护检修投入，保护动作，智能终端不出口

答案：【BC】

39. 关于检修 GOOSE 和 SV 的逻辑，下述说法正确的有（　）。

A. 检修压板一致时，对 SV 来说，保护认为合并单元的采样是可用的

B. 检修压板一致时，对 GOOSE 来说，保护跳闸后，智能终端能出口跳闸

C. 检修压板一致时，对 GOOSE 来说，母差保护认为线路保护启动失灵开入有效

D. 检修压板不一致时，对 GOOSE 来说，保护跳闸后，智能终端出口

答案：【ABC】

40. 某 220kV 线路间隔停役检修时，在不断开光缆连接的情况下，可做的安全措施有（　）。

A. 投入该线路两套线路保护、合并单元和智能终端检修压板

B. 退出该线路两套线路保护启动失灵压板

C. 退出两套线路保护跳闸压板

D. 退出两套母差保护该支路启动失灵接收压板

答案：【ABD】

41. 某 220kV 线路第一套保护装置故障不停电消缺时，可做的安全措施有（　）。

A. 退出第一套母差保护该支路启动失灵接收压板

B. 退出第一套线路保护 SV 接收压板

C. 投入该装置检修压板

D. 断开该装置 GOOSE 光缆

答案：【ACD】

42. 某 220kV 线路第一套合并单元故障不停电消缺时，可做的安全措施有（　）。

A. 投入该合并单元检修压板　　B. 拔掉该合并单元 SV 光缆

C. 退出该线路第一套线路保护 SV 接受压板

D. 退出第一套母差保护该支路 SV 接受压板

答案：【AB】

43. 高压并联电抗器非电量保护应采用何种跳闸方式（　）。

A. 通过 GOOSE 实现远跳　　B. GOOSE 点对点跳闸

C. 就地电缆跳闸　　D. GOOSE 组网跳闸

答案：AC

44. 下列哪些指标反映电子式互感器的绝缘性能（　）。

A. 工频耐受电压　　B. 雷电操作耐受电压

C. 局部放电　　D. 操作冲击耐受电压

答案：【ABCD】

45. 交流站 AIS 有源电子式电压互感器一次传感器通常采用哪种类型（　）。

A. 电容分压器　　B. 电感分压器　　C. 电阻分压器　　D. 光学电压传感器

答案：【AB】

46. 下列哪种说法是正确的？（　）

A. 光学电流互感器开环方案比闭环方案精度高

B. 光学电流互感器开环方案比闭环方案动态范围大

C. 光学电流互感器开环方案比闭环方案温度特性好

D. 光学电流互感器开环方案比闭环方案稳定性高

答案：【ACD】

47. 全光纤式光学电流互感器一般包括哪几部分？（　）

A. 光纤传感环（一次传感器）　　B. 远端模块

C. 光纤传输系统　　D. 采集单元（或称电气单元）

答案：【ACD】

48. 全光纤式互感器较磁光玻璃式互感器比较，下述（　）为 FOCT 的优点。

A. 结构简单、抗振动能力强　　B. 连接可靠、长期稳定性好

C. 由光学分立元件构成、靠玻璃胶粘结　　D. 工艺成熟，一致性好

答案：【ABD】

49. 电子互感器的采样数据同步问题包括（　）。

A. 同一间隔内的各电压电流量的采样数据同步

B. 变电站内关联间隔之间的采样数据同步

C. 线路两端电流电压量的采样数据同步

D. 变电站与调度之间的采样数据同步

答案：【ABC】

50. 电子式互感器的主要试验项目有（　）。

A. 无线电干扰电压试验、电磁兼容试验

B. 低压器件耐压试验、温升试验

C. 短时电流试验、防护等级的验证

D. 密封性能试验、机械强度试验

答案：【ABCD】

51. 通常 GPS 装置中同步信号 IRIG-B（DC）码可以有（　）电接口类型。

A. RS-232　　B. RS-422　　C. RS-485　　D. TTL

答案：【ABCD】

52. 间隔层设备宜采用（　）对时方式。

A. SNTP　　B. IRIG-B　　C. PPS　　D. 1588

答案：【BC】

53. 过程层设备宜采用（　）对时方式。

A. SNTP　　B. IRIG-B　　C. PPS　　D. 1588

答案：BD

54. 操作可视化展示内容包括（　）。

A. 操作对象的当前状态　　B. 操作过程中的状态

C. 操作结果　　D. 报表数据

答案：【ABC】

55. SOE 中包含哪些信息（　）。

A. 时间　　B. 原因　　C. 对象　　D. 动作

答案：【ACD】

56. 远动和保护装置通信采用 DLT860，遥信变位发生后，DLT860 报文可以携带（　）信息。

A. 遥信品质　　B. 变位时间

C. 遥信值　　D. 在遥信表中的点号

答案：【ABC】

57. 一组 COMTRADE 录波文件必须要包含的文件类型有（　）。

A. 标题文件（. HDR）　　B. 配置文件（. CFG）

C. 数据文件（. DAT）　　D. 信息文件（. INF）

答案：【ABC】

58. 继电保护设备主动上送的信息应包括（　）信息等。

A. 对时正常　　B. 开关变位

C. 异常告警　　D. 保护动作

答案：【BCD】

59. 继电保护信息传输的内容包括（ ）。

A. 保护启动、动作及告警信号　　B. 保护压板、软压板和控制字

C. 装置自检和告警信息　　D. 日志和历史记录

答案：【ABC】

60. 网络报文记录分析装置向子站或监控系统提供的信息包括（ ）。

A. 启动信号　　B. 启动时间　　C. 复归时间　　D. 启动原因

答案：【ABD】

61. 220kV 变电站的状态监测范围有（ ）。

A. 主变压器压器　　B. 高压组合电器　　C. 高压电抗器　　D. 金属氧化物避雷器

答案：【ABD】

62. 330kV 变电站的状态监测范围有（ ）。

A. 主变压器压器　　B. 高压组合电器

C. 高压电抗器　　D. 金属氧化物避雷器

答案：【ABCD】

63. 电气设备的操作采用分级控制，控制分级中包含以下几级（ ）。

A. 站控层控制　　B. 间隔层设备控制

C. 设备本体就地操作　　D. 调度

答案：【ABCD】

64. 进行单设备遥控时，若遇到以下情况之一应自动撤销（ ）。

A. 校验结果不正确　　B. 控制对象设置禁止操作标识牌

C. 线路负荷较大　　D. 遥控选择后 30～90 秒内未有相应操作

答案：【ABD】

65. 智能变电站一体化监控系统中主要使用（ ）工具软件。

A. 系统配置工具　　B. 模型校核工具

C. VLD　　D. 以上都不是

答案：【AB】

66. 智能变电站一体化监控系统集成了哪些功能（ ）。

A. 运行监视　　B. 一体化电源　　C. 操作与控制　　D. 辅助应用

答案：【ACD】

67. 关于智能变电站一体化监控系统性能指标描述正确的是（　）。

A. 遥测变化传输到监控主机的时间 2s

B. 状态量变位传输到监控主机的时间 1s

C. 遥控执行时间 15s

D. 在线热备用双机自动切换及功能恢复时间 30s

答案：【ABD】

68. 智能站现场后台定值召唤、修改功能检验内容包括（　）。

A. 定值召唤功能（定值名称、定值大小、步长、最大值、最小值、量纲及排序）

B. 定值区切换功能

C. 定值备份功能

D. 定值修改功能

答案：【ABD】

69. 对于接收方需要识别 SV 报文中的（　）等信息。

A. IEDName　　B. SVID　　C. 目标 MAC 地址　　D. 源 MAC 地址

答案：【BC】

70. 智能变电站通信网络的基本要求是（　）。

A. 应具备网络风暴抑制功能、网络设备局部故障不应导致系统性问题

B. 应具备方便的配置向导进行网络配置、监视和维护

C. 应具备对网络所有节点的工况监视和报警功能

D. 宜具备 DOS 防御能力和病毒传播的能力

答案：【ABCD】

71. 以下选项属于智能变电站国网组网方案特点的是（　）。

A. 变压器保护应采用直采直跳　　B. 母线保护宜采用直采直跳

C. 可采用直采网跳模式　　D. 测控采集和遥控采用网络方式

答案：【ABCD】

72. GOOSE 报文中的字段表示含义正确的是（　）。

A. DATASET 指明该报文的数据集名称

B. 每当报文发送一次 stNum 加 1

C. NdsCom 表示该数据集中数据的个数

D. test 位置 TRUE 表示当前值处于检修状态

答案：【AD】

73. 在智能变电站中，下列哪些数据可以通过 GOOSE 报文传输（　）。

A. 保护装置的跳、合闸命令、保护装置间信息（启动失灵、闭锁重合闸、远跳等）

B. 测控装置的遥控命令

C. 一次设备的遥信信号（开关刀闸位置、压力等）

D. 间隔层的联锁信息

答案：【ABCD】

74. GOOSE 发送机制说法正确的是（　）。

A. GOCB 自动使能，装置上电时自动按数据集变位方式发送一次，将自身的 GOOSE 信息初始状态迅速告知接收方，第一帧 stNum＝1

B. GOOSE 报文变位后立即补发的时间间隔由系统配置工具在 GOOSE 网络通信参数中的 MiNTime 参数（即 T_1）中设置

C. GOOSE 报文组播目标地址建议范围的起始地址为：01-0C-CD-01-00-00；结束地址为：01-0C-CD-01-01-FF

D. 采用双重化 GOOSE 通信网络的情况下，GOOSE 报文应通过两个网络同时发送；两个网络发送的 GOOSE 报文的多播地址、APPID 应一致；对于同一次发送，两个 GOOSE 报文 APDU 部分应完全相同

答案：【ABCD】

75. 以下对 SV 数据的 q 属性说法正确的是（　）。

A. q 属性值为 0x0400 时表示数据置检修

B. q 属性值为 0x0800 时表示数据置检修

C. q 属性值为 0x0001 时表示数据无效

D. q 属性值为 0x0003 时表示数据无效

答案：【BC】

76. 在工程实施中接收 DLT860-9-2 报文通常需要过滤以下哪些项（　）。

A. 以太网报文源 MAC 地址

B. 以太网报文目的 MAC 地址

C. APPID

D. SVID

答案：【BCD】

77. 在过程层组网中，可以通过（　）方法保证装置只接收到本装置需要的组播报文。

A. 使用 IP 组播　　B. 使用 GMRP

C. 使用 RTP　　D. 划分 VLAN

答案：BD

78. IEC61850-9-2 相对于 IEC61850-9-1 有（　）区别。

A. 采用 ASN.1 编码　　B. 采样通道可扩展

C. 使用统一模型描述采样通道　　D. 采样频率更高

答案：【ABC】

79. 合并单元的运行异常信息需通过（　）途径反映。

A. 装置存储历史事件记录　　B. GOOSE 告警状态

C. 装置闭锁接点输出　　D. LED 指示灯

答案：【ABCD】

80. 采样值组网情况下的光纤差动线路保护与基于 9-2 点对点采样模式下的不同点是（　）。

A. 采样经过交换机，交换机延时不确定，保护无法得到准确的采样延时

B. 采样数据传输协议不同

C. 保护装置需要将延时传至对侧

D. 保护装置需要接入过程层同步信号

答案：【AD】

81. 智能变电站一体化监控系统的五类应用功能指：运行监视、信息综合分析与智能告警、运行管理（　）。

A. 控制闭锁　　B. 操作与控制　　C. 辅助应用　　D. 智能高级应用

答案：【BC】

82. 防止端子箱内凝露，应安装加热器及温度湿度控制装置，（　）技术规格应符合要求。

A. 温度设定　　B. 湿度设定　　C. 传感器安装　　D. 加热电阻

答案：【ABCD】

83. 新一代智能变电站层次化保护控制体系架构包括哪三个层级？（　）

A. 广域级　　B. 站域级　　C. 就地级　　D. 过程级

答案：【ABC】

84. 变电站中常用的对时方式包括几种类型（　）。

A. NTP　　B. 秒脉冲　　C. IRIG-B码　　D. IEC61588

答案：【ABCD】

85. 网络记录分析装置应具有功能包括以下哪些？（　）

A. 网络状态诊断功能　　B. 网络端口通信异常报警

C. 网络流量统计　　D. 网络流量异常报警

答案：【ABCD】

86. 智能变电站一体化监控系统按照《电力二次系统安全防护总体方案》提出的总体原则包括哪些？（　）

A. 安全分区　　B. 网络专用　　C. 横向隔离　　D. 纵向认证

答案：【ABCD】

87. 关于VLAN下面说法正确的有？（　）

A. 隔离广播域

B. 相互间通信要通过路由器

C. 可以限制网上的计算机相互访问的权限

D. 只能在同一个物理网络上的主机进行逻辑分组

答案：【ABC】

88. 下列关于VLAN陈述错误的是（　）。

A. 把用户逻辑分组为明确的VLAN的最常用的方法是帧过滤和帧标识

B. VLAN的优点包括通过建立安全用户组而得到更加严密的网络安全性

C. 网桥构成了VLAN通信中的一个核心组件

D. VLAN有助于分发流量负载

答案：【ABD】

89. 引入VLAN划分的原因有（　）。

A. 降低网络设备移动和改变的代价　　B. 增强网络安全性

C. 限制广播包，节约带宽　　D. 实现网络的动态组织管理

答案：【ABCD】

90. 交换机的功能有（　）。

A. 地址学习　　B. 转发过滤　　C. 环路避免　　D. 路由选择

答案：【ABC】

91. 交换机直接转发方式的特点有（　）。

A. 延迟小，速度快　　B. 不提供错误检测

C. 不提供速率匹配　　D. 需要存储整个数据帧

答案：【ABC】

92. 交换机存储转发方式的特点有（　）。

A. 提供错误检测　　B. 提供速率匹配

C. 延迟相对较大　　D. 把数据包缓存起来

答案：【ABCD】

93. 智能变电站中，网络传输方式下 GOOSE 报文网络传输时延包括（　）环节？

A. 交换机存储转发时间　　B. 交换机帧排队时间

C. 交换机固有延时　　D. 光缆传输时间

答案：【ABCD】

94. 对 MAC 转发表描述正确的是（　）。

A. 查 MAC 转发表（即 L2FDB）处理转发

B. 对于表中不包含的地址，通过泛洪的方式转发

C. 使用地址自动学习（根据以太网帧的源 MAC）和老化机制进行地址表维护

D. 一般不对帧格式进行修改

答案：【ABCD】

95. 相对于传统的 LAN 技术，VLAN 具有如下优势（　）。

A. 隔离广播域，抑制广播报文

B. 减少移动和改变的代价

C. 创建虚拟工作组，超越传统网络的工作方式

D. 增强通信的安全性

答案：【ABCD】

96. 端口镜像的应用有（　）。

A. 流量观测　　B. 环网抑制　　C. 带宽倍增　　D. 故障定位

答案：【AD】

97. 使用子网规划的目的是（　）。

A. 将大的网络分为多个更小的网络　　B. 提高 IP 地址的利用率

C. 增强网络的可管理性　　　　　　　　　D. 以上均不对

答案：【ABC】

98. 下列关于面向连接的服务和无连接的服务的说法正确的是哪些？（　）

A. 面向连接的服务建立虚链路，避免数据丢失和拥塞

B. 面向连接的服务，发送端发送的数据包，如果没有收到接收端的确认，一定时间后发送端将重传数据包

C. 相对于无连接的服务，面向连接的服务提供了更多的可靠性保障

D. 无连接的服务适用于延迟敏感性和高可靠性的应用程序

答案：【ABC】

99. 下边哪项是二层交换机的基本功能（　）。

A. MAC 地址学习　　　　　　　　　B. MAC 地址表更新

C. 路由转发　　　　　　　　　　　D. 广播

答案：【ABD】

100. 下述哪些功能是智能变电站交换机所需要的（　）。

A. Qos　　　　B. VLAN　　　　C. GMRP　　　　D. 静态组播

答案：【ABCD】

101. 下述那几项是 VLAN 的实现模式（　）。

A. 基于端口的 VLAN　　　　　　　　B. 基于 MAC 的 VLAN

C. 基于协议的 VLAN　　　　　　　　D. 基于动态组播的 VLAN

答案：【ABC】

102. 端口镜像技术可以应用于下述哪些功能（　）。

A. 数据备份　　　　B. 实时监控　　　　C. 故障排查　　　　D. 流量限制

答案：【ABC】

103. 下述哪些功能需要交换机配置以后支持（　）。

A. 数据转发　　　　B. VLAN　　　　C. Qos　　　　D. 流量限制

答案：【BCD】

104. 如果在智能变电站过程层实现 IEEE 1588 功能，下述哪些设备需要支持（　）。

A. 交换机　　　　B. 合并单元　　　　C. 智能终端　　　　D. 保护装置

答案：【ABCD】

105. 以太网介质访问控制（MAC）子层的作用？（　）

A. 比特差错检测　　B. 将上层交下来的数据封装成帧进行发送

C. CSMA/CD 的实现　　D. MAC 帧的寻址

答案：【ABCD】

106. GMRP 的主要功能是？（　）

A. 管理数据组　　B. 隔离组播流量

C. 保证数据的优先级　　D. 广播风暴抑制

答案：【AB】

107. 对交换机进行 IEC61850 建模可以获得哪些好处？（　）

A. 提高跳闸的可靠性

B. 和保护、测控等装置统一监控

C. 可以纳入 SCD 文件，统一管理

D. 提高数据传输的实时性

答案：【BC】

108. 组播注册协议与其他方式相比，差异体现在（　）。

A. 组播注册协议无需对交换机做复杂配置，维护简单

B. 组播注册协议对交换机要求高，要求支持组播注册协议

C. 组播注册协议简单，对交换机要求低

D. 组播注册协议配置和维护操作复杂

答案：【AB】

109. ASN. 1 编码是一种可以自描述的嵌套编码规则，该编码规则在（　）报文中被广泛应用。

A. SV　　B. GOOSE　　C. MMS　　D. PCAP

答案：【ABC】

110. 下列哪个品质是 9-2 采样目前变电站现场支持的（　）。

A. 检修　　B. 无效　　C. 取代　　D. 闭锁

答案：【AB】

111. SV 报文中 DataSet 描述字符串及 SVID 描述字符串与导入的 SCD 中该 SVCB 的配置不一致，判定（　）。

A. CoNfigRev 不匹配　　B. DataSet 不匹配

C. 条目数不匹配　　D. SVID 不匹配

答案：BD

112. 记录的样本计数器序列为 1，2，3，4，6，7，8，8，9，…判定（　）。

A. SV 丢帧　　B. SV 错序　　C. SV 重复　　D. SV 中断

答案：AC

113. 记录的 sqNum 序列为 1，2，3，3，5，4，7，8，9，…判定（　）。

A. sqNum 重复　　B. sqNum 丢失　　C. sqNum 错序　　D. GOOSE 丢帧

答案：【ACD】

114. 额定延迟偏离判定方法是（　）。

A. 额定延迟参数变化

B. 额定延迟超过 2ms

C. 额定延迟超过 4ms

D. 点对点模式下，合并单元与装置同步，在采样序号为 0 时刻的额定延迟与实际延迟的偏差超过±10μs

答案：【ABD】

115. 关于 TCP 丢帧说法正确的是（　）。

A. TCP 丢帧是指一对 TCP 会话中的数据流中丢失了数据帧

B. TCP 丢帧一般会与 TCP 请求重发顺序出现

C. TCP 协议栈不具备丢帧重发能力

D. TCP 丢帧后，可判定通信链路出现故障

答案：【AB】

116. 下列属于系统组态工具的功能有（　）。

A. 批量生成 DataSet 与 INputs 节点

B. 配置虚端子连线关系

C. 添加或者删除 DataSet 节点下的 FCDA 节点

D. 添加或者删除 INputs 节点下的 ExtRef 节点

答案：【BCD】

117. 智能变电站继电保护配置工具技术规范规定，系统配置工具的导出功能有（　）。

A. 虚端子关联导出　　B. 虚端子 CRC 校验码列表导出

C. 全站四遥信息点表导出　　D. CAD 图形文件导出

答案：【ABCD】

118. Q/GDW429—2010《智能变电站网络交换机技术规范》规定，交换机可以按照智能变电站自动化系统的需求进行组网，组网方式可以是（　）。

A. 星形　　B. 环形　　C. 双星形　　D. 双环形

答案：【ABCD】

119. Q/GDW429—2010《智能变电站网络交换机技术规范》规定，交换机应具有网络风暴抑制功能，支持（　）。

A. 广播风暴抑制　　B. 组播风暴抑制

C. 单播风暴抑制　　D. 未知单播风暴抑制

答案：【ABD】

120. 智能变电站过程层应用的以太网交换机需要具备网络风暴抑制功能，网络风暴抑制策略包括（　）。

A. 以帧为单位，限制指定时间内通过报文数量

B. 以帧为单位，限制指定时间内通过报文数量且无瞬时风暴

C. 以 64kbit/s 为单位，限制每秒通过端口的最大流量

D. 以 64kbit/s 为单位，限制报文流量平均分配在每秒的各个时刻，无瞬时风暴

答案：【ABCD】

121. 下列关于 TCP/IP 关闭连接的流程，说法正确的是（　）。

A. 主机 A 在完成数据发送任务后，会主动向主机 B 发送释放连接请求报文段。该报文段的首部中终止位 FIN 和确认为 ACK 均为 1

B. 主机 B 收到主机 A 发送的释放连接请求包后，将对主机 A 发送确认报文，以关闭该方向上的 TCP 连接

C. 主机 B 在完成数据发送任务后也会向主机 A 发送一个释放连接请求报文，请求关闭 B 到 A 这个方向上的 TCP 连接

D. 主机 A 在收到主机 B 发送的释放连接请求报文后，将对主机 B 发送确认信息，以关闭该方向上的 TCP 连接

答案：【ABCD】

122. 智能变电站保护装置ICD文件中与状态变位信息相对应的数据集有（ ）。

A. 保护遥信　　B. 保护压板　　C. 保护功能状态　　D. 装置运行状态

答案：【ABCD】

123. 下列IRIG-B码的技术指标，正确的是（ ）。

A. 脉冲上升时间不大于10～100ns

B. 抖动时间不大于200ns

C. 秒准时沿的时间准确度优于1μs

D. 使用光纤传导时，亮对应高电平，灭对应低电平，由灭转亮的跳变对应准时沿，不支持闰秒

答案：【BC】

124. 报文传输延时主要包括（ ）几个方面。

A. 报文发送延时　　B. 网络传输延时

C. 报文处理延时　　D. 报文传输延时

答案：【ABD】

125. 智能变电站使用的交换机（ ）。

A. 支持VLAN标准和流量优先级控制标准

B. 传输各种帧长的数据时交换机固有延时应小于10μs

C. 全线速转发条件下，丢包（帧）率为零

D. 提供动态组播过滤服务

答案：【ABCD】

126. 保护装置判断出GOOSE配置不一致，则可能原因为（ ）。

A. GOOSE报文中的配置版本号与SCD文件中不一致

B. GOOSE报文的APPID或目标MAC地址与SCD文件中不一致

C. GOOSE报文中的DA类型与SCD文件中不一致

D. 接收报文的允许生存时间的2倍时间内没有收到

答案：【ABC】

127. 以下说法错误的是（ ）。

A. 交换机对CRC校验码错误的以太网报文的处理机制一般是丢弃不转发

B. 对于CRC正确，但是校验后还有多余bits位的数据帧，交换机应丢弃不转发

C. 对于有多余位且 CRC 校验错误的数据帧，交换机应将该数据帧丢弃且不转发

D. 交换机对 CRC 校验码错误的以太网报文处理机制一般是转发

答案：【BD】

128. 下列关于双 AD 采样的说法，正确的是（　）。

A. 双 AD 采样为合并单元通过两个 AD 同时采样两路数据，如一路为电流 A、B、C，另一路为电流 A1、B1、C1

B. 两路数据同时参与逻辑运算，即相互校验

C. 一路数据作为启动，一路作为逻辑运算

D. 双 AD 采样的作用是使保护更加可靠，使保护不容易拒动

答案：【ABC】

129. 某线路差动保护装置接收的保护电压 A 相 AD1 品质为无效，此时应闭锁（　）保护。

A. 电流差动保护　　B. 零序过流Ⅱ段

C. TV 断线过流保护　　D. 距离Ⅰ段保护

答案：【BD】

130. 下列关于智能站服务器（Server）建模原则正确的是（　）。

A. 每个服务器至少应有一个访问点（AccessPoint）

B. 一个访问点可以支持多个物理网口

C. 过程层 GOOSE 服务与 SV 服务应统一访问点建模

D. 站控层 MMS 服务与 GOOSE 服务（联闭锁）应分访问点建模

答案：【AB】

131. 下列关于 GOOSE、SV 输出逻辑节点建模要求正确的有（　）。

A. 保护模型中对应要跳闸的每个断路器各使用一个 PTRC 实例

B. 重合闸动作采用 RREC 建模

C. 失灵联跳开出采用 RBRF 建模

D. 远传开出采用 PVOC 建模

E. MU 采用 TCTR 或 TVTR 建模，双 AD 应配置相同的 TCTR 或 TVTR 实例

F. GOOSE 输出软压板应在相关输出信号 DO 中建模

答案：【ABE】

132. 关于 GOOSE、SV 输出逻辑节点建模要求下列说法正确的是（ ）。

A. 重合闸动作采用 RBRF 建模

B. 失灵联跳开出采用 RREC 建模

C. 远传开出采用 PSCH 建模

D. GOOSE 输出软压板应在相关输出信号 LN 中建模

E. GOOSE、SV 接收软压板采用 GGIO. DPCSO 建模

答案：【CD】

133. 关于 LN 实例化建模原则说法正确的有（ ）。

A. 分相断路器和互感器建模应分相建不同的实例

B. 距离保护、零序过流保护的不同段分别建不同实例

C. 分相电流差动 PDIF 和零序电流差动 PDIF 应分别建不同实例

D. 若主变压器中后备分三个动作时限，且动作定值相同，则中后备动作定值只需在第一个时限的实例中映射

E. 如母差保护按间隔建 PTRC 实例，变压器保护按每侧断路器建 PTRC 实例，3/2 接线线路保护则建 2 个 PTRC 实例

答案：【ABCDE】

134. 关于线路保护模型说法正确的是（ ）。

A. 充电保护、TV 断线过流保护均是 PTOC 的不同实例

B. 远跳、远传使用 PSCH 模型

C. 纵联零序保护由实例 PTOC＋PSCH 组成，纵联方向保护由实例 PDIR＋PSCH 组成

D. 重合闸检同期相关定值在自动重合闸 RREC 中扩充，不单独建模

答案：【ABCD】

135. 在 220kV 智能变电站中，下列（ ）保护实例可能会用到？

A. PTOV　　B. PVOC　　C. PPDP　　D. PVPH

答案：【ABC】

136. 关于主变压器保护模型说法正确的是（ ）。

A. 主变压器各种差动保护均使用 PDIF 模型

B. 高复压闭锁过流保护使用 PVOC 模型

C. 高压侧零序过流保护均使用 PTOC 模型

D. 间隙零序过流和间隙零序过压使用 PTOC 模型

答案：【ABC】

137. 关于 GOOSE 告警机制说法正确的是（ ）。

A. GOOSE 通信中断应送出告警信号，设置网络断链告警

B. 在接收报文允许生存时间的 2 倍时间内没有收到下一帧 GOOSE 报文时判为中断

C. 双网通信时须分别设置双网的网络断链告警

D. GOOSE 通信时对接收报文配置不一致信息须送出告警信号，判断条件为配置版本号及 DO 类型不匹配

答案：【ABC】

138. 关于 GOOSE 发送机制正确的是（ ）。

A. 装置上电，将按数据集变位方式发送一次

B. GOOSE 报文变位后立即补发的时间间隔应为 GOOSE 网络通信参数中 MiNTime

C. GOOSE 报文中"timeAllowedtoLive"参数应为 $2T_0$

D. 采用双重化 GOOSE 通信方式的两个 GOOSE 网口报文应同时发送，除源 MAC 地址外，报文内容应完全一致，系统配置时不必体现物理网口差异

E. 采用直接跳闸方式的所有 GOOSE 网口同一组报文应同时发送，除源 MAC 地址外，报文内容应完全一致，系统配置时不必体现物理网口差异

答案：【ABCDE】

139. 保护装置与智能终端采用 GOOSE 双网通信，保护装置采集智能终端的开关位置，智能终端发给保护的 A 网报文中 stNum＝2、sqNum＝100，开关位置为三相跳位，B 网报文中 stNum＝2、sqNum＝100，开关位置为三相合位，那么保护装置的开关位置为（ ）。

A. 若 A 网先到，B 网后到，则保护装置显示为三相跳位

B. 若 B 网先到，A 网后到，则保护装置显示为三相合位

C. 若 A 网先到，B 网后到，则保护装置显示三相跳位，然后显示三相合位

D. 若 B 网先到，A 网后到，则保护装置显示三相合位，然后显示三相跳位

答案：【AB】

140. 对于母线保护，GOOSE 输入量（ ）在 GOOSE 断链的时候不必置 0。

A. 失灵开入　　B. 刀闸位置开入　　C. 解除复压闭锁　　D. 开关位置开入

答案：【BD】

141. 下列说法正确的是（　）。

A. SV 中断后，该通道采样数据清零

B. 合并单元 10miN 内守时精度范围为±4μs

C. 合并单元在外部同步时钟失去时应产生“授时异常”的告警信号

D. 点对点直接采样插值同步的保护在 MU 失步时应告警

答案：【ABC】

142. 关于智能站继电保护通用技术说法正确的是（　）。

A. 保护装置实现其保护功能不应依赖外部对时系统

B. MU、保护装置的 A/D 采样环节应有抗频率混叠处理措施

C. 保护装置过程层光纤接口发送同一报文的最大时间差不应大于 10μs

D. 装置接入不同网络时，应采用相同的数据接口控制器

答案：【AB】

143. 对于智能变电站下列说法不正确的是（　）。

A. 保护装置采样输入接口数据的采样频率宜为 1kHz

B. 保护装置应按 MU 设置“SV 接收”软压板

C.“SV 接收”压板退出后，相应采样值显示为 0，并发 SV 品质报警信息

D. 智能保护装置一般通过更改接线的方式对电流极性进行调整

答案：【ACD】

144. 最新的六统一的继电保护输出信息类型包括（　）等。

A. 保护动作信息　B. 在线监测信息　C. 中间节点信息　D. 状态变位信息

答案：【ABCD】

145. 继电保护故障文件采用 XML 格式，下列说法正确的是（　）。

A. TripINfo 部分记录故障过程中的故障电流、故障电压、故障相、故障距离等信息

B. DigitalStatus 部分记录故障前装置开入自检等信号状态

C. DigitalEveNt 部分记录保护故障过程中装置开入自检等信号的变化事件

D. SettiNgValue 部分记录故障前装置定值的值

答案：【BCD】

146. 220kV 智能变电站二次设备应最大程度实现（　），实现二次接线“即插即用”，有效减少现场安装、接线、调试工作，提高建设质量、效率。

A. 工厂内规模生产　B. 集成调试　C. 模块化配送　D. 机械化施工

答案：【ABC】

147. 智能变电站的500kV线路保护装置应能同时接入以下（　）合并单元的输出接口。

A. 线路保护电压合并单元　B. 500kV母线电压合并单元

C. 中断路器电流合并单元　D. 边断路器电流合并单元

答案：【ACD】

148. 母线电压合并单元与间隔合并单元级联时可采用（　）方式。

A. IEC61850-9-2点对点　B. IEC61850-9-2组网

C. 国家电网公司扩展IEC60044-8点对点　D. 标准IEC60044-8点对点

答案：【AC】

149. 关于MU说法正确的是（　）。

A. MU时钟同步信号从无到有变化过程中，其采样周期调整步长应不大于1μs

B. 双母线接线，当Ⅰ母刀闸和Ⅱ母刀闸均在分位时，电压数值为零，数据有效

C. 接入两段及以上母线电压的母线电压MU，电压并列功能宜由母线电压MU实现

D. MU应采用不同的逻辑节点对双A/D采样数据进行实例建模

E. MU采样值报文采样延时应小于1ms

F. 点对点采样方式，MU失步后不会导致保护误动作，保护装置也不会发失步告警

答案：【ABC】F

150. 接入两段母线电压的按间隔配置的合并单元，根据采集的双位置刀闸信息，进行电压切换。切换逻辑应满足（　）。

A. 当Ⅰ母刀闸合位，Ⅱ母刀闸分位时，母线电压取自Ⅰ母

B. 当Ⅰ母刀闸分位，Ⅱ母刀闸合位时，母线电压取自Ⅱ母

C. 当Ⅰ母刀闸分位，Ⅱ母刀闸分位时，母线电压数值为0，并在GOOSE报文中报失压告警信号

D. 采集刀闸位置异常状态时报警

答案：【ABCD】

151. 合并单元应支持哪些方式完成电压并列和切换功能（　）。

A. MMS　B. SV　C. GOOSE　D. 硬接点

答案：【CD】

152. 对智能站二次回路要求正确的有（　）。

A. 智能化装置过程层 GOOSE 信号可由其他装置转发

B. 智能化保护装置跳闸触发录波信号应采用保护 GOOSE 跳闸信号

C. 双 A/D 采样数据需同时连接虚端子，不能只连接其中一个

D. 智能站单间隔保护装置与本间隔智能终端、合并单元之间宜采用点对点方式通信

答案：【BC】

153. 每台变压器、高压并联电抗器配置一套本体智能终端，本体智能终端应包含完整的变压器、高压并联电抗器本体信息交互功能，如（　）等。

A. 非电量动作报文　B. 调档　C. 测温　D. 启失灵

答案：【ABC】

154. 下列关于网络报文记录分析仪数据分析功能正确的有（　）。

A. 网络报文记录分析仪实施对采集的网络数据进行网络分析和应用协议分析

B. 网络分析详细分析各层网络协议的信息，例如，链路层、网间网协议（IP）层、传输控制协议（TCP）层等网络协议的完整分析

C. 应用协议分析包括 SV 采样值分析、GOOSE 分析

D. 网络报文记录分析仪数据分析功能用来发现网络通信过程中的异常和应用协议中的错误

答案：【ABD】

155. 线路保护动作后，对应的智能终端没有出口，可能的原因是（　）。

A. 线路保护和智能终端 GOOSE 断链

B. 线路保护和智能终端检修压板不一致

C. 线路保护的 GOOSE 出口压板没有投

D. 线路保护和合并单元检修压板不一致

答案：【ABC】

156. 某保护单体调试时接收不到继电保护测试仪发出的 GOOSE 信号，可能是因为（　）。

A. 继电保护测试仪与保护装置的检修状态不一致

B. 保护装置的相关 GOOSE 输入压板没有投入

C. 继电保护测试仪的开关量输出关联错误

D. 保护装置 GOOSE 光口接线错误

答案：【ABCD】

157. 户外专用柜体安放的智能终端面板包括（　）。

A. 功能按键　　B. 指示灯

C. 显示器　　D. 液晶屏

答案：【AB】

158. 保护装置、智能终端、合并单元等智能设备“检修状态硬压板”投入后，必须查看（　），确认设备状态正常后继续操作。

A. 装置指示灯情况　　B. 液晶面板变位报文

C. 开入变位　　D. 装置采样

答案：【ABC】

159. 数字化采样的智能变电站可以利用（　）进行核相试验。

A. 故障录波器　　B. 继电保护测试仪

C. 具备波形显示功能的网络报文分析仪　　D. 合并单元测试仪

答案：【AC】

160. 智能站 GOOSE、SV 软压板设置原则正确的有（　）。

A. 宜强化保护装置之间、保护装置和智能终端之间的 GOOSE 软压板

B. 保护装置应在发送端设置 GOOSE 输出软压板

C. 线路保护及辅助装置不设 GOOSE 接收软压板

D. 保护装置应按 MU 设置“SV 接收”硬压板

答案：【BC】

161. 继电保护和安全自动装置危急缺陷有（　）。

A. 变压器保护差流越限　　B. 母线保护支路刀闸位置异常

C. 断路器保护 SV 总告警　　D. 线路保护 GOOSE 链路中断

答案：【ABCD】

162. 根据《智能变电站二次系统标准化现场调试规范》的要求，调试单位向业主移交的技术资料，应包括但不限于（　）。

A. 工程设计资料/变更文件　　B. 设备技术资料

C. SCD 配置文件　　D. IP/MAC 地址分配表

E. 网络交换机管理/工作端口配置表

答案：【ABCDE】

163. 型式试验中的一致性测试内容包括（　）。

A. 模型标准化　　B. SV 采样一致性

C. GOOSE 输入输出一致性　　D. 保护事件信号一致性

答案：【ABCD】

7.3 判 断 题

1. 智能变电站以全站信息网络化、通信平台标准化、信息共享数字化为基本要求，自动完成信息采集、测量、控制、保护、计量和监测等基本功能，并可根据需要支持电网实时自动控制、智能调节、在线分析决策、协同互动等高级功能的变电站。

答案：【错误】

2. 智能终端安装处应保留总出口压板和检修压板。

答案：【正确】

3. 失灵启动母差、失灵联跳主变压器三侧开关的 GOOSE 软压板分别配置在发送侧、接收侧，两侧软压板应同投同停。

答案：【正确】

4. 远方投退软压板应采用“选择-返校-执行”方式。

答案：【错误】

5. 合并单元、采集单元一般不单独投退，根据影响程度确定相应保护装置的投退。智能终端可单独投退，也可根据影响程度确定相应保护装置的投退。

答案：【正确】

6. 变压器保护可采用分布式保护，分布式保护由主单元和若干子单元组成，子单元不应跨电压等级。

答案：【正确】

7. 智能变电站中，一个服务器只能有一个或者多个逻辑设备。

答案：【错误】

8. 支持过程层的间隔层设备，对上与站控层设备通信，对下与过程层设备通信，应采用 3 个不同访问点分别与站控层、过程层 GOOSE、过程层 SV 进行通信。所有访问点，应在同一个 CID 文件中体现。

答案：【错误】

9. 单个保护装置的 IED 可以有多个 LD 和 SGCB，每个 LD 可有多个 SGCB 实例。

答案：【错误】

10. 同一个 LD 的相过流和零序过流其 LN 名都为 PTOC，可以通过 LNInst 号或前缀来区分。

答案：【正确】

11. ICD 文件由系统集成厂商提供，该文件描述 IED 提供的基本数据模型及服务，但不包含 IED 实例名称和通信参数。

答案：【错误】

12. CID 文件由装置厂商提供给系统集成厂商，该文件描述 IED 提供的基本数据模型及服务，但不包含 IED 实例名称和通信参数。

答案：【错误】

13. CID 文件由装置厂商根据 SCD 文件中本 IED 相关配置生成。

答案：【正确】

14. CCD 文件应完整包含装置配置的 GOOSE、SV 发布/订阅信息，装置其他配置文件的改变不应影响装置过程层 GOOSE、SV 发布/订阅的配置，装置的 GOOSE、SV 配置信息以 CCD 文件为准。

答案：【正确】

15. 智能变电站系统配置工具应在保存文件时自动生成全站虚端子配置 CRC 版本和 IED 虚端子配置 CRC 版本并自动保存。

答案：【正确】

16. server 对象中至少包含一个 LD 对象，每个 LD 对象中至少包含 3 个 LN 对象：LLN0、LPHD、其他应用逻辑接点。

答案：【正确】

17. 每个过程层装置都有唯一的 MAC 地址和 APPID 地址。

答案：【错误】

18. 变压器绕组温度监测 IED 一般采用 Pt100 传感器。

答案：【错误】

19. 保护装置过程层 GOOSE 信号应直接链接，不应经过其他装置转发。每个 GOOSE

开入只能对应1个发送对象，而GOOSE开出则可以对应多个接收对象。

答案：【正确】

20. 主变压器备自投通过各侧SV网采集各侧电压和相应电流信号，通过GOOSE网采集主变压器开关位置、主变压器后备保护以及手跳闭锁备自投信号，并通过GOOSE网络发送跳合闸命令。

答案：【正确】

21. 220KV线路B套保护的重合闸都是其智能终端输出重合闸硬接点给A套智能终端来完成。

答案：【正确】

22. 基于端口的VLAN（虚拟局域网）划分是最简单的VLAN模式，其特点是他只能在一台交换机内部生效，不能跨越不同的交换机。

答案：【正确】

23. 在智能变电站中对网络流量的管理可以对交换机同时采用划VLAN和静态组播管理的办法。

答案：【正确】

24. 端口1作为镜像端口用来镜像端口2、3的数据，端口1就不能作为普通端口和其他装置通信。

答案：【正确】

25. 需要通信的每个最小功能单元建模为一个LD对象，属于同一功能对象的数据和数据属性应放在同一个LD对象中。

答案：【错误】

26. 需要通信的每个最小功能单元建模为一个LN对象，属于同一功能对象的数据和数据属性应放在同一个LN对象中。

答案：【正确】

27. 分相断路器和互感器建模应分相建不同的实例。

答案：【正确】

28. 同一种保护的不同段分别建不同实例，如距离保护、零序过流保护等。

答案：【正确】

29. MU采用TCTR或TVTR建模，双AD配置不同的TCTR或TVTR实例，分相互感器应按相建实例。

答案：【正确】

30. 站控层和过程层存在相关性的 LN 模型，可在两个访问点中不重复出现，且两者的模型和状态应关联一致。

答案：【错误】

31. 突变量保护是普通保护的实例，如突变量差动保护是 PDIF 的实例、突变量零序过流保护是 PTOC 的实例、突变量距离保护是 PDIS 的实例等。

答案：【正确】

32. 充电保护、TV 断线过流保护均是 PTOC 的不同实例。

答案：【正确】

33. PROT 是保护测控装置使用的过程层逻辑设备名。

答案：【错误】

34. 母差保护应按照面向对象的原则为每个间隔相应逻辑节点建模。如母差保护内含失灵保护，母差保护每个间隔单独建 RBRF 实例，用于不同间隔的失灵保护。失灵保护逻辑节点中包含复压闭锁功能。

答案：【正确】

35. 智能变电站的断路器保护失灵逻辑实现与传统变电站原理相同，本断路器失灵时，经 GOOSE 网络通过相邻断路器保护或母线保护跳相邻断路器。

答案：【正确】

36. SV 接收端对于接收到的状态不一致的信号，不用计算和显示其幅值。

答案：【错误】

37. “SV 接收”压板退出后，相应采样值显示为 0，但应还能发 SV 品质报警信息。

答案：【正确】

38. 录波及网络报文记录分析装置采样值传输应采用点对点方式。

答案：【错误】

39. 组播机制可以保证网络传输时，在发送者和每一接收者之间实现点对多点网络连接，是一种主机之间的“一对一”的通信模式。

答案：【错误】

40. GOOSE 中断告警和 GOOSE 配置版本错误告警信号配置在 AlmGGIO 逻辑节点中。

答案：【错误】

41. GOOSE 信号发送端采用的数据集名称为 dsGOOSE。

答案：【正确】

42. GOOSE 报文需要配置 TCP/IP 协议信息。

答案：【错误】

43. 单个装置连接双重化 GOOSE 网络时，两个网络发出的报文可不相同。

答案：【错误】

44. 根据《智能变电站二次系统通用设计规范》，在现场实施存在困难时，保护装置可跨接双重化配置的两个过程层网络。

答案：【错误】

45. 保护、测控装置发送的 GOOSE 数据集不宜带时标。

答案：【正确】

46. 供保护使用的 GOOSE 信号应带时标。

答案：【错误】

47. 若发送的 GOOSE 信号需要带时标信息，每个时标信息以 DA 方式排放在数据最后。

答案：【错误】

48. GOOSE 输入中装置输入用 DO 信号与 GOOSE 外部输入一一对应。

答案：【正确】

49. GOOSE 通信时对接收报文的配置不一致信息须送出告警信号，判断条件为配置版本号及 DA 类型不匹配。

答案：【正确】

50. GOOSE 输入中装置输入用 DO 的描述应由装置厂商自定义该信号的含义。

答案：【错误】

51. 装置 GOOSE 输入分组时，采用不同的 GGIO 实例号区分。

答案：【正确】

52. 智能变电站中当“GOOSE 出口软压板”退出后，保护装置可以发送 GOOSE 跳闸命令，但不会跳闸出口。

答案：【错误】

53. 智能变电站中当“GOOSE 出口软压板”退出后，保护装置不再发送 GOOSE 报文，因此不会跳闸出口。

答案：【错误】

54. MMS、SV 和 GOOSE 报文都可以传输模拟量值。

答案：【正确】

55. 用于采样值发送的数据集和控制块一般在相应的逻辑设备的 TCTR 中定义。

答案：【错误】

56. 装置接收采样值时应设置对应合并单元的采样值无效和采样值报文丢帧告警。

答案：【正确】

57. SV 通信时订阅方应设置接收报文的配置不一致信息告警信号。

答案：【正确】

58. SV 报文中样本计数应根据采样频率顺序增加并翻转，可以跳变但不能越限。

答案：【错误】

59. 智能化高压设备是二次设备和智能组件的有机结合体。

答案：【错误】

60. 为保证准确度和工作效率，建议智能变电站的模型由工具自动生成和手动配置。

答案：【正确】

61. 任何不可控制的信号点其 ctlModel 值都为 0。

答案：【正确】

62. 根据 IEC61850 标准，激活定值区从 0 开始。

答案：【错误】

63. 根据 IEC61850 工程继电保护应用模型规范中规定，每个保护装置应支持同时与不少于 12 个客户端建立连接。

答案：【正确】

64. 根据 IEC61850 工程继电保护应用模型规范中规定，保护装置报告服务应支持客户端在线设置 OptFlds 和 Trgopt。

答案：【正确】

65. 双 A/D 采样值不一致时，保护装置不应动作，同时发告警信号。

答案：【错误】

66. 当 GOOSE 服务器产生一个发送 GOOSE 报文请求时，当前的数据集所有值会被编码进 GOOSE 报文中并被发送。

答案：【正确】

67. ACSI模型中的通信服务中主要分为2类，一类为客户机/服务器模式，一类发布者/订阅者交换模式，诸如控制、读写数据值等服务。

答案：【错误】

68. GOOSE报文和SV报文中的优先级用3位16进制数表示，范围为1-7。

答案：【错误】

69. 用于标识GOOSE控制块的GOID、APPID参数必须全站唯一。

答案：【正确】

70. 保护装置内部MMS接口、GOOSE接口、SV接口应采用相互独立的数据接口控制器接入网络。

答案：【正确】

71. 保护功能软压板宜在PROTLLN0中统一加ENa后缀扩充。

答案：【错误】

72. 保护装置建模过程中，所有的过流保护都采用逻辑节点PTOC，具体装置实例化过程中通过lNInst（或前缀）区分不同的过流保护。

答案：【错误】

73. 智能终端GOOSE订阅支持的数据集不应少于16个。

答案：【错误】

74. 智能终端GOOSE订阅支持的数据集不应少于15个。

答案：【正确】

75. MU发送的采样值品质位有异常时，保护装置应能正确判断，闭锁相关保护功能并给出告警。

答案：【错误】

76. 当断路器为分相操动机构时，断路器总位置由智能终端合成，逻辑关系为“三相与”或“三相或”。

答案：【正确】

77. 智能终端宜具备断路器操作箱功能，包含分合闸回路、合后监视、重合闸、操作电源监视和控制回路断线监视、断路器防跳等功能。断路器三相不一致保护功能以及各种压力闭锁功能宜在断路器本体操动机构中实现。

答案：【错误】

78. Q/GDW426—2010《智能变电站合并单元技术规范》要求合并单元宜具备光纤通道光强监视功能，实时监视光纤通道接收到的光信号强度，并根据检测到的光强度信息，提前报警。

答案：【正确】

79. 采用双重化 MMS 通信网络的情况下，客户端只能通过冗余连接组中处于工作状态的网络对属于本连接组的报告实例进行控制。

答案：【错误】

80. GOOSE 报文只能在过程层网络传输。

答案：【错误】

81. 采用直接采样方式的所有 SV 网口或 SV、GOOSE 共用网口同一组报文应同时发送，除源 MAC 地址外，报文内容应完全一致，系统配置时应体现物理网口差异。

答案：【错误】

82. 由于变压器各侧的合并单元通道延时可能不一致，所以变压器保护装置中需要实现数据同步。

答案：【正确】

83. 对于过程层双重化网络配置保护的变电站，某一个过程层网络的母线电压互感器合并单元异常，应退出此过程层网络中所有可能误动的保护装置，如单网配置则按母线电压异常处理。

答案：【正确】

84. 电子式电压互感器的复合误差不大于 5P 级要求。

答案：【错误】

85. 装置复归和软压板控制都可以采用直控模式（direct coNtrol with Normal security）。

答案：【错误】

86. 保护装置可通过在 ICD 文件中支持多个 AccessPoiNt 的方式支持多个独立的 GOOSE 网络。

答案：【正确】

87. 对于采样值网络，每个交换机端口与装置之间的流量不宜大于 40Mbps。

答案：【正确】

88. MMS 是 IEC61850 规定的一种用于交换站控层信息的报文。

答案：【错误】

89. 合并单元装置若需发送通道延时，宜配置在采样值数据集的第一个 FCD。若需发送双 AD 的采样值，双 AD 宜配置相同的 TCTR 或 TVTR 实例，且在采样值数据集中双 AD 的 DO 宜按“ABCABC”顺序连续排放。

答案：【错误】

90. 保护定值单采用装置 ICD 文件中固定名称的定值数据集的方式，装置参数数据集名称为 dsParameter，装置定值数据集名称为 dssettiNg，均通过 SGCB 控制。

答案：【错误】

91. 告警信号数据集中包含所有影响装置部分功能，装置仍然继续运行的告警信号和导致装置闭锁无法正常工作的报警信号。

答案：【错误】

92. 当取代的数据配置在数据集中，subENa 置为 True 时，取代的状态值和实际状态值不同，应上送报告，上送的数据值为取代后的数值，原因码应置数据变化位。

答案：【错误】

93. 根据 IEC61850 的分层模型与 MMS 对象之间的映射关系，逻辑设备映射到 MMS 中的域，逻辑节点实例映射到 MMS 中的有名变量。

答案：【正确】

94. GOOSE 报文和 SV 报文中的 VLAN-ID 为 4 位 16 进制值。

答案：【错误】

95. 智能终端可以通过调整信号输入的滤波时间常数，保证在接点抖动（反跳或振动）以及外部存在干扰下不误发信。

答案：【正确】

96. IRIG-B 码采用单向传输方式，（或手动）自动对误差进行时差延时补偿，对时精度 1μs。

答案：【错误】

97. 某 220kV 智能站某台线路开关检修结束复役后，第一套智能终端检修压板忘记取下，线路故障保护正确动作时开关依然能够跳闸。

答案：【正确】

98. 保护装置在接收到异常的合并单元采样信号时，应能立刻闭锁保护出口，确保不误动。

答案：【正确】

99. 智能型母线保护装置除检修采用硬压板外，其余均采用软压板。

答案：【正确】

100. 投入支路间隔合并检修压板后，退出母线保护间隔投入压板，检修一致，不告警，不闭锁保护。

答案：【错误】

101. GOOSE 报文接收时应考虑通信中断或者发布者装置故障的情况，当 GOOSE 通信中断或配置版本不一致时，GOOSE 接收信息宜保持中断前状态。

答案：【正确】

102. “××链路 GOOSE 断链”与某支路 GOOSE 链路异常，不闭锁母差保护，仅失去相关支路 GOOSE 传输功能。

答案：【正确】

103. 保护装置和合并单元、智能终端之间的通信断续检测时，不管 SV 中断还是 GOOSE 中断，都应该可靠闭锁保护，等 SV 中断恢复或者 GOOSE 中断恢复后，保护恢复正常。

答案：【错误】

104. 在智能变电站中，母差保护存在装置同步问题。

答案：【正确】

105. 母线保护用电子式电流互感器相关特性宜相同。

答案：【正确】

106. 220kV 智能变电站采用分布式母线保护方案时，各间隔合并单元、智能终端以组网方式接入对应子单元。

答案：【错误】

107. IEC 61850 的信息模型体系为物理设备，逻辑设备，逻辑节点，数据对象和数据属性五层。

答案：【正确】

108. 从面向对象观点来看，数据对象是数据类的一个实例。

答案：【正确】

109. 服务器和一组选定的客户间单向、无连接通信称为组播。

答案：【正确】

110. 数据属性定义数据的名称、格式、可能数值的范围，传输时表示该数值。

答案：【正确】

111. 按照功能，一个物理设备可由公共逻辑设备、保护逻辑设备、测量逻辑设备、录波逻辑设备和控制逻辑设备组成。

答案：【正确】

112. 保护跳闸时相应 GOOSE 报文的事件计数器 stNum 应加 1。

答案：【正确】

113. 保护跳闸时相应 GOOSE 报文的事件计数器 sqNum 应清零。

答案：【正确】

114. 当保护装置采用 GOOSE 双网机制时，若 GOOSE 报文的 sqNum 等于上一帧报文的 sqNum，则保护装置更新 GOOSE 数据。

答案：【错误】

115. GOOSE 是基于发布/订阅机制，快速和可靠地交换数据集中的通用变电站事件数据值得相关模型对象和服务。

答案：【正确】

116. SV 是基于发布/订阅机制，交换数据集中的采样值的相关模型对象和服务。

答案：【正确】

117. DL/T860《变电站通信网络和系统》是新一代的变电站网络通信体系，适用于智能变电站自动化系统的分层结构。

答案：【正确】

118. IEC 61850 标准没有对电子式互感器进行规范。

答案：【正确】

119. IEC 61850 标准制定的目标是：互操作性、自由配置、长期稳定性。

答案：【正确】

120. 智能变电站的自动化设备可物理地安装在不同功能层（变电站、间隔、过程）。

答案：【正确】

121. 过程层包括变压器、断路器、隔离开关、电流/电压互感器等一次设备及其所属的智能组件以及独立的智能电子设备。

答案：【正确】

122. 电子式互感器由一次部分、二次部分和传输系统构成。

答案：【正确】

123. 智能变电站中，每一个 IED 只能作为服务器或是客户端。

答案：【错误】

124. 智能变电站中，每一个 IED 可同时作为服务器或是客户端。

答案：【正确】

125. 报告服务主要用于传输遥信和遥测量。

答案：【正确】

126. 为提升多播信息接收的总体性能，较好的办法是由媒体访问控制器（MAC）硬件实现过滤。

答案：【正确】

127. GOOSE 报文中“TEST”位的改变会触发新的报文。

答案：【错误】

128. 在智能变电站的设计中，还应对网络内的信息流量进行计算和控制，设立最大节点数和最大信息流量，并必须保持系统冗余。

答案：【正确】

129. 在 IEC61850-9-2 规范中定义了 SV 采样值的网络传输方式。

答案：【正确】

130. 已知合并单元每秒钟发 4000 帧报文，则合并单元中计数器的数值将在 1～4000 之间正常翻转。

答案：【错误】

131. GOOSE 通信属于 DL/T860 规定的类型 1（快速报文）、类型 1A（跳闸）。

答案：【正确】

132. 保护动作等信号通过 GOOSE 报文上传给自动化监控系统。

答案：【错误】

133. 保护动作等信号通过 GOOSE 报文上传给保护信息子站。

答案：【错误】

134. 保护动作等信号通过 GOOSE 报文上传给故障录波器。

答案：【正确】

135. 智能变电站继电保护设备主动上送的信息应包括开关量变位信息、异常告警信息和保护动作事件信息等。

答案：【正确】

136. 同一 DATA 或 DataAttribute 可以被多个 DataSet 引用。

答案：【正确】

137. 智能站保护装置对应一台 IED 设备应只接收一个 GOOSE 发送数据集，该数据集应包含保护所需的所有信息。

答案：【正确】

138. 引起服务器触发一个发送 MMS 报文服务的事件在被发送时，该事件所在的数据集其他事件信息将不会被发送。

答案：【正确】

139. 智能变电站中，一个服务器可以拥有一个或者多个逻辑设备。

答案：【正确】

140. 智能变电站中，一个逻辑设备可以拥有一个或者多个数据对象。

答案：【正确】

141. ACSI 定义的服务、对象和参数通过特殊通信服务映射（SCSM）映射到下层应用程序。

答案：【正确】

142. 一个物理设备应有一个域代表 MMS 虚拟制造设备（MMS VMD）的物理资源。这个域应至少包含二个 LLN0 和 LPHD 逻辑节点。

答案：【错误】

143. IEC61850-7-2 逻辑设备类的实例映射到 MMS 域对象，在向 MMS 的映射中，域代表构成一个逻辑设备对象和服务的集合。除了域名（即逻辑设备名）在服务器范围内要求唯一外，域的命名是任意的。

答案：【正确】

144. 开入量虚端子建模一般采用的 LN 类型为 GGIO。

答案：【正确】

145. ICD模型文件分为四个部分：Header、CommuNicatioN、IED和DataTypeTemplates。

答案：【正确】

146. 依照IEC 61850的建模要求，每个IED模型中至少包含一个LD，每个LD中至少包含三个LN。

答案：【正确】

147. MU重启过程中，刀闸和断路器位置等相关通信连接正常后，才发送采样数据。

答案：【正确】

148. 客户端根据上送报文中的品质q的Test位判断报文是否为检修报文并作出相应处理。当报文为检修报文，报文内容应不显示在简报窗中，不发出音响告警，不刷新画面，检修报文应存储，并可通过单独的窗口进行查询。

答案：【错误】

149. 变压器一侧断路器改检修时，先拉开该断路器，当确认一次已无电流后，应先投入该间隔合并单元“检修状态压板”，后退出主变压器保护该间隔“SV接收软压板”。

答案：【错误】

150. 保护的启动信号建模应遵循：启动信号str应包含数据属性“故障方向”，若保护功能无故障方向信息，则为空。

答案：【错误】

151. 故障录波应使用逻辑节点RDRE进行建模。保护装置只包含一个RDRE实例。

答案：【正确】

152. 保护装置只包含一个RDRE实例，故障录波装置可以包含多个RDRE实例。

答案：【正确】

153. 按照1396号文，采用双重化MMS通信网络的IP地址，如果A网为192.168.1.1，B网可以设为192.168.1.2。

答案：【错误】

154. 母线电压合并单元可接收2组电压互感器数据，并支持向其他合并单元提供母线电压数据，根据需要提供电压并列功能。

答案：【错误】

155. 母线保护装置母联（分段）支路电流，变压器保护3/2断路器接线中断路器电流、内桥接线桥断路器电流，应能通过不同输入虚端子对电流极性进行调整。

答案：【正确】

156. 断路器接线线路保护装置和短引线保护装置的中断路器应能通过不同输入虚端子对电流极性进行调整。

答案：【正确】

157. 根据 Q/GDW　441 规范要求，保护应直接采样，对于单间隔的保护应直接跳闸，涉及多间隔的保护（母线保护）应直接跳闸。

答案：【错误】

158. 根据 Q-GDW/441 规范要求，继电保护之间的联闭锁信息、失灵启动等信息应采用 GOOSE 网络传输。

答案：【错误】

159. 智能站当线路支路有高抗等需要三相启动失灵时，应由高抗保护直接启动失灵保护。

答案：【错误】

160. 根据智能站相关规范要求，双母线电压切换功能由间隔合并单元实现，不应由其他装置实现。

答案：【错误】

161. 根据智能站相关规范要求，变压器以及高压并联电抗器非电量保护均采用就地电缆直接跳闸，信息通过相应智能终端上送站控层 GOOSE 网络。

答案：【错误】

162. 智能变电站调试时，应进行合并单元发送 SV 报文校验，SV 报文应满足 10miN 内不丢帧。

答案：【正确】

163. SCD 应通过逻辑设备 LD 配置，明确过程层功能压板等与控制对象（即断路器）的对用关系。

答案：【错误】

164. 若 SCD 文件更新、单体设备配置变动，则变动部分的单体设备应重新调试，并应重新验证与变动部分设备相关的所有调试项目。

答案：【正确】

165. 双重化配置的两套保护，GOOSE A 网、B 网同时断链告警，需将相应一次设备停役。

答案：【正确】

166. 智能站保护装置跳闸触发录波信号应采用保护 GOOSE 跳闸信号。

答案：【正确】

167. 当某一间隔 MU 检修压板误投入时，母差保护将闭锁差动保护。

答案：【正确】

168. 保护装置参数数据集名称为 dsParameter，且装置参数不受 SGCB 控制。

答案：【正确】

169. 保护及测控装置发送的 GOOSE 数据集不宜带时标。

答案：【正确】

170. 合并单元应能接收 12 路电子式互感器的采样信号，经同步和合并之后对外提供采样值数据。

答案：【正确】

171. SCD 文件中＜GSECoNtrol＞的 appID 的值、＜SampledValueCoNtrol＞的 smvID 的值应全局唯一。

答案：【正确】

172. 交换机应具有网络风暴抑制功能，支持广播风暴抑制、组播风暴抑制和未知单播风暴抑制。

答案：【正确】

173. 智能控制柜应具备温度湿度调节功能，柜内最低温度应保持在＋5℃，柜内最高温度不超过柜外环境最高温度或 40℃（当柜外环境最高温度超过 50℃时），湿度应保持在 90％以下。

答案：【正确】

174. 智能终端外部采集开关量分辨率应不大于 1ms，消抖时间不小于 5ms，动作时间不大于 7ms。

答案：【错误】

175. 智能变电站现场调试时，测试母差保护动作时间不大于 20ms（大于 1.2 倍整定值）。

答案：【错误】

176. IEC61850 规定，装置发送端 GOOSE 报文中的 sqNum 溢出后，应该从 0 开始。

答案：【错误】

177. 交换机在全线速转发条件下，丢包（帧）率应不大于 1‰。

答案：【错误】

178. IEEE 802.1Q 定义的是 VLAN 标准，IEEE802.1P 定义的是优先级标准。

答案：【正确】

179. 根据 Q/GDW 441—2010《智能变电站继电保护技术规范》，MAC 子层的标准还规定了帧间最小间隔为 6μs，相当于 96bit（12 个字节）的发送时间。

答案：【正确】

180. 根据 Q/GDW 441—2010《智能变电站继电保护技术规范》，智能站中电接口交换机，应采用五类双绞线传输距离不小于 50m，传输速率不小于端口的线速，接口统一选用 RJ45 接口。

答案：【错误】100m

181. 根据 Q/GDW1396—2012 规定，当 SV 通信中断时，保护装置应将相应通道的 SV 数据清零处理。

答案：【正确】

7.4 问 答 题

1. 请简述采用 SNTP 协议实现系统时间同步的过程？

答：客户端发送一个 SNTP 包给时间服务器，该包带有离开客户端的时间戳，该时间戳为 T_1；当此 SNTP 包到达时间服务器时，时间服务器加上自己的时间戳，该时间戳为 T_2；当此 SNTP 包离开时间服务器时，时间服务器再次加上自己的时间戳，该时间戳为 T_3；当客户端接收到该响应包时，加上一个新的时间戳，该时间戳为 T_4。至此，客户端根据 SNTP 一个来回的周期各时间点计算时延 d 以及客户端与时间服务器的时钟偏移 offset，其中 $d=[(T_4-T_1)-(T_3-T_2)]/2$，$\text{offset}=[(T_2-T_1)-(T_4-T_3)]/2$。根据计算延时 d 和时钟偏移 offset 可以正确设置客户端的时钟。

2. 常规站和智能站保护在解决变压器断路器失灵保护中电压闭锁元件灵敏度不足的问题时，措施有何不同？

答：（1）对于常规站，变压器支路应具备独立于失灵启动的解除电压闭锁的开入回路，启动失灵和解除失灵电压闭锁应采用变压器保护不同继电器的跳闸触点；

（2）对于智能站，母线保护收到变压器支路变压器保护“启动失灵”的 GOOSE 命令同时启动失灵和解除电压闭锁。

3. 简述 220kV 智能站双母双分接线母线保护需要采集哪些 GOOSE 开入信息以及相应来源。

答：（1）从线路保护获取线路 A、B、C 分相失灵开入；

（2）从主变压器保护获取主变压器三相失灵开入；

（3）从独立母联保护获取母联三相失灵开入；

（4）从对侧母线获取对侧分段启动失灵开入；

（5）母联分段智能终端获取 A、B、C 分相开关位置和手合开入；

（6）从其他支路智能终端获取刀闸位置开入。

4. 请简述系统配置工具应具备哪些 SCD 文件错误校验功能。

答：（1）Schema 语法校验；

（2）模型实例与模版一致性校验；

（3）控制块引用数据集有效性校验；

（4）数据集成员有效性校验；

（5）虚端子关联部分内外端子合法性校验；

（6）IED 名称、IP 地址、MAC 地址、APPID、appID、smvID 的唯一性、正确性和缺失校验。

5. 逻辑节点：LLN0 里可以包含哪些内容，列举至少四种。

答：（1）数据集（Data Set）；

（2）报告控制块（Report CoNtrol）；

（3）GOOSE 控制块（GSE CoNtrol）；

（4）SMV 控制块（SMV CoNtrol）；

（5）定值控制块（SettiNg CoNtrol）。

6. GOOSE 报文在智能变电站中主要用以传输哪些实时数据？

答：（1）保护装置的跳、合闸命令；

（2）测控装置的遥控命令；

（3）保护装置间信息（启动失灵、闭锁重合闸、远跳等）；

（4）一次设备的遥信信号（开关刀闸位置、压力等）；

（5）间隔层的联锁信息。

7. 列举出智能保护中对GOOSE异常的几种检测，并简述其检测判断方法。

答：（1）GOOSE链路监视：连续接收不到GOOSE信息的心跳报文，判断为GOOSE链路中断，告警；

（2）GOOSE接收不匹配：接收到的GOOSE数据标识和保护装置配置不一致，则发GOOSE接收不匹配报文，告警；

（3）检修状态不一致：装置检修状态和GOOSE接收数据品质中的“test位”不相同，则发GOOSE检修不一致报文，告警。

8. 简述保护装置GOOSE报文检修处理机制。

答：（1）当装置检修压板投入时，装置发送的GOOSE报文中的test应置位；

（2）GOOSE接收端装置应将接收的GOOSE报文中的test位与装置自身的检修压板状态进行比较，只有两者一致时才将信号作为有效进行处理或动作，否则丢弃。

9. 简单叙述GOOSE检修机制，并以220kV线路间隔为例，举例说明线路保护、智能终端、母线保护的检修压板如何操作才能完成线路保护传动开关试验而又不影响母线保护运行。

答：（1）先退出母线保护的SV支路软压板（防止检修不一致导致母差闭锁）；

（2）保护“检修压板”投入后，发出的GOOSE报文中Test位置True；

（3）接收方收到GOOSE报文后，应判断其Test位与本身装置的检修压板状态是否一致，若一致才执行GOOSE命令，否则丢弃GOOSE报文（不动作或不计入此开入量）；

（4）线路保护与智能终端都投入检修压板或都不投入检修压板都可完成开关传动试验。

10. 智能变电站继电保护GOOSE二次回路安全措施实施原则。

答：（1）退出与待检修设备相关联的运行设备GOOSE接收软压板；

（2）退出待检修设备相关GOOSE出口软压板，并投入待检修设备检修压板；

（3）通过待检修设备装置信息、与待检修设备相关联的运行设备装置信息、后台信息三信息源进行比对，以确认安全措施执行到位。

11. SV接收机制是什么？

答：（1）接收方应严格检查APPID、SMVID、CoNfRev等参数是否匹配；

（2）SV 采样值报文接收方应根据收到的报文和采样值接收控制块的配置信息，判断报文配置不一致，丢帧，编码错误等异常出错情况，并给出相应报警信号；

（3）SV 采样值报文接收方应根据来样值数据对应的品质中的 validity、test 位，来判断采样数据是否有效，以及是否为检修状态下的采样数据；

（4）SV 中断后，该通道采样数据清零。

12. 合并单元失去同步时钟后是否会影响直接采样的保护其功能逻辑，为什么？

答：不会，因为保护接收到合并单元数据后，会自动根据合并单元额定延时进行补偿插值计算。合并单元失去时钟同步信号后，会自动从 0～3999 帧数据反复翻转，保护根据接收到的数据进行插值计算仍能满足保护正常的逻辑计算。

13. 常规站和智能站解决断路器失灵保护电压闭锁元件灵敏度不足的问题有什么区别？

答：对于常规站，变压器支路应具备独立于失灵启动的解除电压闭锁的开入回路，“解除电压闭锁”开入长期存在时应告警，宜采用变压器保护“跳闸触点”解除失灵保护的电压闭锁，不采用变压器保护“各侧复合电压动作”触点解除失灵保护电压闭锁，启动失灵和解除失灵电压闭锁应采用变压器保护不同继电器的跳闸触点；对于智能站，母线保护收到变压器支路变压器保护“启动失灵”的 GOOSE 命令同时启动失灵和解除电压闭锁。

14. 智能变电站 220kV 母差保护为什么主变压器支路不需要单独设置“解除复压闭锁”开入？

答：传统变电站母线失灵保护是为了防止节点粘连导致母差保护误动作，所以启失灵和解复压两个节点分开。由于智能站变压器保护启动失灵、解除电压闭锁采用 GOOSE 命令，其来源、路径均相同，母线保护不分别设置启动失灵、解除电压闭锁的 GOOSE 输入，母线保护变压器支路收到变压器保护“启动失灵”GOOSE 命令的同时启动失灵和解除电压闭锁。

15. 根据 IEC61850 规定，电子式电流互感器额定输出测量采用 2D41H，保护采用 01CFH 或 00E7H，为什么？

答：电子式电流互感器的输出为 16 位二进制数（高位为位符号位），即最大为 215－1＝32767，测量要求 2 倍额定电流不发生溢出，故 32767/2/1.414＝11585，即额定值 2D41H。

保护采用 01CFH 时，要 50 倍额定电流不溢出，故 32767/50/1.414＝463，即 01CFH。保护采用 00E7H 时，要求 100 倍额定电流不溢出，故 32767/100/1.414＝231，即 00E7H。

16. 对于目前通常采用的 DL/T860.9-2（IEC 61850-9-2）传输采样，采样频率为多少？电压采样值和电流采样值的最小分辨率是多少，能够准确测量的最高次谐波是多少？

答：(1) 采样率为 80 点采样，即 4kHz；

(2) 电压采样值最小分辨率为 10mV；

(3) 电流采样值最小分辨率为 1mA；

(4) 采样频率为 4kHz，能够准确测量 2kHz，则为 40 次谐波。

17. 智能站 IED 检修压板作用与常规站有何变化？

答：装置的检修状态均由检修硬压板开入实现。在常规站中检修压板投入后，保护装置只会将其上送的 103 事件报文屏蔽。而在智能站中当此压板投入时，有以下作用：

站控层—发送的 MMS 报文置检修状态标志，监控、远动、子站做相应的处理；

过程层—发送的 GOOSE/SV 报文置检修状态标志；

应用时—仅当继电保护装置接收到的 GOOSE/SV 报文与自身检修状态为同一状态时才处理收到的报文。

18. 智能变电站保护软压板投退注意事项有哪些？

答：设备投运前，后台监控界面保护装置软压板应与设备实际一一对应，对母差、失灵保护压板应有相应间隔名称对应。保护压板投退在后台操作，操作前、后均应在监控界面上核对软压板实际状态。因通信中断无法远程投退软压板时，应履行手续转为就地操作。后台操作、就地操作必须两人进行，一人操作、一人监护。

19. 简述智能变电站 220kV 线路单间隔检修的安全措施有哪些？

答：(1) 母线保护：本间隔投入软压板退出；本间隔 GOOSE 接收软压板退出；本间隔 GOOSE 发送软压板退出；

(2) 安稳装置（有安稳装置时）：本间隔投入压板退出、GOOSE 发送软压板退出；

(3) 线路保护：启动失灵软压板退出；检修压板投入；

(4) 测控装置：投入检修压板；

(5) 合并单元、智能终端投入检修压板。

20. 简述智能变电站 220kV 线路一次不停电而进行合并单元 A 套异常处理时所需执行的安措？

答：一次设备不停电，线路间隔合并单元异常处理，相应线路保护和母线保护功能将受影响，必须进行有效隔离，采取安措如下：

(1) 母线保护 A 套“差动保护”和“失灵保护”功能软压板退出；

(2) 母线保护 A 套所有“支路 GOOSE 发送软压板”退出；

(3) 线路保护A套“纵差保护”功能软压板退出;

(4) 线路保护A套“GOOSE跳闸出口”“GOOSE重合闸出口”软压板退出;

(5) 合并单元A套“检修硬压板”投入。

21. 母线保护中,某元件投入压板退出时对保护的影响有哪些?

答:(1) 退出该元件TA异常判别;

(2) 该元件电流退出差流计算;

(3) 退出该元件失灵保护;

(4) 退出跟该元件有关的SV、GOOSE通道异常和检修不一致判别;

(5) 退出跟该元件有关的SV品质位判别异常;

(6) 退出跟该元件有关的GOOSE开入异常判别。

22. 在使用GOOSE跳闸的智能变电站中保护动作正确,智能终端无法实现跳闸时应检查哪些部位?

答:(1) 检查输入光纤的完好性;

(2) 保护装置GOOSE出口软压板是否投入;

(3) 智能终端硬压板是否投入;

(4) 两侧检修压板位置是否一致;

(5) 智能终端是否在正常工作状态:是否收到GOOSE跳闸报文、输出接点是否动作;

(6) 检查输出二次回路的正确性。

23. 智能站保护整组试验过程中,模拟A相故障开关却实际跳开B相,请分析可能的原因。

答:(1) 保护SCD文件配置错误,将A相出口拉至B相出口回路;

(2) 保护SCD文件正确,但厂家人员将配置文件中A、B相跳闸出口回路交叉配置;

(3) 智能终端A、B相出口至断路器的电缆接反;

(4) 合并单元A、B相电流内部配线交叉;

(5) 合并单元至保护的电流A、B相虚端子交叉。

24. 智能变电站中,220kV线路A相接地永久故障,保护A相动作,以A套为例简述开关A相失灵跳不开时相关装置间GOOSE信号传输情况?(线路保护A、B、C相跳闸用LTrA、LTrB、LTrC表示;线路启动A、B、C相失灵用strBFA、strBFB、strBFC表示;母差保护跳闸用MTr表示;智能终端的闭锁重合闸用BlkRec)

答：(1) 线路保护 A 套 A 相动作后，向线路间隔智能终端发送包含 LTrA 变位信号的 GOOSE；同时线路保护 A 向母线保护 A 发送包含 strBFA 变位信号的 GOOSE；

(2) 智能终端处接收到 LTrA 信号后 A 相出口，但是由于开关失灵，故障未切除；

(3) 母线保护 A 接收到 strBFA 信号后，启动失灵保护；

(4) 由于故障未切除，线路保护 A 单跳失败三跳，向线路间隔智能终端发送 LTrA、LTrB、LTrC 变位信号的 GOOSE；同时母线保护 A 发送包含 strBFA、strBFB、strBFC 变位信号的 GOOSE；

(5) 智能终端接收到 LTrA、LTrB、LTrC 后，A、B、C 相出口，跳开 B、C 两相开关，A 相故障仍未切除；

(6) 母线保护 A 收到 strBFA、strBFB、strBFC 后，启动三相失灵，由于 A 相故障电流一直未切除，经过失灵时间后，失灵保护动作，向线路智能终端 A 发送 MTr 变位信号的 GOOSE；同时也向线路保护 A 发送 MTr 变位信号的 GOOSE，同时切除母线上其他线路间隔；

(7) 智能终端 A 接收到母线保护 A 的 MTr 信号后，A、B、C 三相再次出口，同时闭锁重合闸节点动作，向线路保护 A 发送 BlkRec 变位信号的 GOOSE；

(8) 线路保护 A 接收到母线保护 A 的 MTr 信号后，闭锁重合闸同时远跳线路对侧开关；线路保护 A 接收到智能终端 A 的 BlkRec 信号后再次闭锁重合闸。

25. 某智能变电站 220kV 母差保护配置按实际规划配置，现需新增一个间隔。请问母差保护需要完成哪些工作？

答：如果按实际规划配置，当要增加一个新间隔时：

(1) 退出相应差动、失灵保护功能软压板，打上检修压板（保护退出运行），并保证检修压板处于可靠合位，直到步骤 7)。

(2) 更新与这个增加间隔相关的配置（SV、GOOSE 等）。

(3) 投入该支路 SV 接收压板，在该支路合并单元加相应电流，核对母线保护装置显示的电流幅值和相位信息。

(4) 需要开出传动间隔操作箱，验证跳闸回路的正确性。

(5) 投入该支路失灵接收软压板，核对 GOOSE 信息输入的正确性。

(6) 在该支路做相应保护试验，验证逻辑以及回路的正确性（投上相应保护功能软压板）；其余间隔也要测试。

（7）验证结束后，修改相关定值，并将该支路相关的软压板按要求置合位，母差保护功能压板置合位，退出检修状态。

26. 一次设备停役时，采用合并单元与智能终端的智能变电站，若需退出继电保护系统，如何操作？

答：（1）退出相关运行保护装置中该间隔的SV软压板或间隔投入软压板；

（2）退出相关运行保护装置中该间隔的GOOSE接收软压板（如启动失灵等）；

（3）退出该间隔保护装置中跳闸、合闸、启失灵等GOOSE发送软压板；

（4）退出该间隔智能终端出口硬压板；

（5）投入该间隔保护装置、智能终端、合并单元检修压板。

27. 一次设备复役时，采用合并单元与智能终端的智能变电站，若继电保护系统投入运行，如何操作？

答：（1）退出该间隔合并单元、保护装置、智能终端检修压板；

（2）投入该间隔智能终端出口硬压板；

（3）投入该间隔保护装置跳闸、重合闸、启失灵等GOOSE发送软压板；

（4）投入相关运行保护装置中该间隔GOOSE接收软压板（如失灵启动、间隔投入等）；

（5）投入相关运行保护装置中该间隔SV软压板。

28. 智能变电站中双母线配置两台母线电压合并单元，电压并列功能由母线电压合并单元完成，现场正常运行时，监控后台发现其中Ⅰ段母线的TV刀闸位置异常，频繁发生位置变位，试分析TV刀闸变位的可能原因及影响。

答：TV变位原因可能为：

（1）TV刀闸的位置继电器异常，节点发生频繁变位；

（2）接入母线智能终端的TV刀闸位置回路发生异常，可能有交流串入此回路；

（3）智能终端开入板件异常，TV刀闸位置开入信号频繁变位；

（4）智能终端处理程序出错，导致误发TV刀闸位置变位GOOSE信号；

（5）母线测控装置处理程序异常，导致接收TV刀闸位置GOOSE信号出错。

TV刀闸位置异常影响：

（1）若母线合并单元输出母线电压需要判断TV刀闸位置，则Ⅰ段母线TV刀闸位置频繁变位异常时，将导致Ⅰ段母线电压频繁无效，并频繁恢复，Ⅱ段母线电压无影响；

（2）若母线合并单元输出母线电压不需要判断TV刀闸位置，则TV刀闸位置频繁变位异常时，对Ⅰ段和Ⅱ段母线电压均无影响。

29. 如何校验220kV线路一侧为数字光纤采样方式，一侧为常规采样方式下，智能站侧采样光纤断链闭锁差动逻辑？智能站侧保护装置采样光纤断链后保护装置应如何处理？

答：(1) 应采用两端联调的方式来校验，不应采用自环方式来校验，因为采用自环的方式进行试验，光纤断链时，无法判断保护未动作是由于断链闭锁保护，还是因为没有采集到电压、电流量导致保护未动作；

(2) 应闭锁保护。如不闭锁运行中一旦SV采样回路断链，在重负荷情况下线路保护会误动。

7.5 计 算 题

1. 某站SV网采用100M交换机组网方式，站内9-2 SV报文帧长为300字节，网络分析仪单端口能接入几路SV报文？

答：单路SV流量：300×8×4000＝9.6M；

单个端口的报文接入能力：≥100Mbps；

100/9.6＝10.41，单端口接入10路SV报文。

2. 网络记录分析仪采用组网模式接入，假设记录仪所接入的各合并单元发出的数据帧大小均为220字节，报文时间间隔为250μs。网络记录仪端口和交换机端口为100Mbps，要求单端口流量不超过带宽的40%，请估算单端口最多能接收多少个合并单元？(报文长度考虑帧首界定符和CRC校验码，要求列出具体计算过程，数值计算四舍五入)

答：单端口允许的最大流量为100Mbps×40%＝40Mbps；

每秒数据帧数为1s/250μs＝4000

单个合并单元所发出的报文流量是$(8+4+220)\times 8\times 4000 = 7.42$Mbps

所能接收的最大合并单元数量为40/7.42＝5.39个

单端口最多接收5个MU。

3. 终端A和终端B在交换机端口1和端口2互发piNg报文，发送流量都为10Mbit。2台MU向交换机端口3和端口4分别注入流量为8Mb/s的SV报文。将交换机端口5设置为镜像端口，数据流设置为：端口1的进口，端口2的出口，端口3的进口，端口4的出口。请计算端口5向外发送数据的流量(交换机全通)

答：原始全部流量应为10＋(10＋8＋8)＋8＋8，多播会被合并成一条，所以应为10＋(10＋8＋8)＝36 Mb/s。

4. 交换机端口1设置进口多播抑制为5Mb/s。端口2设置进口未知单播抑制为6Mb/s。端口3设置出口广播抑制为3Mb/s。3台MU分别在交换机端口1、端口2、端口3上注入长度相同的SV报文，流量均为8Mb/s。请计算端口3向外发送数据的流量（交换机全通）。

答：端口1多播抑制为5Mb/s，只有5M流量SV报文经端口3发出；端口2设置进口未知单播抑制为6Mb/s，没有限制多播，有8M流量SV报文经端口3发出；端口3注入的SV报文不会从端口3发出。

因此，端口3发出数据流量为：5＋8＝13Mbit。

5. 某电子式电流互感器额定一次电流为2000A，保护电流额定二次输出为01CFH，问：保护装置测得电流数字量峰值为168H，问一次电流值（有效值为）多少？某500kV电子式电压互感器额定二次输出为2D41H，若实际电压为265kV，输出值为电压值（数字量，均方根值）多少？

答：01CFH＝463D，168H＝360D

测得数字量（有效值）为：360/1.414＝254.6

故一次电流值（有效值）为：2000 ×（254.6/463）＝ 1099.8A，输出电压值为：265/(500/1.732)×2D41H ＝ 298AH 。

6. 某电子式电流互感器额定一次电流为2000A，保护电流额定二次输出为01CFH，问：该电子式互感器最大能测多少电流？20倍短路电流时，保护输出电流值（数字量，均方根值）为多少？

答：当保护电流额定二次输出为01CFH，即量程标志＝0，最大能测50倍额定电流，即2000A×50＝100000A。

20倍短路电流时，输出电流值为：20×01CFH＝242CH。

7. 某保护用电子式电流互感器一次额定电流为1000A，该电流互感器发送的报文采用FT3格式。

（1）正常运行时一次电流瞬时值为200A，试计算出此时该电流互感器发送的码值为多少？

（2）假设某一时刻电路互感器发出的FT3报文中量程标志range-flag置1，且对应的码值为2000H，请计算出此时对应的一次值是多少？

答：（1）保护用电流互感器比例因子为01CFH，所以当电流互感器一次值为200A时对应的二次编码为01CFH×200/1000＝463×200/1000＝92＝005CH。

所以发送的编码值为 005CH，量程标志为 0

（2）由于量程标志为 1，则此时互感器的比例因子为 00E7H，所以此时互感器对应的一次值应为 1000×2000H/00E7H＝1000×8192/231＝35463A

8. 某光 TV 额定线电压为 110kV，某时刻其相电压有效值 55kV，根据 IEC60044-8 的格式要求，该光 TV 测量次级与保护次级输出的报文电压数值的最大值十六进制（计算十进制时可四舍五入）分别为多少？

答：根据 60044-8 规约格式，测量电压与保护电压的数字量输出额定值均为 2D41H，十进制 11585。

报文电压十进制 55kV/(110kV/1.732)×1.414×11585 ＝ 14186，十六进制为 376AH。

9. 某 500kV 电子式电压互感器额定二次输出为 2D41H，问：保护装置测得输出数字量（峰值）3E97H，问一次电压值（有效值）为多少？

答：3E97H＝16023D，2D41H＝11585D；

测得数字量（有效值）为：16023/1.414＝11331.68；

故一次电压值为：(500/1.732)×(11331.68/11585) ＝ 282.37kV。

10. 在 IEC61850-9-2 的 SV 报文看到电压量数值为 0xFFF38ECB，那么该电压的实际瞬时值为多少 A？（十进制表示）

答：0xFFF38ECB，将其减 1，后取反得 0xc7135，换算成十进制为 815413，表示 −8.15413kV。

11. 在 IEC 61850-9-2 的 SV 报文看到电流量数值为 0x000005a9，那么该电流的实际瞬时值为多少 A？（十进制表示）

答：0x000005a9，换算成十进制为 1449，即 1449×1mA＝1.449A。

12. 光 TA 流过的三相负荷电流为 848.66A，其额定一次电流为 2000A，则根据 IEC60044-8 的格式要求，该光 TA 测量次级与保护次级输出的报文电流数值的最大值十六进制（计算十进制时可四舍五入）分别为多少？（提示：测量额定值 2D41H，保护额定值 01CFH，不考虑直流分量）

答：一次电流峰值为 848.66×1.414＝1200A

测量额定值十进制 11585，保护额定值十进制 463

测量报文电流十进制 1200/2000×11585＝6951

保护报文电流十进制 1200/2000×463＝278

测量报文电流十六进制 1997H

保护报文电流十六进制 106H

13. 某线路保护（含重合闸功能）在故障后保护瞬时出口动作，1.5s 后重合闸动作，动作前一帧 GOOSE 报文 stNum 为 1，sqNum 为 10，根据保护动作行为完成表 7-1 填空，注：报文内容为保护动作、重合闸动作或者整组复归。（时间以保护动作为零点，该保护 $T_0=5s$，$T_1=2ms$，动作后突发报文五帧后进入“心跳报文”时间，整组复归时间为 20ms）

表 7-1

T	stNum	sqNum	报文内容
8ms			
24ms			
1508ms			
1524ms			
6536ms			

答：

表 7-2

T（ms）	stNum	sqNum	报文内容
8	2	3	保护动作
24	3	2	整组复归
1508	4	3	重合闸动作
1524	5	2	整组复归
6536	5	5	整组复归

14. 某电子式电流互感器采用 IEC61850-9-2LE 4000 采样率输出。在一次通入 50Hz 标准正弦交流电流，当外部同步时钟脉冲输入时，对应的一次瞬时值大小为 1000A（假定幅值没有误差），而其输出报文中电流瞬时值为 1000A 的采样序号为 3998，请计算该电子式互感器在同步方式下的相位误差。

答：同步方式下：相位误差是时钟脉冲与数字量传输值对应的一次电流采样瞬时之时间差。瞬时值为 1000A 时的采样序号为 3998，与时钟脉冲对应序号 0 相差 2 个采样间隔，即 $500\mu s$。

所以，该互感器相位误差为：$\frac{500}{20\times1000}\times360^\circ=9^\circ$。

15. 某电子式电流互感器采用国网智能变电站继电保护技术规范 9-2 采样值输出。在一次通入 50Hz 标准正弦交流电流，当外部同步时钟脉冲输入时，对应的一次瞬时值大小为 1000A（假定幅值没有误差），而实测输出报文中电流瞬时值为 1000A 的采样报文发出时刻为 900μs 以后，其报文中额定采样延时为 1000μs，请计算该电子式互感器在差值方式下的相位误差。

答：相位误差是相位差延时减去额定延时。瞬时值为 1000A 报文输出相位差延时为 900μs，额定采样延时为 1000μs。所以，该互感器相位误差为：$\frac{1000-900}{20\times1000}\times360°=1.8°$。

16. 某线路保护一侧为常规装置，一侧为电子式电流互感器及智能化保护装置，电子式电流互感器采用国网智能变电站继电保护技术规范 9-2 采样值输出。智能侧合并单元固有延时为 1750μs，通过合并单元测试仪实测 SV 报文序号为 0 的报文输出时刻为 1500μs。线路保护动作定值 800A，起始制动电流 2000A，斜率 0.4，请问区外故障，本线穿越性故障电流为 15kA 时本线路差动保护是否会动作？

答：智能侧合并单元延时误差 250μs；（角度误差$\frac{250}{20\times1000}\times360°=4.5°$）

差流计算误差为：$2\times15\times\sin(4.5°/2)=1.18\text{kA}$，大于动作定值；

制动电流计算为：$2\times15\times\cos(4.5°/2)=29.97\text{kA}$，斜率小于 0.4，本线路差动保护不会动作。

17. 某智能站的 500kV 短引线保护，两个开关的 TA 变比都是 3000/1，两个 TA 都通过合并单元采样后通过点对点采样方式将采样值分别送至短引线保护，假设此时两套合并单元设置的采样延时都为 750μs，而实际上一套合并单元的采样延时为 1310μs、另一套 560μs，某一时刻两个开关为穿越性的平衡电流，幅值为 1000A，请问此时保护装置采集到的二次差流多大？

答：此时保护装置采样到的两个采样至幅值至都是 1000A，角度由于采用采样延时设置错误，导致采样值延时误差 1310－560＝750μs＝0.75ms，则会产生$\frac{0.75}{20}\times360°=13.5°$的角度差。

所以此时会产生 $2\times1000\times\sin(13.5°/2)=235\text{A}$ 的一次差流，换算到二次的差流为 $235/3000=0.078\text{A}$。

18. 某智能站 220kV 母差保护（双母线接线）试验过程中施加电流如表 7-3 所示：

表 7-3

项目		支路 1	支路 2	220kV 母线电压
数字继保测试仪设置	通道延时	1000μs	2000μs	2000μs
数字继保测试仪输出	实际延时	0μs	0μs	0μs
数字继保测试仪加量	施加采样值	1A∠0°	1A∠180°	57.735V∠0°

试验时模拟支路 1 挂Ⅰ母运行，支路 2 挂Ⅱ母运行，母联强制合位，请计算母差保护大差和小差值?

答：由于数字继保测试仪实际输出延时为 0μs，因此母线保护装置应是同时收到各支路的采样数据。经装置“延时补偿”后，支路延时设置少 1000μs，对应的角度应超前$\frac{1000}{20\times1000}\times360°=18°$。母差装置采样值应为：

母差保护采样	1A∠342°	1A∠180°	57.736V∠0°

根据上述值计算差流值为：

大差：0.313A，Ⅰ母小差：1A，Ⅱ母小差：1A。

19. 假设单个合并单元发出的数据帧大小为 240 字节，报文经过两级 100Mbps 交换机级联传输，每台交换机接入 16 台合并单元，交换机固定延时为 7μs，请计算最不利情况下的网络传输延时（报文长度考虑帧首界定符和 CRC 校验码，假设所有合并单元发出的数据帧大小一致，交换机按平均排队时延计算，忽略光缆传输延时，忽略帧间隔时间）

答：交换机存储转发延时：$(8+4+240)\times8/100=20.16\mu s$ 。

交换机平均帧排队延时：$(16-1)\times20.16/2=154.5\mu s$ 。（其他合并单元存储转发时间）

$T=2\times(154.5+7+20.16)=363.32\mu s$ 。

20. 如图 7-1 所示，某智能变电站过程层 GOOSE 网络连接，保护装置通过 100MBps 光纤网络接入交换机，交换机之间级联采用 1000MBps 光纤网络。交换机之间以及装置与交换机之间的光纤长度如图所示。计算主变压器保护与母联保护之间 GOOSE 信息交互平均所需的时间。（交换机按 1∶1 预留备用口，GOOSE 报文长度按 300Bytes 计算，光纤中数据传输速度按 2/3 光速计算，交换机转发延时按 7μs 计算）。

答：（1）保护装置与交换机之间报文收发延时 $LSF(P-S)=300\times8/100=24\mu s$;

（2）交换机之间报文收发延时 $LSF(S-S)=300\times8/1000=2.4\mu s$;

（3）报文在光纤中传输延时 $LWL=(300+20+10+10)/(3\times108\times2/3)=1.7\mu s$;

（4）报文在千兆网络平均排队延时 $LQ(G)=(8-1)\times LSF(S-S)/2=7\times2.4/2=8.4\mu s$;

(5) 报文在百兆网络平均排队延时 LQ(M) = (8 − 1) × LSF(P − S)/2 = 7 × 24/2 = 84μs；

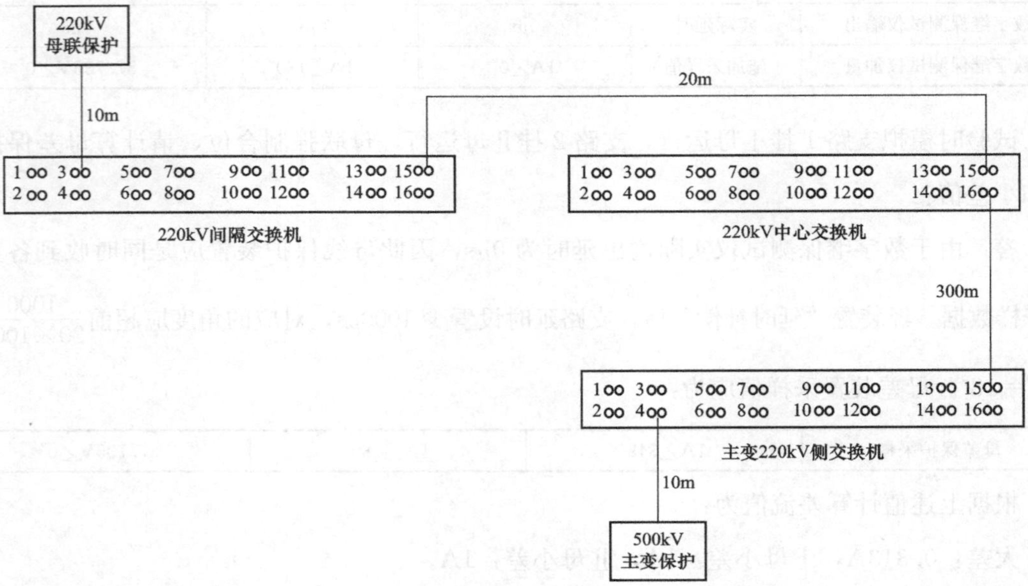

图 7-1

(6) 主变压器保护与母联保护之间 GOOSE 报文传输平均延时 L = 2 × LSF(P−S) + 2 × LSF(S− S) + LWL + 2 × LQ(G) + LQ(M) + 3 × LSW = 2 × 24 + 2 × 2.4 + 1.7 + 2 × 8.4 + 84 + 3 × 7 = 176.3μs 。

7.6 分　析　题

1. 某 500kV 智能变电站的 GOOSE 网络如图 7-2 所示。所设计的 GOOSE 网采用双星形网络，500kVGOOSE A 网、500kVGOOSE B 网、220kVGOOSE A 网、220kVGOOSE B 网物理隔离。其中主变压器保护、测控装置通过不同的以太网光口接入 A、B 网。某工厂技术人员用一台普通的 4 口交换机将 4 个独立的 GOOSE 网络接入，实现 GOOSE 网络管理功能。

试问：(1) 该普通交换机接入各网络后，主变压器保护同一帧报文在各 GOOSE 网络上出现的数量是多少？网络分析仪接收到的主变压器保护同一帧报文数量是多少？

(2) 主变压器中压侧智能终端在该工况下会有什么告警？

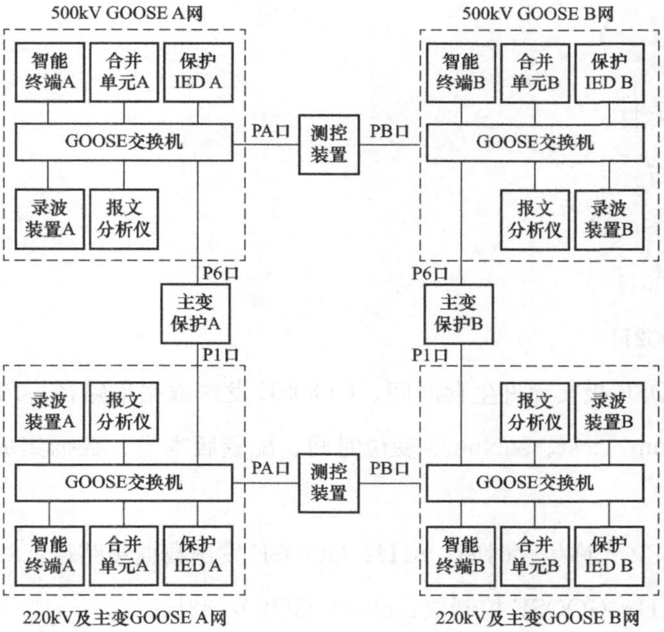

图 7-2

答：（1）2 帧；8 帧。

（2）主变压器中压侧智能终端接收到 2 帧相同的报文，会产生“网络风暴”告警。

2. 图 7-3 是通过 Ethereal 捕获的 INformatioNReport 报文：

请分别说明该报告的 RptID、触发原因、数据集名称、上送的数据集成员名称分别是什么。

```
AccessResults
{
VSTRING: BR1
BITSTRING:
BITS 0000—0015: 0 1 1 1 1 1 1 1 1
LINSIGNED: 1910
BTIME 2006-11-08 01: 23: 48.000 (days=8347 msec=5028000)
VSTRING: C1/Positions2
BOOLEAN: FALSE
OSTRING: 77 07 00 00 00 00 00 00
LINSIGNED: 0
BITSTRING:
BITS 0000—0015: 1 1
VSTRING: C1/CSWI1$ST$POS
VSTRING: C1/CSWI2$ST$POS
STRLICTLIRE
{
BITSTRING :
BITS 0000—0015: 0 0
}
STRLICTLIRE
{
BITSTRING :
BITS 0000—0015:0 0
}
BITSTRING:
BITS 0000—0015: 0 0 0 0 1 0
BITSTRING:
BITS 0000—0015: 0 0 0 0 1 0
}
```

图 7-3

答：RptID：BR1；

触发原因：完整性周期；

数据集名称：C1/PositioN2；

上送的数据集成员名称：C1/CSWI1 $ ST $ Pos 和 C1/CSWI2 $ ST $ Pos。

3. 请写出 SV 报文 ASDU 数目、SVID. smpCNt、配置版本号、同步标志 TAG 的十六进制码、品质位置分别为检修、好、无效时 q 的十六进制特征码？

答：ASDU 数目：80H

SVID：80H

smpCNt：82H

配置版本号：83H

同步标志：85H

检修 q：0000 0800H

好 q：0000 0000H

无效：0000 0002H

4. 请写出 GOOSE 报文允许生存时间、GOOSE 发送数据集路径、PDU 长度、goose 控制块、GOID、stNum、test、sqNum、变位时间、配置版本号、数据集成员个数 TAG 的十六进制特征码；

答：GOOSE 报文允许生存时间：81H；GOOSE 发送数据集路径：82H；

PDU 长度：61H；GOOSE 控制块：80H；GOID：83H；

stNum：85H；Test：87H；sqNum：86H；

变位时间：84H；配置版本号：88H；数据集成员个数；8aH。

5. 图 7-4 是用 MMS Ethereal 抓包工具现场抓取的一台保护装置发出的 GOOSE 报文和报文中相应数据集的信息列表。请根据报文内容写出：

(1) 保护装置的动作情况；

(2) 保护装置的检修压板状态；

(3) GOOSE 传输的 T_0 时间参数；

(4) 在下一帧报文有保护动作返回时的 StateNumber 和 SequeNceNumber 的值。

答：(1) 开关 1 跳 A 相同时启动开关 1A 相启动失灵、开关 2 跳 A 相同时启动开关 2A 相启动失灵；

(2) 保护装置的检修压板退出；

(3) T_0=5s；

(4) StateNumber=14，SequeNceNumber=0。

6. 图 7-5 是用抓包工具现场抓取的一台线路合并单元发出的 SV 报文和报文中相应数据集的信息列表。请根据报文信息写出：

(1) 样本计数器的值；

(2) 该合并单元数据额定延时（要标注时间单位）；

```
日PDU
 IECGCOSE
 {
  Control Block Reference*: PL2203PI1/LLN0$GO$gocb0
  Time Allowed t0 Live (msec) : 10000
  DataSetRefer ence*: PL2203PI1/LLN0$dsGOOSE0
 GOOSEID*: PL2203PI1/LLN0.gocb0
 Event Timestamp: 2013-11-27 05: 00.37.315996 Timequality: 0a
 StateNumber*: 13
 SequenceNumber*: Sequence Number: 2
 Test*: FALSE
 Config Revision*: 1
 Needs commissioning*: FALSE
 Number Dataset Entries: 19
 Data
 {
  BOOLEAN: TRUE
  BOOLEAN: FALSE
  BOOLEAN: FALSE
  BOOLEAN: TRUE
  BOOLEAN: FALSE
  BOOLEAN: FALSE
  BOOLEAN: FALSE
  BOOLEAN: TRUE
  BCOLEAN: FALSE
  BOOLEAN: FALSE
  BOOLEAN: TRUE
  BOOLEAN: FALSE
  BOOLEAN: FALSE
  BOOLEAN: FALSE
 }
}
```

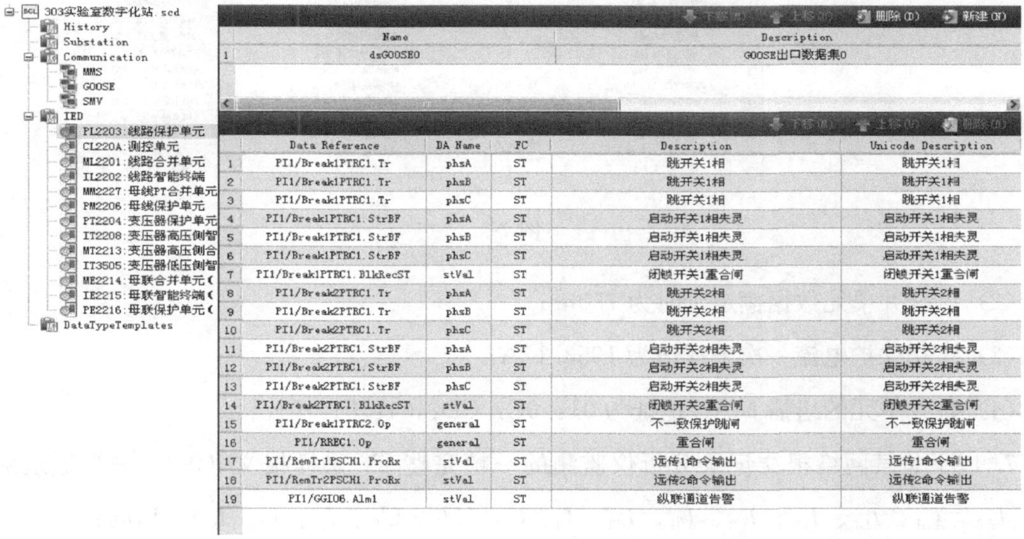

	Name	Description
1	dsGOOSE0	GOOSE出口数据集0

	Data Reference	DA Name	FC	Description	Unicode Description
1	PI1/Break1PTRC1.Tr	phsA	ST	跳开关1相	跳开关1相
2	PI1/Break1PTRC1.Tr	phsB	ST	跳开关1相	跳开关1相
3	PI1/Break1PTRC1.Tr	phsC	ST	跳开关1相	跳开关1相
4	PI1/Break1PTRC1.StrBF	phsA	ST	启动开关1相失灵	启动开关1相失灵
5	PI1/Break1PTRC1.StrBF	phsB	ST	启动开关1相失灵	启动开关1相失灵
6	PI1/Break1PTRC1.StrBF	phsC	ST	启动开关1相失灵	启动开关1相失灵
7	PI1/Break1PTRC1.BlkRecST	stVal	ST	闭锁开关1重合闸	闭锁开关1重合闸
8	PI1/Break2PTRC1.Tr	phsA	ST	跳开关2相	跳开关2相
9	PI1/Break2PTRC1.Tr	phsB	ST	跳开关2相	跳开关2相
10	PI1/Break2PTRC1.Tr	phsC	ST	跳开关2相	跳开关2相
11	PI1/Break2PTRC1.StrBF	phsA	ST	启动开关2相失灵	启动开关2相失灵
12	PI1/Break2PTRC1.StrBF	phsB	ST	启动开关2相失灵	启动开关2相失灵
13	PI1/Break2PTRC1.StrBF	phsC	ST	启动开关2相失灵	启动开关2相失灵
14	PI1/Break2PTRC1.BlkRecST	stVal	ST	闭锁开关2重合闸	闭锁开关2重合闸
15	PI1/Break1PTRC2.Op	general	ST	不一致保护跳闸	不一致保护跳闸
16	PI1/RREC1.Op	general	ST	重合闸	重合闸
17	PI1/RemTr1PSCH1.ProRx	stVal	ST	远传1命令输出	远传1命令输出
18	PI1/RemTr2PSCH1.ProRx	stVal	ST	远传2命令输出	远传2命令输出
19	PI1/GGIO6.Alm1	stVal	ST	纵联通道告警	纵联通道告警

图 7-4

（3）A 相保护电流一次采样值（要标注电流单位）；

（4）合并单元的组播 MAC 地址。

答：（1）样本计数器的值为 2498；

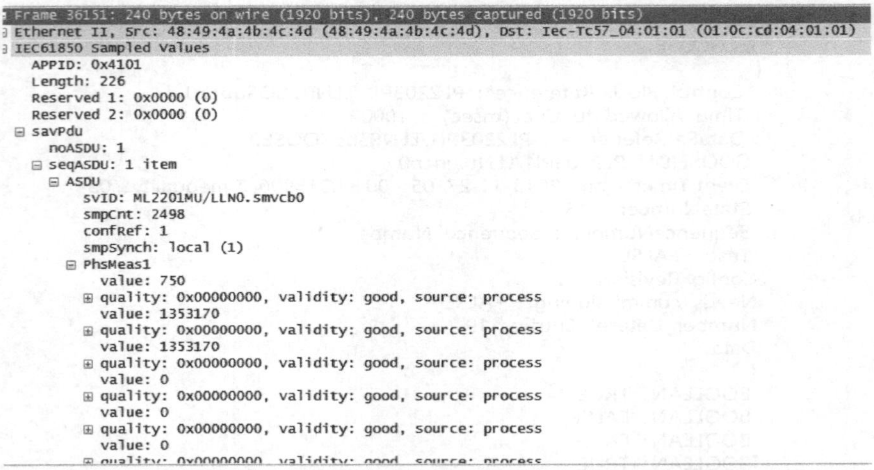

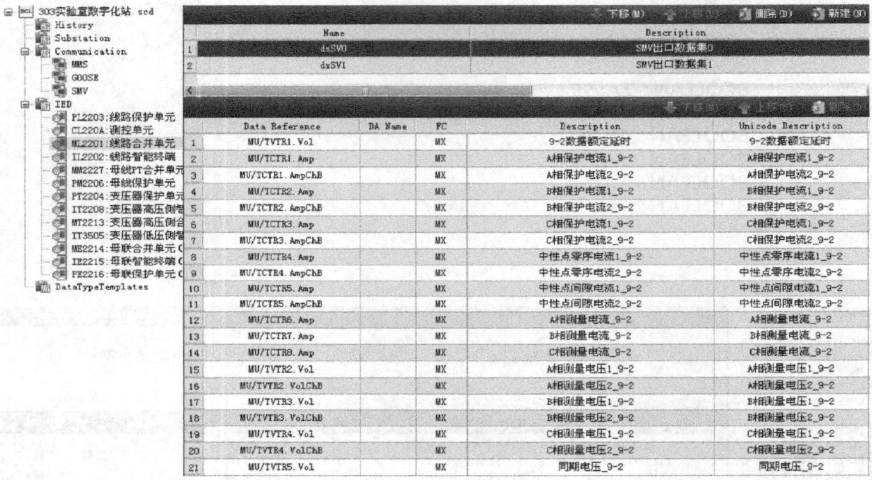

	Name	Description
1	dsSV0	SMV出口数据集0
2	dsSV1	SMV出口数据集1

	Data Reference	DA Name	FC	Description	Unicode Description
1	MU/TVTR1.Vol		MX	9-2数据额定延时	9-2数据额定延时
2	MU/TCTR1.Amp		MX	A相保护电流1_9-2	A相保护电流1_9-2
3	MU/TCTR1.AmpChB		MX	A相保护电流2_9-2	A相保护电流2_9-2
4	MU/TCTR2.Amp		MX	B相保护电流1_9-2	B相保护电流1_9-2
5	MU/TCTR2.AmpChB		MX	B相保护电流2_9-2	B相保护电流2_9-2
6	MU/TCTR3.Amp		MX	C相保护电流1_9-2	C相保护电流1_9-2
7	MU/TCTR3.AmpChB		MX	C相保护电流2_9-2	C相保护电流2_9-2
8	MU/TCTR4.Amp		MX	中性点零序电流1_9-2	中性点零序电流1_9-2
9	MU/TCTR4.AmpChB		MX	中性点零序电流2_9-2	中性点零序电流2_9-2
10	MU/TCTR5.Amp		MX	中性点间隙电流1_9-2	中性点间隙电流1_9-2
11	MU/TCTR5.AmpChB		MX	中性点间隙电流2_9-2	中性点间隙电流2_9-2
12	MU/TCTR6.Amp		MX	A相测量电流_9-2	A相测量电流_9-2
13	MU/TCTR7.Amp		MX	B相测量电流_9-2	B相测量电流_9-2
14	MU/TCTR8.Amp		MX	C相测量电流_9-2	C相测量电流_9-2
15	MU/TVTR2.Vol		MX	A相测量电压1_9-2	A相测量电压1_9-2
16	MU/TVTR2.VolChB		MX	A相测量电压2_9-2	A相测量电压2_9-2
17	MU/TVTR3.Vol		MX	B相测量电压1_9-2	B相测量电压1_9-2
18	MU/TVTR3.VolChB		MX	B相测量电压2_9-2	B相测量电压2_9-2
19	MU/TVTR4.Vol		MX	C相测量电压1_9-2	C相测量电压1_9-2
20	MU/TVTR4.VolChB		MX	C相测量电压2_9-2	C相测量电压2_9-2
21	MU/TVTR5.Vol		MX	同期电压_9-2	同期电压_9-2

图 7-5

（2）该合并单元数据额定延时为 750μs；

（3）A 相保护电流一次采样值为 1353.17A；

（4）合并单元的组播 MAC 地址为 01：0C：CD：04：01：01。

7. 以下是某网络报文记录分析仪监测的一帧完整 SV 采样报文（9-2，采样通道顺序：I_{A1}、I_{A2}、I_{B1}、I_{B1}、I_{C1}、I_{C2}、I_{01}、I_{02}、I_0、U_A、U_B、U_C、I_A、I_B、I_C）。请问：

（1）DestiNatioN MAC 和 Source MAC？

（2）SmpCNt 是多少（十进制），SV 采样报文是否同步？

（3）APPID（十六进制）和 App LeNgth（十进制）？

（4）采样报文的额定延迟时间和 IA1（十进制）？

（5）采样报文的优先级和 VLAN（十进制）？

01 0C CD 04 01 44 52 47 51 20 26 D0 81 00 80 01 88 BA 41 44 00 B5
00 00 00 00 60 81 AA 80 01 01 A2 81 A4 30 81 A1 80 0F 54 46 44 32
43 30 33 42 5F 31 38 4D 55 30 31 82 02 09 A7 83 04 00 00 00 01 85
01 00 87 81 80 00 00 01 F6 00 00 00 00 00 00 13 55 00 00 00 00 00
00 14 C1 00 00 00 00 FF FF E3 63 00 00 00 00 FF FF DC 58 00 00 00
00 FF FF EA F6 00 00 00 00 FF FF F2 89 00 00 00 00 FF FF FF 2D 00
00 00 00 FF FF FC 6C 00 00 00 00 00 00 01 D1 00 00 00 00 00 00 00
00 00 00 00 00 00 00 00 00 00 00 00 00 00 00 00 00 00 00 00 00 00
00 03 93 00 00 00 00 00 00 04 A6 00 00 00 00 00 00 01 D4 00 00 00 00

答：(1) DestiNatioN MAC：01-0C-CD-04-01-44，Source MAC：52-47-51-20-26-D0。

(2) SmpCNt：2471，SV 采样报文失步。

(3) APPID：0x4144，App LeNgth：181。

(4) 额定延迟时间：502，A1 保护电流：4949。

(5) 优先级：4，VLAN：1。

8. 以下是某网络报文记录分析仪监测的一帧完整 SV 采样报文（9-2，采样通道顺序为双 AD 保护电流、测量电流、双 AD 母线电压，具体为：I_{A1}、I_{A2}、I_{B1}、I_{B2}、I_{C1}、I_{C2}、I_A、I_B、I_C、U_{I1}、U_{I2}、U_{II1}、U_{II2}）。请问：

(1) 此 SV 报文的优先级和 VID 为多少（十进制）？

(2) SV 采样报文是否同步？

(3) APPID（十六进制）和采样计数值（Sample CouNt）为多少（十进制）？

(4) 采样报文的额定延迟时间和 I_{A2} 为多少（十进制，单位：A）？

(5) 是否有通道数据无效？若有是哪些通道？

01 0C CD 04 00 21 08 AD 04 01 99 BE 81 00 D0 22 88 BA 40 21
00 AE 00 00 00 00 60 81 A3 80 01 01 A2 81 9D 30 81 9A 80 19
4D 46 32 32 30 31 41 4D 55 2F 4C 4C 4E 30 24 4D 53 24 4D 53
56 43 42 30 31 82 02 05 44 83 04 00 00 00 01 85 01 00 87 70
00 00 02 F9 00 00 00 00 FF FF 02 E6 00 00 00 00 FF FE AE 88
00 00 00 00 00 00 BD D3 00 00 00 00 00 00 A8 BC 00 00 00 00
00 00 69 75 00 00 00 00 00 00 69 75 00 00 00 00 FF FF 04 CD
00 00 00 00 00 00 B5 3C 00 00 00 00 00 00 6D 95 00 00 00 00
00 00 00 00 00 00 00 01 00 00 00 00 00 00 00 01 00 00 00 00
00 00 00 01 00 00 00 00 00 00 00 01

答：(1) 优先级为 6，VID 为 34；

(2) SV 采样值失步；

(3) APPID＝0x4021，SampleCouNt＝1348；

(4) 额定延时＝761，$I_{A2}=-86.4A$；

(5) 有，最后 4 个通道电压值无效，为 U_{I1}、U_{I2}、U_{II1}、U_{II2}；

9. 图 7-6 为截取的某 SV 报文，根据报文内容回答下列相关问题。

(1) SV 报文头中有两处错误，请改正并说明错误原因。

(2) 该 SV 报文是何种类型报文？

(3) SV PDU 参数中 smpSyNc 参数是什么含义？当同步脉冲丢失后 smpSyNc 如何变位？

(4) 解释品质值中状态有效标志 validity 和检修标志位 test 的含义。

```
Frame 1: 317bytes on wire (2536 bits),317 bytes captured (2536 bits)
Ethernet II (VLAN tagged), Src: Iec-Tc57_01:00:16 (00:0c:cd:01:00:16), Dst:Iec-
Tc57_04:00:30(01:0c:cd:01:00:30)
Destination: Iec-Tc57_04:00:30(01:0c:cd:01:00:30)
Source: Iec-Tc57_01:00:16 (00:0c:cd:01:00:16)
VLAN tag: VLAN=518,Priority=controlled Load
Identifier: 802.1Q virtual LAN(0x8100)
100. . . . . . . . . . . . . . =priority: controlled Load (4)
. . . . . . . . . . . . . . . . =CFI: Canonical (0)
. . . . 0010 0000 0110 =VLAN: 518
Type: IEC 61850/sv (sampled Value Transmission (0x88ba)
IEC61850 Sampled Values
APPID:0x2030
Length:299
Reserved 1:0x0000 (0)
Reserved 2:0x0000 (0)

savPdu
noASDU: 1
```

图 7-6

答：(1) Dst:Iec-Tc57_04:00:30(01:0c:cd:01:00:30) 第四个字节 01 改为 04，因为根据 IEC61850 的规定 04 代表 SV 报文；APPID：2030：错误，因为 SV 采样值报文 APPID 应在 4000～7FFF 范围内配置。可以在其中随意改正。

(2) tag 标签头后市以太网类型值“88BA”，代表该数据帧是一个采样值报文。

(3) smpSyNc 是同步标识位，勇于反映合并单元的同步状态。当同步脉冲丢失后，合并单元先利用内部晶振进行守时。当守时精度满足同步要求时，应为 TRUE，当不能满足同步要求时，应变为 FALSE。

(4) 状态有效标志 validity：如果有一个电子式互感器内部发生故障（例如传感元件损

坏），那么相应通道的状态有效标志位应置为无效。此时保护装置需要有针对性地增加相应的处理内容，例如线路保护装置，当保护电压通道无效时，应闭锁与电压相关的保护（如距离保护），退出方向元件等。

检修位用于表示发出该采样值报文的合并单元是否处于检修状态。当检修压板投入时，合并单元发出的采样值报文中的检修位应为 TRUE。接收端装置应将接收的采样值报文的 test 位与自身的检修压板状态进行比对，只有当两者一致时才将信号作为有效处理或动作。

10. 某智能变电站线路保护配置过流保护，过流Ⅰ段定值 12A，时限 0s，过流Ⅱ段定值 7.5A，时限 1s，TA 变比为 300/5。图 7-7 为网络分析仪截取该线路保护在运行中的采样报文，试根据该报文回答下列问题：

（1）该 SV 报文的 APPID 与 SVID 是什么？

（2）该线路合并单元 SV 发送的 MAC 地址是多少？

（3）已知该报文中第 2 路通道与第 3 路通道为 A 相电流，试分析此时该线路保护是否动作跳闸，依据是什么？

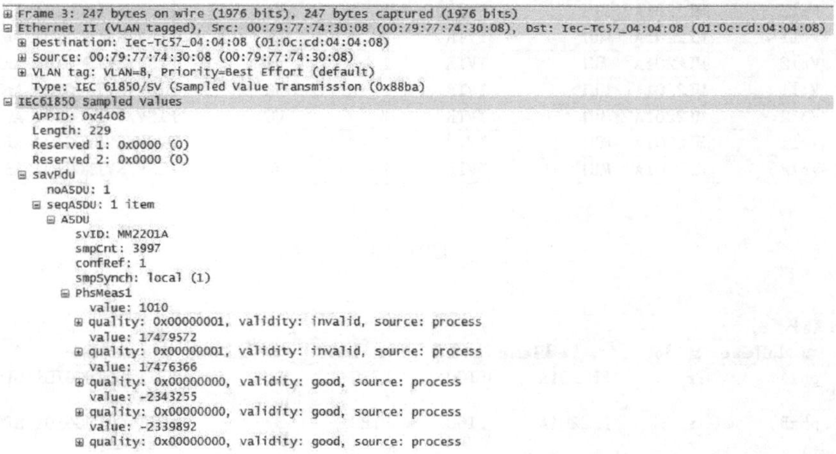
```
⊞ Frame 3: 247 bytes on wire (1976 bits), 247 bytes captured (1976 bits)
⊟ Ethernet II (VLAN tagged), Src: 00:79:77:74:30:08 (00:79:77:74:30:08), Dst: Iec-Tc57_04:04:08 (01:0c:cd:04:04:08)
  ⊞ Destination: Iec-Tc57_04:04:08 (01:0c:cd:04:04:08)
  ⊞ Source: 00:79:77:74:30:08 (00:79:77:74:30:08)
  ⊞ VLAN tag: VLAN=8, Priority=Best Effort (default)
    Type: IEC 61850/SV (Sampled Value Transmission (0x88ba)
⊟ IEC61850 Sampled Values
    APPID: 0x4408
    Length: 229
    Reserved 1: 0x0000 (0)
    Reserved 2: 0x0000 (0)
  ⊟ savPdu
      noASDU: 1
    ⊟ seqASDU: 1 item
      ⊟ ASDU
          svID: MM2201A
          smpCnt: 3997
          confRef: 1
          smpSynch: local (1)
        ⊟ PhsMeas1
            value: 1010
          ⊞ quality: 0x00000001, validity: invalid, source: process
            value: 17479572
          ⊞ quality: 0x00000001, validity: invalid, source: process
            value: 17476366
          ⊞ quality: 0x00000000, validity: good, source: process
            value: -2343255
          ⊞ quality: 0x00000000, validity: good, source: process
            value: -2339892
          ⊞ quality: 0x00000000, validity: good, source: process
```

图 7-7

答：（1）APPID 是 0x4408，SVID 是 MM2201。

（2）源地址是：00：79：77：74：30：08，目的地址是：01：0C：CD：04：04：08。

（3）该保护不会动作，原因是 A 相电流的品质位为不可靠，保护将闭锁。

11. 图 7-8 和 7-9 分别为线路保护 GOOSE、SV 虚端子输入，图 7-10 为同一间隔智能终端的虚端子输入，当线路正常运行时发生 B 相接地瞬时性故障时，请叙述本间隔 A 套保护系统的动作行为，并说明原因。

ExtRef (6)

	daName	do...	iedName	ld...	lnC...	lnInst	prefix	intAddr
1	stVal	Pos	IL2201A	RPIT	XCBR	1	QA	PIGO/GOINGGIO1.DPCSO1.stVal
2	stVal	Pos	IL2201A	RPIT	XCBR	1	QB	PIGO/GOINGGIO1.DPCSO2.stVal
3	stVal	Pos	IL2201A	RPIT	XCBR	1	QC	PIGO/GOINGGIO1.DPCSO3.stVal
4	stVal	Alm04	IL2201A	RPIT	GGIO	2		PIGO/GOINGGIO2.SPCSO1.stVal
5	stVal	Alm08	IL2201A	RPIT	GGIO	2		PIGO/GOINGGIO2.SPCSO7.stVal
6	general	Tr	PM2201A	PIGO	PTRC	7	Lin	PIGO/GOINGGIO5.SPCSO1.stVal

图 7-8

ExtRef (15)

	doName	ie...	ldInst	ln...	lnInst	prefix	intAddr
1	DelayTRtg	ML2201A	MU1	LLN0			PISV/SVINGGIO1.DelayTRtg
2	Amp1	ML2201A	MU1	TCTR	1	PA	PISV/SVINGGIO5.AnIn1
3	Amp2	ML2201A	MU1	TCTR	1	PA	PISV/SVINGGIO5.AnIn2
4	Amp1	ML2201A	MU1	TCTR	1	PB	PISV/SVINGGIO5.AnIn3
5	Amp2	ML2201A	MU1	TCTR	1	PB	PISV/SVINGGIO5.AnIn4
6	Amp1	ML2201A	MU1	TCTR	1	PC	PISV/SVINGGIO5.AnIn5
7	Amp2	ML2201A	MU1	TCTR	1	PC	PISV/SVINGGIO5.AnIn6
8	Vol1	ML2201A	MU1	TVTR	1	UA	PISV/SVINGGIO4.AnIn1
9	Vol2	ML2201A	MU1	TVTR	1	UA	PISV/SVINGGIO4.AnIn2
10	Vol1	ML2201A	MU1	TVTR	1	UB	PISV/SVINGGIO4.AnIn3
11	Vol2	ML2201A	MU1	TVTR	1	UB	PISV/SVINGGIO4.AnIn4
12	Vol1	ML2201A	MU1	TVTR	1	UC	PISV/SVINGGIO4.AnIn5
13	Vol2	ML2201A	MU1	TVTR	1	UC	PISV/SVINGGIO4.AnIn6
14	Vol1	ML2201A	MU1	TVTR	1	UX	PISV/SVINGGIO4.AnIn7
15	Vol2	ML2201A	MU1	TVTR	1	UX	PISV/SVINGGIO4.AnIn8

图 7-9

ExtRef (6)

	daName	do...	iedName	ld...	lnC...	lnInst	intAddr
1	phsA	Tr	PL2201A	PIGO	PTRC	3	RPIT/GOINGGIO1.SPCSO1.stVal
2	phsB	Tr	PL2201A	PIGO	PTRC	3	RPIT/GOINGGIO1.SPCSO3.stVal
3	phsC	Tr	PL2201A	PIGO	PTRC	3	RPIT/GOINGGIO1.SPCSO2.stVal
4	general	Op	PL2201A	PIGO	RREC	1	RPIT/GOINGGIO1.SPCS16.stVal
5	stVal	BlkRecST	PL2201A	PIGO	PTRC	3	RPIT/GOINGGIO1.SPCS18.stVal
6	general	Tr	PM2201A	PIGO	PTRC	7	RPIT/GOINGGIO1.SPCS25.stVal

图 7-10

答：1）线路保护动作 B 相跳闸；

2）智能终端跳开断路器 C 相；

3)（约 100～130ms 后）线路保护单跳失败转三跳；

4）智能终端跳开断路器 A、B 相，故障切除。

原因分析：由图 7-11 智能终端输入虚端子所示可知，线路保护 PL2201A 的跳 B 命令连到了智能终端的跳 C 输入，而线路保护 PL2201A 的跳 C 命令连到的智能终端的跳 B 输入，因此当线路发生 B 相接地故障时，线路保护 PL2201A 发出跳 B 命令，但是由智能终端执行跳开断路器 C 相，此时 B 相故障未切除，约 100～130ms 后线路保护单跳失败转三跳，同时发出跳 A、跳 B、跳 C，跳开断路器三相，此时故障切除。

12. 图 7-11 为某 220kV 线路保护装置的一帧 GOOSE 报文，其 GOOSE 数据集发送的数据内容如图 7-12 所示。在下一帧心跳报文到来之前，将装置的检修压板投入后做 C 相瞬时性故障试验，请写出保护动作后的第一帧报文的内容（从 StateNumber 行开始）。

```
⊟ PDU
    IEC GOOSE
    {
      Control Block Reference*:   PL2204BGOLD/LLN0$GO$gocb0
      Time Allowed to Live (msec):  10000
      DataSetReference*:   PL2204BGOLD/LLN0$dsGOOSE0
      GOOSEID*:   PL2204BGOLD/LLN0$GO$gocb0
      Event Timestamp:  2009-10-30 14:13.16.027000  Timequality: 0a
      StateNumber*:    47
      SequenceNumber*:   Sequence Number:  60
      Test*:    FALSE
      Config Revision*:    1
      Needs Commissioning*:    FALSE
      Number Dataset Entries:  8
      Data
      {
        BOOLEAN:  FALSE
        BOOLEAN:  FALSE
        BOOLEAN:  FALSE
        BOOLEAN:  FALSE
        BOOLEAN:  FALSE
        BOOLEAN:  FALSE
        BOOLEAN:  FALSE
        BOOLEAN:  FALSE
      }
    }
```

图 7-11

No.	Data Reference	DA Name	FC	DOI Description	dU Attribute
1	GOLD/GOPTRC1.Tr	phsA	ST	跳闸输出_GOOSE	跳闸输出_GOOSE
2	GOLD/GOPTRC1.Tr	phsB	ST	跳闸输出_GOOSE	跳闸输出_GOOSE
3	GOLD/GOPTRC1.Tr	phsC	ST	跳闸输出_GOOSE	跳闸输出_GOOSE
4	GOLD/GOPTRC1.StrBF	phsA	ST	启动失灵_GOOSE	启动失灵_GOOSE
5	GOLD/GOPTRC1.StrBF	phsB	ST	启动失灵_GOOSE	启动失灵_GOOSE
6	GOLD/GOPTRC1.StrBF	phsC	ST	启动失灵_GOOSE	启动失灵_GOOSE
7	GOLD/GOPTRC1.BlkRecST	stVal	ST	闭锁重合闸_GOOSE	闭锁重合闸_GOOSE
8	GOLD/GORREC1.Op	general	ST	重合闸_GOOSE	重合闸_GOOSE

图 7-12

答：StateNumber＊： 48

SequeNceNumber＊： SequeNce Number： 0

Test＊： TRUE

CoNfig RevisioN＊： 1

Needs CommissioNiNg＊： FALSE

Number Dataset ENtries： 8

Data

{

BOOLEAN： FALSE

BOOLEAN： FALSE

BOOLEAN： TRUE

BOOLEAN： FALSE

BOOLEAN： FALSE

BOOLEAN： TRUE

BOOLEAN： FALSE

BOOLEAN： FALSE

}

13. 图 7-13 为某 220kV 线路保护装置的一帧 GOOSE 报文，其 GOOSE 数据集发送的数据内容如图 7-14 所示。在下一帧心跳报文到来之前，将装置的检修压板投入后做 C 相永久性故障试验，请写出保护动作后第十一帧报文的内容（从 StateNumber 行开始）。

答：第十一帧报文：

StateNumber＊： 50

SequeNceNumber＊： SequeNce Number： 0

Test＊： TRUE

CoNfig RevisioN＊： 1

Needs CommissioNiNg＊： FALSE

Number Dataset ENtries： 8

Data

{

BOOLEAN： FALSE

BOOLEAN： FALSE

BOOLEAN： FALSE

BOOLEAN： FALSE

BOOLEAN： FALSE

BOOLEAN： FALSE

BOOLEAN： FALSE

BOOLEAN： TRUE

}

```
⊟ PDU
    IEC GOOSE
    {
      Control Block Reference*:    PL2204BGOLD/LLN0$GO$gocb0
      Time Allowed to Live (msec):  10000
      DataSetReference*:    PL2204BGOLD/LLN0$dsGOOSE0
      GOOSEID*:    PL2204BGOLD/LLN0$GO$gocb0
      Event Timestamp:  2009-10-30 14:13.16.027000  Timequality: 0a
      StateNumber*:    47
      SequenceNumber*:    Sequence Number:  60
      Test*:    FALSE
      Config Revision*:    1
      Needs Commissioning*:    FALSE
      Number Dataset Entries:  8
      Data
      {
        BOOLEAN:  FALSE
        BOOLEAN:  FALSE
        BOOLEAN:  FALSE
        BOOLEAN:  FALSE
        BOOLEAN:  FALSE
        BOOLEAN:  FALSE
        BOOLEAN:  FALSE
        BOOLEAN:  FALSE
      }
    }
```

图 7-13

No.	Data Reference	DA Name	FC	DOI Description	dU Attribute
1	GOLD/GOPTRC1.Tr	phsA	ST	跳闸输出_GOOSE	跳闸输出_GOOSE
2	GOLD/GOPTRC1.Tr	phsB	ST	跳闸输出_GOOSE	跳闸输出_GOOSE
3	GOLD/GOPTRC1.Tr	phsC	ST	跳闸输出_GOOSE	跳闸输出_GOOSE
4	GOLD/GOPTRC1.StrBF	phsA	ST	启动失灵_GOOSE	启动失灵_GOOSE
5	GOLD/GOPTRC1.StrBF	phsB	ST	启动失灵_GOOSE	启动失灵_GOOSE
6	GOLD/GOPTRC1.StrBF	phsC	ST	启动失灵_GOOSE	启动失灵_GOOSE
7	GOLD/GOPTRC1.BlkRecST	stVal	ST	闭锁重合闸_GOOSE	闭锁重合闸_GOOSE
8	GOLD/GORREC1.Op	general	ST	重合闸_GOOSE	重合闸_GOOSE

图 7-14

14. 某线路保护（含重合闸）在故障后保护瞬时出口动作，60ms 后故障切除返回，动作前一帧 GOOSE 报文 stNum 为 5，sqNum 为 15，GOOSE 报文内容为：保护跳闸、重合闸动作。试列出保护动作后 100ms 秒内的该装置发出 GOOSE 报文的 stNum 和 sqNum 及其对应的时间，并说明该报文内容。（时间以保护动作为零点，该保护 $T_0=5s$，$T_1=2ms$，$T_2=4ms$，$T_3=8ms$，$T_4=16ms$，$T_5=32ms$，$T_6=64ms$）

答：$T=0ms$　stNum=6　sqNum=0　保护跳闸动作

$T=2ms$　stNum=6　sqNum=1　保护跳闸动作

$T=4ms$　stNum=6　sqNum=2　保护跳闸动作

$T=8ms$　stNum=6　sqNum=3　保护跳闸动作

$T=16ms$　stNum=6　sqNum=4　保护跳闸动作

$T=32ms$　stNum=6　sqNum=5　保护跳闸动作

$T=60ms$　stNum=7　sqNum=0　保护跳闸复归

$T=62ms$　stNum=7　sqNum=1　保护跳闸复归

$T=64ms$　stNum=7　sqNum=2　保护跳闸复归

$T=68ms$　stNum=7　sqNum=3　保护跳闸复归

$T=76ms$　stNum=7　sqNum=4　保护跳闸复归

$T=92ms$　stNum=7　sqNum=5　保护跳闸复归

15. Q/GDW 1808—2012《智能变电站继电保护通用技术条件》规定“当双 A/D 数据之一异常时，保护装置应采取措施，防止保护误动作”。某变电站运行主接线如图 7-15 所示，其中 03 分段开关处于分闸位置，33、07、06 开关处于合闸运行状态。

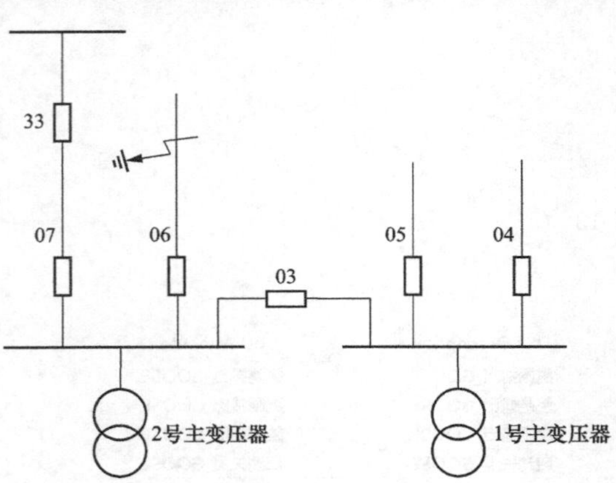

图 7-15

该变电站 06 断路器的保护设备双 AD 不一致的判据为：

$$|AD1-AD2|>0.2I_n$$

已知该保护安装处的 TA 一次额定电流为 600A，该厂家保护双 AD 门槛也应配置为 600A，而工程技术人员误将该门槛定值设定为 100A；事后经检测，06 开关合并单元双 AD 在采样的时候，存在固有偏差 0.41%。

当06开关所带线路发生故障，其短路电流达8856A。

1）试分析保护的动作行为。

2）提出解决该问题的可行方案。

答：双AD装置设置门槛为：100×0.2=20A；——I_N：双AD门槛定值。

当短路的时候，由双AD固有误差产生的采样值不一致为8856×0.41%=36.9A，该值大于双AD不一致门槛，保护程序判断“双AD不一致”而闭锁06开关相关电流保护。

33开关线路距离Ⅱ段动作，跳开33开关，切除故障。

方案1：将双AD不一致门槛提高，如修改为600×0.2=120A；

方案2：不采用双AD绝对值偏差作为判据，而改用相对值作为判据，如设置双AD偏差定值为1%。

16. 某厂家端口GOOSE发送和接收控制块的机制为：发送本装置“控制块”可选择，各端口都接收本装置需要的所有“控制块”，试分析此机制的存在的问题？

答：1）光纤链路中断后无法实现自动告警

如图7-16所示，当两个设备之间的物理光纤连接回路超过两个时，图中“直跳光纤”中断时，组网端口仍能收到相应的“控制块A、B、C”，导致装置逻辑上判别不出此时有光纤断链，因此会存在某条光纤链路中断时，二次设备无法实现告警。

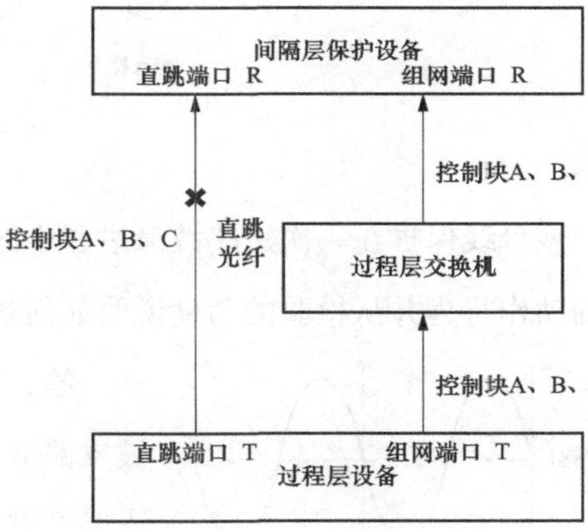

图7-16

2）光纤回路接线错误无法自动识别

在智能变电站内，多间隔设备要同时接收多个过程层设备的报文信息，以图7-17所示为例，正常工作时，间隔层设备从三个端口分别接收来自过程层设备的三个控制块A、B、C，如图所示，当出现接线错误时，装置无法自动识别告警，此时如果图中过程层设备1发送中断，则装置会报接收“控制块A”中断，在不知错误接线的情况下，会判断是端口1R接收链路中断，若拔掉端口1R检查对应光纤，装置又会报接收“控制块B”中断，此时将使检修工作陷入混乱。

17. 某智能变电站母线保护配置2个间隔，各支路合并单元稳态通道延时测试波形如图7-18所示，支路1、支路2稳态通道延时测试结果分别为1500μs、1450μs（各测试结果在合并单元配置中正确设置）。

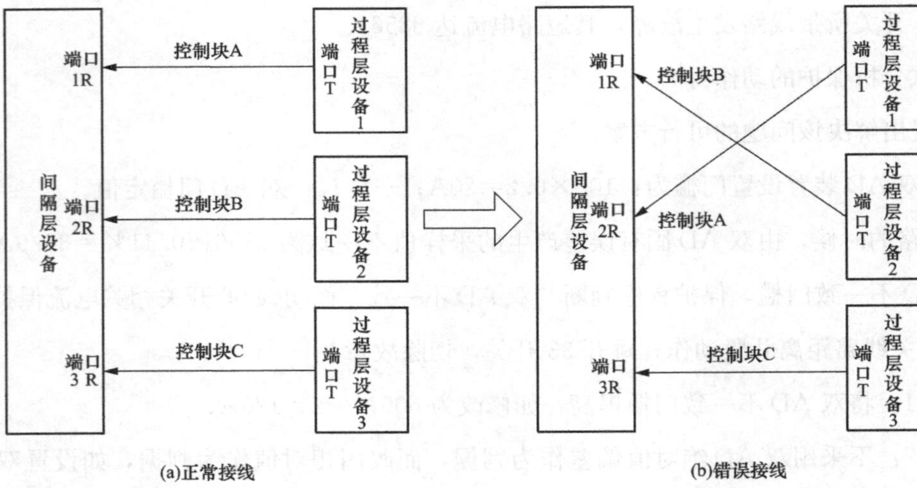

图 7-17

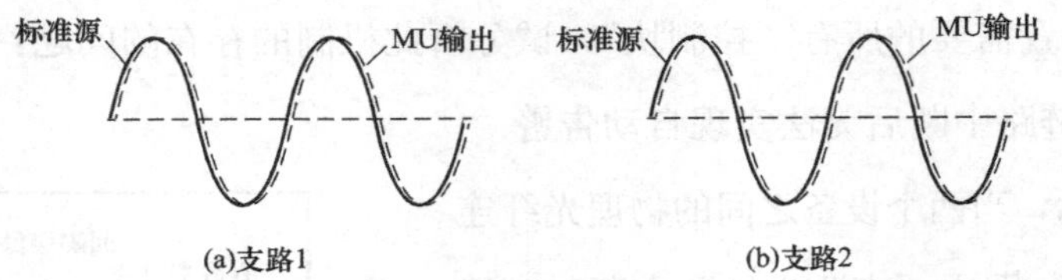

图 7-18

该母线保护在一次短路故障过程中的录波波形见图 7-19 所示，依据该波形分析该母线保护的动作行为并从检验的角度说明如何查找类似的缺陷。

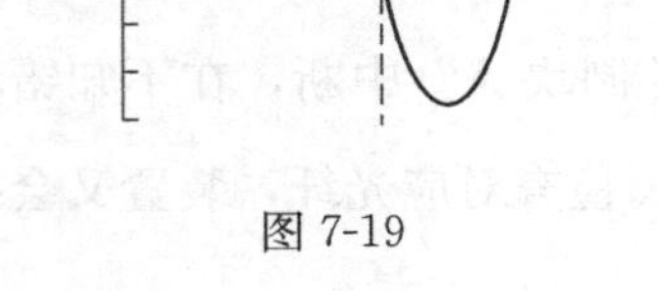

图 7-19

答：（1）母线保护区外故障误动作。故障过程第 1 个周波支路 2 无电流，导致母差保护动作；第 2 个周波支路 1 和支路 2 差流平衡，说明是区外故障。

原因分析：支路 2 合并单元落后支路 1 一个周波（即 20ms）的延时差，虽然稳态输送负荷的时候差流可以平衡，但是在故障暂态过程中，由于各支路二次检测到的短路电流出现时间差，会导致差动保护误动作。

（2）增加合并单元暂态延时测试项目，确定暂态延时也小于 2ms。

18. 在 220kV 双端电源的电网中（图 7-20），假定 MN 两侧的电源容量一样，在线路中间发生故障，请根据以下 M 侧的网络报文记录分析仪监测的一帧完整 SV 采样报文（9-2，采样通道顺序：I_{A1}、I_{A2}、I_{B1}、I_{B2}、I_{C1}、I_{C2}、I_{01}、I_{02}、I_0、U_A、U_B、U_C、I_A、I_B、I_C）回答以下问题（其中 TA 变比为 2000/1，差动定值为 5A）

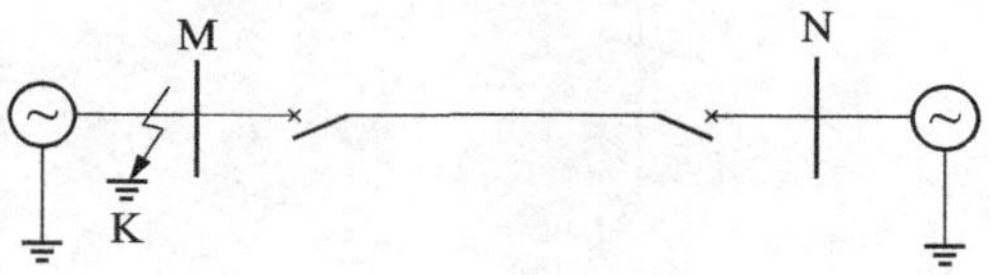

图 7-20

（1）故障类型是什么？为什么？

（2）若保护配置为 PCS931，请问差动保护动作情况。


```
01 0C CD 04 01 44 52 47 51 20 26 D0 81 00 A0 14 88 BA 41 44 00 B5
00 00 00 00 60 81 AA 80 01 01 A2 81 A4 30 81 A1 80 0F 54 46 44 32
43 30 33 42 5F 31 38 4D 55 30 31 82 02 09 A7 83 04 00 00 00 01 85
01 01 87 81 80 00 00 01 F4 00 00 00 00 00 00 13 51 00 00 00 00 00
00 14 C1 00 00 00 00 FF FF E3 63 00 00 00 00 FF FF DC 58 00 00 00
00 FF FF EA F6 00 00 00 00 FF FF F2 89 00 00 00 00 FF FF FF 2D 00
00 00 00 FF FF FC 6C 00 00 00 00 00 00 01 D1 00 00 00 00 00 00 00
00 00 00 00 00 00 00 00 00 00 00 00 00 00 00 00 00 00 00 00 00 00
00 03 93 00 00 00 00 00 00 04 A6 00 00 00 00 00 00 01 D4 00 00 00
```


答：

$$I_{A1} = 4945/2000 = 2.47\text{A}$$

$$I_{B1} = 5313/2000 = 2.65\text{A}$$

$$I_{C1} = 58211/2000 = 29.1\text{A}$$

$$U_{A1} = 62089 \times 1.732/2200 = 48.88\text{V}$$

$$U_{B1} = 60973 \times 1.732/2200 = 48\text{V}$$

$$U_{C1} = 64620 \times 1.732/2200 = 50.87\text{V}$$

因 I_C 电流远大于其他相，可知应为 C 相接地故障

由于两侧电源一样，因此短路电流也一样，故

$$I_{cd} = 29.1 + 29.1 = 58.2\text{A},\quad I_r = 0\text{A}$$

大于差动定值 5A，差动保护动作。

8 高压直流部分

8.1 单选题

1.（ ）能防止由直流线路或直流开关站所产生的陡波冲击波进入阀厅，从而使换流阀免于遭受过电压应力而损坏。

A. 交流滤波器 B. 直流滤波器 C. 平波电抗器 D. 换流变压器

答案：【C】

2. 下列哪些属于换相失败故障特征（ ）。

A. 关断角大于换流阀恢复阻断能力的时间 B. 交流侧短时短路，电流很大

C. 直流电流短时减少 D. 直流电流短时增大

答案：【D】

3.（ ）不属于晶闸管级。

A. 晶闸管元件 B. 阻尼回路

C. 晶闸管控制单元 D. 电抗器

答案：【D】

4. 在晶闸管关断过程中限制 di/dt，降低晶闸管关断时的反向恢复电荷，从而也起到抑制反向过冲的作用的是（ ）。

A. 阻尼电阻 B. 阻尼电容 C. 均压电阻 D. 阳极电抗器

答案：【D】

5. 可在晶闸管阀刚承受正向电压时，加速晶闸管控制单元的电源充电的是（ ）。

A. 取能回路 B. 阻尼回路

C. 均压回路 D. 阳极电抗器

答案：【A】

6.（　）脉冲代表各个晶闸管级的状态信息。

A. FP　　B. IP　　C. RP　　D. CP

答案：【B】

7. 12 脉动换流器触发脉冲之间的间隔为（　）。

A. 60°　　B. 45°　　C. 30°　　D. 15°

答案：【C】

8. 阀短路保护目的是使可控硅免受换流变（　）短路造成的过电流影响。

A. 直流侧　　B. 交流侧　　C. 内部　　D. 外部

答案：【A】

9. 十二脉动的换流器，其直流侧特征谐波为（　），交流侧的谐波为（　）。（　）

A. 偶次，奇次　　B. 偶次，偶次　　C. 奇次，奇次　　D. 奇次，偶次

答案：【A】

10. 同一个换流阀中各可控硅元件对地电位（　）。

A. 为正　　B. 为负　　C. 不同　　D. 相同

答案：【C】

11. 阀导通必须具备的条件（　）。

A. 阀电压必须是正向　　B. 控制极必须加上适当的触发脉冲

C. 阀电压必须是正向，控制极必须加上适当的触发脉冲

D. 阀电压必须是反向，控制极必须加上适当的触发脉冲

答案：【C】

12. 阀导通转向关断必须具备的条件（　）。

A. 阀电流下降

B. 阀电压在足够长时间内保持负值

C. 阀电流下降到零

D. 阀电流下降到零后，阀电压在足够长时间内保持负值

答案：【D】

13. 可控硅关断条件是（　）。

A. 电压降为零　　B. 电流降为零　　C. 功率降为零　　D. 有触发信号

答案：【B】

14. 换流阀按照触发原理的不同可分为 LTT 换流阀和（　）。

A. ETT 换流阀　　B. BTT 换流阀　　C. CTT 换流阀

答案：【A】

15. 由于晶闸管单向导通的特性，直流回路的（　）方向不能改变，但是可以通过改变电压的极性来改变直流功率输送方向。

A. 电压　　B. 电流　　C. 功率

答案：【B】

16. 阀短路是换流器阀内部或外部绝缘损坏或被短接造成的故障，这是换流器最严重的一种故障。当发生阀短路故障时，与故障阀处于（　）的健全阀在换相导通后会流过很高的短路电流。

A. 另一半桥　　B. 相邻半桥　　C. 同一半桥

答案：【C】

17. 换流器触发角（　）时，换流器运行于整流工况。

A. 小于 90°　　B. 大于 90°　　C. 等于 90°

答案：【A】

18. 换流器触发角（　）时，换流器运行于逆变工况。

A. 小于 90°　　B. 大于 90°　　C. 等于 90°

答案：【B】

19. 整流器在一个工频周期内大部分时间处于（　）状态。

A. 反向阻断　　B. 反向导通　　C. 正向阻断

答案：【A】

20. 换流器作为逆变器运行时，其共阴极点的电位为（　），共阳极点则为（　），与其作为整流器运行时的极性正好相反。（　）

A. 正，负　　B. 正，正　　C. 负，正　　D. 负，负

答案：【C】

21. 换流阀正常运行及检修、试验期间，阀厅内相对湿度应控制在（　）以下，如超过时应立即采取相应措施。

A. 40%　　B. 50%　　C. 60%　　D. 70%

答案：【C】

22. 逆变站（　）控制可以有效避免换相失败现象出现。

A. 定触发角　　B. 定换向角　　C. 定熄弧角

答案：【C】

23. 整流器直流出口短路的特征是：交流侧通过换流器形成交替发生的两相短路和三相短路，导通的阀电流和交流侧电流（　），因短路直流线路侧电流（　），换流阀保持正向导通状态。（　）

A. 激增，激增　　B. 下降，下降　　C. 激增，下降　　D. 下降，激增

答案：【C】

24. 以下哪个不属于换流阀的性能指标（　）。

A. 绝缘性能　　B. 阀触发情况　　C. 元件发热　　D. 运行工况

答案：【B】

25. 为防止换相失败，关断角角一般必须大于 γ_0，γ_0 取（　）度。

A. 14～19　　B. 15～20　　C. 14～20　　D. 15～19

答案：【B】

26. 换流器闭锁是指取消可控硅的控制脉冲，一旦闭锁，阀在（　）。

A. 电流过零时就停止导通　　B. 电流过零时就继续导通

C. 电流为正时就停止导通　　D. 以上都对

答案：【A】

27. 测量晶闸管两端电压，用于形成晶闸管回报脉冲（IP）、晶闸管保护性触发（PF）和恢复性保护（RP）逻辑的输入电压的是（　）。

A. 可控硅阀　　B. 阻尼回路

C. 均压回路　　D. 阳极电抗器

答案：【C】

28. 在直流输电工程中，如果发生一次换相失败，系统往往能自行恢复，对直流输电影响不大，但是如果发生（　）换相失败，则会严重地影响直流功率的输送。

A. 一次　　B. 二次　　C. 三次　　D. 连续地

答案：【D】

29. 无论在（　）模式下还是在（　）模式下，均应能使用功率提升功能和功率回降功能。（　）

A. 功率控制　电流控制　　　　　B. 功率控制　电压控制

C. 频率控制　电流控制

答案：【A】

30. 直流控制系统采用（　）结构，当高层次控制发生故障时，各下层次控制能按照故障前的指令继续工作，并保留尽可能多的控制功能。

A. 分层　　　　　B. 分级　　　　　C. 分类

答案：【A】

31. 在防止直流控制系统故障中，控制系统的配置要求控制系统应设置哪三种工作状态，错误的是（　）。

A. “运行”表示当前为有效状态　B. “备用”表示当前为未正常运行状态

C. “试验”表示当前处于检修测试状态

答案：【B】

32. 紧急故障说法错误的是（　）。

A. 紧急故障指设备关键部件发生了重大问题，已不能继续承担相关控制功能，可暂时运行

B. 紧急故障指设备关键部件发生了重大问题，已不能继续承担相关控制功能，需立即退出运行进行处理

C. 在故障性质定义时，不得随意扩大或缩小紧急故障的范围

答案：【A】

33. 在防止直流控制系统故障中，控制系统故障后动作策略，说法错误的是（　）。

A. 当备用系统发生轻微故障时，系统不切换

B. 当运行系统发生严重故障时，若另一系统处于备用状态，则系统切换。切换后，严重故障系统不能进入备用状态

C. 当运行系统发生严重故障，而另一系统不可用时，则严重故障系统可继续运行

答案：【B】

34. 在防止控制保护软件错误中，运行阶段运维单位加强安全防护管理的要求有哪些方面，从而防止病毒感染，说法错误的是（　）。

A. 控制保护系统可以接入任何未经安全检查和许可的各类网络终端和存储设备

B. 拷贝直流控保系统数据时，应采用空白光盘进行刻录

C. 控制保护系统严禁接入任何未经安全检查和许可的各类网络终端和存储设备

D. 二次系统坚持“安全分区、网络专用、横向隔离、纵向认证”的原则

答案：【A】

35. 换流站控制保护系统安全防护策略应严格遵守《电力二次系统安全防护规定》，坚持什么原则，说法最完整的是（　）。

A. 安全分区、网络专用　　B. 横向隔离、纵向认证

C. 以上都是

答案：【C】

36. 在防止控制保护软件错误中，当与换流变相连的交流场用 3/2 接线方式时，“中开关”应按照哪些原则设置逻辑，说法错误的是（　）。

A. 当换流变与交流线路共串，若出现两个边开关跳开，仅“中开关”运行时，将造成对应直流单极无交流滤波器，不用闭锁相应极或阀组

B. 当换流变与交流滤波器共串，若出现两个边开关跳开、仅“中开关”运行时，将造成对应单极无法正常换相，应立即闭锁相应极或阀组

C. 当交流滤波器与交流线路共串，出现两个边开关跳开、仅“中开关”运行时，将造成交流滤波器与交流线路直接相连，应立即跳开中开关

答案：【A】

37. 防止主机或板卡故障处理时误操作要求，说法最完整的是（　）。

A. 控制保护系统的故障处理应在“试验”状态且相应出口压板（若有）退出的状况下进行，并确保另一系统运行正常

B. 控制保护主机发生不明原因的蓝屏、键盘无响应等故障，运维单位应分析评估风险后，可进行一次系统重启

C. 直流控制系统故障处理完毕后，将系统由“试验”状态恢复至“运行”状态前，必须检查确认该系统不存在保护动作、极闭锁、开关跳闸、紧急故障、严重故障等异常信号

D. 以上都是

答案：【D】

38. 直流设备处于（　）状态，以及极处于极连接状态时，相应保护应为投入状态。

A. 热备用、运行　　B. 热备用、冷备用

C. 运行　　D. 冷备用、热备用、运行

答案：【A】

39. 直流输电系统运行时间指的是（ ）。

A. 直流输电系统从启动到停运的时间

B. 换流阀闭锁到换流阀解锁的时间

C. 换流阀解锁到换流阀闭锁的时间

D. 直流输电系统从稳定运行操作至直流输电系统热备用状的时间

答案：【C】

40. 控制保护板卡或主机重启，说法错误的是（ ）。

A. 重启前应考虑其对直流系统及其他相关控制保护系统的影响，提前采取针对性措施

B. 若对其他控制保护系统有影响，把其他相关冗余系统中的一套也切至“试验”状态

C. 通常情况下，可以直接断开主机电源或按“reset”按钮进行重启

答案：【C】

41. 关于防止误“置位”，下列说法错误的是（ ）。

A. 直流运行时，任何人不经许可，即可在相应软件中进行人为“置位”操作

B. 若必须进行“置位”操作时，事先应全面分析人为“置位”的后果，并经运维单位分管领导签字确认后方可实施

C. “置位”工作结束后立即恢复“置位”并由运维单位分管领导签字确认

答案：【A】

42. 直流流控制保护系统中定义了三个故障等级，他们分别是（ ）。

A. 紧急故障　　B. 严重故障　　C. 轻微故障　　D. 以上都是

答案：【D】

43. 直流流控制保护系统三个故障等级在事件记录中分别对应以什么颜色表示（ ）。

A. 红色　　B. 黄色　　C. 绿色　　D. 以上都是

答案：【D】

44. 下列属于直流控制保护系统 C 类检修项目的是（ ）。

A. 主机更换　　B. 控保设备红外测温

C. 控保设备专业特巡　　D. 控保设备主机等设备清扫

答案：【D】

45. 服务器系统具有完备的自我检测和监视功能，除故障时的主、备系统间切换之外，当剩余的存储容量小于10%时，还具有自动的报警功能，手动备份当前数据或是清除当前数

据直到剩余存储容量大于（ ），报警将自动复归。

A. 30％ B. 40％ C. 50％ D. 60％

答案：【A】

46. 当 active 系统发生紧急故障时，如果另一系统处于 staNdby 状态，则系统切换，先前 active 的系统进入 service 状态，如果系统故障消失，则系统可以恢复到 StaNdby 状态，如果要对该系统做必要的检修，可以将系统切换至 Test 状态后进行，检修完毕后再重新投入到（ ）。

A. Service 状态 B. Server 状态 C. MaiN 状态 D. 以上都不是

答案：【A】

47. 直流系统的控制保护系统故障处理应当在 TEST 状态下进行，确保另外一系统在 ACTIVE，插拔板卡硬件设备时应（ ）。

A. 当先关闭电源，以免损坏设备 B. 不关闭电源，以免损坏设备

C. 不关闭电源，保持系统监视状态

答案：【A】

48. 在进行远程、就地操作时访问主机和板卡，应当采取措施（ ）。

A. 防止误入工作系统和其他系统 B. 防止误入操作系统和其他系统

C. 以上都不是

答案：【A】

49. 重启板卡应首先确认板卡所在系统处于“（ ）”状态，关闭该板卡所在层两侧的电源开关，等待 10s 后开电源重新启动。

A. ACTIVE B. TEST C. STANDBY

答案：【B】

50. 不属于直流保护的是（ ）。

A. 阀短路保护 B. 死区保护 C. 极母线保护 D. 过电压保护

答案：【B】

51. 下列哪个保护不属于极保护（ ）。

A. 站接地过流保护 B. 直流线路纵差保护

C. 直流谐波保护

答案：【A】

52. 高压直流输电系统保护（简称“直流系统保护”）是指与高压直流输电系统相关设备的保护，一般包括（　）。

A. 直流保护　　B. 换流变保护

C. 交流滤波器保护　　D. 以上都是

答案：【D】

53. 下列属于直流保护的有哪些（　）。

A. 换流器（阀）保护　　B. 极保护

C. 直流线路保护　　D. 以上都是

答案：【D】

54. 以下不属于直流保护闭锁的类型是（　）。

A. 闭锁　　B. X 闭锁　　C. Y 闭锁　　D. Z 闭锁

答案：【A】

55. 联合控制模式下，当功率低于最小功率水平时停极指令发出。两站之间自动进行协调。停极程序总是（　）。

A. 先停整流侧再停逆变侧　　B. 先停逆变侧再停整流侧

C. 同时停整流侧和逆变侧　　D. 以上都是

答案：【A】

56. 下列描述不正确的是（　）。

A. 检查主机在“备用”状态方可对主机或板卡断电

B. 取下主机或板卡上的电缆、光纤、网线等连接线前应对照图纸做好标记

C. 拆除板卡前应记录清楚各板卡插槽位置，防止恢复时位置错误

D. 取下故障板卡后，应对比新旧板卡主要元器件、跳线差异，并记下新旧板卡序列号

答案：【A】

57. 按照光 TA 故障位置，其故障一般分为以下几个方面（　）。

A. 一次电流传感器　　B. 远方模块（二次电流传感器）

C. 光传输系统　　D. 以上都是

答案：【D】

58. “十步法”规定接头直阻交流场不超过（　）、直流场不超过（　）、阀厅不超过（　），防止阻值过大导致运行时发热。（　）

A. 20μΩ、15μΩ、10μΩ　　B. 20μΩ、18μΩ、15μΩ

C. 20μΩ、20μΩ、10μΩ　　D. 20μΩ、15μΩ、12μΩ

答案：【A】

59. 下面哪个不是内水冷主水回路中的设备。（　）

A. 主循环泵　　B. 过滤器　　C. 离子交换罐　　D. 换流阀

答案：【C】

60. 以下哪个不是内水冷水处理回路中的设备。（　）

A. 膨胀罐　　B. 离子交换罐　　C. 除气罐　　D. 补水泵

答案：【C】

61. 对水冷系统施加（　）额定静态压力 30min（如制造商有明确要求，按制造商要求执行），对阀冷却系统进行检查。

A. 1.1 倍　　B. 1.2 倍　　C. 1.3 倍　　D. 1.5 倍

答案：【B】

62. 阀内冷水溶解氧含量应低于（　）。

A. 300ppm　　B. 200ppm　　C. 300ppb　　D. 200ppb

答案：【D】

63. 阀内水冷系统补水泵启动补水具有（　）功能。

A. 仅能自动　　B. 仅能手动

C. 手动自动均有　　D. 自动或手动

答案：【C】

64. 主循环泵联轴器之间的径向和轴向偏差不超过（　）mm。

A. 0.1　　B. 0.15　　C. 0.2　　D. 0.3

答案：【C】

65. 阀水冷系统压力传感器检修要求：A/B 系统对同一测点的压力测量值相互比对差异不超过（　）。

A. 1%　　B. 2%　　C. 3%　　D. 5%

答案：【D】

66. 阀水冷系统流量传感器检修要求：A、B 系统对同一测点的流量测量值相互比对差异不超过（　）。

A. 1%　　B. 2%　　C. 3%　　D. 5%

答案：【C】

67. 阀水冷系统温度传感器检修要求：A、B 系统对同一测点的温度测量值相互比对差异不超过（　）。

A. 1°　　B. 2°　　C. 3°　　D. 5°

答案：【A】

68. 阀水冷系统的 C 类检修周期为（　）年。

A. 0.5　　B. 1　　C. 1.5　　D. 2

答案：【B】

69. 阀水冷系统电机进行绝缘电阻测试应采用（　）V 的绝缘电阻表。

A. 500　　B. 1000　　C. 2500　　D. 5000

答案：【B】

70. 阀水冷屏上所有裸露的带电器件间距均应大于（　）mm。

A. 1　　B. 2　　C. 3　　D. 4

答案：【C】

71. 主泵交流电源开关应只配置（　），不再配置（　），保护定值应能躲过主泵启动、切换和控制模式转换（如变频转为工频运行）过程中的冲击电流。

A. 速断和过负荷保护、过流保护　　B. 过流和过负荷保护、速断保护

C. 速断和过流保护、过负荷保护　　D. 以上都不是

答案：【A】

72. 主泵过热保护应（　）。

A. 投报警和跳闸　　B. 只投报警，不投跳闸

C. 只投跳闸，不投报警　　D. 以上都不是

答案：【B】

73. 阀内冷水系统管道自动排气阀应装设在（　），不应装设在（　）。

A. 内冷水房内、阀厅内或室外　　B. 阀厅内、内冷水房内或室外

C. 室外、阀厅内或内冷水房内　　D. 以上都不是

答案：【A】

74. 阀内冷水系统冷却水应采用电导率小于（　）的软化水或除盐水，厂家应提供内冷

水水质检测报告及补水水质要求。

A. 0.4μs/cm　　B. 0.3μs/cm

C. 0.2μs/cm　　D. 0.1μs/cm

答案：【C】

75. 主泵应冗余配置，并采用定期自动切换设计方案，在切换不成功时应能自动回切，切换时间的选择应恰当，整个过程的时间应（　）流量低保护动作时间，原则上应不低于7s，防止切换过程中出现低流量保护动作闭锁直流。

A. 大于　　B. 等于　　C. 小于　　D. 以上都不对

答案：【C】

76. 为阀内水冷系统的循环提供动力的是（　）。

A. 主循环泵　　B. 补水泵

C. 膨胀罐　　D. 以上都不是

答案：【A】

77. 防止内冷水保护误动中，关于内冷水保护投报警、跳闸的说法不正确的是（　）。

A. 阀出水温度保护动作后应发直流闭锁命令

B. 阀进水温度保护、主水流量保护、微分泄漏保护、膨胀罐水位保护应投报警和跳闸

C. 24 小时泄漏保护、电导率保护投报警

D. 若配置主泵压力差保护，应仅投报警

答案：【A】

78. 防止内冷水保护误动中，有关泄漏保护的注意事项的说法，不正确的是（　）。

A. 对于采取内冷水内外循环运行方式的系统，在内外循环方式切换时应退出泄漏保护，并设置适当延时，防止膨胀罐水位在内外循环切换时发生变化导致泄漏保护误动

B. 阀内冷水系统内外循环设计应结合地区特点，年最低温度高于 0℃的地区，宜取消内循环运行方式

C. 膨胀罐液位变化定值和延时设置应有足够裕度，能躲过最大温度、传输功率变化及内外循环切换等引起的水位波动，防止水位正常变化导致保护误动

D. 微分泄漏保护和 24h 泄漏保护投报警

答案：【D】

79. 防止内冷水保护误动中，有关膨胀罐水位保护的注意事项的说法，不正确的是（ ）。

A. 膨胀罐水位保护投报警和跳闸

B. 膨胀罐液位测量值低于其量程高度的30%时发报警，低于10%时发直流闭锁命令

C. 膨胀罐装设的两套电容式液位传感器和一套磁翻板式液位传感器采用三取二原则出口

D. 以上说法都不对

答案：【D】

80. 阀进水温度保护、流量保护、微分泄漏保护、膨胀罐/高位水箱液位保护等投（ ），阀出水温度保护投功率回降或（ ），电导率保护投（ ）。

A. 跳闸、跳闸、跳闸　　B. 跳闸、跳闸、报警

C. 跳闸、报警、报警　　D. 跳闸、报警、跳闸

答案：【C】

81. 阀冷却系统停运时间如长于（ ），必须放空系统内的冷却水，并且清除离子交换器的树脂　如停运一周到六个月，期间每周必须启动系统并循环内水冷运行（ ）。

A. 三个月、30min　　B. 六个月、30min

C. 六个月、60min　　D. 三个月、90min

答案：【B】

82. 内冷水主循环泵有低速和高速两种速度。如果换流器闭锁或跳闸，泵将以（ ）运行，当换流器解锁时，泵将以（ ）运行。

A. 低速，高速　　B. 高速，低速　　C. 低速，低速　　D. 高速，高速

答案：【A】

83. 内冷水系统进行补水时，应停用（ ）以避免直流系统停运。

A. 流量监视　　B. 水位监视

C. 24小时泄漏监测　　D. 微分泄漏保护

答案：【D】

84. 阀厅内极早期烟雾探测系统的管路布置以探测范围覆盖阀厅全部面积为原则，至少应有（ ）个探测器检测到同一处的烟雾，一般采用火警2（最高级别报警）作为跳闸信号。

A. 2　　B. 3　　C. 4　　D. 5

答案：【A】

85. 换流阀正常运行及检修、试验期间，阀厅内相对湿度应控制在（　）以下，如超过时应立即采取相应措施。

A. 40%　　B. 50%　　C. 60%　　D. 70%

答案：【C】

86. 调相机内冷水管道采用不锈钢管道的目的是（　）。

A. 不导磁　　B. 不导电

C. 抗腐蚀　　D. 以上都是

答案：【C】

87. 调相机励磁调节器的控制策略（　）。

A. 恒功率因数调节　　B. 恒励磁电流调节

C. 自动电压调节　　D. 快速电压环+慢速无功环

答案：【D】

88. 调相机机组强励动作后（　）。

A. 拉开 FMK 断路器

B. 马上手动减磁

C. 规定时间内不得手动干预，并及时上报调度

D. 减机组有功

答案：【C】

89. 调相机监控系统不能进行哪些操作（　）。

A. 调节有无功功率　　B. 一键开机

C. 停机操作　　D. 调节有功功率

答案：【D】

90. 调相机磁极数为（　）个。

A. 2　　B. 3　　C. 4　　D. 5

答案：【A】

91. 双水内冷调相机的定、转子内冷水系统持续发出断水保护信号多长时间后，调相机立即停机解列。（　）

A. 10s　　B. 30s　　C. 60s　　D. 120s

答案：【B】

92. 调相机额定转速为（ ）r/min。

A. 500　　B. 1000　　C. 2000　　D. 3000

答案：【D】

93. 调相机站用系统正常采用（ ）路供电。

A. 三　　B. 双　　C. 单　　D. 四

答案：【B】

94. 调变组保护包括哪些？（ ）

A. 调相机保护、独立配置的转子一点接地保护、调相机主变压器保护和励磁变保护，均为双重化配置

B. 调相机保护、调相机主变压器保护和励磁变保护，均为双重化配置

C. 调相机保护、独立配置的转子一点接地保护和励磁变保护，均为双重化配置

D. 调相机保护、独立配置的转子一点接地保护和调相机主变压器保护，均为双重化配置

答案：【A】

95. 以下对调相机定子接地保护描述正确的是（ ）。

A. 两套定子接地保护都采用基波零序电压和三次谐波电压原理

B. 两套定子接地保护其中一套采用基波零序电压和三次谐波电压原理，另一套采用注入式原理

C. 两套定子接地保护都采用注入式原理

D. 以上都不正确

答案：【B】

96. 在两套转子一点接地保护都正常的情况下应如何投入。（ ）

A. 优先投入“注入式”转子一点接地保护，当其故障时投入“乒乓式”转子一点接地保护

B. 优先投入“乒乓式”转子一点接地保护，当其故障时投入“注入式”转子一点接地保护

C. 两套都投入

D. 以上都不正确

答案：【A】

97. 励磁装置两个自动通道之中的一个处于备用方式，通道之间的切换是（　）。

A. 自动和无扰动　　B. 手动无扰动

C. 自动和有扰动　　D. 手动有扰动

答案：【A】

98. 调相机装有超速保护，使调相机的转速限制在不大于额定转速的（　）%以内。

A. 5　　B. 10　　C. 15　　D. 20

答案：【B】

99. 调相机升压变的调压方式为（　）。

A. 有载调压　　B. 无载调压　　C. 不能调压　　D. 以上都不对

答案：【B】

100. 调相机的励磁系统正常运行时励磁方式为（　）。

A. 自并励磁方式　　B. 他励方式

C. 三机励磁方式　　D. 以上都不对

答案：【A】

8.2 多　选　题

1. 根据直流输电系统与交流系统连接端口数量不同，将直流系统分类为（　）。

A. 单端直流输电系统　　B. 两端直流输电系统

C. 三端直流输电系统　　D. 多端直流输电系统

答案：【BC】

2. 两端直流输电系统包括（　）。

A. 单极系统　　B. 双极系统

C. 背靠背直流系统　　D. 多端直流输电系统

答案：【ABC】

3. 为一组 12 脉动换流单元供电，可以选择（　）换流变压器。

A. 1 台三相三绕组　　B. 2 台三相双绕组

C. 3 台单相三绕组　　D. 6 台单相双绕组

答案：【ABCD】

4. 目前国内换流站使用的无功补偿装置包括（　）。

A. ACF　　B. DCF　　C. SC　　D. SVC

答案：【ACD】

5. 换流变压器分接开关操作的方式有（　）。

A. 自动调节　　B. 远方手动单相或三相调节

C. 现场电动操作　　D. 现场手动操作

答案：【ABCD】

6. 直流输电工程具有的调制功能有（　）。

A. 功率提升　　B. 功率回降　　C. 阻尼控制　　D. 功率调制

答案：【ABCD】

7. 换流阀触发脉冲不正常主要表现为（　）。

A. 误开通　　B. 不开通　　C. 长期开通　　D. 间断开通

答案：【AB】

8. 直流输电的发展可时期包括（　）。

A. 无换流器件时期　　B. 汞弧阀换流时期

C. 晶闸管阀换流时期　　D. 新型半导体换流时期

答案：【ABCD】

9. 直流系统内冷水温度高时，应当（　）。

A. 检查换流阀进出水温度表及冷却塔出水温度表指示是否正常

B. 检查内冷水系统主泵运行是否正常

C. 检查换流变备用冷却器是否投运

D. 检查外冷水（风冷）系统运行是否正常

答案：【ABD】

10. 换流站无功控制采用无功功率控制，无功参考值 50Mvar，死区为 100Mvar，下面说法正确的是（　）。

A. 超过 150Mvar 时，投入一组交流滤波器或并联电抗器

B. 超过 150Mvar 时，退出一组交流滤波器或并联电抗器

C. 低于－50Mvar 时，投入一组交流滤波器或并联电抗器

D. 低于－50Mvar 时，退出一组交流滤波器或并联电抗器

答案：【BC】

11. 换流阀在换流的过程中会在交流侧和直流侧产生谐波电压和谐波电流，对于 12 脉动的换流阀而言，他在交流侧和直流侧将分别产生（ ）次的特征谐波。

A. $N=12k\pm1$　　B. $N=11k\pm1$　　C. $N=12k$　　D. $N=10k$

答案：【AC】

12. 以下关于阀组中电抗器组件的作用，说法正确的是（ ）。

A. 限制晶闸管刚开通时的 di/dt

B. 在晶闸管关断过程中限制 di/dt，降低晶闸管关断时的反向恢复电荷，从而也起到抑制反向过冲的作用

C. 利用足够的阻尼来阻止电流过零时产生振荡涌流，保护晶闸管

D. 在冲击电压下起辅助均压作用，使晶闸管免受电压损坏

答案：【ABCD】

13. 晶闸管组件主要包括（ ）。

A. 晶闸管单元　　B. 电容单元

C. 饱和电抗器　　D. 晶闸管控制单元（TCU）

答案：【ABD】

14. 换流阀均压回路包括（ ）。

A. 并联在晶闸管上的 RC 阻尼回路

B. DC 均压电阻

C. 与晶闸管组件串联的饱和电抗器

D. 小组件形式的 ETT 换流阀每个阀段还并联一个冲击电容

答案：【ABC】

15. 在防止站用交流电源故障中，有关站用电备自投的设计要求有哪些，正确的是（ ）。

A. 各级站用电备自投动作时间应逐级配合

B. 低电压等级的备自投动作时间应小于高电压等级的备自投动作时间

C. 下一级切换装置的动作时间应大于上一级切换装置动作时间

D. 以上都不对

答案：【AC】

16. 备自投说法正确的是（ ）。

A. 备自投应冗余配置，并具备投退功能

B. 备自投动作或投退后应有报警信号和事件记录

C. 为避免非同期电源合环运行，联络开关与进线开关之间不能设计相应的联锁

D. 以上都不对。

答案：【AB】

17. 在防止站用交流电源故障中，设计阶段有关两路电源分列运行的备自投逻辑的设计要求有哪些，说法最完整的是（ ）。

A. 当一路电源进线失压且另一路电源电压正常时，备自投装置自动分开故障电源进线开

B. 关合上联络开关，两段母线并列运行

C. 当故障电源恢复供电后，备自投自动延时分开母联开关再自动合上该路电源进线开关

D. 以上都不对。

答案：【AB】

18. 按照《国家电网有限公司十八项电网重大反事故措施（2018 年修订版）》要求，阀控系统应双重化配置，除（ ）之外，两套阀控系统不应共用元件，当其中一套系统异常时不应影响直流系统正常运行。

A. CLC 接口板　　B. 光发射板

C. 光接收板　　D. 背板

答案：【BCD】

19. 按照《国家电网有限公司十八项电网重大反事故措施（2018 年修订版）》要求，下列关于阀厅设计要求的说法正确的是（ ）。

A. 阀厅设计应根据当地历史气候记录，适当提高阀厅屋顶的设计与施工标准，防止大风掀翻屋顶，保证阀厅的防雨、防尘性能

B. 阀厅屋顶及室内巡视通道设计应考虑可靠的安全措施，避免人员跌落

C. 阀厅应配置冗余且容量足够的空调系统，阀厅温度、湿度、微正压应满足换流阀的环境要求

D. 在换流阀的设计、制造、安装、试验、现场调试到投运等方面实施全过程管理

E. 换流阀应采用阻燃材料，并消除火灾在换流阀内蔓延的可能性

答案：【ABCDE】

20. 换流阀漏水是引起换流阀故障停运的主要因素之一，采取（　）措施可以减少类似问题的发生。

A. 标准化水管安装期间的工艺要求

B. 检修期间应对内冷水系统水管进行检查

C. 发现水管接头松动、磨损、渗漏等异常要及时分析处理

D. 定期对换流阀设备进行红外测温

答案：【ABC】

21. 在防止阀厅损坏故障中，运行阶段对运维单位加强阀厅管理的重点要求，说法最完整的是（　）。

A. 利用停电检修机会对阀厅屋顶螺栓的锈蚀及紧固情况进行检查，对锈蚀或松动的螺栓应及时更换

B. 遇到大风暴雨天气时，应加大对阀厅墙壁、阀控室、阀厅顶部排烟窗、防雨百叶边缘及其他开孔处的巡视频次，发现渗水现象应立即进行处理

C. 以上都不是

答案：【AB】

22. 换流阀运行 15 年后，每 3 年应随机抽取部分晶闸管进行（　）。

A. 全面检测　　B. 状态评估　　C. 返厂检修　　D. 更换处理

答案：【AB】

23. 换流阀冷却控制保护系统的电源供应，下列说法正确的是（　）。

A. 控制保护装置及各传感器应由两套电源同时供电

B. 同一极（或阀组）相互备用的两台内冷水主泵电源应取自不同母线

C. 外水冷系统喷淋泵、冷却风扇的两路电源应取自不同母线

D. 外风冷系统的全部风扇电源设计在一条母线上

答案：【ABC】

24. 逆变器正常运行的条件，下列说法正确的是（　）。

A. 逆变器与整流器的导通方向要相一致

B. 逆变器的直流侧必须有大于其反电动势的直流电压

C. 逆变器交流侧受端系统必须提供换相电压和电流以实现换相

D. 逆变器的关断角必须大于 r_0，以保证正常换相

答案：【ABCD】

25. 运行中发现换流阀（　），应汇报值班调控人员申请将换流阀停运？

A. 红外测温发现主通流回路及阀塔元件温度异常升高，达到危急缺陷等级

B. 阀冷却水电导率超高

C. 外水冷或外风冷系统失去作用且短期不能恢复

D. 当单阀内晶闸管故障或发生保护触发

答案：【ABC】

26. 下列（　）属于阀控设备维护的注意事项。

A. 更换阀控柜内板卡或其他配件时，应佩戴防静电护腕

B. 敷设光纤时，光纤不得弯折，不得承受压力及过大的张力

C. 光纤应远离光源

D. 更换光纤应使用专用工器具，应注意保持接头清

答案：【ABD】

27. 下列（　）属于换流阀的性能指标。

A. 绝缘性能　　B. 阀触发情况　　C. 元件发热　　D. 运行工况

答案：【ABC】

28. 换流阀的导通条件说法正确的是（　）。

A. 阳极对阴极为正电压

B. 控制极对阳极加能量足够的正向触发脉冲

C. 控制极对阴极加能量足够的正向触发脉冲

D. 阳极对阴极为负电压

答案：【AC】

29. 下列（　）属于触发功能的性能指标。

A. 晶闸管损坏数量　　B. 避雷器动作次数

C. 阀避雷器泄漏电流　　D. 阀控系统报警

答案：【ABD】

30. 关于换流阀阻断电压，下列说法正确的是（　）。

A. 在阀导通时，能够承受正向和反向的阻断电压

B. 阀的最大阻断电压一般设计为 3 倍的六脉动阀桥额定直流电压

C. 阀的最大阻断电压应由并联避雷器的电压保护水平决定

D. 在阀不导通时，能够承受正向和反向的阻断电压

答案：【BCD】

31. 换流阀试验的目的是检查（　）。

A. 晶闸管级接线是否正确

B. 均压回路阻抗是否正确

C. 晶闸管级元件耐受电压能力是否满足要求

D. 门极单元触发、监测和保护功能是否正确

答案：【ABCD】

32. 在阀控系统上工作应注意（　）。

A. 采取防静电措施　　B. 采取防激光灼伤措施

C. 拔插板卡硬件设备应先关闭电源　　D. 防碰损光纤

答案：【ABCD】

33. 关于阀控系统接口板及插件，下列说法正确的是（　）。

A. 应具有完善的自检功能

B. 在主用及备用状态均能上送告警信号

C. 当处理器故障或测量输入异常时应进行系统切换

D. 所有板卡及插件均可以实现在线更换

答案：【ABC】

34. 关于阀短路故障，下列说法正确的是（　）。

A. 阀短路是换流器阀内部或外部绝缘损坏或被短接造成的故障

B. 阀短路是换流器最严重的一种故障

C. 阀短路故障时，与故障阀处于相邻半桥的健全阀在换相导通后会流过很高的短路电流

D. 阀短路故障时，交流侧电流激增，使换流阀和换流变承受比正常运行时大得多的电流

答案：【ABD】

35. 关于换流阀换相失败，下列说法正确的是（　）。

A. 逆变站定触发角控制可以有效避免换相失败现象出现

B. 逆变站定熄弧角控制可以有效避免换相失败现象出现

C. 换相失败时，直流电流短时增大，交流侧短时开路导致电流减小

D. 基波分量进入直流系统

答案：【BCD】

36. 关于换流阀故障判据，下列说法正确的是（　）。

A. 若换流阀跳闸，后台报出晶闸管故障跳闸，说明晶闸管故障数达到或超出设计跳闸数量

B. 若没有电压检测回报信号，则可能晶闸管击穿，或回报通道故障

C. 若监控室发现报出很多保护触发 PF，且源自同一单阀，则可能此单阀中某晶闸管有故障

D. 阀塔漏水检测告警，则可能换流阀阀塔有漏水现象、阀塔漏水检测信号回路出现故障

答案：【ABCD】

37. 关于换流阀系统控制信号接口设计，下列说法正确的是（　）。

A. VBE 与控制保护系统接口为冗余设计

B. 控制保护系统 A 与 VBE 系统 A 进行信号交换，控制保护系统 B 与 VBE 系统 B 进行信号交换

C. 主用系统由 CCP 确定，不可用的备用系统或存在闭锁指令的备用系统不得切换为主用系统

D. 主/备用系统信号（ACTIVE）、解锁/闭锁信号（DEBLOCK）、VBE 闭锁信号（VBE_Trip）均是 CCP 发送给 VBE 的信号

答案：【ABC】

38. 依据《电力安全工作规程（变电部分）》规定，关于直流换流站阀厅内的试验，下列说法正确的是（　）。

A. 进行晶闸管（可控硅）高压试验前，应停止该阀塔内其他工作并撤离无关人

B. 试验时，作业人员应与试验带电体位保持 1.5m 以上距离，防止试验感应电伤害

C. 地面加压人员与阀体层作业人员应通过对讲机保持联系

D. 阀体工作层应设专责监护人（在与阀体工作层平行的升降车上监护、指挥）

答案：【ACD】

39. 依据《电力安全工作规程（变电部分）》规定，关于阀厅的工作下列说法正确的是（　）。

A. 阀体工作使用升降车上下时，升降车应可靠接地

B. 在升降车上应正确使用安全帽和安全带

C. 进入阀体前，应取下安全帽和安全带上的保险钩，防止金属打击造成元件、光缆的损坏

D. 阀体工作不得坐在阀体工作层的边缘，以防高空坠落

答案：【ABCD】

40. 致使变压器重瓦斯保护动作的原因有（　）。

A. 变压器内部发生严重故障，油温剧烈上升，同时分解出大量气体，使变压器油很快地流向油枕

B. 因滤油、加油或冷却系统不严密，以致空气进入变压器

C. 当发生穿越性短路时，挡板式继电器的挡板、水银接点误动或二次回路发生故障

D. 变压器附近有强烈振动

E. 由于油枕内胶囊安装不当或呼吸通路堵塞后突然冲开

答案：【ACE】

41. 换相失败的特征有哪些？（　）

A. 关断角小于换流阀恢复阻断能力的时间

B. 6 脉动逆变器的直流电压在一定时间下降到 0

C. 直流电流短时增大，交流侧短时开路，电流减小

D. 基波分量进入直流系统

答案：【ABCD】

42. 直流输电系统的直流侧谐波电流的危害有（　）。

A. 对直流系统本身的危害

B. 对线路邻近通信系统的危害

C. 通过换流器对交流系统的渗透

D. 对控制保护系统的危害

答案：【ABC】

43. 下列哪些是属于直流保护动作策略？（　）

A. 告警和启动故障录波

B. 控制系统切换

C. 紧急移相

D. 闭锁线路保护

答案：【ABC】

44. 直流线路保护包括（　）。

A. 直流线路行波保护　　B. 微分欠压保护

C. 直流线路纵差保护　　D. 再启动逻辑

答案：【ABCD】

45. 高压直流输电控制系统中，换流器控制是基础，他主要通过对（　）的控制，完成对直流传输功率的控制。

A. 交流母线电压　　B. 换流器触发脉冲

C. 直流母线电压　　D. 换流变压器抽头位置

答案：【BD】

46. 为避免对直流线路沿线通信的干扰，换流站必须装设（　）。

A. 交流滤波器　　B. 直流滤波器　　C. 结合滤波器　　D. 平波电抗器

答案：【BD】

47. 换流器的控制方式有（　）。

A. 定触发角控制　　B. 定换相角控制　　C. 无功功率控制　　D. 直流电压控制

答案：【AD】

48. 直流输电的换流系统设备包括（　）。

A. 换流变压器　　B. 交流滤波器

C. 换流器　　D. 直流控保装置

答案：【ABCD】

49. 直流输电工程降低直流电压的方法有（　）。

A. 增大整流器触发角 α

B. 降低逆变器的超前触发角 β

C. 增大整流站换流变压器的抽头挡位

D. 降低逆变站换流变压器的抽头挡位

答案：【AD】

50. 直流输电系统站间通信异常情况时应采用（　）方式运行。

A. 双极功率控制　　B. 单极功率控制

C. 单极电流控制　　D. 紧急电流控制

答案：【CD】

51. 直流输电中平波电抗器的作用包括（　　）。

A. 限制故障电流的上升速率

B. 防止直流低负荷时直流电流的间断

C. 平拟直流电流的纹波

D. 和交流滤波器组成滤波网，滤掉部分谐波

答案：【ABC】

52. 换流站内无功控制的作用是（　　）。

A. 控制交流母线电压　　B. 滤除交流系统的谐波

C. 滤除直流系统的谐波　　D. 控制交流系统的无功交换

答案：【ABD】

53. 换流阀正常触发所要具备的条件有（　　）。

A. 具备指示脉冲送出条件　　B. 水冷系统在高速运转状态

C. 收到控制系统送来的触发脉冲

D. 阻尼电容已充好电，能给可控硅一定的导通电压

答案：【AC】

54. 低压限流（VDCOL）逻辑的主要功能为（　　）。

A. 防止直流电压过高

B. 保护换流阀

C. 有利于在交流或直流系统故障清除后快速恢复功率传输

D. 降低换相失败发生的概率

答案：【BCD】

55. 直流系统运行时，交流滤波器组数不满足绝对最小滤波器组数不满足的后果有（　　）。

A. 自动降功率　　B. 自动投滤波器

C. 自动切滤波器　　D. 闭锁极

答案：【ABD】

56. 换流阀解锁的前提条件包括（　　）。

A. 换流器处于充电状态　　B. 没有保护的闭锁信号

C. 内冷水系统运行正常　　D. 对侧 RFO 条件满足

答案：【ABCD】

57. 最少交流滤波器组数取决于（ ）。

A. 直流传输功率　　B. 运行模式

C. 解锁极的数量　　D. 直流电压大小

答案：【ABCD】

58. 直流输电系统的控制层级包括（ ）。

A. 换流阀控制级　　B. 换流器控制级　　C. 极控制级　　D. 双极控制级

答案：【ABCD】

59. 直流输电系统的起停包括（ ）。

A. 正常起动　　B. 正常停运　　C. 故障紧急停运　　D. 自动再启动

答案：【ABCD】

60. 下列（ ）保护属于交流滤波器保护。

A. 失谐告警　　B. 电容不平衡保护

C. 交流滤波器差动保护　　D. 交流滤波器过负荷保护

答案：【ABCD】

61. 下列（ ）保护属于交流滤波器大组保护。

A. 交流滤波器母线差动保护　　B. 滤波器和滤波器母线差动保护

C. 电容不平衡保护　　D. 滤波器联线过压保护

答案：【ABD】

62. 在防止直流控制系统故障中，控制系统设置了哪三种故障等级，分别是（ ）。

A. 轻微　　B. 严重　　C. 紧急　　D. 危急

答案：【ABC】

63. 下列属于直流控制保护系统屏柜专业特巡项目的是（ ）。

A. 屏柜运行声音正常

B. 压板状态正常

C. 检查服务器自检信息正常，与各主机通信连接正常，服务器运行程序正常

D. 主机状态指示灯正常，各板卡、继电器、模块工作指示灯正常

答案：【ABD】

64. 直流控保主机重启检查的关键工艺质量控制主要包括（ ）。

A. 确认主机具备断电条件后方可断开主机电源，待充分放电后对主机上电

B. 主机正常启动后，指示灯应正常，风扇正常，无异响

C. 主机正常启动后，无三级故障、无跳闸出口，运行人员工作站无相关异常告警

D. 主机各应用程序运行正常，主机时钟与同步时钟一致，与运行人员工作站、服务器通信正常

答案：【ABCD】

65. 换流阀水冷试验注意事项描述正确的是（　）。

A. 检查水冷系统管道的安装应与图纸一致

B. 在不小于 1.05 倍额定压力下进行压力试验，试验过程中整个水冷系统应无水滴泄漏现象

C. 流量及压差试验，在规定的水流量下测量阀塔出口与入口的压差，在各个冷却水支路中测量水流量，测量结果应符合设计要求

D. 净化水特性检查，水质应符合规定要求

答案：【ACD】

66. 阀内水冷系统更换树脂时需采取的防护措施（　）。

A. 穿防护服　　B. 戴橡胶手套　　C. 戴护目镜　　D. 穿绝缘靴

答案：【ABC】

67. 下列属于阀内水冷系统 D 类检修项目的是（　）。

A. 专业巡视　　B. 循环泵电机润滑油补充

C. 主泵解体检修　　D. 氮气罐更换

答案：【ABD】

68. 下列阀内水冷系统传感器巡视描述正确的是（　）。

A. 传感器接头应无松动、无渗漏水现象

B. 传感器面板显示值应正常且无黑屏现象

C. 两套或三套传感器就地测量结果相互偏差应满足要求

D. 就地显示与远传数据一致

答案：【ABCD】

69. 阀内水冷系统加压试验描述错误的是（　）。

A. 施加试验压力为 1.05 倍额定静态压力（进阀压力），时间不少于 30min

B. 加压试验所使用的加压泵、软管、水桶清洗干净，防止二次污染

C. 加压试验时水桶要盖好，减少内冷水与空气接触，减少溶解氧

D. 加压时应先启动加压泵，后打开加压泵进、出水阀门

答案：【AD】

70. 阀内水冷系统主泵检查描述正确的是（　）。

A. 电机接线盒内应无烧糊痕迹、无水珠

B. 添加电机轴承润滑油应适量

C. 校准主循环泵同心度，应符合设备说明书、技术要求

D. 电机绝缘电阻应不小于 1MΩ（1000V 绝缘电阻表），绕组直流电阻三相平衡（三相最大差值/最小值≤2%）

答案：【ABC】

71. 阀内水冷系统控制保护屏柜检查描述正确的是（　）。

A. 屏上所有裸露的带电器件间距均应大于 3mm

B. 二次回路电缆绝缘测量不小于 1MΩ（1000V 绝缘电阻表）、接线紧固

C. PLC 模块（如有）端子插接无松动、模块固定牢固，各指示灯明亮无异常，控制面板按键灵敏，接线牢靠

D. 电压监视继电器带相序、失压、欠压检测功能正常，动作值应在整定值±5V 偏差内

答案：【ABCD】

72. 下列属于阀外水冷系统 D 类检修项目的是（　）。

A. 冷却塔整体更换　　B. 反渗透膜清洗

C. 外水冷控制系统整体更换　　D. 喷淋泵更换

答案：【BD】

73. 阀外水冷系统变频器更换描述正确的是（　）。

A. 安装变频器时，应按照原来控制要求和新变频器接线图接线

B. 接完线后上电前，应对回路接线进行核对，二次回路电缆绝缘测量不小于 10MΩ（1000V 绝缘电阻表），接线紧固

C. 变频器上电后需按照说明书进行参数设置，设置完成后，需进行调试

D. 通过变频器进行手动启动试验时，检查变频器运行情况是否正常以及外部相关设备的工作情况是否正常，比如冷却塔风扇电机有无反转，转速是否正常等

答案：【ACD】

74. 冷却塔、喷淋泵功能试验注意事项正确的是（　）。

A. 确认所有交流动力电源供电正常，防止切换后电源丢失

B. 确认运行设备可靠隔离，防止误碰运行设备

C. 试验中应做好记录，工作结束时及时恢复，严禁改动回路接线

D. 设备试验或切换中，若发现设备缺陷，应及时消除，短时不能消除的缺陷，应采取安全措施

答案：【ABCD】

75. 阀外水冷补水系统检查描述正确的是（　）。

A. 阀门功能正常，可正常动作，电动阀绝缘不小于 10MΩ（1000V 绝缘电阻表），接线可靠，连接紧固，导线无破损

B. 高压泵电机绝缘不小于 10MΩ（1000V 绝缘电阻表），相间电阻基本相同，泵连接部位及轴封处无渗漏，振动声音正常平稳，进出口水流平稳，压差符合要求

C. 信号检测和指示装置功能正常，指示正确，对测量误差较大的传感器、仪器、仪表及变送器进行更换

D. 各个管道法兰螺栓紧固、清洁、表面无锈迹

答案：【CD】

76. 阀外水冷控制系统检查描述正确的是（　）。

A. 二次回路电缆绝缘测量不小于 1MΩ（1000V 绝缘电阻表），接线紧固

B. 动力和控制电源切换无异常，能实现自动切换和手动切换功能

C. PLC 模块端子插接无松动、模块固定牢固，各指示灯明亮无异常，控制面板按键灵敏，接线牢靠

D. 电压监视继电器带相序、失压、欠压检测功能正常，动作值应在整定值±5V 偏差内

答案：【ABCD】

77. 阀内水冷系统中（　）等投跳闸。

A. 阀进水温度保护

B. 阀出水温度保护

C. 流量保护

D. 微分泄漏保护

E. 膨胀罐/高位水箱液保护

F. 电导率保护

答案：【ACDE】

78. 阀内水冷却系统投运前检查项目有（　）。

A. 所有阀门状态正确

B. 相关负荷电源已投入

C. 至少一台主循环泵可用

D. 阀冷却控制保护系统已投入运行，无异常告警

E. 检查管道、阀门、水泵无漏水

F. 检查膨胀罐/高位水箱内冷却液位，液位应当接近正常值

G. 检查电导率、压力和温度等相关表计指示正常

答案：【ABCDEFG】

79. 内水冷互为备用的两台主循环泵应具有（　）及主循环泵计时复归功能。

A. 故障切换　B. 定时切换　C. 手动切换　D. 远程切换

答案：【ABCD】

80. 下列关于泄漏保护配置要求正确的是（　）。

A. 微分泄漏保护投报警和跳闸，24 小时泄漏保护仅投报警

B. 对于采取内冷水内外循环运行方式的系统，在内外循环方式切换时应退出泄漏保护，并设置适当延时，防止膨胀罐水位在内外循环切换时发生变化导致泄漏保护误动

C. 阀内冷水系统内外循环设计应结合地区特点，年最低温度高于 10℃的地区，宜取消内循环运行方式

D. 膨胀罐液位变化定值和延时设置应有足够裕度，能躲过最大温度、传输功率变化及内外循环切换等引起的水位波动，防止水位正常变化导致保护误动

答案：【ABD】

81. 正常运行时，应定期监视阀内水冷系统（　）等主要运行参数。

A. 流量　B. 水温　C. 液位

D. 压力　E. 电导率　F. 同心度

答案：【ABCDE】

82. 阀内水冷却系统投运前检查项目有（　）。

A. 所有阀门状态正确

B. 相关负荷电源已投入

C. 至少一台主循环泵可用

D. 阀冷却控制保护系统已投入运行，无异常告警

E. 检查管道、阀门、水泵无漏水

F. 检查膨胀罐/高位水箱内冷却液位，液位应当接近正常值

G. 检查电导率、压力和温度等相关表计指示正常

答案：【ABCDEFG】

83. 阀内水冷系统红外检测范围为（　）。

A. 主循环泵　B. 电加热器　C. 补水泵

D. 脱气罐　E. 动力电源柜　F. 控制保护柜

答案：【AEF】

84. 阀内水冷系统红外检测重点检测（　）。

A. 主循环泵电机　B. 主循环泵轴承　C. 软启动器

D. 动力电源柜开关　E. 接触器　F. 二次回路

答案：【BDEF】

85. 阀内水冷去离子回路中的低流量报警处理原则（　）。

A. 检查去离子回路阀门的位置　B. 检查精密过滤器有无堵塞

C. 检查有无泄漏　D. 检查离子交换器有无堵塞

E. 检查流量计的报警整定值及接点　F. 检查管道中是否有气体

答案：【ABDE】

86. 定期检测喷淋水池水质，必要时通过（　）等措施保证水质满足要求。

A. 停止加药　B. 调整加药量　C. 减小排水量

D. 增大排水量　E. 减小进水量　F. 增大进水量

答案：【BD】

87. 防止内冷水保护误动中，运行阶段，运维单位加强内冷水管理的重点要求的是（　）。

A. 在阀内冷水系统手动补水和排水期间，应退出泄漏保护，防止保护误动

B. 应加强内冷水系统各类阀门管理，装设位置指示装置和阀门闭锁装置，防止人为误动阀门或者阀门在运行中受震动发生变位，引起保护误动

C. 在阀内冷水系统手动补水和排水期间，应投入泄漏保护，防止失去保护

D. 以上都不对

答案：【AB】

88. 在防止内冷水主泵故障中，主泵若采用变频调速启动，应按照什么原则配置主泵启

动方式，说法正确的是（　）。

A. 在主泵启动成功后，应保持通过变频器方式运行，可以采用变频器启动经延时转工频的运行方式

B. 保留工频运行的应急运行方式，在两台主循环泵的变频器都出现故障的情况下，实现主泵的工频电源切换

C. 对于站用电电压波动频繁及电能质量差的换流站，为避免变频器频繁出现故障，可以采用工频电源直接启动的方式

D. 以上都不对

答案：【BC】

89. 在防止内冷水主泵故障中，运维单位加强内冷水主泵运行管理的重点要求，正确的是（　）。

A. 每年校准主泵与电机同心度，避免长期震动造成主泵轴承损坏

B. 每两年校准主泵与电机同心度，避免长期震动造成主泵轴承损坏

C. 每年至少进行一次内冷水主循环泵切换试验，模拟运行时的各种工况，检验主泵切换是否正常，验证定值配置是否恰当

D. 以上都不对

答案：【AC】

90. 换相失败的特征有哪些？（　）

A. 关断角小于换流阀恢复阻断能力的时间

B. 6 脉动逆变器的直流电压在一定时间下降到 0

C. 直流电流短时增大，交流侧短时开路，电流减小

D. 基波分量进入直流系统

答案：【ABCD】

91. 两端直流输电系统的构成主要有下列哪些部分组成？（　）

A. 整流站　　B. 逆变站

C. 直流输电线路　　D. 接地极

答案：【ABC】

92. 在防止直流控制系统故障中，极控制系统与水冷系统、换流变控制系统等智能子系统之间配置要求，说法正确的是（　）。

A. 极控制系统应监测智能子系统（水冷系统、换流变控制系统等）运行情况

B. 极控制系统与智能子系统之间的连接设计为非交叉连接

C. 且任一智能子系统故障不应闭锁直流

D. 以上都不对

答案：【AC】

93. 全站 UPS 系统在哪些情况下由静态开关切换到由站用交流电源供电（　）。

A. 直流蓄电池系统母线电压低　　B. 逆变器故障时

C. 过负荷时　　D. 交流系统扰动时

答案：【ABC】

94. 换流阀冷却控制保护系统至少应（　），并具备（　）措施。（　）

A. 三重化配置　　B. 双重化配置　　C. 自检　　D. 防误动

答案：【BCD】

95. 阀厅应配置冗余且容量足够的空调系统，阀厅（　）应满足换流阀的环境要求。

A. 湿度　　B. 温度　　C. 负压　　D. 微正压

答案：【ABC】

96. 检修期间应对内冷水系统水管进行检查，发现水管接头（　）等异常要及时分析处理。

A. 松动　　B. 磨损　　C. 渗漏

答案：【ABC】

97. 换流变压器和油浸式平波电抗器非电量保护（　）采样不应经中间元件转接，应直接接入直流控制保护系统或非电量保护屏。

A. 数字量　　B. 跳闸触点　　C. 模拟量

答案：【BC】

98. 当换流变压器及油浸式平波电抗器（　）时，应立即进行油色谱分析并缩短油色谱分析周期，跟踪监测变化趋势，查明原因及时处理。

A. 在线监测装置报警　B. 轻瓦斯报警　　C. 出现异常工况

答案：【ABC】

99. 直流控制保护系统应具备完善、全面的自检功能，自检到主机、板卡、总线、测量等故障时应根据故障级别进行（　）等操作，且给出准确的故障信息。

A. 报警　　B. 系统切换　　C. 退出运行　　D. 停运直流系统

答案：【ABCD】

100. 现场应控制直流控制保护系统运行环境，监视主机板卡的（ ），运行条件较差的控制保护设备可加装小室、空调或空气净化器。

A. 湿度　　B. 运行温度　　C. 状态　　D. 清洁度

答案：【BD】

8.3 判断题

1. 每个 6 脉动换流阀正常换相时同时导通 2 个阀。

答案：【错误】

2. 当换流器作逆变运行时，从被换相的阀电流过零算起，到该阀重新被加上反向电压为止这段时间所对应的电角度，称之为关断角。

答案：【错误】

3. 逆变器正常运行，逆变器直流侧必须加有小于其反电动势的直流电压，才能满足向逆变器注入电流的要求。

答案：【错误】

4. 阀不开通故障是由于触发脉冲丢失或门极控制回路故障引起。

答案：【正确】

5. 增大关断角会降低逆变站的功率因数，使得逆变站消耗的无功减小。

答案：【错误】

6. 整流器的换相是借助于换流变压器阀侧绕组的两相短路电流来实现的。

答案：【正确】

7. 换流器作为逆变器运行时，其共阴极点的电位为负，共阳极点则为正，与其作为整流器运行时的极性正好相反。

答案：【正确】

8. 同时触发 6 脉动换流器接在交流同一相的一对换流阀，称为投旁通对。

答案：【正确】

9. 由于换流阀的单向导电性，逆变器阀的导通方向必须和整流器一致，才能保证直流电流的流通。

答案：【正确】

10. 阀厅火灾自动报警系统闭锁直流系统功能应投报警。

答案：【错误】

11. 当阀厅、设备间发生火灾时，关闭通风及空调设备以防止火灾蔓延。

答案：【正确】

12. 工程中使用的换流器通常为 12 脉动，他由两个 6 脉动换流单元串联而成。

答案：【正确】

13. 按照触发原理的不同，晶闸管可分为电触发晶闸管和光触发晶闸管。

答案：【正确】

14. 换流阀是换流站的核心设备之一，其投资约占全站设备投资的 1/2。

答案：【错误】

15. 阀应该只具有单向导通的性能，在一个周波中阀导通时间为三分之一周波。

答案：【正确】

16. 在阀导通时，能够承受正向和反向的阻断电压。

答案：【错误】

17. 阀的最大阻断电压应由串联避雷器的电压保护水平决定。

答案：【错误】

18. 当阀承受反向电压，同时有触发电流给门极时，则阀应导通。

答案：【错误】

19. 晶闸管元件的阳极（与阴极之间）加上反向电压时的特性和二极管相似，只有很小的方向漏电流，且随反向电压的加大而减小。

答案：【错误】

20. 为了换流阀的安全可靠运行，在进行换流阀设计时，还要考虑元件的故障率和冗余度。

答案：【正确】

21. 每个阀中晶闸管级的冗余数应大于运行周期内晶闸管级损坏数目期望值的 2.5 倍，也不应小于阀中晶闸管级总数的 5%。

答案：【错误】

22. 晶闸管级包括晶闸管元件、阻尼回路、均压回路、晶闸管控制单元。

答案：【正确】

23. 屏蔽罩同时也屏蔽了外界对阀内的电磁干扰，使阀塔内部电场分布均匀，隔离了阀塔之间的相互影响。

答案：【正确】

24. 阀控制单元是极控和晶闸管监视单元的接口。

答案：【错误】

25. 在开展检修工作前，所有阀厅接地开关都应合上并采取防止误分闸的措施。

答案：【正确】

26. 直流控制保护软件通过联调试验验证正确后，经工程业主、软件管理部门、技术监督单位共同对控制保护软件确认方可入网运行。

答案：【正确】

27. 允许入网运行直流控制保护软件应注明完整的软件版本信息，交业主保存，并向相关软件管理部门备案。

答案：【正确】

28. 对已经投入正式运行的直流系统，若需要对保护软件进行修改，应由设备运行维护单位提前四周向省公司提出软件修改工作联系单，并报国调中心备案。

答案：【错误】

29. 降压运行时换流器的触发角 α 比额定电压时要大。

答案：【正确】

30. 直流输电的潮流反转是改变电流方向。

答案：【错误】

31. 阀冷却系统的运行、控制、保护和监视由阀冷却控制和保护系统 CCP 完成。

答案：【正确】

32. 变压器如因为大量漏油而使油位迅速下降时，应将瓦斯继电器改为只动作于信号，而且必需迅速采取停止漏油的措施，立即加油。

答案：【正确】

33. 在防止内冷水主泵故障中，设备规范书中要求：主泵切换应具有手动切换功能，主泵与管道连接部分用软连接，主泵设计轴封漏水检测装置，及时检测轻微漏水，主泵前后不用设置阀门。

答案：【错误】

34. 在防止内冷水主泵故障中，对设计和制造单位的要求是：水冷动力柜内主循环泵开关保护应只配置速断和过负荷保护，不再配置过流保护，保护的定值要能够躲过主泵切换过程中的冲击电流。

答案：【正确】

35. TCU 发送 IP 脉冲至 VCU，VCU 根据 CP 和 IP 计算产生出宽度为 1ms 的触发脉冲 FP。

答案：【错误】

36. 在测量设备绝缘电阻时，如果设备上存在残余电荷，当残余电荷的极性与绝缘电阻表的极性相同时，测得的绝缘电阻将比真实值大，当残余电荷的极性与绝缘电阻表的极性相反时，测得的绝缘电阻将比真实值小。

答案：【正确】

37. 系统的主要控制功能尽可能地分散到较高的层次等级，以提高系统可用率。

答案：【错误】

38. 系统控制级为直流输电控制系统中级别最高的控制层次。

答案：【正确】

39. 直流线路故障，一般是以遭受雷击、污秽或树枝等环境因素所造成线路绝缘水平降低而产生的对地闪络为主。

答案：【正确】

40. 为了满足交流系统稳定的需要，直流输电控制系统提供快速功率翻转功能。该功能应由运行人员启动。

答案：【错误】

41. 当高层次控制发生故障时，各下层次控制能按照故障后的指令继续工作，并保留尽可能多的控制功能。

答案：【错误】

42. 与交流输电相比，直流输电具有有利于改善两侧交流系统的稳定性的特点。

答案：【正确】

43. 在防止非电量保护误动中，设备采购阶段，应在各类设备规范书中明确要求作用于跳闸的非电量元件都应设置三副独立的跳闸节点，按照“三取二”原则出口。

答案：【正确】

44. 防止内冷水保护误动中，设备规范书中明确要求，内冷水保护装置及各传感器电源应由两套电源同时供电，任一电源失电不影响保护及传感器的稳定运行。

答案：【正确】

45. 防止内冷水保护误动中，在设计阶段，要求配置的内冷水保护包括：温度保护、主水流量保护、泄漏保护、膨胀罐水位保护、主泵压力差保护、电导率保护。

答案：【正确】

46. 在防止直流保护和换流变电气量保护误动中，设备采购时应当明确，保护主机或板卡应具有完善的自检能力，当主机或板卡故障时，提前退出保护，防止保护误动作。

答案：【正确】

47. 直流控制保护系统中定义了三个故障等级，从重到轻，他们分别是紧急故障、严重故障和轻微故障，在事件列表中分别对应以红色、黄色和绿色颜色来标示。

答案：【正确】

48. 当换流变压器有载分接开关挡位不一致时可不暂停直流功率调整，并检查挡位不一致的原因，采取相应措施进行处理。

答案：【错误】

49. 光电流互感器输出的数字量信号不应直接输入直流控制保护系统，避免经多级数模、模数转化后接入。

答案：【错误】

50. 直流控制保护系统的结构设计应避免因单一元件故障而引起直流控制保护误动或跳闸。

答案：【正确】

51. 主泵电机任意一相直流电阻与三相直流电阻平均值相比偏差≤±2%。

答案：【正确】

52. 阀水冷系统流量传感器检修要求：A/B 系统对同一测点的流量测量值相互比对差异不超过 5%。

答案：【错误】

53. 阀水冷系统 D 类检修指在不停电状态下进行的检修、测试和外观检查。

答案：【正确】

54. 更换树脂时应穿防护服，戴橡胶手套、护目镜和口罩，防止树脂直接接触人体，对人体造成损伤。

答案：【正确】

55. 内水冷系统加压试验，施加试验压力为 1.05 倍额定静态压力（进阀压力），时间不少于 30 分钟。

答案：【错误】

56. 阀水冷系统温度传感器检修要求：A、B 系统对同一测点的温度测量值相互比对差异不超过 3 度。

答案：【错误】

57. 主循环泵联轴器之间的径向和轴向偏差不超过 0.2mm。

答案：【正确】

58. 阀内水冷系统电导率保护应投跳闸。

答案：【错误】

59. 两台主泵均故障时应立即闭锁直流。

答案：【错误】

60. 主泵交流电源回路接触器容量应与主泵启动电流相匹配，防止接触器过热或烧损。

答案：【正确】

61. 主泵送至两套阀内冷水控制保护系统的“运行”或“正常”信号应取自同一接点。

答案：【错误】

62. 主泵安全开关辅助接点仅用于报警，不应作为主泵运行状态的判断依据。

答案：【正确】

63. 主泵安全开关不应设置低压脱扣功能，防止电压波动时导致主泵退出运行。

答案：【正确】

64. 阀进出水温度传感器应装设在阀厅内。

答案：【错误】

65. 换流站阀冷却系统包括阀内冷系统和阀外冷系统两部分。

答案：【正确】

66. 主水回路中的大部分水经过水处理回路，该回路冷却水被持续进行去离子和过滤。

答案：【错误】

67. 阀内水冷系统主循环泵停运时，应先断开主电源开关，方可断开安全开关，可以通过安全开关停运主循环泵。

答案：【错误】

68. 阀冷却系统喷淋泵和冷却塔风机均具有工频强投功能。

答案：【正确】

69. 阀冷却系统冷却塔风机及主循环泵均采用变频器控制。

答案：【错误】

70. 阀冷却系统运行在仅剩余一台主泵且运行在软起回路时，须立即申请停运相应阀组，并进行紧急抢修。

答案：【正确】

71. 阀冷却系统两台主循环泵分别由两端母线供电，可有效预防由于电源切换装置故障导致主循环泵全停故障发生。

答案：【正确】

72. 阀冷却系统内水冷膨胀罐液位保护逻辑采用“三取二、二取一、一取一”。

答案：【错误】

73. 冷却塔风机在频率降至最小值 20Hz，延时 600s 后，控制系统停运风机。

答案：【正确】

74. 内冷水的温度是由直流输送功率、环境温度、冷却塔风机转速、电加热器共同决定的。

答案：【正确】

75. 在换流阀解锁的情况下，阀水冷系统也可以通过控制面板手动操作由运行转为停止。

答案：【错误】

76. 直流保护的设计应充分考虑直流系统各种可能的运行工况及不同运行工况之间转换的情况，防止运行方式转换过程中保护误动。

答案：【正确】

77. 直流滤波器不平衡保护应投跳闸。

答案：【错误】

78. 双极中性母线差动保护动作后应闭合 NBGS 直流开关，防止站内接地过流保护动作影响运行极。

答案：【正确】

79. 单阀组退出运行时，停运阀组的所有保护动作均不应影响同极另一阀组和其他极的正常运行。

答案：【正确】

80. 直流电压突变量保护应躲过另一极线路故障及再启动的扰动，防止外部扰动引起保护误动。

答案：【正确】

81. 直流穿墙套管故障应设计在换流器差动保护的保护范围外，套管故障后应具有重启非故障换流器的功能，避免直接导致单极闭锁。

答案：【错误】

82. 相互冗余的保护不得采用同一路电源供电，各装置的两路电源应分别取自不同直流电源母线。

答案：【正确】

83. 整流站应配置最后一台断路器保护。

答案：【错误】

84. 对受检修方式影响的模拟量，应采用压板隔离方式，以便检修或测试。

答案：【正确】

85. 后备直流过流保护慢速段动作后应直接闭锁直流，不应回降功率。

答案：【错误】

86. 控制保护系统中存在保护出口信号时可切换到运行系统。

答案：【错误】

87. 极控制系统与水冷控制系统之间应一对一连接。

答案：【错误】

88. 运行、备用的极控制系统均接收水冷控制系统的闭锁指令，由运行系统出口。

答案：【正确】

89. 冗余极控系统的信号电源回路可有公共元件，防止单一元件故障导致两套系统电源丢失。

答案：【错误】

90. 直流控制保护系统无论在运行、备用状态，其保护报警信号均应正常报出。非控制极、系统备用状态等条件不应屏蔽控制保护系统的报警。

答案：【正确】

91. 控制信号端子排短接片不宜使用多孔短接片剪切加工，防止端子放电导致故障。

答案：【正确】

92. 一套控制系统退出时应尽快进行处理，减少无备用系统运行时间。

答案：【正确】

93. 阀控系统在直流运行时收到换流变充电信号丢失后，应发闭锁指令。

答案：【错误】

94. 同步调相机运行时，可向系统送出少量有功功率及无功功率。

答案：【错误】

95. 定子绕组换位的目的是节省金属材料。

答案：【错误】

96. 调相机启动励磁与主励磁共用一个励磁变。

答案：【错误】

97. 调相机启动过程中，启动励磁的励磁电流参考值由 DCS 提供。

答案：【错误】

98. 调相机转子绕组一点接地时，因破坏了转子磁通的平衡，可能引发调相机的强烈震动或将转子绕组烧损。

答案：【错误】

99. 调相机启动过程中，注入式定子接地保护能正常投入。

答案：【错误】

100. DCS 的上电顺序是，先合上总电源开关，再合上各机柜电源开关，最后为各设备电源开关

答案：【正确】

101. 对 DCS 中的数据、程序备份时，可以用 U 盘直接拷贝。

答案：【错误】

102. 调相机轴承进油温度偏高时，主要通过冷油器的冷却水量进行调节。

答案：【正确】

103. 调相机瓦振超过高高值时，将作用于紧急停机。

答案：【错误】

8.4 问 答 题

1. 为什么要设置最小触发角控制？

答：晶闸管导通的条件：(1) 阳极和阴极间有正向电压；(2) 控制极上加有足够强度的触发脉冲。晶闸管阀的导通条件也一样，只不过晶闸管阀一般是由数十个至上百个晶闸管串联构成。在控制极施加触发脉冲的时候，如果触发角太小，必然导致施加在晶闸管上面的正向电压太低，阀触发电路能量不足，会导致晶闸管导通的同时性变差，对阀的导通不利；因此，设定了最小触发角控制这个功能。

2. 阀组中阻尼回路的主要作用有哪些？

答：(1) 当阀关断时，吸收晶闸管的反向恢复电荷，限制晶闸管两端的电压过冲；(2) 给晶闸管控制单元提供暂态充电，充电时间常数为 100μs，这样保证在阀触发前 TCU 能获得可靠的工作电源。

3. 阀组中分压测量回路的主要作用是什么？

答：(1) 测量晶闸管两端电压，用于形成晶闸管回报脉冲（IP）、晶闸管保护性触发（PF）和恢复性保护（RP）逻辑的输入电压；

(2) 给晶闸管控制单元 TCU 提供稳态时的工作电源。

4. 投旁通对的定义及策略是什么？

答：同时触发 6 脉动换流器接在交流同一相上的一对换流阀，称为投旁通对。投旁通对的一种策略是：当收到投入旁通对命令时，保持最后导通的那个阀的触发脉冲，同时发出与其同一相的另一阀的触发脉冲，闭锁其他阀的触发脉冲。

5. 换相失败的特征有哪些？

答：(1) 关断角小于换流阀恢复阻断能力的时间（大功率晶闸管约 0.4ms）；

(2) 6 脉动逆变器的直流电压在一定时间下降到零；

(3) 直流电流短时增大；

(4) 交流侧短时开路，电流减小；

(5) 基波分量进入直流系统。

6. 阀短路特征包括哪些？

答：(1) 交流侧交替地发生两相和三相短路；

(2) 通过故障阀的电流反相，并剧烈增大；

(3) 交流侧电流激增，使换流阀和换流变压器承受比正常运行时大得多的电流；

(4) 换流桥直流母线电压下降；

(5) 换流桥直流侧电流下降。

7. 直流电流控制的作用是什么？

答：直流电流控制，也叫定电流控制，是直流输电最基本的控制，可以控制直流输电的稳态运行电流，并通过他来控制直流输送功率以及实现各种直流功率调制功能以改善交流系统的运行性能。同时当其他系统发生故障时，他又能快速限制暂态故障电流以保护晶闸管换流阀及换流站其他设备。因此，直流电流调节器的稳态和暂态性能是决定直流输电控制系统好坏的重要因素。

8. 直流解锁前换流阀区域检查项目有哪些？

答：(1) 换流阀投运前，应检查确认阀厅地刀“远方/就地”控制把手在“远方”位置、电动机电源开关及加热器电源开关在合上位置。

(2) 阀厅地面、阀塔内无遗留物、无漏水；阀塔吊杆完好、阀塔内固定件无松脱。

(3) 阀避雷器、晶闸管组件、阀电抗器、冷却水管无异常。

(4) 直流控保、阀控、空调、消防系统已投运正常，阀冷却系统已正常运行 2h 以上且电导率符合要求后，方可解锁换流阀。

9. 阀厅发生火灾时应如何处理？

答：(1) 立即将直流系统停运；

(2) 根据火势情况拨打 119 求援，停运阀厅空调，检查阀厅排烟风机确已关闭；

(3) 申请将直流系统转检修；

(4) 迅速组织人员灭火，进入阀厅要佩戴防毒面具并穿防火服；

(5) 确认火已扑灭后，打开阀厅大门和紧急门，开启阀厅空调和阀厅排烟风机，排除烟雾。

10. 换流阀泄漏保护告警时应如何处理？

答：(1) 通过摄像头或巡视通道检查阀厅地面是否有水；

(2) 若阀漏水检测器信号能复归且地面无水，则加强对该极内冷水系统运行情况的监视；

(3) 若阀漏水检测器信号不能复归且地面无水，应加强监视；

(4) 若漏水检测器信号不能复归且检查阀厅地面有水，则立即汇报调度并申请停电处理。

11. 低电压限制电流功能的作用？

答：(1) 保护换流阀；

(2) 避免逆变器换相失败；

(3) 有利于交流系统电压恢复。

12. 在防止控制保护软件错误中，当与换流变相连的交流场用 3/2 接线方式时，“中开关”应按照哪些原则设置逻辑？

答：(1) 当换流变与交流线路共串，若出现两个边开关跳开，仅“中开关”运行时，将造成对应直流单极无交流滤波器，应立即闭锁相应极或阀组；

(2) 当换流变与交流滤波器共串，若出现两个边开关跳开、仅“中开关”运行时，将造成对应单极无法正常换相，应立即闭锁相应极或阀组；

(3) 当交流滤波器与交流线路共串，出现两个边开关跳开、仅“中开关”运行时，将造成交流滤波器与交流线路直接相连，应立即跳开中开关。

13. 换流站控制保护系统安全防护策略应严格遵守《电力二次系统安全防护规定》，坚持什么的原则？

答：安全分区、网络专用、横向隔离、纵向认证。

14. 直流分压器二次电压异常的处理原则是什么？

答：(1) 若为单系统故障，应立即汇报调控，并将故障系统退出运行，加强监视，及时处理；

(2) 若双系统均告警，且保护未动作，立即向值班调控人员汇报，查明原因，及时处理；

(3) 若直流保护动作，单极闭锁，应检查控制保护及自动装置动作信息，核对设备动作情况。

15. 简述 RPC 各项控制功能及其优先级？

答：RPC 各项控制功能为：(1) 绝对最小滤波器；(2) 最大交流电压；(3) 最大无功功率；(4) 最小滤波器；(5) 无功功率控制/交流电压控制。

优先级 1：绝对最小滤波器，优先级 2：最大交流电压优先级 3，最大无功功率，优先级 4：最小滤波器，优先级 5：无功功率控制或交流电压控制。

16. 交流滤波器差动保护动作的处理原则是什么？

答：(1) 立即汇报值班调控人员；

(2) 检查备用交流滤波器投运正常及直流系统运行情况，加强监视；

(3) 发生跳闸时，应及时搜集故障录波图、事故记录、保护动作时间及一、二次设备检查结果并报送至相应管理部门；

(4) 现场检查保护范围内设备有无明显放电、闪络等故障现象；

(5) 做好安措，尽快处理。

17. 在防止直流控制系统故障中，在运行阶段，运维单位应加强直流控制系统管理，重点要求有哪些？

答：(1) 应加强巡视，对于发生的故障报警及异常信号，应查明原因，尽快处理；

(2) 一套控制系统退出时应尽快进行处理，减少无备用系统运行时间；

(3) 应合理安排控制系统停电检修和缺陷处理，一套系统退出运行前必须确保另一系统完好可用。

18. 直流控制系统故障处理完毕后，将系统由“试验”状态恢复至“运行”状态前，必须检查确认该系统不存在哪些异常信号？

答：不存在保护动作、极闭锁、开关跳闸信号；不存在紧急故障、严重故障等异常信号。

19. 直流保护切除故障的动作策略包括哪些？

答：告警和启动故障录波；控制系统切换；紧急移相；投旁通对；闭锁触发脉冲；极隔离；跳交流侧断路器；直流系统再启动。

20. 在防止直流控制系统故障中，控制系统的配置要求控制系统应设置哪三种工作状态，分别是什么？

答：控制系统设置的三种工作状态为运行、备用和试验。“运行”表示当前为有效状态，“备用”表示当前为热备用状态，“试验”表示当前处于检修测试状态。

21. 内冷水主水流量保护的配置原则有哪些？

答：(1) 主水流量保护投报警和跳闸；

(2) 若配置了阀塔分支流量保护，应投报警；

(3) 主水流量保护跳闸延时应大于主泵切换不成功回切至原主泵运行的时间。

22. 阀外水冷加药系统的作用是什么？

答：加药系统通过对平衡水池添加水质稳定剂以净化阀外冷水的水质，防止阀外水冷冷却塔内的阀内水冷蛇形管结垢和腐蚀。

23. 内冷水水位保护的配置原则有哪些？

答：(1) 水位保护投报警和跳闸；

（2）水位测量值低于其量程高度的30%时发报警，低于10%时发直流闭锁命令；

（3）水位保护由膨胀罐（高位水箱）装设的两套电容式液位传感器和一套磁翻板式（或电容式）液位传感器采用“三取二”逻辑出口。

24. 内冷水压力保护的配置原则有哪些？

答：（1）若配置主泵压力差保护，应投报警；

（2）进阀、出阀压力保护不应直接投跳闸，应结合主水流量保护动作出口。

25. 请分别列出阀冷却系统内外水冷系统的主要设备（每个系统至少6个设备）。

答：（1）内水冷系统设备：主循环泵、膨胀罐、离子交换罐、原水泵、补水泵、主过滤器、电动三通阀、精密过滤器；

（2）外水冷系统设备：喷淋泵、冷却塔风机、工业补水泵、高压泵、清洗水泵、反渗透膜、加药装置、自循环泵、保安过滤器、炭滤罐、砂滤罐。

26. 请列出阀水冷系统中主泵切换的主要逻辑。

答：（1）主泵出水压力低报警；

（2）工作泵过热；

（3）动力电源故障；

（4）主泵切换后，仍有压力低、主泵过热报警，不再切换；

（5）工作泵连续运行168h自动切换至备用泵运行，当工作泵切换失败时，具备回切功能；

（6）可在就地控制面板上手动切换主泵；

（7）可在OWS上，运程切换主泵。

27. 内冷水泄漏保护的配置原则有哪些？

答：（1）微分泄漏保护投报警和跳闸，24小时泄漏保护和补水泵运行时间过长投报警；

（2）阀内冷水系统内外循环设计应结合地区特点，年最低温度高于0℃的地区，宜取消内循环运行方式；

（3）对于采取内冷水内外循环运行方式的系统，在内外循环方式切换时应自动退出泄漏保护，并设置适当延时，防止膨胀罐或高位水箱水位在内外循环切换时发生变化导致泄漏保护误动；

（4）膨胀罐液位变化定值和延时设置应有足够裕度，能躲过最大水温变化、传输功率变化、主泵切换、内外循环切换等引起的水位波动，防止水位正常变化导致保护误动；

（5）微分泄漏保护应采用“三取二”逻辑，参与“三取二”逻辑的传感器应采用电容式液位传感器。

28. 准同期方式并网的理想条件是什么？

答：(1) 待并发电机的电压与系统的电压幅值相等；

(2) 待并发电机的频率与系统的频率相等；

(3) 待并发电机的与系统的电压相角差为零。

29. 励磁调节器屏和DCS系统都发"V/Hz限制"报警信号时，应如何处理？

答：(1) 检查机端电压是否确实升高，或者频率下降；

(2) 当电压或频率确实异常时，应立即减少励磁电流，降低机端电压至"V/Hz限制"信号消失；

(3) 当调节器切至紧急后备通道后应检查调相机运行工况正常，联系检修人员处理。

30. 调相机润滑油系统的作用。

答：(1) 在调相机起停及正常运行过程中提供润滑油；

(2) 在调相机起动、停机过程中转速较低时，使用高压油顶轴，防止轴承干磨损坏。

8.5 计 算 题

1. 某直流线路为四分裂导线，20℃时单根导线电阻为0.0398Ω/km，线路全长为941km。估算20℃单极线路电阻，该极线路3000A运行时的发热功率损耗 P。

答：单根直流导线的电阻 $R_{单根}=0.0398\times941=37.4518\Omega$；

单极电阻为四根导线并联，$R_{单极}=R_{单根}/4=9.36\Omega$；

$$P_{发热}=I^2\times R_{单极}=84.24\text{MW}$$

2. 直流输电系统运行中，已知逆变站线路出线测量直流电压 $U_{d2}=475\text{kV}$，直流线路电阻为 $R=8\Omega$，直流电流3000A。

(1) 请估算整流站直流侧直流电压 U_{d1}？

(2) 请估算整流和逆变交流侧电流有效值和交流侧基波电流有效值？

答：(1) 根据 $I_d=\dfrac{U_{d1}-U_{d2}}{R}$，可得

$$U_{d1}=U_{d2}+I_d\times R$$

代入数据，得

$$U_{d1}=475\text{kV}+3000\text{A}\times8\Omega$$

整流站直流侧直流电压 $U_{d1}=499\text{kV}$。

(2) 整流和逆变交流侧电流有效值：

$$I_a = 0.816I_d = 0.816 \times 3000 = 2448\text{A}$$

整流和逆变交流侧基波电流有效值：

$$I_{a1} = 0.78I_d = 0.78 \times 3000 = 2340\text{A}$$

3. 已知一台 220kV 强油风冷三相变压器高压侧的额定电流 I_e 是 315A，试求这台变压器的容量。在运行中，当高压侧流过 350A 电流时，变压器过负荷百分之多少？

答：$S_e = \sqrt{3}U_e I_e = \sqrt{3} \times 220 \times 315 = 120000\text{kVA}$

过负荷百分数：$\dfrac{I_L - I_e}{I_e} \times 100\% = \dfrac{350-315}{315} \times 100\% = 11\%$

变压器的容量为 120000kVA，变压器过负荷 11%。

4. 对于 6 脉动换流阀，若已知延迟触发角 $\alpha=90°$，叠弧角（换向角）$\mu=15°$，请计算关断角 γ、熄弧延迟角 δ、超前触发角 β？

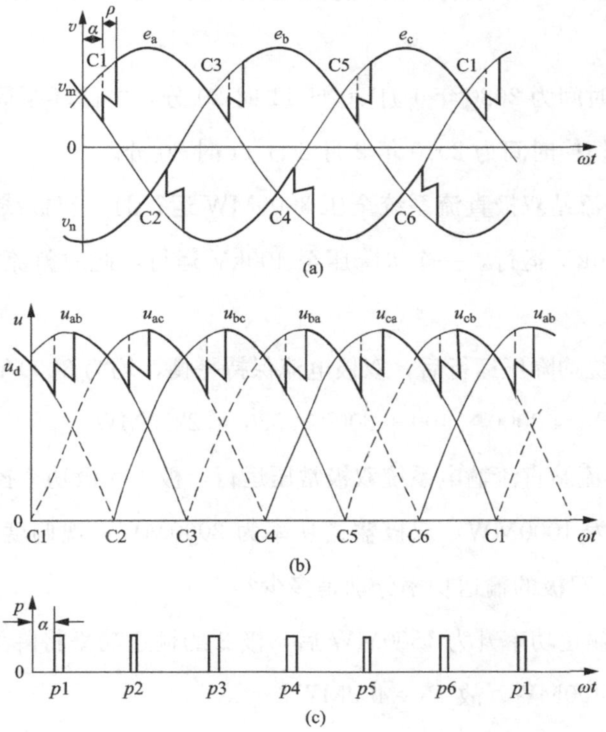

图 8-1

答：熄弧角（关断角）：$\gamma = 180° - \alpha - \mu = 180° - 90° - 15° = 75°$

熄弧延迟角：$\delta = \alpha + \mu = 90° + 15° = 105°$

超前触发角：$\beta = 180° - \alpha = 180° - 90° = 90°$

5. 如果交流母线电压参考值 U_{ref} 和死区值 $U_{deadbaNd}$ 分别设为 500kV、5kV，计算交流母线电压低于多少时需投入一组交流滤波器，高于多少时需切除一组交流滤波器？

答：当交流母线电压 $U_{AC} < U_{ref} - U_{deadband} = 500 - 5 = 495$kV 时，需投入一组滤波器；当交流母线电压 $U_{AC} > U_{ref} + U_{deadband} = 500 + 5 = 505$kV 时，需切除一组滤波器。

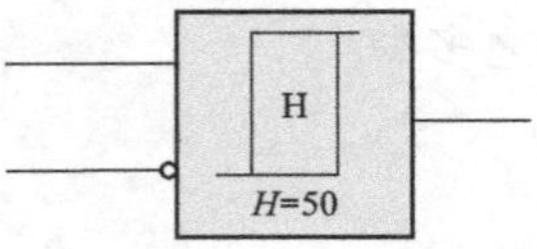

图 8-2

6. 迟滞比较器用于部分测量报警，如在线气体分析装置，定值为 250ppm，直流软件中的迟滞返回值为 50ppm。若某一刻，其测量值为 260ppm 经过 5 分钟后，恢复为 218ppm，绘制该迟滞比较器模块，并分析报警情况。

答：测量值为 260ppm 时，系统发出报警，随后测量值恢复到 218ppm 后，因还不到返回值 200ppm，故报警不会复归。

7. 某换流站极 1 高端阀组 2020 年 1 月 30 日 10 时 05 分进行了主循环泵 P1 自动切换至 P2，1 小时 15 分后运行人员现场将该阀组主泵切换计时归零，问下次该阀组主循环泵 P2 切换至 P1 的时间？

答：重新计数的时间为 2020 年 1 月 30 日 11 时 20 分，主循环泵周期切换时间为 168h，即 7 天时间，故下次切换时间为 2020 年 2 月 6 日 11 时 20 分。

8. 某±500kV 整流站双极直流系统全压 3000MW 运行时，双极线路均出现故障，一个极出现故障降压至 350kV 运行，一个极降压至 400kV 运行，此时整流站双极直流功率 P 应为多少？

答：双极直流系统均降压运行后，双极电流保持平衡，均为 3000A。

此时 $P = P_1 + P_2 = 3000 \times 400 + 3000 \times 350 = 2250\text{MW}$

9. 某±800kV 换流站直流输电系统双极常压运行，极 1 为极功率控制，极 2 位双极功率控制，极 1 输送功率为 1000MW，双极输送功率为 2000MW，现调度要求将极 1 功率升至 1800MW，计算极 2、双极的输送功率分别是多少？

答：由于将极 1 输送功率升为 1800MW 后，极 2 的输送功率将降为 200MW，但由于单极的最低输送功率为 400MW，故 P_2=400MW

$$P = P_1 + P_2 = 1800 + 400 = 2200\text{MW}$$

10. 调相机机端电机额定频率为 50Hz，磁极对数为 1 对极，计算调相机的转速。

答：转速 $N = \dfrac{60f}{p} = \dfrac{60 \times 50}{1} = 3000\text{r/min}$

8.6 分　析　题

1. 高压直流系统带线路空载加压试验前应做哪些工作?

答:(1)高压直流系统带线路空载加压试验前,应确认对侧换流站相应的直流线路接地刀闸(地刀)、极母线出线隔离开关(刀闸)、金属回线隔离开关(刀闸)在拉开状态;

(2)单极金属回线运行时,禁止对停运极进行空载加压试验;

(3)背靠背高压直流系统一侧进行空载加压试验前,应检查另一侧换流变压器处于冷备用状态。

2. 根据图 8-3 分析直流场断路器 NBS 分闸联锁条件。

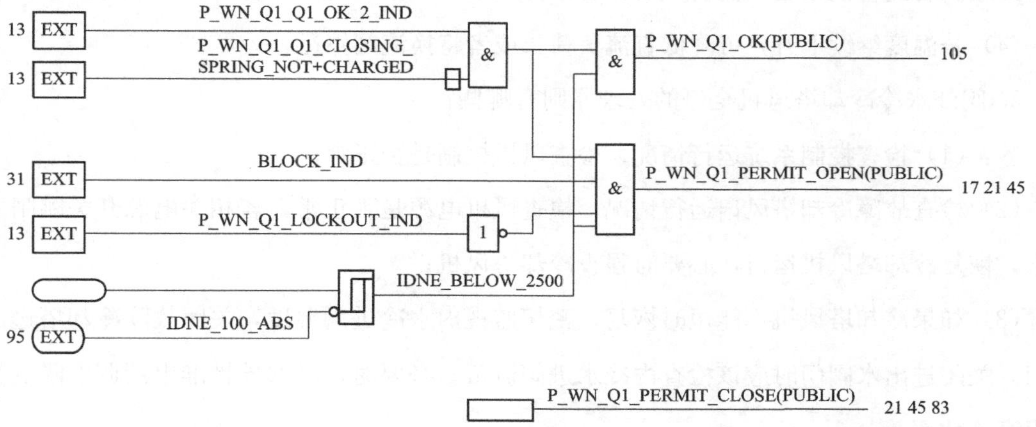

图 8-3

答:直流场断路器 NBS 分闸时,必须满足以下条件:

(1)主断口断路器 OK2 信号满足;

(2)主断口断路器合闸弹簧已储能;

(3)极已闭锁;

(4)断路器未锁定;

(5)中性电流 IDNE 低于预设值(2500A)。

3. 阀内水冷主回路报流量低报警该如何进行处置?

答:(1)检查管道流量和进阀压力有无异常并横向比对,若判断为表计故障,在内水冷控制面板上将故障表计退出,及时更换;

(2) 检查主循环泵运行情况，泵转动中有无刺耳的杂音或压力变化（判断泵腔中有空气），发现异常切换主循环泵；

(3) 检查阀门位置是否正常，若阀门位置异常，恢复阀门至正常位置；

(4) 检查备用泵尾扇判断备用泵是否反转，若反转应为备用泵出口止回阀异常，及时隔离故障设备；

(5) 检查水冷管道有无渗漏，若发现渗漏点，按照“阀内水冷泄漏故障”处理。

4. 运行中进出阀水温异常升高处理原则是什么？

答：(1) 现场检查冷却塔（或冷却风机）运行情况是否正常，风扇转速是否正常；

(2) 检查喷淋泵（若有的话）运行情况是否正常，出水量是否正常等；

(3) 检查冗余系统测量值是否正常，若和当前系统差异较大，加强监视，采取必要措施进行处理。若测量值接近应监视温度，有条件的话，根据现场情况启动辅助降温应急预案；

(4) 若温度继续上升，可降低直流负荷，或者将换流阀停运。

5. 阀外水冷冷却塔风机全停的处理原则有哪些？

答：(1) 检查控制系统运行情况，检查风机控制是否正常；

(2) 检查故障冷却塔风扇运行情况，检查风机电源是否正常，若相关电源开关跳闸立即试合，恢复冷却塔风机运行，必要时强投冷却塔风机；

(3) 如果冷却塔风机不能短时恢复，密切监视内水冷进阀温度，关闭故障冷却塔进出水阀门，关闭进出水阀门时应该检查内冷水进阀流量。必要时，经领导批准申请调度降低相应阀组直流功率；

(4) 如果内水冷进阀温度有持续上升，接近跳闸温度，申请调度批准停运相应阀组。

6. 在开展直流控保保护软件工作时如何防止误“置位”？

答：(1) 运维单位应采取技术措施和管理措施加强对“置位”权限的管理，直流运行时，未经许可任何人不得在相应软件中进行人为“置位”操作，以防误“置位”破坏联锁关系导致设备损坏或停运事故；

(2) 若必须进行“置位”操作时，事先应全面分析人为“置位”的后果，经运维单位分管领导签字确认后方可实施，在工作结束后立即恢复“置位”，并由运维单位分管领导签字确认；

(3) 严禁未经批准随意修改控制保护定值、参数，直流保护、换流阀及水冷保护检修试验后应进行必要的检查、试验验收。

7. 控制系统故障后动作策略应满足哪些要求？

答：（1）当运行系统发生轻微故障时，另一系统处于备用状态且无任何故障，则系统切换。切换后，轻微故障系统将处于备用状态。当新的运行系统发生更为严重的故障时，还可以切换回此时处于备用状态的系统；

（2）当备用系统发生轻微故障时，系统不切换；

（3）当运行系统发生严重故障时，若另一系统处于备用状态，则系统切换。切换后，严重故障系统不能进入备用状态；

（4）当运行系统发生严重故障时，若另一系统不可用，则严重故障系统可继续运行；

（5）当运行系统发生紧急故障时，若另一系统处于备用状态，则系统切换。切换后紧急故障系统不能进入备用状态；

（6）当运行系统发生紧急故障时，如果另一系统不可用，则闭锁直流；

（7）当备用系统发生严重或紧急故障时，故障系统不能进入备用状态。

8. 直流分压器二次回路、光纤及板卡检修、更换的关键工艺质量控制有哪些？

答：关键工艺质量控制有：

（1）拆除光纤和二次接线时应做好标记；

（2）利用光纤专用工具，确认满足衰耗技术要求；对接头进行清洁、打磨，必要时进行更换处理；

（3）结合控制系统光监视功能，对光参数进行检查，应使其满足技术要求；

（4）按照技术文件修改相关参数，使其满足板卡正常运行要求；

（5）处理完毕后，将主机上电，参数全部正常后，则可将对应的直流保护主机恢复至“运行”状态。

9. 光电流互感器参数异常的故障现象和处理原则有哪些？

答：现象：

（1）奇偶校验错误次数上升；

（2）光功率、光电流超出范围；

（3）光通道关闭。

处理原则：

（1）汇报值班调度人员，申请先将对应的控制保护主机切换至“试验”或“退出”状态，关主机（合并单元）并断开电源；

（2）对相应板卡、光纤及传感器进行检查；

（3）如有必要检查远端模块及高压侧光纤时，应向值班调控人员申请停电处理。

10. 由换流站负责的保护定值该如何整定、执行?

答：（1）由换流站负责自行整定的保护定值应编制保护定值单，需要整定计算的定值应有整定计算报告，由厂家提供参考的应由厂家出具定值、整定资料；

（2）自行整定定值单应由换流站审核，换流站上级部门批准，并报省公司（国网运行公司）备案；

（3）保护定值单应齐全，覆盖所有保护装置；

（4）保护定值单由换流站负责执行，并利用年度检修等时机定期进行检查、校核。

11. 2018 年 10 月 10 日 10 时 21 分，某换流站站控后台报“极 2 高 VBE A/B 系统报 YY A 相阀塔漏水检测告警”。试分析可能的故障原因，简要说明检修处理方法。

答：（1）可能的故障原因：换流阀阀塔有漏水现象、阀塔漏水检测信号回路出现故障；

（2）检修处理方法：及时巡视对应换流阀塔底部，核实是否有漏水现象，如发现漏水现象，及时停运处理，如未发现漏水现象，加强巡视。在下次停电检修时排查整个漏水监测信号回路（信号光纤、漏水监测发射板、漏水监测接收板）。

12. 2019 年 6 月 12 日，某换流站单元 2 华北侧 A 相阀塔第三层 L2 电抗器接头发热，温度最高达 106℃，现场申请停运检查发现，电抗器的接线端子铜铝接触面有电化学反应现象。试分析可能的故障原因，列举常见检修处理方法。

答：（1）可能的故障原因：

1）阀电抗器接线端子采用铜铝接线，未加装铜铝过渡片，铜铝直接连接容易发生电腐蚀，增大电阻率，易造成铜铝接触面发生电化学反应和发热现象；

2）阀电抗器接触面积和载流密度设计超标，载流面积过小，载流密度过高，造成接头处电阻过大，从而导致发热。

（2）常见检修处理方法：

1）重新打磨接头部分，涂抹导电膏后开展“十步法”检查，直至直阻测量满足要求；

2）加装铜铝过渡片，涂抹导电膏后开展“十步法”检查，直至直阻测量满足要求；

3）将阀塔电抗接头增加一个 U 型夹件，涂抹导电膏后开展“十步法”检查，直至直阻测量满足要求；

4）将阀电抗器及其他部件接线端子均更换为铝制软连接，使连接接头的材质均是铝。

13.2019 年 12 月 10 日 07 时 47 分，某换流站站控后台报“极 1 高 VBE A/B 系统报 Y2 单阀 VCY. V1. A8 组件晶闸管 08 无回报信号”。试分析可能的故障原因，简要说明检修处理方法。

答：(1) 可能的故障原因：TCU 储能回路故障、回报光纤接头脱落或光纤损坏、晶闸管元件故障、VBE 接收板故障。

(2) 检修处理方法：

1) 检查此晶闸管级对应的回检光纤是否松动或损坏，若松动则需要紧固光纤，若损坏则需要更换光纤；

2) 若光纤正常，则要检查此晶闸管级是否被击穿，若被击穿则需要更换晶闸管；

3) 若晶闸管没被击穿，检查 TCU，若异常则需要更换 TCU；

4) 若 TCU 正常，检查 VBE 故障对应位置接收板，若不合格则更换板卡。

14.2015 年 7 月 13 日，金华站因套管故障极Ⅱ闭锁后，宾金、复奉直流共乐接地极线路过电压，1 条引线断裂，断线接地电流影响，导致宜宾站极Ⅰ高端换流变饱和保护动作后阀组闭锁。

请说明：①宜宾站极Ⅰ高端换流变饱和保护动作后阀组闭锁的原因；②根据此故障从一次、二次设计上分析可采取的提高可靠性措施。

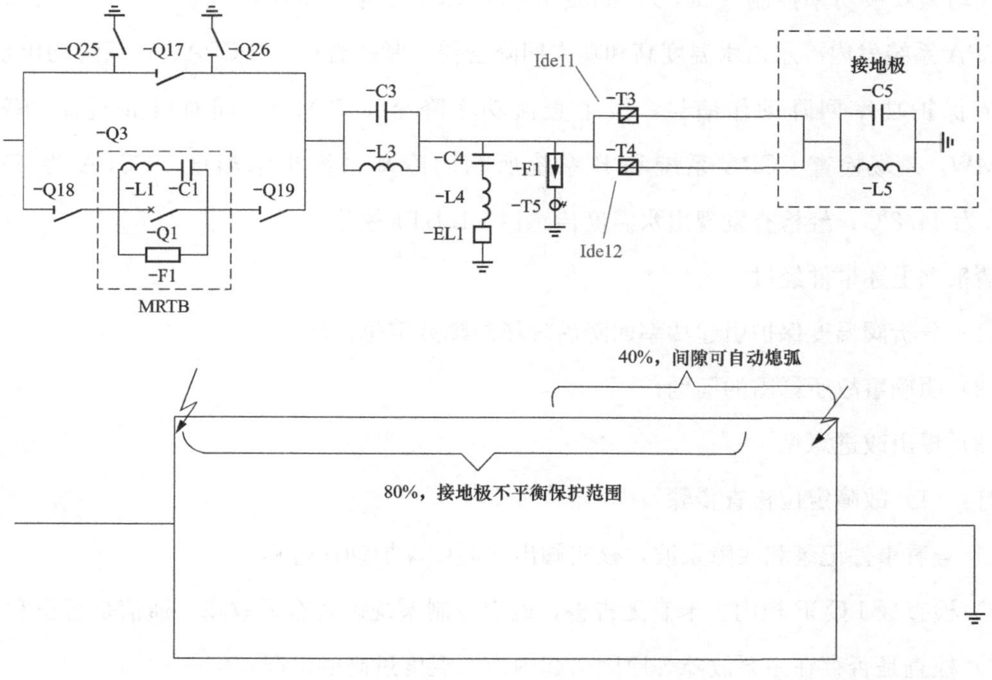

图 8-4

答：(1) 保护动作的原因分析如下：

接地极线路出现过电压，绝缘子串发生爆裂掉落拉断导线。导致接地极线路引线1断裂，断线接地导致近区地网流入直流电流。因接地极线故障接地点距离宜宾站较近（约5km），接地电流流入换流站内地网并进入换流变中性点，宜宾站极Ⅰ高端换流变饱和保护动作导致极闭锁。

(2) 可采取的提升可靠性措施主要包括如下方面：

1）直流工程设计时应提高接地极线路绝缘配置水平，防止接地极线路绝缘子过压击穿；

2）±800kV复龙、宜宾站采用共用接地极设计，当某条接地极线路检修（两侧接地），运行接地极线路对应换流站出现单极大地回线运行方式，入地电流将通过临时接地线流入接地极线路，通过站内接地线进入站内地网最高分流比例达16%，进入换流变中性点导致换流变保护动作跳闸。因此直流工程设计时应避免采用共用接地极，独立接地极应保持足够的距离，避免入地电流相互影响；

3）考虑在此情况下，接地极不平衡保护无法快速切除故障，换流站接地极线路宜配置灵敏度和可靠性较高的差动保护，达到保护线路全长的作用。

15. 2005年10月15日14时28分，江城直流系统双极大地回线3000MW运行，双极控制方式均为双极功率控制（BPC），鹅城站极Ⅰ CCPA为"Active"状态。14：28：09，极Ⅰ CCPA系统发内冷水出水温度高和功率回降告警，紧接着极Ⅰ PCPA、B系统均出现阀直流过流保护功率回降动作信号，极Ⅰ直流功率降至1275MW，同时极Ⅱ直流功率升至1725MW。现场检查CCPA系统和B系统所测阀冷却系统出水温度，CCPA为65.1℃，CCPB为44.8℃，经检查发现出水温度传感器E1.BT1故障。

请根据上述事件经过，

(1) 分析阀温度保护引起功率回降后现场故障点定位方法；

(2) 明确事故所暴露的问题；

(3) 提出改进意见。

答：(1) 故障定位检查步骤：

1）查看事件记录和故障录波，核实阀出水温度保护动作过程；

2）检查极Ⅰ CCP柜内板卡有无告警，确定控制系统模块有无故障，通信是否正常；

3）检查是否存在主泵故障等原因引起内冷水温度过高的情况；

4）打开软件页，检查极Ⅰ CCPA、CCPB所测量阀出水温度，确认两套CCP系统测量是否一致。通过上述事件描述，确认两个系统测量结果不一致，误差较大，初步判断为 CCPA 对应的回水温度传感器异常，导致测量不准确；

5）将 CCPA 打至“Test”，对该系统对应的出水温度传感器 E1. BT1 进行检查。若某系统系统测量值偏差立即更换 E1. BT1 温度传感器；

6）更换完毕后检查 CCP 和 CCPB 测量出水温度基本一致。恢复 CCP 系统正常运行，无任何异常告警。

（2）暴露的问题：

1）软件设计存在缺陷，单套运行（工作）系统传感器发生故障后，保护不应立即出口，而应有一个系统切换的过程，防止单一元件对直流系统造成功率回降甚至停运。

2）加强传感器元件的制造质量和工艺要求。

（3）改进措施：

1）修改软件逻辑，不仅仅是温度保护，其他如水位、压力、流量保护等均进行检查并修改，避免单一元件故障引起直流闭锁；

2）举一反三，待阀水冷系统停运时，对各传感器的接线盒进行检查，确保接线端子紧固、底座安装牢固、端子与内壁绝缘良好；

3）积极开展传感器校验，防止传感器故障导致水冷系统故障后的单极闭锁风险工作。

16. 2018 年 08 月 01 日 17 时 20 分，某换流站因 500kV 交流系统线路故障跳闸，造成交流系统电压出现短时波动，极Ⅰ高端、极Ⅰ低端、极Ⅱ高端、极Ⅱ低端阀组均检测到换相失败信号，两台调相机的无功功率快速上升，随后换相失败消失，站内交直流系统恢复正常运行。极Ⅰ高端阀组保护主机故障录波如图所示，试分析以下问题。

（1）导致换相失败的主要原因有哪些？

（2）请列举抑制换相失败主要有哪些措施？

（3）以图中故障录波为例，试分析该阀组在 T_0 至 T_6 时刻的详细换相过程，并指明在哪个时间区间出现了换相失败。

答：（1）导致换相失败主要有以下原因：

1）交流电压畸变：交流电压畸变引起交流电压反转时间提前，从而引发换相失败；

2）直流系统扰动：当直流系统出现扰动时，直流电流可能出现变化，换相角 μ 随着直流电流增大而增大，超前触发角 β 来不及响应变化，由于 $\gamma=\beta-\mu$，关断角 γ 将迅速减小，晶闸管将会出现刚刚关断时立即重燃的现象，从而引起换相失败；

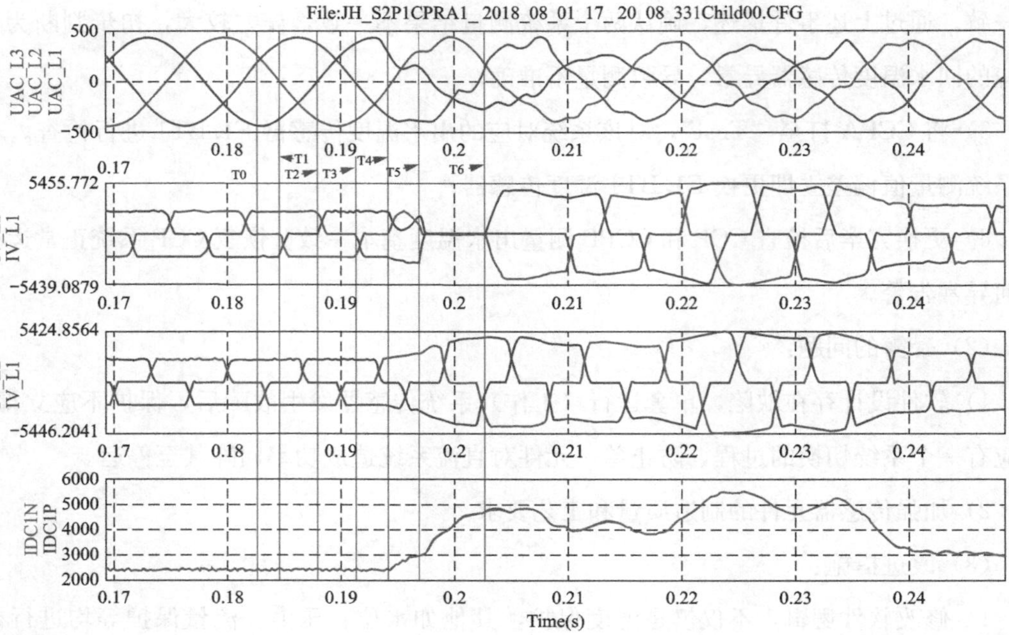

图 8-5

3）丢脉冲：丢失一个触发脉冲，导致应该导通的阀未导通，从而引发换相失败；

4）误触发：在某一时刻多发一个触发脉冲，不应导通的阀出现导通，从而引发换相失败。

（2）抑制换相失败主要措施有：

1）减小延迟触发角 γ；

2）采用 SVC、STATCOM 等电力电子无功补偿装置抑制换相失败；

3）配置大容量同步调相机抑制换相失败；

4）使用新型直流输电技术，如采用全控型换流器。

（3）换相过程如下：

T_0 时刻：V1、V2 导通；

T_1 时刻：V3 的触发脉冲到来，且 $U_b > U_a$，使 V1 承受反向电压而开始关断，V3 承受正向电压开始导通，即 V1 向 V3 换相，约 1ms 后换相成功（通过波形分析得出正常换相时间约为 1ms）；

T_2 时刻：V4 的触发脉冲到来，且 $U_c > U_a$，使 V2 承受反向电压而开始关断，V4 承受正向电压开始导通，即 V2 向 V4 换相，约 1ms 后换相成功；

T_3 时刻：V5 的触发脉冲到来，且 $U_c > U_b$，使 V3 承受反向电压而开始关断，V5 承受正向电压开始导通，即 V3 向 V5 换相，约 1ms 后换相成功；

T_4 时刻：V6 的触发脉冲到来，且 $U_a > U_b$，使 V4 承受反向电压而开始关断，V6 承受正向电压开始导通，即 V4 向 V6 换相，但 1ms 后预期熄灭的 A 相电流 IVY_L1 并未完全降至 0，随后又迅速上升，说明预期关断的 V4 阀未关断，V4、V5、V6 同时处于导通状态，直至 T_5 时刻。该阶段 V4 向 V6 换相过程中，V4 未按预期关断，出现了一次换相失败。

T_5 时刻：V1 的触发脉冲到来，且 $U_a > U_c$，V5 向 V1 换相，此时导通的阀变成 V1 和 V4，A 相形成旁通对，直流侧短路，交流侧电流迅速降为 0，直流电流 IDC1N、IDC1P 出现同步增大，符合换向失败特征。经过 120°后，在 T_6 时刻，V3 的触发脉冲到来，V1 向 V3 换相，导通的阀变成 V3 和 V4，之后换相过程逐渐恢复正常。

因此，在 T_4 至 T_5 时刻，V4 向 V6 换相过程中发生了换相失败。

17. 2006 年 1 月 25 日 17：41，南桥站直流极Ⅰ控制系统发“漏水跳闸信号出现”报警，17：41：47：759 直流极Ⅰ闭锁，17：41：47：761 极Ⅰ控制系统给极保护系统发紧急停运信号，17：41：47：780，极控制系统发令跳开极Ⅰ换流变交流侧开关 2001。直流运行由双极 GR 方式全压 200MW 转为极Ⅱ GR 方式全压 200MW 运行。

故障后，检查极Ⅰ内冷水房、阀厅内的内冷水回路以及阀塔漏水检测系统，没有发现内冷水回路存在漏水现象，阀塔漏水检测系统没有漏水报警。

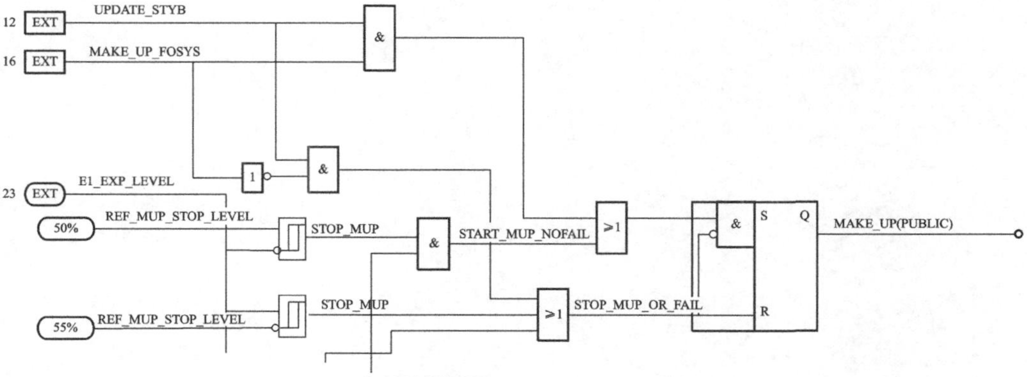

加压泵启停逻辑

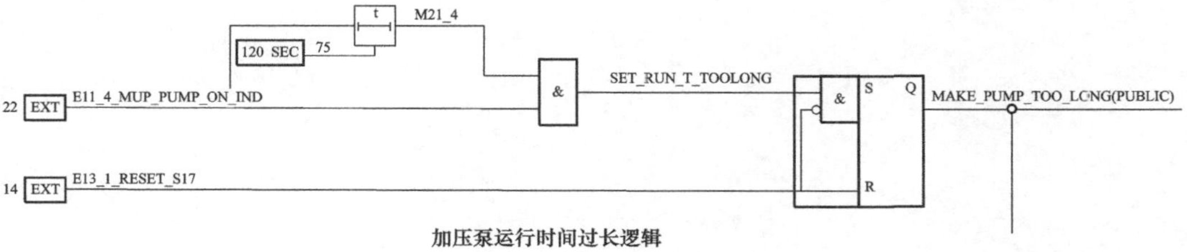

加压泵运行时间过长逻辑

图 8-6

根据故障现象和逻辑图，分析故障原因。

答：根据加压泵启停逻辑图所示加压泵的起停逻辑设定，当膨胀水箱水位低至50%时，加压泵启动，当膨胀水箱水位高至55%时，加压泵停止工作。

由加压泵运行时间过长逻辑图所示，当加压泵工作指令持续发出120s时，系统将发出加压泵运行时间过长的指令，逻辑上判断内冷水系统存在漏水，启动了极Ⅰ的紧急停运程序（ESOF），闭锁该极。

从当天的事件列表可知，极Ⅰ内冷水系统加压泵17：39：45：356启动工作，17：41：45：656加压泵退出（运行时间120秒），极Ⅰ内冷水控制保护系统根据加压泵运行达120s，逻辑上判断内冷水系统存在漏水情况，启动了极Ⅰ的紧急停运程序（ESOF），闭锁直流极Ⅰ。

9 发电机部分

9.1 单 选 题

1. 在并网状态下，发电机向电网同时送出有功功率和无功功率的运行状态称为（　）。

A. 迟相运行　　B. 进相运行　　C. 调相运行　　D. 电动机运行

答案：【A】

2. 在并网状态下，发电机向电网送出有功功率，吸收电网无功功率的运行状态称为（　）。

A. 迟相运行　　B. 进相运行　　C. 调相运行　　D. 电动机运行

答案：【B】

3. 在并网状态下，发电机吸收电网的有功功率维持同步运行，向电网送出无功功率的运行状态称为（　）。

A. 迟相运行　　B. 进相运行　　C. 调相运行　　D. 电动机运行

答案：【C】

4. 在并网状态下，发电机同时吸收电网的有功功率和无功功率维持同步运行的状态称为（　）。

A. 迟相运行　　B. 进相运行　　C. 调相运行　　D. 电动机运行

答案：【D】

5. 发电机过度进相运行时，会造成（　）。

A. 定子过电压　　B. 励磁过电压

C. 励磁过电流　　D. 定子端部铁芯会严重发热

答案：【D】

6. 励磁装置的强励功能在发生故障时可靠动作，可以提高带延时的（　）动作的可靠性。

A. 过电压保护　　B. 过电流保护　　C. 失磁保护　　D. 失步保护

答案：【B】

7. 发电机定子接地保护三次谐波部分的电压信号取自（　）。

A. 中性点　　B. 机端　　C. 机端和中性点　　D. 主变压器低压侧

答案：【C】

8. 发电机出口 TV 断线时，下列什么保护不会被闭锁。（　）

A. 失磁　　B. 逆功率　　C. 失步　　D. 过负荷

答案：【D】

9. 为了反映发电机所有相故障，发电机差动保护用电流互感器均为（　）接线方式。

A. 不完全星形　　B. 完全星形　　C. 两相电流差　　D. 三角形

答案：【B】

10. 发变组后备保护中电流元件用电流互感器，设置在一次侧的什么位置符合要求？（　）。

A. 发变组高压侧　　B. 发电机出口　　C. 发电机中性点

答案：【C】

11. 发电机及调相机短路整定计算时，正序阻抗一般采用（　）。

A. 次暂态电抗 X''_{d}（饱和值）　　B. 次暂态电抗 X''_{d}（不饱和值）

C. 暂态电抗 X'_{d}（饱和值）　　D. 暂态电抗 X'_{d}（不饱和值）

答案：【A】

12. 发电机比率制动的差动继电器，设置比率制动原因是（　）。

A. 提高内部故障时保护动作的可靠性

B. 使继电器动作电流随外部不平衡电流增加而提高

C. 使继电器动作电流不随外部不平衡电流增加而提高

D. 使继电器动作电流随外部不平衡电流增加而降低

答案：【B】

13. 利用纵向零序构成的发电机匝间保护，为了提高其动作的可靠性，则要求在保护的交流输入回路上（　）。

A. 加装 2 次谐波滤过器，基波对 2 次谐波的滤过比大于 50

B. 加装 3 次谐波滤过器，基波对 3 次谐波的滤过比大于 40

C. 加装 5 次谐波滤过器，基波对 5 次谐波的滤过比大于 10

D. 加装 3 次谐波滤过器，基波对 3 次谐波的滤过比大于 80

答案：【D】

14. 发电机在电力系统发生不对称短路时，在转子中就会感应出（　）电流。

A. 50Hz　　B. 100Hz　　C. 150Hz　　D. 200Hz

答案：【B】

15. 发电机正常运行时，其（　）。

A. 机端三次谐波电压大于中性点三次谐波电压

B. 机端三次谐波电压小于中性点三次谐波电压

C. 机端三次谐波电压等于中性点三次谐波电压

D. 机端三次谐波电压不大于中性点三次谐波电压

答案：【B】

16. 由反应基波零序电压和利用三次谐波电压构成的 100%定子接地保护，其基波零序电压元件的保护范围是（　）。

A. 由中性点向机端的定子绕组的 85%～90%线匝

B. 由机端向中性点的定子绕组的 85%～90%线匝

C. 100%的定子绕组

D. 由中性点向机端的定子绕组的 50%线匝

答案：【B】

17. 由反应基波零序电压和利用三次谐波电压构成的 100%定子接地保护，其三次谐波电压判据的保护范围是（　）。

A. 由中性点向机端的定子绕组的 25%线匝

B. 由机端向中性点的定子绕组的 25%线匝

C. 由中性点向机端的定子绕组的 50%线匝

D. 100%的定子绕组

答案：【A】

18. 发电机定子绕组过电流保护的作用是（　）。

A. 反应发电机内部故障　　B. 反应发电机外部故障

C. 反应发电机外部故障，并作为发电机纵差保护的后备

答案：【C】

19. 定子绕组中出现负序电流对发电机的主要危害是（ ）。

A. 由负序电流产生的负序磁场以 2 倍的同步转速切割转子，在转子上感应出流经转子本体、槽楔和阻尼条的 100Hz 电流，使转子端部、护环内表面等部位过热而烧伤

B. 由负序电流产生的负序磁场以 2 倍的同步转速切割定子铁芯，产生涡流烧坏定子铁芯

C. 负序电流的存在使定子绕组过电流，长期作用烧坏定子线棒

答案：【A】

20. 发电机转子绕组两点接地对发电机的主要危害之一是（ ）。

A. 破坏了发电机气隙磁场的对称性，将引起发电机剧烈振动，同时无功功率降低

B. 无功功率出力增加

C. 转子电流被地分流，使流过转子绕组的电流减少

D. 转子电流增加，致使转子绕组过电流

答案：【A】

21. 发电机解列的含义是（ ）。

A. 断开发电机断路器、灭磁、甩负荷　　B. 断开发电机断路器、甩负荷

C. 断开发电机断路器、灭磁

答案：【B】

22. 定子绕组中性点不接地的发电机，当发电机出口 A 相接地时，发电机中性点的电压是（ ）。

A. 相电压　　B. $\sqrt{3}$相电压　　C. 1/3 相电压　　D. 零

答案：【A】

23. 发电机机端电压互感器 TV 的变比为$\frac{10.5}{\sqrt{3}}/\frac{0.1}{\sqrt{3}}/\frac{0.1}{\sqrt{3}}$在距中性点 10%的地方发生定子单相接地，其机端的 TV 开口三角形零序电压是（ ）。

A. 90V　　B. 10/3V　　C. 10V　　D. 100V

答案：【C】

24. 在外部短路、系统振荡、电压回路断线的情况下为防止失磁保护误动，应具备的闭锁条件（ ）。

A. 定子电压　　B. 定子电流　　C. 转子电压　　D. 转子电流

答案：【C】

25. 发电机差动保护投入前，带负荷测相位和差电压（或差电流）的目的是（　）。

A. 检查电流回路接线的正确性　　B. 检查差动保护的整定值

C. 检查电压回路接线的正确性

答案：【A】

26. 失磁保护中，转子电压闭锁元件一般整定为空载励磁电压的（　）。

A. 70%　B. 75%　C. 80%　D. 85%

答案：【C】

27. 考虑发电机定子边段铁芯和结构件发热情况及对系统静态稳定的影响，发电机的（　）保护与励磁系统低励限制环节动作值的整定应相配合。

A. 失磁　B. 低压　C. 过负荷　D. 过电压

答案：【A】

28. 励磁系统的过励限制（即过励磁电流反时限限制和强励电流瞬时限制）环节的特性应与发电机的（　）能力相一致。

A. 定子过电压　　B. 转子过负荷

C. 定子过负荷　　D. 转子过电压

答案：【B】

29. 发电机差动保护在投入运行前，除应在能够保证互感器与测量仪表精度的负荷电流条件下，测定相回路和差回路外，还（　）测量各中性线不平衡电流、电压，以保证保护装置和二次回路接线的正确性。

A. 应　B. 宜　C. 可

答案：【A】

30. 一般硅整流发电机的过电压保护电压整定值为额定电压的（　）倍。

A. 2　B. 1.5　C. 1.3　D. 1.1

答案：【C】

31. 大型发电机组在失步运行时，当发电机电势与系统等效电势的相位差为（　）的瞬间，振荡电流的幅值接近机端三相短路电流，其周期性转差变化在转子绕组中产生感生电流，引起转子绕组发热。

A. 150°　B. 180°　C. 210°　D. 240°

答案：【B】

32. 发电机组失磁保护中静稳极限阻抗应基于（　）的电抗值进行校核。

A. 系统最小运行方式

B. 系统最大运行方式

C. 系统正常运行方式

答案：【A】

33. 定子过负荷保护定时限延时应按躲过后备保护的最大延时整定，动作于（　）。

A. 解列　　B. 灭磁

C. 告警或自动减负荷　　D. 停机

答案：【C】

34. 失磁保护阻抗判据应校核不抢先于（　）动作。

A. 励磁过励限制　　B. 励磁低励限制　　C. 低电压保护　　D. 过电压保护

答案：【B】

35. 发电机变压器组的主断路器出现非全相运行时，其相关保护应及时起动（　），在主断路器无法断开时，断开与其连接在同一母线上的所有电源。

A. 距离　　B. 差动　　C. 断路器失灵　　D. 零序

答案：【C】

36. 大型汽轮发电机要配置逆功率保护，目的是（　）。

A. 防止主汽门突然关闭后，汽轮机反转

B. 防止主汽门关闭后，长期电动机运行造成汽轮机尾部叶片过热

C. 防止主汽门关闭后，发电机失步

D. 防止主汽门关闭后，发电机转子过热

答案：【B】

37. 运行中的同步发电机，定子电流产生的磁场同转子电流产生的磁场的关系是（　）。

A. 无关　　B. 速度相同方向相反

C. 方向相同速度不同　　D. 速度相同方向相同

答案：【D】

38. 水轮发电机作为调相机运行时，带无功愈多其功率损失（　）。

A. 愈小　　B. 不变　　C. 愈大　　D. 不一定

答案：【C】

39. 发电机定子单相接地时应（ ）。

A. 继续运行　B. 减负荷　C. 尽快减负荷停机　D. 增负荷

答案：【C】

40. 发电机定子绕组（ ）发生接地故障时，出口端三次谐波电压小于中性点三次谐波电压。

A. 靠近中性点侧　B. 靠近出口端侧

C. 处于中间位置

答案：【B】

41. 按反应基波零序电压原理构成的作用于信号的发电机定子接地保护，要求发电机接地电容电流小于（ ）。

A. 2A　B. 5A　C. 8A　D. 10A

答案：【B】

42. 下列故障中那些不属于发电机转子接地故障（ ）。

A. 滑环接地　B. 磁场变阻器接地

C. 励磁调节器的电压输入端接地

答案：【C】

43. 与电力系统并列运行的 0.9MW 容量发电机，应该在发电机（ ）保护。

A. 机端装设电流速断　B. 中性点装设电流速断

C. 装设纵联差动

答案：【A】

44. 利用基波零序电压的发电机定子单接地保护（ ）。

A. 不灵敏　B. 无死区　C. 有死区

答案：【C】

45. 发电机失磁后，下列说法正确的是（ ）。

A. 从系统吸取有功和无功，系统电压和频率均下降

B. 从系统吸取有功，系统频率下降

C. 从系统吸取无功，系统电压下降

D. 不从系统吸取有功和无功，系统电压和频率均不发生变化

答案：【C】

46. 发电机接地时，（　　）故障电流较大。

A. 中性点直接接地　　B. 中性点经消弧线圈

C. 中性点不接地

答案：【A】

47. 当发电机进相运行时，有功表和无功表分别显示（　　）。

A. +P，+Q　　B. −P，−Q　　C. +P，−Q　　D. −P，+Q

答案：【C】

48. 一台发电机，发出有功功率为80MW、无功功率为60Mvar，他发出的视在功率为（　）MVA。

A. 120　　B. 117.5　　C. 100　　D. 90

答案：【C】

49. 发电机在运行中失去励磁后，其运行状态是（　　）。

A. 继续维持同步　　B. 由同步进入异步

C. 时而同步，时而异步　　D. 发电机振荡

答案：【B】

50. 发电机承受负序电流的能力，主要决定于（　　）。

A. 定子过载倍数　　B. 转子散热（发热）条件

C. 机组振动　　D. 定子散热条件

答案：【B】

51. 发电机横差保护的不平衡电流主要是（　　）引起的。

A. 基波　　B. 三次谐波　　C. 五次谐波　　D. 高次谐波

答案：【B】

52. 发电机匝间短路，其短路线匝中的电流（　　）机端三相短路电流。

A、大于　　B. 小于　　C. 近似于　　D. 等于

答案：【B】

53. 当发电机定子绕组发生单相接地时，发电机的零序电压（　　）。

A. 机端最高　　B. 发电机中性点最高

C. 机端和中性点一般高

答案：【A】

54. 双星形接线的发电机定子绕组一个支路开焊时，首先动作并切除故障的保护是（　）。

A. 纵差保护　　B. 横差保护　　C. 定子绕组接地保护

答案：【B】

55. 单元件横差保护是利用装在双 Y 型定子绕组的两个中性点连线的一个电流互感器向一个横差电流继电器供电而构成。其作用是（　）。

A. 定子绕组引出线上发生两相短路时其动作

B. 当定子绕组相间和匝间发生短路时其动作

C. 在机端出口发生三相短路时其动作

答案：【B】

56. 汽轮发电机完全失磁之后，在失步以前，将出现（　）的情况。

A. 发电机有功功率基本不变，从系统吸收无功功率，使机端电压下降，定子电流增大。失磁前送有功功率越多，失磁后电流增大越多

B. 发电机无功功率维持不变，有功减少，定子电流减少

C. 发电机有功功率基本不变，定子电压升高，定子电流减少

答案：【A】

57. 装有横差保护的发电机，在励磁绕组发生两点接地故障时，横差保护（　）。

A. 不能动作　　B. 可能动作　　C. 一定动作

答案：【B】

58. 发电机励磁回路一点接地时，因为没有形成短路，因此（　）。

A. 对励磁回路没有什么危害

B. 使转子磁通不对称，应使发电机停止运行

C. 励磁绕组承受的电压升高，甚至发展成为两点接地，应及时处理

答案：【C】

59. 发电机三相定子绕组，采用星形连接，这主要是为了消除（　）。

A. 偶次谐波　　B. 三次谐波　　C. 五次谐波　　D. 高次谐波

答案：【B】

60. 发电机中性点如果经消弧线圈接地补偿电容电流，一般采用（　）方式。

A. 全补偿　　B. 过补偿　　C. 欠补偿　　D. 零补偿

答案：【C】

61. 零序电压的发电机匝间保护，要加装方向元件是为保护在（　）时保护不误动作。

A. 定子绕组接地故障　　B. 外部不对称故障　　C. 外部对称故障

答案：【B】

62. 发电机反时限负序电流保护的动作时限是（　）。

A. 无论负序电流大或小，以较长的时限跳闸

B. 无论负序电流大或小，以较短的时限跳闸

C. 当负序电流大时以较短的时限跳闸-当负序电流小时以较长的时限跳闸

答案：【C】

63. 机端电压为 18000V 的 30 万 kW 汽轮发电机的允许接地电流最大为（　）。

A. 1A　　B. 3A　　C. 4A　　D. 5A

答案：【A】

64. 形成发电机过励磁的原因可能是（　）。

A. 发电机出口短路，强行励磁动作，励磁电流增加

B. 汽轮发电机在启动低速预热过程中，由于转速过低产生过励磁

C. 发电机甩负荷，但因自动励磁调节器退出或失灵，或在发电机启动低速预热转子时，误加励磁等

答案：【C】

65. 大型发变组非全相保护，主要由（　）。

A. 灵敏负序或零序电流元件与非全相判别回路构成

B. 灵敏负序或零序电压元件与非全相判别回路构成

C. 灵敏相电流元件与非全相判别回路构成

答案：【A】

66. 发电机自同期并列的最大特点是（　）。

A. 不会给系统带来大的冲击

B. 不会给发电机带来大的冲击

C. 操作简单、过程短

答案：【C】

67. 发电机定子绕组相间短路、匝间短路，分支开焊等不对称故障时，故障分量负序功率 P_2 方向是（　）。

A. 从系统流入发电机　　B. 从发电机流出

C. 不定，视故障严重程度而定

答案：【B】

68. 发电机功角是指（　）。

A. 电子电流与端电压夹角　　B. 定子电流与内电势夹角

C. 定子端电压与内电势夹角　　D. 功率因数角

答案：【C】

69. 当发电机定子负序电流超过（　）的动作值时，该保护将作用于停机。

A. 定子过电流保护　　B. 发电机匝间保护

C. 负序过电流或不对称过负荷保护

答案：【C】

9.2 多　选　题

1. 运行中的电压互感器（TV）和电流互感器（TA），下列正确的是（　）。

A. TV 铁芯中的磁感应强度比 TA 铁芯中的磁感应强度大很多

B. TV 一次侧看进去的阻抗比 TA 一次侧看进去的阻抗大很多

C. TV 二次侧看进去的阻抗比 TA 二次侧看进去的阻抗大很多

D. TV、TA 的比误差、角误差均由励磁电流存在而产生

答案：【AB】

2. 发电机失磁会对电力系统产生下列影响（　）。

A. 造成系统电压下降　　B. 在系统中产生很大的负序电流

C. 可能造成系统中其他发电机过电流　　D. 励磁绕组中高次谐波电流容易使其拒动

答案：【AC】

3. 发电机不完全差动保护能够反映哪些故障类型（　）。

A. 发电机相间短路故障　　B. 发电机匝间短路故障

C. 发电机定子绕组分支开焊故障　　D. 发电机转子接地故障

答案：【ABC】

4. 发电机同期并列的条件有（　）。

A. 发电机电压幅值和系统电压幅值差值在整定范围内

B. 发电机频率和系统频率差值在整定范围内

C. 发电机电压的相位和系统电压相位差值在整定范围内

D. 发电机电压的相序和系统电压相序相同

答案：【ABCD】

5. 某100MW发电机正常运行中PCS-985型发电机保护装置报“转子电压回路采样异常”信息，下列说法正确的是（　）。

A. 有可能保护装置本身的转子电压采样设备故障

B. 有可能外部的转子电压变送器或分流器回路故障

C. 有可能系统原因，使发电机负荷调节频繁，带的无功较大，转子电压变化较大

D. 电压互感器故障

答案：【ABC】

6. 发电机保护装置报“转子一点接地”告警，下列说法正确的是（　）。

A. 有可能保护装置本身的转子回路采样设备故障

B. 有可能发电机长时间停机后受潮

C. 有可能励磁机部件故障，绝缘达不到要求

D. 滑环部位集碳粉太多

答案：【ABCD】

7. 改变厂用电系统运行方式时，应考虑对（　）等方面的影响，制定事故预案，并在工作结束后尽快恢复正常运行方式。

A. 继电保护装置　　B. 安全自动装置

C. 设备容量　　D. 发电机运行方式

答案：【ABC】

8. 水电厂直流系统的蓄电池容量应考虑发生全厂停电后，能满足（　）等的工作电源。

A. 机组黑启动需要　　B. 直流起励电源

C. 控制保护装置　　D. 事故照明

答案：【ABCD】

9. 以下关于失步保护说法正确的是（　）。

A. 发电机组失步保护应能正确区分失步振荡中心所处的位置

B. 当失步振荡中心位于发变组外时应能可靠发出信号

C. 当失步振荡中心位于发变组内，应直接保护动作于解列

D. 当失步振荡中心位于发变组内，电流振荡次数超过规定值时，保护动作于解列。

答案：【ABD】

10. 发电机中性点横差保护能反应哪些发电机故障类型（　）。

A. 发电机相间短路　B. 发电机匝间短路

C. 发电机分支开焊故障　D. 发电机过负荷

答案：【ABC】

11. 以下关于失磁保护说法正确的是（　）。

A. 应能检测不同负荷下的失磁和低励　B. 应防止机组正常进相运行时误动

C. 应能防止系统振荡时误动　D. 应能检测机端电压

答案：【ABCD】

12. 发电机的 100%定子接地保护由（　）组成。

A. 零序电压　B. 零序电流　C. 2 次谐波电压　D. 3 次谐波电压

答案：【AD】

13. 发电机失磁现象有哪些？（　）

A. 灭磁开关跳闸　B. 励磁调节器故障

C. 励磁电流接近 0　D. 失磁保护动作

答案：【ABCD】

14. 励磁系统故障跳闸的原因有哪些（　）。

A. 过励动作　B. 过流动作　C. 转子电压越限　D. 失磁动作

答案：【ABCD】

15. 当励磁系统中（　）的控制失效后，相应的发电机保护应完成解列灭磁。

A. 过励限制　B. 低励限制　C. 定子过压　D. 过流限制

答案：【ABCD】

16. 调相机的主要用途是供给（　），对改善电力系统运行的稳定性起一定的作用。（　）

A、有功功率　B. 无功功率　C. 改善功率因数　D. 调整网络电压

答案：【BCD】

17. 高厂变低压侧套管上挂有地线，当从主变压器侧送电时，哪些保护会动作？（ ）

A. 发电机差动、主变压器差动　　B. 高厂变差动

C. 发变组差动

答案：【BC】

18. 发电机定子发生严重的匝间短路故障时，哪些保护会不动作？（ ）

A. 高厂变差动　　B. 失磁保护

C. 发电机差动、发变组差动　　D. 匝间保护

答案：【AB】

9.3 判 断 题

1. 发电机并列后负荷不应增加太快，主要是为了防止定子绕组温度升高。

答案：【错误】

2. 注入式原理的转子接地保护在未加励磁电压的情况下也能监视转子绝缘。

答案：【正确】

3. 励磁变压器保护定值应与励磁系统强励能力相配合，防止机组强励时保护误动作。

答案：【正确】

4. 励磁系统如设有定子过压限制环节，应与发电机过压保护定值相配合，该限制环节应在机组过电压保护动作之前动作。

答案：【正确】

5. 发电机定子过电压保护的整定值应结合发电机的过电压能力整定。

答案：【正确】

6. 发电机保护整定计算时，可假设旋转发电机的负序阻抗与正序阻抗相等。

答案：【正确】

7. 在进行发变组保护整定计算时，应以常见运行方式为计算用运行方式，并考虑特殊运行方式的影响。

答案：【正确】

8. 发电机的完全纵差动保护能反应发电机及其引出线的相间短路故障。

答案：【正确】

9. 发电机的完全纵差动保护（比率制动特性），按机端两相金属性短路校核，启动电流灵敏系数不小于1.2。

答案：【正确】

10. 发电机差动速断定值电流，按躲过机组非同期合闸产生的最大不平衡电流整定。

答案：【正确】

11. 发电机并网后，当系统处于最小运行方式时，机端保护区内两相短路时的灵敏度应不小于1.2。

答案：【正确】

12. 发电机变斜率完全纵差动保护的基本工作原理与比率制动式完全纵差动保护相同，只是制动特性是变斜率的。

答案：【正确】

13. 发电机不完全纵差即反应相间和匝间短路，又兼顾分支开焊故障。

答案：【正确】

14. 不完全纵差保护的制动特性、动作方程与相应的完全纵差保护相同，但动作电流、制动电流有所区别。

答案：【正确】

15. 发电机零序电流型横差保护反应机组匝间短路、分支开焊及绕组相间短路。

答案：【正确】

16. 发电机零序电流型横差保护中为减小动作电流和防止外部短路时误动，在额定频率工况下，该保护的三次谐波滤过比应大于80。

答案：【正确】

17. 发电机零序电流型横差保护不设动作延时，但当励磁回路一点接地后，为防止励磁回路发生瞬时性第二点接地故障时保护误动，应切换为带0.5～1.0s延时动作至停机。

答案：【正确】

18. 在发电机复压过流保护中当发电机为自并励励磁方式时，电流元件应具有记忆功能，记忆时间稍长于动作时限。

答案：【正确】

19. 对于100MW及以上发电机组，应装设100%单相接地保护。一般采用基波零序过电压保护与三次谐波过电压保护共同组成的100%单相接地保护。

答案：【正确】

20. 水轮发电机通用技术条件规定：励磁绕组的绝缘电阻在任何情况下都不应低于0.5MΩ。

答案：【正确】

21. 发电机启停机保护仅作为抽蓄机组启停低频工况下的辅助保护，工频条件下正常运行时，有断路器辅助触点或低频继电器的输出触点连锁退出。

答案：【正确】

22. 发电机的比率制动式纵差保护对发电机匝间短路无保护作用。

答案：【正确】

23. 发电机不完全差动保护只对定子绕组相间短路有保护作用，而对绕组匝间短路不起作用。

答案：【错误】

24. 发电机匝间保护零序电压的接入应用两根线，不得利用两端接地线来代替其中一根线，以免两接地点之间存在着电位差，致使零序电压继电器误动。

答案：【正确】

25. 发电机过电流保护应取自发电机中性点侧三相星形连接的电流互感器。

答案：【正确】

26. 发电机横差保护反应发电机的匝间短路故障，是发电机的主保护。

答案：【正确】

27. 在正常工况下，发电机中性点无电压。因此，为防止强磁场通过大地对保护的干扰，可取消发电机中性点电压互感器二次（或消弧线圈、配电变压器二次）的接地点。

答案：【错误】

28. 发电机负序电流保护的作用是为了提高不对称短路时电流元件的灵敏度。

答案：【正确】

29. 发电机失磁后从系统吸收大量无功，机端电压下降，有功功率和电流基本保持不变。

答案：【错误】

30. 发电机中性点处发生单相接地时，机端零序电压为 E_{ϕ}（相电动势）；机端发生单相接地时，零序电压为零。

答案：【错误】

31. 发电机反时限负序电流保护用于防止定子中的负序电流过大造成定子过热被灼伤。

答案：【错误】

32. 发电机转子一点接地保护动作后一般作用于停机。

答案：【错误】

33. 继电保护及相关设备的端子排在按照功能进行分区、分段布置，正负电源之间、跳合闸出线之间、跳（合）间引出线与正电源之间、交流电源与直流回路之间等应至少采用一个空端子隔开。

答案：【正确】

34. 利用基波零序电压构成的发电机定子单相接地保护简单、可靠，并有三次谐波滤过器，但由于他一般有 5%～15%的死区，因此不能作为发电机 100%定子接地保护。

答案：【正确】

35. 200MW 及以上容量发电机定子接地保护宜将基波零序过电压保护与三次谐波电压保护的出口分开，基波零序过电压保护投信号。

答案：【错误】

36. 发电机定子接地点离中性点越近，基波零序电压越高。

答案：【错误】

37. 因为发电机失步后对系统和本身影响都很大，当检测到发电机失步时应无条件立即动作于跳闸。

答案：【错误】

38. 发电机失磁后，转速将降低。

答案：【错误】

39. 定子绕组中出现负序电流对发电机的主要危害是在转子上感应出 2 次谐波电流，使转子过热而烧伤。

答案：【正确】

40. 发电机正常运行时，其机端三次谐波电压大于中性点三次谐波电压。

答案：【错误】

41. 100MW 及以上发电机定子绕组单相接地后，只要接地电流不超过 5A，可以继续运行。

答案：【错误】

42. 大型发电机要配置逆功率保护，是防止主汽门关闭后，发电机失步。

答案：【错误】

43. 对于终端站具有小水电或自备发电机的线路，当主电源线路故障时，为保证主电源能重合成功，应将他们解列。

答案：【正确】

44. 发电机解列的含义是断开发电机开关，灭磁。

答案：【错误】

45. 发电机过流保护的电流继电器，接在发电机中性点侧三相星形接线的 TA 上。

答案：【正确】

46. 利用基波零序电压原理构成的发电机定子单相接地保护无死区。

答案：【错误】

47. 发电机失磁后从系统中吸收有功和无功功率，使系统电压下降。

答案：【错误】

48. 100MW 以下的水轮发电机组不应装设过电压保护。

答案：【错误】

49. 在发电机中性点附近，不可能发生绝缘降低，因为发电机运行时中性点对地电压近似为零。

答案：【错误】

50. 发电机纵差和变压器纵差保护均不能反应绕组匝间短路。

答案：【错误】

51. 发电机的功角即是发电机的功率角。

答案：【错误】

52. 发电机失步保护在发生短路和稳定振荡时，不应动作。

答案：【正确】

53. 某电厂的一条出线负荷功率因数角发生了摆动，由此可以断定电厂与系统之间发生了振荡。

答案：【错误】

54. 发电机中性点处发生单相接地时，机端的零序电压为 0V。

答案：【正确】

55. 待并发电机的端电压等于发电机的电动势。

答案：【正确】

56. 发电机转子回路发生一点接地故障时，其励磁绕组的电压降低。

答案：【错误】

57. 发电机逆功率保护主要用于保护发电机，只要无功倒送就应立即跳闸。

答案：【错误】

58. 电压降低和频率升高，均能造成发电机过激磁。

答案：【错误】

59. 由于在非全相时，发电机有负序电流存在，故发电机若有负序电流保护，就可以不装设非全相保护。

答案：【错误】

60. 基波零序电压的发电机定子接地保护可以作为发电机的定子匝间短路保护。

答案：【错误】

61. 发电机装设纵联差动保护，是作为定子绕组的匝间短路保护。

答案：【错误】

62. 发电机的比率制动式纵差保护对发电机匝间短路无保护作用。

答案：【正确】

63. 发变组纵差保护中的差动电流速断保护，动作电流一般可取6～8倍额定电流，目的是避免空载合闸时误动。

答案：【错误】

64. 发电机低压过流保护的低电压元件是区别故障电流和正常过负荷电流，提高整套保护灵敏度的措施。

答案：【正确】

65. 发电机反时限负序电流保护是发电机转子负序烧伤的唯一主保护，所以该保护的电流动作值和时限与系统后备保护无关。

答案：【正确】

66. 发电机机端定子绕组接地，对发电机的危害比其他位置接地危害要大，这是因为机端定子绕组接地流过接地点的故障电流及非故障相对地电压的升高比其他位置接地时均大。

答案：【正确】

67. 发电机内部或外部发生单相接地故障时，一次系统出现对地零序电压 $3U_0$，此时发电机中性点电位也会升高至 U_0。

答案：【正确】

68. 在发电机中性点附近不可能发生绝缘破坏，因为发电机运行时中性点对地电压近似为零。

答案：【错误】

69. 发电机中性点经高阻接地的发电机（中性点接配电变压器，其二次侧接电阻），当发生接地故障时，此时接地电流为电阻电流和电容电流相量和，限制电流为 20A，要求接地保护必须动作至跳闸。三次谐波电压式的 100%定子接地保护，正常时 $u_s/u_n>1$，因此灵敏度降低，且动作不可靠，宜用外加交流电源式 100%定子接地保护。

答案：【正确】

70. 利用测量发电机转子导纳原理的一点接地保护装置，通常用两个电容器进行隔直，并与装置内的电感 L 组成低通滤波器，他的主要作用是抑制本装置中辅助电源的 50Hz 交流信号串入发电机转子回路。

答案：【错误】

71. 按导纳原理构成的励磁回路一点接地保护，可以反应励磁回路中任何一点接地的故障，且不受励磁绕组对地电容的影响，故很适用于大型水轮发电机。

答案：【错误】

72. 发电机转子一点接地保护动作后一般作用于全停。

答案：【错误】

73. 汽轮发电机失磁之后，如果不会导致系统电压大幅度下降而破坏稳定，失磁保护应尽快作用于自动减负荷，尽快将负荷压到机组额定功率的 40%～50%，可以继续运行 15～30min。

答案：【正确】

74. 发电机正常运行中发生灭磁开关偷跳，如果不联跳副励磁机开关，则有可能造成主励磁机转子过负荷。

答案：【正确】

75. 现代大型发电机变压器组均设有非全相运行保护，是因为发电机负序电流反时限保护动作时间长，当发变组非全相运行时，可能导致相邻线路对侧的保护抢先动作，扩大事故范围。

答案：【正确】

76. 当发电机变压器组保护启动断路器失灵保护时，为提高可靠性，断路器未断开的判别元件宜采用双重化构成“与”回路的方式。

答案：【正确】

77. 当系统发生事故电压严重降低时，应通过自动励磁控制装置（或继电强励装置）快速降低发电机电压，如无法降低发电机电压，则应将发电机进行灭磁，并将发电机于系统解列。

答案：【错误】

78. 调相机在不同的运行方式下，既能发出无功功率，也能吸收无功功率。

答案：【正确】

79. 利用系统侧的电压和发电机组侧的电压进行假同期试验，只能检查同期回路交流电压接线的正确性。

答案：【错误】

80. 不管是大电流接地系统还是小电流接地系统，供同期用的电压都可以从电压互感器的二次绕组相间取得，也可以从三次绕组的一个绕组上取得。

答案：【错误】

81. 发电机定子一点接地后发电机差动保护将动作。

答案：【错误】

82. 当发电机定子发生匝间短路时发电机差动保护一定动作。

答案：【错误】

9.4 问　答　题

1. 怎样构成发电机裂相横差保护？

答：裂相横差就是将发电机的每相并联分支分为两个分支组，各配以电流互感器组成差动保护。横差保护能够反应定子绕组的匝间短路故障、分支线棒开焊故障和机内绕组相间短路故障。

2. 发电机中性点接地方式主要有哪几种？发电机中性点接地保护配置原则是什么？

答：发电机中性点接地方式主要有三种：不接地、经消弧线圈接地和经配电变压器高阻接地。在发电机发生单相接地故障时，不同的中性点接地方式，将有不用的接地故障电流和动态电压，当发电机单相接地电流大于允许值时，需配置发电机中性点接地保护。

当机端单相金属性接地电容电流小于允许值时，发电机中性点可不接地，单相接地保护带延时动作于发信；当机端单相金属性接地电容电流大于允许值时，宜经消弧线圈接地（欠补偿），补偿后的残余容性电流小于允许值时，保护带延时动作于发信；当消弧线圈退出运行或由于其他原因使接地电流大于允许值时，保护应带延时动作于停机。

发电机中性点经配电变高阻接地时，接地故障电流大于电容电流。当故障电流大于允许值时，保护应带延时动作于停机，当接地故障电流小于允许值时，保护带延时动作于发信。

3. 发电机机端断路器失灵保护原理是什么？

答：300MW 及以上并且机端有断路器的机组，应装设机端断路器失灵保护。当发电机保护动作于机端断路器跳闸但断路器失灵时，跳开主变压器高压侧断路器并启动厂用电切换。机端断路器失灵保护由发电机保护出口触点和能快速返回的相电流、负序电流判别元件组成。

4. 发电机相间后备保护的整定原则什么？

答：(1) 发电机相间后备保护电流继电器的动作电流按躲过发电机额定电流原则进行整定；

(2) 相间低电压继电器动作电压一般按 0.7 倍额定电压进行整定；

(3) 相间负序电压继电器动作电压按躲过正常运行时出现的不平衡电压整定；

(4) 发电机相间后备保护出口时间按与变压器高压侧复压闭锁过流保护时限配合整定（与变压器后备保护的动作时间配合），第一时限跳变压器断路器，第二时限跳发电机出口断路器；

(5) 对于自并励方式，电流元件应具有记忆功能，记忆时间稍长于动作时限。

5. 请列举发电机纵差保护与变压器纵差保护的主要技术差别。

答：(1) 发电机差动保护电流互感器同型，而变压器差动保护电流互感器不同型；

(2) 变压器差动保护有由分接头改变引起的不平衡电流，模拟式变压器差动保护还有电流互感器变比不匹配引起的不平衡，而发电机差动保护没有；

(3) 变压器差动保护范围包含各侧独立电路和联系他们的磁路，因而要防止空载合闸或过励磁时的误动；

(4) 变压器差动保护有各侧电流互感器不同型的问题，不平衡电流大；

(5) 变压器差动保护最小动作电流和制动系数比发电机差动保护的大。

6. 发电机的正序阻抗与负序阻抗是否相等？请说明。

答：不相等。当对发电机定子施以负序电流时，电枢绕组的负序工频电流产生负序旋转磁场，在转子中产生 100Hz 的电动势和电流，故发电机的正序阻抗不等于负序阻抗。

7. 简要说明利用基波零序电压和三次谐波电压构成的发电机 100%定子接地保护。

答：发电机 100%定子接地保护由两部分构成。

(1) 第一部分是基波零序电压元件，其保护范围不少于定子绕组的 85%（从发电机机端开始）；

(2) 第二部分是利用三次谐波电压构成定子接地保护，用以消除基波零序电压元件保护不到的死区，其保护范围不小于绕组的 20%（从发电机中性点开始）。

8. 发电机失磁对系统的主要影响是什么？

答：(1) 发电机失磁后，不但不能向系统送出无功功率，而且还要从系统中吸收无功功率，将造成系统电压下降；

(2) 发电机受交变的异步电磁力矩的冲击而发生振动，转差率愈大，振动也愈厉害。

9. 失磁保护主要由哪些判据组成？

答：(1) 低电压判据，包括系统低电压和机端低电压；

(2) 定子侧阻抗判据，包括异步边界阻抗圆和静稳极限阻抗圆；

(3) 转子侧判据，包括转子低电压判据和变励磁电压判据。

10. 水轮发电机为什么需要装设过电压保护？

答：水轮发电机组在甩负荷、励磁系统误动作或系统传递过电压等情况下有可能引起发电机定子过电压，过电压保护用来防止发电机过电压破坏定子绝缘。

11. 一般的发电机组转子回路一点接地时，为何只要求发信号。

答：发电机转子回路一点接地故障是发电机较常见故障，多见于滑环集碳粉或转子受潮等，对发电机的短时运行没有直接危害，转子回路与地之间有一定的绝缘电阻（一般最低要求不小于 0.5MΩ），一点接地不能形成故障电流，励磁绕组端电压基本正常，所以一般只要求发信号，提醒运维人员尽快停机检查处理。

12. 发电机可能出现哪些故障和不正常运行状态？

答：定子绕组的相间短路、定子绕组匝间短路、定子单相接地、失磁、转子接地故障、定子对称过负荷、定子不对称过负荷、励磁回路过流、过电压、过励磁、频率异常、发电机与系统之间失步、误上电（盘车状态下误合闸）、启动和停机时故障、逆功率、电流互感器二次断线。

13. 机组正常运行时，若发生发电机失磁故障，应如何处理？

答：(1) 当发电机失去励磁时，失磁保护应动作，按发电机跳闸处理；

(2) 若失磁保护未动作，且危及系统及本厂厂用电的安全运行时，则应立即紧急停用发电机（或采用程序逆功率保护）及时将失磁的发电机解列；

(3) 在上述处理的同时，应尽量增加其他未失磁机组的励磁电流，以提高系统电压和稳定能力；

(4) 发电机解列后，应查明原因，消除故障后才可以将发电机重新并列。

14. 自并励发电机为什么设置带有电流记忆功能的发电机复压过流保护？

答：对于自并励发电机，在短路故障后电流衰减变小，故障电流在过流保护动作出口前可能已小于过流定值，因此，复合电压过流保护启动后，过流元件需带记忆功能，使保护能可靠动作出口。

15. 发电机失步保护的出口方式是什么？

答：发电机失步保护只在失步振荡情况下动作。失步保护动作后，一般只发信号，当振荡中心位于发变组内部或失步振荡持续时间过长、对发电机安全构成威胁时，才作用于跳闸，而且应在两侧电动势相位差小于90°的条件下使断路器跳开，以免断路器的断开容量过大。

16. 为什么转子一点接地保护动作后要短时闭锁横差保护？

答：横差电流为双支路之间的不平衡流，转子一点接地后，可能使部分磁极被短接，造成双支路电势差，引起故障支路和正常支路的三相电势不平衡，而产生支路之间的差流，造成横差保护误动，所以，在转子一点接地后，将横差改长延时。

17. 为什么发电机纵差保护不能反应匝间短路？

答：发电机纵差保护在原理上只反映绕组中性点与机端电流之差，而匝间短路主要发生在发电机的同一相绕组上，从该相绕组中性点与机端电流互感器上测得的电流幅值相等，相位相差180°，故纵差保护不反应匝间短路。

18. 同步调相机为什么装设低电压保护？

答：当电源电压消失时，调相机将停止运行，为了防止电压突然恢复时，调相机在无起动设备的情况下再起动，必须设置调相机低电压保护。电源电压下降或消失时，低电压保护动作将调相机切除或跳开其灭磁开关，同时投入起动电抗器，使其处于准备起动状态。

19. 调相机为什么不装反应外部故障的过电流保护？

答：原因有以下几点：

（1）外部故障时电压下降，需要调相机送出大量无功功率以尽快恢复系统电压，此时切除调相机是不合理的；

（2）外部故障由相应保护动作切除后，调相机供给的短路电流亦随之减小；

（3）当外部故障使电压急剧下降时，可以由低电压保护动作切除调相机。

20. 大型发电机定子接地保护应满足哪几个基本要求？

答：应满足三个基本要求：

（1）故障点电流不应超过安全电流；

（2）有100%的保护区；

（3）保护区内任一点发生接地故障时，保护应有足够高的灵敏度。

21. 为什么发电机要装设低电压闭锁过电流保护？为什么这种保护要使用发电机中性点处的电流互感器？

答：这是为了作为发电机的差动保护或下一元件的后备保护而设置的，当出现下列两种故障时起作用：

（1）当外部短路，故障元件的保护装置或断路器拒绝动作时；

（2）在发电机差动保护范围内故障而差动保护拒绝动作时。

为了使这套保护在发电机加压后未并入母线上以前，或从母线上断开以后（电压未降），发生内部短路时，仍能起作用，所以要选用发电机中性点处的电流互感器。

22. 失磁保护判据的特征是什么？

答：（1）无功功率方向改变；

（2）超越静稳边界；

（3）进入异步边界。

利用上述三个特征，可以区别是正常运行还是出现了低励或失磁。

23. 发电机的失磁保护为什么要加装负序电压闭锁装置？

答：在电压互感器一相断线或两相断线及系统非对称性故障时，发电机的失磁保护可能要动作。为了防止失磁保护在以上情况下误动，加装负序电压闭锁装置，使发电机失磁保护在发电机真正失磁时，反映失磁的继电器动作，而负序电压闭锁继电器不动作。

24. 发电机失磁的机端测量阻抗分为哪几个阶段？

答：从失磁到失步前；静稳极限点；失步后的异步运行阶段。

25. 发电机断口闪络保护的动作条件是什么？

答：断路器三相断开位置时，有负序电流出现。

26. 反映基波零序电压的定子接地保护的零序电压取在何处？

答：发电机中性点电压互感器的电压或消弧线圈的二次电压或机端三相电压互感器的开口三角绕组。

27. 试述发电机失磁的电气特性。

答：（1）发电机正常运行，向系统送出无功功率，失磁后将从系统吸取大量无功功率，使机端电压下降。当系统缺少无功功率，严重时可能使电压低到不允许和数值，以致破坏系统稳定；

（2）发电机电流增大，失磁前送的有功合愈多，失磁后电流增大愈多；

（3）发电机有功功率方向不变，继续向系统送有功功率；

（4）发电机机端测量阻抗，失磁前在阻抗平面 R-X 坐标第一象限，失磁合测量阻抗的轨迹沿着等有功阻抗圆进入第四象限。随着失磁的发展，机端测量阻抗的端点落在静稳极限阻抗圆内，转入异步运行状态。

28. 为什么现代大型发电机应装设过激磁保护？

答：大容量发电机无论在设计和用材方面裕度都较小，其工作磁密很接近饱和磁密，当由于调压器故障或手动调压时甩负荷或频率下降等原因，使发电机产生过激磁时，其后果非常严重，有可能造成发电机金属部分的严重过热，在极端情况下，能使局部矽钢片很快熔化。因此，对大容量发电机应装设过激磁保护。

29. 发电机—变压器组运行中，造成过激磁的原因有哪些？

答：（1）发电机—变压器组与系统并列前，由于误操作，误加大励磁电流引起；

（2）发电机启动中，转子在低速预热时，误将电压升至额定值会因发电机变压器低频运行造成过励磁；

（3）切除发电机中，发电机解列减速，若灭磁开关拒动，使发电机遭受低频引起过励磁；

（4）发电机—变压器组出口断路器跳开后，若自动励磁调节器退出或失灵，则电压与频率均会升高，但因频率升高慢引起过励磁。即使正常甩负荷，由于电压上升快，频率上升慢，也可能使变压器过励磁；

（5）系统正常运行时频率降低时也会引起。

30. 纵向基波零序电压保护反映发电机什么故障？其所用的三相 TV 一次侧接线有

什么要求？当发生定子绕组单相金属性接地时，从理论上说纵向基波零序电压有什么变化？

答：发电机匝间故障；要求三相 TV 中性点与发电机中性点连起来；基本上没有变化。

31. 发电机为什么要装设负序电流保护？

答：电力系统发生不对称短路或者三相不对称运行时，发电机定子绕组中就有负序电流，这个电流在发电机气隙中产生反向旋转磁场，相对于转子为两倍同步转速。因此在转子部件中出现倍频电流。该电流使得转子上电流密度很大的部位局部灼伤，严重时可能使护环受热松脱，使发电机造成重大损坏。另外 100Hz 交变电磁力矩，将作用在转子大轴和定子机座上，引起频率为 100Hz 的振动。为防止上述危害发电机的问题发生，必须设置负序电流保护。

32. 简述发电机纵向零序电压保护的作用及工作原理。当发电机定子绕组接地故障，该保护是否动作。

答：利用专用电压互感器反应发电机端部相对于中性点之间的不平衡电压，可反应发电机定子绕组同分支匝间、同相不同分支之间、不同相间短路。当发电机定子绕组接地故障，出现零序电压，但是因为发电机中性点不接地，中性点零序电压与发电机端部零序电压相等，纵向零序电压仍为零，所以不动作。

33. 发电机的同步电抗 X_d，暂态电抗 X_d' 和次暂态电抗 X_d'' 有哪些区别和用途？

答：1）同步电抗 X_d 为发电机稳态运行时的电抗；电绕组的漏抗和电枢反应但成。一般用来计算系统潮流和静态稳定条件；

2）暂态电抗 X_d' 是发电机对突然发生的短路电流所形成的电抗，因电枢中的磁通量不能突变，故由短路电流产生的电枢反应最初不存在，故 X_d' 小于 X_d，一般用来计算短路电流和暂态稳定；

3）次暂态电抗 X_d'' 是对有阻尼绕组或有阻尼效应的发电机的暂态电抗，其值比 X_d' 更小，用途同暂态电抗 X_d'。

34. 发电机定子绕组单相接地对发电机有何危险？

答：发电机的中性点是绝缘的，如果一相接地，表面看构不成回路，但是由于带电体与处于地电位的铁芯间有电容存在，发生一相接地，接地点就会有电容电流流过。单相接地电流的大小，与接地绕组的份额 α 成正比。当机端发生金属性接地，接地电流最大，而接地点越靠近中性点，接地电流愈小，故障点有电流流过，就可能产生电弧，当接地电流大于 5A

时，就会有烧坏铁芯的危险。此外，单相接地故障还会进一步发展为匝间短路或相间短路，从而出现巨大的短路电流，造成发电机的损坏。

35. 发电机逆功率运行对发电机有何影响？

答：一般发生在刚并网时，负荷较轻，造成发电机逆功率运行，这样的情况对发电机一般不会有什么影响。

当发电机带着高负荷运行时，若引起发电机逆功率运行可能造成发电机瞬间过电压，因为带负荷时一般为感性（即迟相运行）即正常运行的电枢反应磁通的励磁电流在负荷瞬间消失后，会使全部励磁电流使发电机电压升高，升高多少与励磁系统特性有关，从可靠性来讲，发生过电压对发电机有不利的影响，可能由于某种保护动作引起机组跳闸。

36. 发电机振荡和失步的原因是什么？

答：发电机正常运行时发出的功率和用户的负荷功率是平衡的，发电机和系统都处在稳定状态下运行。当系统中发生某些重大干扰时，发电机与用户之间的功率平衡将遭到破坏，此时必须立即改变发电机的输出功率以求得重新达到平衡。但由于发电机的转子转动具有惯性，汽轮机调速器的动作需要一定的延时，故改变发电机的功率就要有一个过程。在这个过程当中，发电机的功率和用户的负荷功率不能平衡，就会破坏发电机的稳定运行，使发电机产生振荡或失步。

37. 反应零序电压的发电机匝间保护，适用于中性点什么样结构的发电机？简述其原理。

答：反应零序电压的发电机匝间保护，适用于中性点没有引出三相6端子的发电机。当发电机正常运行时，反应匝间短路TV开口三角的零序电压 $3U_0=0$，保护不动作；当发电机内部或外部单相接地故障时，虽三相对地电压不再平衡，但三相对中性点的电压仍完全对称，同样反应匝间短路TV开口三角的零序电压 $3U_0=0$，保护不动作；当发电机内部发生匝间短路或对中性点不对称的各种相间短路时，破坏了三相对中性点的对称，反应匝间短路TV开口三角的零序电压不为零，保护动作。

38. 水轮发电机保护种类大多与汽轮发电机保护相同，不同的有哪些？

答：(1) 不装设转子两点接保护；

(2) 一般应装设过电压保护；

(3) 一般不考虑水轮发电机失磁后的异步运行，而直接作用于跳闸；

(4) 不装设逆功率保护。

39. 发电机中性点的接地方式可分为哪几种?

答:(1) 直接接地;

(2) 经低阻抗接地;

(3) 不接地或经电压互感器接地;

(4) 经高阻接地;

(5) 经消弧线圈接地。

40. 试述大型发电机失磁的物理过程。并回答下列问题:

(1) 失磁保护动作于快速减负荷和切换厂用电源的动作条件;

(2) 失磁保护动作于解列发电机的动作条件;

(3) 系统低电压的整定条件;

(4) 阻抗元件按静稳边界和稳定异步边界整定的整定条件。

答:失磁过程:从系统吸收大量无功、系统电压降低;定子电流增加;发电机失去稳定、有功摆动;测量阻抗由第一象限沿着等有功阻抗圆进入第四象限,再进入静稳阻抗圆,失去稳定后转入异步运行阻抗圆。如不能稳定异步运行则滑出异步运行阻抗圆。

(1) 失磁保护动作于快速减负荷和切换厂用电源的动作条件:发电机失磁(无功反向或失去静稳),系统电压允许;

(2) 失磁保护动作于解列发电机的动作条件:系统电压低于80%或失步;

(3) 系统低电压的整定条件:80%额定电压;

(4) 阻抗元件按静稳边界整定的整定条件:$X_A=X_{sc}$,$X_B=-X_d$(或,$X_A=0$,$X_B=-1.4X_d$);阻抗元件按稳定异步边界整定的整定条件:$X_A=X'_d$,$X_B=-X_d$(或 $X_B=-1.2X_d$)。

9.5 计 算 题

1. 有一台厂用电动机,容量为220kW,额定电压为6KV,额定电流为25.5A,电流互感器的变比为100/5,出口最大三相短路电流为12950A,试计算速断保护的定值。

答:按躲过电动机起动电流整定:

$$I_{dj}=K_k\times K_q\times I_e=1.5\times 6\times 25.5=229.5\text{A}$$

$$I_{dz}=I_{dj}/(100/5)=229.5/20=11.5\text{A}$$

灵敏度检验：

$$K_{lm}=\sqrt{3}/2\times12950/11.5\times100/5=48.76>2$$

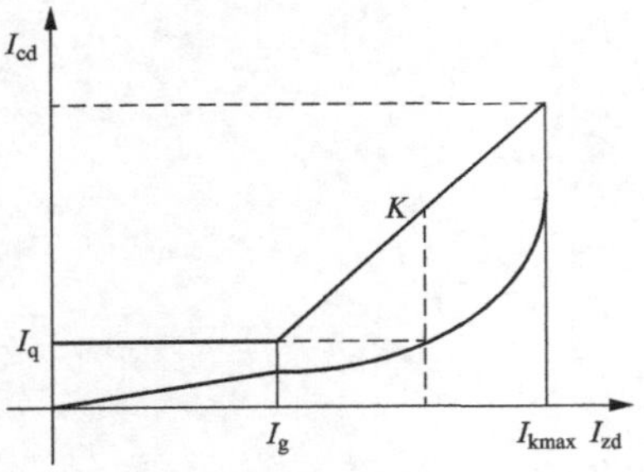

图 9-1

2. 发电机比率制动式差动保护，动作特性如图 9-1，其中 $I_q=0.4I_e$，$I_g=I_e$，$K=0.4$，现微机保护实测的 $I_{cd}=0.5I_e$，$I_{zd}=1.5I_e$，试问保护是否动作。

答：根据比率制动特性可得动作方程为：

$$I_{cd}>I_q \quad I_{zd}<I_g$$

$$I_{cd}>I_q+K(I_{zd}-I_g) \quad I_{zd}>I_g$$

现 $I_{zd}=1.5I_e$，大于拐点电流 $I_g=I_e$，故应按带制动特性的动作方程判断。

$I_q+K(I_{zd}-I_g)=0.4I_e+0.4(1.5I_e-I_e)=0.6I_e$，而 $I_{cd}=0.5I_e$，所以保护不动作。

3. 发电机机端单相接地时，故障点的最大基波零序电流怎样计算？

答：$I=3\omega E_{ph}(C_g+C_t)(\omega=2\pi f=314)$

E_{ph}——发电机相电压，V；

C_g——发电机对地每相电容，F；

C_t——机端相连元件每相对地总电容，F。

9.6 分 析 题

1. 图 9-2 所示系统中，若发电机、变压器各装有图示的保护，若 k 点发生两相短路时，发电机和变压器各有哪些保护会起动？应由哪个保护最先动作？跳开哪些断路器？

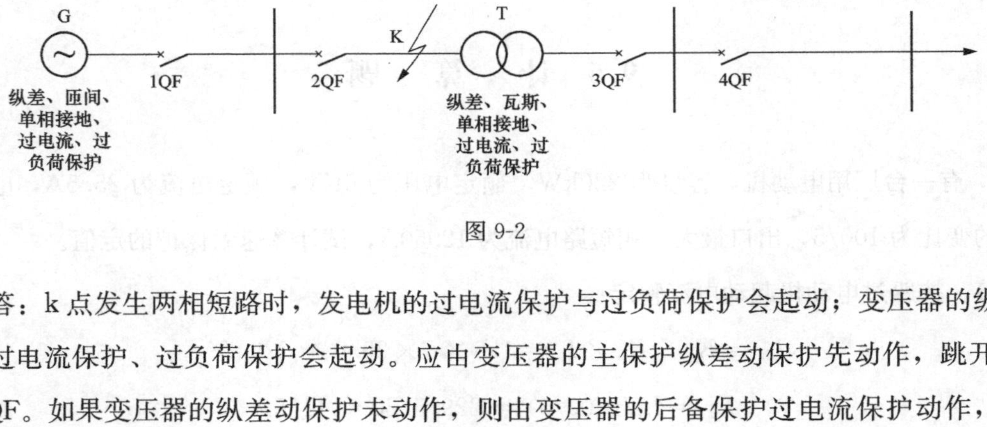

图 9-2

答：k 点发生两相短路时，发电机的过电流保护与过负荷保护会起动；变压器的纵差保护、过电流保护、过负荷保护会起动。应由变压器的主保护纵差动保护先动作，跳开 2QF 与 3QF。如果变压器的纵差动保护未动作，则由变压器的后备保护过电流保护动作，跳开

2QF 与 3QF。如果变压器的过电流保护也未动作，将由发电机的过电流保护作为远后备而动作，跳开 1QF。两者的过负荷保护过了 6 秒后再动作于信号。

2. 水轮发电机，$S_N=700MW$，$U_N=20kV$，每相 5 并联分支，中性点侧可引出各分支端子；定子铁芯共 540 槽，槽内上下层线棒短路共 540 种，其中：1）相间短路 60 种（约占总短路故障的 11%）；2）同相不同分支匝间短路 60 种；3）同相同分支匝间短路 420 种，短路匝数分别为 1、3、5、7 匝各 105 种。请问：主保护配置要求双重化，你建议装设哪些主保护？指出他们的优缺点。

答：(1) 裂相横差保护：对匝间短路灵敏，但对机端和引线相间短路无效；

(2) 零序电流横差保护：对匝间短路灵敏，但对机端和引线相间短路无效；

(3) 不完全纵差保护：对相间（包括引线）短路和匝间短路能反应，但可能灵敏度差；

(4) 完全纵差保护：对相间短路和引线相间短路灵敏，但对匝间短路反应不灵敏。

3. 试述发电机励磁回路接地故障有什么危害？

答：发电机正常运行时，励磁回路对地之间有一定的绝缘电阻和分布电容，他们的大小与发电机转子的结构、冷却方式等因素有关。当转子绝缘损坏时，就可引起励磁回路接地故障，常见的是一点接地故障，如不及时处理，还可能接着发生两点接地故障。励磁回路的一点接地故障，由于构不成电流通路，对发电机不会构成直接的危害。对于励磁回路一点接地故障的危害，主要是担心再发生第二点接地故障。因为在一点接地故障后，励磁回路对地电压将有所增高，就有可能再发生第二个接地故障点。

发电机励磁回路发生两点接地故障的危害表现为：①转子绕组一部分被短路，另一部分绕组的电流增加，这就破坏了发电机气隙磁场的对称性，引起发电机的剧烈振动，同时无功出力降低；②转子电流通过转子本体，如果转子电流比较大，就可能烧损转子，有时还造成转子和汽轮机叶片等部件被磁化；③由于转子本体局部通过转子电流，引起局部发热，使转子发生缓慢变形而形成偏心，进一步加剧振动。

4. 试分析发电机纵差保护与横差保护作用及保护范围如何？能否互相取代？

答：纵差保护是实现发电机内部短路故障保护的最有效的保护方法，是发电机定子绕组相间短路的主保护。

横差保护是反映发电机定子绕组的一相匝间短路和同一相两并联分支间的匝间短路的保护，对于绕组为星形连接且每相有两个并联引出线的发电机均需装设横差保护。

在定子绕组引出线或中性点附近相间短路时，两中性点连线中的电流较小，横差保护可能不动作，出现死区（可达15％～20％），因此不能取代纵差保护。

5. 励磁系统故障对发电机与电力系统的危害是什么？

答：运行中的大容量发电机组，如果发生低励、失磁故障，将对发电机和电力系统的稳定运行造成非常严重的影响。

(1) 对电力系统的影响：

1）低励或失磁时，发电机从电力系统吸收无功，引起系统电压下降。如果电力系统无功储备不足，将使临近故障发电机组的系统某点电压低于允许值，使电源与负荷间失去稳定，甚至造成电力系统因电压崩溃而瓦解；

2）一台发电机失磁电压下降，电力系统中的其他发电机组在自动调整励磁装置作用下将增大无功输出，从而可能使某些发电机组和线路过负荷，其后备保护可能发生误动作，使故障范围扩大；

3）一台发电机失磁后，由于有功功率的摆动，以及电力系统电压的下降，可能导致相邻正常发电机与电力系统之间或系统各回路之间发生振荡，造成严重后果；

4）发电机额定容量越大，低励、失磁引起的无功缺额也越大。如果电力系统相对容量较小，则补偿这一无功缺额的能力较差，由此而来的后果会更严重。

(2) 对发电机本身的影响：

1）失磁后，发动机定转子之间出现转差，在发电机转子回路中产生损耗超过一定值时，将使转子过热。特别是大型发电机组，其热容量裕度较低，转子易过热。而流过转子表面的差额电流，还将使转子本体与槽楔、护环的接触面上发生严重的局部过热；

2）低励或失磁发电机进入异步运行后，由机端观测到的发电机等效电抗降低，从电力系统吸收无功功率增加。失磁前所带的有功越大，转差就越大，等效电抗就越小，从电力系统吸收无功就越大。因此，在重负荷下失磁发电机进入异步运行后，如不立即采取措施，发动机将因过电流使定子绕组过热；

3）在重负荷下失磁后，转差也可能发生周期性的变化，使发电机出现周期性的严重超速，直接威胁着发电机组的安全；

4）低励、失磁时，发动机定子端部漏磁增加，将使发电机端部部件和边段铁芯过热，这一情况通常是限制发电机失磁异步运行能力的主要条件。

6. 单元接线发变组的差动电流速断保护，动作电流取6～8倍或8～10倍额定电流，合理否？

答：(1) 发变组一般不可能断开发电机由变压器高压侧充电，即没有空载合闸时的励磁涌流；

(2) 发变组与之相连的线路在线路出口故障切除，变压器电源侧电压由故障残压恢复的额定电压，变压器的励磁涌流较小。

故 6～8 倍或 8～10 倍额定电流较大，取 3～5 倍额定电流较合适。

7. 发电机转子一点接地（乒乓式切换原理）保护，在转子励磁回路上有下列接线状况时，该保护的动作行为将会误动吗？

(1) 装置的大轴端子应该是通过电缆经由两个电碳刷接到转子大轴上的，现转子附近已有一个接地点，保护大轴端子在保护柜内又有一个接地点时。

(2) 发电机励磁调节器上配了一个接地检测装置，与一点接地保护同时运行时。

(3) 励磁变压器接线形式为三角/星零，即低压侧中性点接地运行，经硅二极管整流给励磁绕组提供直流励磁电流时。

答：(1) 有两个接地有可能使接地保护不能正常运行而误动；

(2) 已有一个接地检测装置运行，将直接影响接地保护的正常运行；

(3) 励磁变压器低压侧中性点接地运行，接地保护也不能正常运行而误动。

8. 如图 9-3 所示，一个电厂有两台单元接线的发电机变压器组运行，这两台机组的主变压器高压侧接地保护配置完全一样，即零序过电流保护和间隙零序电流电压保护。零序过电流保护为两段定值各两段时限，以较短时限动作于缩小故障影响范围，较长时限动作于解列灭磁；间隙零序电流电压保护经短时限动作于解列灭磁。现问 1 号主变压器接地运行，2 号主变压器不接地运行，请分析当 k_1 点和 k_2 点分别发生单相接地短路故障时，这两台变压器的接地保护动作行为如何？请在下表填写，只限于动作跳闸用 V 表示，不动作不跳闸不表示。

答：

1号主变压器保护					2号主变压器保护				
短路点	跳闸对象	零序电流短时限	零序电流长时限	间隙零序电流	零序电压	零序电流短时限	零序电流长时限	间隙零序电流	零序电压
k_1	QF	V							
k_1	QF1		V						
k_1	QF2								
k_2	QF	V							
k_2	QF1								
k_2	QF2							V	V

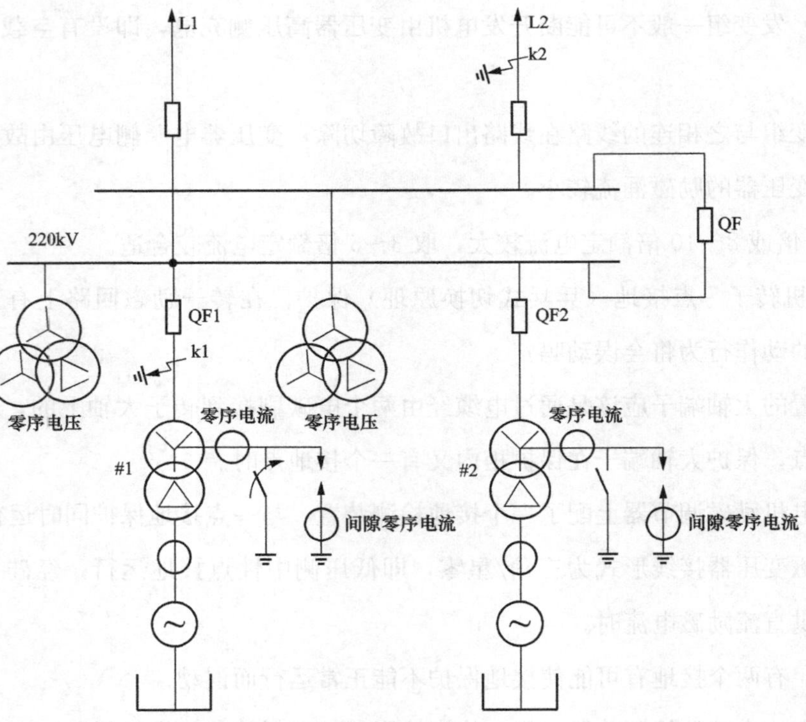
L1
L2
k2
QF
220kV
QF1
QF2
k1
零序电压
零序电流
零序电压
零序电流
#1
#2
间隙零序电流
间隙零序电流

图 9-3

10 规程标准及反事故措施部分

10.1 单 选 题

1. 静态保护和控制装置的屏柜下部应设有截面积不小于（　）mm^2 的接地铜排。屏柜上装置的接地端子应用截面积不小于（　）mm^2 的多股铜线和接地铜排相连。接地铜排应用截面不小于（　）mm^2 的铜缆与保护室内的等电位接地网相连。（　）

A. 100，10，50　　B. 100，4，50　　C. 100，4，100　　D. 100，100，100

答案：【B】

2. 保护室内的等电位接地网与厂、站的主接地网只能存在唯一连接点，为保证连接可靠，连接线必须用至少（　）根以上、截面积不小于（　）mm^2 的铜缆（排）构成共点接地。（　）

A. 2，50　　B. 4，100　　C. 2，100　　D. 4，50

答案：【D】

3. 在干扰水平较高的场所，或是为取得必要的抗干扰效果，宜在敷设等电位接地网的基础上使用（　）。

A. 塑料电缆托盘（架）　　B. 沙包

C. 分层、分区　　D. 金属电缆托盘（架）

答案：【D】

4. 依照《电力系统继电保护及安全自动装置柜（屏）通用技术条件》要求，端子排距继电保护柜后框架外侧的距离不应小于（　）。

A. 100mm　　B. 150mm

C. 200mm　　D. 250mm

答案：【B】

5. 合并单元保护电流通道的最大峰值瞬时误差应不大于（ ）；通过合并单元的采样值分析出的保护电流非周期分量衰减时间常数（0.1s）的测量误差应不大于（ ）。（ ）

A. 5%，5%　　B. 10%，5%　　C. 5%，10%　　D. 10%，10%

答案：【D】

6. 如果设备与通信设备间采用电缆连接，当使用双绞双屏蔽电缆时，正确的做法是（ ）。

A. 每对双绞线的屏蔽层，内层发端接地，收端悬浮；外屏蔽层两端接地

B. 每对双绞线的屏蔽层，内层收端接地，发端悬浮；外屏蔽层两端接地

C. 整个电缆的外屏蔽层，发端接地，收端悬浮；内屏蔽层两端接地

D. 每对双绞线的屏蔽层及整个电缆的外屏蔽层在两端接地

答案：【B】

7. 依照《智能变电站网络交换机技术规范》要求，交换机网络风暴实际抑制结果不应超过抑制设定值的（ ）。

A. 110%　　B. 120%　　C. 150%　　D. 200%

答案：【A】

8. 有关控制电缆的屏蔽层，以下说法正确的是（ ）。

A. 应该一点可靠接地　　B. 不能流过电流

C. 可能对芯线产生附加的干扰　　D. 只起到抗静电干扰的作用

答案：【C】

9. 由开关场至控制室的二次电缆采用屏蔽电缆且要求内屏蔽层控制室一点接地是为了降低（ ）。

A. 开关场的空间电磁场在电缆芯线上产生感应，对静态型保护装置造成干扰

B. 相邻电缆中信号产生的电磁场在电缆芯线上产生感应，对静态型保护装置造成干扰

C. 本电缆中信号产生的电磁场在相邻电缆芯线上产生感应，对静态型保护装置造成干扰

D. 由于开关场与控制室的地电位不同，在电缆中产生干扰

答案：【D】

10. 屏柜上装置的接地端子应用截面不小于（ ）的多股铜线和接地铜排相连。

A. $2.5mm^2$　　B. $4mm^2$　　C. $6mm^2$　　D. $50mm^2$

答案：【B】

11. 220kV 及以上电压等级的新建变电站通信电源应双重化配置，满足“双设备、（ ）、双电源”的要求。

A. 双通道　　B. 双路由　　C. 三通道　　D. 三路由

答案：【B】

12. 按照《国家电网有限公司关于印发十八项电网重大反事故措施（修订版）的通知》（国家电网设备〔2018〕979 号），新建或改造的变电站，直流系统绝缘监测装置，应具备（ ）的功能。原有的直流系统绝缘监测装置，应逐步进行改造，使其具备相同功能。

A. 蓄电池巡检　　B. 交流窜直流故障测记和报警

C. 直流接地告警　　D. 蓄电池告警

答案：【B】

13. 直流总输出回路、直流分路均装设自动开关时，必须确保上、下级自动开关有选择性地配合，自动开关的额定工作电流应按最大动态负荷电流（即保护三相同时动作、跳闸和收发信机在满功率发信的状态下）的（ ）倍选用。

A. 1.2　　B. 1.5　　C. 1.8　　D. 2.0

答案：【D】

14. 直流系统的电缆应采用（ ），两组蓄电池的电缆应分别铺设在各自独立的通道内，尽量避免与交流电缆并排铺设，在穿越电缆竖井时，两组蓄电池电缆应加穿金属套管。

A. 铠装电缆　　B. 屏蔽铠装电缆

C. 屏蔽电缆　　D. 阻燃电缆

答案：【D】

15. 在运行和检修中应加强对直流系统的管理，严格执行有关规程、规定及反事故措施，防止直流系统故障，特别要防止（ ）造成电网事故。

A. 直流接地　　B. 直流失压　　C. 交串直　　D. 直流电压波动

答案：【C】

16. 某变电站直流系统最低瞬时电压 216.7V，最高瞬时电压 222.2V，直流分量为 220V，（ ）直流电源纹波系数的要求。

A. 满足　　B. 不满足

C. 处于规定的临界值　　D. 以上均不对

答案：【B】

17. 安装在通信机房继电保护通信接口设备的直流电源应取自通信直流电源，并与所接入通信设备的直流电源相对应，采用（ ）电源，该电源的（ ）应连接至通信机房的接地铜排。（ ）

A. +24V，负端 B. −24V，正端 C. +48V，负端 D. −48V，正端

答案：【D】

18. 装有两台及以上主变压器压器的330kV及以上变电站和地下220kV变电站，应配置（ ）路站用电源。

A. 一 B. 两 C. 三 D. 四

答案：【C】

19. 220kV及以上电压等级变电站应采用（ ）台充电、浮充电装置，（ ）组蓄电池组的供电方式。（ ）

A. 两，三 B. 三，两 C. 三，一 D. 四，三

答案：【B】

20. 发电厂、变电站蓄电池直流母线电压允许波动范围为额定电压的（ ）。

A. ±3% B. ±5% C. ±10% D. ±15%

答案：【C】

21. 发电厂和变电站的直流母线电压最高不应超过额定电压的115%，在最大负荷情况下保护动作时不应低于额定电压的（ ）。

A. 85% B. 80% C. 90% D. 95%

答案：【B】

22. 对于不经判据直接启动跳闸的开入量，其抗干扰重动继电器在额定直流下动作时间应为（ ）。

A. 20ms以上 B. 10～35ms C. 10～25ms D. 20～50ms

答案：【B】

23. 直流电源在（ ）U_N范围内变化时，故障录波器应能正常工作。

A. 80%～105% B. 80%～110% C. 90%～105% D. 80%～115%

答案：【D】

24. 在新建、扩建和技改工程中，应根据DL/T866《电流互感器和电压互感器选择和计算导则》、GB16847《保护用电流互感器暂态特性技术要求》和电网发展的情况进行互感器

的选型工作，并充分考虑到保护双重化配置的要求。宜选用具有多次级的电流互感器，优先选用（　）电流互感器。

A. 支柱式　　B. 套管式

C. 母线式　　D. 贯穿（倒置）式

答案：【D】

25. 线路两侧或主设备差动保护各侧的电流互感器的相关特性宜一致，避免在遇到较大短路电流时因各侧电流互感器的（　）不一致导致保护不正确动作。

A. 暂态特性　　B. 静态特性　　C. 稳态特性　　D. 伏安特性

答案：【A】

26. 母线差动、变压器差动和发变组差动保护各支路的电流互感器应优先选用（　）的电流互感器。

A. 准确限制系数和额定拐点电压较高

B. 误差限制系数和饱和电压较高

C. 准确限制系数和额定拐点电压较低

D. 误差限制系数和饱和电压较低

答案：【A】

27. 修改配置文件应遵循“（　）”的原则，严格按照修改、校核、审批、执行的管理流程开展工作。

A. 先备份，后修改　　B. 主站修改，厂站控制

C. 源端修改，过程受控　　C. 厂站修改，主站控制

答案：【C】

28. 引入两组及以上电流互感器构成合电流的保护装置两组TA应（　）保护装置。

A. 同极性合流接入　　B. 反极性接入

C. 合流接入　　D. 分别接入

答案：【D】

29. （　）kV及以上系统保护、高压侧为330kV及以上的变压器和300MW及以上的发电机变压器组差动保护用电流互感器宜采用TPY电流互感器。

A. 110　　B. 220　　C. 330　　D. 500

答案：【C】

30. 对于 330kV 及以上电压等级变压器，包括公共绕组 TA 和低压侧三角内部套管（绕组）TA 在内的全部保护用 TA 均应采用（　）型 TA。

A. P　　B. PR　　C. TPY　　D. TPZ

答案：【C】

31.（　）kV 系统保护、高压侧为 220kV 的变压器和 100～200MW 级的发电机变压器组差动保护用电流互感器可采用 P 类、PR 类或 PX 类电流互感器。

A. 110　　B. 220　　C. 330　　D. 500

答案：【B】

32. 220kV 电压等级变压器保护优先采用 TPY 型 TA；若采用 P 级 TA，为减轻可能发生的暂态饱和影响，其暂态系数不应小于（　）。

A. 2　　B. 3　　C. 4　　D. 5

答案：【A】

33. 互感器可按稳态短路条件进行计算选择，为减轻可能发生的暂态饱和影响宜具有适当暂态系数。220kV 系统的暂态系数不宜低于（　）。

A. 1　　B. 2　　C. 3　　D. 4

答案：【B】

34. 母线差动保护各支路电流互感器变比差不宜大于（　）倍。

A. 2　　B. 4　　C. 6　　D. 8

答案：【B】

35. 变压器保护各侧 TA 变比，不宜使平衡系数大于（　）。

A. 5　　B. 6　　C. 8　　D. 10

答案：【D】

36. 保护用电子式电压互感器的复合误差应满足（　）级要求。

A. 3P　　B. 5P　　C. 5TPE　　D. 6P

答案：【A】

37. 继电保护装置的交流回路要求在（　）倍额定电流下，允许运行 1s。

A. 20　　B. 30

C. 40　　D. 50

答案：【C】

38. 关于电压互感器和电流互感器二次接地正确的说法是（ ）。

A. 电压互感器二次接地属工作接地，电流互感器二次接地属保护接地

B. 电压互感器二次接地属保护接地，电流互感器二次接地属工作接地

C. 均属工作接地

D. 均属保护接地

答案：【D】

39. 防止继电保护“三误”是指防止继电保护的（ ）。

A. 误校验、误接线、误碰　　B. 误校验、误整定、误碰

C. 误整定、误碰、误接线　　D. 误触、误碰、误接线

答案：【C】

40. 保护选型应采用（ ）的产品。

A. 技术成熟、性能可靠、质量优良　　B. 技术先进、性能优良、质量可靠

C. 技术成熟、性能先进、质量优良　　D. 技术先进、性能可靠、质量优良

答案：【A】

41. 涉及电网安全、稳定运行的发、输、配及重要用电设备的继电保护装置应纳入电网统一规划、（ ）、运行、管理和（ ）。

A. 设计、维护　　B. 设计、技术监督

C. 技术监督、配置　　D. 配置、技术监督

答案：【B】

42. 在一次系统规划建设中，应充分考虑继电保护的（ ），避免出现特殊接线方式造成继电保护配置及整定难度的增加，为继电保护安全可靠运行创造良好条件。

A. 安全性　　B. 可靠性　　C. 适应性　　D. 选择性

答案：【C】

43. 保护配置应遵循“（ ）”的原则进行保护配置、选型与整定。

A. 强化主保护，强化后备保护和二次回路

B. 简化主保护，简化后备保护和二次回路

C. 简化主保护，强化后备保护和二次回路

D. 强化主保护，简化后备保护和二次回路

答案：【D】

44. 加强微机保护装置软件版本管理，未经（ ）认可的软件版本不得投入运行。

A. 调度部门　　B. 主管领导　　C. 网、省公司　　D. 主管部门

答案：【D】

45. 按照《国家电网有限公司关于印发十八项电网重大反事故措施（修订版）的通知》（国家电网设备〔2018〕979号），在改造、扩建工程中，新保护装置必须满足（ ）方可接入二次设备在线监视与分析系统。

A. 通信认证　　B. 网络安全规定　　C. 规约测试　　D. 模型核对

答案：【B】

46. 继电保护及安全自动装置应选用（ ）符合有关规程规定的产品，在保护装置内，直跳回路开入量应设置必要的延时防抖回路，防止由于开入量的短暂干扰造成保护装置误动出口。

A. 抗干扰能力　　B. 防保护误动

C. 抗电磁干扰　　C. 防误碰能力

答案：【A】

47. 继电保护装置的配合和选型应满足有关规程规定的要求，线路保护的选型还应保证与对侧保护的（ ）。

A. 一致性　　B. 可配合性

C. 一致性或可配合性　　D. 一致性和可配合性

答案：【D】

48. 纵联距离保护确定了三种基础型号：（ ）、光纤通道和载波通道、接点方式。

A. 2M 双光纤通道　　B. 2M 三光纤通道

C. 2M 单光纤通道　　D. 64k 双光纤通道

答案：【A】

49. 关于500kV线路后备保护配置原则说法不正确的是（ ）。

A. 采用近后备方式

B. 当双重化的每套主保护都有完整的后备保护时，仍需另设后备保护

C. 对相间短路，后备保护宜采用阶段式距离保护

D. 对接地短路，应装设接地距离保护并辅以阶段式或反时限零序电流保护

答案：【B】

50. 数字式保护装置，不满足技术规程要求的是（ ）。

A. 宜将被保护设备或线路主保护（包括纵、横联保护等）及后备保护综合在一整套装置内

B. 主后一体化的保护共用直流电源输入回路及交流电压互感器和电流互感器的二次回路

C. 主后一体化的保护应能反应被保护设备或线路的各种故障及异常状态，并动作于跳闸或给出信号

D. 对仅配置一套主保护的设备，可采用主后一体化的保护装置

答案：【D】

51. 下列关于双母线接线的线路保护、重合闸及操作箱（智能终端）配置原则说法正确的是（ ）。

A. 配置双重化的线路纵联保护，每套保护应包含完整的主保护和后备保护以及重合闸功能

B. 当系统需要配置过电压保护时，配置双重化的过电压及远方跳闸保护。远方跳闸保护应采用一取一经就地判别方式

C. 常规站配置双套单跳闸线圈分相操作箱或单套双跳闸线圈分相操作箱，智能站配置双套单跳闸线圈分相智能终端

D. 以上均正确

答案：【D】

52. 500kV 及以上电压等级变压器低压侧（ ）的保护配置与设计，应与一次系统相适应，防止电抗器和电容器故障造成主变压器压器_的跳闸。

A. 并联电抗器　　B. 并联电抗器和电容器

C. 站用变压器　　D. 并联电抗器和电容器、站用变压器

答案：【D】

53. （ ）及以上电压等级变压器低压侧并联电抗器和电容器、站用变压器的保护配置与设计，应与一次系统相适应，防止电抗器和电容器故障造成主变压器压器的跳闸。

A. 330kV　　B. 500kV　　C. 220kV　　D. 110kV

答案：【B】

54. 220kV 及以上电压等级的母联、母线分段断路器应按断路器配置专用的、具备（ ）装置。

A. 瞬时跳闸的过电流保护和延时跳闸功能的过电压保护

B. 瞬时跳闸功能的过电流保护

C. 瞬时和延时跳闸功能的过电压保护

D. 瞬时和延时跳闸功能的过电流保护

答案：【D】

55. 电网安全稳定控制装置是为保证电力系统在遇到（　）时的稳定性而在电厂或变电站内装设的控制设备。

A. 大扰动　　B. 小扰动　　C. 振荡　　D. 以上均不对

答案：【A】

56. 间隔测控装置处于检修状态时，对站内后台或远动的控制命令的执行应遵循（　）。

A. 直接执行　　B. 执行闭锁

C. 只执行带检修品质控制命令　　D. 只执行不带检修品质控制命令

答案：【B】

57. 双重化配置的两套保护装置的交流电流（　），交流电压（　）。（　）

A. 应分别取自电流互感器互相独立的绕组，应分别取自电流互感器互相独立的绕组

B. 宜分别取自电压互感器互相独立的绕组，宜分别取自电压互感器互相独立的绕组

C. 应分别取自电流互感器互相独立的绕组，宜分别取自电压互感器互相独立的绕组

D. 宜分别取自电压互感器互相独立的绕组，应分别取自电流互感器互相独立的绕组

答案：【A】

58. 采用双重化配置的两套保护装置宜安装在各自保护柜内，并应充分考虑运行和检修时的（　）。

A. 安全性　　B. 可靠性　　C. 选择性　　D. 灵敏性

答案：【A】

59. 常规站双重化配置的保护装置（　）分别组在各自的保护屏（柜）内，智能站双重化配置的保护装置（　）分别组在各自的保护屏（柜）内。（　）

A. 宜、应　　B. 应、宜　　C. 应、应　　D. 宜、宜

答案：【B】

60. 保护装置、合并单元的保护采样回路应使用 A/D 冗余结构（共用一个电压或电流源），保护装置采样频率不应低于（　）Hz，合并单元采样频率为（　）Hz。

A. 1200、4000　　B. 1000、4000　　C. 1000、5000　　D. 1200、5000

答案：【B】

61. 保护装置应能记录相关保护动作信息，保留（　）次以上最新动作报告。

A. 6　　B. 8　　C. 10　　D. 14

答案：【B】

62. 常规变电站中关于电压切换，说法正确的是（　）。

A. 切保护电压　　B. 切保护电压和同期电压

C. 切保护电压和计量电压　　D. 保护、同期和计量电压均切

答案：【A】

63. 保护装置应支持不小于（　）个客户端的 TCP/IP 访问连接，应支持不小于（　）个报告实例。（　）

A. 12，16　　B. 16，12　　C. 12，14　　D. 14，12

答案：【B】

64. 保护装置定值清单的排列顺序（　）。

A. 设备参数定值部分、保护装置数值型定值部分、保护装置控制字定值部分

B. 保护装置数值型定值部分、设备参数定值部分、保护装置控制字定值部分

C. 保护装置控制字定值部分、设备参数定值部分、保护装置数值型定值部分

D. 设备参数定值部分、保护装置控制字定值部分、保护装置数值型定值部分

答案：【A】

65. 常规保护装置的跳闸信号：（　）组不保持触点，（　）组保持触点（可选）。（　）

A. 2，1　　B. 1，2　　C. 2，2　　D. 1，1

答案：【A】

66. 在同一套保护装置中，闭锁、起动、方向判别和选相等辅助元件的动作灵敏度，应（　）所控制的测量、判别等主要元件的动作灵敏度。

A. 大于　　B. 小于　　C. 等于　　D. 无明确要求

答案：【A】

67. 智能化保护装置断路器、隔离刀闸位置采用（　），其余信号采用（　）。（　）

A. 双点信号、单点信号　　B. 双点信号、双点信号

C. 单点信号、单点信号　　D. 单点信号、双点信号

答案：【A】

68. 110kV双母线接线的线路电压切换箱中，隔离刀闸辅助接点应采用（　）输入方式。

A. 双位置　　B. 单位置

C. 双位置或单位置　　D. 常开和常闭接点

答案：【A】

69. 两套线路保护均含重合闸功能，当采用（　）重合闸方式时，不采用两套重合闸相互启动和相互闭锁方式。

A. 单相　　B. 三相　　C. 综合　　D. 停用

答案：【A】

70. 依据Q/GDW 1161—2014《线路保护及辅助装置标准化设计规范》，线路保护装置编号（　），交流电压切换箱装置编号（　）。（　）

A. 1N，7N　　B. 2N，7N　　C. 1N，4N　　D. 2N，4N

答案：【A】

71. 依据Q/GDW 1161—2014《线路保护及辅助装置标准化设计规范》，国网智能化装置常规采样，GOOSE跳闸的保护装置型号为（　）。

A. －G　　B. －DA－G　　C. －DG－G　　D. －FA－G

答案：【C】

72. 线路保护装置运行中基本不变的保护分项功能，如线路保护的“距离保护Ⅰ段”采用（　）投/退。

A. 软压板　　B. 硬压板　　C. 控制字　　D. 无需投退

答案：【C】

73. 220kV及以上线路保护电流互感器二次回路断线时，（　）零序Ⅱ、Ⅲ段，（　）距离Ⅱ、Ⅲ段。（　）

A. 闭锁，不闭锁　　B. 不闭锁，闭锁　　C. 闭锁，闭锁　　D. 不闭锁，不闭锁

答案：【A】

74. 根据国家电网有限公司相关文件规定，500kV及以上双通道线路保护所对应的四条通信通道应配置（　）条独立的通信路由。

A. 一　　B. 二　　C. 三　　D. 四

答案：【C】

75. 单相通道倒换环、单相复用段倒换环可作为纵联距离、方向保护的信息传输通道，但不能作为线路（　）保护的信息传输通道。

A. 距离　B. 纵差　C. 三相不一致　D. 过电压

答案：【B】

76. 纵联电流差动保护的通道识别码整定范围是（　）。

A. 0～32767　B. 1～32768　C. 0～65535　D. 1～65536

答案：【C】

77. 传输线路纵联保护信息的数字式通道传输时间应不大于（　），点对点的数字式通道传输时间应不大于（　）。（　）

A. 15ms，8ms　B. 12ms，8ms　C. 12ms，5ms　D. 8ms，3ms

答案：【C】

78. 用于线路纵差保护的复用通道若具有自愈功能，通道正常运行或切换后，双向路由必须一致，通道切换或恢复过程中双向路由不一致的时间应小于（　）。

A. 10ms　B. 15ms　C. 20ms　D. 25ms

答案：【D】

79. 220kV 电压等级变压器高压侧断路器失灵保护动作开入后，应经灵敏的、不需整定的电流元件并带（　）延时后跳开变压器各侧断路器。

A. 10ms　B. 20ms　C. 30ms　D. 50ms

答案：【D】

80. 双重化的过电压及远方跳闸保护，远方跳闸保护应采用“（　）”经就地判别方式。

A. 一取一　B. 二取一

C. 一取二　D. 二取二

答案：【A】

81. 远方跳闸保护的就地判据应能反映系统不对称短路的判据是（　）。

A. 零、负序电流

B. 低电流

C. 分相低功率因数（当电流小于精工电流时，开放判据）

D. 分相低有功

答案：【A】

82. 远跳就地判据：（　）展宽延时应大于远跳经故障判据时间的整定值，远跳开入收回后能快速返回。

A. 电流突变量　　B. 电压突变量

C. 零序电流突变量　　D. 零序电压突变量

答案：【A】

83. 对于采用复用通道的允许式保护装置，通道（　）将直接影响保护装置的动作时间。

A. 带宽　　B. 传输时间　　C. 误码率　　D. 使用的线缆

答案：【B】

84. 按输电线路一侧电压、电流测得的故障距离，其误差标准是按（　）条件制定的。

A. 金属性短路　　B. 过渡电阻为 100Ω

C. 过渡电阻为 200Ω　　D. 过渡电阻为 300Ω

答案：【A】

85. TV 断线闭锁逻辑返回延时应不大于（　）。

A. 1s　　B. 2s　　C. 5s　　D. 10s

答案：【B】

86. 以下关于母线保护的描述不正确的是（　）。

A. 双母线接线的母线保护，在母线分列运行发生死区故障时，能有选择地切除故障母线

B. 差动保护出口经本段电压元件闭锁，但双母双分段分段断路器不经电压闭锁

C. 断路器失灵保护与母差保护共用出口，失灵保护不配置独立出口触点

D. 操作箱（智能终端）提供的 SHJ 触点、母联 TWJ、母联（分段）TA“有无电流”的判别，作为母线保护判断母联（分段）充电并进入充电逻辑的依据

答案：【C】

87. 常规站母线保护的母线互联软、硬压板采用（　）逻辑，母联（分段）分列只设（　）。

A. 或，软压板　　B. 或，硬压板

C. 与，软压板　　D. 与，硬压板

答案：【A】

88. 母差保护装置中（ ）功能固定投入，不随压板投退。

A. 差动保护　　B. 失灵保护　　C. 母联失灵　　D. 母联过流

答案：【C】

89. 母联（分段）失灵保护（ ）投退压板，分列运行时母联失灵保护（ ）动作。

A. 设置，不应　　B. 不设置，应　　C. 设置，应　　D. 不设置，不应

答案：【D】

90. 220kV 母差保护装置内部固化的差动保护零序电压开放门槛为（ ）。

A. 2V　　B. 4V　　C. 6V　　D. 8V

答案：【C】

91. 母线保护电压闭锁元件中的低电压元件一般可整定为母线最低运行电压的（ ）。

A. 50%～60%　　B. 60%～70%　　C. 70%～80%　　D. 75%～85%

答案：【B】

92. 差动保护出口经本段电压元件闭锁，除双母双分段（ ）断路器以外的母联和分段经两段母线电压“或门”闭锁。

A. 母联断路器　　B. 分段断路器

C. 线路支路断路器　　D. 变压器支路断路器

答案：【B】

93. 母线保护在充电逻辑的有效时间内，如满足动作条件应瞬时跳母联（分段）断路器，如母线保护仍不复归，延时（ ）跳运行母线，以防止误切除运行母线。

A. 150ms　　B. 200ms　　C. 250ms　　D. 300ms

答案：【D】

94. 双母线保护判别充电逻辑有效时间为 SHJ 触点由“0”变为“1”后的（ ）秒内。

A. 100ms　　B. 1s　　C. 5s　　D. 10s

答案：【B】

95. 母联（分段）死区保护确认母联跳闸位置的延时为（ ）。

A. 50ms　　B. 100ms　　C. 150ms　　D. 300ms

答案：【C】

96. 常规站当线路支路有高抗、过电压及远方跳闸保护等需要三相启动失灵时，采用操作箱内（ ）触点启动失灵保护。

A. TJQ　　B. TJR　　C. TJF　　D. TJ

答案：【B】

97. 根据 Q/GDW 1175—2013《变压器、高压并联电抗器和母线保护及辅助装置标准化设计规范》，关于双母线接线的断路器失灵保护技术原则，以下说法不正确的是（　）。

A. 断路器失灵保护应与母差保护共用出口

B. 应采用母线保护装置内部的失灵电流判别功能：各线路支路共用电流定值，各变压器支路共用电流定值；线路、变压器支路采用相电流、零序电流、负序电流“或门”逻辑

C. 线路支路应设置分相和三相跳闸启动失灵开入回路，变压器回路应设置三相跳闸启动失灵开入回路

D. 母差保护和独立于母线保护的充电过流保护应启动母联（分段）失灵保护

答案：【B】

98. 双母线接线变电站的断路器失灵保护的电流判别元件应采用相电流、零序电流和负序电流按（　）构成。

A. 或逻辑　　B. 与逻辑　　C. 三取二逻辑　　D. 实际需要

答案：【A】

99. 线路保护装置至少设（　）个定值区，其余保护装置至少设（　）个定值区。

A. 14，5　　B. 16，5　　C. 5，14　　D. 5，16

答案：【B】

100. 零序电流保护的加速段，在恢复三相带负荷运行时，不得因断路器的短时三相不同步而误动作。如果整定值躲不过，则应在重合闸后增加不大于（　）的时延。

A. 0.1s　　B. 0.2s　　C. 0.3s　　D. 0.5s

答案：【A】

101. 电压在（　）以上、容量在（　）及以上的变压器，采用纵差保护。

A. 35kV、0.8MVA　　B. 35kV、10MVA　　C. 10kV、0.8MVA　　D. 10kV、10MVA

答案：【D】

102. 变压器、电抗器非电量保护应同时作用于断路器的两个跳闸线圈。未采用就地跳闸方式的变压器非电量保护应设置独立的电源回路（包括直流空气小开关及其直流电源监视回路）和出口跳闸回路，且必须与电气量保护完全分开。当变压器、电抗器采用（　）跳闸方式时，应向监控系统发送动作信号。

A. 就地　　B. 远方　　C. 后台　　D. GOOSE

答案：【A】

103. 对于采用光芯连接方式的线路电流差动保护，当采用是主-主方式，失步的主要原因是（　）。

A. 采样频率变化　　B. 通道切换变化

C. 网络延时　　D. GPS 时钟不同步

答案：【A】

104. 500kV 变压器低压侧小区差动保护是由低压侧三角形两相绕组（　）和一个反映两相绕组差电流的（　）构成的差动保护。

A. 内部 TA，内部 TA　　B. 外附 TA，外附 TA

C. 外附 TA，内部 TA　　D. 内部 TA，外附 TA

答案：【D】

105. 变压器高压侧间隙过流保护，设置（　），间隙过流和零序过压二者构成“或”逻辑。

A. 一段 1 时限　　B. 一段 2 时限　　C. 二段 1 时限　　D. 二段 2 时限

答案：【A】

106. 变压器中压侧间隙过流保护，设置（　），间隙过流和零序过压二者构成“或”逻辑。

A. 一段 1 时限　　B. 一段 2 时限

C. 二段 1 时限　　D. 二段 2 时限

答案：【B】

107. 变压器过负荷保护设置一段 1 时限，定值固定为本侧额定电流的（　）倍，延时（　），动作于信号。（　）

A. 1，6s　　B. 1.1，6s　　C. 1，10s　　D. 1.1，10s

答案：【D】

108. 变压器保护零序电压选外接时固定为（　）、选自产时固定为（　），延时跳开变压器各侧断路器。（　）

A. 150V、120V　　B. 180V、120V　　C. 180V、150V　　D. 120V、180V

答案：【B】

109. 间隙过流保护电流定值由装置固定为一次值（　）。

A. 100A　　B. 200A　　C. 300A　　D. 400A

答案：【A】

110. 依据 Q/GDW 11487《智能变电站模拟量输入式合并单元、智能终端标准化设计规范》要求，GOOSE 输出数据集成员个数不应超过（　）个。

A. 64　　B. 128　　C. 256　　D. 512

答案：【C】

111. 110kV 主变压器中压侧复压过流保护动作出口（　）。

A. 第一时限跳主变压器中压侧开关，第二时限跳主变压器三侧开关

B. 第一时限跳中压分段开关并闭锁分段备自投，第二时限跳主变压器中压侧开关

C. 第一时限重跳失灵出线开关，第二时限跳主变压器中压侧开关

D. 第一时限跳中压分段开关，第二时限跳主变压器中压侧开关并闭锁分段备自投

答案：【B】

112. 主变压器低压侧零序过压告警，设置一段 1 时限，固定取（　）零序电压，定值固定（　）V，延时 10s 动作于信号。

A. 自产，60　　B. 外接，60　　C. 自产，70　　D. 外接，70

答案：【C】

113. 高压并联电抗器配置独立的电流互感器，主电抗器首端、末端电流互感器（　）。

A. 分别配置独立的合并单元　　B. 共用 1 个独立的合并单元

C. 首端与线路电压共用合并单元　　D. 首、末端与线路电压共用合并单元

答案：【B】

114. 电抗器保护装置在首末端 TA 变比不一致时差动保护启动电流定值为（　）倍的额定电流。

A. 0.2　　B. 0.3　　C. 0.4　　D. 0.5

答案：【C】

115. 当发电机（　）超过允许的耐受能力时，应解列发电机，并保证断路器断开时的电流不超过断路器允许开断电流。

A. 故障电流　　B. 负序电流　　C. 负荷电流　　D. 振荡电流

答案：【D】

116. 保护装置中（终端馈线负荷侧除外）任何元件在其保护范围末端发生金属性故障时，最小短路电流必须满足该元件最小起动电流的（　）倍。

A. 1.0～1.2　　B. 1.2～1.5　　C. 1.5～2.0　　D. 2.0～3.0

答案：【C】

117. 当失步振荡中心在发变组（　），并网电厂应制定应急措施，经一定延时解列发电机，并将厂用电源切换到安全、稳定的备用电源。

A. 内部　　B. 外部　　C. 中部　　D. 底部

答案：【B】

118. 失步保护应能正确区分（　）所处的位置，在机组进入失步工况时发出失步起动信号。

A. 故障接地点　　B. 失步振荡中心　　C. 同步振荡中心　　D. 系统接地点

答案：【B】

119. 电容器端电压超过（　）倍额定电压时，保护应将整组电容器断开。

A. 1.1　　B. 1.2　　C. 1.3　　D. 1.4

答案：【A】

120. （　）及以上容量发电机变压器组应配置专用故障录波器。

A. 100MW　　B. 120MW　　C. 80MW　　D. 200MW

答案：【D】

121. 在 Q/GDW 1976—2013《智能变电站动态记录装置技术规范》中规定，装置的直流量记录延时应不大于（　）。

A. 1ms　　B. 2ms　　C. 3ms　　D. 4ms

答案：【A】

122. 在 Q/GDW 1976—2013《智能变电站动态记录装置技术规范》中规定，交、直流模拟量和开关量的接入，AB 段采样率不应低于（　）Hz。

A. 1000　　B. 2000　　C. 3000　　D. 4000

答案：【D】

123. 与相邻元件有配合关系的保护段，所谓不完全配合，系指（　）。

A. 保护范围（或灵敏度）配合，保护动作时限不配合

B. 保护动作时限配合，保护范围（或灵敏度）不配合

C. 保护范围（或灵敏度）及动作时限均不配合

D. 保护范围（或灵敏度）及动作时限均配合

答案：【B】

124. 在保证可靠动作的前提下，对于联系不强的 220kV 电网，重点应防止保护无选择性动作；对于联系紧密的 220kV 电网，重点应保证保护动作的（ ）。

A. 选择性　　B. 快速性　　C. 灵敏性　　D. 可靠性

答案：【B】

125. 对于 220kV 及以上电压等级的继电保护装置，在交流失压的情况下，允许不保证（ ）。

A. 选择性　　B. 灵敏性　　C. 可靠性　　D. 速动性

答案：【A】

126. 继电保护在满足（ ）的条件下，应尽量加快动作时间和缩短时间级差。可以针对不同的保护配合关系和选用的时间元件性能，选取不同的时间级差。

A. 可靠性　　B. 速动性　　C. 选择性　　D. 灵敏性

答案：【C】

127. 对大型发电厂的配出线路，必要时应校核在线路发生（ ）故障情况下，线路接地故障后备保护与发电机负序电流保护之间的选择性配合关系。

A. 单相接地　　B. 两相接地　　C. 三相短路　　D. 断线接地

答案：【A】

128. 为保证系统稳定运行，220kV 系统要求的极限切除时间为（ ）。

A. 90ms　　B. 100ms　　C. 120ms　　D. 150ms

答案：【C】

129. 在整定计算时，（ ）及以上架空线路和电缆线路的阻抗应使用实测值。

A. 10kV　　B. 35kV　　C. 66kV　　D. 110kV

答案：【C】

130. 为确保 220kV、500kV 和 1000kV 线路单相接地时线路零序电流保护能可靠动作，允许的大过渡电阻值分别是（ ）。

A. 100Ω，200Ω，300Ω　　B. 100Ω，300Ω，450Ω

C. 100Ω，300Ω，600Ω　　D. 100Ω，150Ω，300Ω

答案：【C】

131. 大于等于 50 千米的 110kV 线路，其全线有灵敏度的零序电流保护段在本线路末端金属性接地短路时的灵敏系数要求大于等于（ ）。

A. 1. 5　　B. 1. 4　　C. 1. 3　　D. 1. 2

答案：【C】

132. 单独的零序电流分量起动元件在距离Ⅲ段保护动作区末端发生金属性单相和两相接地故障时，灵敏系数大于（ ）。

A. 1. 2　　B. 1. 5　　C. 1. 8　　D. 2. 0

答案：【D】

133. 每台新建变压器设备在投产前，应提供正序和零序阻抗，各侧故障的动、热稳定时限曲线和变压器（ ）作为继电保护整定计算的依据。

A. 过负荷能力　　B. 过励磁曲线　　C. 过负荷曲线　　D. 过励磁能力

答案：【B】

134. 变压器各侧的过电流保护均按躲过变压器（ ）负荷整定，但不作为短路保护的一级参与选择性配合，其动作时间应（ ）所有出线保护的最长时间。（ ）

A. 最大，小于　　B. 最大，大于　　C. 额定，小于　　D. 额定，大于

答案：【D】

135. 一般情况下，整定计算的极差按（ ）考虑。

A. 0. 1s　　B. 0. 2s　　C. 0. 3s　　D. 0. 4s

答案：【C】

136. 依照 Q/GDW1161—2014《线路保护及辅助装置标准化设计规范》要求，线路非全相运行时的零序电流保护不考虑健全相再发生高阻接地故障的情况，当线路非全相运行时自动将零序电流保护最末一段动作时间缩短（ ）并取消方向元件，作为线路非全相运行时不对称故障的总后备保护。

A. 0. 1s　　B. 0. 2s　　C. 0. 3s　　D. 0. 5s

答案：【D】

137. 对采用重合闸时间大于 1. 0s 的单相重合闸线路，除考虑正常情况下的选择配合外，还需要考虑非全相运行中健全相故障时的选择性配合，此时，零序电流Ⅳ段的动作时间宜大于单相重合闸周期加（ ）时间级差以上。

A. 一个　　B. 两个　　C. 三个　　D. 四个

答案：【B】

138. 依据《220kV～750kV 电网继电保护装置运行整定规程》要求，分相电流差动保护的差流高定值可靠躲过线路稳态电容电流，可靠系数不小于（　）。

A. 2　　B. 4　　C. 6　　D. 8

答案：【B】

139. 变压器过励磁保护的起动、反时限和定时限元件应根据变压器的过励磁特性曲线进行整定计算并能分别整定，其返回系数不应低于（　）。

A. 0.8　　B. 0.96　　C. 0.9　　D. 0.85

答案：【B】

140. 一次设备实测参数、电流互感器的试验数据、全部保护竣工图纸、保护调试报告以及调度机构整定计算所必需的其他资料等是由（　）提供的。

A. 设计单位　　B. 运行单位　　C. 基建单位　　D. 生产单位

答案：【C】

141. 加强继电保护试验仪器、仪表的管理工作，每（　）年应对微机型继电保护试验装置进行一次全面检测，确保试验装置的准确度及各项功能满足继电保护试验的要求，防止因试验仪器、仪表存在问题造成继电保护误整定、误试验。

A. 1～2　　B. 2～3　　C. 3～4　　D. 4～6

答案：【A】

142. 保护装置竣工验收应重点检查装置主要功能、（　）及二次回路接线正确性。

A. 保护定值　　B. 保护压板　　C. 保护控制字　　D. 保护方式

答案：【B】

143. 新设备投产时应认真编写保护（　）方案，做好事故预想，确保设备故障能可靠切除。

A. 作业　　B. 启动　　C. 事故处理　　D. 试验

答案：【B】

144. 对于双母线接线方式的变电站，在一条母线停电检修及恢复送电过程中，必须做好各项安全措施。对检修或事故跳闸停电的母线进行试送电时，具备空余线路且线路后备保护齐备时应首先考虑用（　）送电。

A. 外来电源　　B. 母联断路器　　C. 受总断路器　　D. 线路断路器

答案：【A】

145.《继电保护和电网安全自动装置现场工作保安规定》要求，对一些主要设备，特别是复杂保护装置或有联跳回路的保护装置的现场校验工作，应编制和执行《安全措施票》，如（　）。

A. 母线保护、断路器失灵保护和主变压器压器零序联跳回路等

B. 母线保护、断路器失灵保护、主变压器压器零序联跳回路和用钳形伏安相位表测量等

C. 母线保护、断路器失灵保护、主变压器压器零序联跳回路和用拉路法寻找直流接地等

D. 母线保护、用钳形伏安相位表测量和用拉路法寻找直流接地等

答案：【A】

146. 根据 Q/GDW1806《继电保护状态检修导则》规定，保护设备状态检修的基准周期和最长检修周期分别为（　）。

A. 5 年、5 年　　B. 5 年、6 年　　C. 3 年、5 年　　D. 4 年、6 年

答案：【B】

147. 继电保护装置检验的类型分为三种，他们分别是（　）。

A. 验收试验、全部检验、传动试验　　B. 部分试验、补充检验、定期试验

C. 验收试验、定期检验、补充检验　　D. 部分检查、定期检验、传动试验

答案：【C】

148. 继电保护装置的定期检验分为：全部检验、部分检验、（　）。

A. 验收检验　　B. 事故后检验

C. 用装置进行断路器跳合闸试验　　D. 补充检验

答案：【C】

149. 保护装置检验所用的仪器仪表准确级应不低于（　）级。

A. 0.2　　B. 0.5　　C. 0.2s　　D. P

答案：【B】

150. 在新安装保护柜端子排上（外回路断开），用 1000V 摇表测量保护各回路对地的绝缘电阻值应（　）。

A. 大于 10MΩ　　B. 大于 5MΩ　　C. 大于 1MΩ　　D. 大于 0.5MΩ

答案：【A】

151. 电压互感器及其回路的检验应满足（　）。

A. 二次回路接线及接地检查应满足 TV 二次中性点在开关场接地点应闭合，如有必要可加装放电器接地。

B. 检查放电器的安装时击穿峰值电压应大于 $50I_{max}$V

C. 测量二次压降＜3%U_e

D. 用 1000V 摇表检查 TV 二次绕组对外壳及绕组间、全部二次回路对地及同一电缆内的各芯间的绝缘电阻＞2MΩ。

答案：【C】

152. 保护装置的测量范围为 0.05I_N～(20～40)I_N，在此范围内保护装置的测量精度均需满足：测量误差不大于相对误差（　）或绝对误差（　）。（　）

A. 5%，0.01I_N　　B. 5%，0.02I_N　　C. 10%，0.01I_N　　D. 10%，0.02I_N

答案：【B】

153. 保护装置整组试验实测动作时间与整定时间误差最大值不得超过整定时间级差的（　）。

A. 5%　　B. 10%　　C. 15%　　D. 20%

答案：【B】

154. 测量 220kV 变压器差动保护动作时间（2 倍整定值）时，动作时间要求不大于（　）ms。

A. 10　　B. 20　　C. 30　　D. 50

答案：【C】

155. 线路纵联保护装置动作时间不大于（　）(不包括纵联通道时间)。

A. 20ms　　B. 30ms　　C. 29ms　　D. 39ms

答案：【B】

156. 全线速断的线路保护，其主保护的整组动作时间（　）。

A. 近端故障不大于 20ms，远端故障不大于 30ms（含通道时间）

B. 近端故障不大于 20ms，远端故障不大于 30ms（不含通道时间）

C. 近端故障不大于 10ms，远端故障不大于 20ms（含通道时间）

D. 近端故障不大于 10ms，远端故障不大于 20ms（不含通道时间）

答案：【B】

157. 新建及重大改造设备需利用操作箱对断路器进行下列传动试验，在使用操作箱的防止断路器跳跃回路时，应检验串联接入跳合闸回路的自保持线圈，其动作电流不应大于额定跳合闸电流的（　），线圈压降小于额定值的（　）。

A. 10%，10%　　B. 50%，10%　　C. 10%，5%　　D. 50%，5%

答案：【D】

158. 在进行整组试验时，还应检验断路器、合闸线圈的压降不小于额定值的（　）。

A. 60%　　B. 75%　　C. 80%　　D. 90%

答案：【D】

159. 根据相关规程要求，发生瞬时性故障时断路器从分闸起始到燃弧终了时间要求不超过（　），发生永久性故障时断路器合分起始到燃弧终了时间要求不超过（　）。

A. 50ms，80ms　　B. 50ms，90ms　　C. 60ms，80ms　　D. 60ms，90ms

答案：【D】

160. 下列说法不正确的是（　）。

A. 采样延时是指从一次模拟量产生时刻到合并单元对外接口输出数字量的时间

B. 保护装置动作时间是指保护装置启动时刻至保护发出跳闸命令的时间

C. 智能终端动作时间是指智能终端收到 GOOSE 跳闸命令时刻至智能终端出口动作的时间

D. 保护整组动作时间是指从故障发生时刻至智能终端出口动作的时间

答案：【B】

161. 微机保护投运前不要做带负荷试验项目的是（　）。

A. 联动试验　　B. 相序　　C. 功率角度　　D. 3I0 极性

答案：【A】

162. 按“继电保护检验条例”，对于超高压的电网保护，直接作用于断路器跳闸的中间继电器，其动作时间应小于（　）。

A. 10ms　　B. 15ms　　C. 5ms　　D. 20ms

答案：【A】

163. 电流起动的防跳继电器，其电流线圈额定电流的选择应与断路器跳闸线圈的额定电流相配合，并保证动作的灵敏系数不小于（　）。

A. 1.5　　B. 1.8　　C. 2.0　　D. 1.2

答案：【A】

164. 继电保护用的电压型继电器的启动电压值不大于（ ）倍额定电压。

A. 0.5　　B. 0.6　　C. 0.7　　D. 0.8

答案：【C】

165. 对于反映电流值动作的串联信号继电器，其压降不得超过工作电压的（ ）。

A. 5%　　B. 10%　　C. 15%　　D. 20%

答案：【B】

166. 电流起动的防跳中间继电器，用在额定电流为 2.5A 的跳闸线圈中回路中，应如何选择其电流线圈的额定电流（ ）。

A. 2.5A　　B. 2A　　C. 1.5A　　D. 1.25A

答案：【D】

167. 本体不一致保护使用的跳闸出口重动继电器启动功率不少于 5W，动作电压介于（ ）、动作时间不小于（ ）。

A. 55%～65%，10ms　　B. 55%～70%，10ms

C. 55%～70%，20ms　　D. 55%～65%，20ms

答案：【B】

168. 220-500kV 线路分相操作断路器使用单相重合闸，要求断路器三相合闸不同期时间不大于（ ）。

A. 1ms　　B. 5ms　　C. 10ms　　D. 15ms

答案：【B】

169. 合理规划二次电缆的路径，尽可能离开高压母线、避雷器和避雷针的接地点、（ ）、电容式电压互感器、结合电容及电容式套管等设备，避免和减少迂回，缩短二次电缆的长度，与运行设备无关的电缆应予拆除。

A. 串联电抗器　　B. 并联电抗器

C. 串联电容器　　D. 并联电容器

答案：【D】

170. 光纤回路外观检查时，光纤尾纤应呈现自然弯曲［弯曲半径大于（ ）cm］，不应存在弯折、窝折的现象，不应承受任何外重，尾纤表皮应完好无损。（ ）

A. 1　　B. 3　　C. 5　　D. 10

答案：【C】

171. 断路器失灵保护经负序或零序电流判别的动作时间（从起动失灵保护算起）应在保证断路器失灵保护动作（　）的前提下尽量缩短。

A. 可靠性　　B. 快速性　　C. 灵敏性　　D. 选择性

答案：【D】

172. 一般继电保护用电压互感器交流电压回路按正常最大负荷时至各设备的电压降不得超过额定电压的（　）的条件校验电缆芯截面。

A. 3%　　B. 5%　　C. 10%　　D. 4%

答案：【A】

173. 端子排一般布置在屏的两侧，为了敷设及接线方便，最低端子排距离地面不小于（　）mm。

A. 300　　B. 350　　C. 400　　D. 250

答案：【B】

174. 继电保护设备、控制屏端子排上所接导线的截面不宜超过（　）。

A. $4mm^2$　　B. $8mm^2$　　C. $6mm^2$　　D. $6mm^2$

答案：【C】

175. 直流电压为 220V 的直流继电器线圈的线径不宜小于（　）。

A. 0. 09mm　　B. 0. 10mm　　C. 0. 11mm　　D. 0. 12mm

答案：【A】

176. 根据国调中心关于进一步加强继电保护运行统计分析的通知要求，220kV 及以上继电保护不正确动作事件发生后（　）内相关单位通过短信形式将故障简要情况上报调度机构，（　）内将故障录波_文件上报调度机构，（　）内将初步故障分析报告上报调度机构，（　）内将详细故障分析报告上报调度机构。（　）

A. 2h，6h，16h，2 日　　B. 2h，6h，24h，3 日

C. 4h，8h，16h，2 日　　D. 4h，8h，24h，3 日

答案：【B】

177. 线路纵联保护仅一侧动作且不正确时，如原因未查明，而线路两侧保护归不同单位管辖，按照评价规程规定，应评价为（　）。

A. 动作侧不正确，未动作侧不评价　　B. 动作侧不评价，未动作侧不正确

C. 两侧各不正确一次　　D. 两侧均不评价

答案：【C】

178. 配置单相重合闸的线路发生瞬时单相接地故障时，由于重合闸原因误跳三相，但又三相重合成功，重合闸应如何评价（ ）。

A. 不评价　　B. 正确动作 1 次，误动 1 次

C. 不正确动作 1 次　　D. 不正确动作 2 次

答案：【D】

179. 220kV 系统故障录波器应按以下原则统计动作次数（ ）。

A. 计入 220kV 系统保护动作的总次数中　　B. 计入全部保护动作的总次数中

C. 应单独对录波器进行统计　　D. 计入公用保护的总次数中

答案：【C】

180. 如果故障点在母差保护和线路纵差保护的交叉区内，致使两套保护同时动作，则（ ）。

A. 母差保护动作评价，线路纵差保护和“对侧纵联”不予评价

B. 母差保护和“对侧纵联”分别评价，线路纵差保护不予评价

C. 母差保护和线路纵联保护分别评价，“对侧纵联”不予评价

D. 母差保护、线路纵差保护和“对侧纵联”均动作评价

答案：【C】

181. 下列关于继电保护和安全自动装置缺陷归类原则说法不正确的是（ ）。

A. 电源消失或电源灯异常属于危急缺陷

B. 电流、电压互感器二次回路异常属于严重缺陷

C. 继电保护和安全自动装置与自动化系统通信中断属于严重缺陷

D. 差流越限属于危急缺陷

答案：【B】

182. 当保护采用双重化配置时，其电压切换箱（回路）隔离开关辅助触点应采用（ ）输入方式。单套配置保护的电压切换箱（回路）隔离开关辅助触点应采用（ ）输入方式。电压切换直流电源与对应保护（ ）取自同一段直流母线且共用直流空气开关。（ ）

A. 单位置，双位置，装置直流电源　　B. 双位置，单位置，装置直流电源

C. 单位置，双位置，控制电源　　D. 双位置，单位置，控制电源

答案：【A】

183. （ ）kV 及以上电压等级变电站应配置故障录波器。

A. 10　　B. 35

C. 110（66）　　D. 220

答案：【C】

184. 为保证继电保护相关辅助设备（如交换机、光电转换器等）的供电可靠性，宜采用（ ）供电。因硬件条件限制只能交流供电的，电源应取自站用（ ）。（ ）

A. 双电源，不间断电源　　B. 直流电源，交流电源

C. 双电源，交流电源　　D. 直流电源，不间断电源

答案：【D】

185. 继电保护的设计、选型、配置应以继电保护“四性”（可靠性、速动性、选择性、灵敏性）为基本原则，任何技术创新不得以牺牲继电保护的（ ）和（ ）为代价。（ ）

A. 选择性，可靠性　　B. 快速性，可靠性

C. 快速性，灵敏性　　D. 选择性，灵敏性

答案：【B】

186. 故障录波器的变化量起动元件定值按最小运行方式下线路末端金属性故障最小短路校验灵敏度，灵敏系数不小于（ ）。

A. 2　　B. 4　　C. 6　　D. 8

答案：【B】

187. 中、低压侧为 110kV 及以下电压等级且中、低压侧并列运行的变压器，中、低压侧后备保护应第一时限跳开（ ）断路器，缩小故障范围。

A. 本侧断路器　　B. 各侧断路器

C. 母联或分段断路器　　D. 高压侧断路器

答案：【C】

188. 制造部门应提高微机保护抗电磁骚扰水平和防护等级，保护装置由屏外引入的开入回路应采用（ ）直流电源。光耦开入的动作电压应控制在额定直流电源电压的（ ）范围以内。（ ）

A. ±220V/110V，55%～70%　　B. ±220V，55%～75%

C. ±110V，50%～75%　　D. ±220V/110V，50%～70%

答案：【A】

189. 智能化保护装置双点开关量输入定义："01"为（ ），"10"为（ ），"00"和"11"为（ ）。

A. 合位，分位，无效　　B. 合位，无效，分位

C. 分位，合位，无效　　D. 无效，合位，分位

答案：【C】

190. 保护装置单点开关量输入定义采用（ ），即触点闭合为（ ），触点断开为（ ）。（ ）

A. 反逻辑，1，0　B. 反逻辑，0，1　C. 正逻辑，1，0　D. 正逻辑，0，1

答案：【C】

191. "停用重合闸"控制字、软压板和硬压板三者为（ ）逻辑。

A. 与门　B. 或门　C. 与非门　D. 或非门

答案：【B】

192. 保护SV接收压板退出后，电流/电压显示为（ ），（ ）逻辑运算。（ ）

A. 0，参与　B. 0，不参与　C. 正常值，不参与　D. 正常值，参与

答案：【B】

193. 通信通道异常时，线路纵联保护应（ ）退出，并（ ）报警。通信通道恢复正常时，线路纵联保护应自动投入，并自动复归报警信号。（ ）

A. 延时，延时　　B. 瞬时，延时

C. 延时，瞬时　　D. 瞬时，瞬时

答案：【B】

194. 保护装置应具备（ ）个间隔层通信接口（包括以太网或RS-485通信接口）。

A. 1　B. 2　C. 3　D. 4

答案：【C】

195. Q/GDW 10766—2015《10kV～110（66）kV线路保护及辅助装置标准化设计规范》中规定，电压切换箱（插件）"切换继电器同时动作"信号采用（ ）接点，"回路断线"或"直流消失"信号采用（ ）接点。（ ）

A. 保持型，非保持型　　B. 保持型，保持型

C. 非保持型，非保持型　　D. 非保持型，保持型

答案：【A】

196. 保护硬压板设置应遵循的原则为（　）。

A. 保留必须，分区布置　　B. 保留必需，适当精简

C. 功能分区，分段布置　　D. 功能分区，适当精简

答案：【B】

197. 220kV 线路保护每面屏（柜）压板不宜超过（　）排，每排设置（　）个压板，不足一排时，用备用压板补齐。（　）

A. 5，10　　B. 6，9　　C. 6，12　　D. 5，9

答案：【D】

198. 110kV 线路保护每面屏（柜）压板不宜超过（　）排，每排设置（　）个压板，不足一排时，用备用压板补齐。（　）

A. 5，10　　B. 6，9　　C. 6，12　　D. 5，9

答案：【B】

199. 220kV 电压等级变压器中压侧零序过压保护，设置一段 2 时限，1 时限跳开（　），2 时限跳开（　）。（　）

A. 母联或分段，变压器本侧　　B. 变压器本侧，变压器各侧

C. 母联或分段，变压器各侧　　D. 开小电源，变压器各侧

答案：【D】

200. 220kV 电压等级变压器高、中压侧阻抗保护按时限判别是否经振荡闭锁；大于（　）s 时，则该时限不经振荡闭锁，否则经振荡闭锁。

A. 0.5　　B. 1.0　　C. 1.5　　D. 2.0

答案：【C】

201. 针对 330kV 电压等级变压器，可配置不需整定的零序分量、负序分量或变化量等反映轻微故障的（　）保护。

A. 分侧差动　　B. 分相差动　　C. 小区差动　　D. 故障分量差动

答案：【D】

202. 针对 330kV 电压等级自耦变压器，为提高切除自耦变压器内部单相接地短路故障的可靠性，可配置由高、中压侧和公共绕组 TA 构成的（　）保护。

A. 分侧差动　　B. 分相差动　　C. 小区差动　　D. 故障分量差动

答案：【A】

203. 在330kV电压等级变压器高压侧后备保护中，带偏移特性的阻抗保护应设置一段4时限，当为双母双分段主接线时，第1时限跳开（　），第2时限跳开（　），第3时限跳开（　），第4时限（　）。（　）

A. 母联，分段，本侧断路器，各侧断路器

B. 分段，母联，本侧断路器，各侧断路器

C. 本侧断路器，母联，分段，各侧断路器

D. 本侧断路器，分段，母联，各侧断路器

答案：【B】

204. 常规站配置（　）线圈分相操作箱，智能站配置（　）线圈分相智能终端。（　）

A. 单套双跳闸，双套单跳闸　　B. 单套单跳闸，双套双跳闸

C. 双套双跳闸，双套单跳闸　　D. 双套单跳闸，单套双跳闸

答案：【A】

205. 主变压器重瓦斯保护（　）作用于跳闸，其余非电量保护（　）作用于信号。（　）

A. 应，宜　　B. 宜，应　　C. 宜，宜　　D. 应，应

答案：【A】

206. 用于分相变压器的非电量保护装置的输入量每相不少于（　）路，用于三相变压器的非电量保护装置的输入量不少于（　）路。（　）

A. 12，24　　B. 24，48　　C. 14，14　　D. 6，12

答案：【C】

207. 500kV及以上电压等级变压器的低压侧分支后备保护应取（　）。

A. 三角内部套管（绕组）TA电流　　B. 外附TA电流

C. 电抗器前TA电流　　D. 套管TA电流

答案：【B】

208. 220kV变压器低压侧引线配置接地变时，采用（　）的差动保护装置，应采用（　）。（　）

A. 星转角方式，自动消零　　B. 星转角方式，软件消零

C. 角转星方式，自动消零　　D. 角转星方式，软件消零

答案：【B】

209. 母差保护中当母联、分段跳闸位置开入为（ ），分列运行压板开入为（ ）时，母线判为分列运行，母联、分段 TA 电流不接入差动保护。（ ）

A. 0，1　　B. 1，0　　C. 1，1　　D. 以上均正确

答案：【C】

210. 220kV 及以上电压等级变压器本体智能终端（ ）集成非电量保护功能，（ ）配置。（ ）

A. 宜，单套　　B. 宜，双套　　C. 应，单套　　D. 应，双套

答案：【A】

211. 变压器间隙专用 TA 和中性点 TA 均应提供（ ）组保护用二次绕组。

A. 一　　B. 两　　C. 三　　D. 四

答案：【B】

212. Q/GDW 10766—2015《10kV～110（66）kV 线路保护及辅助装置标准化设计规范》规定：110（66）kV 线路长度小于（ ）km 时宜配置纵联电流差动保护。

A. 10　　B. 20　　C. 30　　D. 40

答案：【A】

213. Q/GDW 10766—2015《10kV～110（66）kV 线路保护及辅助装置标准化设计规范》规定：重合闸启动后，最长等待时间为（ ）分钟。

A. 1　　B. 5　　C. 10　　D. 15

答案：【C】

214. Q/GDW 10766—2015《10kV～110（66）kV 线路保护及辅助装置标准化设计规范》规定：10（35）kV 线路长度小于（ ）km 时，宜采用纵联电流差动保护作为主保护。

A. 3　　B. 5　　C. 7　　D. 10

答案：【A】

10.2 多 选 题

1. 下列关于反事故措施的描述哪些是正确的（ ）。

A. 新建工程两套主保护的电压回路应分别接入电压互感器的不同二次绕组；电流回路应分别取自电流互感器互相独立的绕组

B. 变压器非电量保护不启动失灵保护

C. 保护及相关二次回路和高频收发信机的电缆屏蔽层应使用截面不小于 $4mm^2$ 多股铜质软导线可靠连接到等电位接地网的铜排上

D. 在开关场的变压器、断路器、隔离刀闸、结合滤波器和电流、电压互感器等设备的二次电缆应经金属管从一次设备的接线盒（箱）引至就地端子箱，并将金属管的两端就近与主接地网良好焊接

答案：【ABC】

2.（　）对邻近的控制电缆是极强的磁场耦合源。

A. 电流互感器　　B. 电容耦合电压互感器的接地线

C. 不对称故障时的母线电流　　D. 主变压器中性点接地

答案：【ABCD】

3. 主设备非电量保护应（　）。

A. 防水　　B. 防振　　C. 防油渗漏　　D. 密封性好

答案：【ABCD】

4. 按反措要求，长电缆驱动的重瓦斯出口中间继电器的特性应满足（　）。

A. 动作电压在 50%～70%U_e 之间　　B. 动作时间在 10～35ms

C. 启动功率≥5W　　D. 动作电压在 55%～70%U_e 之间

E. 动作时间在 10～25ms　　F. 动作功率≥2.5W

G. 返回电压≥40%U_e　　H. 返回电压≥35%U_e

答案：【BCD】

5. 对于操作箱中的出口继电器，还应进行动作电压范围的检验，其值应在（　）额定电压之间。对于其他逻辑回路的继电器，应满足（　）额定电压下可靠动作。（　）

A. 55%～70%　　B. 85%　　C. 90%　　D. 80%

答案：【AD】

6. 以下关于跳闸出口继电器说法错误的是（　）。

A. 对于动作功率较大的中间继电器，为了快速动作的需要，在保证继电器线圈的接线端子有足够的绝缘强度的条件下，允许动作电压略低于额定电压的 50%

B. 跳闸出口继电器的启动电压在直流额定电压的 55%～70%

C. 由变压器、电抗器瓦斯保护动作的中间继电器，因连线长，电缆电容大，为避免电

源负极接地误动作，应采用较大启动功率的中间继电器（不小于5W），但不要求快速动作

D. 多出口跳闸可采用可控硅跳闸出口方式

答案：【CD】

7. 出口继电器作用于断路器跳（合）闸线圈时，其触点回路中串入的电流自保持线圈应满足下列哪些条件（　）。

A. 自保持电流大于额定跳（合）闸电流的一半左右，线圈压降小于5%额定值

B. 出口继电器的电压启动线圈与电流自保持线圈的相互极性关系正确

C. 电流与电压线圈间的耐压水平不低于交流1000V、1min的试验标准（出厂试验为交流2000V、1min）

D. 电流自保持线圈接在出口触点与断路器控制回路之间，当有多个出口继电器可能同时跳闸时，宜由防止跳跃继电器实现上述任务

E. 跳（合）闸出口继电器的触点不断弧

答案：【BCDE】

8. 对经长电缆跳闸的回路，要采取防止长电缆分布电容影响和防止出口继电器误动的措施，包括（　）等措施。

A. 采用屏蔽电缆　　B. 不同用途的电缆分开布置

C. 增加出口继电器动作功率　　D. 通过光纤跳闸通道传送跳闸信号

答案：【BCD】

9. 断路器失灵启动母线保护、变压器断路器失灵启动等重要回路应采用（　）等措施。

A. 装设大功率重动继电器　　B. 采取软件防误

C. 增大导线截面积　　D. 减小防抖时间

答案：【AB】

10. 为防止直跳开入的保护误动作，采取加装的大功率抗干扰继电器，对其性能要求正确的是（　）。

A. 启动功率应大于5W

B. 动作电压在额定直流电源电压的50%～70%范围内

C. 额定直流电源电压下动作时间为5～35ms

D. 具有抗220V工频电压干扰的能力

答案：【AD】

11. 下列说法正确的有（　）。

A. 非全相保护功能应由断路器本体机构实现

B. 断路器防跳功能宜由断路器本体机构实现

C. 断路器跳、合闸压力异常闭锁功能应由断路器本体机构实现

D. 750kV、500kV 变压器低压侧断路器宜为双跳闸线圈分相断路器

答案：【AC】

12. 合理规划二次电缆的路径，尽可能离开（　）等设备。

A. 高压母线　　B. 避雷器和避雷针的接地点

C. 电容式电压互感器　　D. 并联电容器

E. 结合电容　　F. 电容式套管

答案：【ABCDEF】

13. 关于电缆及导线的布线要求描述正确的是（　）。

A. 交流和直流回路不应合用同一根电缆

B. 强电和弱电回路不应合用一根电缆

C. 保护用电缆与电力电缆可以同层敷设

D. 交流电流和交流电压不应合用同一根电缆。双重化配置的保护设备不应合用同一根电缆

E. 保护用电缆敷设路径，尽可能避开高压母线及高频暂态电流的入地点，如避雷器和避雷针的接地点、并联电容器、电容式电压互感器、结合电容及电容式套管等设备

F. 与保护连接的同一回路应在同一根电缆中走线

答案：【ABDEF】

14. 分散布置的（　）之间，应使用截面积不小于 $100mm^2$ 的铜缆（排）可靠连接，连接点应设在室内等电位接地网与厂、站主接地网连接处。

A. 保护就地站　　B. 值班休息室

C. 集控室　　D. 通信室

答案：【ACD】

15. 重视继电保护二次回路的接地问题，并定期检查这些接地点的（　）。

A. 准确性　　B. 可靠性　　C. 有效性　　D. 完整性

答案：【BC】

16.（　）保护各支路的电流互感器，应优先选用误差限制系数和饱和电压较高的电流互感器。

A. 母线差动　　B. 变压器差动

C. 发电机变压器组差动　　D. 线路差动

答案：【ABC】

17.（　）保护应适应常规互感器和电子式互感器混合使用的情况。

A. 变压中性点零序过流保护　　B. 线路纵联保护

C. 母线差动保护　　D. 变压器差动保护

答案：【BCD】

18. 应根据系统短路容量合理选择电流互感器的（　），满足保护装置整定配合和可靠性的要求。

A. 容量　　B. 变比　　C. 特性　　D. 直流电阻

答案：【ABC】

19. 220kV及以上多绕组的电流互感器，其二次绕组的排列次序和保护使用上应遵循（　）原则。

A. 具有小瓷瓶套管的一次端子应放在母线侧

B. 母差保护的保护范围应尽量避开电流互感器的底部

C. 后备保护应尽可能用靠近母线的电流互感器一组二次绕组

D. 使用电流互感器二次绕组的各类保护要避免保护死区

答案：【ABCD】

20. 加强继电保护装置运行维护工作。装置检验应保质保量，严禁（　），应特别加强对新投产设备在一年内的全面校验，提高继电保护设备健康水平。

A. 漏项　　B. 超期　　C. 重复检修　　D. 漏检

答案：【AB】

21. 根据DL/T 995—2016《继电保护和电网安全自动装置校验规程》，下列说法正确的是（　）。

A. 新安装保护装置的验收试验时，从保护屏柜的端子排处将所有外部引入的回路及电缆全部断开，分别将电流、电压、直流控制、信号回路的所有端子各自连接在一起，用1000V绝缘电阻表测量各回路对地和各回路相互间绝缘电阻，其阻值均应大于10MΩ

B. 定期检验时，在保护屏柜的端子排处将所有电流、电压、直流控制回路的端子的外部接线拆开，并将电压、电流回路的接地点拆开，用1000V绝缘电阻表测量回路对地的绝缘电阻，其绝缘电阻应大于10MΩ

C. 对使用触点输出的信号回路，用1000V绝缘电阻表测量电缆每芯对地及对其他各芯间的绝缘电阻，其绝缘电阻应不小于1MΩ。定期检验只测量芯线对地的绝缘电阻

D. 定期检查时可用绝缘电阻表检验金属氧化物避雷器工作状态是否正常，一般当用1500V绝缘电阻表时，金属氧化物避雷器不应击穿；而用2500V绝缘电阻表时，则应可靠击穿

答案：【AC】

22. 应（ ）检查放电间隙或氧化锌阀片，防止造成电压二次回路（ ）接地的现象。

A. 定期　　B. 不定期　　C. 一点　　D. 多点

答案：【AD】

23. 根据《继电保护及安全自动装置通用技术条件》的规定，要求保护装置的绝缘试验项目有（ ）。

A. 介质强度试验　　B. 绝缘老化试验

C. 绝缘电阻试验　　D. 冲击电压试验

答案：【ACD】

24. 新安装继电保护装置绝缘试验，下列正确的说法是（ ）。

A. 在保护屏柜端子排内侧分别短接交流电压回路、交流电流回路、直流电源回路、跳合闸回路、开关量输入回路、厂站自动化系统接口回路及信号回路端子

B. 断开与其他保护弱电联系回路

C. 在测量某一组回路对地绝缘电阻时，应将其他各组回路都接地

D. 用1000V绝缘电阻表测量绝缘电阻值，要求阻值均大于20MΩ，测试后应将各回路对地放电

答案：【ABC】

25. 关于纵联距离保护技术原则说法正确的有（ ）。

A. 保护装置中的零序功率方向元件应采用自产零序电压

B. 纵联零序方向保护不应受零序电压大小的影响，在零序电压较低的情况下应保证方向元件的正确性

C. 在平行双回或多回有零序互感关联的线路发生接地故障时，应防止非故障线路零序方向保护误动作

D. 纵联距离保护不具备弱馈功能

答案：【ABC】

26. 直流总输出回路、直流分路均装设熔断器时，直流熔断器应（　）。

A. 分级配置　B. 分层配置　C. 逐级配合　D. 同级配置

答案：【AC】

27. 当同一被保护设备的各套保护装置分别接于不同的电流回路时，微机保护的整组试验则应该（　）。

A. 用专用的模拟试验装置进行试验

B. 由端子排通入与故障情况相符的电流、电压模拟量进行试验

C. 用卡接点和通入电流、电压模拟量进行试验

D. 临时将各套保护的电流回路串联后进行整组试验

答案：【AD】

28. 依据整定计算规程要求，下列哪些参数应使用实测值（　）。

A. 三相五柱式变压器的零序阻抗

B. 架空线路和电缆线路的正序和零序阻抗、正序和零序电容

C. 平行线之间的零序互感阻抗

D. 其他对继电保护影响较大的有关参数

答案：【BCD】

29. 应认真检查（　）的各种保护动作、异常等相关信号是否齐全、准确、一致，是否符合设计和装置原理。

A. 继电保护　B. 安全自动装置　C. 站端后台　D. 调度端

答案：【ABCD】

30. 关于继电保护可靠性说法正确的有（　）。

A. 对于220～750kV电网的线路继电保护，一般采用远后备保护方式

B. 对配置两套全线速动保护的线路，至少应保证有一套全线速动保护投运

C. 对于220～750kV电网的母线，母线差动保护是其主保护，变压器或线路后备保护是其后备保护

D. 以上均正确

答案：【BC】

31. 合理的确定新建、扩建、技改工程工期，应从保证（　）的要求出发。

A. 设计　　B. 调试　　C. 验收质量　　D. 生产

答案：【ABC】

32. 智能变电站的保护设计应遵循（　）原则。应特别注意防止智能变电站同时失去多套保护的风险。

A. 直接采样　　B. 直接跳闸　　C. 独立分散　　D. 就地化布置

答案：【ABCD】

33. 以下关于标准化设计保护装置型号，表述正确的是（　）。

A. “-G”表示国网常规装置，常规采样、常规跳闸

B. “-DA-G”表示国网智能化装置，常规采样、GOOSE 跳闸

C. “-DG-G”表示国网智能化装置，SV 采样、GOOSE 跳闸

D. “-FA-G”表示国网智能化前接线前显示装置，SV 采样、GOOSE 跳闸

答案：【AD】

34. 双重化配置的设备应采用不同生产厂家的有（　）。

A. 线路保护　　B. 主变压器保护　　C. 高压电抗器保护　　D. 短引线保护

E. 合并单元

答案：【ABC】

35. 根据《国家电网有限公司关于印发十八项电网重大反事故措施（修订版）的通知》（国家电网设备〔2018〕979 号）要求，下列回路没有实现双重化的是（　）。

A. 跳闸回路　　B. 合闸回路

C. 非电量跳闸回路　　D. 交流电压回路

E. 交流电流回路

答案：【BC】

36. 双重化配置的保护装置、母差和断路器失灵等重要保护的（　）回路均应使用各自独立的电缆。

A. 开入　　B. 开出　　C. 启动　　D. 跳闸

答案：【CD】

37. 除（ ）外，不同间隔设备主保护功能不应集成。

A. 母线保护　　B. 主变压器保护

C. 330kV 及以上电压等级高压并联电抗器保护

D. 220kV 及以上电压等级短引线保护

答案：【AB】

38. 保护装置软件版本构成有（ ）。

A. 程序验证码　　B. 基础软件生成日期

C. 基础软件版本　　D. 保护选配功能代码

答案：【ABCD】

39. 根据 Q/GDW 1161—2014《线路保护及辅助装置标准化设计规范》要求，下列应设置在屏柜左侧端子排的有（ ）。

A. 直流电源段（ZD）　　B. 强电开入段（QD）

C. 信号段（XD）　　D. 交流电流段（ID）

E. 对时段（OD）　　F. 交流电压段（UD）

答案：【ABE】

40. 依照 Q/GDW 1161—2014《线路保护及辅助装置标准化设计规范》要求，保护配置（ ）组 MMS 通信接口（包括以太网或 RS-485 通信接口），MMS 至少需（ ）路 RJ45 电口。（ ）

A. 4　　B. 3　　C. 2　　D. 1

答案：【BC】

41. 关于保护装置定值的要求，下列正确的是（ ）。

A. 保护装置电流、电压和阻抗定值应采用二次值

B. 保护装置的定值应尽量避免设置自动的辅助定值和内部固定定值

C. 运行中基本不变的保护分项功能采用“控制字”投/退

D. 保护装置总体功能投/退，可由运行人员就地投/退硬压板或远方操作投/退软压板实现

答案：【ACD】

42. 依照 Q/GDW 1175—2014《变压器、高压并联电抗器和母线保护及辅助装置标准化设计规范》要求，下列关于主变压器保护装置信号灯描述正确的是（ ）。

A. 运行-红色-非自保持　　　　　　　　　B. 异常-红色-自保持

C. 检修-红色-非自保持　　　　　　　　　D. 差动保护闭锁-红色-非自保持

E. 保护跳闸-红色-自保持

答案：【CDE】

43. 下列关于二次回路设计原则说法正确的有（　）。

A. 智能站单间隔保护装置与本间隔智能终端、合并单元之间应采用点对点方式通信

B. 智能站母线保护与各间隔合并单元之间应采用点对点方式通信

C. 变压器保护跳母联、分段断路器及闭锁备自投、启动失灵等可采用GOOSE网络传输

D. 变压器保护通过点对点接收失灵保护跳闸命令，并实现失灵跳变压器各侧断路器

E. 智能站装置过程层GOOSE信号由其他装置转发

F. 常规站保护，双母线接线变压器保护启动失灵和解除电压闭锁采用同一继电器的保护跳闸触点（不同）

答案：【ABC】

44. 220kV及以上保护电流互感器二次回路断线的处理原则包括（　）。

A. 主保护不考虑TA、TV断线同时出现

B. 不考虑无流元件TA断线

C. 不考虑三相电流对称情况下中性线断线

D. 考虑两相、三相断线的可能

E. 考虑多个元件可能同时发生TA断线

F. 考虑TA断线和一次故障可能同时出现

答案：【ABC】

45. 对于220kV及以上的保护装置的TA断线闭锁原则，下列说法正确的是（　）。

A. 当主变压器保护判断出TA断线后（TA断线闭锁差动为投入），瞬时闭锁，延时告警

B. 当线路保护判断出TA断线后（TA断线闭锁差动为投入），延时闭锁，延时告警

C. 当主变压器保护差流大于1.2倍I_e，不论TA断线闭锁差动是否投入，差动保护均不闭锁差动

D. 母线保护支路（包括母联、分段）TA断线后固定闭锁差动保护

答案：【ABC】

46. 下列关于 220kV 及以上线路保护电流互感器二次回路断线的处理原则描述正确的有（　）。

A. 闭锁零序保护　　B. 闭锁距离保护

C. 闭锁纵联差动保护　　D. 闭锁纵联距离保护

答案：【AD】

47. 依照 Q/GDW 441—2010《智能变电站继电保护技术规范》，关于 220kV 以上继电保护配置原则，下述正确的有（　）。

A. 两套保护之间不应有任何电气联系，一套保护异常时不应影响另一套保护运行

B. 两套保护的电压（电流）采样值应分别取自相互独立的合并单元

C. 双重化配置保护使用的 GOOSE（SV）网络应遵循相互独立的原则

D. 双重化配置的保护应使用主、后一体化的保护装置

答案：【ABCD】

48. 符合（　）条件的 220kV 及以上线路，应配置双重化的光纤分相差动保护装置。

A. 长度低于 50km 的线路

B. 同杆并架或部分同杆并架双回线路，应选用双套光纤分相电流差动保护作主保护

C. 装有串联补偿电容的线路

D. 电缆、架空混合线路。每回线路配置两套光纤分相电流差动保护作为主保护，同时应配有包含过负荷报警功能的完整的后备保护

答案：【ABCD】

49. 下列关于 220kV 线路纵联电流差动保护功能配置说法正确的有（　）。

A. 必配纵联电流差动保护　　B. 必配距离保护

C. 必配零序反时限过流保护　　D. 必配重合闸

答案：【ABD】

50. 关于纵联电流差动保护技术原则说法正确的有（　）。

A. 纵联电流差动保护本侧启动元件和本侧差动元件同时动作才允许差动保护出口

B. 线路两侧纵联电流差动保护装置均应设置本侧独立的电流启动元件，必要时可用交流电压量和跳闸位置触点等作为辅助启动元件

C. 差动电流可作为装置的启动元件

D. 通道识别码校验出错时，只告警但不闭锁差动保护

E. 纵联电流差动保护在任何弱馈情况下，应正确动作

F. 纵联电流差动保护两侧差动保护压板不一致时发告警信号

答案：【BEF】

51. 依照 Q/GDW 1175—2014《变压器、高压并联电抗器和母线保护及辅助装置标准化设计规范》要求，下列关于 220kV 变压器保护说法正确的有（　）。

A. 零序过压保护电压取外接时零序电压定值 $3U_0$ 固定为 180V

B. 间隙过流保护电流定值由装置固定为一次值 300A

C. 过负荷保护定值可以整定为 6A

D. 过负荷保护固定投入

答案：【AD】

52. 220kV 线路后备保护配置原则是（　）。

A. 采用远后备方式

B. 保护双重化，且每套主保护都有完整的后备保护

C. 对相间短路，后备保护宜采用阶段式距离保护

D. 对接地短路，应装设接地距离保护并辅以阶段式或反时限零序电流保护

答案：【BCD】

53. 按照《国家电网有限公司关于印发十八项电网重大反事故措施（修订版）的通知》（国家电网设备〔2018〕979 号），220kV 及以上电压等级的线路保护应满足（　）要求。

A. 每套保护均应能对全线路内发生的各种类型故障快速动作切除。对于要求实现单相重合闸的线路，在线路发生单相经高阻接地故障时，应能跳闸

B. 对于远距离、重负荷线路及事故过负荷等情况，继电保护装置应采取有效措施，防止相间、接地距离保护在系统发生较大的潮流转移时误动作

C. 引入两组及以上电流互感器构成合电流的保护装置，各组电流互感器应分别引入保护装置，不应通过装置外部回路形成合电流

D. 应采取措施，防止由于零序功率方向元件的电压死区导致零序功率方向纵联保护拒动，但不应采用过分降低零序动作电压的方法

答案：【BCD】

54. 通信机房与保护小室分开设置，线路纵差保护用光电转换接口柜在通信机房安装，按照《国家电网有限公司关于印发十八项电网重大反事故措施（修订版）的通知》（国家电

网设备〔2018〕979号)，以下说法正确的是（ ）。

A. 光电转换接口柜和光通信设备（数字配线架）的接地铜排应与2M同轴电缆的屏蔽层可靠相连

B. 沿2M同轴电缆敷设截面积不小于100mm^{2}的铜电缆

C. 光电转换接口柜和光通信设备的接地铜排应同点与主地网相连

D. 为保证传输信号的可靠性，2M同轴电缆不应接地

答案：【ABC】

55. 继电保护和安全自动装置通信通道按照三条光纤通道路由方式安排，主要包括（ ）。

A. 双装置/双接口、三路由　　B. 单装置/双接口、三路由

C. 双装置/单接口、三路由　　D. 单装置/单接口、三路由

答案：【AC】

56. 关于独立光纤通道，下面说法错误的是（ ）。

A. 两个独立的同步数字体系（SDH）设备分别采用两个独立的物理路由，视为两条独立光纤通道

B. 同一个SDH设备采用两个独立的物理路由，可视为两条独立光纤通道

C. 进入通信机房的光缆采用不同的通信管及光缆，但共用一个电缆竖井，可视为两个独立的物理路由

D. 同一光缆的不同光纤芯，可视为两个独立的物理路由

答案：【BCD】

57. 以下说法正确的是（ ）。

A. 同一线路两套保护的通道应保持独立性，包括电源、设备和路由的独立

B. 单向通道倒换环、单向复用段倒换环可作为纵联距离、方向保护的信息传输通道，但不能作为线路纵差保护的信息传输通道

C. 不同OPGW，包括同塔架设的两条OPGW光缆视为相同路由

D. 保护用光纤通道不允许收发信路由不一致

答案：【AB】

58. 远方跳闸保护的就地判据包括（ ）。

A. 零、负序电流　　B. 零、负序电压

C. 电流变化量　　D. 低电流

E. 分相低无功　　　　　　　　　　　F. 分相低有功（分相低功率因数）

答案：【ABCDF】

59. 对于 220kV 线路保护中“远方跳闸”和“其他保护动作停信”回路，以下正确的是（　）。

A. TJR 接点应接入“远方跳闸”或“其他保护动作停信”回路

B. TJQ 接点不应接入“远方跳闸”回路

C. TJQ 接点不宜接入“其他保护动作停信”回路

D. TJF 接点不应接入“远方跳闸”回路、“其他保护动作停信”回路

答案：【ABCD】

60. 对于远距离、重负荷线路及事故过负荷等情况，继电保护装置应采取有效措施，防止（　）保护在系统发生较大的潮流转移时误动作。

A. 纵联距离　　B. 相间距离　　C. 接地距离　　D. 零序电流

答案：【BC】

61. 在某些运行方式下，（　）允许适当地牺牲部分选择性。

A. 对终端供电变压器　　　　　　B. 串联供电线路

C. 预定的解列线路　　　　　　　D. 同杆并架双回线

答案：【ABC】

62. 继电保护对功率方向继电器的要求有（　）。

A. 能正确地判断短路功率方向　　B. 有很高的灵敏度

C. 继电器的固有动作时限小　　　D. 要求所有功率方向继电器均采用 0°接线

答案：【ABC】

63. 对双母线接线重合闸、失灵启动的要求下列说法正确的是（　）。

A. 对于含有重合闸功能的线路保护装置，设置“停用重合闸”压板。“停用重合闸”压板投入时，闭锁重合闸、任何故障均三相跳闸

B. 双母线接线的断路器失灵保护，应采用母线保护中的失灵电流判别功能，不配置含失灵电流启动元件的断路辅助装置

C. 应采用线路保护的三相跳闸触点（信号）启动断路器失灵保护

D. 常规站当线路支路有高抗、过电压及远方跳闸保护等需要三相启动失灵时，采用操作箱内 TJR 触点启动失灵保护

E. 智能站当线路支路有高抗等需要三相启动失灵时，宜由高抗保护直接启动失灵保护

答案：【ABDE】

64. 关于母线保护说法正确的有（　）。

A. 区外故障 TA 饱和时母线保护不应误动

B. 母线保护允许延时切除区外转区内的故障

C. 母线保护应允许使用不同变比的 TA，并通过软件自动校正

D. 除母联（分段）TA 断线不闭锁母差保护外，其余支路 TA 断线后固定闭锁差动保护

E. 对构成环路的各种母线，保护不应因母线故障时电流流出的影响而拒动

F. 双母线接线的母线保护在母线分列运行，发生死区故障时会失去选择性

答案：【ACDE】

65. 下列说法不正确的有（　）。

A. 常规站最新母线保护中装置存在“母联（分段）分列”硬压板

B. 并列运行方式下，母联（分段）失灵保护不判母联位置

C. 母联（分段）失灵保护设投退压板，分列运行时母联失灵保护不应动作

D. 母联（分段）充电过流保护时间定值整定范围应改为 0.1～10s

答案：【ACD】

66. 下列对于 220kV 双母接线母线保护异常处理原则正确的有（　）。

A. 支路 TA 断线闭锁断线相大差及所在母线小差

B. 支路 SV 通信中断闭锁大差及所在母线小差

C. 母联 TA 断线，母线强制互联

D. 母联 SV 通信中断后发生母线区内故障，先跳开母联，延时 100ms 后选择故障母线

答案：【ABD】

67. 依照 Q/GDW1175—2014《变压器、高压并联电抗器和母线保护及辅助装置标准化设计规范》要求，下列哪些情况下会导致 220kV 母线区内故障后首先跳开母联，在母联开关跳开 100ms 后，如果故障依然存在则再跳开故障母线。（　）

A. 母联合并单元与母线保护检修不一致

B. 装置投入了母线互联软压板

C. 母线保护报母联 SV 接收断链

D. 母线保护报母联 TA 断线

答案：【ACD】

68. 下列说法正确的有（　）。

A. 母联失灵保护、母联（分段）死区保护均应经电压闭锁元件控制

B. 母联死区保护确认母联跳闸位置的延时为150ms

C. 3/2断路器接线的母线保护应设置灵敏的、不需整定的电流元件并带20ms固定延时

D. 双母双分段分段断路器不经电压闭锁

答案：【ABD】

69. 智能站双母线、双母双分接线的母线保护支路定义中，（　）被定义为主变压器支路。

A. 3、4　　B. 4、5

C. 13、14　　D. 14、15

答案：【BD】

70. 依照Q/GDW 1175—2014《变压器、高压并联电抗器和母线保护及辅助装置标准化设计规范》，智能站母线保护装置母联间隔接收压板退出后，不再接收以下哪些信息（　）。

A. 母联间隔SV采样　　B. 母联间隔手合开入

C. 母联间隔失灵开入　　D. 母联间隔开关位置

答案：【ABD】

71. 依照Q/GDW 1175—2014《变压器、高压并联电抗器和母线保护及辅助装置标准化设计规范》，母线保护母线充电至死区保护逻辑必须判别的条件有（　）。

A. 大差动作　　B. 母联无流

C. 故障前开关分位　　D. 母联手合开入

答案：【ABCD】

72. 由于失灵保护误动作后果较严重，且3/2断路器接线的失灵保护无电压闭锁，对于线路保护分相跳闸开入和变压器、发变组、线路高抗三相跳闸开入，应采取（　）措施，防止由于开关量输入异常导致失灵保护误启动。

A. 分相跳闸触点开入后，经电流突变量或零序电流启动并展宽后启动失灵

B. 分相跳闸触点开入后，不经电流突变量或零序电流启动并展宽后启动失灵

C. 三相跳闸触点开入后，不经电流突变量或零序电流启动失灵

D. 三相跳闸触点开入后，经电流突变量或零序电流启动失灵

答案：【AC】

73. 下列哪些判别条件满足时将导致支路失灵无效。（ ）

A. 失灵保护控制字退出

B. 本支路失灵开入 GOOSE 接收压板退出

C. 本支路间隔接收软压板退出

D. 本支路电流采样异常

E. 本支路失灵开入 GOOSE 链路中断、检修不一致

F. 母线保护装置异常

答案：【ABCDE】

74. 对于变压器保护，以下说法正确的是（ ）。

A. 变压器电气量保护与非电量保护的出口回路分开

B. 电气量保护动作后启失灵，并可解除失灵保护电压闭锁。非电量保护不启动失灵保护

C. 电气量保护和非电量保护的电源回路独立

D. 双套电气量保护的跳闸回路分别作用于断路器的两个跳闸线圈，而一套非电量保护同时作用于断路器的双线圈

答案：【ABCD】

75. 对于 220kV 及以上的变压器相间短路后备保护的配置原则，下面说法不正确的是（ ）。

A. 除主电源外，其他各侧保护作为变压器本身和相邻元件的后备保护

B. 作为相邻线路的远后备保护，对任何故障具有足够的灵敏度

C. 对稀有故障，例如电网的三相短路，允许无选择性动作

D. 送电侧后备保护对各侧母线应有足够灵敏度

答案：【ABC】

76. 依照 Q/GDW 1175—2014《变压器、高压并联电抗器和母线保护及辅助装置标准化设计规范》要求，变压器保护定值清单中（ ）不存在。

A. 拐点电流定值　　B. 二次谐波制动控制字

C. 差流越限告警定值　　D. 过负荷保护控制字

答案：【ACD】

77. 按照《国家电网有限公司关于印发十八项电网重大反事故措施（修订版）的通知》（国家电网设备〔2018〕979 号），对发电厂继电保护整定的要求有（ ）。

A. 校核与系统保护配合关系

B. 加强整定计算与管理

C. 定期进行全面复算和校核

D. 设置经复压闭锁的、长延时的线路后备保护

答案：【ABC】

78. 200MW 及以上容量发电机定子接地保护宜将（　）的出口分开，其中基波故障量的保护投跳闸。

A. 基波零序保护　　B. 二次谐波电压保护

C. 基波负序保护　　D. 三次谐波电压保护

答案：【AD】

79. 下列关于高抗主保护的技术原则正确的有（　）。

A. 除差动保护外，还具有差动速断功能

B. 具有防止区外故障保护误动的制动特性

C. 具有防止 TA 饱和引起保护误动的功能

D. 零序电流差动保护能灵敏地反映电抗器内部匝间故障

E. 匝间保护能灵敏地反映电抗器内部匝间故障

F. 具有 TA 断线告警功能，可通过控制字选择是否闭锁差动保护

G. 当主电抗首端和末端 TA 变比不一致时，电流补偿应由软件实现

答案：【ABCEFG】

80. 关于中性点电抗器后备保护技术原则正确的有（　）。

A. 过电流保护反映三相不对称等原因引起的中性点电抗器过流

B. 过负荷保护监视三相不平衡状态，延时作用于信号

C. 中性点电抗器过流、过负荷保护，优先采用主电抗首端三相电流

D. 以上均不对

答案：【AB】

81. 建立和完善继电保护故障信息和故障录波管理系统，严格按照国家有关网络安全规定，做好有关安全防护。在保证安全的前提下，可开放保护装置（　）。

A. 远方修改定值区　　B. 远方修改整定区

C. 远方投退压板功能　　D. 远方修改定值

答案：【AC】

82. 某220kV变电站220kVⅠ、Ⅲ母分段断路器间隔电流互感器爆炸，母差正确动作切除Ⅰ、Ⅲ母线；因运行在Ⅰ母的甲Ⅰ线电压切换箱内Ⅱ母隔离刀闸分位电阻开路，相应电压切换继电器未能复归，使得Ⅰ、Ⅱ母电压切换回路二次误并列，造成Ⅱ母电压互感器对Ⅰ母电压互感器二次反充电，Ⅱ母电压互感器总空开跳闸，使得已进入故障处理程序的220kV乙线、丙线线路保护距离Ⅲ段动作，造成全站失压。结合十八项反措，你认为本案例违反了哪些规定。（　）

A. 加强继电保护装置运行维护工作

B. 双重化配置的保护装置、母差和断路器失灵等重要保护的起动和跳闸回路均应使用各自独立的电缆

C. 应保证合理的设备验收时间，确保验收质量

D. 严格执行有关规程、规定及反措，防止二次寄生回路的形成

E. 双重化配置的保护装置，须注意与其有功能回路联系设备（如通道、失灵保护等）的配合关系，防止因交叉停用导致保护功能的缺失

答案：【ACDE】

83. 某220kV变电站在35kVI段开关柜及母线绝缘反措实施过程中，厂家人员无图纸施工，欲将加热器N线接入二次屏蔽接地铜排，误将加热器N线接入1号主变压器第一套差动保护低压侧A相电流端子。合上加热器空气开关时，加热器电流流入A4311回路，由于该电流较小（电流约1.1A)，且制动电流较大，主变压器差动保护未出口。分开加热器空气开关时，由于加入电流突然断开造成低压侧TA反激励，产生较大的偏向于时间轴一侧的电流，1号主变压器第一套差动保护动作，跳开1号主变。结合十八项反措，你认为本案例违反了哪些规定。（　）

A. 严格执行继电保护现场标准化作业指导书，规范现场安全措施，防止继电保护“三误”事故

B. 现场二次回路变更须经相关保护管理部门同意并及时修订相关的图纸资料

C. 微机型继电保护装置柜屏内的交流供电电源（照明、打印机和调制解调器）的中性线（零线）不应接入等电位接地网

D. 在运行和检修中应加强对直流系统的管理，严格执行有关规程、规定及反措，防止直流系统故障，特别要防止交流电压、电流串入直流回路，造成电网事故

E. 所有差动保护（线路、母线、变压器、电抗器、发电机等）在投入运行前，除应在

负荷电流大于电流互感器额定电流的10%的条件下测定相回路和差回路外，还必须测量各中性线的不平衡电流、电压，以保证保护装置和二次回路接线的正确性

答案：【ABCD】

84. 某220kV变电站220kV甲乙线两套线路保护采用复用通道方式，通道上包含数字接口柜、PCM，SDH等，该站通信机房有两套通信电源（通信电源1，通信电源2），两套电源给220kV甲乙线两套保护复用通道上各设备供电，如图10-1所示。结合十八项反措的有关要求，请选出下图接线方式的存在（　）问题。

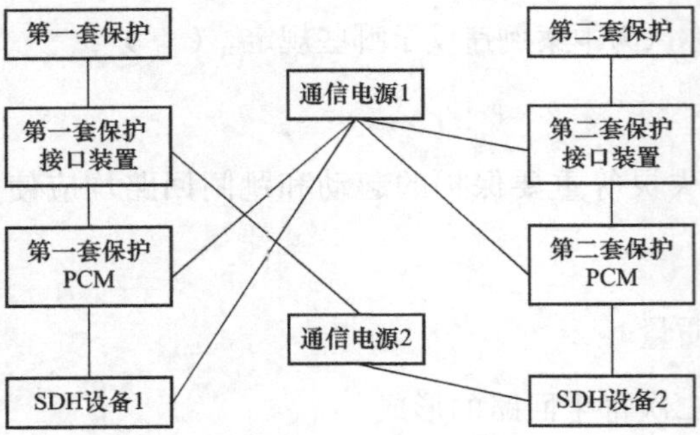

图10-1

A. 双重化配置的保护装置，须注意与其有功能回路联系设备（如通道、失灵保护等）的配合关系，防止因交叉停用导致保护功能的缺失

B. 线路纵联保护的通道（含光纤、微波、载波等通道及加工设备和供电电源等）、远方跳闸及就地判别装置应遵循相互独立的原则按双重化配置

C. 注意校核继电保护通信设备（光纤、微波、载波）传输信号的可靠性和冗余度及通道传输时间，防止因通信问题引起保护不正确动作

D. 两套保护装置的直流电源应取自不同蓄电池组供电的直流母线段，防止二次寄生回路的形成

答案：【AB】

85. 电力系统继电保护运行统计评价范围里有（　）。

A. 发电机、变压器的保护装置　　B. 安全自动装置

C. 故障录波器　　D. 直流系统

答案：【ABC】

86. 简述在故障录波装置的统计评价中，录波完好的标准是（　）。

A. 故障录波记录时间与故障时间吻合

B. 数据准确，波形清晰完整，标记正确

C. 开关量清楚，与故障过程相符

D. 上报及时，可作为故障分析的依据

答案：【ABCD】

87. 下列关于继电保护和安全自动装置缺陷处理描述正确的有（ ）。

A. 危急缺陷消缺时间不超过 24h

B. 严重缺陷消缺时间不超过 72h

C. 一般缺陷消缺时间不宜超过一个月

D. 运维检修单位应在继电保护和安全自动装置缺陷处理后 5 个工作日内，完成缺陷管理信息填报

答案：【ABCD】

88. 继电保护和安全自动装置危急缺陷有（ ）。

A. 变压器保护差流越限　　B. 母线保护支路刀闸位置异常

C. 断路器保护 SV 总告警　　D. 线路保护 GOOSE 链路中断

答案：【ABCD】

89. 以下属于继电保护危急缺陷的有（ ）。

A. 故障录波器信息无法正常上传到调度端

B. 智能变电站母线保护对时异常

C. 220kV 变压器保护高压侧 TV 断线

D. 线路保护 GOOSE 链路中断

答案：【CD】

90. 下列关于调度系统重大事件报告中属于紧急报告类的有（ ）。

A. 省（自治区、直辖市）级电网与所在区域电网解列运行故障

B. 区域电网内 500kV 以上电压等级同一送电断面出现 3 回以上线路相继跳闸停运的事件

C. 省级电网 220kV 以上（西藏电网 110kV 以上）线路跳闸停运 5 回以上的事件

D. 装机容量 3000MW 以上电网，频率偏差超出 50±0.2Hz（一般）

E. 区域性电网减供负荷 30%以上（特别重大）

答案：【ABC】

91. 继电保护组屏设计应注意（ ）。

A. 应充分考虑运行和检修时的安全性，确保能够采取有效的防继电保护“三误”（误碰、误整定、误接线）措施

B. 当双重化配置的两套保护装置不能实施确保运行和检修安全的技术措施时，应安装在各自保护柜内

C. 双重化配置的两套保护必须安装在各自屏柜内

D. 上述选项均正确

答案：【AB】

92. 保护选型在规划设计阶段应注意（　）。

A. 采用技术成熟的产品

B. 采用性能成熟的产品

C. 采用质量优良的产品

D. 采用经国家电网公司组织的专业检测合格的产品

答案：【ABCD】

93. 关于保护双重化配置说法正确的有（　）。

A. 220kV 及以上电压等级线路、变压器、母线、高压电抗器、串联电容器补偿装置等输变电设备的保护应按双重化配置

B. 相关断路器的选型应与保护双重化配置相适应，220kV 及以上电压等级断路器必须具备双跳闸线圈机构

C. 1000kV 变电站内的 110kV 母线保护必须按双套配置

D. 330kV 变电站内的 110kV 母线保护宜按双套配置

答案：【ABD】

94. 220kV 及以上电压等级按双重化配置的两套线路保护装置的通道要求有（　）。

A. 两套线路保护的通道可交叉共用

B. 采用双通道方式的保护装置，其两个通道也应相互独立

C. 保护装置及通信设备电源配置时应注意防止单组直流电源系统异常导致双重化快速保护同时失去作用的问题

D. 两套线路保护的通道应遵循相互独立的原则

答案：【BCD】

95. 基建验收时对保护的整组检查要求有（　）。

A. 必须进行所有保护整组检查，模拟故障或短接端子以检查保护与硬压板的对应关系，避免有寄生回路存在

B. 应按照规程要求独立进行被保护设备的各套保护装置传动试验

C. 需检验同一间隔内所有保护之间的相互配合关系

D. 线路纵联保护还应与对侧线路保护进行一一对应的联动试验

答案：【CD】

96. 保护用电流回路在投运前要求（ ），以保证保护装置和二次回路的正确性。

A. 应在负荷电流大于电流互感器额定电流的10%的条件下测定相回路和差回路正确

B. 应在负荷电流满足电流互感器精度和测量表计精度的条件下测定变比、极性以及电流和电压回路相位关系正确

C. 测量各中性线的不平衡电流（或电压）

D. 测量各接地线的不平衡电流（或电压）

答案：【BC】

97. 加强微机保护装置、合并单元、智能终端、直流保护装置、安全自动装置软件版本管理，对智能变电站还需加强（ ）的管控。

A. ICD 文件　　B. SCD 文件　　C. CID 文件　　D. CCD 文件

答案：【ABCD】

98. 发电厂应根据调控机构下发的（ ）等定期（至少每年）对所辖设备的整定值进行全面复算和校核。

A. 灵敏系数　　B. 等值参数　　C. 定值限额　　D. 配合要求

答案：【BCD】

99. 当两个及以上电流（电压）互感器二次回路间有直接电气联系时，其二次回路接地点设置要求有（ ）。

A. 便于运行中的检修维护

B. 在端子箱或汇控柜内接地

C. 在保护屏内可靠接地

D. 互感器或保护设备的故障、异常、停运、检修、更换等均不得造成运行中的互感器二次回路失去接地

答案：【AD】

100. 常规线路保护功能投退只设置硬压板的有（ ）。

A. 停用重合闸　　B. 远方操作

C. 保护检修状态　　D. 远方跳闸

答案：【BC】

101. 线路保护装置的定值要求有（　）。

A. 保护装置电流、电压和阻抗定值均采用一次值，并输入电流互感器和电压互感器的变比等必要的参数

B. 保护总体功能投/退，如线路保护的“纵联距离保护”，可由运行人员就地投/退硬压板或远方操作投/退软压板实现

C. 运行中基本不变的保护分项功能，如线路保护的“距离保护Ⅰ段”采用控制字投/退

D. 保护装置的定值清单应按照设备参数定值部分、保护装置控制字定值部分、保护装置数值型定值部分的顺序排列

答案：【BC】

102. 以下关于220kV线路保护操作箱（插件）说法正确的是（　）。

A. 直流空气开关应设在操作箱（插件）所在屏（柜）内，设置两组操作电源的切换回路

B. 操作箱（插件）应设有断路器合闸位置、跳闸位置和电源指示灯

C. 操作箱（插件）的防跳功能应取消，跳闸位置监视与合闸回路的连接应便于断开，端子按跳闸位置监视与合闸回路依次排列

D. 对于不采用操作箱（插件），而采用操作继电器接口的方案，保护出口应经继电器重动后作用于断路器跳闸线圈

答案：【BD】

103. 九统一规范中的保护屏（柜）端子排设计原则为（　）。

A. 按照“功能分区，端子分段”的原则，根据保护屏（柜）端子排功能不同，分段设置端子排

B. 端子排按段独立编号，每段宜预留备用端子

C. 公共端、同名出口端采用端子连线

D. 交流电流和交流电压采用试验端子

E. 跳闸出口采用红色试验端子，并与直流正电源端子适当隔开

F. 一个端子的每一端最多接两根线径一样的导线

答案：【ACDE】

104. 九统一规范中对110kV及以下电压等级电压并列箱的要求有（　）。

A. 110kV及以下电压等级若配置单套电压并列箱（回路），采用双位置输入方式

B. 110kV及以下电压等级若配置单套电压并列箱（回路），采用单位置输入方式

C. TV 并列信号采用非保持接点，“回路断线”或“直流消失”信号采用保持接点

D. TV 并列信号采用保持接点，“回路断线”或“直流消失”信号采用非保持接点

答案：【AD】

105. 下列关于相间及接地距离保护技术原则正确的有（　）。

A. 除常规距离保护Ⅰ段外，为快速切除中长线路出口短路故障，应有反映近端故障的保护功能

B. 用于串补线路及其相邻线路的距离保护应有防止距离保护Ⅰ段拒动和误动的措施

C. 为解决中长线路躲负荷阻抗和灵敏度要求之间的矛盾，距离保护应采取防止线路过负荷导致保护误动的措施

D. 相间及接地距离保护应采取防止母线 TV 断线导致保护误动的措施

答案：【ABC】

106. 下列关于零序保护技术原则正确的有（　）。

A. 零序电流保护应设置二段定时限（零序电流Ⅱ段和Ⅲ段），零序电流Ⅱ段固定带方向，零序电流Ⅲ段方向可投退。TV 断线后，零序电流Ⅱ段和零序电流Ⅲ段退出方向

B. 零序电流保护可选配一段零序反时限过流保护，方向可投退，TV 断线后自动改为不带方向的零序反时限过流保护

C. 应设置不大于 100ms 短延时的后加速零序电流保护，在手动合闸或自动重合时投入使用

D. 线路非全相运行时的零序电流保护不考虑健全相再发生高阻接地故障的情况，当线路非全相运行时自动将零序电流保护最末一段动作时间缩短 0.6s 并取消方向元件，作为线路非全相运行时不对称故障的总后备保护，取消线路非全相时投入运行的零序电流保护的其他段

答案：【BC】

107. 下列关于自动重合闸技术原则正确的有（　）。

A. 当重合闸不使用同期电压时，同期电压 TV 断线也应报警

B. 检同期重合闸采用的线路电压应是自适应的，用户可选择任意相间电压或相电压

C. 设置“重合闸方式转换开关”，自动重合闸仅设置“停用重合闸”功能压板，重合闸方式通过控制字实现

D. 单相重合闸、三相重合闸、禁止重合闸和停用重合闸有且只能有一项置“1”，如不满足此要求，保护装置应报警并按停用重合闸处理。

答案：【BD】

108. Q/GDW 1175—2013《变压器、高压并联电抗器和母线保护及辅助装置标准化设计规范》中关于软、硬压板说法正确的有（　）。

A. 变压器保护的各侧“电压压板”既设软压板，又设硬压板

B. 母线保护的“母线互联”软、硬压板采用“或”逻辑

C.“母联（分段）分列”只设软压板

D.“保护检修状态”只设硬压板

答案：【BCD】

109. Q/GDW 1175—2013《变压器、高压并联电抗器和母线保护及辅助装置标准化设计规范》中关于变压器保护定值的要求有（　）。

A. 保护装置的定值应简化，宜多设置自动的辅助定值和内部固定定值

B. 变压器额定电流（I_e）倍数，并输入变压器额定容量、电流互感器和电压互感器的变比等必要的参数

C. 可由运行人员就地投/退硬压板或远方操作投/退软压板实现，如变压器保护的“高压侧后备保护”

D. 运行中基本不变的保护分项功能，如变压器保护的“复压过流Ⅰ段1时限”采用“控制字”投/退

答案：【ABCD】

110. 330kV 电压等级变压器中的过励磁保护，应能实现（　）功能，反时限曲线应与变压器过励磁特性匹配。

A. 定时限跳闸　　B. 定时限告警　　C. 反时限跳闸　　D. 反时限告警

答案：【BCD】

111. 220kV 电压等级变压器高、中压侧带偏移特性的阻抗保护的配置要求有（　）。

A. 指向变压器的阻抗不伸出对侧母线，作为变压器部分绕组故障的后备保护

B. 指向母线的阻抗作为本侧母线故障的后备保护

C. 指向变压器的阻抗伸出对侧母线，作为变压器部分绕组及对侧母线故障的后备保护

D. 指向母线的阻抗作为本侧母线及线路故障的后备保护

答案：【AB】

112. 下面 220kV 及以上变压器过励磁保护技术原则正确的有（　）。

A. 采用相电压“与门”关系

B. 定时限告警功能

C. 反时限特性应能整定，与变压器过励磁特性相匹配

D. 可通过控制字选择是否跳闸

答案：【ABCD】

113. 下面关于变压器复压过流（方向）保护技术原则说法正确的有（　）。

A. 在电压较低的情况下应保证方向元件的正确性，可通过控制字选择方向元件指向母线或指向变压器。方向元件取本侧电压，灵敏角固定不变，具备电压记忆功能

B. 高（中）压侧复压元件由各侧电压经“或门”构成；低压侧复压元件取本侧（或本分支）电压

C. 高（中）压侧 TV 断线或电压退出后，该侧复压过流（方向）保护，退出方向元件，受其他侧复压元件控制；当各侧电压均 TV 断线或电压退出后，高（中）压侧复压过流（方向）保护变为纯过流

D. 低压侧 TV 断线或电压退出后，该侧复压过流（方向）保护，退出方向元件，受其他侧复压元件控制；当各侧电压均 TV 断线或电压退出后，低压侧复压过流（方向）保护变为纯过流保护

答案：【ABC】

114. 下面关于变压器零序过流（方向）保护说法正确的有（　）。

A. 高、中压侧零序方向过流保护的方向元件采用本侧自产零序电压和自产零序电流，过流元件宜采用本侧外接零序电流

B. 自耦变压器的高、中压侧零序过流保护的过流元件宜采用本侧自产零序电流，普通三绕组或双绕组变压器零序过流保护宜采用中性点零序电流

C. 自耦变压器公共绕组零序电流保护宜采用自产零序电流，变压器不具备时，可采用外接中性点 TA 电流

D. 具有 TV 断线告警功能，TV 断线或电压退出后，本侧零序方向过流保护退出方向元件

答案：【BCD】

115. 220kV 电压等级变压器保护屏（柜）高压侧保护出口压板有（　）。

A. 跳高压侧断路器　　B. 启动高压侧失灵保护

C. 解除高压侧失灵电压闭锁　　D. 跳高压侧母联（分段）

答案：【ABCD】

116. 高抗保护的主保护技术原则有（ ）。

A. 除差动保护外，还具有差动速断功能

B. 具有防止区外故障保护误动的制动特性

C. 具有防止 TA 饱和引起保护误动的功能

D. 零序电流差动保护能灵敏地反映电抗器内部接地故障

E. 匝间保护能灵敏地反映电抗器内部匝间故障

F. 具有 TA 断线告警功能，可通过控制字选择是否闭锁差动保护

G. 当主电抗首端和末端 TA 变比不一致时，电流补偿应由软件实现

答案：【ABCDEFG】

117. 下列有关双母线接线的母线差动保护隔离刀闸位置说法正确的是（ ）。

A. 双母线接线的母线保护，通过隔离刀闸辅助触点自动识别母线运行方式时，可以对刀闸辅助触点进行自检，开入电源掉电后刀闸位置将可能出现误判

B. 当与实际位置不符时，母线差动保护发“刀闸位置异常”告警信号，常规站能通过保护模拟盘校正刀闸位置

C. 当与实际位置不符时，母线差动保护发“刀闸位置异常”告警信号，智能站能通过“刀闸强制软压板”校正刀闸位置

D. 当仅有一个支路隔离刀闸辅助触点异常，且该支路有电流时，保护装置仍具有选择故障母线的功能

答案：【BCD】

118. 下列有关 110kV 线路零序过流保护说法与 Q/GDW 10766—2015《10kV～110（66）kV 线路保护及辅助装置标准化设计规范》中相符的有（ ）。

A. 当零序Ⅰ、Ⅱ、Ⅲ段带方向时，零序方向元件判别死区电压门槛为 0.5V，当零序电压不大于 0.5V 时判为反方向

B. 当零序Ⅰ、Ⅱ、Ⅲ段不带方向时，无电压闭锁条件，为纯零序过流保护

C. 零序Ⅳ段不带方向，为纯零序过流保护

D. 零序保护设置不大于 100ms 短延时的加速零序过流保护，加速零序过流定值可整定，固定带方向

答案：【BC】

119. Q/GDW10766—2015《10kV～110（66）kV 线路保护及辅助装置标准化设计规范》

中规定自动重合闸应满足（　）。

A. 当不使用用于重合闸检线路侧电压和检同期的电压元件时，线路 TV 断线不报警

B. TV 断线是否闭锁重合闸受重合闸方式控制，如重合闸与此电压有关则闭锁，否则开放

C. 具有保护启动重合闸功能，可通过控制字选择 TWJ 是否启动重合闸

D. 重合闸启动前，收到低气压（弹簧未储能）闭重信号，应立即放电。重合闸启动后，收到该闭锁信号，不放电

答案：【ABC】

120. Q/GDW 10766—2015《10kV～110（66）kV 线路保护及辅助装置标准化设计规范》中规定线路保护应包含（　）功能。

A. 三相一次重合闸　　B. 低频减载

C. 低压减载　　D. 过负荷告警和跳闸

答案：【ABC】

10.3 判 断 题

1. 新安装保护装置或回路经更改后的整组试验由基建单位负责时，运行人员应参加试验，了解掌握试验情况。

答案：【错误】

2. 继电器和保护装置的直流工作电压，应保证在外部电源为 85%～110%额定电压条件下可靠工作。

答案：【错误】

3. 对于双层屏蔽电缆，内屏蔽应一端接地，外屏蔽应两端接地。

答案：【正确】

4. 由开关场至控制室的二次电缆采用屏蔽电缆且要求屏蔽层两端接地主要是为了解决开关场与控制室的地电位不同问题。

答案：【错误】

5. 根据反措要求，防止直接远方跳闸回路因通道干扰引起误动作，本侧在收到对侧远方直接跳闸信号时本侧在经就地判别确认后再去进行跳闸，以提高安全性。

答案：【正确】

6. 十八项反措规定：继电保护整定中当灵敏性与选择性难兼顾时，应首先考虑以保灵敏度为主。

答案：【正确】

7. 防跳继电器动作时间应与断路器动作时间配合，断路器三相位置不一致保护的动作时间应与重合闸时间、相关保护动作时间相配合。

答案：【正确】

8. 根据双重化要求，两套保护之间不应有任何电气联系，当一套保护退出时不应影响另一套保护的动作行为。

答案：【错误】

9. 220kV 及以上母线保护母联电流互感器二次断线的处理原则：母联 SV 品质位异常后发生母线区内故障，先跳开母联，延时 100ms 后选择故障母线。

答案：【正确】

10. 断路器失灵保护的电流判别元件的动作和返回时间均不宜大于 20ms，其返回系数也不宜高于 0.9。

答案：【错误】

11. 间隙零序电流和零序过电压的时间元件应分别设置，间隙零序过电压元件单独经短延时 T1 出口；间隙零序过流和零序过电压元件组成“或门”逻辑，经较长延时 T2 出口。

答案：【正确】

12. 纵联电流差动保护两侧启动元件和本侧差动元件同时动作才允许差动保护出口。线路两侧的纵联电流差动保护装置均应设置本侧独立的电流启动元件，必要时可用交流电压量和跳闸位置触点等作为辅助启动元件，而且应考虑 TV 断线时对辅助启动元件的影响，差动电流不能作为装置的启动元件。

答案：【正确】

13. 电压为 220kV 及以上的变压器装设数字式保护时，除非电量保护外，应采用双重化保护配置。当断路器具有两组跳闸线圈时，两套保护宜分别动作于断路器的一组跳闸线圈。

答案：【正确】

14. 双重化配置的直流线路保护装置，若每套装置采用单接口配置，光纤通道应采取“双装置/单接口、三路由”典型方式安排。

答案：【正确】

15. 对220～500kV线路的全线速动保护，规程要求其整组动作时间为20ms（近端故障），30ms（远端故障，包括通道传输时间）。

答案：【错误】

16. 对不能明确提供保护动作情况的微机保护装置，不论动作多少次都只按动作1次统计。

答案：【正确】

17. 同一保护装置因同一原因发生多次不正确动作，按1次“不正确动作”评价。

答案：【错误】

18. 采用“近后备”原则，只有一套纵联保护和一套后备保护的线路，纵联保护和后备保护的直流回路应分别由专用的直流熔断器供电。

答案：【正确】

19. 为提高开关量采集的可靠性，对重要的开关、闸刀位置的采集可以采用双位置采样。

答案：【错误】

20. 开关场进线在继电保护屏经电容接地可以防止差模干扰。

答案：【错误】

21. 220kV及以上系统保护装置（含机组保护）的瞬时直跳开入量防抖动延时参数应按照10～20ms设置。

答案：【正确】

22. 安装在电缆上的零序电流互感器，电缆的屏蔽引线应穿过零序电流互感器接地。

答案：【正确】

23. 安装在通信机房继电保护通信接口设备的直流电源应取自保护直流电源，并与所接入通信设备的直流电源相对应，采用－48V电源。

答案：【错误】

24. 所有跳闸接点开入后均应经电流突变量或零序电流启动失灵，以防止误动。

答案：【错误】

25. 串口通信方式是一对一传输，信息安全性高。

答案：【正确】

26. 对设有可靠稳压装置的厂站直流系统，经确认稳压性能可靠后，进行整组试验时，应按1.2倍额定电压进行。

答案：【错误】

27. 保护装置的动作符合其动作原理，就应评价为正确动作。

答案：【错误】

28. 高频同轴电缆的屏蔽层除起屏蔽作用外，同时又是高频通道的回程导线。

答案：【正确】

29. 新安装或经查电流、电压回路，应直接利用工作电压检查二次回路，利用负荷电流检查电流二次回路接线的正确性。

答案：【正确】

30. 保护装置与外部联系的出口跳闸回路、信号回路必须经过中间继电器或光电耦合器转换。

答案：【错误】

31. 单相重合闸、三相重合闸、禁止重合闸和停用重合闸有且只能有一项置“1”，如不满足此要求，保护装置报警并按禁用重合闸处理。

答案：【错误】

32. 对于含有重合闸功能的线路保护装置，设置“停用重合闸”压板。“停用重合闸”压板投入时，闭锁重合闸、任何故障均三相跳闸。

答案：【正确】

33. 当不使用用于重合闸检线路侧电压和检同期的电压元件时，TV 断线不应报警。

答案：【正确】

34. 任一分相跳闸接点开入后经电流突变量或零序电流启动并展宽后启动失灵。

答案：【正确】

35. 电磁干扰的传播途径有传导、耦合和辐射三种形式。

答案：【正确】

36. 为提高远方跳闸的安全性，防止误动作，对采用非数字通道的，执行端应设置故障判别元件。对采用数字通道的，执行端可不设置故障判别元件。

答案：【正确】

37. 在线路主保护双重化配置功能完整的前提下，后备保护允许不完全配合。

答案：【正确】

38. 为保护高阻接地故障，220kV 线路零序Ⅳ段或反时限零序启动电流任何情况下均不应大于 300A。

答案：【错误】

39. 一般情况下220KV同杆并架双回线路发生同时性故障时，允许同时跳开双回线路，且不重合。

答案：【正确】

40. 一般来说母线的出线越多，零序电流的分支系数越小，零序电流保护配合越困难。

答案：【正确】

41. 零序电流保护的灵敏度必须保证在对侧断路器三相跳闸前后，均能满足规定的灵敏系数要求。

答案：【正确】

42. 短线保护是没有方向元件的过流保护，没有时间延时，在线路闸刀断开后，开关合环前投入，保护范围为所接TA至线路闸刀内侧。

答案：【正确】

43. 在新安装验收和定检中，对二次回路绝缘检查中规定，用1000V兆欧表测量回路绝缘电阻，其阻值应大于10MΩ。

答案：【错误】

44. 涉及交流采样插件变更的，应按要求进行模数变换系统零点漂移检验，可仅分别输入不同幅值的电流、电压量检验模数变换系统幅值和相位精度。

答案：【正确】

45.“远方操作”只设硬压板。“远方投退压板”、“远方切换定值区”和“远方修改定值”只设软压板，只能在装置本地操作，三者功能相互独立，分别与“远方操作”硬压板采用“与门”逻辑。以上叙述对于智能站和常规站均适用。

答案：【正确】

46. 对微机保护可采用检查模数变换系统、打印核对定值、进行开出量传动检查的方法，来检查回路及定值的正确性。

答案：【错误】

47. 装有管型避雷器的线路，为了使保护装置在避雷器放电时不会误动作，保护的动作时限（以开始发生故障至发出跳闸脉冲）不应小于0.02s，保护装置起动元件的返回时间应小于0.08s。

答案：【错误】

48. 电网中线路、变压器和母联断路器三相不一致保护不要求启动失灵保护。

答案：【正确】

49. 整定计算完成定值计算后需校验灵敏度，灵敏度一般根据可能出现的最小运行方式进行校验。

答案：【错误】

50. 受端系统枢纽厂站继电保护定值整定困难时，应侧重防止保护误动。

答案：【错误】

51. 新建或改造的变电站选用充电、浮充电装置，应满足稳压精度优于0.5%、稳流精度优于2%、输出电压纹波系数不大于0.5%的技术要求。在用的充电、浮充电装置如不满足上述要求，应逐步更换。

答案：【错误】

52. 保护交流电压切换继电器的直流电源和对应保护装置的直流电源空气开关应相互独立。

答案：【错误】

53. 根据相关规定，所有110kV母联都可配置保护、测控一体化装置。

答案：【错误】

54. 为防止装置家族性缺陷可能导致的双重化配置的两套继电保护装置同时拒动的问题，双重化配置的线路、变压器、母线、高压电抗器等保护装置应采用不同原理的产品。

答案：【错误】

55. Q/GDW 1175—2013《变压器、高压并联电抗器和母线保护及辅助装置标准化设计规范》中规定了3/2接线每段母线保护配置要求：应配置两套母线保护，每套母线保护应具有边断路器失灵经母线保护跳闸功能。

答案：【正确】

56. 在500kV系统中，断路器失灵保护、高抗保护、短引线保护动作均应启动远方跳闸。

答案：【错误】

57. 同一线路两侧均为常规变电站时，两侧保护装置软件版本应满足对应关系要求。

答案：【错误】

58. 常规站双重化配置的保护装置应分别组在各自的保护屏（柜）内，保护装置退出、消缺或试验时，宜单装置（柜）退出。

答案：【错误】

59. 继电保护装置正确动作，断路器拒跳，继电保护装置（系统）应评价为“正确动作”。

答案：【正确】

60. 主变压器间隙过流保护，设置一段1时限，间隙过流和零序过压二者构成“或”逻辑，延时跳开变压器各侧断路器。

答案：【正确】

61. 常规站主变压器保护零序电压宜取TV开口三角电压，TV开口三角电压受本侧“电压压板”控制。

答案：【错误】

62. 220kV电压等级变压器保护若采用P级TA，为减轻可能发生的暂态饱和影响，其暂态系数不应小于4。

答案：【错误】

63. “TA断线闭锁差动”控制字投入后，纵联电流差动保护将闭锁所有差动保护。

答案：【错误】

64. 智能终端可单独投退，也可根据影响程度投退相应继电保护。

答案：【正确】

65. 对于有多路（MU）SV输入的保护和安全自动装置检验，应模拟被检装置的两路及以上SV输入，检查装置的采样同步性能。

答案：【正确】

66. 母线电压互感器合并单元异常时，闭锁母线保护。

答案：【错误】

67. 微机型保护的交流及直流电源来线，应先经抗干扰处理，然后才进入保护屏内。

答案：【正确】

68. 合并单元、过程层网络交换机一般不单独投退。必要时，根据影响程度确定相应继电保护投退。

答案：【正确】

69. 高压长距离输电线电感对电阻的比值大，时间常数大，短路时产生的电流和电压自由分量衰减较慢。为了保持系统稳定，长距离输电线的故障应尽快切除，其继电保护的动作时间一般要求在20～40ms。

答案：【正确】

70. 电压互感器二次输出回路A、B、C、N相均应装设熔断器或自动小开关。

答案：【错误】

71. 微机型继电保护装置柜屏内的交流供电电源（照明、打印机和调制解调器）的中性线（零线）也应该接入等电位接地网。

答案：【错误】

72. 除母线保护外不同间隔设备的保护功能不应集成。

答案：【错误】

73. 所有跳闸回路上的触点均应采用动断触点。

答案：【错误】

74. 单套配置的断路器失灵保护动作后应同时作用于断路器的两个跳闸线圈。

答案：【正确】

75. 加强继电保护运行维护，正常运行时，严禁220kV及以上电压等级线路、变压器等设备无快速保护运行。

答案：【正确】

76. 母差保护临时退出时，应尽量减少无母差保护运行时间，允许母线及相关元件的倒闸操作。

答案：【错误】

77. 变电站直流系统的馈出网络可采用辐射状供电方式和环状供电方式。

答案：【错误】

78. 按照“故障弱化”的原则，当SAS（变电站自动化系统）的任一通信元件发生故障时，变电站仍应是可持续运行的。不应存在这样一个故障点，即由于他而使整个站不可运行。

答案：【正确】

79. 交流电流和交流电压回路、不同交流电压回路、交流和直流回路、强电和弱电回路，以及来自开关场电压互感器二次的四根引入线和电压互感器开口三角绕组的两根引入线均应使用各自独立的电缆。

答案：【正确】

80. 110（66）kV及以上电压等级的母联、分段断路器应按断路器配置专用的、具备瞬时跳闸和延时返回功能的过电流保护装置。

答案：【错误】

81. 电流互感器选型不正确，容易引起故障时的饱和，影响保护动作的正确性，因此依据故障发生 10ms 后，电流互感器发生暂态饱和对保护进行考核是合理的。

答案：【错误】

82. 宜设置经闭锁的、长延时的线路后备保护。

答案：【错误】

83. 有关断路器的选型应与保护双重化配置相适应，220kV 及以上断路器必须具备双跳闸线圈机构。

答案：【正确】

84. 双重化配置的两套保护装置的跳闸回路应同时作用于断路器的两个跳闸线圈。

答案：【错误】

85. 220kV 及以上电压等级联络线的每套保护应能对全线路内发生的各种类型故障均快速动作切除。对于要求实现单相重合闸的线路，在线路发生单相经高阻接地故障时，应能正确选相并动作跳闸。

答案：【正确】

86. 智能控制柜应具备温度湿度调节功能，附装空调、加热器或其他控温设备，柜内湿度应保持在 90%以下，柜内温度应保持在−5～+55℃之间。

答案：【错误】

87. 在变压器低压侧未配置母差和失灵保护的情况下，为提高切除变压器低压侧出线故障的可靠性，宜在变压器的低压侧设置取自不同电流回路的两套电流保护。当短路电流大于变压器热稳定电流时，变压器保护切除故障的时间不宜大于 2 秒。

答案：【错误】

88. 母线电压 MU 通过 GOOSE 网络或硬接点开入获取母联（分段）断路器、刀闸位置信息，实现电压并列功能。

答案：【正确】

89. 正常运行时，SV 采样通信中断后，保护有可能会误动作。

答案：【错误】

90. 当发送方 GOOSE 报文中 test 置位时发生 GOOSE 中断，接收装置应报具体的 GOOSE 中断告警，并报装置告警（异常）信号，但不应点装置告警（异常）灯。

答案：【错误】

91. TA 极性调整在保护装置采用不同极性的虚端子输入实现，其中虚端子表中（正）表示正极性接入，（反）表示反极性接入。

答案：【正确】

92. 智能站母线保护装置，应从智能终端组网获取母联（分段）断路器手合触点、刀闸位置、断路器位置。

答案：【错误】

93. 电压切换直流电源与对应保护装置直流电源共用自动空气开关，可防止 TV 失压导致（阻抗保护）误动作。

答案：【正确】

94. 智能站母线保护变压器支路取消了电压闭锁功能。

答案：【正确】

95. 智能站建模，分相电流差动和零序电流差动建立相同的实例。

答案：【错误】

96. 母联充电过流保护应具有两段过流和一段零序过流功能。

答案：【正确】

97. 母联（分段）充电过流保护不应启动母联（分段）失灵保护。

答案：【错误】

98. 3/2 断路器接线每段母线按双重化配置两台母线电压合并单元。

答案：【正确】

99. 110kV 变压器各侧智能终端应按双套配置。

答案：【错误】

100. 变压器保护宜具有过负荷启动辅助冷却器功能。

答案：【错误】

101. 双母线接线的母线 TV 断线时，允许母线保护解除该段母线电压闭锁。

答案：【正确】

102. 双母双分段接线母差保护应提供启动分段失灵保护的出口触点。

答案：【正确】

103. 3/2 断路器接线，失灵保护动作经母差保护出口时，应在母差保护装置中设置灵敏的、不需整定的电流元件并带 20ms 延时。

答案：【错误】

104. 线路支路应设置分相和三相跳闸启动失灵开入回路，变压器支路应设置三相跳闸启动失灵开入回路。

答案：【正确】

105. 为缩短失灵保护切除故障的时间，失灵保护应同时跳母联（分段）和相邻断路器。

答案：【错误】

106. 母联失灵、母联死区、母联过流保护均应经电压闭锁元件控制。

答案：【错误】

107. 比例制动差动保护和差动速断保护应分别建不同的实例。

答案：【正确】

108. 点对点直接采样插值同步的保护在 MU 失步时应发出告警。

答案：【错误】

109. 500kV 变压器分侧差动保护是指将变压器的各侧绕组分别作为被保护对象，由各侧绕组的首末端 TA 按相构成的差动保护，该保护能反映变压器各侧绕组的全部故障。

答案：【错误】

110. 500kV 变压器高复压过流保护设置一段 1 时限，延时跳开变压器各侧断路器。

答案：【正确】

111. 500kV 变压器高零序电流保护设置三段，方向元件和过流元件均取自产零序电流。

答案：【正确】

112. 主变压器过励磁保护采用相电压“（或门）”关系。

答案：【错误】

113. 自耦变压器公共绕组零序电流保护宜采用自产零序电流，变压器不具备时，可采用外接中性点 TA 电流。

答案：【正确】

114. 500kV 及以上电压等级变压器的分相差动保护低压侧应取三角内部套管（绕组）TA 电流。

答案：【正确】

115. 客户端根据上送报文中的品质 q 的 Test 位判断报文是否为检修报文并作出相应处理。当报文为检修报文，报文内容应不显示在简报窗中，但应发出音响告警。

答案：【错误】

116. 每个 LD 对象中至少包含 3 个 LN 对象：LLN0、PSCH、其他应用逻辑接点。

答案：【错误】

117. 保护模型中对应要跳闸的每个断路器各使用一个 PTRC 实例。如母差保护按间隔建 PTRC 实例，变压器保护按每侧断路器建 PTRC 实例。

答案：【正确】

118. 为解决中长线路躲负荷阻抗和选择性要求之间的矛盾，距离保护应采取防止线路过负荷导致保护误动的措施。

答案：【错误】

119. 三相不一致保护如需增加零、负序电流闭锁，其定值可和母差保护的零、负序电流定值相同，均按躲过最大不平衡电流整定。

答案：【错误】

120. 为防止保护装置先上电而操作箱后上电时断路器位置不对应误启动重合闸，宜由操作箱插件对保护装置提供闭锁重合闸触点方式，不采用断路器合后触点的开入方式。

答案：【正确】

121. 纵联距离保护在正、负序阻抗过大，或两侧零序阻抗差别过大的情况下允许纵续动作。

答案：【正确】

122. 双重化配置的两套保护不共用同一根光缆，但可共用 ODF 配线架。

答案：【错误】

123. 3/2 断路器接线沟通三跳功能由断路器保护实现，断路器保护失电时，由断路器三相不一致保护三相跳闸。

答案：【正确】

124. 光纤差动保护重合于故障后固定联跳对侧；零序后加速固定不带方向。

答案：【正确】

125. 保护装置在正常运行时应能显示电流、电压等必要的参数及运行信息，并且只能显示二次值。

答案：【错误】

126. 当重合闸方式为禁止重合闸时，禁止本装置重合同时沟通三跳。

答案：【错误】

127. 在系统振荡过程中发生接地故障时，应有选择地可靠切除故障；若发生不接地的多相短路故障时，应保证可靠切除故障，但允许个别的相邻线路相间距离保护无选择性动作。

答案：【错误】

128. 2Mbit/s 数字接口装置与通信设备采用 100Ω 同轴电缆不平衡方式连接。

答案：【错误】

129. 智能站装置在退出 GOOSE 压板时，仍然能够查看接收信号的状态和品质。

答案：【正确】

130. 为防止母联在跳位时发生死区故障将母线全切除，设置了母联分位死区保护：当两母线处运行状态、母联分列运行压板投入或母联在跳位时母联电流不计入小差。

答案：【错误】

131. 凡是同杆线路，双重化时必须配置两套纵联差动保护，可以有效地提高可靠性。

答案：【正确】

132. 采用直接跳闸方式的所有 GOOSE 网口同一组报文应同时发送，除源 MAC 地址外，报文内容应完全一致，系统配置时不必体现物理网口差异。

答案：【错误】

133. 合并单元在外部同步时钟失去时应产生授时异常的告警信号。

答案：【正确】

134. 站控层设备修改保护定值和切换定值区过程中，保护装置不应断开与站控层通信连接，若保护装置的相关板卡需重启，重启过程中允许保护短时退出。

答案：【正确】

135. 双向通道倒换环作为线路纵差保护的信息传输通道时，不能采用通道自愈功能。

答案：【正确】

136. 保护装置整定的动作时间系指从向装置通入模拟故障量至断路器分闸的全部时间。

答案：【错误】

137. 应充分考虑安装环境对保护装置性能及寿命的影响，对于布置在室外的保护装置，其附属设备（如智能控制柜及温控设备）的性能指标应满足保护运行要求且便于维护。

答案：【正确】

138. 变电站内的故障录波器应能对站用直流系统的各母线段（控制、保护）对地电压进行录波。

答案：【正确】

139. 继电保护装置、安全自动装置以及故障录波器等二次设备与一次设备可以非同期投入。

答案：【错误】

140. 保护装置在正常运行时应能显示电流、电压等必要的参数及运行信息，默认状态下，现相关的数值显示为二次值，也可选择显示系统的一次值。

答案：【正确】

141. 智能化保护装置虚端子中可以有重复的信号名称。

答案：【错误】

142. 电压切换箱（回路）切换继电器同时动作和 TV 失压时应发信号。

答案：【正确】

143. 3/2 断路器接线的常规站应配置单套双跳闸线圈分相操作箱，智能站配置双套双跳闸线圈分相智能终端。

答案：【错误】

144. 3/2 断路器接线配置双重化的短引线保护，每套保护应包含差动保护和过流保护。

答案：【正确】

145. 常规站保护，双母线接线变压器保护启动失灵和解除电压闭锁采用相同继电器的保护跳闸触点。

答案：【错误】

146. 变压器后备保护跳母联（分段）时应启动失灵保护。

答案：【错误】

147. 分相变压器 A、B、C 相非电量分相输入，作用于跳闸的非电量三相共用一个功能压板。

答案：【正确】

148. 变压器低压侧外附 TA 宜安装在低压侧母线和断路器之间。

答案：【正确】

149. 每回 110（66）kV 线路的电源侧应配置一套线路保护，负荷侧可以不配置保护。

答案：【正确】

10.4 问　答　题

1. 继电保护双重化的目的是什么？

答：(1) 在一次设备出现故障时，防止因继电保护拒动给设备带来进一步损坏，有效防止设备损害；

(2) 在保护装置出现故障、异常或者检修时避免因一次设备缺少保护而导致不必要的停运，保证设备运行的连续性，提高经济效益。

2. 国网十八项反措〔2018〕979 号文中要求保护电压切换箱隔离开关辅助舳点应采用什么输入方式？请解释原因。

答：当保护采用双重化配置时，其电压切换箱（回路）隔离开关辅助触点应采用单位置输入方式。原因：双重化配置保护配置独立的操作箱，一套电压切换故障不影响另一套保护运行，且可防止正负母隔离开关辅助触点同时闭合时可能出现的二次反充电。

单套配置保护的电压切换箱（回路）隔离开关辅助触点应采用双位置输入方式。单套配置用双位置考虑电压切换的可靠性，防止辅助触点接触不良导致交流电压失去后保护退出影响设备运行。

3. 根据国网十八项反措〔2018〕979 号文规定，220kV 及以上电压等级的线路保护应满足那些要求？

答：(1) 每套保护均应能对全线路内发生的各种类型故障快速动作切除。对于要求实现单相重合闸的线路在线路发生单相经高阻接地故障时，应能正确选相跳闸；

(2) 对于远距离、重负荷线路及事故过负荷等情况，继电保护装置应采取有效措施，防止相间、接地距离保护在系统发生较大的潮流转移时误动作；

(3) 引入两组及以上电流互感器构成合电流的保护装置，各组电流互感器应分别引入保护装置，不应通过装置外部回路形成合电流。对已投入运行采用合电流引入保护装置的，应结合设备运行评估情况，逐步技术改造；

(4) 应采取措施，防止由于零序功率方向元件的电压死区导致零序功率方向纵联保护拒动，但不应采用过分降低零序动作电压的方法。

4. 国网十八项反措〔2018〕979 号文中如何考虑电流互感器配置和二次绕组分配以消除主保护死区？

答：(1) 当采用3/2、4/3、角形接线等多断路器接线形式时，应在断路器两侧均配置电流互感器；

(2) 对经计算影响电网安全稳定运行重要变电站的220kV及以上电压等级双母线接线方式的母联、分段断路器，应在断路器两侧配置电流互感器；

(3) 对确实无法快速切除故障的保护动作死区，在满足系统稳定要求的前提下，可采取启动失灵和远方跳闸等后备措施加以解决；经系统方式计算可能对系统稳定造成较严重的威胁时，应进行改造。

5. 请解释为防止由于零序功率方向元件的电压死区导致零序功率方向纵联保护拒动，但不应采用过分降低零序动作电压方法的原因。

答：零序功率方向元件一般都有一定的零序电压门槛，对于一侧零序阻抗较小的线路，在发生经高阻接地故障时，可能会由于该侧零序电压较低而形成一定范围的死区，从而造成纵联零序方向保护拒动。为实现全线速动，当采用纵联零序方向保护时，应采取措施消除零序电压动作死区，但由于正常运行时存在不平衡电压，不能采取过分降低零序电压门槛的方法，否则可能会造成保护误动。

6. 控制系统与继电保护的直流电源配置有何要求？

答：(1) 对于按近后备原则双重化配置的保护装置，每套保护装置应由不同的电源供电，并分别设有专用的直流空气开关；

(2) 母线保护、变压器差动保护、发电机差动保护、各种双断路器接线方式的线路保护等保护装置与每一断路器的控制回路应分别由专用的直流空气开关供电；

(3) 有两组跳闸线圈的断路器，其每一跳闸回路应分别由专用的直流空气开关供电，且跳闸回路控制电源应与对应保护装置电源取自同一直流母线段；

(4) 单套配置的断路器失灵保护动作后应同时作用于断路器的两个跳闸线圈；

(5) 直流空气开关的额定工作电流应按最大动态负荷电流（即保护三相同时动作、跳闸和收发信机在满功率发信的状态下）的2.0倍选用。

7. 为什么防跳继电器的动作时间应与断路器的动作时间配合？

答：断路器防跳继电器的作用是在断路器同时收到跳闸与合闸命令时，有效防止断路器发生反复“跳、合”现象，将断路器固定在分闸位置。防跳继电器的接点一般都串接在断路器的控制回路中，若防跳继电器的动作时间与断路器的动作时间不配合，轻则影响断路器的动作时间，重则将会导致断路器拒分或拒合。

8. 为什么断路器三相位置不一致保护动作时间应与相关保护、重合闸时间相配合？

答：断路器处于非全相运行时，系统会出现零序、负序分量，并根据系统的结构分配至运行中的相关设备，如果三相不一致保护动作时间过长，零序、负序分量数值及持续时间超过零序保护的定值，零序或负序保护将会动作。配置单相重合闸的线路，在保护动作跳闸至重合闸发出命令合闸期间，故障线路的断路器处于非全相状态，如果断路器非全相保护动作时间过短，将可能导致无法完成重合闸功能，扩大事故的影响。

9. 怎样理解变压器非电气量保护和电气量保护的出口继电器要分开设置？

答：(1) 反措要求要完善断路器失灵保护；

(2) 反措同时要求慢速返回的非电气量保护不能启动失灵保护。

10. 在进行保护基建验收时，基建单位应提供哪些资料？

答：(1) 一次设备实测参数；

(2) 通道设备（包括接口设备、高频电缆、阻波器、结合滤波器、耦合电容器等）的参数和试验数据、通道时延等；

(3) 电流、电压互感器的试验数据（如变比、伏安特性、极性、直流电阻及10%误差计算等)；

(4) 保护装置及相关二次交、直流和信号回路的绝缘电阻的实测数据；

(5) 气体继电器试验报告；

(6) 全部保护纸质及电子版竣工图纸（含设计变更)、保护装置及自动化监控系统使用及技术说明书、智能站配置文件和资料性文件［包括智能电子设备能力描述（ICD）文件、变电站配置描述（SCD）文件、已配置的智能电子设备描述（CID）文件、回路实例配置（CCD）文件、虚拟局域网（VLAN）划分表、虚端子配置表、竣工图纸和调试报告等］、保护调试报告、二次回路（含光纤回路）检测报告以及调控机构整定计算所必需的其他资料。

11. 试阐述新设备投产时编写继电保护启动方案、做好事故预想的必要性。

答：新设备投产前虽然做过包括耐压试验在内的一系列检测，但仍有可能在投产过程中发生故障；新安装的保护装置在一次设备带电前通常未做过相量检查，不能100%保证其交流回路的完好正确。因此，为保证一旦新设备在投产过程中发生故障能够可靠将其切除，在投产前做好事故预想，合理安排启动时的运行方式，一旦新投产设备的保护拒动，则应通过与新投产设备串联或相邻设备的保护将故障与运行系统隔离，以保证运行系统的安全。

12. 当灵敏性与选择性难以兼顾时，为什么应首先考虑以保灵敏度为主？

答：(1) 继电保护的配置和整定计算都应充分考虑系统可能出现的不利情况，尽量避免在复杂、多重故障的情况下继电保护不正确动作，同时还应考虑系统运行方式变化对继电保护带来的不利影响；

(2) 当电网结构或运行方式发生较大变化时，应对现运行保护装置的定值进行核查计算，不满足要求的保护定值应限期进行调整；

(3) 当遇到电网结构变化复杂、整定计算不能满足系统运行要求的情况下，应按整定规程进行取舍，侧重防止保护拒动，备案注明并报主管领导批准。

13. 中、低压侧为 110kV 及以下电压等级且中、低压侧并列运行的变压器中，中、低压侧后备保护第一时限一般均整定为跳母联或分段断路器，请解释其原因。

答：变压器中、低压侧后备保护通常反应的是变压器外部故障，一台变压器中、低压系统发生故障时，若中、低压后备保护不能在第一时限跳开母联或分段断路器，由于中、低压侧并联运行，则并列运行的多台变压器中、低压后备保护都可能同时动作，跳开中、低压侧断路器，进而导致故障影响范围扩大。

14. 微机型继电保护装置所有二次回路的电缆均应使用屏蔽电缆，严禁使用电缆内的空线替代屏蔽层接地。二次回路电缆敷设应符合哪些要求？

答：(1) 合理规划二次电缆的路径，尽可能离开高压母线、避雷器和避雷针的接地点、并联电容器、电容式电压互感器、结合电容及电容式套管等设备，避免和减少迂回，缩短二次电缆的长度，与运行设备无关的电缆应予拆除；

(2) 交流电流和交流电压回路、不同交流电压回路、交流和直流回路、强电和弱电回路，以及来自开关场电压互感器二次的四根引入线和电压互感器开口三角绕组的两根引入线均应使用各自独立的电缆；

(3) 保护装置的跳闸回路和启动失灵回路均应使用各自独立的电缆。

15. 2016 年 6 月，某 500kV 变电站综合稳控装置误动导致远切负荷，检查发现稳控装置动作接点启动 220kV 远切发讯机的回路是通过长电缆将 500kV 小室稳控装置屏与 220kV 小室远切发讯屏（光耦）直接连接，在 220kV 直流扰动情况下误动作。请分析存在的主要问题并按十八项反措要求提出改进措施。

答：长电缆对地分布电容很大，干扰信号容易通过长电缆串入保护装置，光耦抗干扰能力差，极易发生不正确动作。

改进措施有两种方法：一是将接收回路的光隔更换为大功率继电器，或延长继电器的动作时间；二是将启动远切回路长电缆更换为光纤连接。

16. 继电保护标准化设计规范中的优化设计原则指的是什么？

答：(1) 优先通过保护装置自身实现相关保护功能，尽可能减少外部输入量，以降低对相关回路和设备的依赖；

(2) 优化回路设计，在确保可靠实现继电保护功能的前提下，尽可能减少装置间的连线。

17. 标准化设计规范中，220kV 双母线接线的线路保护电压切换回路采用单位置启动方式，此种启动方式有什么弊端，需要在回路设计中注意哪些问题？

答：缺点是当刀闸辅助触点接触不良或失去直流电源时，一套保护会失去交流电压。按照双重化配置的保护，可短时退出一套保护。应注意以下问题：

(1) 切换箱应与保护共用一组电源和空开，可防止 TV 失压导致距离保护误动作；

(2) 切换箱不能采用控制回路电源，当控制电源消失后，距离保护误动作，不能跳开断路器。将误启动失灵保护，造成严重后果。

18. 标准化设计规范中对智能站 GOOSE、SV 软压板设置原则有哪些要求？

答：(1) 宜简化保护装置之间、保护装置和智能终端之间的 GOOSE 软压板；

(2) 保护装置应在发送端设置 GOOSE 输出软压板；

(3) 线路保护及辅助装置不设 GOOSE 接收软压板；

(4) 除母线保护的启动失灵开入、母线保护和变压器保护的失灵联跳开入外，接收端不设 GOOSE 接收软压板；

(5) 保护装置应按 MU 设置“SV 接收”软压板。

19. 标准化设计规范中对电缆直跳回路有哪些要求？

答：(1) 对于可能导致多个断路器同时跳闸的直跳开入，应采取措施防止直跳开入的保护误动作。例如：在开入回路中装设大功率抗干扰继电器，或者采取软件防误措施；

(2) 大功率抗干扰继电器的启动功率应大于 5W，动作电压在额定直流电源电压的 55%～70%范围内，额定直流电源电压下动作时间为 10～35ms，应具有抗 220V 工频电压干扰的能力；

(3) 当传输距离较远时，可采用光纤传输跳闸信号。

20. 依据 Q/GDW 1175—2013《变压器、高压并联电抗器和母线保护及辅助装置标准化设计规范》要求，变压器后备保护跳母联（分段）时不应启动失灵保护。请解释其原因。

答：(1) 一般将变压器后备保护跳母联（分段）的跳闸触点引接至操作箱的 TJF 继电器，只有母线保护和独立配置的母联（分段）充电过流保护跳母联时，才启动母联（分段）失灵保护；

(2) 母联自动跳闸的原因较多，有时跳闸只是为了解列或缩小故障范围，这样可以避免失灵保护的不必要启动。

21. Q/GDW 1161—2014《线路保护及辅助装置标准化设计规范》对 3/2 断路器接线线路、过电压及远方跳闸保护配置有什么要求？

答：(1) 配置双重化的线路纵联保护，每套纵联保护应包含完整的主保护和后备保护；

(2) 配置双重化的过电压及远方跳闸保护。远方跳闸保护应采用“一取一”经就地判别方式。

22. Q/GDW 1175—2013《变压器保护及辅助装置设计规范》中对变压器保护及辅助装置配置有何要求？

答：(1) 220kV 及以上电压等级变压器应配置双重化的主、后备保护一体化电气量保护和一套非电量保护；

(2) 常规站变压器按断路器单套配置分相或三相操作箱。双母线主接线，应双重化配置电压切换装置。

23. 220kV 及以上保护电流互感器二次回路断线的处理原则有哪些？

答：主保护不考虑 TA、TV 断线同时出现，不考虑无流元件 TA 断线，不考虑三相电流对称情况下中性线断线，不考虑两相、三相断线，不考虑多个元件同时发生 TA 断线，不考虑 TA 断线和一次故障同时出现。

24. 线路保护技术规范中对双母线接线器失灵有何要求？

答：(1) 双母线接线的断路器失灵保护，应采用母线保护中的失灵电流判别功能，不配置含失灵电流启动元件的断路辅助装置；

(2) 应采用线路保护的分相跳闸触点（信号）启动断路器失灵保护；

(3) 常规站当线路支路有高抗、过电压及远方跳闸保护等需要三相启动失灵时，采用操作箱内 TJR 触点启动失灵保护；

(4) 智能站线路支路有高抗等需要三相启动失灵时，宜由高抗保护直接启动失灵保护。

25. 加强对纵联保护通道设备的检查，为何要重点检查是否设定了不必要的收、发信环节的延时或展宽时间？

答：对于采用复用通道的允许式保护装置，通道传输时间将直接影响保护装置的动作时间；如果通信设备有传输信号时设置了过长的展宽时间，则可能在区外故障功率方向转移的过程中，导致允许式保护装置误动作。为此，应尽量减省不必要的延时或展宽时间，防止造成保护装置的不正确动作。

26. 请简述220kV及以上变压器差动保护技术原则。

答：(1) 具有防止励磁涌流引起保护误动的功能；

(2) 具有防止区外故障保护误动的制动特性；

(3) 具有差动速断功能；

(4) 330kV及以上电压等级变压器保护，应具有防止过励磁引起误动的功能；

(5) 流采用“Y形接线”接入保护装置，其相位和电流补偿应由保护装置软件实现；

(6) 3/2断路器接线或桥接线的两组TA应分别接入保护装置；

(7) 具有TA断线告警功能，可通过控制字选择是否闭锁差动保护。

27. 母线保护如何自动识别母联（分段）的充电状态，实施了哪些技术原则实现当合闸于死区故障时，瞬时跳母联（分段），不误切除运行母线？

答：(1) 由操作箱提供的SHJ触点（手合触点）、母联TWJ、母联（分段）TA“有无电流”的判别，作为母线保护判断母联（分段）充电并进入充电逻辑的依据；

(2) 充电逻辑有效时间为SHJ触点由“0”变为“1”后的1s内，1s后恢复为正常运行母线保护逻辑；

(3) 母线保护在充电逻辑的有效时间内，如满足动作条件应瞬时跳母联（分段）断路器，如母线保护仍不复归，延时300ms跳运行母线，以防止误切除运行母线。

28. T型线路纵联电流差动保护光纤通道异常时保护应如何处理？

答：(1) 三侧差动保护方式，三侧装置之间三个通道全部投入情况下，当一个通道异常时，装置告警，由能接收三侧采样数据的一侧装置进行差动计算，另两侧装置根据该侧的跳闸信息可直接跳闸；

(2) 三侧差动保护方式下，当两个通道异常时，装置告警，闭锁差动保护；

(3) 两侧差动方式下，装置仅检测该组通道的通道状态，通道异常时，闭锁线路两侧差动保护。

29. 对于采用单相重合闸的220kV线路，相间距离Ⅱ段和接地距离Ⅱ段保护动作时间是否考虑与失灵保护配合？为什么？

答：相间距离Ⅱ段不考虑与失灵保护配合，接地距离Ⅱ段考虑与失灵保护配合。

（1）220kV电网中，用的是分相操作箱的断路器，只考虑断路器一相拒动。这样，任何相间故障在断路器一相拒动时都转化为保留的单相故障。此时，需要依靠接地保护启动断路器失灵保护，而用相间距离保护与对侧失灵保护配合并无实际意义；

（2）220kV电网中均配有失灵保护，在断路器拒动时以较短的时限断开与失灵断路器直接关联的断路器。因此，如果接地距离Ⅱ段动作时间不与失灵保护配合，在系统发生故障且断路器拒动时，上一级线路保护将可能先于失灵保护动作，造成事故影响的范围扩大。

30. 简述220kV线路、母联、主变压器间隔TA单侧配置时，当断路器与TA之间死区发生故障，分别由哪些保护动作切除故障？

答：（1）220kV线路死区故障时，母差保护动作切除所在母线，同时远跳对侧开关；

（2）220kV母联合位死区故障时，母差保护先动作切除另一侧母线，母联跳开后死区保护延时150ms动作切除剩余母线；母联分位时，母差保护死区逻辑封母联间隔电流，死区故障时只切除故障母线；

（3）220kV主变压器死区故障时，母差保护动作切除所在母线，并向主变压器保护送失灵联跳命令，主变压器保护判过流后延时50ms跳各侧。

31. 电抗器保护装置的零序过电流保护和过流保护应采用首端电流还是尾端电流？为什么？

答：应采用首端TA的电流。零序电流保护和过流保护的定值一般取（1.3～2）倍额定电流。在电抗器首端发生引线的相间或接地故障时，首端TA的电流反应系统短路的故障电流，其值一般远大于保护定值，所以零序电流保护和过流保护能够动作，而在引线短路故障时，电抗器的每一相电压都不大于额定电压，尾端TA的每一相电流都不大于负荷电流，由尾端TA构成的零序电流不大于非全相的零序电流，零序电流保护和过流保护达不到动作定值而不能动作。

32.“九统一”线路差动保护、母差保护、主变压器差动保护检测出TA断线后分别如何处理（闭锁保护）？

答：（1）线路保护有“TA断线是否闭锁差动”控制字，控制字投入时闭锁断线相差动，控制字退出时不闭锁差动，差动动作值改用“TA断线差动定值”；

（2）母差保护TA断线时，若为母联支路TA断线，母差改为动作瞬时跳母联，延时跳其他支路，若为其他支路TA断线则直接闭锁断线相差动；

（3）主变压器差动保护有“TA断线闭锁差动”控制字，控制字投入时闭锁差动（差动电流小于 1.2 倍的变压器额定电流时），差动电流大于 1.2 倍额定时仍然开放差动，控制字退出时不闭锁差动保护。

33. 根据多年来的事故统计，交流系统窜入直流系统有可能导致开关跳闸，但交直流混线不是开关误动的唯一因素，还需要其他相关因素叠加作用。以下为一次事故案例：

某 220kV 变电站检修二次班有作业，工作期间，某 220kV 线路三相开关跳闸，不重合。当值值班员对保护装置及录波器调取报告发现，保护装置无动作报告。经调查，线路对侧保护未动作。现场 220kV 故障录波器打印跳闸时刻波形如图 10-2 所示：

（1）试分析线路跳闸原因？

（2）请根据（1）中的结论，试分析能够导致开关误动的可能性与哪些因素有关？

（3）对于上述问题，反措在二次回路应注意的问题里都提出来哪些要求？

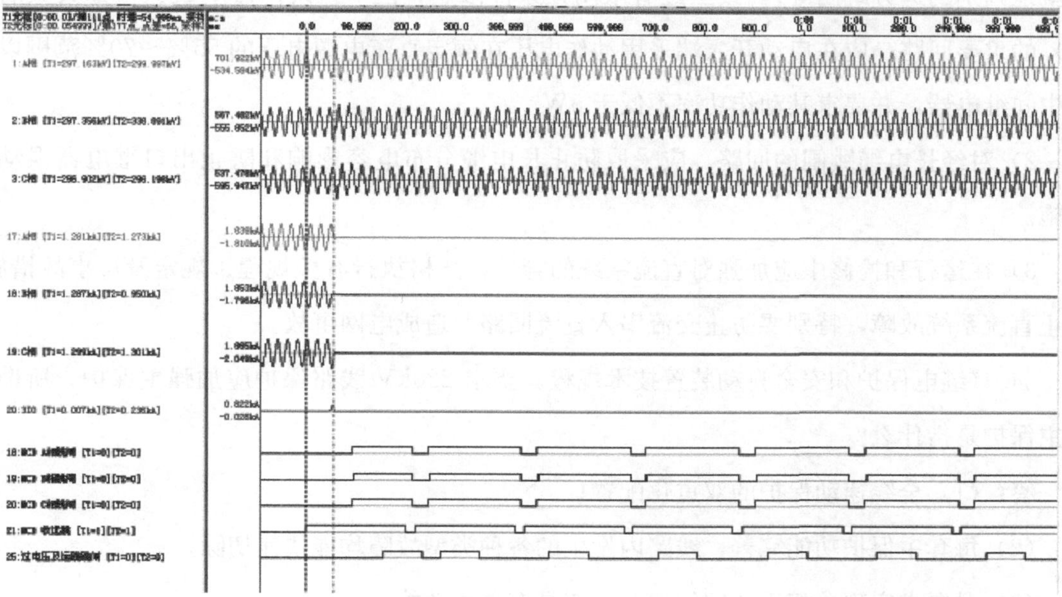

图 10-2

答：（1）跳闸原因为交直流混线，造成 TJR 或 TJQ 动作。分析过程：

1）通告录波报告，电流电压波形无变化，$3I_0$ 无明显突变，结合保护装置未启动，可判断，一次系统无故障。

2）现场有人作业，通过故障录波波形，跳闸 A、B、C 及其他直流开入量显示，均呈周期性变化，可判断，交流窜入直流系统，造成继电器动作。

（2）多次事故证明，交流窜入直流系统导致误动的可能性与下述几个因素相关：

1）开入回路连接电缆的对地电容（交流阻抗）的大小，连接电缆较短的开入回路，即或是发生了交流与直流系统的混接，误动的可能也较小。

2）开入回路的动作电压，动作电压越高，误动的可能越小。

3）开入回路的启动功率，启动功率越大，越不容易发生误动。

4）开入回路的动作速度，动作速度越慢，越不容易发生误动。

5）开入继电器的返回系数，返回系数较低者，受影响的程度略重。

6）开入继电器的返回时间，返回时间较长者，受影响的程度略重。

除上述几个因素外，开入回路若设有展宽回路，受影响更重。

（3）反措要点：

1）外部开入直接启动，不经闭锁便可直接跳闸（如变压器和电抗器的非电量保护、不经就地判别的远方跳闸等），或虽经有限闭锁条件限制，但一旦跳闸影响较大（如失灵启动等）的重要回路，应在启动开入端采用动作电压在额定直流电源电压的55%～70%范围以内的中间继电器，并要求其动作功率不低于5W。

2）对经长电缆跳闸的回路，应采取防止长电缆分布电容影响和防止出口继电器误动的措施。

3）在运行和检修中应加强对直流系统的管理，严格执行有关规程、规定及反事故措施，防止直流系统故障，特别要防止交流串入直流回路，造成电网事故。

34.《继电保护和安全自动装置技术规程》要求220kV线路保护应加强主保护，所谓加强主保护是指什么？

答：（1）全线速动保护的双重化配置；

（2）每套主保护功能完善，线路内发生的各种类型故障均能快速切除；

（3）对要求实现单相重合闸的线路，应具有选相功能；

（4）当线路正常运行时，发生不大于100Ω电阻的单相接地故障，应有尽可能强的选相能力，并能正确跳闸。

35.为什么“对双母线接线按近后备原则配置的两套主保护，当合用电压互感器的同一、二次绕组时，至少应配置一套分相电流差动保护”？

答：首先了解（线路）近后备保护配置原则：当一套线路主保护拒动时，由本线路的另一套主保护实现后备；当断路器拒动时，由断路器失灵保护实现后备。线路保护合用电压互感器的同一、二次绕组时，如线路配置了两套高频距离保护，当电压互感器回路发生故障，两套保护都可能因失去 TV 电压而被闭锁（拒动），使失灵保护无法启动。而分相电流差动保护不需要 TV 判据，不受 TV 断线的影响，可以确保一套主保护正常工作。

36. 用一次电流及工作电压进行检验的目的是什么？

答：对新安装或设备回路经较大变动的装置，在投入运行以前，必须用一次电流和工作电压加以检验，目的是：

（1）对接入电流、电压和互相相位、极性有严格要求的装置（如带方向的电流保护、距离保护等），判别其相位关系以及所保护的方向是否正确；

（2）判定电流差动保护（母线、发电机、变压器的差动保护、线路纵差保护及横差保护等）接到保护回路中的各组电流回路的相对极性关系及变比是否正确；

（3）判定利用相序滤过器构成的保护所接入的电流（电压）的相序是否正确；

（4）判定每组电流互感器的接线是否正确，回路压接是否牢靠。